电子信息优秀译著系列

开关电源设计

（第三版）

Switching Power Supply Design, Third Edition

Abraham I. Pressman

[美]　Keith Billings　　著

Taylor Morey

肖文勋　译

电子工业出版社

Publishing House of Electronics Industry

北京·BEIJING

内 容 简 介

本书包含拓扑、磁路与电路设计、典型波形、开关电源技术的应用 4 部分，具体内容包括开关电源常用拓扑的基本工作原理、变压器和磁性元件设计、电力晶体管的基极驱动电路、MOSFET 和 IGBT 及其驱动电路、磁放大器后级稳压器、开关损耗分析与负载线整形缓冲电路、反馈环路的稳定、谐振变换器、开关电源的典型波形、功率因数及功率因数校正、电子镇流器、用于笔记本电脑和便携式电子设备的低输入电压变换器等。

本书可作为高校师生学习高频开关电源的教材，也可作为开关电源设计、开发工程师的设计参考资料。

Abraham I. Pressman, Keith Billings, Taylor Morey
Switching Power Supply Design,Third Edition
ISBN: 978-0-07-148272-1
Original edition copyright © 2009 by McGraw-Hill Education. All Rights reserved.
Simple Chinese translation edition copyright © 2023 by Publishing House of Electronics Industry. All rights reserved.

本书封面贴有 McGraw-Hill Education 公司防伪标签，无标签者不得销售。

版权贸易合同登记号　图字：01-2007-4583

图书在版编目（CIP）数据

开关电源设计：第三版 /（美）亚伯拉罕·I. 普莱斯曼 (Abraham I. Pressman),（美）基思·比林斯 (Keith Billings),（美）泰勒·莫雷 (Taylor Morey) 著；肖文勋译. —北京：电子工业出版社，2023.9
（电子信息优秀译著系列）
书名原文：Switching Power Supply Design, Third Edition
ISBN 978-7-121-46443-0

Ⅰ. ①开… Ⅱ. ①亚… ②基… ③泰… ④肖… Ⅲ. ①开关电源-设计 Ⅳ. ①TN86

中国国家版本馆 CIP 数据核字（2023）第 179262 号

责任编辑：刘海艳
印　　刷：北京捷迅佳彩印刷有限公司
装　　订：北京捷迅佳彩印刷有限公司
出版发行：电子工业出版社
　　　　　北京市海淀区万寿路 173 信箱　邮编　100036
开　　本：787×1092　1/16　印张：34.75　字数：912 千字
版　　次：2023 年 9 月第 1 版（原著第 3 版）
印　　次：2024 年 9 月第 2 次印刷
定　　价：228.00 元

凡所购买电子工业出版社图书有缺损问题，请向购买书店调换。若书店售缺，请与本社发行部联系，联系及邮购电话：(010) 88254888，88258888。
质量投诉请发邮件至 zlts@phei.com.cn，盗版侵权举报请发邮件至 dbqq@phei.com.cn。
本书咨询联系方式：lhy@phei.com.cn。

作 者 简 介

  Abraham I. Pressman 是美国知名的电源顾问和专家。他是军事雷达军官，同时也是四十多年的模/数设计工程师。半个多世纪以来，他在电子领域取得了许多重要"第一"（第一台能量超过 10 亿电子伏特的粒子加速器、第一台用于计算机工业的高速打印机、第一个拍摄月球表面照片的航天器），以及在最早两本分别关于使用晶体管的计算机逻辑电路设计和开关电源设计的教科书中担任了关键的设计角色。

  Pressman 先生是《开关电源设计》前两版的作者。

  Keith Billings 是一名特许电子工程师，著有 *Switchmode Power Supply Handbook*（由 McGraw-Hill 出版）。他早年当过机械仪器制造商学徒（每周工资 4 英镑），之后在（英国）皇家空军服役了一段时间，为包括自动导航仪和电子罗盘设备在内的导航仪器提供技术支持，在政府军事部门工作过，专门从事包括 UK3 卫星在内的军用特殊仪器设计。在此期间，他经过 8 年艰苦的夜校学习（在当时，这是英国唯一一条向下层中产阶级开放的途径），终于达到了学位标准。在过去的 44 年时间里，他一直专注于开关电源的设计和制造，75 岁时，仍然活跃于电源工业界，并在加拿大圭尔夫市成立了自己的咨询公司——DKB 电源有限公司。Keith 介绍了已故的 Abraham I. Pressman 关于电源设计的 4 天培训课程（现在已经转换为 PowerPoint 形式），以及他自己的为期一天的磁学课程——变压器和电感器的设计。他现在是这一领域公认的专家。令人深思的是，他现在一天的收入比他以前当学徒一整年的收入还要多。

  Keith 多年来一直是一名狂热的帆船爱好者，但现在他把驾驶滑翔机作为一种爱好，在 1993 年时已建造了一架高性能的滑翔机。1994 年，Keith "触摸到了上帝的脸"，在内华达州明登滑翔至 22000ft 的海拔高度。

  Taylor Morey 目前是加拿大安大略省基臣纳尔市康耐斯托加学院电子学教授，与人合著过电子器件教科书，曾在滑铁卢市劳瑞尔大学任教。他与 Keith Billings 合作多次，担任独立电源工程师和顾问，曾在乔治敦的 Varian Canada 和圭尔夫的 Hammond Manufacturing 及 GFC Power 从事开关电源开发工作。1988 年，他在圭尔夫第一次见到 Keith。在墨西哥的 5 年旅居期间，他能流利地说西班牙语，并在拉巴斯天主教大学教授电子工程课程。在拉巴斯 CIBNOR 生物研究机构，英语为第二语言，他在那里还担任生物学研究生文章的编辑，这些文章在专业的科学期刊上发表。在其职业生涯早期，他曾在 IBM 加拿大公司的大型计算机研究部和多伦多全球电视工作室工作。

致　谢

首先特别要感谢我的工程同事和多年老友 Tayor Morey 先生，他比我花了更多的时间仔细检查文本、语法、图表、表格、方程和新版中的公式。我知道他做了成千上万次的调整，但如果仍然有任何错误，那完全是我的责任。

我还要感谢 Anne Pressman 女士允许我撰写这一版本，感谢 Wendy Rinaldi 和 LeeAnn Pickrell 以及 McGraw-Hill 公司的同事对本书出版所做的非常专业的工作。

许多人为本书作出了贡献，当然还要感谢参考文献中所列出的著作和论文的作者们，同样也要感谢那些为本书作出贡献而未被提名的同行专家。

"我们能够看得更远，是因为我们站在巨人的肩膀上。"

——Keith Billings

前　言

那些在作者去世之后，仍被读者持续保持高需求的技术书籍并不多见。Abraham I. Pressman 著述的《开关电源设计》，自 1977 年第一次出版，直到作者以 86 岁高龄逝世之后的许多年里，仍然十分畅销，这种现象恰好是对作者出色工作的最好肯定。他给我们留下了宝贵的遗产，并充分地经过了时间的考验。

Abraham 在电子行业活跃了近 60 年。在 83 岁之前的 15 年里，他一直在讲授开关电源设计培训课程。在他晚年的时候，我有幸结识了他，并且和他在许多项目上有合作。

Abraham 告诉他的学生我的书（译者注：指 *Switchmode Power Supply Handbook*）是关于开关电源设计的第二本好书（不一定客观，但确实是来自老专家的难得和宝贵的赞誉）。

当我在 20 世纪 60 年代开始设计开关电源时，关于这方面的信息非常少。那时开关电源是一项新技术，少数专攻此领域的公司和工程师们也很少告诉圈外人他们的工作内容。当我看到 Abraham 的著作时，开关电源设计的神秘面纱才被揭开，他的著作像一束阳光照亮了这项新技术。通过学习 Abraham 的著作，我的设计能力提高得很快。

2000 年，当 Abraham 觉得他已不再能够继续他的开关电源设计培训课程时，希望我去接手课程教案，继续培训课程，为此我深感自豪。但我发现课程的信息量极大，我不可能在 4 天内介绍这么多的内容，尽管很多年来他一直都是这样做的。另外，他的笔记和投影片由于多年使用造成损蚀，已不太清楚了。

我简化了教案并将其转换成 PowerPoint，存在我的笔记本电脑中。2001 年 11 月在波士顿，我第一次介绍了我改写的为期 3 天的培训课程。虽然只有两名学生（大多数公司已经削减了培训预算），但这个可怜的到场率已经远远被 Abraham 和他妻子 Anne 的到场所弥补。Abraham 那时已经很虚弱，我真的很高兴他活着看到他的遗产继续发挥作用，尽管是以一种很不同的形式展现。我认为他对动态多媒体演示有一点困惑，因为我能通过我的笔记本电脑悠闲地控制它。我不知道他对我这样演示有何想法，但 Anne 挥舞着手说："若是 Abraham 的话，他会站在黑板前用教鞭来讲解课程！"

当 McGraw-Hill 公司邀请我合著《开关电源设计》第三版时，我欣然应诺，因为我相信如果他现在在世也会希望我这样做。在《开关电源设计》第二版出版后的 8 年里，技术有了很大发展，基本元器件性能有了很大改善，这已改变了许多《开关电源设计》第二版所提到的限制，所以这是一个进行调整并添加一些新内容的好时机。

当我审核《开关电源设计》第二版时，脑海里浮现出一位英国园丁做评论的情景：这位园丁站在百年未变的乡村小屋外面，面对一个新来的城市少壮派，作为对这个年轻人想来此推行现代化的回应，他说："小伙子，看看你周围，并没有什么错误，是不是？"这个评论也很适用于《开关电源设计》第二版。

因此，除现有技术超越 Abraham 工作的方面之外，我决定不修改 Abraham 久经考验的著作。他把各种拓扑电路当作独立个体分析的务实做法，可能与当今专家的教学方式不尽一致，但对于想理解各种各样可能的拓扑的入门工程师，以及那些富有经验的工程师，这是一个行之有效的方法。对现代专家非常有价值的状态空间平均模型、规范模型、双边反演技术或对偶原理却并没有在《开关电源设计》第二版中讲述。《开关电源设计》第二版为读者提供了电源原理的基础，说明了该怎么做以及为什么这么做。当我们有足够的时间时，可以通过一些现有的优秀专业书籍了解更多的现代概念（见参考文献）。

《开关电源设计》第二版的原稿是手写的，并且经 Abraham 妻子 Anne 辛勤工作几年打成印刷体书稿。为了出版第三版，McGraw-Hill 将印刷体书稿转换为更易编辑的电子文档。这使 Taylor Morey 和我能方便地对文稿做少量的格式调整，以及对一些方程、计算、图表进行更正（一些错漏仅由推导过程造成）。对于一些些许变化就可以使文字更加流畅、读者更易理解的地方，也做了修订。读者很容易发现，这些变化并不会改变 Abraham 先生的本意。

新技术和最近的组件改进已经改变了第二版中提到的某些限制，我以"After Pressman"写了补充解释（译者注：译为"补充"）；在一些觉得需要补充说明的地方我以"TIP"（译者注：译为"提示"）和"NOTE"（译者注：译为"注释"）引出。

我也在第 7 章和第 9 章增加了一些新内容，因为我觉得最近在设计方法上的改进对读者有帮助，并且 IGBT 技术的发展已使这些设备成为 Abraham 先前所喜欢的受限器件的有用补充。这样，第三版并未改变第二版的原有结构。另外，由于参考文献仍然适用，读者会发现想查找的内容仍在原来的位置。当然，页码确实改变了，这是无法避免的。

即使您已有了《开关电源设计》第二版，我也确信，由于有了以上所述的修订和补充，您会觉得第三版也非常值得购买。另外，您也会发现我所著的 *Switchmode Power Supply Handbook* 第二版（McGraw-Hill，1999）是本书非常好的姊妹著作，以稍微不同的方式讲述了额外的信息。

Keith Billings

目　　录

第 1 部分　拓　　扑

第 2 部分 磁路与电路设计

第 3 部分 典 型 波 形

第4部分 开关电源技术的应用

第1部分

拓　扑

第1章 基本拓扑

1.1 线性稳压器和 Buck、Boost 及反相开关稳压器简介

本书将介绍几种著名的拓扑。这些拓扑一般用于线性电源和开关电源的设计。每一种拓扑既有共同的特性，也有独特的特性，有经验的设计者可以很好地选择合适的拓扑以满足应用场合。而对于初学者，如何选择合适的拓扑就显得非常困难了。掌握拓扑的基本特性非常有必要，这有助于工程师选择合适的拓扑，避免因为拓扑选择不当而浪费时间。

一些用于离线式（电网供电的）AC/DC 变换器的拓扑，有的适合小功率输出（<200W），有的适合大功率输出；有的适合较高 AC 输入电压（≥220V），有的适合较低 AC 输入电压；有的在较高 DC 输出电压（>200V）场合有较大的优势，有的在较低 DC 输出电压场合有较大的优势。对于多输出电压等级的应用场合，使用器件较少或在器件数与可靠性之间有较好折中是选择拓扑要考虑的因素。同时，输入/输出纹波和噪声要求也是选择拓扑要考虑的重要因素。某些拓扑因其本身固有的局限性，需要辅助电路或更复杂的电路，使得在某些应用场合，它的特性变得非常难以分析。

因此，要恰当选择拓扑，熟悉各种不同基本拓扑的优缺点是非常重要的。错误的选择会导致电源的性能变差，甚至浪费设计时间和成本。因此，有必要充分地了解不同拓扑的基本特性参数。

本章将介绍几种构成线性电源和开关电源的基本拓扑，包括：

- 线性稳压器；
- Buck 稳压器；
- Boost 稳压器；
- Buck-Boost 稳压器。

（译者注：Buck 稳压器、Boost 稳压器、Buck-Boost 稳压器也分别称为 Buck 变换器、Boost 变换器、Buck-Boost 变换器，此处翻译为稳压器，是根据英文原书 Regulator 翻译的，是为了与线性稳压器对比。）

本章介绍每种拓扑的基本工作原理、典型波形和优缺点，不同输出功率、不同输入电压下开关管（晶体管）的峰值电流和电压应力，输入电流与输出功率和输入电压之间的关系，效率及 DC 和 AC 开关损耗 [译者注：开关管的损耗分为开通损耗、关断损耗、通态（导通）损耗、截止损耗，其中开通损耗和关断损耗合称为 AC 开关损耗，通态（导通）损耗、截止损耗为 DC 损耗]，以及一些典型的应用。

1.2 线性稳压器——耗能型稳压器

1.2.1 基本工作原理

为了说明较复杂的开关稳压器的主要优势，先来分析线性稳压器（或称串联型稳压

器）有哪些优缺点，有哪些特性不如开关稳压器。

线性稳压器的基本电路如图 1.1（a）所示，晶体管 Q_1（工作于线性状态或非开关状态）构成一个连接直流源 V_{dc} 和输出端 V_o 的可调电气电阻，直流源 V_{dc} 由工频（50Hz 或 60Hz）隔离变压器整流桥和储能电容 C_f 构成的电路产生，输出端 V_o 用于连接外部负载。

在图 1.1（a）中，R_1 和 R_2 组成的分压网络对输出电压采样，采样电压输入到误差放大器同参考电压进行比较，误差放大器输出电压经驱动电路驱动串联的晶体管 Q_1。调整原理如下：直流输出电压由于输入电压升高或输出负载电流减小而升高时，串联晶体管（设为 NPN 型）基极电压下降，等效电阻阻值加大，输出电压降低，从而保持采样电压等于参考电压。这种负反馈控制在输出电压由于输入电压下降或负载电流增加而下降时也同样起作用。此时，误差放大器输出会使串联晶体管的基极电压上升，集-射电阻减小，直流输出电压升高，输出电压 V_o 恒定。

实质上，输入电压的任何变化（不管是由于交流输入电网电压的纹波，还是由于输入电压规定范围内的稳态波动，或是由于负载瞬变造成的输入电压瞬态变化）都会被串联晶体管等效电阻所调整，使输出电压保持不变，其恒定程度与反馈放大器的开环增益相关。

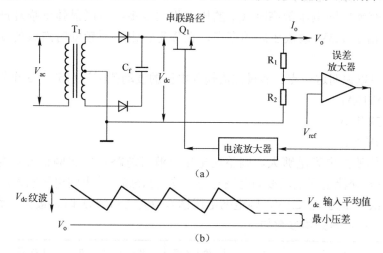

（a）

（b）

图 1.1 （a）线性稳压器。Q_1 连接直流源和输出端负载，起可调电阻作用；只要输入电压足够大于输出电压，负反馈环通过误差放大器改变 Q_1 等效阻值就可以保持输出电压 V_o 稳定。

（b）线性稳压器需要的最小输入和输出电压差。若串联 NPN 型晶体管，则应保证交流输入电压 V_{ac} 最低时对应的 C_f 端直流电压的纹波谷值与输出电压 V_o 之间有 2.5V 的压差

开关稳压器有变压器和快速的开关动作，可能产生大量的射频干扰（RFI）噪声。而在线性稳压器中，反馈回路完全是直流耦合的。由于整个回路没有开关动作，所以回路各点的直流电压都可预测和计算。线性稳压器具有较低的 RFI 噪声，在某些应用场合具有较大的优势。因此，在现代电源应用领域，即使线性稳压器的效率非常低，却仍占有一席之地。而且，功率损耗主要由 Q_1 的直流电流和电压产生，损耗和总效率很容易计算。

1.2.2 线性稳压器的缺点

直到 20 世纪 60 年代初期，这种简单的直流耦合串联型线性稳压器一直是数十亿美元产值的电源工业的主要产品。但是，这种电路有以下缺陷：

- 只能降压。
- 输出与输入之间有公共端，当输入和输出之间，或多路输出之间需要直流隔离时，电路的设计会变得非常复杂。
- 初始直流输入电压[图 1.1（a）中的 V_{dc}]一般由工频变压器二次侧整流获得，而工频变压器的体积和质量限制了其推广应用。
- 如 1.2.3 节所述，这种电路的效率非常低，造成非常大的功率损耗，需要较大的散热片。

1.2.3　串联晶体管的功率损耗

线性稳压器的主要缺点是串联晶体管存在过大功耗。所有的负载电流都必须通过串联晶体管，其功耗为 $(V_{dc}-V_o)I_o$。大多数情况下，串联 NPN 型晶体管的最小压差 $(V_{dc}-V_o)$ 为 2.5V。假设整流滤波电容足够大，则可忽略纹波。若直流输入电压由工频变压器二次侧整流获得，则二次侧匝数选择应保证交流电网电压最低时对应的二次侧整流电压为 $V_o+2.5V$，此时 Q_1 的损耗最小。

然而，当交流电网电压最高时 Q_1 的压差将大很多，串联晶体管损耗严重，电源效率明显降低。由于 2.5V 最低压差的存在，在额定输出电压较低时造成的损耗显得更为严重。

下列例子可以说明这一点。假设交流输入电压的波动范围为±15%，3 个例子如下：

- 输出 5V/10A；
- 输出 15V/10A；
- 输出 30V/10A。

假设二次侧滤波电容足够大，则整流电压纹波可忽略。二次侧整流获得的直流电压 V_{dc} 的波动范围与交流电网电压波动范围对应，均为±15%。若电网电压输入最低（-15%）时，变压器二次电压为 $V_o+2.5V$，则电网电压输入最高（+15%）时，最大直流输入电压为 $1.35(V_o+2.5V)$。稳压器具体参数如下。

V_o (V)	I_o (A)	$V_{dc(min)}$ (V)	$V_{dc(max)}$ (V)	最大压差 (V)	$P_{in(max)}$ (W)	$P_{o(max)}$ (W)	Q_1 最大损耗 (W)	效率(%) $P_o/P_{in(max)}$
5.0	10	7.5	10.1	5.1	101	50.0	51	50
15.0	10	17.5	23.7	8.7	237	150	87	63
30.0	10	32.5	44.0	14	440	300	140	68

由上面的数据可知，直流输出电压低时，稳压器的效率比输出电压高时低很多。若不忽略输入电网电压纹波且容许电网电压波动±15%，则 5V 输出稳压器的效率只有 32%～35%。

1.2.4　线性稳压器的效率与输出电压的关系

下面将分析效率在下列情况下的变化范围：输出电压值为 5～100V，并且电网电压波动范围为±5%～±15%，考虑实际纹波。

假设最小压差是 2.5V，并保证在最小输入电网电压产生的输入纹波谷值仍有 2.5V 的压差，如图 1.1（b）所示。据此，可计算出不同输入电网电压波动范围和不同输出电压下稳压器的效率。

设输入电压为额定电压的±T%，则工频变压器二次侧匝数的选择应保证当输入电网电压最小时，纹波的谷值仍比预期的输出电压大 2.5V（设最小压差为 2.5V）。

令电压纹波的峰-峰值为 V_r。当电网电压输入最低时，输入到晶体管的直流电压（平均电压）为

$$V_{dc}=V_o+2.5V+V_r/2V$$

当电网电压输入最高时，输入到晶体管的直流电压为

$$V_{dc(max)} = \frac{1+0.01T}{1-0.01T}(V_o + 2.5V + V_r/2)$$

电网电压输入最高时，输入功率最大，最恶劣情况下的最大效率为

$$\text{Efficiency}_{max} = \frac{P_o}{P_{in(max)}} = \frac{V_o I_o}{V_{dc(max)} I_o} = \frac{V_o}{V_{dc(max)}} \tag{1.1}$$

$$= \frac{1-0.01T}{1+0.01T}\left(\frac{V_o}{V_o + 2.5V + V_r/2}\right) \tag{1.2}$$

图 1.2 所示为纹波电压峰-峰值为 8V 时，电网电压波动高限、输出电压和效率的关系曲线。以后会提到，对于工频全波整流器，若选取每 1A 负载电流对应滤波电容值为 1000μF，则纹波电压峰-峰值为 8V。

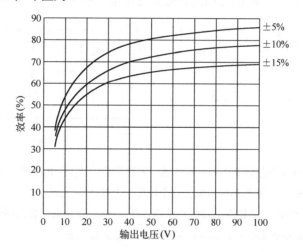

图 1.2 线性稳压器效率与输出电压的关系曲线[根据式（1.2），滤波电容纹波电压峰-峰值取 8V]。可见，若对交流输入 V_{ac} 最低（电网电压波动低限输入）时对应纹波谷值保证 2.5V 压差，则交流输入 V_{ac} 最高时，效率最低

从图 1.2 还可知，即使输出电压为 10V，对于典型的±10%电网电压波动值，效率已低于 50%。正是线性稳压器的低效率和工频变压器笨重的缺陷促进了开关电源的研制和开发。

当然，线性稳压器由于噪声较低，仍然有应用价值，并且可能不会有过高的功率损耗。例如，如果存在一个合理的预调节输入（如后面介绍的一些开关型拓扑），则在需要较低噪声的情况下，线性稳压器是一个合理的选择。全集成电路的线性稳压器采用塑料封装时可提供高达 3A 的输出，采用金属外壳封装时可提供高达 5A 的输出。然而，当电流较高时，内部串联晶体管的损耗仍然会成为问题。接下来会介绍一些减小损耗的方法。

1.2.5　串联 PNP 型晶体管的低功耗线性稳压器

　　串联 PNP 型晶体管的线性稳压器最小压差可降低至小于 0.5V。因此，可以获得更高的效率，其原因结合图 1.3 分析如下。

　　图 1.3（a）为串联 NPN 型晶体管的情况。晶体管基极要求注入电流（I_b），产生电流的电压必须高于 V_o+V_{be}，约为 V_o+1V。若基极串联一个电阻，则电阻输入端电压必须高于 V_o+1V，以使电流流过。而最经济易行的方法是用初始直流电压向基极电阻供电。

　　但是，初始直流电压（电网电压低限输入时对应的纹波谷值）不能与 V_o+1V（额定基极输入电压）太接近。而且，串联电阻 R_b 的阻值必须很小，以使大电流输出时仍可提供足够的基极电流。在这种情况下，当电网电压高限输入（$V_{dc}-V_o$）很大时，R_b 将向基极提供过大电流，使大量电流转向电流放大器而加大其损耗。正是因为存在上述问题，所以要求电网电压低限输入时对应的纹波谷值电压必须比输出电压保持有 2.5V 的最小压差，以使 R_b 基本成为恒流电阻，流过 R_b 的电流在整个输入电网电压波动范围内基本不变。

　　然而，若串联 PNP 型晶体管，如图 1.3（b）所示，由于驱动电流是由公共地端经电流放大器获得，所以不会出现上述问题。V_{dc} 和 V_o 的差值只受串联晶体管 $V_{ce}\text{-}I_c$ 曲线弯度（Knee）的影响，这使串联 PNP 型晶体管时的最小压差可降低至小于 0.5V，从而提高了效率，特别是在低电压、大电流的应用场合效果更明显。

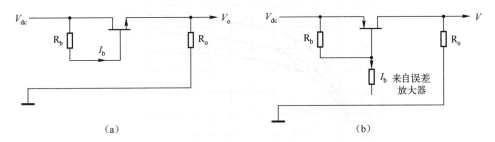

图 1.3　（a）串联 NPN 型晶体管的线性稳压器。基极驱动由 V_{dc} 经 R_b 提供，R_b 的电压一般最小
　　　　　为 1.5V 以提供足够的基极电流，这个电压加上基-射电压就产生 2.5V 的最小压差。
　　　　　（b）串联 PNP 型晶体管的线性稳压器。基极电流 I_b 是由负公共端经电流放大器获得
　　　　　的，最小压差不要求大于 2.5V，甚至可以取更小的压差

　　串联 PNP 型晶体管的集成线性稳压器现市场上有售，但因制造难度大，所以价格很高。
　　将 NPN 型晶体管放在负极回路中也可以获得同样的效果，这需要将正极作为公共端（在单路输出电源中，这种电路很容易实现）。
　　由以上分析可知，线性稳压器存在固有的缺陷，这也是目前为什么要发展更复杂的开关电路，以构造轻量、小型、高效的电源。

1.3　开关稳压器拓扑

1.3.1　Buck 开关稳压器

　　串联晶体管的高功耗和笨重的工频变压器使得线性稳压器在现代电子应用中失去了重

要地位。而且，高功耗串联器件所需要的大散热片和大体积储能电容增大了线性稳压器的体积。

随着电子技术的发展，电路的集成化使得电路系统的体积更小。一般的线性稳压器输出负载的功率密度仅为 $0.2\sim0.3\text{W/in}^3$，不能满足电路系统小型化的要求。而且，线性电源不能够提供数字存储系统所需要的足够长的保持时间。

取代线性稳压器的开关稳压器早在 20 世纪 60 年代就开始应用。一般这些新的开关电源使用开关管（译者注：本书中，将工作于开、关状态的半控型和全控型晶体管统称为"开关管"。）将输入直流电压斩波成方波。方波由占空比调节，并通过低通输出功率滤波得到直流输出电压。

通常滤波器是一个电感和输出电容。通过调节占空比，可以控制经过输出电容滤波的电压平均值。方波脉冲经过低通滤波器滤波后，得到的直流输出电压等于方波脉冲的平均值。Buck 开关稳压器典型的拓扑及其主要波形如图 1.4 所示。

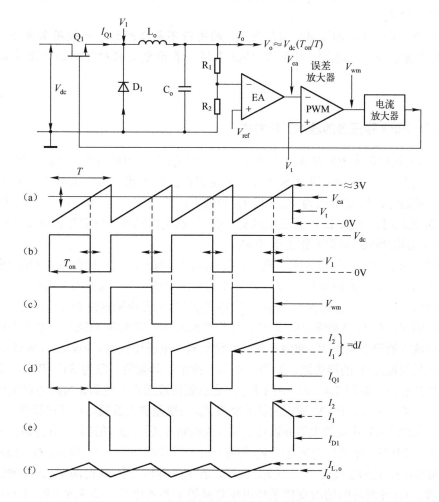

图 1.4   Buck 开关稳压器典型的拓扑及其主要波形

使用合适的 LC 滤波器可将方波脉冲平滑成无纹波直流输出，其值等于方波脉冲的平均值。整个电路采用输出负反馈，通过检测输出电压并结合负反馈控制占空比，稳定输出电压不受输入电网电压和负载变化的影响。

目前高频开关电源的功率密度可达 20W/in^3，而传统的线性调整器为 0.3W/in^3。此外，它们能够从单个输入产生多个隔离输出电压。它们不需要工频变压器，效率达到 75%～95%。有些 DC/DC 变换器功率密度可高达 50W/in^3。

1.3.1.1　Buck 稳压器的基本符号和波形

补充： Pressman 先生介绍了以下开关稳压器的恒频工作方式，在这类稳压器中，功率器件的导通时间（T_{on}）是可调的，而整个开关周期（T）是固定的，即开关频率（$1/T$）也是固定的。

比例 T_{on}/T 一般称为占空比。在某些书中，占空比用 $T_{on}/(T_{on}+T_{off})$ 表示，其中 T_{off} 是开关管的截止时间，因此 $T_{on}+T_{off}=T$。

除了恒频工作方式，还有导通时间固定而频率可调的工作方式，或者导通时间和频率均可调的工作方式。

在本书中，dI、di、dV、dv、dT 和 dt 的用法不是很严格，一般用来表示 ΔI、ΔV 和 Δt 的变化量。例如，$\Delta I/\Delta t$ 用导数 dI/dt 表述，表示电流相对时间的变化量或波形的斜率。

——K.B.

1.3.1.2　Buck 稳压器的基本工作方式

Buck 稳压器的基本电路如图 1.4 所示。开关管 Q$_1$ 与直流输入电压 V_{dc} 串联，通过 Q$_1$ 硬开通和硬关断，在 V_1 处产生方波电压。采用恒频控制方式，占空比可调，Q$_1$ 导通时间为 T_{on}。Q$_1$ 导通时，V_1 点电压为 V_{dc}（设 Q$_1$ 导通，压降为零），电流通过串联电感 L$_o$ 流入输出端。Q$_1$ 关断时，电感 L$_o$ 产生反电动势，使 V_1 点电压迅速下降到零，并变负值直至被二极管 D$_1$（也称续流二极管）钳位于-0.8V。

设此刻二极管 D$_1$ 压降也为零，则 V_1 点电压波形为矩形波，如图 1.4（b）所示，T_{on} 时段电压为 V_{dc}，其余时段电压为零。该方波的电压平均值为 $V_{dc}T_{on}/T$。L$_o$C$_o$ 滤波器接于 V_1 和 V_o 之间，使输出电压 V_o 成为幅值等于 $V_{dc}T_{on}/T$ 的无尖峰无纹波的直流电压。

采样电阻 R$_1$ 和 R$_2$ 检测输出电压 V_o，并将其输入误差放大器（EA）与参考电压 V_{ref} 进行比较。被放大的误差电压 V_{ea} 被输入到脉宽调制器（电压比较器）PWM。PWM 比较器的另一个输入是周期为 T 的锯齿波，如图 1.4（a）所示，其幅值一般为 3V。PWM 电压比较器产生矩形波脉冲，即图 1.4（c）中的 V_{wm}，它从锯齿波起点开始到锯齿波与误差放大器输出电压交点结束。因此，PWM 输出的脉冲宽度 T_{on} 与误差放大器输出电压成比例。

PWM 脉冲输入到电流放大器并以负反馈方式控制开关管 Q$_1$ 的通断。其逻辑关系是，若输入电压 V_{dc} 稍升高，则 EA 输出电压 V_{ea} 将降低，使锯齿波与 V_{ea} 交点提前，Q$_1$ 导通时间 T_{on} 缩短，使输出电压 $V_o=V_{dc}T_{on}/T$ 保持不变。同理，若 V_{dc} 下降，则导通时间 T_{on} 正比地延长，使 V_o 保持不变。Q$_1$ 导通时间的改变使采样电压总是等于参考电压，即 $V_oR_2/(R_2+R_1)=V_{ref}$。

1.3.2　Buck 稳压器的主要电流波形

相对于线性稳压器，开关稳压器技术的最大优势在于功率回路中的线性元件损耗非常小。

在开关稳压器中，开关管要么完全导通（只有非常小的功耗），要么完全截止（功耗可以忽略)。Buck 稳压器就是一个很好的例子,内部损耗非常小,具有较高的功率转换效率。

要想完全精确地了解电路的工作特点,有必要先了解整个电路的电流和电压的波形、幅值和工作时间。这里将详细分析一个周期的工作波形,从 Q_1 完全导通后开始分析。为便于分析,假设所有元件都是理想的,而且电路稳定工作,输入电压和输出电压恒定。

Q_1 完全开通时,V_1 点的电压等于电源电压 V_{dc}。由于 V_o 低于 V_{dc},电感 L_o 承受的电压为 $(V_{dc}-V_o)$。

由于电感上的电压恒定,所以流过电感的电流线性上升,斜率为 $di/dt=(V_{dc}-V_o)/L_o$[此时电感电流的波形为加在阶跃波顶部的一个斜坡,如图 1.4(d)所示]。

Q_1 关断时,V_1 点的电压迅速降到零,这是因为电感的电流不能突变,电感产生反电动势以维持原来建立的电流,若未接二极管 D_1,则 V_1 点电压会变得很负,以保持 L_o 上的电流方向不变。此时 D_1 导通,将电感 L_o 前端电压钳位于比地电位低一个二极管的导通压降。此时电感上的电压极性反相,流过电感和二极管的电流线性下降,Q_1 截止过程结束时,电流下降到初始值。

详细的描述如下:当 Q_1 关断时,电流 I_2(关断前流过 Q_1、L_o、输出电容 C_o 和负载)转移流向二极管 D_1、L_o、输出电容和负载,如图 1.4(e)所示。此时电感 L_o 上的电压极性反相,幅值为 V_o+1V,电感中的电流以 $di/dt=(V_o+1V)/L_o$ 的斜率线性下降,波形是下降的阶梯斜坡,如图 1.4(e)所示。在稳定运行状态下,Q_1 截止时间结束时,电感 L_o 的电流下降到 I_1,并仍然流过二极管 D_1、L_o、输出电容和负载。

此时,Q_1 再一次开通,电流逐渐取代二极管 D_1 的正向电流。当 Q_1 上的电流上升到 I_1 时,二极管 D_1 的电流降到零并关断,V_1 点的电压近似上升到 V_{dc},使 D_1 反偏截止。因为 Q_1 是硬开通,所以这个开通的过程非常快,一般小于 $1\mu s$。

这样,电感 L_o 上的电流是 Q_1 导通时的电流[见图 1.4(d)]和 Q_1 截止时 D_1 的电流[见图 1.4(e)]之和,即图 1.4(f)中的电流 $I_{L,o}$,该电流包含直流分量和以输出电流 I_o 为中点的三角波纹波分量 (I_2-I_1)。因此可推断图 1.4(d)和图 1.4(e)中波形斜坡的中点的电流值就是直流输出电流 I_o。随着输出电流 I_o 的改变,图 1.4(d)和图 1.4(e)中的斜坡中点也会变化,但斜坡的斜率不变。Q_1 导通时,电感 L_o 的斜坡斜率始终为 $(V_{dc}-V_o)/L_o$;Q_1 截止时,斜率始终为 $(V_o+1)/L_o$。

因为电感电流纹波的峰-峰值与输出电流平均值无关,当 I_o 减小使图 1.4(d)和图 1.4(e)中的电流纹波谷值达到零(此时的输出电流称为临界负载电流)时,电路的特性将发生很大的变化(这种情况将在后面的章节中详细介绍)。

1.3.3 Buck 稳压器的效率

为了对比 Buck 稳压器和线性稳压器的固有功率损耗,假设这两种拓扑都使用理想的晶体三极管 Q_1 和二极管 D_1。由图 1.4(d)和图 1.4(e)的电流波形,可以计算晶体管 Q_1 和续流二极管 D_1 的通态损耗,从而得到电路的效率。Q_1 关断时,承受最大电压 V_{dc},电流为零,损耗也为零。Q_1 导通时,有电流流过,电压为零,同时 D_1 承受 V_{dc} 反向偏压,流过 D_1 的电流为零,损耗也为零。

即使使用理想元件,线性稳压器也存在固有损耗。与线性稳压器不同的是,如果选用理想元件,开关稳压器的功率损耗可以达到零,效率为 100%。因此,Buck 稳压器的实际效率与元件的实际特性有关。因为半导体器件的特性总在不断改善,所以电路的效率将得到进一步的提高。

当使用实际元件时，Buck 电路的损耗主要是 Q_1 和 D_1 的通态损耗，以及电感中的绕组损耗。通态损耗与平均直流电流有关，相对容易计算。当考虑 Q_1 和 D_1 的开关损耗，以及电感的磁芯损耗时，电路开关损耗的计算将变得很复杂。

在开通和关断瞬间，Q_1 的开关损耗是由电流和电压的交叠产生的。D_1 的开关损耗与反向恢复有关，因为在反向恢复瞬间存在电流和电压应力。电感 L_o 的电流纹波在磁芯材料上产生磁滞和涡流损耗。下面将给出一些典型损耗的计算方法。

1.3.3.1　通态损耗和导通相关的效率的计算

当忽略二次效应和交流开关损耗时，通态损耗非常容易计算。由图 1.4（d）和图 1.4（e）可知，在 Q_1 和 D_1 导通时间内（T_{on} 和 T_{off}），电流平均值均为斜坡的中点值，即直流输出电流 I_o。由于在很宽的电流范围内，Q_1 和 D_1 的导通压降均为 1V，所以通态损耗可表达为

$$P_{dc} = L_{(Q_1)} + L_{(D_1)} = 1I_o \frac{T_{on}}{T} + 1I_o \frac{T_{off}}{T} = 1I_o$$

若忽略交流开关损耗，则与导通相关的效率为

$$\text{Efficiency} = \frac{P_o}{P_o + \text{losses}} = \frac{V_o I_o}{V_o I_o + 1I_o} = \frac{V_o}{V_o + 1} \tag{1.3}$$

1.3.4　Buck 稳压器的效率（考虑交流开关损耗）

补充：开关损耗的计算非常复杂，因为这种损耗与半导体特性的许多变量和开关器件的驱动方法有关，此外，与实际电路的设计（包括缓冲电路、负载和能量回馈的设计）因素有关（见第 11 章）。

除非所有以上因素都考虑，否则任何损耗的计算只能得到近似值，有可能与实际值相差很大，特别是在高频开关电源里。

第三版除了一些损耗计算方法的小改动，没有改动第二版中 Pressman 原来给出的损耗计算方法，因为这些方法介绍了开关损耗产生的机理。建议读者应用更实际的方法来计算实际损耗。许多半导体厂商已提供了开关损耗公式，特别是现在的快速 IGBT（绝缘栅双极型晶体管），这些公式适用于厂商提供的运行条件。如果可以实时精确地测量开关器件的电流和电压，则可以用某些高速数字示波器来测量开关器件的开关损耗（但对于非常高的开关频率，这仍难以实现）。

我建议的非常精确的损耗计算方法，是利用工作模型的公式来计算器件的温升。这个工作模型必须包含所有缓冲和负载成形等电路，可以用等效直流电流代替交流电流来计算器件的温升。这为利用简单的直流功率计算功率损耗提供了参考。这种方法可以用于优化驱动和负载成形电路，使得在工作时可以动态调整以使温升和开关损耗最小化。

——K.B.

交流开关损耗（或称电压/电流重叠损耗）可根据某时段内电压、电流动态曲线按照上升电流和下降电压的斜率计算。图 1.5（a）示出了最理想的曲线，但实际上它很难达到。

先看最理想的状态。开通时，电压、电流变化同时开始，同时结束。Q_1 电流从零上升到 I_o 的同时，Q_1 电压从最大值 V_{dc} 下降到零。开通期间，平均功率 $P(T_{ons}) = \frac{1}{T_{ons}} \int_0^{T_{on}} IV dt = I_o V_{dc} / 6$，

而整个周期的平均功率为$(I_o V_{dc}/6)(T_{ons}/T)$。

若考虑同样的理想状态，关断时电流下降和电压上升同时开始同时结束，则关断损耗，即电压、电流重叠损耗 $P(T_{offs}) = \dfrac{1}{T_{offs}} \displaystyle\int_0^{T_{off}} IV\mathrm{d}t = I_o V_{dc}/6$，整个周期的平均功率为$(I_o V_{dc}/6)(T_{offs}/T)$。

设 $T_{ons}=T_{offs}=T_s$，则总开关损耗（关断损耗与开通损耗之和）$P_{ac}=V_{dc}I_o T_s/(3T)$，效率为

$$
\begin{aligned}
\text{Efficiency} &= \frac{P_o}{P_o + \text{DC losses} + \text{AC losses}} \\
&= \frac{V_o I_o}{V_o I_o + 1 I_o + V_{dc} I_o T_s/(3T)} \\
&= \frac{V_o}{V_o + 1 + V_{dc} T_s/(3T)}
\end{aligned}
\tag{1.4}
$$

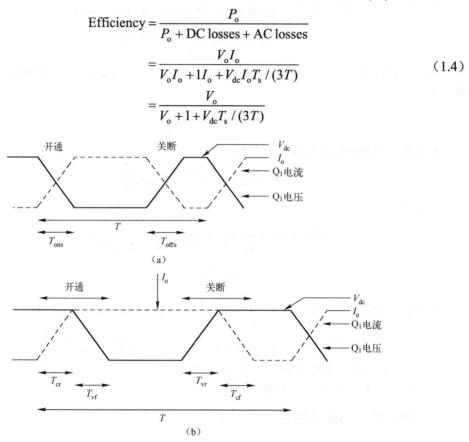

图 1.5 （a）最理想的开关管的开关波形中，电流和电压的转变同时开始，同时结束。

（b）最恶劣情况的波形，Q_1 开通时，电压保持最大值 $V_{dc(max)}$，直到电流达到最大值时才开始下降；关断时，电流保持恒定值 I_o，直至 Q_1 电压达到最大值 V_{dc} 时才开始下降

计算 Buck 稳压器的效率并将它与线性稳压器的效率进行比较是很有必要的。设一个 Buck 稳压器输入为 48V，输出为 5V，开关频率为 50kHz（$T=20\mu s$）。

若不考虑交流开关损耗，且设开关时间 T_s 为 0.3μs，则根据式（1.3）有

$$
\text{Efficiency} = \frac{5}{5+1} = 83.3\%
$$

若考虑如图 1.5（a）所示的最理想情况下的开关损耗，且 $T_s=0.3\mu s$、$T=20\mu s$，则由式（1.4）有

$$
\text{Efficiency} = \frac{5}{5+1+48\times 0.3/3\times 20} = \frac{5}{5+1+0.24} = \frac{5}{5+1.24} = 80.1\%
$$

若考虑如图 1.5（b）所示的最恶劣的情况（更接近实际情况）下，则稳压器的效率会更低。如图 1.5（b）所示，开通时，开关管的电压一直保持为最大值 V_{dc}，直到开通电流达到最

大幅值 I_o 时，电压才开始下降。电流上升时间 T_{cr} 接近于电压下降时间，则开通损耗为

$$P(T_{on}) = \frac{V_{dc}I_o}{2}\frac{T_{cr}}{T} + \frac{I_oV_{dc}}{2}\frac{T_{vf}}{T}$$

若设 $T_{cr}=T_{vf}=T_s$，则 $P(T_{on})=V_{dc}I_o(T_s/T)$。

由图 1.5（b）可知，关断期间，电流保持最大值 I_o，直到 T_{vr} 时间内电压上升到最大值 V_{dc} 时，电流才开始下降，在 T_{cf} 时间内下降到零，则总的关断损耗为

$$P(T_{off}) = \frac{I_oV_{dc}}{2}\frac{T_{vr}}{T} + \frac{V_{dc}I_o}{2}\frac{T_{cf}}{T}$$

同样，若设 $T_{cr}=T_{vf}=T_s$，则有 $P(T_{off})=V_{dc}I_o(T_s/T)$，总交流损耗（开通损耗与关断损耗之和）为

$$P_{ac} = 2V_{dc}I_o\frac{T_s}{T} \tag{1.5}$$

总损耗（直流损耗与交流损耗之和）为

$$P_t = P_{dc} + P_{ac} = 1I_o + 2V_{dc}I_o\frac{T_s}{T} \tag{1.6}$$

效率为

$$\text{Efficiency} = \frac{P_o}{P_o + P_t} = \frac{V_oI_o}{V_oI_o + 1I_o + 2V_{dc}I_oT_s/T}$$
$$= \frac{V_o}{V_o + 1 + 2V_{dc}T_s/T} \tag{1.7}$$

在最恶劣的情况下，对于同样工作于 T_s=0.3μs 的 Buck 稳压器，由式（1.7）可得效率为

$$\text{Efficiency} = \frac{5}{5+1+2\times48\times0.3/20} = \frac{5}{5+1+1.44} = \frac{5}{5+2.44} = 67.2\%$$

若使用线性稳压器将 48V 降为 5V，则由式（1.1）可知，效率为 $V_o/V_{dc(max)}$，即 5/48=10.4%。此时效率太低，不能接受。

1.3.5　理想开关频率的选择

Buck 稳压器的输出电压由 $V_o=V_{dc}T_{on}/T$ 决定，与导通时间和工作频率有关。

在设计电路时，人们首先会想到的是尽量选择高频率以减小滤波器件 L_o 和 C_o 的体积。但是，从整体上考虑，较高的开关频率不一定能减小稳压器的体积。

这可以从表示电路交流损耗的式（1.5）中看出，交流损耗与开关周期 T 成反比。此外，该式仅列出了开关管的损耗，而未考虑续流二极管 D_1 的损耗，因为 D_1 的反向恢复时间很短（反向恢复时间是二极管从其开始承受反向电压瞬间到停止流过反向漏电流所经历的时间）。续流二极管会带来明显的损耗，应使用反向恢复时间为 35ns 或更快的超快恢复二极管作为续流二极管 D_1。

简而言之，开关时间越长，损耗越大。缩短开关周期（增加频率）的确能减小滤波器件的体积，但会增加总损耗，且需要更大的散热器，因此，要在两者之间折中选取。

一般来说，随着开关频率的增大，Buck 稳压器的总体积可减小，开关损耗增大，需要更严格的高频布线和元器件，使得最后的设计方案不得不在各种元器件中折中选择。

注释： 性能更好、成本更低、速度更快的开关管和二极管在不断发展。在现有技术情况下，开关频率低于 100kHz 比较理想，因为元器件的选择、布线和变压器、电感设计的

要求不是很高，因此成本可能较低。一般而言，设计较高频率的电源，需要投入更多的时间，并需要更多的经验。

然而，有些高效率的电源已能工作于 MHz 级的开关频率。开关频率最终由设计者自己选择。在此，我不能给出开关频率限制的建议，因为随着技术的发展，开关频率可以不断提高。

——K.B.

1.3.6　设计例子

1.3.6.1　Buck 稳压器输出滤波电感（扼流圈）的设计

注释：输出电感和电容一般作为低通滤波器，而且在计算传递函数和环路补偿值时一般作为低通滤波器来处理。

然而，读者更喜欢将电感看作开关过程中维持电流相对恒定的元件（即当电力器件导通时，电感储存能量，当电力器件截止时，再将储存的能量传递给输出端）。

我认为，扼流圈可被看作一种电力电感，可以承受交流电压应力和直流电流分量。在第 7 章将介绍纯电感（直流电流分量为零）的设计与扼流圈（包含相当大的直流电流分量）的设计有很大区别。

——K.B.

输出电感（扼流圈）的电流波形如图 1.4（f）所示。它的双斜坡波形在 1.3.2 节有定义。注意电流斜坡的中点幅值等于直流输出电流 I_0 的平均值。

由前面的分析可知，当直流输出负载电流减小时，电流斜坡的斜率仍保持恒定（因为电感 L_0 的端电压恒定）。但是当负载电流减小时，纹波电流将整体向下移。

当负载电流为斜坡峰-峰值的一半，即 $I_0=(I_2-I_1)/2$ 时，斜坡的最低点正好降到零。在这个最低点，电感电流为零，储能为零。如果负载电流进一步减小，电感将进入不连续导电模式，电压和电流的波形，以及闭环传递函数将发生较大变化。

连续导电模式向不连续导电模式转变的过程如图 1.6（a）所示。[译者注：连续导电模式（CCM）表示电感电流总是大于零，即它是连续导电的；不连续导电模式（DCM）表示电感电流在一个周期中有一段时间为零，即它不是连续导电的；此外，还有临界导电模式（CRM），表示电感电流处于连续和不连续导电的临界状态。]图中给出了 Buck 稳压器的功率切换电流波形，工作频率为 25kHz，输入电压为 25V，输出电压为 5V，负载电流从额定电流 5A 降到 0.2A。

前两个波形均为阶梯斜坡，随电流减小阶梯值降低，斜坡中点电流接近于直流输出电流。

$I_0=0.95A$ 时[见图 1.6（a）中的第三波形]，斜坡阶梯刚好消失，电流波形斜坡的始端为零电流，这时电感进入不连续导电模式，此时负载电流为临界电流。从图 1.6（a）中前 3 个波形可见，Q_1 导通时间不变，但进入不连续导电模式以后，Q_1 导通时间会急剧下降。

在这个例子中，控制环路能够在整个负载范围内将输出电压控制在 5V，即使电感进入不连续导电模式。因此，这很容易让人产生错觉，认为电感进入不连续导电模式对电路工作没有影响。实际上，传递函数已发生变化（下面将讨论），控制环路必须适应这种变化。而且在 Boost 拓扑中，这种转变会产生一些问题。

对于 Buck 稳压器，电感进入不连续导电模式也没问题。在进入不连续导电模式之前，直流输出电压 $V_0=V_1T_{on}/T$。注意此公式与负载电流参数无关，所以当负载电流变化时，不需要调节占空比，输出电压仍保持恒定（Buck 稳压器的等效输出电阻非常低）。实际上，当输出电流变化时，导通时间也会稍微变化，这是因为 Q_1 的导通压降和电感电阻随着电流的变化而略有变化，这需要 T_{on} 做出适当的调整。

但进入不连续导电模式后，传递函数会发生很大的改变，$V_o=V_1T_{on}/T$ 的关系将不再适用，这可从图 1.6（a）中最后两个波形看到。图中 Q_1 的导通时间随直流输出电流的减小而显著下降。

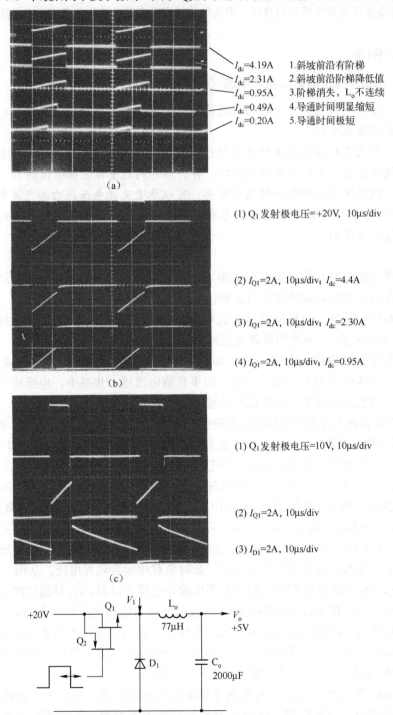

I_{dc}=4.19A　1.斜坡前沿有阶梯
I_{dc}=2.31A　2.斜坡前沿阶梯降低值
I_{dc}=0.95A　3.阶梯消失，L_o 不连续
I_{dc}=0.49A　4.导通时间明显缩短
I_{dc}=0.20A　5.导通时间极短

（a）

(1) Q_1 发射极电压=+20V，10μs/div

(2) I_{Q1}=2A，10μs/div；I_{dc}=4.4A

(3) I_{Q1}=2A，10μs/div；I_{dc}=2.30A

(4) I_{Q1}=2A，10μs/div；I_{dc}=0.95A

（b）

(1) Q_1 发射极电压=10V，10μs/div

(2) I_{Q1}=2A，10μs/div

(3) I_{D1}=2A，10μs/div

（c）

图 1.6　25kHz Buck 稳压器，随着流过电感 L_o 电流的减小，由连续导电模式进入不连续导电模式。由图 1.6（a）的上面 3 个波形可知，只有在连续导电模式下，导通时间才基本保持不变

提示：T_{on}/T 一般指占空比 D，连续导电模式时的电压公式可表述为 $V_o=V_1D$。但是在不连续导电模式下，占空比与负载电流有关，输出电压 V_o 定义为

$$V_o = \frac{V_1 \cdot 2D}{D + \sqrt{D^2 + (8L/(RT))}}$$

因为控制环路要控制输出电压恒定，负载电阻 R 与负载电流成反比例关系。假设 V_o、V_1、L 和 T 恒定，为了控制电压恒定，占空比 D 必须随着负载电流的变化而变化。

在临界转换电流处，传递函数从连续导电模式转变成不连续导电模式：工作在连续导电模式时，占空比保持恒定，不随负载电流而改变（相当于零输出阻抗）；工作在不连续导电模式时，占空比随负载电流减小而改变（相当于有输出阻抗）。因此，工作在不连续导电模式时，控制环路的设计较困难，而且瞬态特性将降级。

——K.B.

在进入不连续导电模式之前，电路改变直流输出电流是通过改变 Q_1 和 D_1 阶梯斜坡的阶梯值实现的，如图 1.4（d）和图 1.4（e）所示。这可在 Q_1 导通时间基本不变的条件下实现。

直流输出电流等于 Q_1 和 D_1 电流之和的平均值。如图 1.6（a）第 3 个波形和第 4 个波形所示，输出电流较小时，电感电流进入不连续导电模式，电流台阶部分已降到零，则只有通过减少 Q_1 导通时间来减小电流值，这可以通过负反馈环节自动调整占空比来实现。

图 1.7（a）和图 1.7（b）清楚地显示了波形的变化。从图 1.7（b）（2）可见，电感进入不连续导电模式时，Q_1 开通之前，D_1 电流正好下降到零。当电感 L_o 电流为零时，Q_1 的发射极电压等于输出电压。这会引起 Q_1 发射极电压的衰减振荡，即振铃现象，如图 1.7（b）（1）所示。其振荡频率由 L_o 和 Q_1、D_1 的寄生电容确定。

提示：电压振铃虽然不会损坏电路，但是为了抑制 RFI，必须给 D_1 并联一个 RC 缓冲电路。

——K.B.

1.3.6.2 连续导电模式的电感设计

前面的分析已显示，对于 Buck 稳压器，不连续导电模式不是必须重点考虑的问题。但是对于某些电路，特别是 Boost 拓扑，不连续导电模式需要重点分析。设计者可以通过电感的设计使电路在期望的负载电流范围内工作于连续导电模式。

在这个例子中，电感的选择应保证直流输出电流为最小规定电流（通常约为额定负载电流的 10% 或 $0.1I_{on}$，其中 I_{on} 是额定输出电流）时，电感电流也保持连续。

电感电流斜坡为 $dI=(I_2-I_1)$，如图 1.4（d）所示。因为当直流电流等于电感电流斜坡峰-峰值一半时，进入不连续导电模式，则

$$I_{o(min)}=0.1I_{on}=(I_2-I_1)/2 \text{ 或}(I_2-I_1)=dI=0.2I_{on}$$

而且

$$dI=V_LT_{on}/L=(V_1-V_o)T_{on}/L$$

式中，V_1 为 Q_1 发射极电压，并非常接近于 V_{dc}，所以

$$L = \frac{(V_{dc}-V_o)T_{on}}{dI} = \frac{(V_{dc}-V_o)T_{on}}{0.2I_{on}}$$

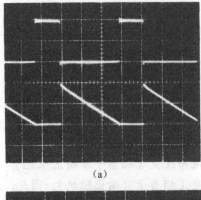

(1) Q_1发射极电压=10V，10μs/div

(2) I_{D1}=1A，10μs/div

可见，在再次导通之前，D_1电流刚好降到零，L_o电流为临界导电（开始不连续导电）

（a）

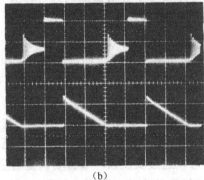

(1) Q_1发射极电压=10V，10μs/div

电感电流降为零，可见正弦衰减振荡。尽管振荡，反馈环将调整导通时间使输出稳定

(2) I_{D1}=1A，10μs/div

电感电流在再次导通之前已降为零，为不连续导电模式，这在直流输出电流小于斜坡峰 - 峰值时发生

（b）

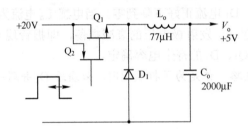

图 1.7　25kHz Buck 稳压器，Q_1 发射极电压和 D_1 电流波形。图（a）为临界导电模式，图（b）为不连续导电模式

式中，$T_{on}=V_oT/V_{dc}$，且 V_{dcn} 和 I_{on} 是额定值，所以

$$L = \frac{5(V_{dcn} - V_o)V_oT}{V_{dcn}I_{on}} \qquad (1.8)$$

因此，如果 L 由式（1.8）确定，则

$$dI=(I_2-I_1)=0.2\,I_{on}$$

式中，I_{on} 是额定直流输出电流下电感电流斜坡的中间值。

因为电感电流在 I_{on} 的±10%范围内波动，电感的设计应保证直流电流为 $1.1I_{on}$ 时仍不明显饱和。

7.6 节给出了电感器和扼流圈的最优化设计方法。

1.3.6.3　电感器（扼流圈）的设计

如前面的例子所述，当需要连续导电模式时，在整个负载电流范围内流过电感的电流不能为零。因此，电感必须承受直流电流分量，电感必须设计成扼流圈。

优良的扼流圈，在交流电压应力和直流偏置的情况下，仍具有较低且相对恒定的感应系数。一般扼流圈的磁芯可以采用带气隙的铁氧体磁芯，或者采用各种铁磁性合金粉末合成磁芯，包括铁粉芯或坡莫合金（一种镍铁合金）。这种铁粉芯由磁粉和树脂构成，内有均匀分布的气隙。电感值由式（1.8）计算，扼流圈的设计必须保证电流达到规定峰值电流（110%I_{on}）时不饱和。这种扼流圈的详细设计参见 7.6 节。

Buck 稳压器的最大电流范围由扼流圈的设计、功率成分的额定值、式（1.6）确定的直流损耗与交流损耗来决定。为了实现连续导电模式，最小电流不能小于额定值 I_{on} 的10%。若小于这个值，则负载调整将会稍微变差。

大部分的（90%）工业需要较大的负载范围，因此需要相对大的扼流圈，这有可能不能满足。然而，设计者可以采取某些折中的办法来灵活选择磁芯。如果扼流圈选择得较小[如式（1.8）所确定值的一半]，则电感会在电流等于额定电流的 1/5（而非 1/10）时就进入不连续导电模式。这将使负载调整稍微变差，所对应的最小电流值提高。但由于选用的电感值较小，因此在负载瞬变时，Buck 稳压器的响应较快。

1.3.7 输出电容

图 1.4 中输出电容 C_o 的选择必须满足一些特性的要求。C_o 并非理想电容，可等效为寄生电阻 R_o 和电感 L_o 与其理想纯电容 C_o 的串联，如图 1.8 所示。R_o 称为等效串联电阻（ESR），L_o 称为等效串联电感（ESL）。一般来说，如果考虑串联扼流圈 L_f 的纹波电流幅值，则总希望这个纹波电流的大部分分量流入输出电容 C_o。因此输出电压的纹波由输出滤波电容 C_o、等效串联电阻 R_o（ESR）和等效串联电感 L_o（ESL）决定。

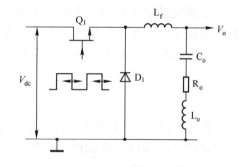

图 1.8 输出电容 C_o 及其寄生元件

对于低频纹波电流，L_o 可以忽略，输出纹波主要由 R_o 和 C_o 决定。

注释：实际的转变频率与电容器的设计有关，电容器的生产水平不断改善。转变频率一般大于 500kHz。

——K.B.

因此，大约低于 500kHz 时，L_o 可以被忽略。C_o 一般是大电解电容，因此在开关频率处，由 C_o 产生的纹波电压分量小于由 R_o 产生的纹波电压分量。因此在中频段，对于一阶系统，输出纹波接近等于 L_f 的交流纹波电流乘以 R_o。

有两个分别由 R_o 和 C_o 决定的纹波分量。由 R_o 决定的纹波分量与(I_2-I_1) [图 1.4（f）中电感斜坡电流峰-峰值]成正比，而由 C_o 决定的纹波分量与流过 C_o 电流的积分成正比，两者相位不同。但考虑最恶劣的情况，假设它们同相叠加。

为估算这些纹波分量并选择电容，必须要知道 R_o 的值，而电容厂家很少直接给出该值。但从一些厂家的产品目录可以认定，对很大范围内不同电压等级不同容值的常用铝电解电容，其 $R_o C_o$ 近似为常数，为 $50×10^{-6} \sim 80×10^{-6}\Omega F$。

补充：低 ESR 的电解电容已投入使用，ESR 值由厂家提供。如果选择低 ESR 值的电容，那么在下面的计算中将使用较低的 ESR 值。

——K.B.

下面举例说明典型 Buck 稳压器容性和阻性纹波分量的计算。

设计例子：

设 Buck 稳压器的开关频率为 25kHz，输入电压为 20V，输出电压为 5V，I_{on}=5A。要求在连续导电模式且负载为 10%额定负载时，纹波电压小于 50mV。

假设最小负载是 10%额定负载，则 $I_{on(min)}$=0.1×I_{on}=0.5A，根据式（1.8）有

$$L = \frac{5(V_{dcn} - V_o)V_o T}{V_{dcn}I_{on}} = \frac{5(20-5)5 \times 40 \times 10^{-6}}{20 \times 5} = 150(\mu H)$$

式中，斜坡峰-峰值$(I_2 - I_1)$=0.2I_{on}=1A。

如果假设输出纹波电压的大部分分量由电容器 ESR（R_o）值产生，则可以选择电容器使得 ESR 值满足纹波电压的要求，如下所示。

设阻性纹波电压峰-峰值 V_{rr}=0.05V，则需要的 ESR 值为 $R_o = V_{rr}/dI = 0.05/(I_2 - I_1) = 0.05\Omega$。

利用前面介绍的典型 ESR 值/电容值关系式（$R_o C_o$=50×10⁻⁶ΩF），得

$$C_o = 50 \times 10^{-6}/0.05 = 1000(\mu F)$$

接下来设计由电容产生的纹波电压分量，其中 C_o=1000μF。

下面根据图 1.4（d）计算容性纹波电压 V_{cr}。从图 1.4（d）可见，从导通时段中点到截止时段中点或半个周期内，例子中为 20μs，纹波电流为正。该三角波电流的平均值为 $(I_2 - I_1)$/4=0.25A，所以此平均电流在 C_o 上产生的纹波电压为

$$V_{cr} = \frac{It}{C_o} = \frac{0.25 \times 20 \times 10^{-6}}{1000 \times 10^{-6}} = 0.005V$$

图 1.4（f）中，I_o 线下的纹波电流将产生另外的 0.005V 纹波电压，使整个容性纹波电压峰-峰值为 0.01V。在此例中，电容造成的电压纹波远比 ESR 电阻 R_o 造成的电压纹波小，因此可以忽略。

这样，本例中滤波电容的选择，通常是通过选择合适的 R_o 来满足输出纹波电压峰-峰值的，因此有

$$R_o = \frac{V_{or}}{I_2 - I_1} = \frac{V_{or}}{0.2I_{on}} \tag{1.9}$$

根据 $R_o C_o$ 的平均值（通常为 65×10⁻⁶ΩF）来求解 C_o，即

$$C_o = \frac{65 \times 10^{-6}}{R_o} = (65 \times 10^{-6})\frac{0.2I_{on}}{V_{or}} \tag{1.10}$$

以上有关输出电压纹波主要由滤波电容的 ESR 值决定的详细论述，可参阅 K. V. Kantak 的论文[1]。该论文作者认为，若 $R_o C_o$ 大于开关管的截止和导通时间的一半（通常如此），则如本例所述，输出纹波仅由 ESR 值决定。

1.3.8 基于 Buck 稳压器的隔离半稳压输出

为了实现不同的控制功能，电路中通常需要低功率的辅助输出，这可以通过添加几个

辅助元件来实现，如图 1.9 所示，辅助输出的调整率一般为 2%～3%。

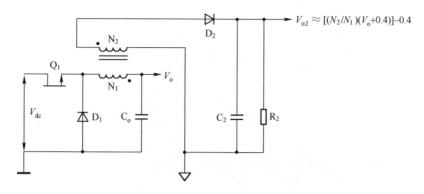

图 1.9 利用输出电感做变压器时，Buck 稳压器可以实现二次侧隔离输出。二次侧输出与输入地直流隔离，由于一次侧在 Q_1 截止时由稳定电压 V_o 经 D_1 放电，所以输出误差为 2%～3%

由图 1.4 可见，稳压器初始直流输入与稳压后的输出电压共地。图 1.9 中，输出的滤波电感附加了匝数为 N_2 的绕组。其输出接二极管 D_2 和电容 C_2 做整流滤波。N_1 和 N_2 的同名端如图 1.9 所示。Q_1 截止时，N_1 的异名端电压极性变负并被续流二极管 D_1 钳位于比地低一个二极管导通压降的电压。由于 V_o 在输入和负载变化情况下保持恒定，所以只要续流二极管 D_1 的电流保持不变，则 N_1 上的电压也恒定。D_1 是低导通压降的肖特基二极管，导通压降在很宽的电流范围内均约为 0.4V。

这样，当 Q_1 截止时，加在 N_2 上的电压为 $N_2/N_1(V_o+0.4)$，且同名端为正。设 D_2 也为肖特基二极管，则经 D_2 和 C_2 整流，输出 $V_{o2}=N_2/N_1(V_o+0.4)-0.4$。由于 Q_1 导通时，D_2 反偏，所以输出与 V_{dc} 无关。电容 C_2 应该选择得足够大，以保证在较长的 Q_1 导通时间内输出电压不会下降。由于 N_1 和 N_2 是互相隔离的，所以辅助输出与主电路中的其他元件相互隔离。

提示：这种技术在某些场合有用，但是要谨慎使用。因为辅助输出是在电感电动势反向期间从主电路输出取能量的，所以主电路输出功率必须比辅助电源的功率大很多以使 D_1 导通。如果要保持有辅助输出，需要限定主电路输出的最小负载。如果用辅助输出驱动控制电路可能会出问题，系统可能不能启动。

——K.B.

1.4 Boost 开关稳压器拓扑

1.4.1 基本工作原理

图 1.4 所示的 Buck 稳压器的缺陷是只能将较高的电压降为较低的电压，因此 Buck 稳压器通常也被称为降压稳压器。

图 1.10 所示的 Boost 稳压器是将较低的未调整输入电压升为较高的调整输出电压。该电路被称为升压稳压器或升压电感变换器。其工作如下所述。

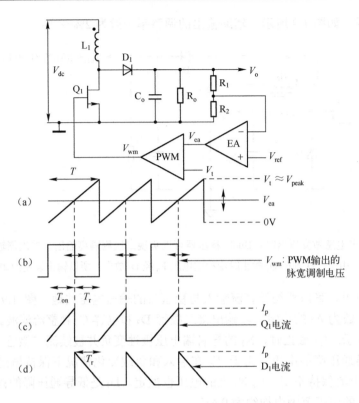

图 1.10　Boost 稳压器及其主要波形。Q_1 关断时，L_1 的极性颠倒；Q_1 导通时，L_1 存储的能量经
D_1 以更高电压释放给输出负载

在 V_{dc} 和开关管 Q_1 之间串联电感 L_1。当 Q_1 导通时，电流从电感 L_1 的下端流入 Q_1。当 Q_1 截止时，电流从电感 L_1 的下端通过整流二极管 D_1 输送给输出电容 C_o 及负载。

假设输出电压和电流已建立，电路已稳定运行，当 Q_1 导通时（T_{on}），二极管反偏截止，L_1 的电流线性上升达到峰值 $I_p = V_{dc}T_{on}/L_1$。

由于在 Q_1 导通时段输出电流完全由 C_o 提供，所以 C_o 应选得足够大，以使在 T_{on} 时段向负载供电时，电压降最小并满足要求。

Q_1 关断时，由于电感电流不能突变，L_1 的电压极性颠倒，L_1 异名端电压相对同名端为正。L_1 同名端电压为 V_{dc}，且 L_1 经 D_1 向 C_o 充电，使 C_o 两端电压（泵升电压）高于 V_{dc}。此时电感储能给负载提供电流，并补充 C_o 单独向负载供电时损失的电荷。V_{dc} 在 Q_1 截止时段也向负载提供能量。

输出电压的调整是通过负反馈环控制 Q_1 导通时间实现的。若直流负载电流上升，则导通时间会自动增加，为负载提供更多能量。若 V_{dc} 下降而 T_{on} 不变，则峰值电流即 L_1 的储能会下降，导致输出电压下降。但负反馈环会检测到电压的下降，并通过增大 T_{on} 来维持输出电压恒定。

1.4.2　Boost 稳压器的不连续导电模式

提示：Boost 稳压器有两个非常不同的工作模式，这些工作模式与电感的状态条件有关。

如果一个周期结束时，电感电流已降到零，则工作在不连续导电模式。如果一个周期结束时，电感电流没有降到零，则工作在连续导电模式。

当介绍开关稳压器时，输出滤波电容一般不包含在变换器的分析中。因此，开关稳压器的输出电流不是输出到负载的直流电流，而是流入输出电容和负载的合成电流，输出电容和负载是并联的。

与 Buck 稳压器不同，Boost 稳压器的输入电流是连续的（有一些纹波），输出电流对于任何工作模式都是不连续的。因此，连续导电模式和不连续导电模式只是针对电感的电流而言的。

这两种工作模式的传递函数非常不同，因此电路的瞬态特性和稳定性也非常不同，这将在第 12 章详细介绍。

——K.B.

本小节详细地介绍不连续导电模式，并建立能量和控制的公式。在这种模式中，电感的能量在 Q_1 截止时完全传递给输出端。

当 Q_1 导通时，L_1 的电流线性上升达到峰值 $I_p=V_{dc}T_{on}/L_1$。能量储存在 L_1 中，导通结束时，储存的能量为

$$E = 0.5L_1I_p^2 \tag{1.11}$$

式中，E 的单位为 J，L_1 的单位为 H，I_p 的单位为 A。

若 Q_1 下次导通之前，流过 D_1 的电流已下降到零，则认为上次 Q_1 导通时存储在 L_1 中[见式(1.11)]的能量已释放完毕，电路工作在不连续导电模式。

一定时间 T 内，输送到负载的能量 E 被称为功率。若 E 的单位为 J，T 的单位为 s，则功率的单位为 W。所以如果每周期一次性地将式（1.11）确定的所有能量都传递到负载，则只从 L_1 传递到负载的功率（假设传递效率为 100%）就有

$$P_L = \frac{0.5L_1I_p^2}{T} \tag{1.12}$$

而在 Q_1 截止期间（图 1.10 中 T_r 时段），L_1 的电流线性下降到零，同样的电流由 V_{dc} 提供，并流经 L_1 和 D_1 给负载提供能量 P_{dc}，其值为 T_r 时段的平均电流乘以占空比和 V_{dc}，即

$$P_{de} = V_{de}\frac{I_p}{2}\frac{T_r}{T} \tag{1.13}$$

输送到负载的总功率为

$$P_t = P_L + P_{dc} = \frac{0.5L_1I_p^2}{T} + V_{dc}\frac{I_p}{2}\frac{T_r}{T} \tag{1.14}$$

将 $I_p=V_{dc}T_{on}/L_1$ 代入式（1.14），得

$$P_t = \frac{(0.5L_1)}{T}\left(\frac{V_{dc}T_{on}}{L_1}\right) + V_{dc}\frac{V_{dc}T_{on}}{2L_1}\frac{T_r}{T} = \frac{V_{dc}^2T_{on}}{2TL_1}(T_{on}+T_r) \tag{1.15}$$

为保证 L_1 的电流在 Q_1 下次导通之前已下降到零，令 $(T_{on}+T_r)=kT$，其中 $k<1$，则

$$P_t = \frac{V_{dc}^2T_{on}}{2TL_1}(kT)$$

若设输出电压为 V_o，输出负载电阻为 R_o，则

$$P_t = \frac{V_{dc}^2T_{on}}{2TL_1}(kT) = \frac{V_o^2}{R_o}$$

或

$$V_\mathrm{o} = V_\mathrm{dc}\sqrt{\frac{kR_\mathrm{o}T_\mathrm{on}}{2L_1}} \tag{1.16}$$

因此，负反馈环将根据式（1.16）对输入电压变化和负载变化进行调整，以保持输出稳定。如果 V_dc 和 R_o 下降或上升，则反馈环会增大或减小 T_on 来保持 V_o 恒定。

1.4.3　Boost 稳压器的连续导电模式

1.4.2 节已提到，若 D_1 的电流[见图 1.10（d）]在 Q_1 下次导通之前下降到零，则称电路工作在不连续导电模式。

若电流在截止时间结束时还未下降到零，则由于电感电流不能突变，Q_1 下次导通时电流上升会有一个阶梯。Q_1 和 D_1 的电流将呈典型的阶梯斜坡形状，如图 1.11 所示。

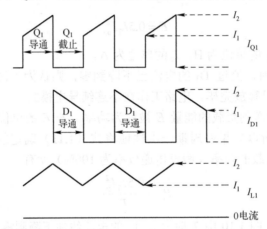

图 1.11　连续导电模式下 Boost 稳压器 Q_1、D_1 和 L_1 的电流波形。电感 L_1 在 Q_1 再次导通前，
没有足够的时间将所有能量释放给负载

此时电路工作在连续导电模式，因为在一个工作周期里电感电流始终大于零。

假设反馈环能控制输出电压恒定，则当 R_o 或 V_dc 减小时，反馈环会增加 Q_1 导通时间 T_on，以保持输出电压恒定。当负载电流增加，R_o 或 V_dc 持续减小时，T_on 增大，到下次导通之前，Q_1 和 D_1 电流仍未降到零，如图 1.10 和图 1.11 所示，此时电路进入连续导电模式。

能使不连续导电模式下反馈环稳定工作的误差放大电路，不一定能使连续导电模式下的反馈环稳定，会产生振荡。反馈环理论分析认为，连续导电模式时，Boost 电路的传递函数存在右半平面零点（right-half-plane-zero）[2]。稳定有右半平面零点的反馈环的唯一办法是大幅减小误差放大器的带宽。

提示：简而言之，在不连续导电模式中，电感和 D_1 的电流有一段时间为零。也就是在能量传递期间（Q_1 截止和 D_1 导通期间）和能量存储期间（Q_1 导通和 D_1 截止期间）有一小段时间间隙。这个时间裕量（死区）对电源系统运行特性非常重要，在连续导电模式不会存在。

充分了解这两种导电模式是非常重要的，因为在具有 Boost 功能的任何开关拓扑里，它的影响非常大。为了更好地理解这一点，我们将分析 Boost 拓扑在连续导电模式下负载突然增大时电路的响应特性。

假设一个连续导电模式的 Boost 电路已进入稳定运行状态，输出电压和负载电流稳定，电感电流连续。当负载电流突然增大时，输出电压将有下降的趋势，此时控制环路将增加 Q_1 的导通时间，以增大电感 L_1 中的电流。然而，需要经过几个周期，电感 L_1 中的电流才能非常大（由电感值、输入电压和 Q_1 导通时间的实际增量决定）。

必须注意的是，增加导通时间的直接影响是缩短截止时间（因为总周期是固定的）。因为 D_1 只在 Q_1 截止期间才导通（而且导通时间缩短），平均输出电流开始减小，而不是增大。因此，当试图增大输出电流时，直接影响是输出电流减小，需要经过几个周期电感电流的增大来慢慢自我校正。

从控制理论的角度来看，在 L_1 电流增大的瞬态期间，短时间内这种效应会给闭环控制系统带来额外的 $180°$ 相移。在控制理论方面，这转化为传递函数的右半平面中的零，是小信号传递函数中右半平面零点的原因。

注意，这种影响与电源器件的动态特性有关，并且不能通过控制电路改变。实际上，高增益快速响应的控制电路将导致第一个驱动脉冲的宽度达到饱和，并且使传递到输出端的电流为零。因此，右半平面零点不能由环路补偿网络抵消。唯一的办法是降低驱动脉冲宽度的增大速度，以使输出电压不至于跌落得太严重。

在不连续导电模式中，电路的特性非常不同。小时间间隙裕量允许导通时间增加而不缩短截止时间（在有限的裕量内），所以前面遇到的问题在这里不会发生，假设这个裕量足够大以满足脉冲宽度的调节。

连续导电模式时，任何具有 Boost 功能的变换器都会存在右半平面零点。反激变换器是一个典型的例子，见第 12 章和文献[2]。

——K.B.

1.4.4 不连续导电模式的 Boost 稳压器的设计

基于前面的分析，设计者可能希望 Boost 稳压器在所有工作条件下都工作在不连续导电模式。

从图 1.10（d）可见，当 Q_1 再次导通时，D_1 的电流正好降到零。这是不连续导电模式和连续导电模式的临界点。

式（1.16）给出了临界值公式，V_{dc}、T_{on}、R_o、L_1 和 T 的特定组合使流过 L_1 和 D_1 的电流正好在 Q_1 导通前降到零。在图 1.10（d）的临界点，V_{dc} 或 R_o 的任何微小减少（负载电流上升）都会导致电路进入连续导电模式。若误差放大器未针对连续导电模式设计，则会引起振荡。

为避免这种情况，应恰当选择 T_{on}，以保证在 T_{on} 最大（V_{dc} 和 R_o 均为规定的最小值）时，D_1 电流也能降为零，并且与 Q_1 再次导通之间仍留有一定的死区时间 T_{dt}。

同时，D_1 的电流下降到零时，L_1 磁芯的磁感应强度-磁场强度（B-H）值必然恢复（或称复位）到磁滞回线的起始点，如图 1.12 的 B_1 点所示。若 B-H 值不能完全恢复到 B_1 点，则若干周期后，起始点将向上漂移，使磁滞回线上移，有可能使磁芯饱和。由于磁芯饱和时，电感的阻抗降低，只等于绕线电阻（此时不能抑制电压），电源电压突然施加到开关管集电极，当线路的电阻非常小甚至可以忽略时，会损坏开关管。

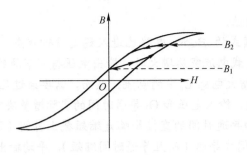

图 1.12 磁滞回线。电感磁芯的磁滞回线不允许上移或下移。若 *B-H* 值在某一给定伏秒数情况下从磁滞回线上的 B_1 点移到 B_2 点，则它必须在相反的方向上承受相等的伏秒数，以便在 Q_1 再次导通之前恢复到 B_1

在这个例子中，为保证电路工作在不连续导电模式，设定整个周期的 20% 为死区时间 T_{dt}。这样，最大导通时间加上磁芯复位时间和死区时间就构成了整个周期，如图 1.13 所示。这将保证 L_1 的电流在 Q_1 导通前降到零。

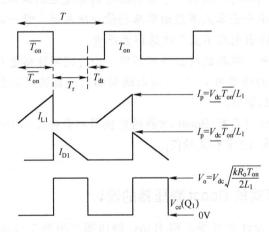

图 1.13 Boost 稳压器不连续导电模式时的波形具有 20% 死区裕量。对不连续导电模式，D_1 的电流必须在下次导通之前降到零（见图 1.10）。为此，电感 L_1 的选择应保证 $T_{on(max)} + T_r = 0.8T$（留有 $0.2T$ 的死区时间）

若在符号下面加下画线表示规定的最小值，加上画线表示规定的最大值，则 $\overline{T_{on}} + T_r + T_{dt} = T, \overline{T_{on}} + T_r + 0.2T = T$，或

$$\overline{T_{on}} + T_r = 0.8T \qquad (1.17)$$

从式（1.16）可知，最大导通时间 $\overline{T_{on}}$ 出现在 V_{dc} 和 R_o 最小时。这样，设 $\underline{V_{dc}}$ 和 $\underline{R_o}$ 最小时，导通（置位）伏秒数与截止（复位）伏秒数相等，则有

$$\underline{V_{dc}} \overline{T_{on}} = (V_o - \underline{V_{dc}}) T_r \qquad (1.18)$$

式（1.17）和式（1.18）中只有两个未知数，T_{on} 和 T_r 可联合求解，则 $\overline{T_{on}}$ 为

$$\overline{T_{on}} = \frac{0.8T(V_o - \underline{V_{dc}})}{V_o} \qquad (1.19)$$

若式（1.16）中 $\underline{V_{dc}}$ 和 $\underline{R_o}$（最大负载电流）为已知，则由式（1.19）计算出 $\overline{T_{on}}$，并从

式（1.17）知 $k = (\overline{T_{\text{on}} + T_{\text{r}}})/T$。

L_1 是固定的，因此电路保证不会进入连续导电模式。若输出负载电流意外增加超过最大设定值（即 R_{o} 减小超过其最小设定值）或 V_{dc} 下降低于最小设定值，则反馈环会增加 T_{on} 来保持 V_{o} 恒定。这样就会占用死区时间，使电路的工作更接近连续导电模式。为避免这种情况的发生，必须采用钳位电路来限制最大导通时间或最大峰值电流。

提示：一种适用于所有情况的好方法是禁止 Q_1 导通，直到电感电流降到零。对于恒频控制，这种方法会限制负载电流。也可以改用变频控制，这也是经常采用的。

——K.B.

若 L_1 已由式（1.16）求出，且 $\overline{V_{\text{dc}}}$ 为已知，$\overline{T_{\text{on}}}$ 由式（1.19）计算得到，则 Q_1 的峰值电流可根据式（1.14）求解，并可根据 I_{p} 来选择有足够增益的开关管。

由于元器件成本非常低，在低功率非隔离应用场合，经常采用 Boost 稳压器。一个典型的应用是用于印制电路板，将 5V 计算机逻辑电平升压到 12V 或 15V，给放大器供电。

在电池供电电源的较高功率应用场合，由于电池的放电，输出电压降幅非常大。许多额定电压为 12V 或 28V 的电池，当其电压降到 9V 或 22V 时会产生问题。Boost 稳压器经常用于这种场合，将电压升压回 12V 或 28V。在这类应用场合中，功率范围可达 50～200W。

1.4.5　Boost 稳压器与反激变换器的关系

前面已对 Boost 稳压器进行了详细的介绍，因为在许多变换器组合里具有 Boost 功能。例如，用变压器（带有二次绕组的扼流圈）替代电感，就可以得到很有价值且应用广泛的反激变换器拓扑。

与 Boost 稳压器类似，反激变换器在开关管导通期间将能量储存于磁性元件，而在截止期间向负载释放能量。

因为二次绕组与输入端隔离，输出端不需要共地。另外，采用多个二次绕组，可获得升压或降压的多组输出，而且可以共地也可以相互隔离。

反激变换器的连续和不连续导电模式及设计关系和方法与 Boost 稳压器类似，具体内容将在第 4 章详细讨论。

1.5　Buck-Boost 稳压器

1.5.1　基本工作原理

Buck-Boost 稳压器的拓扑如图 1.14 所示，提供反极性电压。其基本工作原理与前面介绍的 Boost 稳压器相似，在 Q_1 导通期间能量储存于电感，Q_1 截止期间将储存的能量传递给输出负载和 C_{o}。

将图 1.14 与图 1.10 比较可知，开关管和电感换了位置。Buck-Boost 稳压器的开关管位于电感上部，而 Boost 稳压器的开关管位于电感下部。整流二极管的连接方向也相反。

Q_1 导通时，因为二极管 D_1 的阴极电压为 V_{dc}（假设 Q_1 导通压降为零），而且稳态时，C_{o} 已充电到某一负电压，致使二极管反偏截止。由于恒定电压 V_{dc} 施加在 L_{o} 上，所以电流以 $\text{d}i/\text{d}t = V_{\text{dc}}/L_{\text{o}}$ 的斜率线性上升。

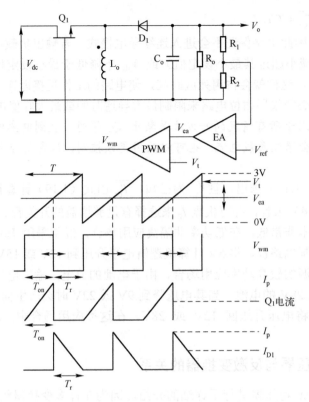

图 1.14 Buck-Boost 稳压器及其典型波形

经过导通时间 T_{on}，电感 L_o 的电流达到 $I_p=V_{dc}T_{on}/L_o$，L_o 存储的能量 $E=0.5L_oI_p^2$（J）。Q_1 关断时，L_o 的电压极性反向以保持电流不变。所以关断瞬间，与 Q_1 关断前相同的电流 I_p 流过 C_o 和 D_1。这个电流线性下降并给电容充电，电容电压极性为上负下正。

几个周期之后，误差放大器调节 Q_1 导通时间 T_{on} 使输出采样电压 $[V_oR_2/(R_1+R_2)]$ 等于参考电压 V_{ref}。此外，若 L_o 的储能在 Q_1 再次导通之前全部释放完毕（I_{D_1} 在导通之前降为零），则电路工作在不连续导电模式，提供给负载的功率为

$$P_t = \frac{0.5L_oI_p^2}{T} \tag{1.20}$$

但要注意，Buck-Boost 稳压器与 Boost 稳压器不同，Q_1 截止时存储电流并不流经电源[见式（1.13）]，因此提供给负载的功率只有式（1.20）一项。设效率为 100%，则输出功率为

$$P_o = \frac{V_o^2}{R_o} = \frac{0.5L_oI_p^2}{T} \tag{1.21}$$

又因为 $I_p=V_{dc}T_{on}/L_o$，则有

$$V_o = V_{dc}T_{on}\sqrt{\frac{R_o}{2TL_o}} \tag{1.22}$$

1.5.2 Buck-Boost 稳压器设计

与 Boost 稳压器电路类似，Buck-Boost 稳压器通过保证 Q_1 导通期间储存在 L_o 的电流，

在 Q_1 截止期间 T_r 结束时能够降到零,以保证其工作在不连续导电模式。为了确保这个工作过程能够实现,可以在 Q_1 导通前设置一个 $0.2T$ 的死区时间 T_{dt} 裕量。这样 $\overline{T_{on}} + T_r + T_{dt} = T$,设 $T_{dt}=0.2T$,则有

$$\overline{T_{on}} + T_r = 0.8T \qquad (1.23)$$

此外,与 Boost 稳压器一样,Buck-Boost 稳压器要求导通伏秒数与截止伏秒数相等,以防止磁芯饱和。由于最大 T_{on} 发生在最小 V_{dc} 和 R_o(电流最大)时[见式(1.22)],所以有

$$\underline{V_{dc}}\,\overline{T_{on\,r}} = V_o T_r \qquad (1.24)$$

式(1.23)和式(1.24)中只有两个未知量:$\overline{T_{on}}$ 和 T_r,则可求出 $\overline{T_{on}}$ 为

$$\overline{T_{on}} = \frac{0.8V_o T}{\underline{V_{dc}} + V_o} \qquad (1.25)$$

于是,$\overline{T_{on}}$ 可由式(1.25)求出,并且 $\underline{V_{dc}}$、$\underline{R_o}$、V_o 和 T 已确定,根据式(1.22)即可求出 L_o。另外,根据 $I_p = \underline{V_{dc}}\,\overline{T_{on}}\,/\,L_o$,可求出 I_p,并可根据 I_p 选择有合适增益的开关管 Q_1。

参考文献

[1] K. V. Kantak, "Output Voltage Ripple in Switching Power Converters," in *Power Electronics Conference Proceedings*, Boxborough, MA, pp. 35–44, April 1987.
[2] K. Billings, *Switchmode Power Supply Handbook*, New York: McGraw-Hill, 1999, Chap. 9.

第2章　推挽和正激变换器拓扑

2.1　简介

第 1 章所讨论的三种开关稳压器有一个共同的特点，即输出回路与输入回路共地，这样就无法实现多路输出（1.3.8 节所讨论的特殊情况除外）。

本章将讨论几种最为常用的隔离型开关稳压器拓扑，包括推挽变换器、单端正激变换器、双端正激变换器以及交错并联正激变换器。它们有很多相同之处，可以归为一类。这几种拓扑结构都是通过高频变压器将能量传递到负载端，由于输出端和输入端直流隔离，因此可以实现多路输出。

2.2　推挽拓扑

2.2.1　基本工作原理（主/辅输出结构）

推挽拓扑如图 2.1 所示。主变压器 T_1 包含多个二次绕组。每个二次绕组都产生一对相位互差 180° 的方波脉冲，脉冲幅值由输入电压以及一次、二次绕组匝比决定。

所有二次绕组的脉冲宽度都相同，均由主输出回路的负反馈控制电路决定。其控制电路与图 1.4 所示的 Buck 稳压器和图 1.10 所示的 Boost 稳压器的控制电路相似，不过在推挽电路中，开关管 Q_1 和 Q_2 由两个相等的脉宽可调、相位互差 180° 的脉冲驱动。另外两个二次绕组 N_{s1} 和 N_{s2} 为辅输出。

开关管导通期间，基极驱动电压必须足够大，以使在整个额定电流范围内，都能够把每个一次侧半绕组的开关端电压拉低到开关管饱和导通压降 $V_{ce(sat)}$，通常约为 1V。因此，当任意一个开关管导通时，对应半个一次绕组上的方波电压幅值为 $V_{dc}-1V$。

变压器二次侧是一个导通时间为 T_{on}、幅值为 $(V_{dc}-1)(N_s/N_p)-V_d$ 的平顶方波。此处 V_d 为整流二极管的正向压降，对于传统的快速恢复二极管一般取 1V，对于肖特基（Schottky）二极管取 0.5V。因为每个周期都有两个脉冲，因此整流二极管阴极输出脉冲的占空比为 $2T_{on}/T$。

因此，图 2.1 中 LC 滤波器的输入波形和图 1.4 所示的 Buck 稳压器 LC 滤波器上的输入波形相似，波形为平顶且脉宽可调。图 2.1 中 LC 滤波器和图 1.4 所示的 LC 滤波器的功能相同，都提供一个大小为方波平均值的直流输出。电路中电容和电感的功能与 Buck 稳压器的功能完全相同，其值的计算方法请详见下面的分析。

图 2.2（假设 D_1 和 D_2 是肖特基二极管，正向压降为 0.5V）中，输出为 V_m 的直流或平均电压为

$$V_m = \left[(V_{dc}-1)\left(\frac{N_m}{N_p}\right) - 0.5 \right] \frac{2T_{on}}{T} \tag{2.1}$$

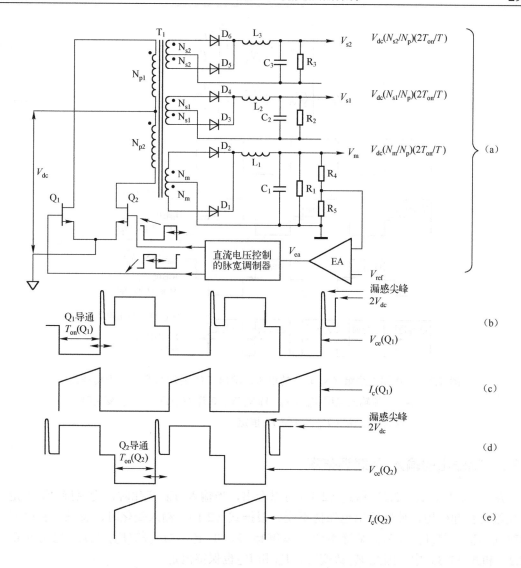

图 2.1　推挽脉宽调制变换器。开关管 Q_1 和 Q_2 由两个相位相差 180° 的脉宽调制信号驱动。变
　　　　换器的输出包括一个主输出（V_m）和两个辅输出（V_{s1} 和 V_{s2}）。反馈环接在主输出 V_m
　　　　上，当输入和负载变化时，通过控制 T_{on} 来调整输出。可以看出，辅输出可以随着输
　　　　入的变化而调整，但负载发生变化时，辅输出只能实现部分调整

　　主输出 V_m 整流器端的波形如图 2.2 所示。如果负反馈环路接在 V_m 端，如图 2.1 所
示，则 T_{on} 和 V_m 将随着直流输入电压和输出负载电流的变化而调整，以使 V_m 保持不变。
尽管负载电流没有出现在式（2.1）中，但是当负载电流改变导致 V_m 发生变化时，它都会
被误差放大器所采样，通过控制导通时间 T_{on} 来调整使 V_m 保持不变。假设 L_1（见图 2.1）
中的电流不会进入不连续导电模式，导通时间 T_{on} 的变化很小，则不同匝比 N_m/N_p、V_{dc} 和
周期 T 下 T_{on} 的值可以通过式（2.1）求得。

　　辅输出二次侧整流二极管阴极电压则由二次绕组的匝数确定。方波的导通时间 T_{on} 与
主输出相同，由主输出 V_m 的反馈环确定。因此辅输出电压（设整流管为普通的二极
管）为

$$V_{s1} = \left[(V_{dc}-1)\frac{N_{s1}}{N_p} - 1 \right] \frac{2T_{on}}{T} \qquad (2.2)$$

$$V_{s2} = \left[(V_{dc}-1)\frac{N_{s2}}{N_p} - 1 \right] \frac{2T_{on}}{T} \qquad (2.3)$$

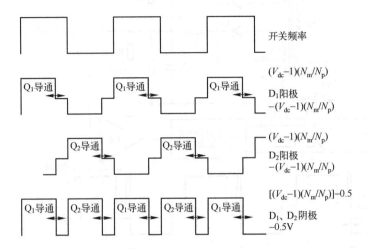

图 2.2　二次侧主绕组（N_m）上的电压。输出 LC 滤波器是一个平均滤波器，直流输出电压 $V_m=[(V_{dc}-1)(N_m/N_p)-0.5](2T_{on}/T)$。当 V_{dc} 变化时，负反馈通过调整 T_{on} 以保持 V_m 恒定

2.2.2　辅输出的输入-负载调整率

从式（2.1）、式（2.2）和式（2.3）可以看出，当输入 V_{dc} 变化时，为保持 V_m 恒定，负反馈就会起作用，使辅输出也保持不变。根据式（2.1），输入变化时，反馈环会改变导通时间 T_{on}，使 $(V_{dc}-1)T_{on}$ 保持不变，以维持 V_m 恒定。相同的 $(V_{dc}-1)T_{on}$ 也出现在式（2.2）和式（2.3）中，因此 V_{dc} 改变时，V_{s1} 和 V_{s2} 也保持恒定。

如果主输出（V_m）的负载电流变化，则整流二极管正向压降及绕线电阻也会发生轻微变化。因此负反馈环路开始作用以改变负载变化带来的影响，调整 T_{on} 来保持 V_m 恒定。

此时对于辅输出来讲，即使输入 V_{dc} 没有变化，导通时间 T_{on} 也会发生改变，根据式（2.2）和式（2.3），V_{s1} 和 V_{s2} 也将改变。这种由主输出负载电流变化造成辅输出电压产生的变化，称为交叉调节。

辅输出电压也会因自身输出电流的变化而变化。相应的，辅输出电流的变化也会导致自身整流二极管正向压降以及绕线电阻的变化，从而导致电压峰值变化。这些变化不能由负反馈来调节，负反馈网络只能采样 V_m 的变化。

但是，如果辅输出电感 L_2 和 L_3，特别是主电感 L_1 不工作在不连续导电模式，辅输出电压就可以稳定在 $\pm5\%\sim\pm8\%$ 的范围内。

提示：当输出采用耦合电感（所有的输出电感共用一个磁芯）时，可以得到更好的交叉调整率[1]。

——K.B.

2.2.3　辅输出电压偏差

尽管辅输出电压变化相对较小，但是它的实际输出电压却不能得到精确的调节。从式（2.2）和式（2.3）可见，辅输出电压由 T_{on} 及相应的二次侧匝数 N_{s1}、N_{s2} 决定。而 T_{on} 由主输出的负反馈决定，基本保持不变。另外，因为匝数只能按整数改变，所以辅输出电压实际值不能很精确地设置。通过公式 $V_m \cdot T_{on}/N_p$ 可以求出 N_s 每改变一匝时二次侧电压的变化情况。

大多数场合，辅输出电压的实际值并不是很重要。辅输出一般用于驱动放大器或电动机，这些负载通常可以允许约 2V 的直流电压偏差。如果辅输出电压很重要，则通常会把这个值设计得比实际要求的高后，再通过一个线性稳压器或 Buck 稳压器将其降到所要求的精确值。因为辅输出已有半调节功能，将其结合线性稳压器使用，效率不会太低。

2.2.4　主输出电感的最小电流限制

1.3.6 节讨论了 Buck 稳压器输出电感的选择，并提到当电感电流波形上升沿从零开始时[见图 1.6（a）和图 1.6（b）]，电感进入不连续导电模式。当平均电流小于该值时，反馈环通过减小导通时间维持 Buck 稳压器输出电压的稳定，但这会使辅输出电压降低。

然而从图 1.6（a）可以看出，进入不连续导电模式以前，即使输出电流发生很大的变化，导通时间也基本保持恒定。但进入不连续导电模式后，导通时间会有很大变化。对于 Buck 稳压器来讲，由于只有一个输出电压，并且有反馈环保持其恒定，所以不会有什么问题。但对于一主多从的推挽脉宽调制变换器来讲，由式（2.2）和式（2.3）可知，辅输出电压与主输出导通时间成正比。

因此，当有辅输出时，即使主输出电流降到最小值，也不允许主输出电感电流进入不连续导电模式。例如，设主输出电流最小值为额定值的 1/10，根据式（1.8）可以计算出所需输出电感的最小值。在主输出电感电流连续范围内，辅输出电压值波动范围将保持为 ±5%。当主电感进入不连续导电模式时（电感电流低于最小电流值），反馈环将明显缩短 T_{on}，以保持主输出电压恒定。不过，辅输出电压也将下降。

另外，辅输出在其输出电流范围内也不允许进入不连续导电模式。根据式（1.8）同样可以计算出辅输出电感值。显然，所允许的最小电流值越大，所需电感值越小。

提示：这种问题同样可以通过耦合电感来解决[1]。

——K.B.

推挽变换器是最传统的拓扑结构之一，但设计中依然经常用到。这种拓扑能够实现多路输出，且输出端与输入端以及输出端与输出端之间可以实现直流隔离。输出电压既可以高于输入电压，也可以低于输入电压。当输入电压和负载波动时，主输出电压可以得到很好的调节。辅输出电压在输入电压变化时都能保持较高的调整率，当负载发生变化时，只要辅输出电感电流不进入不连续导电模式，辅输出电压调整率也能控制在 5% 以内。

2.2.5　推挽拓扑中的偏磁（阶梯饱和现象）

设计者还应该注意到推挽拓扑中另一种更为潜在的失效模式——由变压器磁芯偏磁引起的阶梯饱和。

这种现象可以通过电力变压器上使用的典型铁氧体磁芯材料的磁滞回线来理解，如

图 2.3 所示。

　　正常工作时，磁芯的磁感应强度变化范围位于图 2.3 所示的 B_1 和 B_2 之间。磁芯必须工作在磁滞回线±2000Gs 以内的线性部分。频率为 25kHz 左右时，磁芯损耗很小，磁感应强度允许达到±2000Gs。但是，如同 2.2.9.4 节中所讨论的那样，随着频率的上升，磁芯损耗会迅速增大，当频率高于 100kHz 时，峰值磁感应强度应该控制在 1200Gs 甚至 800Gs 以下。

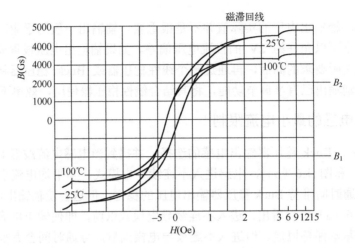

图 2.3　一种典型的铁氧体磁芯材料（Ferroxcube 3C8）的磁滞回线。如果要磁滞回线保持在线性范围内，当频率达到 30kHz 时，磁感应强度变化范围需限制在±2000Gs。频率为 100～300kHz 时，由于高频磁芯损耗的原因，峰值磁感应强度变化范围必须减至±1200Gs 或±800Gs。3C8 是 Ferroxcube 公司生产的一种铁氧体材料。该公司或其他厂家生产的其他材料除了磁芯损耗及居里温度不同外，曲线形状都基本相似

　　当 Q_1 导通时，如图 2.1 所示，N_{p1} 的异名端为正，磁芯 B-H 值沿磁滞回线上升，即磁感应强度从 B_1 上升到 B_2，上升的实际值与 N_{p1} 两端电压和 Q_1 导通时间的乘积成正比 [见式（2.8）]。当 Q_1 关断、Q_2 开通时，N_{p2} 的同名端为正，磁芯 B-H 值沿磁滞回线下降，即磁感应强度从 B_2 下降到 B_1，下降的实际值与 N_{p2} 两端电压和 Q_2 的导通时间成比例。

　　如果 Q_1 导通时施加在 N_{p1} 上的伏秒数与 Q_2 导通时施加在 N_{p2} 上的伏秒数相等，则一个周期后，磁感应强度会从 B_1 上升至 B_2，再返回到 B_1。只要伏秒数稍有不等，磁感应强度就不能在每个周期内返回到起点，经过若干个周期后，磁滞回线将阶梯式上移或下移，进入饱和区。磁芯饱和时，变压器不能承受电压，当下一周期开关管再次导通时，开关管将承受很大的电压和电流，导致开关管损坏。

　　很多因素都可能引起导通时的复位伏秒数与关断时的复位伏秒数不相等。例如，即使 Q_1 和 Q_2 的基极驱动电压宽度相同，集电极电压以及导通时间也可能不完全相等。如果 Q_1、Q_2 是电力晶体管（即双极型晶体管），则由于存储时间的存在，当基极驱动移掉后，集电极仍会维持导通一段时间。存储时间为 0.3～6μs 不等，产品之间差别也很大。另外，存储时间也受温度的影响，随温度上升而显著增加。即使 Q_1、Q_2 的存储时间恰好相同，如果它们在散热器上相距较远，以致工作温度不同，其存储时间也可能

相差很大。

因此，如果一个开关管导通的伏秒数略大于另一个，则每一个周期都会导致磁滞回线慢慢偏离原点而使磁芯趋向饱和。随着磁滞回线进入饱和磁滞回线（见图 2.3）的弯曲部分，该开关管的电流要比另一个开关管的电流大。因此，在该半周期，磁芯励磁电流将成为负载电流的主要部分。于是流过较大电流的开关管会变得更热，使它的存储时间延长。随着该开关管存储时间的延长，半周期内作用于磁芯的伏秒数会增加，流过的电流也会增大，该管的存储时间进一步延长。这样，失控状态一出现，很快磁芯饱和，电力晶体管损坏。

另外，由于产品之间普遍存在差异，每个管子初始的导通时间或 $V_{ce(sat)}$ 不等，也会使得 Q_1、Q_2 导通时的伏秒数不等。如前所述，对于电力晶体管，由于导通压降会随温度升高而下降，所以任何初始导通压降的差别都会被放大。

如果 Q_1、Q_2 是 MOSFET（金属氧化物半导体场效应晶体管），偏磁问题就远没有那么严重。首先，MOSFET 没有存储时间，两组栅极信号脉宽相等，两个 MOSFET 的导通时间相等。更重要的是，由于 MOSFET 的导通压降随温度升高而增加，所以如果有一定的补偿措施，上述失控情况就不会发生。假设伏秒数开始不平衡，随着磁滞回线开始移向饱和磁滞回线的弯曲部分，其中一个场效应管的电流开始增加。流过较大电流的开关管，管温升高，导通压降增大，这将使对应一次侧半绕组上的电压降低，从而降低该半周期的伏秒数，使流过该开关管的电流减小，恢复正常。

2.2.6　偏磁的表现

前面的分析似乎说明，不同半周期间任何一点点的伏秒数不平衡都可能造成电路失效。其实这也不尽然。推挽电路可以在一定程度的偏磁环境下继续工作一段时间，而不会使磁芯立即饱和并且损坏开关管。很多低功率、低电压的推挽变换器，即使有明显的偏磁问题也能比较稳定地运行。

如果没有自调节措施，对于微小的伏秒数不平衡，经过几个开关周期以后，磁芯就会饱和，并且损坏开关管。例如，如果开始时只有 0.01% 的偏磁（实际情况会比这更严重），只需 10000 个周期，磁滞回线的起始点就会从 B_1 偏移到 B_2，从而使磁芯饱和（见图 2.3），而开关管在这个过程完成之前就很可能已经损坏了。

有一种自调节方法，即利用变压器一次绕组电阻可以维持变换器在偏磁状态下正常工作。如果初始伏秒数不平衡，则开关管电流较大一侧一次侧半绕组电阻上的压降也较大。那么该绕组上的伏秒数降低，从而可以缓解不平衡问题。

这样变换器就可以在这种不平衡状态下继续工作，而不会立即失控并使磁芯完全饱和。在变压器中心抽头上放置一个电流探头可以检测磁芯 B-H 值在磁滞回线上的位置，如图 2.4（d）所示。

从图 2.4（a）所示的波形可以看出伏秒数平衡的状况，图中交替出现的电流波形峰值都相等。一次侧负载电流脉冲与图 1.4（d）所示的 Buck 稳压器波形相似，是一种阶梯状的斜坡。这是因为所有二次侧都有 LC 输出滤波器，其波形如 1.3.2 节所述。

一次侧负载电流波形是所有二次侧负载电流按各自的匝比折算到一次侧的电流之和。但是总的一次侧电流等于所有二次侧电流折算到一次侧的电流之和加上一次侧励磁电流。励磁电流是流过励磁电感的电流。而励磁电感是所有二次侧开路从一次侧测得的电感。任何变压器都包含励磁电感，电路上等效成与一次绕组并联。励磁电流与折算到一次侧的二次侧负载电流相加，如图2.4（e）所示。

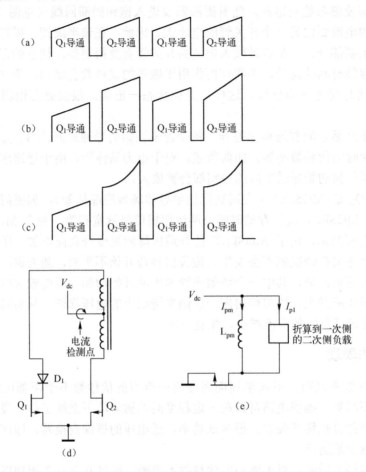

图 2.4　变压器中心抽头上的电流。（a）变压器一次侧两个半绕组伏秒数相等。（b）变压器一次侧半绕组的伏秒数不相等。磁滞回线还没达到饱和磁滞回线的弯曲部分。（c）变压器一次侧半绕组的伏秒数不相等，波形上的凹陷表示危险状态，磁滞回线达到饱和磁滞回线的弯曲部分。（d）一次侧串联一个二极管，以测试伏秒数不平衡的程度。（e）总的一次侧电流是二次侧负载阶梯斜坡电流折算到一次侧电流和励磁线性斜坡电流之和

因此，一次侧总电流波形等于折算到一次侧的二次侧负载阶梯斜坡电流的和加上励磁电流。如果磁芯工作在磁滞回线的线性区域，则励磁电流是一个从零开始线性上升的斜坡电流。

开关管导通时，会有约 $V_{dt}{-}1V$ 的阶跃电压加在励磁电感 L_{pm} 上，则励磁电流从零开始线性上升，上升斜率为

$$\mathrm{d}I/\mathrm{d}t=(V_{dc}-1)/L_{pm} \tag{2.4}$$

经过开关管导通时间 T_{on} 后到达峰值：

$$I_{pm}=\frac{(V_{dc}-1)(T_{on})}{L_{pm}} \tag{2.5}$$

若式（2.5）中的 L_{pm} 足够大，则与二次侧折算到一次侧的负载电流之和相比，I_{pm} 很小。一般设计最大允许峰值励磁电流不应超过一次侧负载电流的 10%。

由于励磁电流的斜率很小，所以叠加在负载电流斜坡上后，斜率增加不大。另外，如果交替半周期的伏秒数相等，则因为磁芯以图 2.3 所示磁滞回线原点为中心工作，所以此时两个半周期的峰值电流相等，如图 2.4（a）所示。

然而，如果交替半周期的伏秒数不等，磁芯就不会以磁滞回线原点为中心工作。由于横轴（磁场强度 H，单位为 Oe）与励磁电流成正比，在图 2.4（b）中体现为直流电流偏置，从而使交替电流脉冲的幅值不相等。

只要直流偏置没有使磁滞回线过度偏离原点，则斜坡斜率依然保持线性，如图 2.4（b）所示，运行依然安全。一次绕组电阻能够阻止磁滞回线进一步偏移而使磁芯饱和。

但如果交替半周期的伏秒数不平衡程度较大，磁滞回线偏移严重，并且进入饱和磁滞回线的弯曲部分，则此时，与磁滞回线斜率成正比的励磁电感就会下降，励磁电流明显上升，使得电流波形出现凹陷，如图 2.4（c）所示。

这是一个危险的即将发生故障的状态。此时即使一点点温升都会造成前面所描述的失控局面。磁芯迅速饱和，损坏开关管。如果一次侧中心抽头电流脉冲显示斜坡中有任何凹陷出现，则推挽变换器的设计肯定是不安全的。即使图 2.4（b）所示的线性斜坡峰值电流不平衡度超过 20% 都是不安全的，这在设计上是不允许的。

注释：当负载发生跳变时可能情况会更恶劣，因为此时额外的电流会令磁芯迅速饱和。

——K.B.

2.2.7　偏磁的测试

图 2.4（d）给出了推挽变换器偏磁危险程度的简单测试方法。将一个硅二极管（导通压降约为 1V）与变压器一次侧半绕组的一端串联，则该绕组导通时，与二极管串联的半绕组上的压降比另一个半绕组的压降低 1V，这样就人为地产生了伏秒数不平衡。中心抽头波形与图 2.4（b）或图 2.4（c）所示波形相似。没有串联二极管的半绕组的伏秒数与峰值电流均大于另一个半绕组。把二极管移到另一边，就可以看到较大的峰值电流转移到了变压器另一个一次侧半绕组上。

现在就可以确定电路接近图 2.4（c）所示的凹陷状态的程度。如果串联一个二极管就可以使电流斜坡凹陷，则这个电路就已经很接近故障状态了。一边串联两个二极管就可以看到有多少裕度。

应该注意一次侧励磁电流不向二次侧传递能量，也不会出现在二次侧，仅使磁感应强度沿着磁滞回线变化。

图 2.3 中，根据电磁学基本原理，励磁电流与磁场强度 H（单位为 Oe）有关，即

$$H = \frac{0.4\pi N_p I_m}{l_m} \tag{2.6}$$

式中，N_p 为一次绕组匝数；I_m 为励磁电流（A）；l_m 为磁路的长度（cm）。

2.2.8　偏磁的解决方法

偏磁问题有可能成为高压大功率场合最主要的问题。针对这个问题的处理方法有很

多，但是大多数都会增加成本或者元器件个数。下面介绍偏磁问题的一些解决方案。

2.2.8.1 磁芯加气隙

当磁滞回线偏离到图 2.3 所示饱和磁滞回线的弯曲部分时，偏磁就变得很严重了，励磁电流开始按指数规律增加，如图 2.4（c）所示。这使饱和磁滞回线倾斜，从而饱和磁滞回线的弯曲部分可以延伸至更大的电流区域，可以减少偏磁现象的发生。此时，磁芯可以承受更大的直流电流偏置或伏秒数不平衡。

图 2.5 给出了磁芯加上气隙后的效果。它使饱和磁滞回线的斜率变小。2～4mil 的气隙可以使饱和磁滞回线弯曲部分远离原点，从而磁芯可以承受更大的电流偏置。在大功率场合经常用到气隙，但缺点是减小了励磁电感，为了防止变换器工作在不连续导电模式，所以不得不增大临界电流。

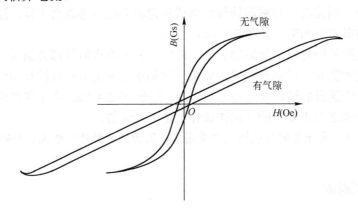

图 2.5　磁芯加气隙对磁滞回线的影响

EE 型或杯状磁芯只要将塑料垫片加在中心柱和外柱上就可以形成气隙。磁通从中心柱通过，经外柱返回，因此总的气隙为垫片厚度的两倍。制造变压器时，把中心柱磨掉两倍垫片厚度的成本并不是很高。这种方法与在中心柱和外柱加放垫片的效果一样，并且其气隙大小不会随意改变，这样可以减小射频干扰（RFI），因此实际当中使用更为广泛。

2.2.8.2 一次侧串联电阻

2.2.6 节中曾指出，伏秒数不平衡时，一次绕组电阻可阻止磁芯迅速饱和。当出现偏磁时，伏秒数较大的一次侧半绕组流过较大的峰值电流。这个电流使绕组电阻压降增大，降低了该一次侧半绕组的伏秒数，从而使电流恢复平衡。

一次侧两个半绕组都串入额外的电阻时效果更明显。所加电阻既可串联在功率开关管的集电极，也可以加在发射极。电阻取值最好是根据变压器中心抽头电流脉冲来确定，通常小于 0.25。当然，这样做势必会增加损耗，降低效率。

2.2.8.3 电力晶体管的匹配

由于伏秒数不平衡主要是由两个电力晶体管之间的存储时间和电压不同引起的，如果这些参数都匹配，再加上前面所提到的两种解决方法，则偏磁的问题将不再发生。

但是这并不是一个很好的方法，因为要使电力晶体管这两个参数匹配的成本很高。这需要专门的测试工具去完成。如果要求现场替换，就更行不通了。

如果参数匹配测试在某一负载电流和温度下进行，那么还必须确定负载电流和温度变化时参数能否依然保持匹配。而且，因为存储时间会受到电力晶体管正向和反向基极输入电流的影响，所以存储时间很难精确匹配。一般来说，在最大工作电流下实现了 V_{ce} 和 V_{be}（集-射电压和基-射电压）的匹配，所有的匹配也就完成了。对于大容量商用电源，参数匹配不是一个可行的方法。

2.2.8.4　使用电力 MOSFET

前面提到大多数伏秒数不平衡是由开关管存储时间不等引起的，所以使用电力 MOSFET 时，很大程度上就可以避免这个问题，因为 MOSFET 没有存储时间。

使用电力 MOSFET 还有一个优点，就是其导通压降会随温度的升高而提高。因此，如果一个一次侧半绕组承受较大的电流，则相应的电力 MOSFET 温度就会高一些，导通压降提高，使绕组上的电压下降，降低这一边的伏秒数，这样有利于恢复平衡。当然，这种方法只能定性地修正不平衡，对于各种功率等级的偏磁问题，以及两个电力 MOSFET 最差组合情况下的偏磁问题，只能起到一定的帮助作用，不能完全解决问题。

但是，在功率小于 100W 且输入电压比较低的场合（如大多数 DC/DC 变换器）使用电力 MOSFET 时，推挽变换器的可靠性还是可以做得很高的。

2.2.8.5　使用电流模式拓扑

迄今为止，解决偏磁问题的最佳方法是采用电流模式控制。这种方式可以完全解决偏磁问题，而且还有很多独特的优点。

在传统推挽变换器中，即使采用上述所有方法，在某些最恶劣情况下还是可能出现偏磁问题，并且损坏开关管。电流模式拓扑通过逐个检测每个推挽开关管的电流脉冲可以解决这个问题。控制电路控制每个交替脉冲电流的幅值相等，使磁芯的磁感应强度保持在饱和磁滞回线的中心点附近。有关电流模式拓扑的细节将会在第 5 章中详细讨论。

2.2.9　电力变压器设计

注释： 磁性元件的设计是一门专业的学科，在第 7 章中将进行更详细的介绍。变压器、电感、扼流圈等设计得好坏与否对设备的性能优化至关重要。工程师如果能花多点时间完全掌握，就能更好地完成设计。因此在进行实际设计之前，读者很有必要好好地学习第 7 章。

补充： 接下来将讨论一种如何选择磁芯体积和绕线参数的方法。如果采用下面示例中的方法，则可以省去很多冗长的计算过程。通过一系列参数之间的关系，读者能更好地理解这一设计过程。但是，在实际设计当中，一般都要预先设定最高允许温升（典型值取30℃），然后借助图表或者计算机程序，省去那些复杂烦琐的过程，很快就能得到想要的结果。

——K.B.

2.2.9.1　磁芯选择

变压器设计首先从磁芯的选择开始，磁芯体积必须满足总输出功率的要求。磁芯的最大输出功率由工作频率、磁感应强度变化量（图 2.3 中的 B_1 和 B_2）、磁芯截面积 A_e、磁芯或骨架窗口面积 A_b 及各绕组电流密度决定。

这些参数是互相关联的，选择原则是尽量减小变压器的尺寸，减小温升。根据以上参数可以得到一个确定磁芯最大输出功率的公式，将在第 7 章的磁性元件部分中介绍。

这是一个用于迭代计算的公式。首先要试着选择磁芯、最大磁感应强度、工作频率，并计算最大输出功率。如果输出功率不足，则选择更大尺寸的磁芯，重复计算，直到磁芯能满足输出功率的要求。

这个过程算起来比较烦琐，因此可以将公式绘制成图表，对于所要求的输出功率，只要一查图表就可以确定磁芯和对应的工作频率。第 7 章将介绍一些常用拓扑的公式和图表。

现假设根据以上图表选择好了磁芯，因此可以知道面积 A_e，剩下的就是一次侧和二次侧匝数的计算、线径的选择，以及磁芯损耗、铜耗和变压器温升的计算。

磁芯骨架绕线的合理顺序对于改善绕组间的耦合，减小由集肤效应和邻近效应造成的铜耗是十分重要的。第 7 章将介绍绕线顺序、集肤效应和邻近效应。

本例中，设计所用的磁芯将根据前面提到的选择表来确定，并假设该磁芯截面积 A_e 已知。

2.2.9.2　电力晶体管最大导通时间的选择

从式（2.1）可知，V_{dc} 下降时，变换器会通过增加导通时间 T_{on} 来维持输出电压 V_m 恒定。当直流输入电压下降到最小值 $\underline{V_{dc}}$ 时，导通时间 T_{on} 最大。但是此类变换器中，最大导通时间不能超过开关周期的一半。否则，复位伏秒数将小于置位伏秒数（见 2.2.5 节），经过几个周期后，磁芯将饱和并损坏电力晶体管。

另外，由于电力晶体管有存储时间这一参数，所以其基极驱动时间一定要小于半个周期。否则，存储时间的存在会导致正在导通的电力晶体管与反向连接的电力晶体管重叠导通。此时电力晶体管将绕组短路，电路将迅速失去控制。全部电源电压直接加在每个电力晶体管两端，电流非常大，电力晶体管将立即损坏。

所以，为了保证一个周期内磁芯可以复位，且不会造成重叠导通，在直流输入电压为最小值 $\underline{V_{dc}}$，反馈环增加 T_{on} 以保证 V_m 恒定时，必须采取钳位电路，限制导通时间不会超过半周期的 80%。这样在式（2.1）中，若已确定 $\underline{V_{dc}}$、T 及 $\overline{T_{on}}=0.8T/2$，则可确定匝比 N_m/N_p，以得到所需的输出电压 V_m。

提示：现在的驱动技术和控制 IC 可以提供死区可调的驱动以防止开关管同时导通。在某些设计中，通过即时监控开关管的导通状态，在上一个开关管完全关断之后，给驱动信号加一定的延时然后再开通第二个开关管。这样就可以利用整个占空比，并且不会出现重叠导通。

—K.B.

2.2.9.3　一次侧匝数的选择

根据法拉第定律，一次侧匝数 N_p 由一次绕组上的最小电压 $\underline{V_{dc}}-1V$ 和最大导通时间（如上所述，不超过 $0.8T/2$）确定，即

$$N_p = \frac{(V_{dc} - 1)(0.8T/2) \times 10^8}{A_e \Delta B} \tag{2.7}$$

式中，A_e 由所选磁芯决定，V_{dc} 和 T 已知，因此只要选定 ΔB（0.8T/2 时间内的磁感应强度变化量），就可以确定一次侧匝数。下面介绍求解过程。

提示：读者还可以利用下面法拉第定律的量纲形式直接计算匝数。

$$N = \frac{VT_{on}}{A_e \Delta B}$$

式中，N 为匝数；V 为绕组两端电压 V_{dc}；T_{on} 为最大导通时间（ms）；ΔB（本书中有时也写为 dB）为磁感应强度变化量(T) (1T=10000Gs)；A_e 为有效磁芯面积（mm^2）。

对于所有的磁性元件设计，一般建议采用国际单位制，这样可以迅速得到结果，避免一些不常用的单位，从而减少错误。

——K.B.

2.2.9.4 最大磁通变化（磁感应强度变化量）的选择

从式（2.7）可以看出，一次侧匝数与磁感应强度变化量 ΔB 成反比，一般尽量取最大的 ΔB 而使 N_p 最小。因为较少的匝数意味着可用较大规格的导线，则给定的磁芯可承受较大的电流并获得较大的输出。另外，较少的匝数不但可以降低变压器成本，还可以降低杂散寄生电容。

从图 2.3 可以看出，超过±2000Gs 时，铁氧体磁芯的磁滞回线就进入了弯曲部分。应使磁感应强度限制在±2000Gs 之间，因为超过该区间，励磁电流就开始按指数规律上升。如果不考虑磁芯损耗的限制，则±2000Gs 应该是一个很好的选择。

铁氧体磁芯损耗约以峰值磁感应强度的 2.7 次幂及工作频率的 1.6 次幂按指数规律增加。频率为 50kHz 时，即使考虑磁芯损耗的问题，磁感应强度也可以取±2000Gs，而且也有必要工作在这个磁感应强度水平。

但是，为了防止磁芯在动态时饱和，最好能保留较宽的裕度。实际上，即便在磁芯损耗允许的频率下，也最好把最大磁感应强度限制在±1600Gs 内。由法拉第定律，磁感应强度变化量 ΔB（本书中有时也写为 dB）：

$$\Delta B = \frac{(V_{dc} - 1)(T_{on}) \times 10^8}{N_p A_e} \tag{2.8}$$

根据式（2.8），若 N_p 已根据给定的 ΔB 选定（如-2000～+2000Gs，则 ΔB 为 4000Gs），则只要$(V_{dc}-1)(T_{on})$不变，ΔB 等于 4000Gs 不变。而且，若反馈环使输出电压 V_m 恒定，则据式（2.1），只要$(V_{dc}-1)(T_{on})$不变，ΔB 始终不变。也就是说，反馈环总是使 V_{dc} 最小时 T_{on} 最大，绝不会出现 T_{on} 和 V_{dc} 同时最大的情况。

但在某些瞬态或故障情况下，若 T_{on} 保持最大导通时间一个周期或几个周期，V_{dc} 瞬间上冲超过其正常值的 50%，而反馈环未能根据式（2.1）减少导通时间，就可能出现 V_{dc} 和 T_{on} 同时最大的情况。此时，根据式（2.8），ΔB 将等于 1.5×4000=6000Gs。

如果磁感应强度起点为-2000Gs，则导通结束时磁感应强度将会上升 6000Gs，即达到+4000Gs。而且从图 2.3 所示的磁滞回线可见，若此时磁芯温度稍高于 25℃，就会达到深度饱和，使开关管承受高电压、大电流而立即损坏。

在 12 章的反馈环路分析中将会提到，由于反馈环路带宽的限制，误差放大器响应会有一定的延迟。因此在瞬态过程中，即使误差放大器最终会修正导通时间以保持$(V_{dc}-1)(T_{on})$不变[根据式（2.1）]，但由于误差放大器的响应延迟，很有可能使得输入电压和导通时间同时最大。即使在一个周期内，由于误差放大器的延迟，使磁芯工作于最高输入电压和最大导通时间，磁芯都会饱和而损坏开关管。

如果在$\underline{V_{dc}}$和$\overline{T_{on}}$的情况下，根据式（2.8）选择N_p使ΔB为3200Gs，电路就能承受输入电压 50%的瞬时跳变。当ΔB=3200Gs 时，如果误差放大器反应太慢，来不及调整导通时间，ΔB 瞬时值将为 1.5×3200=4800Gs。如果磁感应强度从其正常的位置（−1600Gs）出发，磁感应强度也只会上升至-1600Gs+4800Gs，即+3200Gs。从图 2.3 的磁滞回线可见，即使在 100℃的情况下，此时磁芯仍能够承受磁感应强度变化而不至于饱和。

对于 50kHz 以下频率范围（较大磁感应强度变化量也不会引起过大的磁芯损耗），ΔB=3200Gs 时，可根据式（2.7）选择一次侧匝数。频率高于 50kHz 时，磁芯损耗迅速增大，必须减小峰值磁感应强度。频率为 100～200kHz 时，峰值磁感应强度应该限制在1200Gs 甚至 800Gs 左右，以使磁芯温升控制在可以接受的范围内。

2.2.9.5　二次侧匝数的选择

主输出和辅输出的二次侧匝数可以根据式（2.1）、式（2.2）和式（2.3）选择。在这些公式中，所有参数都是已知的。输出电压、V_{dc}和 T 都已确定。最大导通时间 T_{on} 设为0.8T/2，对于选定的磁芯，A_e 已知，N_p 可根据法拉第定律[见式（2.7）]计算得出。为了减小磁芯损耗，频率低于 50kHz 时，磁感应强度变化量 ΔB 取 3200Gs。频率越高，磁感应强度变化量取值越低。

2.2.10　一次侧、二次侧峰值电流及有效值电流

在本例中，选择线径时所取的工作电流密度比较保守。电流密度指的是电流有效值的密度，单位是 cmil[①]/A。

因此，在选取绕组线径之前，必须先知道每根导线所流过电流的有效值。

2.2.10.1　一次侧峰值电流计算

直流输入电源 V_{dc} 的电流可以通过变压器中心抽头检测到，波形如图 2.1（b）和图 2.1（d）所示。所有一次侧都有 1.3.2 节中讨论过的 LC 输出滤波器，电流脉冲具有阶梯斜坡的特征。一次侧电流的大小等于所有二次侧阶梯斜坡电流以各自匝比折算到一次侧的电流之和再加上励磁电流。

在 2.2.9.2 节讨论过，直流输入电压为最小值$\underline{V_{dc}}$，当晶体管为电力晶体管时，导通时间为半周期的 80%。因为每半周期有一个脉冲，所以当输入为$\underline{V_{dc}}$时，图 2.1 所示脉冲的占空比为 0.8。为了简化计算，假设图中脉冲等效为平顶的，幅值 I_{pft} 是斜坡中点处的电流值。

输入功率等于 V_{dc} 与平均电流（0.8I_{pft}）的乘积，假设效率为 80%（小于 200kHz 的变换器都能达到此效率），P_o=0.8P_{in}，则

$$P_{in}=1.25P_o=\underline{V_{dc}}\,0.8I_{pft}$$

---

① 1cmil 是直径为 1mil 的圆的面积。

即

$$I_{\text{pft}} = 1.56\frac{P_{\text{o}}}{V_{\text{de}}} \tag{2.9}$$

这个关系式很有用，因为根据已知的输出功率和最小直流输入电压，就能确定一次侧电流等效平顶脉冲的幅值。根据相应的一次侧电流有效值可以确定一次绕组线径，同时还可以选择开关管的额定电流。

2.2.10.2　一次侧电流有效值的计算及线径的选择

由于每个一次侧半绕组每周期仅流过一个 I_{pft} 脉冲，因此占空比为$(0.8T/2)/T$，即 0.4。众所周知，对于占空比为 D、幅值为 I_{pft} 的平顶脉冲，电流有效值为

$$I_{\text{rms}} = I_{\text{pft}}\sqrt{D} = I_{\text{pft}}\sqrt{0.4}$$

即

$$I_{\text{rms}} = 0.632 I_{\text{pft}} \tag{2.10}$$

且根据式（2.9）有

$$I_{\text{rms}} = 0.632\frac{1.56P_{\text{o}}}{V_{\text{dc}}} = \frac{0.986P_{\text{o}}}{V_{\text{dc}}} \tag{2.11}$$

这样，根据已知的输出功率和额定的最小直流输入电压，即可求出每个一次侧半绕组的电流有效值。

设计变压器时，为保守起见，通常把绕组电流密度选取为 500cmil/A（RMS 值）。这也不是绝对的，绕组匝数较少时，电流密度通常取 300cmil/A（RMS 值）。一般来讲，应避免使电流密度大于 300cmil/A（RMS 值），因为那样会引起过大的铜耗和温升。

因此，当电流密度为 500cmil/A（RMS 值）时，一次侧半绕组所需面积的圆密耳数为

$$500\frac{0.986P_{\text{o}}}{V_{\text{dc}}} = 4.93\frac{P_{\text{o}}}{V_{\text{dc}}} \tag{2.12}$$

式中，假设输出功率和最小直流输入电压均为已知。根据式（2.12）求出的圆密耳数即可从导线表格中选出合适的线径。

2.2.10.3　二次侧电流峰值、有效值及线径的计算

图 2.6 给出了每个二次侧半绕组的电流波形。注意开关管导通结束时段的凸台部分。之所以存在电流凸台，是因为二次侧滤波电感的输入处没有续流二极管 D_1（如图 1.4 所示的 Buck 稳压器）。在 Buck 电路中，开关管关断时，必须加上一个续流二极管给电感电流提供返回通路。开关管关断时，输出电感极性反向，如果前端电压没有被续流二极管钳位至比地电位约低 1V，则前端电压可能变成一个很大的负值。续流二极管 D_1 导通之后，电感电流通过 D_1 续流，如图 1.4（e）所示。在图 2.6 所示的整流电路中不存在这种问题。

对于推挽拓扑输出来说，续流二极管的功能由输出整流管 D_1 和 D_2 来实现。当其中一个开关管关断时，电感前端电压变负。当该电压低于地电位约一个二极管压降时，两个整流管都导通，每个整流管导通的电流约为开关管关断前电感总电流的一半，如图 2.6（d）和图 2.6（e）所示。因为每个二次侧半绕组的阻抗很小，所以其压降可忽略不计，整流二

极管阴极电压被钳位于比地电位约低 1V。

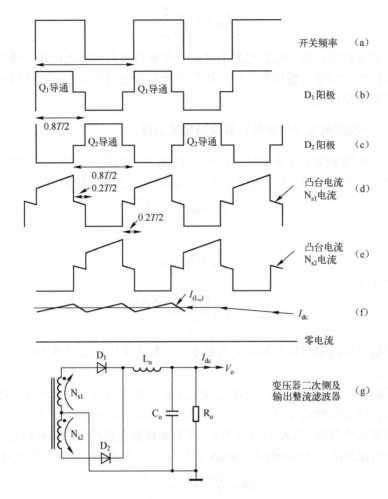

图 2.6　在推挽电路中，输出整流管 D_1 和 D_2 充当续流二极管。在 20%的死区时间内，每个二次绕组承受正常的续流凸台一半的电流。估算二次侧铜耗时应该考虑这种情况

若要精确算出二次侧半绕组的电流有效值，就要考虑 20%死区时间内的凸台电流。本例中凸台电流仅为峰值电感电流的一半，占空比为(0.4T/2)/T=0.2。如此小的幅值及占空比，在计算二次侧半绕组电流有效值时可以忽略不计。在最小直流输入和占空比为(0.8T/2)/T=0.4 时，可认为每个二次侧半绕组都具有阶梯斜坡的特征。斜坡中心处的电流值为直流输出电流 I_{dc}，如图 2.6（f）所示。

2.2.10.4　二次侧电流有效值及线径的计算

为简化一次侧电流有效值的计算，阶梯斜坡脉冲将近似等效为平顶脉冲 I_{pft}。I_{pft} 的幅值为斜坡中心值或直流输出电流 I_{dc}，占空比为 0.4。

因此，每个二次侧半绕组的电流有效值为

$$I_{s(rms)} = I_{dc}\sqrt{D} = I_{dc}\sqrt{0.4} = 0.632I_{dc} \tag{2.13}$$

若电流密度为 500cmil/A（RMS 值），则每个二次侧半绕组所需的面积圆密耳数为

$$500(0.632)I_{dc}=316I_{dc} \tag{2.14}$$

2.2.11　开关管的电压应力及漏感尖峰

从图 2.1 所示变压器同名端可以看出，由于两个一次侧半绕组的匝数相等，并且通过中心抽头连接到输入直流端，所以任一个开关管导通时，另一个开关管的集电极将承受至少两倍的直流电源电压。

但是，最大电压应力比最大直流输入电压的两倍还要大。这种附加的电压来自图2.1（a）及图 2.1（c）所示的所谓漏感尖峰。这是因为有一个小电感（漏感 L_l）与每个一次侧半绕组串联，如图 2.7（a）所示。

关断瞬间，流过开关管的电流以斜率 dI/dT 快速下降，产生以漏感底端为正，幅值为 $E_{1s}=L_l dI/dT$ 的尖峰。设计惯例是假设漏感尖峰为两倍最大直流输入电压的 30%。因此，选择开关管时应考虑一定程度的安全裕量，使其能承受的最大电压应力 V_p 为

$$V_p=1.3(2V_{dc}) \tag{2.15}$$

事实上，漏感大小很难计算。使用长中心柱变压器磁芯，并且采用三明治绕法，即把二次绕组（特别是电流较大的二次绕组）夹在两个一次侧半绕组之间，可以使漏感尽量减小。一个好的变压器，其漏感不应超过自身励磁电感的 2%～4%。

提示：漏感的测量很简单，只需将其他所有的绕组短接在一起，然后测量目标绕组的电感即可。

——K.B.

在开关管集电极两端加入如图 2.7（a）所示的缓冲网络（电容、电阻和二极管），可以减小漏感尖峰。这种 RCD 结构的另一个重要功能是，减小由开关管下降电流与集电极上升电压之间重叠而产生的交流开关损耗。缓冲器的具体设计及其带来的一些问题将在第 11 章中讨论。

漏感的产生是由于一些一次侧磁力线没有通过磁芯耦合到二次侧，而是通过附近空气闭合返回到一次侧，如图 2.7（b）所示。

磁芯等效电路如图 2.7（c）所示，包括励磁电感 L_m（见 2.2.6 节）、一次侧漏感 L_{1p} 和二次侧漏感 L_{1s}。二次侧漏感也是由于二次侧某些磁力线没有耦合到一次绕组，而是通过周围空气闭合返回到二次侧而产生的。但多数情况下二次绕组匝数小于一次绕组匝数，L_{1s} 可以忽略不计。

图 2.7（c）所示的变压器等效电路，对理解许多奇怪的电路效应很有价值。这个等效电路在频率高达 300～500kHz 时也适用，只是此时必须考虑绕组上和绕组间的寄生电容。

2.2.12　电力晶体管的损耗

2.2.12.1　交流开关（电流和电压间的"重叠"）损耗

因为在电力晶体管开通的很短时间内，电感呈现无穷大阻抗，所以变压器漏感会使集电极电压下降很快。由于电感上的电流不能突变，在开通时流过漏感的电流上升缓慢，下降电压和上升电流之间重叠很少，因此开通时的损耗可以忽略。

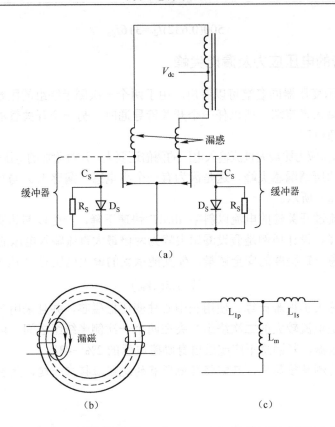

图 2.7 （a）漏感在电力晶体管集电极端产生尖峰。（b）漏感的产生，是因为少量磁力线通过
　　　　周围空气返回，而不是经过磁芯耦合到二次侧。（c）变压器低频等效电路中的励磁电
　　　　感 L_m、一次侧漏感 L_{1p} 和二次侧漏感 L_{1s}

　　而关断时，如图 1.5（b）中针对 Buck 稳压器所做的假设，最差情况下两者之间会有
显著的重叠。具体细节如图 2.8 所示，假设在电压上升到其最大值 $2\overline{V_{dc}}$ 的时间 T_{vr} 内，电
流保持为其等效平顶脉冲幅值 I_{pft}（见 2.2.10.1 节）。在电流从 I_{pft} 下降到零的时间 T_{cf} 内，
电压保持为 $2\overline{V_{dc}}$。设 $T_{vr}=T_{cf}=T_s$，开关周期为 T，则每个电力晶体管在一个周期内的总开关
损耗 $P_{t(ac)}$ 为

$$P_{t(ac)} = I_{pft} \frac{2\overline{V_{dc}}}{2} \frac{T_s}{T} + 2V_{dc} \frac{I_{pft}}{2} \frac{T_s}{T} = 2(I_{pft})(\overline{V_{dc}}) \frac{T_s}{T}$$

根据式（2.9），可得

$$P_{t(ac)} = 3.12 \frac{P_o}{\overline{V_{dc}}} \overline{V_{dc}} \frac{T_s}{T} \tag{2.16}$$

　　因为变压器漏感的存在，电力晶体管开通时电压下降时间很短，电流上升速度很慢，
因此开通损耗可以忽略。最坏情况可能出现在关断时刻，直到电压上升至 $2\overline{V_{dc}}$ 时，电流
仍维持在其峰值 I_{pft} 不变；电流下降期间（T_{cf}），电压维持在 $2\overline{V_{dc}}$ 不变。

2.2.12.2　电力晶体管通态损耗

简单地说，每个电力晶体管最大直流损耗是其导通压降、导通电流及占空比的乘积，即

$$P_{dc} = I_{pft} V_{on} \frac{0.8T/2}{T} = 0.4 I_{pft} V_{on}$$

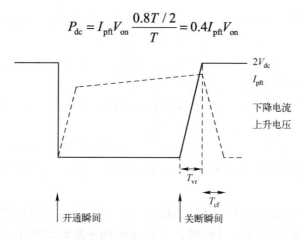

图 2.8   由电流和电压重叠产生的开关损耗

在第 8 章将会讨论一种称为贝克钳位的技术，它可以降低电力晶体管基极的存储时间。在很宽的电流范围内，它能使集电极导通电压钳位在 1V 左右。根据式（2.9）中的 I_{pft} 可得

$$P_{dc} = 0.4 \frac{1.56 P_o}{V_{dc}} = \frac{0.624 P_o}{V_{dc}} \tag{2.17}$$

则每个电力晶体管的总损耗为

$$P_{total} = P_{t(ac)} + P_{dc} = 3.12 \frac{P_o}{V_{dc}} \overline{V_{dc}} \frac{T_s}{T} + \frac{0.624 P_o}{V_{dc}} \tag{2.18}$$

2.2.12.3   150W、50kHz 推挽变换器损耗计算举例

下面以 150W、50Hz，输出 48V 的推挽变换器为例，介绍电力晶体管的损耗计算。

标准通信工业电源的额定输出电压为 48V，最小电压（V_{dc}）和最大电压（$\overline{V_{dc}}$）分别为 38V 和 60V。设频率为 50kHz，开关管为电力晶体管，开关时间（前面定义的 T_s）为 0.3μs。

根据式（2.17）可得直流通态损耗为

$$P_{dc} = \frac{0.624 \times 150}{38} = 2.46(W)$$

根据式（2.16）可得交流开关损耗为

$$P_{t(ac)} = 3.12 \times \frac{150}{38} \times 60 \times \frac{0.3}{20} = 11.08(W)$$

可见交流开关损耗约为直流通态损耗的 4.5 倍。如果使用 MOSFET，设开关时间为 0.05μs，则在本例中开关损耗可忽略不计。

2.2.13   推挽拓扑输出功率及输入电压的限制

推挽电路除了偏磁的问题外（在电流模式推挽拓扑中则不存在这种问题），其输出功率会受到式（2.9）的限制，而输入电压会受到式（2.15）的限制。

式（2.9）给出了不同额定输出功率下对开关管峰值电流的要求，式（2.15）给出了对应最大直流输入电压下的开关管最大电压应力。当采用电力晶体管时，这两个条件限制了

推挽拓扑的最大功率约为 500W。高于这个功率等级，则很难找到能同时满足峰值电流和电压应力要求的电力晶体管，并且具备足够的增益和响应速度。

技术总是不断进步的，具有足够高电压和电流定额且具有足够低导通压降的高速MOSFET 将延伸推挽变换器功率等级的应用范围。

为此，下面将讨论通信用一次侧电源供电的 400W 推挽变换器，供电电源额定输出、最小输出和最大输出电压分别为 48V、38V 和 60V。

由式（2.9）可知，所需最大值电流为 $I_{pft}=1.56P_o/\overline{V_{dc}}=1.56(400)/38=16.4A$。由式（2.15）可知，最大关断电压应力为 $V_p=2.6\overline{V_{dc}}=2.6×60=156V$。考虑一定的安全裕量，则开关管耐压至少应为 200V。

该电源的开关管可采用电力晶体管 MJ13330。它的额定幅值电流、额定 V_{ceo} 和额定 V_{cev}（基极反向偏置电压为 $-1\sim-5V$ 时，可以承受的关断瞬间的电压值）分别为 20A、200V 和 400V 时，可满足幅值电流和电压应力的要求。

工作于 16A 时，该电力晶体管的最大导通电压约为 3V，最小增益约为 5，存储时间为 $1.3\sim4\mu s$。由于这些限制，电力晶体管的开关损耗和直流通态损耗都很大，处理偏磁也有困难（除非使用电流模式推挽拓扑），且由于存储时间过长，很难工作在频率为 40kHz 以上的电路中。

该电源若使用 MOSFET，可选 MTH30N20 型。它的额定电流为 30A，额定电压为 200V，在 16A 时，其导通压降为 1.3V，因此其直流通态损耗是前面电力晶体管的一半。因为电流下降很快，所以交叠开关损耗可以忽略，但是其价格（包括其他同类型的电力晶体管）要贵一些。

对于离线式变换器来讲，很少采用推挽拓扑结构，因为其最大截止电压应力为 $2.6\overline{V_{dc}}$ [见式（2.15）]。例如，AC 120V 输入，设电网电压波动范围为 $±10\%$，其整流电压峰值为 $1.41×1.1×120=186V$。加上漏感尖峰顶部，其最大截止电压应力为 $2.6×186=484V$[见式（2.15）]。

另外还必须考虑在稳态最大值上叠加瞬态值的情况。商用电源中很少规定具体瞬态值，但在实际中一般设定瞬态应力值是在稳态最大值的基础上增加 15%。这使得最大应力达 $1.15×484=557V$。

某些特定场合，输入电压瞬态值比稳态最大值的 15%还要大。例如，军用飞行器的交流输入标准由"军标 704"做了明确的规定。此处，对于额定电压为 113V 的交流输入，10ms 内其允许的瞬态值为 AC 180V。在瞬态值为 AC 180V 时，根据式（1.15），最大截止电压应力为 $180×1.42×2.6=660V$。尽管市面上有很多快速电力晶体管能够承受 850V 的反压，但在这么高的瞬态电压下采用这种拓扑显然不是一种很好的选择。

还有些拓扑结构关断时开关管只需承受最大直流输入电压，并且没有漏感尖峰。对于高压及离线式场合它们是更好的选择，不仅因为它们的电压应力较小，还因为它们关断时电压变化较小，产生的电磁干扰（EMI）也比较低。

2.2.14　输出滤波器的设计

2.2.14.1　输出电感的设计

2.2.4 节曾指出，主输出和辅输出的输出电感都不允许进入不连续导电模式。注意，图 1.6（b）所示的不连续导电模式是从电感阶梯斜坡电流的阶梯下降至零开始的，这种情

况会在直流电流下降至斜坡幅值 $\mathrm{d}I$ 的一半时发生（见 1.3.6 节）。于是

$$\mathrm{d}I = 2I_{\mathrm{dc}} = V_{\mathrm{L}} \frac{T_{\mathrm{on}}}{L_{\mathrm{o}}} = (V_1 - V_{\mathrm{o}}) \frac{T_{\mathrm{on}}}{L_{\mathrm{o}}} \qquad (2.19)$$

图 2.9 给出了计算输出 L_{o} 和 C_{o} 的整流电路。当 V_{dc} 最小时，选择 N_{s} 使 V_1 最小时 T_{on} 不需要大于 $0.8T/2$ 就可以输出所需的 V_{o} 值。

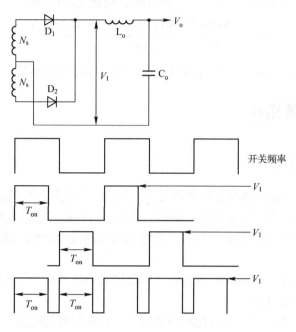

图 2.9　输出整流电路及波形

而 $V_{\mathrm{o}} = V_1(2T_{\mathrm{on}}/T)$，则有

$$T_{\mathrm{on}} = \frac{V_{\mathrm{o}} T}{2 V_1}$$

选取 N_{s}，使 V_{dc} 及相应 V_1 最小时 T_{on} 为 $0.8T/2$，于是

$$\overline{T_{\mathrm{on}}} = \frac{0.8T}{2} = \frac{V_{\mathrm{o}} T}{2 V_1} \quad \text{或} \quad \underline{V_1} = 1.25 V_{\mathrm{o}}$$

及

$$\mathrm{d}I = \frac{(1.25 V_{\mathrm{o}} - V_{\mathrm{o}})(0.8T/2)}{L_{\mathrm{o}}} = 2I_{\mathrm{dc}} \quad \text{和} \quad L_{\mathrm{o}} = \frac{0.05 V_{\mathrm{o}} T}{I_{\mathrm{dc}}}$$

如果最小电流 I_{dc} 规定为额定电流 I_{on} 的 $1/10$（通常情况），则

$$L_{\mathrm{o}} = \frac{0.5 V_{\mathrm{o}} T}{I_{\mathrm{on}}} \qquad (2.20)$$

以上 L_{o}、V_{o} 和 T 的单位分别为 H、V 和 s；I_{dc} 为最小输出电流，I_{on} 为额定输出电流，单位均为 A。

2.2.14.2　输出电容的设计

输出电容 C_{o} 的选择应满足最大输出纹波电压的要求。1.3.7 节指出，输出纹波几乎完全由滤波电容的 ESR（等效串联电阻 R_{o}）的大小决定，而不是由电容本身的大小决定，

纹波电压峰-峰值 V_r 为

$$V_r = R_0 \mathrm{d}I \tag{2.21}$$

式中，$\mathrm{d}I$ 是所选的电感电流纹波的峰-峰值。

另外，对于铝电解电容器，在很大容值及额定电压范围内，其 $R_0 C_0$ 的乘积基本不变。铝电解电容 $R_0 C_0$ 的范围是 $50 \times 10^{-6} \sim 80 \times 10^{-6}$。因此 C_0 可选为

$$C_0 = \frac{80 \times 10^{-6}}{R_0} = \frac{80 \times 10^{-6}}{V_r / \mathrm{d}I} = \frac{(80 \times 10^{-6})(\mathrm{d}I)}{V_r} \tag{2.22}$$

式中，C_0 的单位为 F，$\mathrm{d}I$ 的单位为 A[见式（2.19）]，V_r 的单位为 V。

2.3 正激变换器拓扑

2.3.1 基本工作原理

典型的三路输出正激变换器拓扑如图 2.10 所示。在直流输入电压为 $60 \sim 200V$，输出功率为 200W 的场合，正激变换器可能是最广泛应用的拓扑。若输入电压低于 60V 且功率很大时，则对应的一次侧输入电流很大。若输入电压超过 250V，则开关管的最大电压应力非常大。

另外，当输出功率大于 200W 左右时，即使输入电压较高，一次侧电流仍然会很大。下面的数学分析也会证明这一点。

这种拓扑与由图 2.1 所示的推挽拓扑类似，且没有后者偏磁这一主要缺点。因为它只有一个（而非两个）开关管，同推挽电路相比，在较低功率情况下，正激电路更加经济且体积较小。

图 2.10 中有一个主输出 V_{om}，两个辅输出 V_{s1} 和 V_{s2}。主输出接入负反馈，根据输入及负载变化控制 Q_1 的导通时间以保持 V_{om} 恒定。当导通时间由反馈环固定后，辅输出 V_{s1} 和 V_{s2} 在输入电压变化的情况下也能保持恒定，但当它们自身或主输出负载变化时，辅输出只能相对地保持恒定（误差约 $5\% \sim 8\%$）。电路工作原理如下。

正激变换器与图 2.1 所示推挽电路相比，只有一个开关管被二极管 D_1 取代。当 Q_1 导通时，一次绕组 N_p 及所有二次绕组的同名端相对于异名端为正。电流及能量流入 N_p 的同名端。同时，所有整流二极管（$D_2 \sim D_4$）正向偏置，电流和能量从所有二次绕组的同名端流出到 LC 滤波器和负载。注意到，能量在开关管 Q_1 导通时流入负载，因此称为正激变换器。推挽及 Buck 稳压器都是在开关管导通时传递能量到负载的，所以也属于正激类型。

相反，图 1.10 所示的 Boost 稳压器与图 1.14 所示的 Buck-Boost 稳压器，以及反激变换器（将在第 4 章讨论），在开关管导通时将能量存储于电感或变压器一次侧，然后在开关管关断时将能量传递给负载。这些能量存储类拓扑可运行在不连续或连续导电模式。它们与正激拓扑有着根本的不同，这在 1.4.2 节和 1.4.3 节中已讨论过，还将在第 4 章反激拓扑中继续讨论。

如图 2.10 所示，Q_1 导通期间（T_{on}），主输出整流管 D_5 阴极的电压很高。设 Q_1 导通压降为 1V，整流管正向压降为 V_{D2}，则该高电压 V_{omr} 为

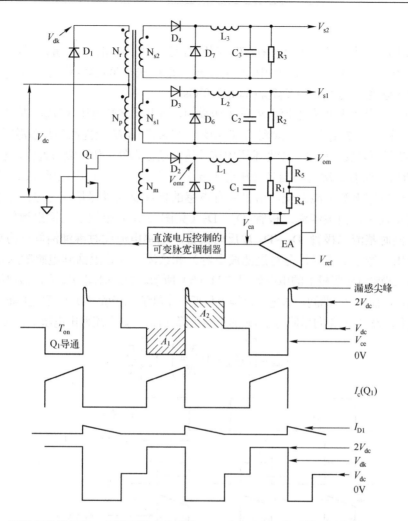

图 2.10　正激变换器拓扑。反馈环接在主输出 V_{om} 上，V_{om} 可针对输入及负载变化进行调节。
此外，还有两个仅针对输入变化进行调节的辅输出（V_{s1} 和 V_{s2}）

$$V_{omr} = \left[(V_{dc} - 1) \frac{N_m}{N_p} \right] - V_{D2} \tag{2.23}$$

整流二极管阴极之后的电路与图 1.4 所示 Buck 稳压器电路一样。二极管 $D_5 \sim D_7$ 的作用就像该图中的续流二极管 D_1。当 Q_1 关断时，存储在 T_1[图 2.7 (c) 所示的变压器等效电路的励磁电感]的电流使 N_p 的电压反向。此时所有一次绕组和二次绕组的同名端相对于异名端变负。如果没有二极管 D_1 钳位，N_r 同名端的电压将很负，且因为 N_p 和 N_r 匝数相等（通常情况下），所以 N_p 异名端上的正电压将变得相当大，使得 Q_1 雪崩击穿，进而损坏。

然而，由于二极管 D_1 导通，N_r 同名端电压被钳位于比地电位低一个二极管正向压降。如果 T_1 没有漏感，则 N_p 上的电压与 N_r 上的电压相等。假设 D_1 的正向压降（1V）可以忽略，则 N_p 和 N_r 上的电压等于 V_{dc}，N_p 异名端即 Q_1 集电极的电压为 $2V_{dc}$。

前面讲过，在一个周期内，如果磁芯 B-H 值已在其磁滞回线上沿一个方向运动，则它在下一周期沿同一方向运动之前，必须在本周期内准确回到其磁滞回线的起始位置。否则，若干周期后，磁感应强度将沿该方向进入饱和。此时磁芯不能承受所加电压，开关管将损坏。

从图 2.10 可以看出，若 Q_1 在 T_{on} 期间导通，则 N_p 的同名端为正，其伏秒数为 $V_{dc}T_{on}$。此伏秒数乘积就是图 2.10 中 A_1 的面积。根据法拉第定律[见式（2.8）]，此伏秒数产生的磁感应强度变化为 $\Delta B=[V_{dc}T_{on}/(N_pA_e)]10^8\text{Gs}$。

Q_1 关断时，当励磁电感电流使 N_p 的电压反向，且其异名端电压（$2V_{dc}$）持续的时间足以使其伏秒数乘积 A_2 与 A_1 相等，如图 2.10 所示，则磁芯 B-H 值能回到其磁滞回线的起始位置，下一周期就可以安全启动。专业术语中这种情况被称为复位伏秒数与置位伏秒数相等。

Q_1 关断后，所有二次侧的同名端相对于异名端变负。所有输出电感（$L_1\sim L_3$）中的电流下降。由于电感电流不能突变，所以所有电感的极性反向以尽量保持电流不变。电感前端电压将变得很负，但被续流二极管 $D_5\sim D_7$（见图 2.10）钳位于比输出地低一个二极管正向压降，同时整流二极管 $D_2\sim D_4$ 被反向偏置。电感电流此时继续沿同一方向流动，从其输出端流出，经过负载（部分经过滤波电容）和续流二极管返回到电感输入端。

主整流二极管 D_2 阴极上的电压如图 2.11（b）所示。导通时间 T_{on} 内，该电压高达$[(V_{dc}-1)(N_m/N_p)]-V_{D2}$，而 $T-T_{on}$ 期间，该电压比地电位低一个续流二极管（D_5）正向压降。LC 滤波器平滑这个波形，设 D_5 的正向压降等于 D_2 的正向压降（V_d），则直流输出电压 V_{om} 为

$$V_{om}=\left[\left((V_{dc}-1)\frac{N_m}{N_p}\right)-V_d\right]\frac{T_{on}}{T}\tag{2.24}$$

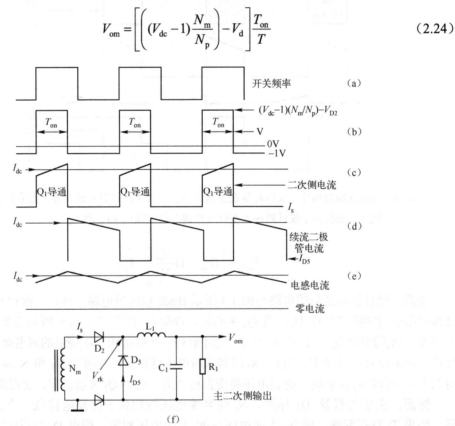

图 2.11　正激变换器的二次侧临界电流。每个二次侧电流都具有阶梯斜坡的特征，因为输出电感上电压固定，且电感值不变。电感电流是二次绕组和续流二极管电流之和，它围绕直流输出电流上下波动。一次侧电流是所有二次侧阶梯斜坡电流用各自匝比折算到一次侧的和。一次侧电流也是个阶梯斜坡

2.3.2　输出/输入电压与导通时间和匝比的设计关系

负反馈采样值是 V_{om} 的一部分，此采样值与参考电压 V_{ref} 比较，然后改变 T_{on} 使 V_{om} 在 V_{dc} 或负载电流发生任意变化时都能保持恒定。

从式（2.24）可以看出，当 V_{dc} 改变时，反馈环通过保持 $V_{dc}T_{on}$ 恒定来保持输出恒定。因此最大导通时间 $T_{on}(\overline{T_{on}})$ 将出现在 V_{dc} 最小（$\underline{V_{dc}}$）的时候。对于最小直流输入电压，式（2.24）可改写为

$$V_{om} = \left[\left((\underline{V_{dc}} - 1) \frac{N_m}{N_p} \right) - V_d \right] \frac{\overline{T_{on}}}{T} \tag{2.25}$$

在式（2.25）中，必须以适当的顺序确定参数。首先，确定最小直流输入电压 $\underline{V_{dc}}$，然后将对应 $\underline{V_{dc}}$（V_{dc} 最小值）的最大允许导通时间 T_{on} 设为半周期的 80%。

这样做是为确保图 2.10 中 A_2 的面积等于 A_1 的面积。因为如果导通时间占满整个半周期，则 A_2 在下一周期开始时才刚好勉强等于 A_1。存储时间会因温度的改变和产品的差异而不同，若导通时间因存储时间改变而稍有增加，就会使 A_1 和 A_2 不相等。从而磁芯 B-H 值不能完全复位到磁滞回线的起始点，若干周期后，磁芯便会进入饱和区，使晶体管损坏。

知道 V_{dc} 和导通时间 T_{on} 内的磁感应强度变化量 ΔB 后，可根据法拉第定律[见式（2.7）]确定一次侧匝数 N_p。

磁感应强度变化量的限制与 2.2.9 节讨论的推挽拓扑类似，下面还要讨论这个问题。

这样，已知式（2.25）中的 $\underline{V_{dc}}$、$\overline{T_{on}}$、T 和 V_d，利用法拉第定律求出 N_p 之后，就可根据所需主输出电压 V_{om} 求解二次侧主绕组匝数 N_m。

2.3.3　辅输出电压

辅输出滤波器 L_2、C_2 和 L_3、C_3 分别用于平滑各自整流管阴极输出的脉宽调制矩形波。此波形的高电平分别为 $\{[(V_{dc}-1)(N_{s1}/N_p)]-V_{d3}\}$ 和 $\{[(V_{dc}-1)(N_{s2}/N_p)]-V_{d4}\}$。其低电平均比地低一个二极管正向压降。直流输入电压 V_{dc} 最小时，它们与二次侧主绕组一样有最大导通时间 T_{on}。若假设整流二极管和续流二极管的正向压降均为 V_d，则输入电压 V_{dc} 最小时，辅输出电压为

$$V_{s1} = \left[\left((\underline{V_{dc}} - 1) \frac{N_{s1}}{N_p} \right) - V_d \right] \frac{\overline{T_{on}}}{T} \tag{2.26}$$

$$V_{s2} = \left[\left((\underline{V_{dc}} - 1) \frac{N_{s2}}{N_p} \right) - V_d \right] \frac{\overline{T_{on}}}{T} \tag{2.27}$$

通过调节 V_{om}，反馈环保持 $V_{dc}T_{on}$ 恒定。这个乘积也出现在式（2.26）和式（2.27）中，因此在 V_{dc} 变化时辅输出也保持恒定。

从式（2.24）和图 2.14 可见，通过适当地控制 T_{on} 使采样输出与参考电压 V_{ref} 相等，反馈环在输入和负载变化时均能保持主输出恒定。由于负载电流没有直接出现在式（2.24）中，负载变化时输出调节不显著，但负载电流还是有间接影响。负载变化会改变 Q_1 的正

向压降（此前设为 1V）和整流二极管的正向压降。尽管这些变化很小，也会引起输出电压的微小变化，并由误差放大器采样，调整 T_{on} 来修正输出电压。

此外，从式（2.26）和式（2.27）可见，V_{dc} 不变时，改变 T_{on}，会使辅输出电压改变。辅输出电压也随自身负载电流的变化而变化。当它们的负载电流变化时，相应整流二极管正向压降也改变，使输入到 LC 平滑滤波器的幅值电压改变。若此时 T_{on} 没有相应的变化，则辅输出电压将随着平滑滤波器幅值电压的变化而改变。由主输出和辅输出负载变化引起的辅输出电压变化范围为 5%～8%。

2.2.4 节中讨论过，这要求主输出和辅输出电感在其最小负载电流下也不进入不连续状态。可以通过选择合适的输出电感来保证这点，具体内容将在下面讨论。

若所有参数已知，或据已知值计算出来，则二次侧从绕组匝数 N_{s1} 和 N_{s2} 可根据式（2.26）和式（2.27）计算。参数 $\underline{V_{dc}}$、T 和 V_d 为已知，$\overline{T_{on}}$ 如前所述设定为 $0.8T/2$，则 N_p 可由法拉第定律[式（2.7）]求解。

2.3.4　二次侧负载、续流二极管及电感的电流

选择二次侧和输出电感线径、整流二极管和续流二极管额定电流时，需要知道各自输出电流的幅值和波形。

与 1.3.2 节所述的 Buck 稳压器类似，Q_1 导通时，二次侧恒定电压加在输出电感两端（其输入端相对于输出端为正）使二次侧电流具有阶梯斜坡的特征，如图 2.11（c）所示。

Q_1 关断时，电感的输入端相对于输出端变负，其电流斜坡向下。关断时刻，电感电流转移到续流二极管。因续流二极管与电感串联，其电流斜坡也向下，如图 2.11（d）所示。电感电流是 Q_1 导通时二次侧电流与 Q_1 关断时续流二极管电流之和，如图 2.11（e）所示。图 2.11（c）、图 2.11（d）和图 2.11（e）的斜坡中点值均等于直流输出电流。

2.3.5　一次侧电流、输出功率及输入电压之间的关系

设从直流输入到所有二次侧总输出功率的转换效率为 80%，即 $P_o=0.8P_m$ 或 $P_m=1.25P_o$。若以最小直流输入电压 $\underline{V_{dc}}$ 计算 P_{in}，则输入功率为最小直流输入电压 $\underline{V_{dc}}$ 与对应一次侧电流平均值的乘积。

由于各二次侧都有输出电感，所以二次侧电流波形均为阶梯斜坡。直流输入电压最小时，这些阶梯斜坡的宽度为 $0.8T/2$。所有二次侧电流根据匝比折算到一次侧，因此一次侧电流脉冲也是一个宽度为 $0.8T/2$ 的阶梯斜坡。因为是单开关管电路，所以每周期仅有一个这样的波形，如图 2.10 所示。一次侧电流脉冲的占空比为 $(0.8T/2)/T=0.4$。

和推挽拓扑一样，将阶梯斜坡电流等效为同样脉宽的平顶电流，其幅值为阶梯斜坡中点值 I_{pft}，则电流平均值为 $0.4I_{pft}$，因此有

$$P_{in}=1.25P_o=\underline{V_{dc}}(0.4I_{pft}) \quad \text{或} \quad I_{pft}=\frac{3.13P_o}{V_{dc}} \tag{2.28}$$

此关系式非常有用，根据给出的最小直流输入电压和总输出功率，即可求出等效平顶一次侧电流脉冲的幅值。从而可立即选出具有足够电流额定值和增益的电力晶体管，或具有足够低导通压降的 MOSFET。

由式（2.28）和式（2.9）可见，在相同输出功率和最小直流输入电压下，正激变换器的 I_{pft} 是推挽拓扑的 I_{pft} 的两倍。

　　显然，这是因为推挽拓扑每周期有两个电流（或功率）脉冲，而正激变换器只有一个。由式（2.25）可知，在正激变换器中，如果二次侧匝数选得足够大，则最小直流输入电压下的最大导通时间也可以不超过半周期的 80%。这样，如图 2.10 所示，在下一周期开始前，面积 A_2 总能等于 A_1。磁芯 B-H 值在一个周期内能复位到磁滞回线上的起始点，从而不会饱和。

　　但正激变换器实现上述工作的代价是，在相同的输出功率下，一次侧幅值电流是推挽变换器的两倍。当然，推挽拓扑即使采用了 2.2.8 节所述的全部预防措施，在动态负载或输入异常的情况下，也难确保不发生偏磁的问题。

2.3.6　开关管最大截止电压应力

　　在正激变换器中，若复位绕组 N_r 的匝数与一次绕组 N_p 的匝数相等，开关管最大关断电压应力为最大直流输入电压的两倍加上漏感尖峰。2.2.11 节已讨论过漏感尖峰及其成因和减少漏感尖峰的措施。即使采用了所有减小漏感尖峰的措施，为设计安全，也应该假设漏感尖峰为最大直流输入电压两倍的 30%。正激拓扑开关管最大截止电压应力与推挽拓扑的一样，为

$$\overline{V_{\mathrm{ms}}}=1.3(2\overline{V_{\mathrm{dc}}}) \tag{2.29}$$

2.3.7　实际输入电压和输出功率限制

　　2.3.1 节开始就已指出，对于最大直流输入电压低于 60V 的正激变换器，其实际最大输出功率为 150～200W。这是因为，正激变换器每周期只有一个电流脉冲，而不像推挽拓扑那样有两个；较大功率输出时，由式（2.28）算出的一次侧电流幅值会太大。

　　现在考虑设计一个用于通信行业的 200W 正激变换器。其最小和最大输入电压分别为 38V 及 60V；由式（2.28）算出的一次侧电流幅值为 $I_{\mathrm{pft}}=3.13P_o/\overline{V_{\mathrm{dc}}}=3.13(200)/38=16.5\mathrm{A}$；由式（2.29）算出最大关断电压应力为 $\overline{V_{\mathrm{ms}}}=2.6\overline{V_{\mathrm{dc}}}=2.6\times60=156\mathrm{V}$。

　　为留有一定的安全裕度，应采用耐压至少为 200V 的器件。这样，输入电压瞬态值超过稳态最大值（60V），也不会损坏器件。

　　200V/16A 开关管市场上有售，但均有 2.2.13 节所讨论的缺点。电力晶体管速度慢，MOSFET 速度快但价格高。对 200W 应用场合，选择无偏磁问题的推挽拓扑应更适合，因为其每周期有两个电流脉冲，电流幅值仅为 8A。电流幅值低，接地母线的噪声和射频干扰（RFI）会显著减小，这对通信工业电源是一个很重要的因素。这种无偏磁问题的推挽拓扑称为"电流模式推挽拓扑"，这将在后面讨论。

　　正激变换器与推挽拓扑（见 2.2.13 节）一样，用于交流输入为 120×(1±10%)V 的离线式变换器时的最大电压应力是一个难以解决的问题。交流输入电压最高时，整流后直流输入为 1.1×120×1.41=186V，再减去 2V 的整流二极管正向压降即 184V。由式（2.29），截止期间开关管的最大电压应力为 $\overline{V_{\mathrm{ms}}}=2.6\times184=478\mathrm{V}$。

　　而交流输入电压最低时，整流后直流输入为 $\overline{V_{\mathrm{dc}}}=(0.9\times120\times1.41)-2=150\mathrm{V}$。根据式（2.28），峰值电流为 $I_{\mathrm{pft}}=3.13\times22/150=4.17\mathrm{A}$。

　　对于 200W 的离线式正激变换器，最大的问题是最大电压应力（478V）而不是一次侧峰值电流（4.17A）。因为当考虑 15% 的输入瞬态值（见 2.2.13 节）时，峰值截止电压应力为 550V。当然，如果电力晶体管工作在 V_{cev}（关断瞬间基极反向偏置为-1～-5V）的情况下，550V 的电压应力也不是绝对不能承受的。许多器件的 V_{cev} 电压为 650～850V，一次侧峰

值电流为 4.17A 时仍有较高的增益、速度和较低的导通压降。但是，正如 2.2.13 节所讨论的，还有更佳的拓扑可供选择，其开关管截止电压仅为 V_{dc} 而不是 $2V_{dc}$（后面将讨论）。

2.3.8　一次绕组和复位绕组匝数不相等的正激变换器

此前，均假设一次绕组 N_p 的匝数与复位绕组 N_r 的匝数相等。如果 N_r 的匝比 N_p 的大些或小些，都会带来某些好处。

一次绕组 N_p 的匝数总是由法拉第定律确定的，这将在 2.3.10.2 节中讨论。如果 N_r 选得比 N_p 小，对于给定输出功率，其一次侧电流幅值将比式（2.28）的计算值小，而 Q_1 最大截止电压应力比式（2.29）的计算值大。如果 N_r 选得比 N_p 大，Q_1 最大截止电压应力将比式（2.29）的计算值小，而对于给定输出功率，其一次侧电流幅值比式（2.28）的计算值要大。这些可以从图 2.12 中看出。Q_1 截止时，N_p 和 N_r 的极性反向，N_r 同名端变负，且被钳位二极管 D_1 钳位至地电位。此时变压器 T_1 是一个自耦变压器。N_r 上的压降为 V_{dc}，而 N_p 上的压降为 $\dfrac{N_p}{N_r}V_{dc}$。导通期间，磁芯被伏秒数 $V_{dc}T_{on}$ 置位，必须施加相等的伏秒数才能使它复位到磁滞回线的起始位置。复位伏秒数为 $\dfrac{N_p}{N_r}V_{dc}T_r$。

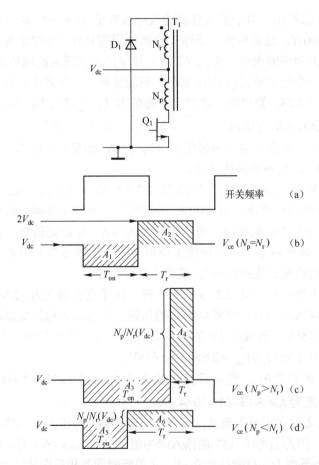

图 2.12　当 $N_p=N_r$ 时，正激变换器的集-射电压。注意，所有情况下，复位伏秒数都等于置位
　　　　伏秒数。（a）开关频率；（b）$N_p=N_r$；（c）$N_p>N_r$；（d）$N_p<N_r$

$N_p=N_r$ 时，复位电压等于置位电压且复位时间等于置位时间（面积 A_1=面积 A_2），如图 2.12（b）所示。对于 $N_p=N_r$，将对应于最小直流输入电压的 Q_1 的最大导通时间选为 $0.8T/2$，以确保磁芯在下一周期开始前能复位。此时，$T_{on}+T_r=0.8T$。

如果 $N_r<N_p$，则复位电压大于 V_{dc}，T_r 将变短（面积 A_3=面积 A_4），如图 2.12（c）所示。T_r 缩短，$T_{on}>0.8T/2$，但（$T_{on}+T_r$）依然等于 $0.8T$，以使磁芯在下一周期开始前能够复位。由于 T_{on} 变长，对于相同的平均电流和输出功率，电流峰值就会变小。与图 2.12（b）相比，图 2.12（c）中，较小的电流峰值应力必须以较大的电压应力为代价。

若 $N_r>N_p$，则复位电压小于 V_{dc}。若仍保持 $T_{on}+T_r=0.8T$，因复位电压小于置位电压，若使复位伏秒数与置位伏秒数相等[图 2.12（d）中面积 A_5=面积 A_6]，则 T_r 必须大于 $0.8T/2$，T_{on} 小于 $0.8T/2$。$T_{on}<0.8T/2$ 时，对于相同的平均电流，电流幅值必然增加，如图 2.12（d）所示。与图 2.12（b）相比，在相同的输出功率下，减小的电压应力是以更高的电流幅值为代价的。这种情况定量分析如下：

$$设 T_{on} + T_r = 0.8T; \quad 复位电压 = V_r = \frac{N_p}{N_r}V_{dc} \tag{2.30}$$

因置位伏秒数等于复位伏秒数，所以

$$V_{dc}T_{on} = \frac{N_p}{N_r}V_{dc}T_r \tag{2.31}$$

结合式（2.30）和式（2.31），有

$$\overline{T_{on}} = \frac{0.8T}{1 + N_r/N_p} \tag{2.32}$$

效率为 80% 时，$P_{in}=1.25P_o$。输入为 $\underline{V_{dc}}$ 时，$P_{in} = \underline{V_{dc}}(I_{av}) = \underline{V_{dc}}I_{pft}(T_{on})/T$，即 $I_{pft} = 1.25(P_o/\underline{V_{dc}})(T/T_{on})$。从式（2.32）得

$$I_{pft} = 1.56\left(\frac{P_o}{\underline{V_{dc}}}\right)(1 + N_r/N_p) \tag{2.33}$$

若不计漏感尖峰，则 Q_1 最大截止电压应力 $\overline{V_{ms}}$ 等于最大直流输入电压 $\overline{V_{dc}}$ 加上复位电压（N_r 同名端接地时，N_p 两端的电压），即

$$\overline{V_{ms}} = \overline{V_{dc}} + \frac{N_p}{N_r}\overline{V_{dc}} = \overline{V_{dc}}(1 + N_p/N_r) \tag{2.34}$$

由式（2.33）和式（2.34）计算出的 I_{pft} 和 V_{ms} 如下列数据所示。

N_r/N_p	I_{pft}[见式（2.33）]	V_{ms}[见式（2.34）]
0.6	$2.50(P_o/\underline{V_{dc}})$	$2.67\overline{V_{dc}}$ +漏感尖峰
0.8	$2.81(P_o/\underline{V_{dc}})$	$2.25\overline{V_{dc}}$ +漏感尖峰
1.0	$3.12(P_o/\underline{V_{dc}})$	$2.00\overline{V_{dc}}$ +漏感尖峰
1.2	$3.43(P_o/\underline{V_{dc}})$	$1.83\overline{V_{dc}}$ +漏感尖峰
1.4	$3.74(P_o/\underline{V_{dc}})$	$1.71\overline{V_{dc}}$ +漏感尖峰
1.6	$4.06(P_o/\underline{V_{dc}})$	$1.62\overline{V_{dc}}$ +漏感尖峰

2.3.9 正激变换器电磁理论

2.3.9.1 仅运行于第一象限

正激变换器的变压器磁芯只运行在磁滞回线的第一象限，如图 2.10 所示。当 Q_1 导通时，T_1 的同名端相对于异名端为正，磁芯 B-H 值沿磁滞回线的正向移动，励磁电感中的电流线性上升。

Q_1 关断时，存储在励磁电感上的电流使所有绕组电压极性反向。N_r 的同名端变负，直至被钳位二极管 D_1 钳位至比地电位低一个二极管正向压降。此时实际存储于磁芯中的励磁电流将继续流动。不过是从 N_p（Q_1 导通期间，它沿斜线上升）转移到 N_r。励磁电流从 N_r 的异名端流出，经电源电压 V_{dc} 的正极和负极，再经二极管 D_1 的阳极和阴极，最后返回 N_r 同名端。

Q_1 截止期间，由于 N_r 的同名端相对于异名端为负，励磁电流 I_d 沿斜坡直线下降，如图 2.10 所示。当斜坡值降为零（面积 A_2 的末端，见图 2.10）时，励磁电感中不再有任何存储的能量，不能维持 N_r 同名端电压低于地电位。N_r 的同名端电压开始上升至 V_{dc}，同时 N_p 的异名端电压（Q_1 集电极）开始从 $2V_{dc}$ 下降至 V_{dc}。

因此，磁滞回线的中心点不是原点，而大约是励磁电流幅值的半值 $(V_{dc}T_{on}/(2L_m))$ 对应的点。励磁电流没有反向，它只简单地线性上升至幅值，然后再线性下降到零。

这种只在第一象限的运行有利也有弊。首先，与推挽电路相比，对给定磁芯，它只能提供一半的输出功率。这可以从确定一次侧匝数的法拉第定律[见式（2.7)]看出。

根据法拉第定律，计算一次侧匝数的公式为 $N_p=[Edt/(A_e dB)]\times10^8$。由于正激变换器 dB（即 ΔB）的变化范围限制为从零至某个 B_{max} 而不是推挽电路的从 $-B_{max}$ 到 $+B_{max}$。当 V_{dc} 相同时，正激变换器一次侧匝数是推挽电路每个一次侧半绕组匝数的两倍。尽管推挽电路有两个一次侧绕组，每个绕组都必须承受和正激变换器相同的伏秒数，但推挽电路每周期有两个功率脉冲而正激变换器只有一个。最终结果是使用同样的磁芯，正激变换器仅提供推挽拓扑一半的输出功率。

但推挽电路磁通变化范围是正激变换器的两倍，两倍输出功率下的推挽电路磁芯发热更严重些。由于磁芯损耗与磁滞回线包围的面积成正比，所以推挽电路磁芯损耗是正激变换器的两倍。

然而，这样的推挽电路的两个一次侧半绕组总铜耗并不比输出功率仅为其一半的正激变换器大。这是因为，虽然该推挽电路每个一次侧半绕组的电流有效值与输出功率为其一半的正激变换器相等；但推挽电路每个一次侧半绕组的匝数只是对应正激变换器的一半，推挽电路每个一次侧半绕组的阻抗也只有该正激变换器的一半。因此，该正激变换器的总铜耗与有着两倍输出功率的推挽电路的两个一次侧半绕组的总铜耗相等。

2.3.9.2 正激变换器的磁芯气隙

图 2.3 所示是无气隙的铁氧体磁芯的磁滞回线。可以看出，零磁场强度（0Oe）时仍存在 ±1000Gs 的剩余磁感应强度，通常称为剩磁。

如果正激变换器磁芯从 0Oe 即 1000Gs 开始运行，则磁芯 B-H 值进入饱和磁滞回线弯曲部分之前的最大磁感应强度变化 dB 约为 1000Gs。一般希望起始磁芯 B-H 值能远离磁滞回线弯曲部分，但没有气隙的正激变换器磁芯最大 dB 限制为 1000Gs。如上所述，一次侧匝数与 dB 成反比。较小的 dB 就要求较多的一次侧匝数。较大的一次侧匝数使线径减小，从而降低了变压器的输出电流和输出功率。

　　磁芯加入气隙使饱和磁滞回线倾斜，剩磁会显著降低，如图 2.5 所示。磁滞回线的倾斜并不会改变其与 H 轴的交点（零磁感应强度点，称为矫顽力）。从图 2.3 可见，铁氧体矫顽力约为 0.2Oe。对用于输出功率为 200～500W 的大多数磁芯来说，约 2～4mil 的气隙可使剩磁降到约为 200Gs。200Gs 的剩磁，使磁芯 B-H 值进入磁滞回线弯曲部分之前允许的 dB 约为 1800Gs，这样也能减小一次侧匝数。

　　但引入气隙也是有代价的。从图 2.5 可见，气隙使饱和磁滞回线斜率降低，使 dB/dH（磁芯磁导率）降低。磁导率降低使励磁电感值减小，使励磁电流（$I_m=V_{dc}T_{on}/L_m$）增大。励磁电流不向负载传递功率，只用于使磁芯 B-H 值沿磁滞回线移动。它不应超过一次侧负载电流的 10%。

2.3.9.3　有气隙磁芯的励磁电感

　　有气隙磁芯的励磁电感计算如下。励磁电感的电压为 $L_m dI_m/dt$，根据法拉第定律有

$$V_{dc} = \frac{L_m dI_m}{dt} = \frac{N_p A_e dB}{dt} 10^{-8} \quad \text{或} \quad L_m = \frac{N_p A_e dB}{dI_m} 10^{-8} \tag{2.35}$$

式中，L_m 为励磁电感（H）；N_p 为一次侧绕组匝数；A_e 为磁芯截面积（cm^2）；dB 为磁芯磁感应强度变化量（Gs）；dI_m 为励磁电流的变化量（A）。

　　根据磁基本定律即安培定律有

$$\int H \cdot dl = 0.4\pi NI$$

　　上式表明，若包围导线的安匝数为 NI，则点积 $H \cdot dl$ 沿此线的积分为 $0.4\pi NI$。如果该导线绕过与磁力线平行且与气隙交叉的磁芯，则因磁芯内 H 是相同的，记为 H_i，气隙内 H 也相同，记为 H_a，所以有

$$H_i l_i + H_a l_a = 0.4\pi NI_m \tag{2.36}$$

式中，H_i 为磁芯（铁氧体）磁场强度（Oe）；l_i 为磁芯磁路长度（cm）；H_a 为气隙磁场强度（Oe）；l_a 为气隙磁路长度（cm）；I_m 为励磁电流（A）。

　　另外，$H_i=B_i/u$，其中，B_i 为磁芯磁感应强度，u 为磁芯磁导率。而 $H_a=B_a$，因为空气的磁导率等于 1。设气隙周围没有发散的漏磁感应强度，则 $B_a=B_i$（磁芯中的磁感应强度=气隙中的磁感应强度）。此时式（2.36）可写成

$$\frac{B_i}{u} l_i + B_i l_a = 0.4\pi N_p I_m \quad \text{或} \quad B_i = \frac{0.4\pi NI_m}{l_a + l_i/u} \tag{2.37}$$

可得 $dB/dI_m = 0.4\pi N/(l_a + l_i/u)$，代入式（2.35）得

$$L_m = \frac{0.4\pi(N_p)^2 A_e \times 10^{-8}}{l_a + l_i/u} \tag{2.38}$$

　　因此，长度为 l_i 的磁芯中引入长度为 l_a 的气隙，励磁电感的减少比例为

$$\frac{L_{m(\text{with gap})}}{L_{m(\text{without gap})}} = \frac{l_i/u}{l_a + l_i/u} \tag{2.39}$$

下面举例说明。

以国际标准磁芯 Ferroxcube 783E608-3C8 为例，其磁路长度为 9.7cm，有效磁导率为 2300。如果在磁路上加 4mil（0.0102cm）的气隙，则根据式（2.39）有

$$L_{m(with\ gap)} = \frac{9.7 / 2300}{0.0102 + 9.7 / 2300} L_{m(without\ gap)} = 0.29 L_{m(without\ gap)}$$

检验气隙磁芯的一个有效方法是检查式（2.38）的分母。多数情况下，u 很大，则 l_i/u 的数值会比气隙长度 l_a 小，电感主要由气隙长度决定。

2.3.10　电力变压器的设计

2.3.10.1　磁芯选择

与 2.2.9.1 节讨论的推挽拓扑一样，正激变换器的变压器磁芯有效功率与峰值磁感应强度、磁芯截面积和窗口面积、频率及绕组电流密度有关。

第 7 章将导出根据这些参数所确定的磁芯实际输出功率的公式。若把这个公式转换为图表，则很容易选择磁芯及其工作频率。

这里假设磁芯已选定，且磁芯截面积和窗口面积为已知。

2.3.10.2　一次侧匝数的计算

一次侧匝数可以根据法拉第定律由式（2.7）计算。由 2.3.9.2 节知，对于正激变换器，加气隙磁芯的磁感应强度从约 200Gs 变化至某最大磁感应强度 B_{max}。

如 2.2.9.4 节所述，对于推挽拓扑，即使在低频下磁芯损耗不是限制因素时，铁氧体磁芯峰值磁感应强度也只设为 1600Gs。这样是为了避免直流输入电压或负载电流快速瞬变时造成的过大的磁感应强度变化。由于误差放大器带宽限制，不能如此快速地调整开关管导通时间，所以不能对这些瞬变做出及时的快速修正。

误差放大器延迟期间，在若干周期内，峰值磁感应强度可能达到比正常稳态运行时的计算值高出 50%。将正常峰值磁感应强度设为较低的 1600Gs，以适应输入或负载瞬变的情况，可以解决上述问题。如前所述，从约 0Gs 到 1600Gs 的变化时间应为半周期的 80%，以保证下一周期开始前磁芯已复位，如图 2.12（b）所示。

因此，由法拉第定律确定的一次侧匝数表达式为

$$N_p = \frac{(V_{dc} - 1)(0.8T / 2) \times 10^8}{A_e dB} \tag{2.40}$$

式中，V_{dc} 为最小直流输入电压（V）；T 为工作周期（s）；A_e 为磁芯截面积（cm^2）；dB 为磁感应强度变化量（Gs）。

2.3.10.3　二次侧匝数的计算

二次侧匝数可由式（2.25）～式（2.27）计算出来。在这些关系式中，除二次侧匝数外，所有值都已知或已计算出来。其中（见图 2.10），V_{dc} 为最小直流输入电压（V），$\overline{T_{on}}$ 为最大导通时间（$T_{on}=0.8T/2$），N_m、N_{s1}、N_{s2} 为二次侧主绕组和从绕组的匝数，N_p 为一次绕组匝数，V_d 为整流管正向压降。

如果主输出端为 5V 大电流输出，其使用 0.5V 的肖特基二极管。辅输出电压较高，需要更高压的二极管。在很宽的电流范围内，这些恢复快、电压较高的二极管的正向压降均为 1.0V。

2.3.10.4　一次侧电流有效值和线径的选择

根据式（2.28）可求解一次侧等效平顶电流幅值。该电流在一个周期内至多流动半周期的 80%，因此最大占空比为 0.4。已知幅值为 I_p 的平顶电流的有效值为 $I_\text{ms} = I_\text{p}\sqrt{T_\text{on}/T}$，则一次侧电流有效值为

$$I_\text{rms(primary)} = \frac{3.12P_\text{o}}{V_\text{dc}}\sqrt{0.4} = \frac{1.97P_\text{o}}{V_\text{dc}} \tag{2.41}$$

如果线径的选择基于 500cmil/A（RMS 值），则所需面积的圆密耳数为

$$\frac{500\times1.97P_\text{o}}{V_\text{dc}} = \frac{985P_\text{o}}{V_\text{dc}} \tag{2.42}$$

2.3.10.5　二次侧电流有效值和线径的选择

如图 2.11 所示，二次侧电流具有阶梯斜坡特征。脉冲斜坡中点值等于直流输出电流。因此当输入为 V_dc 时（此时脉宽最大），二次侧脉冲电流的等效平顶电流幅值为 I_dc，脉宽为 $0.8T/2$，占空比为 $(0.8T/2)/T = 0.4$。所以有

$$I_\text{rms(secondary)} = I_\text{dc}\sqrt{0.4} = 0.632I_\text{dc} \tag{2.43}$$

若电流密度选为 500cmil/A（RMS 值），则每个二次侧所需面积的圆密耳数为

$$500\times0.632I_\text{dc} = 316I_\text{dc} \tag{2.44}$$

2.3.10.6　复位绕组电流有效值和线径的选择

复位绕组仅流过励磁电流，这从图 2.10 中的同名端可以看出。Q_1 导通时，二极管 D_1 反向偏置，复位绕组没有电流流过。一次绕组 N_p 中的励磁电流线性增加。Q_1 关断时，励磁电流必须继续流动。Q_1 电流停止时，励磁电感上的电流使所有绕组的极性反向。当 N_r 同名端电压低于地电位时，励磁电流从 N_p 转移到 N_r 继续流动，经电源 V_dc 和二极管 D_1 返回到 N_r。因为 N_r 异名端相对于同名端为正，所以励磁电流斜坡下降直至零，如图 2.10 所示。

除了左右位置不同外，N_r 下降的电流与 Q_1 导通时上升的励磁电流一样。因此该三角形电流的峰值为 $I_\text{p(magnetizing)} = V_\text{dc}T_\text{on}/L_\text{mg}$，其中 L_mg 为由式（2.39）计算出的带气隙的励磁电感。不带气隙的电感可由铁氧体产品目录中的 A_l 值（每 1000 匝的电感值）计算出来。由于电感与匝数的平方成正比，所以 n 匝的电感值为 $L_n = A_l(n/1000)^2$。该三角形电流的持续时间为 $0.8T/2$（占空比最大为 0.4 时磁芯所需的最大复位时间）。

已知峰值为 I_p 的周期性三角波（相邻三角波临界连续）的有效值为 $I_\text{rms} = I_\text{p}/\sqrt{3}$，但此三角波的占空比为 0.4，因此其有效值为

$$L_\text{rms} = \frac{V_\text{dc}T_\text{on}}{L_\text{mg}}\frac{\sqrt{0.4}}{\sqrt{3}} = 0.365\frac{V_\text{dc}T_\text{on}}{L_\text{mg}}$$

若电流密度为 500cmil/A（RMS 值），则复位绕组所需面积的圆密耳数为

$$500 \times 0.365 \frac{V_{dc} \overline{T_{on}}}{L_{mg}} \qquad (2.45)$$

通常，励磁电流非常小，所以复位绕组用线径小于 30 号（AWG）的导线绕制即可。

2.3.11　输出滤波器的设计

输出滤波器 L_1C_1、L_2C_2 及 L_3C_3 平滑整流二极管阴极的幅值电压。电感的选择应能够使最小直流输出电流下的电感电流仍保持连续。电容的选择要满足规定最小输出纹波电压。

2.3.11.1　输出电感的设计

1.3.6 节中讨论过，当电感阶梯斜坡电流的阶梯降为零时出现不连续状态，如图 2.10 所示。因为直流输出电流为斜坡中点值，从图 2.10 可见，不连续状态在最小电流 I_{dc} 等于斜坡幅值 dI 一半时开始。

现参照图 2.11，得

$$\mathrm{d}I = 2\underline{I_{dc}} = \frac{(V_{rk} - V_o)\overline{T_{on}}}{L_1} \quad 或 \quad L_1 = \frac{(V_{rk} - V_o)(\overline{T_{on}})}{2\underline{I_{dc}}}$$

而 $V_o = V_{rk}\overline{T_{on}}/T$，则有

$$L_1 = \left(\frac{V_o T}{T_{on}} - V_o \right) \frac{\overline{T_{on}}}{2\underline{I_{dc}}} = \frac{V_o(T/\overline{T_{on}} - 1)\overline{T_{on}}}{2\underline{I_{dc}}}$$

因为 $\overline{T_{on}} = 0.8T/2$，所以

$$L_1 = \frac{0.3V_o T}{\underline{I_{dc}}} \qquad (2.46)$$

另外，若最小直流电流 I_{dc} 为额定输出电流 I_{on} 的 1/10，则

$$L_1 = \frac{0.3V_o T}{I_{on}} \qquad (2.47)$$

2.3.11.2　输出电容的设计

1.3.7 节中讲过，输出纹波几乎全由滤波电容的等效串联电阻决定。纹波电压总幅值 V_{or} 为 $V_{or} = R_o \mathrm{d}I$，其中 dI 是前面讲过的所选电感斜坡电流的峰-峰值。设对于很宽的耐压和容值范围的铝电解电容，其 $R_o C_o$ 的平均值为 $R_o C_o = 65 \times 10^{-6}$，于是有

$$C_o = 65 \times 10^{-6} / R_o = 65 \times 10^{-6} \frac{\mathrm{d}I}{V_{or}} \qquad (2.48)$$

式中，dI 的单位为 A，V_{or} 的单位为 V，C_o 的单位为 F。

2.4　双端正激变换器拓扑

2.4.1　基本工作原理

双端正激变换器拓扑如图 2.13 所示。与图 2.10 所示的单管单端（以下简称单端）正

激变换器使用单个开关管不同，双端正激变换器使用两个开关管，且这样有显著的优点。即截止时，每个开关管仅承受一倍直流输入电压（单端正激变换器中为两倍直流输入电压）。另外，关断过程也不出现漏感尖峰。

2.3.7 节中曾指出，考虑到 15%的瞬态误差、10%的稳态误差和 30%的漏感尖峰，交流输入为额定电压 120V 的单端正激变换器的关断电压应力高达 550V。

尽管许多电力晶体管额定 V_{cev} 高达 650V 甚至 850V，能够承受这样的电压应力，但使用只承受一半截止电压应力的双端正激变换器要更可靠。可靠性是开关电源设计中最重要的考虑因素。若权衡可靠性与原始成本，则最好的、从长远看也是最经济的选择是可靠性。

而且，对于用于欧洲市场的电源（那里交流电压为 220V，整流后额定直流电压约为 308V），根本不能使用单端正激变换器，因为开关管截止时电压应力太大[见式（2.29）]。用于欧洲市场的产品，只能采用双端正激变换器、半桥或全桥电路（将在第 3 章讨论）。

下面分析双端正激变换器的工作原理。如图 2.13 所示，Q_1 和 Q_2 分别串联于变压器一次侧的顶端和底端。两个开关管同时导通和截止。当它们导通时，所有一次侧和二次侧的同名端为正，功率传递给负载。当它们截止时，存储于 T_1 励磁电感上的电流使所有绕组电压极性反向。N_p 的同名端电位被二极管 D_1 钳位至地电位。N_p 的异名端电位被二极管 D_2 钳位于 V_{dc}。

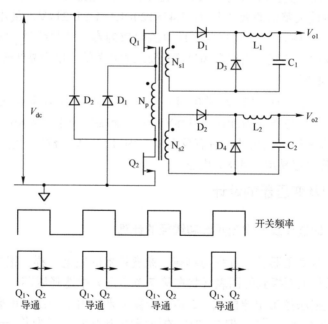

图 2.13　双端正激变换器。开关管 Q_1 和 Q_2 同时开通和关断。二极管 D_1 和 D_2 的作用是使 Q_1 和 Q_2 的最大截止电压应力为 V_{dc}，而图 2.10 所示的正激变换器最大截止电压应力为漏感尖峰加上 $2V_{dc}$

所以，Q_1 的发射极电压不会超过 V_{dc}，Q_2 的集电极电压也不会超过 V_{dc}。漏感尖峰被钳位，使任一开关管的最大电压应力都不会超过最大直流输入电压。

电路更显著的优点是没有漏感能量消耗。开关管导通时，存储于漏感中的所有能量不是消耗于电阻元件或开关管内，而是在开关管关断时通过 D_1 和 D_2 回馈给 V_{dc}。漏感电流从 N_p 的异名端流出，经 D_2 流入 V_{dc} 的正极，然后从其负极流出，经 D_1 返回到 N_p 的同名端。

考察图 2.13 所示的电路会发现，只要保证复位时间等于导通时间，则磁芯总能复位。因为开关管关断时，N_p 上的反向电压与导通时其上的正向电压相等。因此，若不需要最大导通时间超过半周期的 80%，使下半周期开始前有 20%的安全裕量，则磁芯总能成功地复位。选择足够大的二次侧匝数，使 V_{dc} 最小时二次侧电压峰值与最大占空比 0.4 的乘积等于所需输出电压[见式（2.25）]，就可达到上述要求。

2.4.1.1 实际输出功率的限制

一定要注意，这种拓扑与单端正激变换器一样，每周期仍只有一个功率脉冲。因此，无论是单端或双端结构，给定磁芯能提供的实际功率均相等。2.3.10.6 节中谈到，单端拓扑的复位绕组仅用于开关管截止时通过励磁电流。由于这个电流很小，只用线径为 30 号甚至更小的导线绕制即可。若使用同样的磁芯，即使双端拓扑没有复位绕组也不允许利用加大功率绕组线径的方法来提高输出功率。

由于开关管最大电压应力不大于最大直流输入电压，所以 2.3.7 节中讨论的单端正激变换器 200W 的实际功率限制不再成立。随着双端正激变换器电压应力的下降，输出功率可达到 400～500W，且满足所需电压和电流及增益要求的廉价开关管也很容易买到。

下面考虑一个额定交流输入为 120V，且具有±10%稳态误差和±15%瞬态误差的双端正激变换器。它的最大整流直流电压为 1.41×120×1.1×1.15=214V，最小整流直流电压为 1.41×120÷1.1÷1.15=134V，一次侧等效平顶电流幅值为 $I_{pft} = 3.13P_o / V_{dc}$ [根据式（2.28）]，当 P_o=400W，I_{pft}=9.6A。市场上有很多满足这种要求的开关管（电力晶体管和 MOSFET），并且增益足够，价格低廉。

双端正激变换器由 AC 120V 供电时，一个较好的替代方案是接入倍压电路（见图 3.1）。这种电路能使电压应力加倍至 428V，使电流幅值减半至 4.8A。4.8A 的一次侧电流，会使 RFI 问题减轻。如果截止时有反向偏置为-1～-5V（额定 V_{cev}），则额定 V_{ceo} 为 400V 的电力晶体管很容易承受 428V 电压。

2.4.2 设计原则及变压器的设计

2.4.2.1 磁芯的选择及一次侧匝数和线径的计算

双端正激变换器变压器设计过程与单端正激变换器的完全一样。根据所需输出功率和工作频率，就可以从上面提到的图表（将在第 7 章给出）中选择磁芯。

一次侧匝数根据法拉第定律由式（2.40）计算出来。由于一次侧串联两个开关管，所以最小一次侧电压为$(V_{dc} - 2)$。但是 2V 的压降影响不大，因为 V_{dc} 一般为 134V（AC 120V 输入）。如果不被磁芯损耗限制，频率为 50kHz 或更高时，最大导通时间可取为 0.8T/2，dB 取 1600Gs。

以前提到过，由于磁芯损耗随频率提高而上升，所以在 100～300kHz 的频率范围内，峰值磁感应强度可能不得不降至约 1400Gs 或 800Gs。要精确确定峰值磁感应强度还要看是否有更新的、更低损耗的磁性材料，某种程度上也取决于变压器的尺寸。较小的磁芯常可以工作于较高的磁感应强度，因为这种磁芯的散热面积与体积比值较大，更容易散热（热量与体积成比例）。

因为双端变换器与单端变换器一样，每周期只有一个电流或功率脉冲，所以给定输出功率和最小直流输入电压下一次侧电流可由式（2.28）计算出来，一次侧线径可根据式（2.42）选择。

2.4.2.2　二次侧匝数及线径的计算

二次侧匝数的选择与 2.3.2 节和 2.3.3 节所述的完全相同，由式（2.25）～式（2.27）给出。

线径可根据 2.3.10.5 节中的式（2.44）计算。

2.4.2.3　输出滤波器的设计

输出电感和电容的计算与 2.3.11 节所述的完全相同，可由式（2.46）～式（2.48）计算。

2.5　交错正激变换器拓扑

2.5.1　基本工作原理、优缺点和输出功率限制

这种拓扑只是两个相同的单端正激变换器交替工作（各占半个周期），其二次侧电流通过整流二极管相加。其拓扑如图 2.14 所示。

这种拓扑的优点是每周期有两个功率脉冲，如图 2.14 所示，且每个变换器只提供总输出功率的一半。

式（2.28）给出了开关管等效平顶电流幅值 $I_{pft} = 3.13P_{ot}/(2V_{dc})$，其中 P_{ot} 为总输出功率。开关管电流是获得相同总输出功率的单个单端正激变换器的一半。因此，两个开关管的费用因每个开关管额定峰值电流较低而相互抵消了，也许价格比两倍额定电流的单个开关管更低。

或从另一角度看，若这两个额定电流相同的开关管，其电流幅值与给定输出功率单端变换器开关管的相同，则交错变换器可提供的输出功率是该单端变换器输出功率的两倍。

另外，EMI 强度与电流幅值成比例，而不是与电流脉冲数量成比例，相同总输出功率下，交错变换器产生的 EMI 比单个正激变换器产生的 EMI 小。

相比起来，推挽拓扑可能更有优越性。尽管都是双开关管电路，但交错正激变换器的两个变压器可能比推挽拓扑的一个大变压器更昂贵，占用的空间更多。不过至今仍不很确定，在输入和负载失常的瞬态情况下，推挽拓扑的偏磁问题是否完全能解决。没有偏磁问题可能是使用交错正激变换器的最好理由。

当直流输出电压超过 200V 的场合，同样的输出功率下，选用交错正激变换器比选用单个正激变换器更合理。单个正激变换器输出续流二极管（D_{5A} 或 D_{5B}）承受的反向电压峰值为交错正激变换器的两倍。这是因为它的占空比只有后者的 1/2。

输出电压低时占空比小没有什么问题，见式（2.25）。变压器二次侧匝数选择原则（对于单端正激变换器）是，直流输入最小即二次侧电压幅值最低时，产生所需输出电压的占空比 T_{on}/T 不超过 0.4。当直流输出为 200V 时，续流二极管承受的反向电压峰值为500V。开关管开通瞬间，续流二极管已流过很大的正向电流，又将突然承受反向电压。如果该二极管反向恢复时间长，短时内 500V 的反向电压就会引起很大的反向电流，可能会损坏二极管。

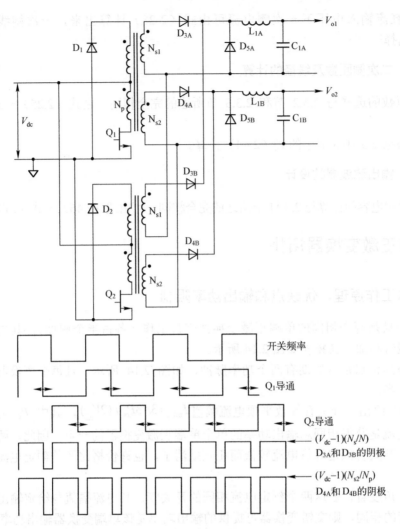

图 2.14　交错正激变换器。Q_1 和 Q_2 每半周期交替导通，二次侧输出相加使每周期有两个功率
脉冲，且避免了推挽拓扑的偏磁问题

　　二极管额定反向电压越大，反向恢复时间越长，这种情况下，问题就很严重了。对于
200V 直流输出，交错正激变换器运行在两倍占空比，续流二极管反向电压仅为 250V。使
用低压、恢复快的二极管，可大大降低其损耗。

2.5.2　变压器的设计

2.5.2.1　磁芯的选择

　　磁芯根据上面讲到的第 7 章将提供的图表选出。因为每个变压器只提供一半的输出功
率，所以磁芯按总输出功率的一半选取。

2.5.2.2　一次侧匝数及线径

　　最小直流输入时，每个变换器的导通时间依然为 $0.8T/2$，则交错正激变换器一次侧匝

数可由式（2.40）求出。对于所选磁芯，其面积 A_e 可从表中读取。一次侧线径可按总输出功率的一半由式（2.42）求出。

2.5.2.3　二次侧匝数及线径

二次侧匝数由式（2.26）～式（2.27）确定。因为每个周期有两个电压脉冲，且输入为 V_{dc} 时每个占空比为 0.4，所以式（2.26）～式（2.27）中占空比取为 0.8。因每个二次侧流过电流的最大占空比为 0.4，二次侧线径由式（2.44）决定，其中 I_{dc} 是实际直流输出电流。

2.5.3　输出滤波器的设计

2.5.3.1　输出电感的设计

同推挽拓扑输出电感一样，交错正激变换器输出电感每周期也流过两个电流脉冲。相同的直流输出电流下，这两个脉冲的脉宽、幅值和占空比与推挽拓扑的相同。因此，同推挽拓扑电感一样，交错正激变换器的电感可根据式（2.20）计算。

2.5.3.2　输出电容的设计

同理，输出电容要过滤的波形与推挽电路的完全相同。因此，若电感电流纹波幅值及允许输出电压纹波值与推挽电路相同，则交错正激变换器的电容值可由式（2.22）求出。

参考文献

[1] K. Billings, *Switchmode Power Supply Handbook*, New York: McGraw-Hill, 1990.

第 3 章 半桥和全桥变换器拓扑

3.1 简介

半桥和全桥拓扑开关管的电压应力等于直流输入电压，而不像推挽、单端正激或交错正激拓扑那样为输入电压的两倍。所以，桥式拓扑广泛应用于那些直流供电电压高于开关管的安全耐压值的离线式变换器中。输入电网电压为 AC 220V 或更高的场合普遍使用桥式拓扑。当然在输入电网电压为 AC 120V 时，也有使用桥式拓扑的情况。

桥式拓扑的另一优点是，能将变压器一次侧的漏感电压尖峰（见图 2.1 和图 2.10）钳位于直流母线电压，并将漏感储存的能量回馈到输入母线，而不是损耗在有损缓冲电路的电阻元件上。

3.2 半桥变换器拓扑

3.2.1 基本工作原理

半桥变换器拓扑如图 3.1 所示。如同双端正激变换器那样，开关管截止时承受电压应力为 V_{dc} 而不是 $2V_{dc}$。这个优点使得半桥变换器拓扑在电网电压为 AC 220V 的欧洲市场设备中得到了广泛应用。

首先看图 3.1 中的输入整流和滤波部分。当要求设备适应不同的电网电压（AC 120V 或 AC 220V）时，这是一种普遍采用的方案。不管输入电网电压是 AC 120V 还是 AC 220V，该电路整流得到的直流电压都约为 320V。当输入电网电压为 AC 220V 时，S_1 断开；为 AC 120V 时，S_1 闭合。通常 S_1 并不是实际的开关，更常见的情形是，这是一段跳线，在 AC 120V 时安装，在 AC 220V 时不安装。

输入电压为 AC 220V 时，S_1 断开，电路为全波整流电路，滤波电容 C_1 和 C_2 串联。整流得到的直流电压峰值约为 1.41×220-2=308V；当输入电压为 AC 120V 时，S_1 闭合，电路相当于一个倍压整流器。在输入电压的正半周，A 点相对于 B 点为正，电源通过 D_1 给 C_1 充电，C_1 电压为上正下负，峰值约为 1.41×120-1=168V；在输入电压的负半周，A 点电压相对于 B 点为负，电源通过 D_2 给 C_2 充电，C_2 电压为上正下负，峰值也为 1.41×120-1=168V，这样两个电容串联的输出为 336V。从图 3.1 可见，当任何一个开关管导通时，另一个截止的开关管承受的电压只是最大直流输入电压，而并非其两倍。

因此，在电路中可以采用价格较低的电力晶体管和场效应管，它们能承受 336V 的开路电压（即使考虑 15% 的裕量，386V 也在可承受的范围之内）。这样，只需要一个普通的开关或者跳线的切换，装置就可工作于 AC 120V/AC 220V 电路中。

补充： 有时使用自动电网电压检测和开关电路，电路驱动继电器或其他器件代替 S_1 的位置。虽然增加了成本和电路的复杂性，但方便了电气设备的终端用户，他们可能不再

为如何为不同电网电压输入时选择转换开关的位置而困惑，也避免了将 AC 220V 输入到
AC 120V 配置的电路时造成设备毁坏的可能。

——T. M.

假设整流后的直流输入电压为 336V，该电路工作情况如下：首先忽略小容量隔直电
容 C_b，则 N_p 的下端可近似地看作连接到 C_1 与 C_2 的节点。若 C_1、C_2 的容量基本相等，则
该节点电压近似为整流电压的一半，约为 168V。通常的做法是在 C_1、C_2 两端各并联等值
放电电阻来均衡两者的电压。图 3.1 中的开关管 Q_1、Q_2 轮流导通半个周期。Q_1 导通、Q_2
关断时，N_p 同名端的电压为+168V，Q_2 承受的电压为 336V；同理，Q_2 导通、Q_1 截止时，
Q_1 承受的电压也为 336V，此时 N_p 同名端的电压为-168V。

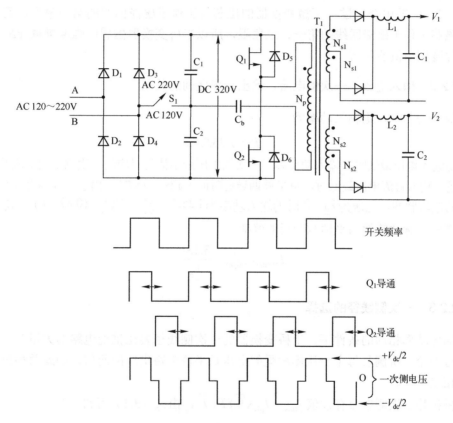

图 3.1　半桥变换器。变压器的一端通过隔直电容 C_b 与滤波电容 C_1、C_2 相连，另一端接在开
　　　　关管 Q_1、Q_2 的节点，开关管 Q_1、Q_2 交替导通。当开关 S_1 闭合时，电路为倍压整流
　　　　器；而断开时，电路为全波整流器。整流后的输出电压约为 308～336V

和推挽拓扑一样，一次侧交流方波电压使所有二次侧感应全波式方波电压，因此这种
半桥电路的二次侧电压、导线规格、输出电感和电容的选择都与推挽式电路相同。

3.2.2　半桥变换器磁设计

3.2.2.1　最大导通时间、磁芯尺寸和一次绕组匝数的选择

从图 3.1 可见，若 Q_1、Q_2 同时导通，即使是很短的时间，也将使电源瞬间短路，从

而损坏开关管。为防止此现象发生，输入电压最低时，Q_1 或 Q_2 的导通时间必须限制在半周期的 80% 以内，应选择合适的二次绕组匝数使导通时间在不超过 $0.8T/2$ 的情况下保证输出电压满足要求。此外，电路应采用钳位技术，以保证在故障或暂态情况下，导通时间也不超过 $0.8T/2$。

　　磁芯可利用第 7 章中提供的表格进行选择。这些表格给出了最大输出功率与工作频率、峰值磁感应强度、磁芯截面积及绕线电流密度之间的函数关系。

　　假定最低输入电压为 $(V_{dc}/2)-1$，导通时间不超过为 $0.8T/2$，在已知磁芯种类和磁芯截面积的情况下，可以通过法拉第定律[见式（2.7）]计算出一次绕组匝数。磁感应强度增量 dB 为峰值磁感应强度期望值（频率低于 50kHz 时选用 1600Gs，频率越高，该值越小）的两倍。2.3.9 节中介绍过，正激变换器的磁芯只工作于磁滞回线的第一象限，而半桥变换器的磁芯工作于磁滞回线的第一、三象限，所以半桥变换器磁感应强度增量 dB 取峰值磁感应强度期望值的两倍。

3.2.2.2　输入电压、一次侧电流、输出功率之间的关系

　　设效率为 80%，则输入功率为

$$P_{in}=1.25P_o$$

　　电源输入电压最低时，输入功率等于一次侧电压最小值与对应的一次侧平均电流的乘积。如前所述，输入直流电压最低时，每半周期导通时间不超过 $0.8T/2$。由于每周期有两个脉宽为 $0.8T/2$ 的电流脉冲，电压为 $V_{dc}/2$ 时的输入功率为 $1.25P_o=(V_{dc}/2)(I_{pft})(0.8T/T)$，其中，$I_{pft}$ 为一次侧电流脉冲等效为平顶脉冲后的峰值：

$$I_{pft(half bridge)} = \frac{3.13P_o}{V_{dc}} \tag{3.1}$$

3.2.2.3　一次侧线径的选择

　　在输出功率相同的条件下，半桥变换器的一次侧线径要比推挽电路的大很多。由于推挽电路有两个一次侧且每个一次侧承受的电压是半桥电路电压的两倍，因此两种拓扑的绕组尺寸相差不多。

　　半桥拓扑一次侧电流有效值 $I_{rms} = I_{pft}\sqrt{0.8T/T}$，由式（3.1）可得

$$I_{rms} = \frac{2.79P_o}{V_{dc}} \tag{3.2}$$

　　设每有效值安培需要 500cmil，则面积所需的总圆密耳数为

$$\frac{500 \times 2.79P_o}{V_{dc}} = \frac{1395P_o}{V_{dc}} \tag{3.3}$$

3.2.2.4　二次绕组匝数和线径的选择

　　由式（2.1）～式（2.3）可以计算出二次绕组匝数。其中，$\overline{T_{on}}=0.8T/2$，式中的 $(V_{dc}-1)$ 需替换为一次侧电压最小值 $(V_{dc}-1)/2$。

半桥变换器二次侧电流有效值和二次侧线径可通过式（2.13）和式（2.14）计算。这与全波整流型推挽电路二次侧的相关计算完全相同。

3.2.3　输出滤波器的设计

由于对输出电感电流幅值及输出纹波电压的要求与推挽电路一样，所以输出电感和电容的选择可参照式（2.20）和式（2.22）进行计算。

3.2.4　防止偏磁的隔直电容的选择

为了避免 2.2.5 节讨论的推挽电路的偏磁问题，在图 3.1 中，一次侧设置了串联小电容 C_b。偏磁在一次侧置位伏秒数与复位伏秒数不相等时发生。

因此，在半桥电路中，若 C_1、C_2 节点处的电压不能精确到电源电压的一半，则 Q_1 导通时一次侧承受的电压将与 Q_2 导通时的不相等，磁芯 $B\text{-}H$ 值会沿磁滞回线正向或反向持续增加直至使磁芯饱和，损坏开关管。

饱和效应的产生是由于一次侧存在直流分量。为了避免这个直流分量的存在，可在一次侧串联小容值的隔直电容。电流 I_{pft} 流过时，该电容被充电，这部分充电电压使一次侧平顶脉冲电压有所下降，如图 3.2 所示。

该直流偏移电压占用一部分电压，使二次侧电压降低，则获得同样输出电压所需的导通时间延长。一般希望尽可能地使一次侧脉冲电压保持为平顶的。

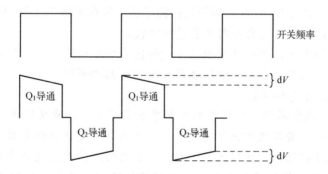

图 3.2　若滤波电容的节点处的电压不能精确到电源电压的一半，则为防止偏磁，必须在半桥变换器的变压器一次侧串联小容值隔直电容 C_b。一次侧电流对该电容充电，导致一次侧电压下降，下降幅度不应该超过 10%（dV 为允许的下降量）

在这个例子中，设允许的压降为 dV，产生该压降的等效平顶脉冲电流为式（3.1）中的 I_{pft}，而流通该电流的时间为 $0.8T/2$，这样所需隔直电容值可简单地通过下式得到。

$$C_b = \frac{I_{pft} \times 0.8T/2}{dV} \tag{3.4}$$

例如，一个功率为 150W 的半桥电路，额定直流输入电压为 320V，频率为 100kHz，假设有 15%的电网电压波动，最小输入电压为 272V，则一次侧电压应为±272/2=±136V。

一次侧平顶脉冲电压允许的下降量约为 10%，即约为 14V。

根据式（3.1），已知功率为 150W，$V_{dc}=272\text{V}$，则 I_{pft}=3.13×150/272=1.73A，再由式（3.4）可得 C_b=1.73×0.8×5×10^{-6}/14=0.49μF。当然，该电容应为非极性电容。

3.2.5　半桥变换器的漏感问题

半桥变换器不存在像单端正激和推挽拓扑中那样麻烦的漏感尖峰问题，因为开关管 Q_1、Q_2 分别并联了二极管 D_5、D_6，它将开关管承受的漏感尖峰电压钳位于 V_{dc}。

Q_1 导通时，负载电流和励磁电流流过 Q_1、变压器 T_1 的漏感、N_p 并联的励磁电感及按匝比平方折算到一次侧的二次侧负载等效阻抗，最后流经 C_b 到达 C_1、C_2 节点，N_p 同名端电压为正。

Q_1 关断时，励磁电感迫使所有绕组电压极性反向，通过反激作用，N_p 同名端电压变负，如果这个状态继续的话，使 Q_1 承受远大于 V_{dc} 的电压，有可能使其损坏，同时也可能使 Q_2 承受反压而损坏。然而 D_6 把 T_1 的同名端电压钳位，使得 T_1 的同名端电压不可能比直流输入母线的负端电压更低。

同理，Q_2 导通时，励磁电感储存能量，N_p 同名端相对于异名端电压为负（T_1 一次绕组两端电压接近 $V_{dc}/2$）；Q_2 关断时，励磁电感使所有绕组电压极性反向。N_p 同名端电压变正，并被 D_5 钳位于正母线电压。这样，导通期间存储在漏感中的能量被 D_5 或 D_6 反馈给电源 V_{dc}。

3.2.6　半桥变换器与双端正激变换器的比较

由于半桥变换器开关管承受的截止电压与双端正激变换器（见图 2.13）承受的截止电压同样为 V_{dc}（而非 $2V_{dc}$），所以这两种拓扑构成的电源在电网电压为 AC 220V 的欧洲市场设备中得到了广泛应用。有必要对两者进行比较。

两者最主要区别在于，半桥变换器二次侧输出为全波整流，而非双端正激变换器输出的半波整流。因此半桥变换器的方波频率是正激变换器的两倍，从而使半桥变换器输出电感和输出电容的 LC 数值小得多。

补充："频率"这个术语，当用于双端和单端变换器时，意义不大。用它研究二次侧脉冲的重复率更合适。若二次侧脉冲重复率（一般为单端变换器开关频率的两倍）相同，传输的转换功率也是相同的。这仅关乎（与频率相关的）功率转换的方式，而与（双端和单端变换器）功率额定值的区别无关。如在推挽情况下，正负半周期各产生一个输出脉冲，从而导致每个周期有两个脉冲（脉冲频率加倍）。所以简单地使单端拓扑在相同的周期内产生两个脉冲，也会在输出端得到相同的输出。

单端和双端变换器的本质区别体现在磁感应增量上。推挽变换器使磁通从 *B-H* 磁滞回线的负端（第三象限）变化到正端（第一象限），而单端变换器仅在零磁通到正磁通之间变化，即前者为后者磁通的两倍。然而，一般当开关频率在 50kHz 以上时，磁芯损耗限制磁感应强度变化量的峰-峰值不得超过 200mT，这个磁感应强度变化量很容易由推挽和单端变换器推导而得。

——K.B.

正激变换器的二次侧峰值电压比半桥变换器的高，因为正激变换器的二次侧占空比只有半桥变换器的一半。但这一点只在 2.5.1 节中讨论的情况下（输出直流电压大于 200V）才比较明显。因为正激变换器的变压器必须承受全部电源电压，所以正激变换器变压器一次绕组匝数是半桥变换器绕组匝数的两倍。因此半桥变换器绕组的成本较低，寄生电容也更小。

补充：尽管半桥变换器的绕组匝数更少，但是电流加倍，且铜损与 I^2 成正比，所以在要求相同的铜损时，线径必须是正激变换器绕组线径的两倍。

——K.B.

半桥变换器的另一优点是它的由邻近效应（见 7.5.6.1 节）形成的绕组损耗比正激变换器的稍低。

邻近效应损耗是由于相邻绕组层的电流感应涡流电流造成的，它随着绕组层数增大而迅速增大。由于相同功率及相同直流输出电压下半桥变换器一次侧匝数只有双端正激变换器的一半，所以其损耗比正激变换器的小。但由于半桥变换器的线径较大，如正激变换器线径截面积为 $985P_o/\underline{V}_{dc}$ cmil [见式（2.42）]，而半桥变换器的为 $1395P_o/\underline{V}_{dc}$ cmil [见式（3.3）]，所以最终两者实际损耗相差也不大。

实际应用中，半桥变换器邻近效应损耗较小的优点并不显著。关于邻近效应损耗将在第 7 章详细讨论。

3.2.7 半桥变换器实际输出功率的限制

半桥变换器最大输出功率由峰值一次侧电流和开关管能承受的最大截止电压决定。半桥变换器工作于电网电压输入为 AC 120V 倍压模式时，如图 3.1 所示，与 2.4.1.1 节中介绍的双端正激变换器一样，其输出功率极限约为 400～500W。此时一次侧等效平顶电流峰值 $I_{pft}=3.13P_o/V_{dc}$。若考虑 15% 的瞬态波动和 10% 的稳态波动，则开关管能承受的最高截止电压为 $V_{dc}=1.41\times120\times2\times1.1\times1.15=428$V，最低直流输入电压为 $\underline{V}_{dc}=1.41\times120\times2/1.1/1.15=268$V。

若输出功率为 500W，则由式（3.1）可知，一次侧等效平顶电流峰值 $I_{pft}=3.13\times500/268=5.84$A。很多 MOSFET 和电力晶体管都能满足 428V 耐压、6A 电流的要求。当然，由于大多数满足该电流等级的快速开关管的电压参数 V_{ceo} 只有 400V，为安全承受 428V 截止电压还必须在关断时提供 -1～-5V 的基极反压。

虽然半桥变换器输出功率可达 1000W，但是大多数满足 12A 电流等级的快速双极型晶体管的放大倍数往往太小，而满足电流、电压条件的 MOSFET 的导通压降又太大，且成本也高。因此，输出功率超过 500W 时，一般考虑应用可使功率加倍的半桥改进变换器——全桥变换器。

3.3 全桥变换器拓扑

3.3.1 基本工作原理

全桥变换器拓扑如图 3.3 所示，其输入与半桥变换器相同，采用倍压/全桥切换整流电路。全桥拓扑可用于构成接 AC 440V 电网电压的离线变换器。

全桥变换器最主要的优点是，其一次侧施加的是幅值为 $\pm V_{dc}$ 的方波电压，而非半桥变换器的 $\pm V_{dc}/2$，但其开关管承受的截止电压却与半桥变换器相同，等于最低输入直流电压。所以在开关管承受相同峰值电流和电压的条件下，全桥变换器输出功率是半桥变换器的两倍。当然，由于全桥变换器变压器一次侧承受相当于半桥变换器变压器一次侧两倍的输入电压，所以其匝数为半桥的两倍。但当输出功率和输入直流电压相同时，全桥变换器一次侧电流峰值和有效值只有半桥的一半。所以，相同功率下两种变换器的变压器大小是一样的。但若使用较大体积的变压器，全桥变换器可在相同开关管电流、电压定额下得到两倍于半桥的功率输出。

　　图 3.3 中的全桥变换器有两个输出，即主输出 V_{om} 和辅输出 V_{o1}。电路工作过程为，斜对角的两个开关管（Q_2 和 Q_3 或 Q_4 和 Q_1）同时导通，两组开关管交替导通半个周期。若忽略开关管的导通压降，则施加到变压器一次侧的电压是幅值为 V_{dc}、宽度为 t_{on}（受反馈环控制）的交变方波。

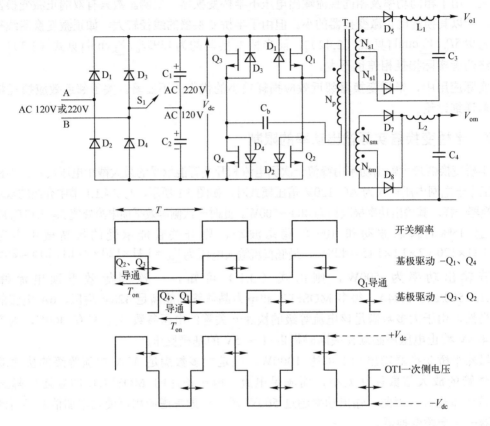

图 3.3　全桥变换器拓扑。电力变压器 T_1 接在开关管 Q_1、Q_2 节点与 Q_3、Q_4 节点之间。在每个
　　　　周期内 Q_2、Q_3 与 Q_4、Q_1 交替导通，导通时间可调。变压器一次侧电压为方波，幅值
　　　　为 $\pm V_{dc}$，不同于半桥的 $\pm V_{dc}/2$，所以全桥变换器的额定输出功率为半桥变换器的两倍

　　电网电压和负载变化时，反馈环检测输出电压 V_{om} 的变化并调制脉宽 t_{on}，以维持输出电压 V_{om} 不变。与其他拓扑相同，全桥变换器辅输出在电网电压改变时能保持不变，但负载变化时，辅输出的变化为 5%～8% 的额定值。设每个开关管的导通压降为 1V，主输出肖特基整流管的导通压降为 0.5V，辅输出整流管导通压降也为 1V，则变换器输出电压为

$$V_{om} = \left[(V_{dc} - 2)\frac{N_{sm}}{N_p} - 0.5 \right] \frac{2t_{on}}{T} \tag{3.5a}$$

$$V_{om} \approx V_{dc} \frac{N_{sm}}{N_p} \frac{2t_{on}}{T} \tag{3.5b}$$

$$V_{\text{ol}} = \left[(V_{\text{dc}} - 2) \frac{N_{\text{s1}}}{N_{\text{p}}} - 1.0 \right] \frac{2t_{\text{on}}}{T} \tag{3.6a}$$

$$V_{\text{ol}} \approx V_{\text{dc}} \frac{N_{\text{s1}}}{N_{\text{p}}} \frac{2t_{\text{on}}}{T} \tag{3.6b}$$

与其他拓扑原理相同，当输入电压 V_{dc} 以一定比例上升或下降时，脉宽调制器将以同样的比例减小或增大脉宽，保持 $V_{\text{dc}} t_{\text{on}}$ 乘积不变，来保持输出电压恒定。

3.3.2　全桥变换器磁设计

3.3.2.1　最大导通时间、磁芯尺寸和一次绕组匝数的选择

如图 3.3 所示，若垂直桥臂上下两管（Q_3 和 Q_4 或 Q_1 和 Q_2）同时导通，则会将电源短路从而损坏开关管。为避免这种情况，应选择使开关管最大导通时间[见式（3.5b）和式（3.6b），发生在直流输入电压 $\underline{V_{\text{dc}}}$ 最低时]不超过半周期的 80%。也就是说，要根据电压方程正确选择匝比 $N_{\text{sm}}/N_{\text{p}}$、$N_{\text{s1}}/N_{\text{p}}$，使在规定电压 $\underline{V_{\text{dc}}}$ 下（$\overline{t_{\text{on}}} = 0.8T/2$ 时）变换器仍能输出所要求的电压 V_{om}、V_{ol}。

磁芯尺寸和工作频率可根据第 7 章中的表 7.1 选择。若已选定磁芯，且已知磁芯截面积 A_{e}，则可根据法拉第定律 [见式（2.7)]计算一次侧匝数 N_{p}。在式（2.7）中，E 是一次侧最低电压 $E = \underline{V_{\text{dc}}} - 2$，$dB$ 是所选的 $0.8T/2(dt)$ 时间内的磁感应强度变化。2.2.9.4 节中讨论过，频率低于 50kHz 时，选择 dB=3200Gs（$-1600 \sim +1600$Gs）。由于频率越高，磁芯损耗越大，所以频率高于 50kHz 时，应选择更低的 dB。

3.3.2.2　一次侧电流、输出功率和输入电压的关系

设变换器效率为 80%，则输出功率 P_{o}=0.8P_{in}，即 P_{in}=1.25P_{o}。输入电压为最低值 $\underline{V_{\text{dc}}}$ 时，每半个周期开关管的导通时间为 $0.8T/2$，即占空比为 0.8，若忽略开关管的导通压降，则输入功率为

$$P_{\text{in}} = \underline{V_{\text{dc}}}(0.8)I_{\text{pft}} = 1.25P_{\text{o}}$$

即

$$I_{\text{pft}} = \frac{1.56P_{\text{o}}}{\underline{V_{\text{dc}}}} \tag{3.7}$$

式中，I_{pft} 为 2.2.10.1 节定义的一次侧等效平顶电流幅值。

3.3.2.3　一次侧线径的选择

因为占空比为 0.8，因此电流 I_{pft} 的有效值为 $I_{\text{rms}} = I_{\text{pft}}\sqrt{0.8}$，综合式（3.7）可得

$$I_{\text{rms}} = (1.56P_{\text{o}} / \underline{V_{\text{dc}}})\sqrt{0.8} \quad 即 \quad I_{\text{rms}} = \frac{1.40P_{\text{o}}}{\underline{V_{\text{dc}}}} \tag{3.8}$$

设电流密度为 500cmil/A（RMS 值），则截面积所需的总圆密耳数为

$$\frac{500 \times 1.40P_{\text{o}}}{\underline{V_{\text{dc}}}} = \frac{700P_{\text{o}}}{\underline{V_{\text{dc}}}} \tag{3.9}$$

3.3.2.4　二次绕组匝数和二次侧线径的选择

各二次绕组的匝数可根据式（3.5a）和式（3.5b）计算，式中对应规定的最低输入电压 $\underline{V_{dc}}$，应有 $\overline{t_{on}} = 0.8T/2$。$N_p$ 可根据 3.3.2.1 节所讲的方法计算，所有的输出电压均为规定值。

二次侧电流有效值和二次侧线径的确定与 2.2.10.3 节所讲的推挽拓扑完全相同。其中，二次侧电流有效值可根据式（2.13）计算，每个二次侧半绕组截面积所需的圆密耳数可由式（2.14）确定。

3.3.3　输出滤波器的计算

全桥变换器拓扑与半桥变换器及推挽拓扑相同，均为全波整流输出，其输出电感和电容可分别由式（2.20）和式（2.22）计算。根据式（2.20）计算最小直流输出电流为额定值的 1/10 条件下的输出滤波电感值，根据式（2.22）计算给定输出纹波电压峰-峰值 V_r 和给定电感纹波电流峰-峰值条件下的输出滤波电容值。

3.3.4　变压器一次侧隔直电容的选择

图 3.3 中，变压器一次侧串联了一个无极性隔直电容 C_b，其容值较小，用以避免 3.2.4 节所述的偏磁问题。

虽然全桥变换器的偏磁问题没有半桥的严重，但仍可能发生。对电力晶体管，一个半周期导通对管的储存时间可能与另一个半周期导通对管的不同；对 MOSFET，交替导通的对管的导通压降之间可能存在差异。这些情况都会造成变压器一次侧伏秒数不相等，使磁芯 B-H 值过于偏离饱和磁滞回线的中点，造成磁芯饱和，最终损坏开关管。

第 4 章　反激变换器

我发现有很多工程师和学生在设计反激变换器上存在很大的困难。实际上这种拓扑非常实用，而且设计也并不难。

问题并不在于设计本身的难处，或是学生的能力，而是与传统设计的教学方式有关。

从反激变压器设计的第一步开始，就定下了错误的思维定式，设计者常常把"反激变压器"当成真正的变压器来设计，这正是问题所在。

对于变压器，我们已经非常熟悉，它是一种非常简单的设备——一次绕组上施加一定的电压，二次绕组上就可以得到相应的电压。电压比与匝比相同，与输出（负载）电流无关。换句话讲，变压器保证一次侧电压、二次侧电压的转换比率（一次绕组为 1V/匝，从而使二次绕组电压也为 1V/匝。如果需要得到 10V 电压，用 10 匝二次绕组即可实现，原理非常简单）。但是，需要注意变压器的一个很重要的特性，一次侧与二次侧同时导通，即电流从一次绕组的同名端流进，则同时从二次绕组的同名端流出。

反激变换器的基本电路图如图 4.1 所示。

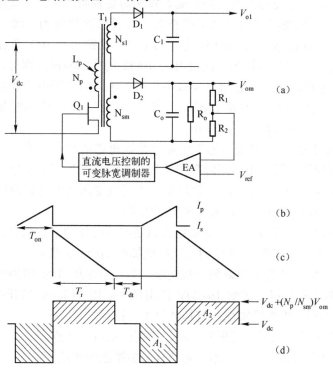

图 4.1　反激变换器的基本电路图。工作原理如下：当 Q_1 导通时，所有的整流二极管都反向截止，输出电容给负载供电。T_1 相当于一个纯电感，流过 N_p 的电流线性上升，达到峰值 I_p。当 Q_1 关断时，所有绕组电压反向。此反激电压使输出二极管进入导通状态，同时一次侧储存的能量 $\frac{1}{2}LI_p^2$ 传送到二次侧，提供负载电流，同时给输出电容充电（Q_1 导通时损失的能量）。若二次侧电流在下一个周期开始（Q_1 导通）前下降到零，则电路工作于不连续导电模式

值得注意的是，在开关管 Q_1 导通期间，电流流进变压器 T_1 的一次绕组，而此时二次侧二极管不导通，故二次侧无电流流过。当开关管 Q_1 截止时，一次侧电流停止，所有绕组电压反向。这种反激电压使得输出二极管及二次绕组导通，并流过电流。所以"反激变压器"的一次绕组与二次绕组在不同的时刻导通并流过电流，这种差异很明显地改变了"反激变压器"的工作原理。

让我们分析"反激变换器"工作模式。当开关管 Q_1 导通时，只有一次绕组导通（其他绕组因未导通，可暂不考虑其对一次侧电压的影响），此时，开关管可认为只是给电感储存能量。当开关管 Q_1 截止时，只有二次绕组导通，分析时可暂不考虑一次绕组对二次绕组的影响（此时，二次绕组可认为只是电感放电过程）。所以，"反激变压器"与真正变压器有什么样的不同，就显而易见了。所谓的"反激变压器"，从功能上考虑，实际上只是有着若干绕组的电感而已。

这种不止一个绕组的电感工作原理是，一次侧与二次侧的安匝守恒（而不是像真正的变压器一样，电压比守恒）。例如，一次绕组 100 匝，开关管 Q_1 截止时的峰值电流为 1A，存储在一次侧的安匝数为 100 安匝。这个数值必须等于二次侧的安匝数，若二次绕组为 10 匝，则电流应为 10A（10 匝×10A=100 安匝）。同样，1 匝二次绕组将会对应 100A 的峰值电流，1000 匝二次绕组对应 0.1A 的峰值电流。

这种情况下，电压方面的关系又如何呢？首先需要说明的是，一次绕组电压和二次绕组电压并不相关，二次绕组电压只与负载有关。假设二次绕组为 100 安匝，匝数为 10 匝，则峰值电流为 10A，如上面例子所述。如果将二次绕组与 1Ω 负载相连，则可得到 10V 的二次侧电压。如果将这样的二次绕组与 100Ω 的负载相连，则可以在二次侧得到不可思议的 1000V 电压，这就是之所以反激拓扑在高压应用场所得到普遍应用的原因（不得将二次侧开路，会导致半导体器件损坏）。当二次侧有几个绕组同时导通时，则所有二次绕组安匝数之和与一次绕组安匝数守恒。

根据以上所述可知，"反激变压器"实际上是以电感的特性工作，所以就需要采用电感的设计原理进行设计（因为磁芯同时需要承载电流的直流和交流成分，故第 7 章中采用名词扼流圈代替名词电感）。所以说，假若最初"反激变压器"可以根据其功能正确命名为"反激扼流圈"，那现在就不会有那么多的疑惑了。

但是我们都知道，一次绕组与二次绕组就算是不同时导通，它们之间也会存在电压转换关系。还是采用上面的实例，10 匝的二次绕组加在 100Ω 负载之上，二次绕组上的电压为 1000V。这 1000V 电压将会反射到一次绕组，其反射电压值为 10000V，加上输入电压 100V，开关管在截止期间将会承受 10100V 的电压（耐压 11000V 的开关管，超过现有的工艺水平）。所以在现实中很难实现，但是理论上可行。

所以，当我们在设计"反激变压器"时，需要注意以下几点。

① 记住你不是在设计一个变压器，而是有着多绕组的扼流圈。

② 一次绕组匝数需要满足 AC 电压应力（伏秒数）和磁芯饱和特性：

$$N_p = \frac{VT}{BA_e}$$

式中，N_p 为最小的一次侧匝数；V 为最大的一次侧直流电压（V）；T 为开关管 Q_1 的最大导通时间（μs）；B 是 AC 磁感应强度变化量（T），铁氧体典型值为 200mT；A_e 为磁芯中心柱的有效面积（mm^2）。

③ 二次绕组可灵活选择。如果二次绕组每匝电压值与一次侧相同，则开关管 Q_1 上的反激电压为输入电压的两倍。

④ 当使用带有气隙的铁氧体磁芯时，最小的气隙长度必须保证在流过交流和直流励磁电流和时，磁芯不能饱和。而在更多的情况下，气隙长度的选择是为了满足能量转换的要求，这样经常会导致气隙长度超过了其需求的最小长度。一次绕组储存的能量为

$$E(J) = \frac{1}{2}LI^2$$

这是一次侧能够传送到二次侧的最大能量，而且只是在不连续（完全能量传递）模式。在连续导电模式下，只有部分能量被传送。

注意：减小电感值 L，看上去可以减少一次侧储存的能量，但是在电感减小的同时，电流 I 会以相同的比例增大。又因为能量与电流 I 的平方值成正比，所以减小电感值，一次侧储存的能量实际上是增加的。

⑤ 不推荐一味地设计出某一固定的电感值，而最好是电感值能够在气隙长度或是磁芯材料（磁导率）改变时可以有相应的变化裕量。

第 4 章接下来的内容，对传统的"反激变压器"设计方法进行了详尽的分析。读者可先阅读本书的第 7 章及文献[1]第二部分的第 1 章和第 2 章，这样对学习与理解会有很大的帮助。

4.1 简介

到目前为止，除 Boost 稳压器（见 1.4 节）和 Buck-Boost 稳压器（见 1.5 节）外，所有讨论过的变换器都是在开关管导通时将能量输送到负载的。

然而，本章讨论的反激变换器与它们的工作原理不同。在反激拓扑中，开关管导通时，变压器储存能量，负载电流仅由输出滤波电容提供；开关管截止时，变压器将储存的能量传送到负载和输出滤波电容，以补偿电容单独提供负载电流时消耗的能量。

下面详细讨论此类拓扑的优缺点。反激变换器的主要优点是不需要输出滤波电感（滤波电感在所有正激拓扑中都是必需的），因为反激变压器有着变压器和电感的双重功能。在低成本多输出电源中，这一点对缩小变换器体积、降低成本尤为重要。

4.2 反激变换器基本工作原理

反激变换器基本电路原理图、主要的电压及电流波形在图 4.1 中已经给出，这种拓扑在输出功率为 5～150W 的低成本电源应用中非常广泛。它最大的优点就是不需要二次侧输出电感。这会使反激变换器在体积和成本上占有很大的优势。

从图 4.1 所示的变压器一次侧、二次侧同名端标识（绕组始端黑点所示）很容易判别出其为反激变换器类型。Q_1 导通时，所有绕组同名端的电压相对于异名端为负；输出整流管 D_1、D_2 反偏，C_1、C_2 单独向负载供电。将按照以下说明进行选择，以保证提供负载电流的同时能满足输出电压纹波和压降的要求。

4.3 反激变换器工作模式

反激变换器有两种完全不同的工作模式：连续导电模式和不连续导电模式。两种工作

模式的波形、性能和传递函数都有很大的不同，其主要工作波形如图 4.2 所示。变换器的
工作模式由一次侧电感和负载电流决定。

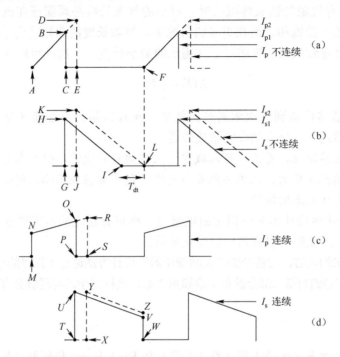

图 4.2　（a）、（b）反激变换器不连续导电模式向连续导电模式的过渡波形图。当二次侧电流降
　　　　　为零到下一周期开关管开始导通之间存在死区（T_{dt}），则电路工作于不连续导电模式。
　　　　　（c）、（d）若变压器工作超出临界模式点，使二次侧关断电流仍未降到零，则下周期开
　　　　　始时，一次侧电流前沿将出现阶梯。这种电流阶梯现象是连续导电模式的特点，此时二
　　　　　次侧电流在任何导通期间都不会减小到零。刚进入连续导电模式时的电路拓扑，其传递
　　　　　函数发生了很大的变化，若此时误差放大器带宽未能迅速减小，则电路将发生振荡

4.4　不连续导电模式

　　图 4.1 中所示的反激电路有一主一辅两个输出。与前面介绍的其他拓扑相同，该电路
主输出 V_{om} 接负反馈闭环。V_{om} 的采样电压与参考电压相比较，产生的误差信号控制 Q_1 的
导通时间（脉冲宽度），使输出采样电压在输入电压和负载变化时跟随参考电压变化，所
以主输出能够得到很好的调整。辅输出对输入电压的变化调整率也很好，但因为二次绕组
电压跟随主输出电压变化，故其对负载变化的调整率稍差。虽然辅输出调整率比主输出
差，但相比正激变换器来说，辅输出调整率还是要好得多。

　　Q_1 导通期间，N_p 上所加电压恒定，其电流线性上升，斜率为 $di/dt = (V_{dc}-1)/L_p$。其中，
L_p 是一次侧励磁电感。在导通结束之前，一次侧电流上升达到 $I_p = (V_{dc}-1)T_{on}/L_p$。此时变压
器储存的能量为

$$E = \frac{L_p I_p^2}{2} \tag{4.1}$$

式中，E 的单位为 J，L_p 的单位为 H，I_p 的单位为 A。

此时 Q_1 关断，励磁电感的电流使各绕组电压反向（反激电压），设此时二次侧只有一个主二次绕组 N_m，没有任何其他辅绕组，则由于电感电流不能突变，在 Q_1 关断瞬间，变压器电流从一次侧传递到二次侧，其二次侧电流幅值为

$$I_s = I_p(N_p/N_m)$$

几个开关周期之后，二次侧直流电压上升到 V_{om}（计算分析见下面）。Q_1 截止时，N_m 同名端电压为正，电流从该端流出并线性下降，斜率为 $dI_s/dt = V_{om}/L_s$。其中，L_s 为二次侧电感。变换器的不连续导电模式定义如下。

若二次侧电流 I_s 在 Q_1 再次导通之前降到零，则变压器一次侧储存的能量在 Q_1 再次导通前已全部传送到负载端，变压器工作于不连续导电模式。

由于一个周期（s）内传递的能量 E（J）即为输入功率（W），一个周期 T 内直流母线电压 V_{dc} 提供的输入功率为

$$P = \frac{\frac{1}{2}L_p I_p^2}{T} \text{W} \tag{4.2a}$$

又因 $I_p = (V_{dc}-1)T_{on}/L_p$，则有

$$P = \frac{[(V_{dc}-1)T_{on}]^2}{2TL_p} \approx \frac{(V_{dc}T_{on})^2}{2TL_p} \text{W} \tag{4.2b}$$

从式（4.2b）可见，只要反馈环路保持 $V_{dc}T_{on}$ 恒定，即可保持输出恒定。

4.4.1　输入电压、输出电压及导通时间与输出负载的关系

设变换器效率为 80%，则有

$$输入功率 = 1.25(输出功率) = \frac{1.25V_o^2}{R_o} = \frac{\frac{1}{2}L_p I_p^2}{T}$$

从式（4.2b）可见，最大导通时间 $\overline{T_{on}}$ 出现在输入电压最低的时候，因此 $I_p = \underline{V_{dc}}\,\overline{T_{on}}\,/\,L_p$，则有

$$1.25V_o^2/R_o = \frac{1}{2}L_p\underline{V_{dc}^2}\,\overline{T_{on}^2}\,/(L_p^2 T) \quad \text{或} \quad V_o = \underline{V_{dc}}\,\overline{T_{on}}\sqrt{\frac{R_o}{2.5TL_p}} \tag{4.3}$$

反馈环在 V_{dc} 或 R_o 上升时减小 T_{on}，在 V_{dc} 或 R_o 下降时增大 T_{on}，从而自动调整输出。

4.4.2　不连续导电模式向连续导电模式的过渡

图 4.2（a）和图 4.2（b）中的实线表示不连续导电模式的一次侧电流和二次侧电流。一次侧电流是从零开始上升的三角波，开关管导通结束时，电流上升到 I_{p1}，如图 4.2（a）中的 B 点所示。

关断瞬间，储存于一次侧的电流 I_{p1} 根据安匝数等式 $I_{s1} = (N_p/N_s)I_{p1}$ 转换到二次侧。此电流在整个开关管截止期间，全部提供给二次侧输出电容及负载。二次侧电流以斜率 $dI_s/dt = (V_o+1)/L_s$ 下降，其中，L_s 为二次侧电感，它等于一次侧励磁电感与 $(N_s/N_p)^2$ 的乘积。电流在 I 点降为零，与下一周期开始（F 点）之间存在一段死区时间 T_{dt}。这种情况下，所有导通阶段一次侧储存的能量在开关管下一周期开始之前已全部传送至负载。其平均电流（直流输出电流）值为三角波 GHI 的平均值与其占空比 T_{off}/T 的乘积。

如上所述，为使电路始终工作于不连续导电模式，在二次侧电流减小至零与开关管下次导通之前必须留有死区时间 T_{dt}[见图 4.2 (b)]。输出功率增大时，必须增大 T_{on} 以保持输出电压恒定[见式 (4.3)]。随 T_{on} 增大，若一次侧电流斜率不变（设 V_{dc} 恒定），则一次侧电流峰值会由 B 点上升到 D 点[见图 4.2 (a)]；二次侧峰值电流 $I_{s1}=(N_p/N_s)I_{p1}$ 由 H 点升到 K 点[见图 4.2 (b)]，且其开始时刻由 G 点延迟到 J 点。

由于反馈环可以保持输出电压稳定，二次侧电流下降斜率 V_o/L_s 将保持不变，二次侧电流降为零的时间更接近下一个导通时刻，这将减小 T_{dt}；在 L 点，二次侧电流刚好在开关管再次导通时刻降为零，这一点为不连续导电模式与连续导电模式的临界点。若输入电压 V_{dc} 降低（输出功率/输出电流不变条件下）时，为了保持输出恒定，反馈环路必须增加导通时间 T_{on}，此时也会有上述现象发生。

可见，只要电路工作于不连续导电模式，就会有死区时间存在，增加导通时间就会增大一次侧电流三角波的面积和二次侧电流三角波 GHI 的面积直至其上限 JKL。并且，由于直流输出电流就是二次侧电流三角波的平均值和占空比的乘积，所以导通时间增大的下个周期，二次侧就会向负载提供更大的电流。

但死区时间缩短为零后，由于二次侧电流的后沿无法再向右移，负载电流的增加使导通时间延长的同时也使截止时间缩短。这样，二次侧电流的前沿将比 J 点迟而比 K 点高[见图 4.2 (b)]。因此当下一导通时间开始时[见图 4.2 (a) 中的 F 点或图 4.2 (b) 中的 L 点]，变压器二次侧仍剩余一定的电流（能量）。

此时一次侧电流的前沿会出现小阶梯，反馈环将试图延长导通时间（至 J 点之后）以提供更大的直流负载电流。于是，在接下来的几个截止时间内，截止结束时的二次侧电流，即开通时的一次侧电流阶梯值将增加。

若干周期之后，一次侧电流前沿阶梯值及截止时间结束时的二次侧电流均足够大[见图 4.2 (d)]，使 $XYZW$ 包围的面积稍微大于提供负载电流所需的面积。此时反馈环开始减小导通时间，使一次侧梯形电流持续时间为从 M 点到 P 点，二次侧梯形电流持续时间为从 T 点到 W 点[见图 4.2 (c) 和图 4.2 (d)]。

此时，变压器一次侧开关管导通期间的导通伏秒数与截止期间的截止伏秒数相等，这是变压器磁芯的 B-H 值在每个周期结束时能沿磁滞回线复位到起始点位置的条件，也是使一次绕组周期内所加平均电压或直流电压为零的条件。这是非常基本的要求，因为直流阻抗约等于零的一次绕组不可能长时间承受直流电压。

进入连续导电模式后，若增大负载电流，首先会延长导通时间[见图 4.2 (c) 中从 MP 到 MS]。在固定频率的工作模式中，由于死区时间已为零，二次侧电流脉冲后沿已不能再后移，导通时间延长反而使截止时间缩短[见图 4.2 (d) 中从 TW 到 XW]。虽然二次侧电流峰值有所增大（从 U 到 Y），但截止时间缩短（从 T 到 X）引起的面积减小比斜坡升高[见图 4.2 (d) 中从 UV 到 YZ]增加的面积还要大。

因此，在连续导电模式下，直流输出电流突然增大先是使二次侧电流梯形宽度减小，而高度稍有增加。若干开关周期之后，梯形平均高度建立起来而脉宽得到恢复，从而保持一次侧导通伏秒数与其截止伏秒数相等。

如前所述，由于直流输出电压与二次侧电流的梯形面积成正比，反馈环要在负载电流增大时保持输出电压恒定，首先会大幅度降低输出电压；而经若干周期之后，当二次侧梯形电流所需面积建立起来后，最终校正输出电压。这就是所谓的右半平面零点电路的作用，该电路将大幅度减小误差放大器的带宽以使反馈环稳定。右半平面零点问题将在第12 章中深入讨论。

补充：在恒定频率的工作系统中，为了提高一次侧电流和输出电流，增加导通时间必然会缩短开关管的截止时间（即电流从二次侧传送至负载的时间）。而变压器电感使电流不会瞬间发生很大变化，所以试图增大电流就会导致输出电流短时间的下降（反其道而行之）。这种现象的产生，根本原因就在于传递函数中右半平面零点的存在。这是一种无补偿的动态响应，所以设计者在设计环路时，不得不使用比较低频的响应速度，从而保持系统稳定，此时系统的瞬态响应性能会比较差。连续导电模式下的反激变换器具有 Boost 变换器特性，而任何具有 Boost 变换器特性的变换器或组合，都存在右半平面零点问题。

——K.B.

4.4.3 反激变换器连续导电模式的基本工作原理

反激拓扑广泛应用于相对较高电压的小功率场合（功率小于 15W 时，电压不高于5000V）。当直流输入电压较高（不低于 160V）、一次侧电流适当时，该拓扑也可以用在输出功率达到 150W 的电源中。输出端可不接滤波电感的特性，使该拓扑在高压输出场合具有很大的优势。而前面讨论的正激变换器由于输出滤波电感必须承受高压而带来了许多问题。此外，反激变换器不需要高压续流二极管，使它在高电压场合下应用更有利。

补充：反激变换器在高压应用场合还具有另一优势：相对于其他拓扑而言，反激变换器利用较少的绕组匝数，就可获得较高电压。

——K.B.

反激拓扑非常适用于多路输出的变换器，由于不需要输出电感，输入电压和负载变化时反激变换器的各输出端都能很好地跟随调整，比前面讨论的正激拓扑类型的变换器输出调整率要好得多。所以在输出功率为 50～150W 时，多路输出（最多可大于 10 组隔离输出）的变换器中常用反激拓扑。

虽然这种拓扑的直流输入电压可低至 5V，但一般更常采用经过 AC 115V 电压整流而得到的 DC 160V 电压作为输入。只要变压器匝比设计得当，则这种拓扑同时应用于由 AC 115V 整流得到的 160V 和由 AC 220V 整流得到的 320V 作为直流输入的场合，从而无需采用图 3.1 所示的倍压整流方案。

尽管倍压整流方案被广泛采用，却存在一个问题。若将电路从 AC 115V 输入切换到AC 220V 时，必须将图 3.1 中的转换开关置于电源外部（这必然导致安全隐患），或者打开电源机壳进行切换。这两种方法都有缺陷，4.7 节将介绍另一种不需要开关切换的方案。

两种工作模式下的电路拓扑相同，如图 4.1 所示。决定电路工作模式的参数只是变压器的励磁电感和电路的输出负载电流。励磁电感给定后，若负载电流超出规定范围，电路就会脱离原先设计的不连续导电模式而进入连续导电模式。下面将对工作模式转变的原理及其后果进行详细讨论。

如图 4.2（a）所示，不连续导电模式的一次侧电流波形前端没有阶梯。而在开关管截止期间[见图 4.2（b）]，二次侧电流是衰减的三角波，且在下一周期开始之前已衰减至零。开关管导通期间储存于一次侧的所有能量，在下个周期开始之前已完全由二次侧传送至负载。

连续导电模式如图 4.2（c）所示，一次侧电流有前沿阶梯且从前沿开始斜坡上升。在开关管截止期间[见图 4.2（d）]，二次侧电流为阶梯上叠加衰减的三角波。当开关管在下个周期开始导通瞬间，二次侧仍然维持有电流（等于阶梯值）。很明显，在下个周期开关管导通时刻，变压器储存能量未完全释放，仍有能量剩余。

两种工作模式有完全不同的工作特性和应用场合。传递函数中不含右半平面零点的不连续导电模式电路，其负载电流突变的瞬态响应更快且引起的输出电压尖峰更低。

但快速的瞬态响应带来了一个问题，从图 4.2（b）和图 4.2（d）可见，不连续导电模式下二次侧峰值电流为连续导电模式下的 2～3 倍。二次侧电流波形的平均值即为直流负载电流，若设两种模式下的截止时间基本相等，且波形平均值相同，则不连续导电模式的三角波峰值会明显比连续导电模式下的梯形波峰值高很多。

不连续导电模式下的二次侧电流峰值大，将在开关管关断瞬间产生较大的输出电压尖峰，从而需要较大的 LC 滤波器。另外，不连续导电模式下的开关管关断瞬间，较大的二次侧峰值电流会造成严重的 RFI 问题。即使输出功率不是很大，关断瞬间二次侧也会有较大电流尖峰流入，在输出线电感产生较大的 $\mathrm{d}i/\mathrm{d}t$，从而会在输出地线上产生严重的噪声。

补充：不连续导电模式主要的优点是，二次侧整流二极管关断时电流应力很小，即在开关管 Q_1 下一次开通时刻之前，二极管已经完全关断。所以在此模式中就不会存在二极管反向恢复的问题，而在高压应用场合中，这种优势更加明显。二极管反向恢复带来的电流尖峰很难去除，且会带来较严重的 RFI 问题。

——K.B.

因为较差的波形系数，不连续导电模式下二次侧电流的有效值比连续导电模式下大得多。因此，不连续导电模式要求更大的二次侧导线尺寸和耐高纹波的输出滤波电容。同时由于二次侧电流有效值较大，不连续导电模式下的整流二极管的温升也会更高。而且，不连续导电模式下的一次侧电流峰值也会大于连续导电模式的。若输出功率相同，则图 4.2（a）所示的三角波电流峰值一定比图 4.2（c）所示的梯形电流峰值高。而较大的一次侧电流峰值，就要求使用更大电流规格且可能更昂贵的开关管。另外，开关管关断时的一次侧电流越大，就越会导致严重的 RFI 问题。

虽然不连续导电模式存在诸多缺点，但它比连续导电模式应用更加广泛。原因有两个：第一，如前所述，不连续导电模式本身的变压器励磁电感小从而响应快，且输出负载电流和输入电压突变时，输出电压瞬态尖峰小；第二，由于连续导电模式本身的特性（其传递函数具有右半平面零点，这将在第 12 章中讨论），必须大幅减小误差放大器带宽才能使反馈环稳定。

补充：现代的功率设备比如功率集成度很高的 Top Switch（开关模块）类产品，其中与散热片隔离的芯片中的开关管漏极，是很大的噪声源。这种产品连同集成的驱动和控制电路，通常使用不连续导电模式的反激拓扑来减小 RFI 问题。

——K.B.

4.5　设计原则和设计步骤

4.5.1　步骤 1：确定一次侧/二次侧匝比

一个得当的变压器设计，需遵循如下众多规则，且必须注意设计顺序。

首先，根据功率需求选择合适的磁芯型号。

其次，确定匝比 N_p/N_{sm}，以确定不考虑漏感尖峰时开关管可承受的最大关断电压应力

$\overline{V_{ms}}$。若忽略漏感尖峰并设整流管压降为 1V，则直流输入电压最大时开关管的最大电压应力为

$$\overline{V_{ms}} = \overline{V_{dc}} + \frac{N_p}{N_{sm}}(V_o + 1) \tag{4.4}$$

参数的选择应使 $\overline{V_{ms}}$ 尽量小，以保证即使有 $0.3V_{dc}$ 的漏感尖峰叠加于 $\overline{V_{ms}}$，开关管的最大耐压值（V_{ceo}、V_{cer} 或 V_{cev}）仍留有 30% 的安全裕量。

4.5.2　步骤 2：保证磁芯不饱和且电路始终工作于不连续导电模式

为确保磁滞回线不会上移或下移，变压器在导通期间伏秒数乘积[图 4.1（d）中 A_1 面积]必须与复位伏秒数乘积[图 4.1（d）中 A_2 面积]相等。假设 Q_1 和 D_1 的正向导通压降都是 1V，则有

$$(\underline{V_{dc}} - 1)\overline{T_{on}} = (V_o + 1)\frac{N_p}{N_{sm}}T_r \tag{4.5}$$

式中，T_r 为图 4.1（c）中变压器的复位时间，也是二次侧电流降为零所需的时间。

为保证电路工作于不连续导电模式，必须留有一定的死区时间[图 4.1（c）中的 T_{dt}]，从而使 V_{dc} 最低时对应的最大导通时间与复位时间之和也不超过整个周期的 80%。留出 $0.2T$ 的裕度，是为防止负载 R_o 降得过低，而导致反馈环过度增大导通时间以保持输出电压 V_o[见式（4.3）]，从而进入连续导电模式。

1.4.2 节和 1.4.3 节中对 Boost 稳压器（它也是反激类型的拓扑）的讨论中曾经指出，若误差放大器的设计仅仅是保持反馈环路在不连续导电模式下稳定工作，则当稳压器偶尔进入连续导电模式时，电路将发生振荡。

负载电流增大或输入 V_{dc} 降低时，误差放大器将增大 T_{on} 来保持输出 V_o 恒定[见式（4.3）]。T_{on} 增大，必定会占用死区时间 T_{dt}，可能使二次侧电流在 Q_1 再次导通前无法归零，电路开始进入连续导电模式。若此时误差放大器的带宽设计未能满足连续导电模式时稳定工作的低带宽要求（误差放大器带宽应远低于不连续导电模式下放大器所需带宽），则电路将发生振荡。为确保电路工作于不连续导电模式，最大功率输出时的最大导通时间有如下关系式：

$$\overline{T_{on}} + T_r + T_{dt} = T \quad \text{或者} \overline{T_{on}} + T_r = 0.8T \tag{4.6}$$

V_{dc} 和 V_{ms} 确定后，N_p/N_{sm} 可由式（4.4）求得，此时式（4.5）和式（4.6）中仅有两个未知量，将这两个式子联立，可得

$$\overline{T_{on}} = \frac{(V_o + 1)(N_p / N_{sm})(0.8T)}{(\underline{V_{dc}} - 1) + (V_o + 1)(N_p / N_{sm})} \tag{4.7}$$

4.5.3　步骤 3：根据最小输出电阻及直流输入电压调整一次侧电感

由式（4.3）可得一次侧电感的计算公式为

$$L_p = \frac{R_o}{2.5T}\left(\frac{V_{dc}\overline{T_{on}}}{V_o}\right)^2 = \frac{(V_{dc}\overline{T_{on}})^2}{2.5T\overline{P_o}} \tag{4.8}$$

4.5.4　步骤 4：计算开关管的最大电压应力和峰值电流

若开关管为电力晶体管，其峰值电流 I_p 为

$$I_p = \frac{V_{dc}\overline{T_{on}}}{L_p} \tag{4.9}$$

应确保电力晶体管在峰值电流工作点时有足够高的增益。其中，V_{dc} 已给定，$\overline{T_{on}}$ 可由式（4.7）求出，L_p 可由式（4.8）求出。

若开关管为 MOSFET，则其最大峰值电流额定值应约为式（4.9）计算值的 5～10 倍，从而使其导通电阻足够小，产生足够低的导通压降及损耗。

4.5.5　步骤 5：计算一次侧电流有效值和一次侧导线尺寸

一次侧电流为三角波，导通时间 T_{on} 最大时其峰值为 I_p，有效值为

$$I_{rms(primary)} = \frac{I_p}{\sqrt{3}}\sqrt{\frac{\overline{T_{on}}}{T}} \tag{4.10}$$

式中，I_p 和 $\overline{T_{on}}$ 由式（4.7）和式（4.9）给出。

若设电流密度为 500cmil/A（有效值），则一次侧导线面积所需总圆密耳数为

$$500I_{rms(primary)} = 500\frac{I_p}{\sqrt{3}}\sqrt{\frac{\overline{T_{on}}}{T}} \tag{4.11}$$

4.5.6　步骤 6：二次侧电流有效值和二次侧导线尺寸

二次侧电流为三角波，峰值 $I_s=I_p(N_p/N_s)$，持续时间为 T_r。一次侧/二次侧匝比 N_p/N_s 由式（4.4）给出，$T_r=(T-T_{on})$，因此，二次侧电流有效值为

$$I_{rms(secondary)} = \frac{I_p(N_p/N_s)}{\sqrt{3}}\sqrt{\frac{T_r}{T}} \tag{4.12}$$

若取电流密度为 500cmil/A（有效值），则

$$500I_{rms(secondary)} = 500\frac{I_p(N_p/N_s)}{\sqrt{3}}\sqrt{\frac{T_r}{T}} \tag{4.13}$$

4.6　不连续导电模式下的反激变换器的设计实例

按如下参数设计一个反激变换器。

V_o	5.0V
$P_{o(max)}$	50W
$I_{o(max)}$	10A
$I_{o(min)}$	1.0A
$V_{dc(max)}$	60V

$V_{dc(min)}$	38V
开关频率	50kHz

首先选择开关管的额定电压。因为开关管额定电压是决定变压器匝比的主要因素，这里选择额定电压为 200V 的开关管。在式（4.4）中，开关管截止时承受的最大电压应力 V_{ms} 为 120V。即使加上截止时开关管上值为 V_{ms} 的 25%（或 30V）的漏感尖峰，它仍有 50V 的电压裕度。由式（4.4）可得

$$120 = 60 + \frac{N_p}{N_{sm}}(V_o + 1) \quad \text{或} \quad \frac{N_p}{N_{sm}} = 10$$

可根据式（4.7）确定最大导通时间：

$$\overline{T_{on}} = \frac{(V_o + 1)(N_p / N_{sm})(0.8T)}{(V_{dc} - 1) + (V_o + 1)N_p / N_{sm}}$$

$$= \frac{6 \times 10 \times 0.8 \times 20}{(38 - 1) + 6 \times 10}$$

$$= 9.9\mu s$$

由式（4.8）有

$$L_p = \frac{(V_{dc}\overline{T_{on}})^2}{2.5TP_o} = \frac{(38 \times 9.9 \times 10^{-6})^2}{2.5 \times 20 \times 10^{-6} \times 50} = 56.6\mu H$$

由式（4.9）有

$$I_p = \frac{V_{dc}\overline{T_{on}}}{L_p} = \frac{38 \times 9.9 \times 10^{-6}}{56.6 \times 10^{-6}} = 6.6A$$

由式（4.10）得一次侧电流有效值为

$$I_{rms(primary)} = \frac{I_p}{\sqrt{3}}\sqrt{\frac{\overline{T_{on}}}{T}} = \frac{6.6}{\sqrt{3}} \times \sqrt{\frac{9.9}{20}} = 2.7A$$

根据式（4.11），一次侧所需总面积为

$$500 \times 2.7 = 1350 cmil$$

这里选用 1290cmil 的 19 号线，与计算值（1350cmil）非常接近。

根据式（4.12），可得二次侧电流有效值为

$$I_{rms(secondary)} = \frac{I_p(N_p / N_s)}{\sqrt{3}}\sqrt{\frac{T_r}{T}}$$

又因复位时间 T_r 为

$$(0.8T - \overline{T_{on}}) = (16 - 9.9) = 6.1\mu s$$

故

$$I_{rms(secondary)} = \frac{6.6 \times 10}{\sqrt{3}}\sqrt{\frac{6.1}{20}} = 21A$$

由式（4.12）知，二次侧导线截面积为 $500 \times 21 = 10500 cmil$，故应选用 10 号线。但 10

号线直径太大，因此应选用等圆密耳数的铜箔绕组或者细线并绕代替。

补充：与一般观点相反的是，反激变压器的导线尺寸、漏感都是非常重要的设计参数。多股导线并绕时，其单股导线最大截面积可根据最小的集肤和邻近效应来选择。尽管二次侧能量来自变压器磁芯中存储的能量，但必须尽量减小漏感，确保一次绕组到二次绕组有较高的能量传送比例，从而减小关断时刻开关管 Q_1 上的尖峰电压、缓冲器体积和 RFI 问题（见第 7 章）。

——K.B.

输出电容可根据给定的输出纹波最大值来选择。输出电流最大时，滤波电容 C_o 在 13.9μs 里输出 10A 电流，其电压压降为 $V=I(T-t_{off})/C_o$。若电压压降为 0.05V，则

$$C_o = \frac{10 \times 13.9 \times 10^{-6}}{0.05} = 2800\mu F$$

从 1.3.7 节可知，容量为 2800μF 的铝电解电容的平均 ESR 值为

$$R_{esr}=65 \times 10^{-6}/C_o=0.023\Omega$$

在开关管关断瞬间，二次侧电流峰值为 66A，此电流流过电容等效电阻，产生很窄的尖峰电压 66×0.023=1.5V。当反激变换器的匝比 N_p/N_s 较大时，开关管关断时这种高幅度窄尖峰电压是一个很常见的问题。通常的解决办法是选用比上式计算值更大的电容（因为 R_{esr} 与 C_o 成反比）或外接小型 LC 电路以吸收此种窄尖峰。

补充：由于电压尖锋含有大量的高频噪声，一般采用多个电容并联，可明显减小其等效电阻，从而减小电压尖锋。在实际应用中，也会经常使用较小的陶瓷电容和薄膜电容。

——K.B.

反激变换器变压器磁芯的选择与正激变换器变压器的截然不同。已知在反激变换器中，当一次侧流过电流时，没有电流流过二次绕组以抵消一次侧安匝数（正激变换器在一次侧流过电流时，二次绕组也流过电流以抵消一次侧安匝数）。因此，在反激变换器中，一次侧安匝数很容易会使磁芯饱和。

相反，在非反激拓扑中，一次侧电流流动的同时二次侧电流也流动，且其方向为抵消一次侧安匝的方向（楞次定律），只有励磁电流能使磁芯 *B-H* 值沿磁滞回线变化至使磁芯饱和。但是由于非反激变换器的励磁电感值较大，励磁电流仅为一次侧负载电流中很小的一部分，所以不存在磁芯饱和问题。

因此，必须采取措施确保反激变压器在一次侧电流较大的情况下磁芯不会饱和。通常的做法是选用磁导率较低的磁芯，如采用本身内部有气隙的 MPP（坡莫合金粉末）磁芯或是给铁氧体磁芯加气隙（见第 2.3.9.3 节和第 7 章）。这些将在后面的章节中进一步讨论。

4.6.1 反激拓扑的电磁原理

从图 4.1（a）中绕组同名端的标识可见，当开关管导通且一次侧流过电流时，二次侧没有电流流动。这一点与正激拓扑类型变换器完全不同，在正激拓扑类型变换器中，当电流流过一次侧时，二次侧也有电流流动，即一次侧电流流入同名端时，二次侧电流流出同名端。

由于一次侧和二次侧负载安匝数相互抵消，它们不会使磁芯 *B-H* 值沿磁滞回线变化。因此对正激拓扑类型的变换器，只有励磁电流会使磁芯 *B-H* 值沿磁滞回线变化，并可能使

磁芯饱和，但励磁电流仅为一次侧总电流的很小一部分（一般小于总电流的 10%）。

但是，在反激变换器中，没有二次侧安匝数抵消一次侧安匝数。图 4.1（b）中的全部三角波一次侧电流都会使磁芯 *B-H* 值沿磁滞回线变化。这种情况下，若未采取任何预防措施，即使很低的输出功率，无气隙的磁芯几乎就会立即饱和从而损坏开关管。

为防止反激变压器磁芯饱和，通常的做法是给磁芯加气隙。给磁芯加气隙有两种方法。

一种是采用实心铁氧体磁芯。可通过研磨掉 EE 型或罐状磁芯的中心柱的一部分以形成气隙。也可以通过在 U 型或 UU 型磁芯的两片接合处插入塑料薄片，从而得到需要的气隙。

更常用的方法是采用 MPP（坡莫合金粉末）磁芯。这种磁芯是将磁粉混合后烘焙硬化制成的，也就是将磁粉与塑料树脂黏合剂混合为浆体后浇铸成圆环状。这样，磁环中每一个磁粒都被树脂包覆，起到分布式气隙的作用，可防止磁芯饱和。这种被磨成磁粉的基本磁芯材料名为 Square Permalloy 80，它是由 Magnetics 和 Arnold Magnetics 公司制造的一种合金材料，含 79% 的镍、17% 的铁和 4% 的钼。

可以通过控制浆体中的磁粒子浓度来控制磁环的磁导率。在很高的温度变化范围内也能保证磁导率的变化不超过 ±5%，且可获得的磁导率范围为 14～550。磁导率低的磁芯可以看作内部气隙较大的磁芯，要得到相同的所需电感量，需要的匝数较大，但对应的饱和安匝数也高。磁导率高的磁芯所需的匝数相对较少，但其饱和安匝数也小。

这样的 MPP 磁芯不仅用于一次侧电流为单向直流的反激变换器，它也可用作正激变换器中需要承受很大直流分量的输出电感（见 1.3.6 节）。

4.6.2　铁氧体磁芯加气隙防止饱和

给实心铁氧体磁芯加气隙有两个作用。第一，可以使磁滞回线倾斜（见图 2.5），从而降低磁导率，这是选择匝数以得到某定值电感量时必要的已知条件；第二，也是更重要的，它可以提高饱和安匝数。

磁芯制造商通常都会给出可用来计算对应电感所需匝数的曲线图和饱和安匝数。这些曲线如图 4.3 所示，并给出了磁芯带气隙时每千匝电感量 A_{lg}，以及开始饱和时的安匝数（NI_{sat}）。由于电感与绕组匝数的平方成正比，因此可以利用下式计算不同电感值所需的匝数 N_1。

$$N_1 = 1000 \sqrt{\frac{L}{A_{lg}}} \tag{4.14}$$

图 4.3 示出了不同气隙下的 A_{lg} 曲线及饱和开始的临界拐点。从图中可见，气隙越大，A_{lg} 值越小，饱和拐点的安匝数也就越大。若能得到所有磁芯在不同气隙下的 A_{lg} 值曲线，则可依据曲线读出 A_{lg} 值，再根据式（4.14）计算出选定气隙下得到某一给定电感值所需要的绕组匝数。对于这些匝数，在给定一次侧电流下，由曲线的拐点可知磁芯是否已进入饱和。

尽管不能得到所有磁芯全部气隙下的 A_{lg} 曲线，但这并不是问题。根据式（2.39）和无气隙时的 A_l 值（A_l 值一般在厂家产品目录会给出）可较准确地计算出 A_{lg} 值。不同气隙情况下的磁芯饱和拐点可根据式（2.37）计算得出，饱和拐点对应于磁芯磁感应强度 B_i，在 B_i 点处磁滞回线开始弯曲进入饱和段。

从图 2.3 可以看出，对于 Ferroxcube 3C8 铁氧体材料，这个拐点并不是很确定，大约为 2500Gs。因此，将 2500Gs 代入式（2.37），即可求出饱和安匝数。在式（2.37）中，由于 μ 一般都很大，气隙长度 l_a 远大于 l_i/μ，因此通常情况下式（2.37）中磁感应强度主要由气隙长度 l_a 决定。

型号	A(in)	J(in)	大约气隙	A_{lg}(mH) ±3%	μ_c (Ref)
1408PA 60-3C8	0.551	0.328	0.027	80	37
1408PA 100-3C8	0.551	0.328	0.013	100	63
140BPA 200-3C8	0.551	0.328	0.005	200	126
140BPA 250-3C8	0.551	0.328	0.004	250	156
1408PA 315-3C8	0.551	0.328	0.003	315	198
1811PA 75-3C8	0.705	0.416	0.037	75	35
1811PA 130-3C8	0.705	0.416	0.018	130	62
1811PA 250-3C8	0.705	0.416	0.008	250	119
1811PA 315-3C8	0.705	0.416	0.006	315	150
1811PA 400-3C8	0.705	0.416	0.004	400	190
2213PA 85-3C8	0.846	0.528	0.050	85	33
2213PA 145-3C8	0.846	0.528	0.025	145	57
2213PA 315-3C8	0.846	0.528	0.009	315	123
2213PA 400-3C8	0.846	0.528	0.007	400	157
2213PA 500-3C8	0.846	0.528	0.005	500	196
2616PA 100-3C8	1.004	0.634	0.064	100	31
2616PA 170-3C8	1.004	0.634	0.032	170	53
2616PA 400-3C8	1.004	0.634	0.009	400	125
2616PA 500-3C8	1.004	0.634	0.007	500	156
2616PA 530-3C8	1.004	0.634	0.005	830	197
3019PA 125-3C8	1.181	0.740	0.070	125	32
3019PA 210-3C8	1.181	0.740	0.035	210	54
3019PA 500-3C8	1.181	0.740	0.011	500	129
3-19PA 630-3C8	1.181	0.740	0.008	630	163
3019PA 800-3C8	1.161	0.740	0.007	800	206
3622PA 160-3C8	1.398	0.855	0.079	160	33
3622PA 275-3C8	1.398	0.855	0.040	275	57
3622PA 630-3C8	1.398	0.855	0.016	630	131
3622PA 800-3C8	1.398	0.855	0.012	600	166
3622PA 1000-3C8	1.398	0.855	0.008	1000	208
4299PA 160-3C8	1.669	1.164	0.103	160	33
4229PA 275-3C8	1.669	1.164	0.051	275	56
4229PA 630-3C8	1.669	1.164	0.020	630	128
4299PA 800-3C8	1.669	1.164	0.015	800	162
4299PA 1000-3C8	1.669	1.164	0.011	1000	202

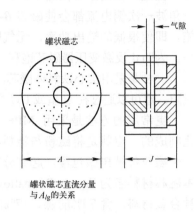

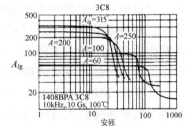

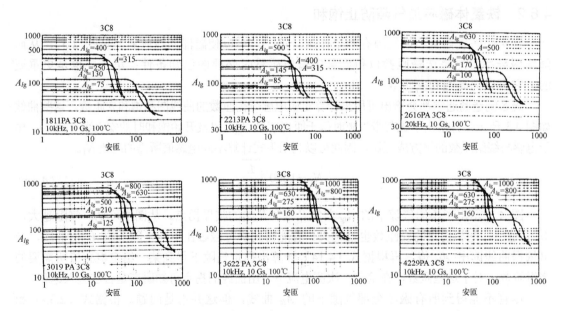

图 4.3 各种磁芯在不同气隙下的 A_{lg}，以及对应饱和拐点的安匝数（来自 Ferroxcube 公司产品目录）

4.6.3 采用 MPP 磁芯防止饱和

这些环形磁芯应用广泛，主要由 Magnetics 公司（产品目录 MPP303S）和 Arnold Magnetics 公司（产品目录 PC104G）生产。

补充： 反激变压器中的"变压器"这个词名不副实，带有很大的误导性。我们都知道，真正的变压器，一次侧和二次侧必须同时导通。从一次侧转换电压至二次侧，而不是电流。在反激变换器情况下，所谓的变压器是从一次侧转换安匝数至二次侧，而不是电压。这就意味着它实际上是一个流过直流分量电流，带有多余绕组的"电感"。我发现如果从这一角度出发，反激变压器的设计将会变得更加容易。由于电感值可灵活调整，从而得到所需值，所以读者在设计中使用这种方法时，将会很有帮助。第 7 章将对此方法进行详细讨论，并在电感设计章节也有所论述。

——K.B.

　　为使磁芯在规定的最大直流电流偏置情况下能得到所需的电感量，应正确选择磁芯尺寸和磁导率，以保证磁芯在最大安匝数下也不会饱和。现在厂家可以提供各种不同尺寸的磁芯，而且每种尺寸的磁芯都有不同磁导率（14～550）可选。选择方法在 4.6.1 节中已有介绍，但下面介绍的方法可能会更直接有效。

　　在 Magnetics 公司的产品目录中，每个尺寸的磁环都有一整页的介绍，如图 4.4 所示。对于每一种尺寸的磁芯，都给出了不同磁导率磁环的 A_l 值。图 4.5 也节选自 Magnetics 公司的产品目录，它给出了不同磁导率磁芯的磁导率（或 A_l 值）随磁场强度（单位为 Oe）增加而下降的情况[磁场强度与安匝关系见式（2.6）]。

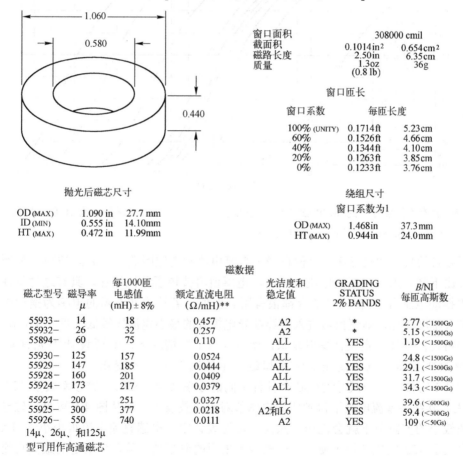

磁芯型号	磁导率 μ	每1000匝电感值 (mH) ± 8%	额定直流电阻 (Ω/mH)**	光洁度和稳定值	GRADING STATUS 2% BANDS	B/NI 每匝高斯数
55933–	14	18	0.457	A2	*	2.77 (<1500Gs)
55932–	26	32	0.257	A2	*	5.15 (<1500Gs)
55894–	60	75	0.110	ALL	YES	1.19 (<1500Gs)
55930–	125	157	0.0524	ALL	YES	24.8 (<1500Gs)
55929–	147	185	0.0444	ALL	YES	29.1 (<1500Gs)
55928–	160	201	0.0409	ALL	YES	31.7 (<1500Gs)
55924–	173	217	0.0379	ALL	YES	34.3 (<1500Gs)
55927–	200	251	0.0327	ALL	YES	39.6 (<600Gs)
55925–	300	377	0.0218	A2和L6	YES	59.4 (<300Gs)
55926–	550	740	0.0111	A2	YES	109 (<50Gs)

14μ、26μ、和125μ
型可用作高通磁芯

图 4.4　典型的 MPP 磁芯。它具有很大的分布气隙，可承受很大的直流电流而不饱和。有多种不同尺寸的磁芯可供选择（来自 Magnetics 公司产品目录）

AWG 线号	匝数	Rdc (Ω)	AWG 线号	匝数	Rds (Ω)
9	21	0.00291	24	587	2.58
10	27	0.00459	25	725	4.02
11	34	0.00726	26	906	6.37
12	42	0.01148	27	1141	10.05
13	53	0.01805	28	1400	15.67
14	66	0.0284	29	1711	24.1
15	82	0.0447	30	2139	38.1
16	103	0.0707	31	2633	59.1
17	127	0.1102	32	3209	89.1
18	159	0.1739	33	3980	140.5
19	197	0.272	34	5066	227
20	246	0.428	35	6286	357
21	398	0.676	36	7759	552
22	380	1.056	37	9478	832
23	474	1.649	38	11847	1316

图 4.4　典型的 MPP 磁芯。它具有很大的分布气隙，可承受很大的直流电流而不饱和。有多种
　　　　不同尺寸的磁芯可供选择（来自 Magnetics 公司产品目录）（续）

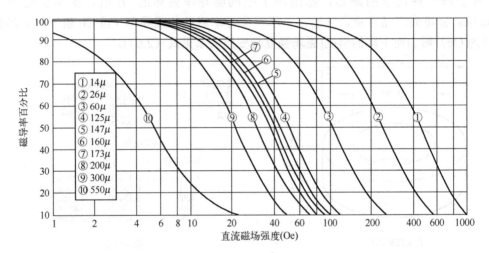

图 4.5　具有不同磁导率的 MPP 磁芯在直流磁场强度（Oe）增加时磁导率或 A_l 的下降曲线
　　　　（来自 Magnetics 公司的产品目录）

选择磁芯的尺寸和磁导率，以便在最大直流电流和选定匝数下，A_l 能按图 4.5 所示的期望百分比下降。那么当直流电流为零时，电感值将按该百分比增加。具有这种特性的电感称为"摆动电感"，它在许多场合都很有用。例如，若输出滤波器的电感为摆动电感，其数值可大幅度变化，则变换器进入不连续导电模式的最小电流比较低（见 1.3.6 节）。但摆动电感将使反馈环稳定设计变得复杂，所以在大多数情况下，电源设计不允许输出滤波器或反激变压器的电感值在零电流和最大电流间有太大的变化。

从图 4.4 可知，这一尺寸的磁芯有各种不同磁导率（14～550）。磁导率大于 125 的磁芯 A_l 较大，其在零直流电流下得到所需电感值对应匝数较少。但从图 4.5 可见，磁导率高的磁芯在较小的安匝数下就会饱和。然而在电源设计中，电感直流电流很少小于 1A，所以磁导率大于 125 的磁芯很少使用。一般经常采用的原则是，从零到给定的最大直流电流间的电感值有 10% 的变化。

从图 4.5 可见，磁导率下降 10% 时对应磁导率为 14、26、60 和 125 的磁芯可承受的最大磁场强度分别为 170Oe、95Oe、39Oe 和 19Oe。可根据式（2.6）$[\overline{H} = 0.4\pi(\overline{NI})l_\mathrm{m}]$ 将

最大磁场强度转换为最大安匝数。其中，L_m 为磁路长度（cm），图 4.3 中此种磁芯的磁路长度为 6.35cm。

根据最大安匝数 $\overline{NI}$（超过该安匝数，电感值的下降百分比将超过 10%），可求出对应不同峰值电流的最大匝数 $\overline{N}$。若已知最大匝数 $\overline{N}$，即可根据式 $L_{max}=0.9A_l(N_{max}/1000)^2$ 计算出不同磁芯在给定峰值电流下的最大电感值。

表 4.1、表 4.2 和表 4.3 给出了 3 种最常用的磁芯在磁导率为 14、26、60 和 125 且峰值电流为 1A、3A、5A、10A、20A 和 50A 时的最大匝数 N_{max} 和最大电感 L_{max}。根据这些数据，无需烦琐计算即可查出应选的磁芯形状和磁导率。

表 4.1　不同峰值电流 I_p 下保证电感下降≤10%时允许的最大匝数 N_{max} 及其最大电感 L_{max}

Magnetics 公司磁芯型号	磁导率 μ	A_l (mH)	保证电感下降≤10%时的最大 $\overline{H}$ 值(Oe)	与 $\overline{H}$ 对应的允许的最大 $\overline{NI}$ 值(安匝)	在指定峰值电流下保证电感下降≤10%时允许的最大匝数及其电感值						
					I_p	1A	2A	3A	5A	10A	20A	50A
55930	125	157	19	96	N_{max}	96	48	32	19	10	5	2
					L_{max}	1382	339	145	56	15	3.5	0.6
55894	60	75	39	197	N_{max}	197	99	66	39	20	10	4
					L_{max}	2620	662	294	103	27	7	1
55932	26	32	95	4890	N_{max}	480	240	160	96	48	24	10
					L_{max}	6635	1659	737	265	66	17	3
55933	14	18	170	859	N_{max}	859	430	286	172	86	43	17
					L_{max}	11954	2995	1325	479	120	30	5

注：以上均为 Magnetics MPP 磁芯。OD=1.060in，ID=0.58in，高度=0.44in，l_m=6.35cm。所有电感值单位均为 mH。

表 4.2　不同峰值电流 I_p 下保证电感下降≤10%时允许的最大匝数 N_{max} 及其最大电感 L_{max}

Magnetics 公司磁芯型号	磁导率 μ	A_l (mH)	保证电感下降≤10%时的最大 $\overline{H}$ 值(Oe)	与 $\overline{H}$ 对应的允许的最大 $\overline{NI}$ 值(安匝)	在指定峰值电流下保证电感下降≤10%时允许的最大匝数及其电感值						
					I_p	1A	2A	3A	5A	10A	20A	50A
55206	125	68	19	77	N_{max}	77	39	26	15	8	4	2
					L_{max}	363	93	41	14	4	1	0.24
55848	60	32	39	158	N_{max}	158	79	53	32	16	8	3
					L_{max}	719	180	81	29	7	2	0.26
55208	26	14	95	385	N_{max}	385	193	128	77	39	19	8
					L_{max}	1868	469	206	75	19	4.5	0.8
55209	14	7.8	170	689	N_{max}	689	345	230	138	69	34	14
					L_{max}	3333	836	371	134	33	8	1.4

注：以上均为 Magnetics MPP 磁芯。OD=0.80in，ID=0.80in，高度=0.25in，l_m=5.09cm。所有电感值单位均为 mH。

表 4.3　不同峰值电流 I_p 下保证电感下降≤10%时允许的最大匝数 N_{max} 及其最大电感 L_{max}

Magnetics 公司磁芯型号	磁导率 μ	A_l (mH)	保证电感下降 ≤10%时的最大 $\overline{H}$ 值(Oe)	与 $\overline{H}$ 对应的允许的最大 $\overline{NI}$ 值(安匝)	在指定峰值电流下保证电感下降≤10%时允许的最大匝数及其电感值						
					I_p	1A	2A	3A	5A	10A	20A	50A
55438	125	281	19	162	N_{max}	162	81	54	32	16	8	3
					L_{max}	6637	1659	737	259	65	16	2
55439	60	135	39	333	N_{max}	333	167	111	67	33	17	7
					L_{max}	13473	3389	1497	545	132	35	6
55440	26	59	95	812	N_{max}	812	406	271	162	81	41	16
					L_{max}	35011	8753	3900	1394	348	89	14
55441	14	32	170	1454	N_{max}	1454	727	485	291	145	73	29
					L_{max}	60744	15222	6774	2439	605	153	24

注：以上均为 Magnetics MPP 磁芯。OD=1.84in，ID=0.95in，高度=0.71in 时，l_m=10.74cm。所有电感值单位均为 mH。

下面介绍表 4.1 的使用方法。假设这种磁芯的尺寸合适，首先横向查表找到比给定电流大的首个峰值电流，然后从该峰值电流向下查表找到比所需电感值大的首个电感 L_{max}，则对应该电感的磁芯即为能绕制所需电感且电感量下降不超过 10%的磁芯。要得到误差为 5%以内的电感值 L_d，可通过下式计算需要绕制的匝数。

$$N_d = 1000\sqrt{\frac{L_d}{0.95A_l}}$$

式中，A_l 为表 4.1 中第 3 列数值，若在垂直方向查表，磁芯的最大值电感均小于所需电感值，则必须选择尺寸更大（外径或厚度增大）的磁芯。

而且磁芯的内径必须足够大，才能容下根据 500cmil/A（RMS 值）电流密度选择的绕组匝数，否则同样需要使用尺寸更大的磁芯。

表 4.2 和表 4.3 给出了同一类型的较小外径（OD=0.8in）和较大外径（OD=1.8in）的磁芯的相关数据。其他尺寸的磁芯也可得到类似图表，但表 4.1、表 4.2 和表 4.3 已经囊括了 90%的 500W 以内反激变换器和 50A 以下输出电感的设计需求。

当最初选择的电感值下降太大时，可采用下面一种常用的匝数修正方案。即若最初选择的匝数在给定最大电流下电感或磁导率下降 $P\%$（见图 4.5），则可将匝数增加 $P\%$以进行修正。由于磁场强度（单位为 Oe）和绕组匝数成正比，这将使磁芯工作点向右移动 $P\%$，也即进一步向饱和曲线区移动，这可能通常被误认为电感会下降更多。但其实电感与匝数的平方成正比而磁场强度仅与匝数成正比，电感在零电流时增加 $2P\%$，而磁场强度只增加了 $P\%$。这样在给定的最大电流处，电感值将得到校正。若校正后振荡仍然很大，则需选择更大尺寸的磁芯。

4.6.4　反激变换器的缺点

尽管反激变换器有许多优点，但也有以下缺点。

4.6.4.1　较大的输出电压尖峰

开关管导通时间结束时的一次侧峰值电流可由式（4.9）计算出来。导通结束后，一次侧峰值电流与匝比 N_p/N_s 的相乘值注入二次侧，而后线性下降，如图 4.1（c）所示。大多数情况下反激变换器的输出电压远低于输入电压，这就使得匝比 N_p/N_s 较大，从而导致较大的二次侧电流。

开关管截止的初始时刻，从 C_o 看进去的阻抗远小于 R_o（见图 4.1），几乎所有的二次侧电流都流入 C_o 及其等效串联电阻（R_{esr}）。这将产生窄而高的输出电压尖峰 $I_p(N_p/N_s)R_{esr}$，尖峰的宽度通常小于 $0.5\mu s$（随时间常数 $R_{esr}C_o$ 不同而不同）。

通常，开关电源中对于输出电压纹波的技术规格一般只针对其有效值或峰-峰基值。由于这样的窄尖峰的有效值很小，当选用较大电容值的输出滤波电容时，电源输出很容易满足有效值纹波要求，但电源会输出危害性很大的尖峰电压。50mV 峰-峰值的输出纹波中，一般都会有 1V 的窄尖峰存在。

因此，通常在反激变换器的主储能电容后附加小型的 LC 滤波器。L 值和 C 值都可以很小，因为它们只用来滤掉宽度小于 $0.5\mu s$ 的尖峰。虽然该电感远小于正激变换器的电感，但它仍需占用空间。误差放大器应放置在 LC 滤波器之前对输出电压进行采样。

4.6.4.2　需要大容量且耐大纹波电流的输出滤波电容

反激变换器输出滤波电容的容量一定要远大于正激变换器的输出电容。正激变换器在开关管截止时（见图 2.10），储能的滤波电容和滤波电感同时向负载提供电流。而反激变换器在开关管导通时只能由输出电容的储能向负载提供电流，所以滤波电容必须更大。输出纹波主要由滤波电容的等效串联电阻 ESR 决定（见 1.3.7 节），可参照输出纹波要求根据式（1.10）初步选择滤波电容。

但输出纹波电压的要求并不能决定滤波电容的最终选择，而是由根据纹波电压的要求初选电容的纹波电流额定值决定的。对于正激变换器（与 Buck 稳压器相同），输出滤波电容纹波电流受到与之串联的输出电感的抑制（见 1.3.6 节）。但对于反激变换器，开关管导通时，全部直流电流由接地端向上流过电容；开关管截止时，同样大小的电量流过电容以补偿开关管导通时电容损失的能量。假设如图 4.1 所示，电路导通时间与复位时间之和为开关周期的 80%，则电容纹波电流有效值约为

$$I_{rms} = I_{dc}\sqrt{\frac{t_{on}}{T}} = I_{dc}\sqrt{0.8} = 0.89I_{dc} \qquad (4.15)$$

若根据输出纹波电压初选的电容不能达到式（4.15）额定纹波电流的要求，则应选择更大容量的电容，或使用多个电容并联工作。

4.7　AC 120V/220V 输入反激变换器

以下主要讨论不需要转换开关和倍压电路的电网电压或宽范围电压输入的反激变换器。

3.2.1 节介绍了用简单转换开关使电源工作于 AC 120V/220V 输入下的常用电路。如图 3.1 所示，AC 120V 输入时，开关 S_1 在低位闭合，输入采用倍压电路，产生 336V 整流电压；AC 220V 输入时，开关 S_1 高位闭合，输入采用全波整流电路，C_1、C_2 串联，输出电压约为 308V。这种反激变换器设计主要是选择合适的变压器匝比以满足额定输入电压为 308～336V 的要求。

在一些实际应用中，最好不需要使用开关 S_1 进行 AC 120V/220V 输入的切换。若不需打开电源机壳就能拨动开关 S_1，必须将开关置于电源外部，这样做存在安全隐患。若将转换开关置于电源内部，则需打开机壳才能拨动开关，这也不合理。另外，当电源接入 AC 220V 输入时，很有可能由于误操作使开关处于低位闭合的倍压位置。这将会对电源造成严重损坏——开关管、整流管及滤波电容都将被烧毁。

较好的方案是，电网电压 AC 115～220V 全范围内都不使用开关切换。已知输入为 AC 120V 时，整流输出为 160V；输入为 AC 220V 时，整流输出为 310V。

反激变换器可以使用较小的一次侧/二次侧匝比，以保证交流输入电压较高时，开关管截止电压应力不会损坏开关管。

AC 220V 输入时，其电压最低时的导通时间 T_{on} 最大，可依式（4.7）对应的最小整流电压计算。其余有关的磁性元件设计可按式（4.7）后介绍的步骤进行。最小导通时间发生在输入电压最高时。由于反馈环路保持 V_{dc} 与 T_{on} 的乘积恒定[见式（4.3）]，最小导通时间 $\underline{T_{on}} = \overline{T_{on}}(\underline{V_{dc}} / \overline{V_{dc}})$。其中，$\underline{V_{dc}}$ 和 $\overline{V_{dc}}$ 是输入电压最低值和最高值对应的整流电压值。

AC 115V 电压输入时的最大导通时间同样可由式（4.7）计算出来。由于（$\overline{V_{dc}}$ -1）数值减小，最大导通时间将比 AC 220V 输入情况下更长。但由于反馈环路使 $V_{dc}T_{on}$ 维持恒定，与该乘积成正比的一次侧电感 L_p[见式（4.8）]仍保持不变。根据最高输入电压对应的直流电压计算出最小导通时间，只要开关管在此最小导通时间下仍能正常工作，则变换器就不存在问题。由于电力晶体管在高频下工作，存储时间会限制其工作的最小导通时间。下面的例子将会对此进行阐述。

式（4.4）给出了最大直流输入电压、输出电压、匝比 N_p/N_s 和开关管的最大截止应力的关系式。设式中 $\overline{V_{ms}} = 500V$，截止时基极加偏置反压，许多电力晶体管都能安全承受此电压应力。AC 220V 电压输入时，额定的整流电压 V_{dc}=310V；若高压输入波动加上瞬态干扰使 V_{dc} 最高为 375V，则输出 5V 时，由式（4.4）可计算出匝比为 21。

现设最低直流输入电压为额定值的 80%，开关频率为 50kHz（周期为 20μs），可由式（4.7）计算最大导通时间，其中最低直流输入电压为最低交流输入电压 0.8×115=92V 对应的整流电压。已知最低直流输入电压为 1.41×92=128V，代入式（4.7）可得出最大导通时间为 7.96μs。

最小导通时间发生在交流输入电压最高时。若设高压输入波动升高 20%，则最大直流输入电压为 1.2×220×1.41=372V。因为反馈环路使 $V_{dc}T_{on}$ 维持恒定[见式（4.3）]，输入电压向上波动 20%（即 AC 264V）对应的导通时间为 2.74μs。这样变换器可通过调整导通时间（2.74～7.96μs），适应从 AC 115V 输入向下波动 20% 的 AC 92V 输入到 AC 220V 输入向上波动 20% 的 AC 264V 输入的电压范围。

若使用更高的开关频率，则 AC 220V 输入对应的最小导通时间就会变得太小，使电力晶体管（它有 0.5～1.0μs 的存储时间）无法正常工作。电力晶体管在上述电路工作的频率上限约为 100kHz。

下面举例说明上述反激变换器的设计。假设输出功率为 150W，输出电压为 5V，则 R_o=0.167Ω。由式（4.8）可求得一次侧电感为

$$L_p = \left(\frac{0.167}{2.5 \times 20 \times 10^{-6}} \right) \left(\frac{128 \times 7.96 \times 10^{-6}}{5} \right)^2 = 139\mu H$$

由式（4.9）可求得峰值电流为 $I_p = \dfrac{128 \times 7.96 \times 10^{-6}}{139 \times 10^{-6}} = 7.33A$。

市场上有许多满足额定电压 $V_{cev} > 500V$、电流 7.33A，有足够增益且价格合理的电力晶体管。

由表 4.1 可见，55932 MPP 磁芯电感量下降不超过 10%，允许的最大安匝数 480（如第 9 列数据：5A 时，最大匝数为 96，对应最大电感为 265μH）。若安匝数取最大值 480 时，则电流为 7.33A，允许的最大匝数为 480/7.33=65.4，取 66 匝，则其电感为 32000×0.9(66/1000)²=125μH。若（见 4.3.3.2 节）增加 10%的绕组匝数，则电流为 7.33A 时电感将增加 10%，达到 138μH，但此时零电流电感值将比 138μH 增加 20%。

若不希望电感值有 20%的变化范围，则可使用表 4.1 中磁导率较低的 55933 磁芯。由表可查，其最大安匝数为 859。对于 7.33A 电流，允许的最大匝数为（859/7.33），取整数为 117。保证变化范围在 10%以内的最大电感为 18000×0.9(0.117)²=222μH。所需电感为 139μH，则绕制匝数为 $1000\sqrt{0.139/18 \times 0.95} = 90$。

这样，无需倍压/全波整流转换开关，反激变换器就能直接在 AC 115V 或 AC 220V 电压输入下工作。但它要求开关管截止时能承受包括漏感尖峰在内约 500V 的高压。因此，其可靠性不及双管单端正激或半桥变换器——它们的开关管截止时只承受最大直流母线电压（前面实例中为 375V）而无漏感尖峰。当然，AC 115V 和 AC 220V 两种电压输入时，双管单端正激或半桥变换器必须使用图 3.1 所示的整流转换开关。

补充： 现代 FET（如 Power Integrations 的 "Top Switch" 器件）大大简化了电网电压输入情况下的反激变换器设计，使得反激变换器成为了小功率应用中被广泛接受的标准拓扑。也有很多应用手册专门针对这种设计进行详细的阐述。

——K.B.

4.8　连续导电模式反激变换器的设计原则

4.8.1　输出电压和导通时间的关系

再次参考图 4.1，当开关管导通时，变压器一次侧电压约为（V_{dc}-1），同名端相对于异名端是为负，磁芯 B-H 值沿磁滞回线向上移动。开关管截止时，励磁电流力图保持不变，使变压器一次侧电压和二次侧电压反向。这时，一次侧电压和二次侧电压都为正，且二次侧电压被二极管 D_2 钳位在（V_{om}+1）处（假设二极管的正向压降是 1V）。

这个电压折算到一次侧为(N_p/N_s)(V_{om}+1)，同名端相对于异名端为正。一次侧流过的电流[图 4.2（c）中的 I_{PO}]现全部转换到二次侧[图 4.2（d）中的 I_{TU}]。二次侧电流的初始值等于一次侧电流导通结束时刻的电流值乘以匝比 N_p/N_s。因为，此时二次侧同名端相对于异名端为正，所以二次侧电流线性下降[见图 4.2（d）中的 UV 段]。

假设一次侧直流阻抗为 0，经过若干周期以后，它的直流电压也为 0。因此，稳态时，一次绕组在开关管导通时的伏秒数应等于其关断时的伏秒数，也即一个周期内一次绕组所加的平均电压等于 0。这就是说，磁感应强度在关断期间的下降量等于在导通期间的上升量。因此有

$$(V_{dc} - 1)\overline{t_{on}} = (V_{om} + 1)\frac{N_p}{N_s}t_{off}$$

或

$$V_{om} = \left[(V_{dc} - 1)\frac{N_s}{N_p}\frac{\overline{t_{on}}}{t_{off}} \right] - 1 \qquad (4.16)$$

因为连续导电模式中无死区时间，$\overline{t_{on}} + t_{off} = T$，故有

$$V_{om} = \left[\frac{(V_{dc} - 1)(N_s / N_p)(\overline{t_{on}} / T)}{1 - \overline{t_{on}} / T} \right] - 1 \qquad (4.17a)$$

$$= \left[\frac{(V_{dc} - 1)(N_s / N_p)}{(T / \overline{t_{on}})} \right] - 1 \qquad (4.17b)$$

反馈环路根据直流输入变化调整导通时间，以保持输出电压恒定。在 V_{dc} 升高时 T_{on} 减小，在 V_{dc} 降低时 T_{on} 增大。

4.8.2 输入、输出电流与功率的关系

在图 4.6 中，输出功率等于输出电压与二次侧电流脉冲平均值的乘积。因为 I_{csr} 等于二次侧电流上升斜坡的中间值，所以有如下关系式：

$$P_o = V_o I_{csr}\frac{t_{off}}{T} = V_o I_{csr}(1 - \overline{t_{on}} / T) \qquad (4.18)$$

或

$$I_{csr} = \frac{P_o}{V_o(1 - \overline{t_{on}} / T)} \qquad (4.19)$$

式（4.18）和式（4.19）中的 $\overline{t_{on}} / T$ 由式（4.17）中的 V_{on}、V_{dc} 和匝比 N_s/N_p 确定，匝比可由式（4.4）求解。

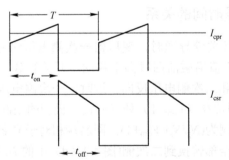

图 4.6 连续导电模式下反激变换器的一次侧电流、二次侧电流的实时关系图。电流在开关管截止期间被传送至输出电容。直流输入电压恒定时，T_{on} 和 T_{off} 保持恒定。反馈环通过改变一次侧电流 I_{cpr} 和二次侧电流 I_{csr} 的中心值实现对输出电流的调整。在输出电流变化的开始几个周期中，导通时间逐渐增大，直到平均电流建立，T_{on} 和 T_{off} 到达一个新平衡

假设效率为 80%，即 $P_o=0.8P_{in}$，I_{cpr} 等于一次侧电流上升斜坡的中间值，则有如下关系式：

$$P_{\text{in}} = 1.25P_{\text{o}} = V_{\text{dc}}I_{\text{cpr}}\frac{\overline{t_{\text{on}}}}{T} \quad \text{或} \quad I_{\text{cpr}} = \frac{1.25P_{\text{o}}}{(V_{\text{dc}})(\overline{t_{\text{on}}}/T)} \tag{4.20}$$

补充：在连续导电模式中，一次侧/二次侧电压比决定占空比大小。负载电流的变化试图反映到一次侧，从而维持输出稳定。但是当负载突然改变时，变压器电感会限制电流的变化率，使开关管 Q_1 导通时间增长（增大一次侧电流），导致在负载变化的一开始输出电压下降。而且这会造成传送能量的截止时间缩短，即二次侧的导通时间缩短，使输出电压的下降幅度变大。这样，经过多个周期以后，占空比才能恢复为初始值，新的较大电流的平衡条件建立。这是反激拓扑固有的动态响应特点，无法通过控制环路进行补偿。在控制理论中，这称为右半平面零点特性。

——K.B.

4.8.3　最小直流输入时连续导电模式下的电流斜坡幅值

前文已指出，连续导电模式的起始点是一次侧电流出现前端阶跃的时刻。参照图 4.6，此阶跃在一次侧平均电流值等于斜坡幅度的 dI_p 一半时出现，这个电流值是电路仍处于连续导电模式的最小值。从式（4.20）可看出，I_{cpr} 与输出功率成正比，则对应于最小输出功率 P_{o} 的 I_{cpr} 为

$$\underline{I_{\text{cpr}}} = \frac{dI_p}{2} = \frac{1.25\underline{P_{\text{o}}}}{(V_{\text{dc}})(\overline{t_{\text{on}}}/T)} \quad \text{或} \quad dI_p = \frac{2.5\underline{P_{\text{o}}}}{(\underline{V_{\text{dc}}})(\overline{t_{\text{on}}}/T)} \tag{4.21}$$

式中，$\overline{t_{\text{on}}}$ 由式（4.17）得到，直流电压 V_{dc} 取最小值 $(\underline{V_{\text{dc}}})$，斜坡斜率 dI_p 的值为

$$dI_p = (\underline{V_{\text{dc}}} - 1)\overline{t_{\text{on}}}/L_p$$

式中，L_p 为一次侧励磁电感。则有

$$L_p = \frac{(\underline{V_{\text{dc}}} - 1)\overline{t_{\text{on}}}}{dI_p} = \frac{(\underline{V_{\text{dc}}} - 1)(\underline{V_{\text{dc}}})(\overline{t_{\text{on}}})^2}{2.5\underline{P_{\text{o}}}/T} \tag{4.22}$$

式中，$\underline{P_{\text{o}}}$ 为最小额定输出功率；$\overline{t_{\text{on}}}$ 为由式（4.17）中代入最低输入直流电压计算而得到的最大导通时间。

4.8.4　不连续与连续导电模式反激变换器的设计实例

在相同的输出功率和输入电压的情况下，比较不连续导电模式和连续导电模式的反激变换器设计，非常具有说明性。因为这样可以很容易地看出电流幅值和一次侧电感的不同。

设计某通信行业用电源，输出功率为 50W，输出电压为 5V，开关频率为 50kHz，最低直流输入为 38V，最高值为 60V。假设最小输出功率为额定值的 10%，即 5W。

首先考虑变换器工作于不连续导电模式的情况。假设保守选择额定值为 150V 的电力晶体管，忽略 V_{cer}、V_{cev} 电压参数选择。在式（4.4）中，假设最高关断电压应力是 114V（不包括漏感尖峰），这样就可以留出 36V 的漏感尖峰裕度，从而防止开关管上所加的电压超过其额定值。这样，由式（4.4）计算出的匝比 $N_p/N_s = (114-60)/6 = 9$。

由式（4.7）可得，最大导通时间为

$$\overline{t_{on}} = 6 \times 9 \times 0.8 \frac{20 \times 10^{-6}}{37 + 6 \times 9} = 9.49 \mu s$$

负载 R_o=5/10=0.5Ω 时，由式（4.8）可得

$$L_p = \frac{0.5}{2.5 \times 20 \times 10^{-6}} \left(\frac{38 \times 9.49}{5} \right)^2 \times 10^{-12} = 52 \mu H$$

由式（4.9）可得一次侧电流峰值为

$$I_p = \frac{38 \times 9.49 \times 10^{-6}}{52 \times 10^{-6}} = 6.9A$$

二次侧电流三角波的起点为

$$I_{s(peak)} = (N_p / N_s)I_p = 9 \times 6.9 = 62A$$

如前所述，反激变换器的不连续导电模式中，二次侧电流衰减至零的复位时间加上最大导通时间等于 0.8T[见式（4.6）]，故复位时间为

$$T_r = (0.8 \times 20) - 9.49 = 6.5 \mu s$$

二次侧电流三角波的平均值应等于直流输出电流，则有

$$I_{(secondry\ average)} = \frac{I_{s(peak)}}{2} \frac{T_r}{T} = \left(\frac{62}{2} \right) \frac{6.5}{20} = 10A$$

现在考虑在相同频率、相同输入/输出电压功率和匝比 N_p/N_s=9 的情况下，连续导电模式中的各参数值。根据式（4.17b），$\overline{V_{dc}}$ = 38V 时的 $\overline{t_{on}} / T$ 为

$$5 = \left[\frac{(37/9)(\overline{t_{on}} / T)}{1 - \overline{t_{on}} / T} \right] - 1$$

求解得 $\overline{t_{on}} / T = 0.5934$ 及 $t_{on} = 11.87 \mu s$，t_{off}=8.13μs，再由式（4.19）可得

$$I_{car} = \frac{50}{(5)(1 - 0.5934)} = 24.59A$$

二次侧电流的平均值等于直流输出电流，为

$$I_{av(secondry)} = I_{csr}(t_{off}/T) = 24.59 \times 8.13/20 = 10.0A$$

由式（4.20）可得

$$I_{cpr} = \frac{1.25 \times 50}{(38)(11.86 / 20)} = 2.77A$$

由式（4.22）可得，最低直流输入为 38V，最小输出功率为 5W 时，

$$L_p = \frac{37 \times 38(11.86)^2 10^{-12}}{2.5 \times 5 \times 20 \times 10^{-6}} = 791 \mu H$$

一次侧电流和二次侧电流小，尤其是二次侧电流小，是连续导电模式的一大优点。但是，一次侧电感过大会影响负载电流变化的响应速度，且因为连续导电模式的右半平面零点特性，需要带宽很窄的误差放大器来达到反馈环路的稳定。这些限制了连续导电模式在对负载变化响应速度需求较高的场合中的应用。但在恒定负载的应用中，这些都不成问题。

连续导电模式与不连续导电模式的参数对比（最低直流输入 38V）如下所示。

	不连续导电模式	连续导电模式
一次侧电感（μH）	52	791
一次侧电流峰值（A）	6.9	2.77
二次侧电流峰值（A）	62.0	24.6
导通时间（μs）	9.49	11.86
关断时间（μs）	6.5	8.13

4.9　交错反激变换器

交错反激变换器拓扑如图 4.7 所示。它由两个或多个不连续导电模式反激变换器组成，开关管交替导通，它们的二次侧电流通过其整流管互相叠加。

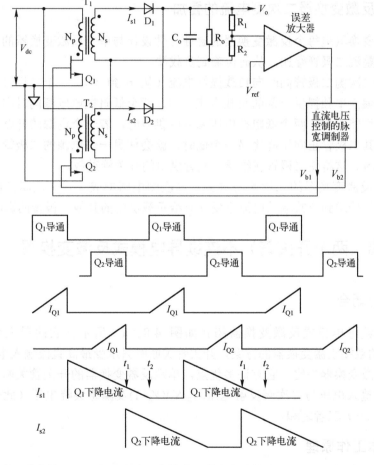

图 4.7　交错反激变换器。两个不连续导电模式反激变换器轮流导通，从而可减小电流峰值。在峰值电流幅值较小的情况下，输出功率可达 300W

这种变换器可应用于不大于 300W 的功率场合，主要的缺点是一次侧电流峰值和二次侧电流峰值，尤其是二次侧电流峰值太大。尽管这样的功率等级也可以通过一个电流合适的连续导电模式反激变换器实现，但是采用成本高和体积大的两个或多个不连续导电模式的交错反激变换器，具有很多优点，更容易被接受。

采用交错反激拓扑，可提高纹波频率，大大地减小输入/输出纹波。增加交错反激变换器的个数，开关管驱动信号间采用适当的相移，可进一步减小纹波电流。而且，断续模式具有较快的抗负载电流扰动的响应速度，较大的误差放大器带宽，以及无右半平面零点环路稳定问题等优点，使得交错反激变换器成为不错的选择。

因为一次侧电流峰值和二次侧电流峰值很大，单个不连续导电模式下的反激变换器无法工作在 300W 的功率等级。这一点可以从式（4.2）、式（4.7）和式（4.8）看出。

实际上，在 150W 的功率输出等级，由于正激变换器的二次侧电流峰值较小，单个正激变换器要比两个不连续导电模式下的交错反激变换器更加实用。这里介绍交错反激变换器的目的是完整地介绍反激变换器，以及其在较低功率多路（大于 5）输出时应用的可能性。

4.9.1　交错反激变换器二次侧电流的叠加

交错反激变换器里每个反激变换器的磁性元件设计与单个反激变换器的完全相同。二次侧电流通过整流二极管叠加，从而传输到负载端。

即使两个二次侧二极管同时向负载提供电流（从 t_1 到 t_2），一个二极管也不可能使另一个二极管反偏而单独提供全部的负载电流。但在两个低阻抗电压源同时向负载供电时，这种情况就有可能发生。两个低阻抗电压源并联供电时，若一个电源的开路电压比另一个的高 0.1V 或其二极管正向压降比另一个低时，就会使另一个电源的二极管反偏而单独提供所有负载电流。这将使二极管或给该二极管供电的开关管过载。

但是，从反激变换器的二次侧看进去，二次侧电感形成了一个高阻抗的电流源。因此，任意二极管传送到公共端的电流不受同时给负载供电的其他二极管的影响。

4.10　双端（两个开关管）不连续导电模式反激变换器

4.10.1　应用场合

双端不连续导电模式反激变换器拓扑如图 4.8（a）所示。它的最大优点是沿用了图 2.13 所示的双端正激变换器的方案，开关管关断时只承受最高直流输入电压。与图 4.1 所示的单端反激变换器相比，它有许多优点。单端反激变换器的开关管关断时承受的电压等于最高直流输入电压与二次侧反射电压$(N_p/N_s)(V_o+1)$及漏感尖峰电压（此值可能达到直流输入电压的 1/3）三者之和。

4.10.2　基本工作原理

双端不连续导电模式反激变换器的截止电压较低的应力原理与图 2.13 所示的双端正激变换器的相同。开关管 Q_1 和 Q_2 同时开关，当开关管导通时二次侧同名端为负，D_3 反偏，二次侧无电流流通。一次绕组等效于一个电感，一次侧电流以斜率 $dI_1/dt=V_{dc}/(L_m+L_L)$ 线性上升，其中，L_m 和 L_L 分别是一次绕组的励磁电感和漏感。

当 Q_1 和 Q_2 同时截止时，与前面的反激变换器相同，一次侧电压和二次侧电压都反向，D_3 正偏，励磁电感中储存的能量被传输到负载。

如前所述，一次侧的正、负伏秒数必须相同。在关断瞬间，L_L 的底端电压试图急剧上升，但是它被钳位在 V_{dc} 的正端。L_m 的上端电压试图急剧下降，但也被钳位在 V_{dc} 的负端。这样，Q_1 和 Q_2 的截止电压就不会超过 V_{dc}。

励磁电感 L_m 在截止期间的实际复位电压由二次侧的反射电压 $(N_p/N_s)(V_o+V_{D3})$ 确定，而串联的 L_m 和 L_L 所加电压为直流输入电压。因此，如图 4.8（b）所示，漏感 L_L 上所加的电压为 $V_L=V_{dc}-V_r$。

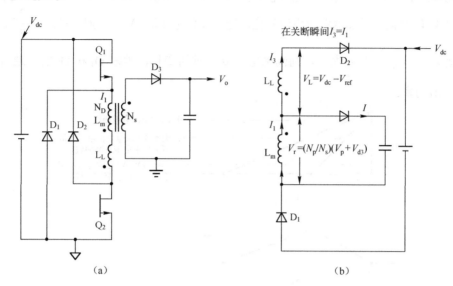

（a）　　　　　　　　　　　　　　（b）

图 4.8　Q_1 和 Q_2 截止时的电路。I_1 通过漏感 L_L 流通。截止期间，储存在励磁电感 L_m 中的能量传送到负载端。而漏感将 $\frac{1}{2}L_LI^2$ 的能量通过二极管 D_1、D_2 送回电源端，直至漏感电流下降至 0，从而减少了本应传送到输出端的能量。为了使漏感 L_L 中的电流 I_1 快速下降到 0，需要取较小的 N_p/N_s，从而使反射电压 $V_r=(N_p/N_s)(V_o+V_{D3})$ 较低，则 V_L 较高。通常取 $V_r=\frac{2}{3}V_{dc(min)}$，$V_L=\frac{1}{3}V_{dc(min)}$

截止期间，L_m 和 L_L 串联对电源电压 V_{dc} 进行分压，这对本电路的设计非常关键，并且决定了变压器的匝比 N_p/N_s 大小，这一点将在下面讨论。

当然，这一电路的代价是需要两个开关管和两个钳位二极管 D_1、D_2。

4.10.3 双端反激变换器的漏感效应

图 4.8（b）示出了 Q_1 和 Q_2 截止时的电路等效图。L_m 和 L_L 的串联电压通过二极管 D_1 和 D_2 钳位至直流输入电压。励磁电感的所加电压 V_r 被二次侧反射电压钳位，其大小为 $(N_p/N_s)(V_o+V_{D3})$。故 L_L 上的电压为 $V_L=V_{dc}-V_r$。

在关断瞬间，L_m 和 L_L 流过相同的电流，这个电流流经二极管 D_1 和 D_2，将能量返还至电源 V_{dc}。L_L 上的电流以斜率 $dI_1/dt=V_L/L_L$ 下降，如图 4.9（a）中的斜坡 AC 或 AD 所示。L_m 上的电流以斜率 V_r/L_m 下降，如图 4.9（a）中的斜坡 AB 所示。

此时实际向负载提供功率的是电流 I_2，其值为流过 L_m 和 L_L 的电流差值。若 L_L 的电流下降斜率为图 4.9（a）中的线段 AC，则 I_2 的电流波形为图 4.9（b）中的 RST；若 L_L 的电流下降斜率更陡，为图 4.9（a）中的线段 AD，则 I_2 的电流波形为图 4.9（c）中的

UVW。因此，很明显，在图 4.9（b）和图 4.9（c）中，只要漏感 L_L 中仍有电流经 D_1 和 D_2 流回电源，则 L_m 中的电流并不是全部流向负载，而是部分回馈给电源。

从图 4.9（b）和图 4.9（c）中可以看出，若需将 L_m 传送至负载的电流最大化，并避免电流流向负载时有所延迟，应使漏感电流的下降率最大[选择图 4.9（a）中的 *AD* 段斜率，而不是 *AC* 段斜率]，即漏感电流迅速下降到 0。

因为漏感的下降率为 V_L/L_L，且 $V_L=V_{dc}-(N_p/N_s)(V_o+V_{D3})$，所以选择匝比 N_p/N_s 较小时，会使漏感电压 V_1 增高，并加速漏感电流复位。通常反射电压取 $(N_p/N_s)(V_o+V_{D3})=\frac{2}{3}V_{dc}$，则漏感电压为 $V_1=\frac{2}{3}V_{dc}$。若 V_r 太高，则励磁电感复位时间变长，缩短 Q_1 和 Q_2 的导通时间，从而降低输出功率。

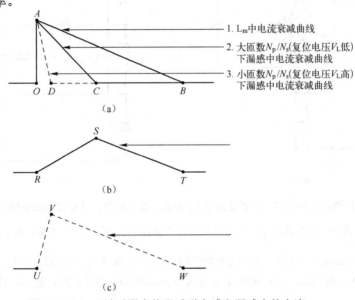

图 4.9　（a）双端反激变换器励磁电感和漏感中的电流；
（b）N_p/N_s 很大时反射的负载阻抗中的电流，图
（a）中的 *AB-AC*；（c）N_p/N_s 较小时反射的负载
阻抗中的电流，（a）中的 *AB-AD*。

一旦选定匝比 N_p/N_s，使 $V_L=V_{dc}/3$，则可通过式（4.7）计算得出不连续导电模式下的最大导通时间，L_m、I_p 可分别由式（4.8）和式（4.9）计算得出，同单端反激变换器的求解相同。

参考文献

[1] Billings, K., *Switchmode Power Supply Handbook*, McGraw-Hill, New York, 1989.
[2] Chryssis, G., *High Frequency Switching Power Supplies*, 2nd Ed., McGraw-Hill, New York, 1989, pp. 122–131.
[3] Dixon, L., "The Effects of Leakage Inductance on Multi-output Flyback Circuits," *Unitrode Power Supply Design Seminar Handbook*, Unitrode Corp., Lexington, Mass., 1988.
[4] Patel, R., D. Reilly, and R. Adair, "150 Watt Flyback Regulator," *Unitrode Power Supply Design Seminar Handbook*, Unitrode Corp., Lexington, Mass., 1988.

第 5 章　电流模式和电流馈电拓扑

5.1　简介

虽然电流模式[1-7]和电流馈电拓扑[9-20]有显著的区别，但是因为它们都有同时控制输入电流和输出电压的特点（虽然控制方式不同），所以在本章中将其归为一类。

5.1.1　电流模式控制

电流模式控制电路有两个反馈环，如图 5.3 所示：一个响应速度慢的外环通过 R_1、R_2 和误差放大器 EA 检测直流输出电压，从而产生控制电压 V_{eao}；另外一个是由 R_i、V_i 和脉冲宽度调节器 PWM 构成的快速响应的电流内环，通过 R_i 检测开关管的峰值电流（即峰值电感电流）并逐周期限流以保持此峰值电流恒定。这种方式可以解决推挽电路的偏磁问题。在解决偏磁问题的其他方法（见 2.2.8 节）不是那么可靠的情况下，电流模式控制使得推挽电路变得更加实用。此外，由于开关管的电流波形峰值恒定，也简化了反馈环路的设计。

补充：本例中所用变换器为正激型拓扑，二次侧电流反射到一次侧，通过检测流过 Q_1 和 Q_2 的公共电流，电流内环有效控制输出电感 L_o 的电流。电流内环通过逐周期调节保持 L_o 的峰值电流恒定，仅在缓慢地响应输出电压调整时调节电流。因此，将 L_o 的峰值电流作为控制参数，这就将 L_o 排除在电压外环的小信号传递函数之外，使得闭环响应速度更快。同时，由于电流为控制参数，使得限流和短路保护成为电流模式控制的固有特性。又由于电流被逐周期控制，因此可以有效控制 Q_1 和 Q_2 电流不平衡，变压器 T_1 不存在饱和问题。并且，输入电压的任何变化都被 L_o 上的峰值输出电流（变化）抵消，因此变换器具有优良的电网电压调节性能。

——K.B.

5.1.2　电流馈电拓扑

如图 5.9 所示，电流馈电拓扑经过一个输入电感（扼流圈）来从输入端获取能量。图中，推挽正激变换器的变压器顶端从输入电感 L_1 获得能量。电路的输入是一个高内阻的电流源（输入电感 L_1），而不是低内阻的整流滤波电容或电池。较高的源阻抗可有效地解决变压器 T_1 的偏磁问题，并且具有其他一些优点。

5.2　电流模式控制

在以前讨论的所有电压型拓扑中，输出电压都是唯一的控制参数。在这些电路中，对负载电流变化的调整过程是：电流变化引起输出电压的微小变化，而误差放大器会检测到这个变化并且调节开关管的导通时间以保持输出电压恒定，但电压型拓扑并不直接检测输出电流。

在 20 世纪 80 年代，一种电压和电流同时被检测的新拓扑——电流模式拓扑出现了。虽然这种拓扑在此以前也为人所知，但由于需要分立元件实现控制，所以应用并不广泛。当 Unitrode™ 推出一款能实现电流模式控制所有功能的新型 PWM 芯片——UC1846 时，电流控制技术的优势很快被大家认同并得到了广泛应用。

补充：如今，市场上已经出现了许多功能类似的电流模式控制芯片。Unitrode 成为了 TI 公司的一部分。

——K.B.

UC1846 采用电流模式控制，输出两路相位差为 180° 的 PWM 脉冲信号，可应用于推挽、半桥、全桥、交错正激或者反激变换器。现在也有较廉价的单端 PWM 控制器——UC1842，可应用于电流模式的单端变换器，如正激变换器、反激变换器和 Buck 稳压器。

5.2.1　电流模式控制的优点

5.2.1.1　防止推挽变换器的偏磁问题

偏磁现象已在 2.2.5 节中讨论过。当推挽变换器的变压器运行的磁滞回线相对原点不对称时，就会出现这种现象。其后果是磁芯饱和，使一只开关管承受的电流远大于另外一只，如图 2.4（c）所示。

如果磁滞回线的中点进一步偏离原点，变压器就可能进入深度饱和而损坏开关管。在 2.2.8 节中讨论了一些防止偏磁的方法。但是这些方法在一些异常的电网电压输入或负载瞬变条件下，特别是大功率输出时，仍不能完全保证避免偏磁。

电流模式检测每个周期的电流脉冲，并且通过调整开关管导通时间使交替电流脉冲峰值相等。这一特点使推挽电路可应用于各种新设计，并且对其他拓扑也非常有价值。例如，电流模式出现之前，为可靠防止偏磁，往往选择没有偏磁现象的正激变换器，而这提高了设计成本。

从式（2.28）可知，正激变换器的一次侧电流峰值为 $3.13(P_o/V_{dc})$。而由式（2.9）可知，推挽电路的电流峰值只有它的一半，即 $1.56(P_o/V_{dc})$。在小功率场合，尽管在同等输出功率条件下，正激变换器峰值电流是推挽电路的两倍，但由于只用一个开关管，其应用还是比较广泛的。但在大功率场合，正激变换器峰值电流是推挽电路的两倍的问题就显得非常突出了。

推挽拓扑非常适用于通信电源的场合，其直流输入电压范围为 38～60V，而可保证没有偏磁问题的电流模式推挽电路正适用于这种电源。

5.2.1.2　对输入电网电压变化无误差放大器延时的快速响应（电压前馈特性）

输入电网电压变化会立即引起开关管导通时间调整是电流模式本身固有的特性。与传统的电压模式不同，这种响应无需等到输出变化反馈到误差放大器时才发生，因此没有延迟。具体情况将在后面详细讨论。

5.2.1.3　反馈环路设计的简化

前面讨论的所有拓扑（反激变换器除外）都有一个 LC 输出滤波器。在略大于谐振

频率 $f_{\circ} = \dfrac{1}{2\pi\sqrt{LC}}$ 时，LC 滤波器可造成最大 180° 的相移，且随频率的上升，输出-输入电压增益会快速下降。随着频率的上升，串联 L 支路阻抗会上升，而并联支路阻抗会下降。

这种大的相移和随频率改变而快速变化的增益令反馈环路的设计变得复杂。更重要的是，为了稳定环路，误差放大器的外围元件会变得很复杂，并且会引起对输入电压和输出电流变化的响应问题。

然而，在电流模式电压外环的小信号分析中，计算增益和相移以分析可能存在振荡的问题时，尽管输出电感与输出电容串联在电路中，但是可以忽略电感的存在。所以，当电压环小信号变化时，电感对环路没有影响。

此时电路可认为是一个带并联输出电容和负载电阻的恒流源。这样，其相移就只有 90° 而非 180°。其输出-输入电压增益下降速度也会减半（为-20dB/十倍频，而不是-40dB/十倍频）。这简化了反馈环路的设计，误差放大器的外围电路也相对简单，并且不会引起电网电压或负载变化时的响应问题，具体原因将在后面详细讨论。

5.2.1.4　并联输出

多个电流模式的电源可并联工作，且可均分负载电流。这可通过在每个电源设置相同的电流检测电阻实现。这些电阻把开关管的电流波形转化为电压波形，并与同一数值的误差放大器输出电压信号相比较，从而产生峰值电流检测电压并使得并联电源的峰值电流相等。

5.2.1.5　改善负载电流调整率

与电压模式相比，电流模式有更强的负载电流调整能力，但它的负载电流调整能力没有它的电网电压调整能力那么突出。电流模式电网电压调整率高是因为它具有电压前馈的特点，而有较好的电流调整能力是因为电流模式拓扑中误差放大器有更大的带宽。

5.3　电流模式和电压模式控制电路的比较

要理解电流模式与电压模式的不同及电流模式的优点，首先要了解电压模式控制电路的工作原理。图 5.1 是典型的电压模式 PWM 控制电路。框图给出了 SG1524 的主要结构。SG1524 是最早的集成控制芯片，它的出现曾引起了开关电源工业革命。最初由 Silicon General 公司生产的这种芯片，现在很多公司都在生产，包括改进的 UC1524A（Unitrode 公司）和 SG1524B（Silicon General 公司）。

5.3.1　电压模式控制电路

在图 5.1 中，锯齿波振荡器产生 3V 的锯齿波电压 V_{st}，由于有约 0.5V 的直流偏置电压，其峰值约为 3.5V。锯齿波的周期由外围元件 R_t 和 C_t 决定，即 $T = R_t C_t$。

输出采样电压 KV_{o} 和参考电压 V_{ref} 通过误差放大器比较并输出误差电压 V_{ea}，然后 V_{ea} 再通过 PWM 比较器与锯齿波进行比较。注意，输出反馈电压应该输入到误差放大器的反相端，使 V_{o} 上升时，误差放大器的输出 V_{ea} 下降。

在 PWM 电压比较器中，锯齿波输入到同相端而 V_{ea} 输入到反相端。所以 PWM 的输出是一个脉宽可变的负脉冲。在 V_{ea} 电压高于锯齿波电压的时段，t_1 到 t_2 输出的是低电平。如果直流输出电压稍微上升，KV_o 也稍微上升，则 V_{ea} 下降，更靠近锯齿波的底部，负脉冲 V_{pwm} 宽度缩小。

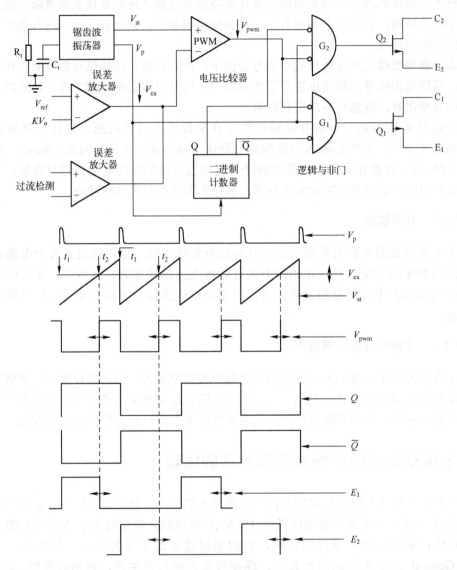

图 5.1 电压型 PWM 控制器。误差放大器直接检测输出电压，只有当输出电流变化引起输出电压变化时才进行调整。电流限制放大器只在电流超出限定值时才工作，切断电源。晶体管导通时间为从锯齿波起点开始到锯齿波与 V_{ea} 的交点结束

这个负脉冲宽度就是晶体管的导通时间。在以上讨论的所有电压控制拓扑中，输出电压都和晶体管导通时间成比例，通过负反馈环减小导通时间可以降低输出电压。当输出直流电压降低时，负脉冲 V_{pwm} 的宽度增大。

UC1524 是为推挽等双端拓扑设计的，所以产生的单组负脉冲必须转化为相位相差 180° 的两组脉冲。这可以通过二进制计数器和负逻辑与非门 G_1 和 G_2 来实现。二进制计数器由锯齿波振荡器产生的对应锯齿波下降沿的正脉冲 V_p 触发。

二进制计数器的输出 Q 和 $\bar{Q}$ 的频率为锯齿波的一半，且为相位互补的方波。这些方波和 V_{pwm} 输入到负逻辑与非门。其结果是，当所有的输入为负时，输出为正。这样，Q_1 和 Q_2 的输出每半周期交替为正，其宽度和 V_{pwm} 负脉冲相等。

由于 KV_o 与误差放大器的反相端相连，开关管的导通时间与 V_{pwm} 的负脉冲相对应，以保证电路负反馈性能。开关管为 NPN 型时，由 Q_1、Q_2 的发射极驱动；为 PNP 型时，由集电极驱动。若开关管与 Q_1、Q_2 输出之间接入电流放大器驱动环节，则其逻辑应保证 Q_1、Q_2 导通时间与开关管导通时间相等。

宽度很窄的正脉冲 V_p 输入到逻辑与非门 G_1 和 G_2，可使两个门的输出同时有一段是与 V_p 同宽的低电平，且使两个开关管同时关断，从而保证即使 V_{pwm} 达到半个周期宽度也不会出现两个开关管同时导通的情况。在推挽拓扑中，哪怕只在很短的时间内出现同时导通，也会产生很大的短路电流而使开关管甚至整个电源损坏。

UC1524 为电压模式控制电路，它并不直接检测开关管电流或输出电流。开关管在半周期的起点导通，在锯齿波和误差放大器输出直流电压的交点关断，误差放大器只采集输出电压信号。

SG1524 的内部结构如图 5.2（a）所示。图 5.1 所示的负逻辑与非门 G_1 和 G_2 在图 5.2（a）中画为正逻辑或非门。二者最终实现同样的功能，都是在所有输入为"低"时，输出为"高"；而在有一路输入为"高"时，就输出为"低"。

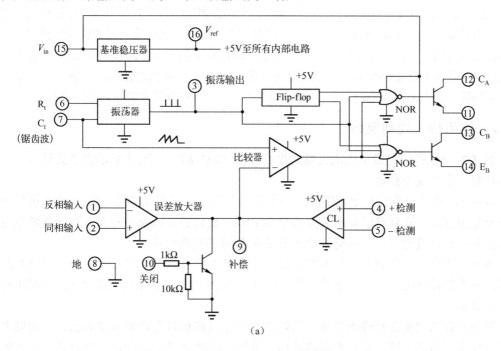

（a）

图 5.2 （a）第一代 PWM 集成芯片 SG1524（General 公司）；（b）第一代电流模式 PWM 集成芯片 UC1846（Unitrode 公司）

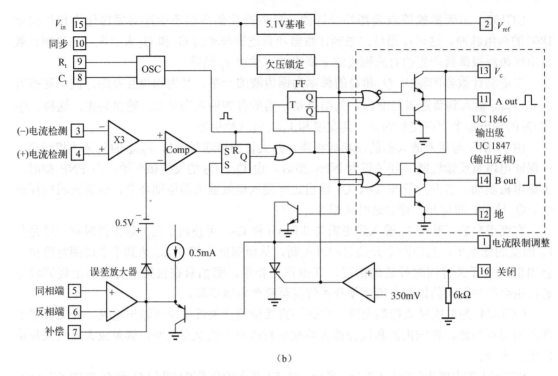

图 5.2　(a) 第一代 PWM 集成芯片 SG1524（General 公司）；(b) 第一代电

流模式 PWM 集成芯片 UC1846（Unitrode 公司）（续）

　　如图 5.2（a）所示，当第 10 脚电压为高时，与之相连的开关管集电极电压被拉低，使误差放大器的输出电压（第 9 脚）跌至锯齿波谷点电压以下。这使输出开关管的导通时间下降到零，从而切断电源。在电流限制比较器部分，如果第 4 脚的电压超过第 5 脚的 200mV，同样也会使误差放大器输出接地（其中内置反相器并未画出），从而切断电源。第 4 脚与第 5 脚之间可跨接一个电流采样电阻。如果要限制电流为 I_m，则该电阻取值应为 $R_s=0.2/I_m$。

5.3.2　电流模式控制电路

　　图 5.2（b）所示为最早的电流模式集成芯片（UC1846）。图 5.3 示出了其基本单元及如何控制一个推挽变换器。

　　从图 5.3 中可以看到两个反馈环：一个是包含输出电压采样信号（EA）的电压外环；另一个是由接收一次侧峰值电流采样信号的 PWM 比较器，以及将开关管阶梯斜坡电流信号转换为阶梯斜坡电压信号的电流检测电阻 R_i 构成的电流内环。

　　输入电压变化和负载变化的调整是通过改变开关管的导通时间来实现的。导通时间由误差放大器的输出电压 V_{eao} 与电流采样电阻 R_i 上得到的阶梯斜坡电压信号通过 PWM 比较器比较确定。

　　因为所有二次侧都有输出电感，所以二次侧电流波形具有阶梯斜坡形状。一次侧电流及开关管电流与二次侧电流有相同的波形，其幅值由匝比 N_s/N_p 确定。电流流过与共射极相连的电阻 R_i，产生阶梯斜坡电压 V_i。下面分析如何确定开关管的导通时间。内部振荡器产生窄时钟脉冲 C_p，振荡周期由外围元件 R_t 和 C_t 决定，约为 $0.9R_tC_t$。每次出现时钟脉冲，触发器 FF_1 就复位，使其输出 Q_{pw} 为低。从后面的讨论可知，Q_{pw} 低电平宽度就是芯片输出 A（或 B）的高电平宽度，也就是开关管的导通时间。

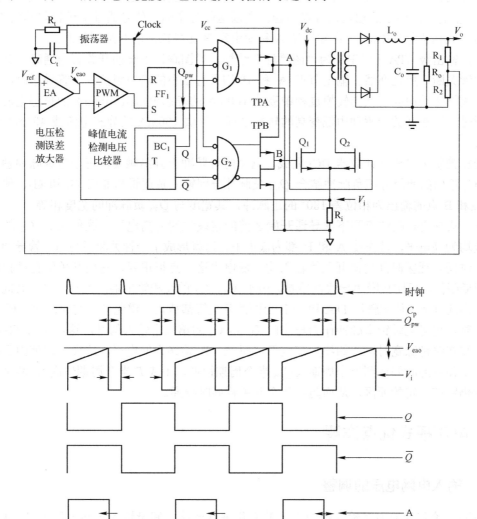

图 5.3　电流模式集成芯片（UC1846）。它可以驱动推挽式 MOSFET 变换器。两个开关管在时
　　　　钟脉冲前沿交替开始导通，当电流检测电阻上的电压等于电压误差放大器输出电压
　　　　时，导通结束。PWM 比较器使 Q_1、Q_2 电流脉冲幅值相等

　　PWM 比较器输出为高时，FF_1 置位，Q_{pw} 由低变高，芯片输出 A（或 B）由高电平变
为低电平，使已导通的开关管关断。所以，PWM 比较器输出由低变高的时刻就是导通时
间的结束时刻。

　　PWM 比较器将阶梯斜坡电流信号电压 V_i 和电压误差放大器 EA 的输出进行比较。当
V_i 的峰值与 V_{eao} 相等时，PWM 比较器输出由低变高，FF_1 置位，Q_{pw} 为高，输出 A（或
B）由高变低，开关管关断。

　　由于时钟脉冲使 FF_1 输出变低，所以 FF_1 每个时钟周期输出低电平一次。当 PWM 比

较器的同相输入等于 EA 的直流输出时，FF_1 输出由低变高。通常情况下，开关管 Q_1 和 Q_2 是 N 型的，需要正的触发信号来导通。所以这些等宽的负信号通过负逻辑与非门 G_1 和 G_2，转换成相位差为 180°，由输出端 A 和输出端 B 交替输出的两组正脉冲。

芯片输出级 TPA 和 TPB 为"图腾柱"结构。当图腾柱下端的开关管导通时，其上端的开关管关断，反之亦然。输出节点 A 和 B 均具有很小的输出阻抗。下管导通时，它们可在开关管驱动由高变低的转换过程中吸纳 100mA 的静态电流或 400mA 的瞬态电流。上管导通时，可在开关管驱动由低变高的转换过程中提供 100mA 的静态电流或 400mA 的瞬态电流。

分相控制由二进制计数器 BC_1 完成。它由时钟脉冲上升沿触发，每个时钟脉冲触发一次。BC_1 输出的两组分相负脉冲结合 Q_{pw} 负脉冲分别输入负逻辑与非门 G_1 和 G_2，使芯片在 A 点和 B 点的输出为相位差 180° 的正脉冲，其宽度与 Q_{pw} 负脉冲的宽度相等。

Q_{pw} 从导通时间结束到下次导通开始之前的这段时间为高电平。这使 G_1、G_2 的反相输出端均为高电平，从而使 A 和 B 都为低电平。这就形成了一管关断后与另一管导通之前的死区时间。死区时间内两开关管输入均为低电平这一点很重要，它使开关管在截止时栅极呈现低阻抗，可防止噪声导致误导通。由于 G_1、G_2 的反相输出端同为高电平，其同相输出端均为低电平，使图腾柱 TPA 和 TPB 上面的开关管都截止，避免了它们的过度损耗。

同时，也可见时钟窄脉冲作为与非门 G_1 和 G_2 的第三个输入信号，这使 G_1、G_2 的反相输出端在时钟脉宽时段内始终为高电平，而 A、B 始终为低电平。这样，即使由于故障原因控制使导通时间达到半个周期（Q_{pw} 半个周期恒低，A 或 B 半个周期恒高），两个导通脉冲间仍留有一定的死区，从而防止两个开关管同时导通。

5.4　电流模式优点详解

5.4.1　输入电网电压的调整

下面讨论芯片如何对输入电网电压的变化进行调整。假设输入电网电压上升（V_{dc} 随之上升）。V_{dc} 上升时，二次侧峰值电压上升，经过 L_o 输出的 V_o 也上升。由于二次侧直流输出电压与二次侧峰值电压和开关管导通时间成比例，二次侧峰值电压上升就要求开关管导通时间下降才能保持直流输出电压不变。上升的 V_o 经误差放大器（一段时间延时后）使 V_{eao} 下降，从而在 PWM 比较器中电流采样电压 V_i 和下降后的 V_{eao} 电压等值点较低（即交点提前），并使导通时间缩短，输出电压 V_o 被拉低而保持恒定。

然而，若这仅是针对输入电压调整的唯一机理，则由于要经 L_o 和误差放大器的延时，响应速度就会较慢。但实际上电流模式可避开这些延时。即当 V_{dc} 上升时，加到输出电感的输入端的峰值电压 V_{sp} 上升，电感电流斜率 dI_s/dt 及 V_i 的斜率也增大。这样 V_i 的斜坡峰值将更快达到 V_{eao}，导通时间不需要 V_{eao} 的调节延时而立即缩减。由于这种电压前馈特性，输入电网电压瞬态变化所引起的输出电压的瞬态变化的幅值和持续时间都将显著减小。

5.4.2　防止偏磁

如图 5.3 中的 V_i 波形所示，它取自电流采样电阻，其值与开关管电流成正比。当 V_i 峰值与误差放大器输出 V_{eao} 相等时，导通时间结束。由图 5.3 可见，一个周期内两个交替的半周期峰值电流不会像图 2.4 (b) 和图 2.4 (c) 所示的那样不等，这是因为误差放大器输出电压 V_{eao} 波形基本是水平的直线，并且因其带宽限制，在一个周期内不可能有较大改变。

当变压器的磁滞回线稍微偏离原点，致使磁芯开始趋于向某一方向饱和时，电压 V_i 上升将呈上凹形状，并且很快达到 V_{eao}，使导通时间较早结束。此时在此半个周期的磁通增长也被中止。而在接下来的半个周期内，由于另一个开关管导通时间并未减少，所以磁芯磁通恢复而不致饱和。

图 5.3 中斜坡电压 V_i 的峰值是相等的，说明两个半周期的峰值电流相等。因此图 2.4 (b) 所示的交替电流不等造成的偏磁现象不会存在。

5.4.3　在小信号分析中可省去输出电感简化反馈环设计

参考图 5.3，在小信号分析中，要确定环路是否稳定，首先要假设环路在某一点断开，再在此断开处加入频率变化的正弦小信号。然后，计算从正弦小信号加入处到此断开点的另外一端的整个环路的增益和相移与频率的关系。根据环路中的其他元器件（主要是 LC 输出滤波器）合理地设计误差放大器的增益和相移，就可以保证闭环稳定。

通常假定频率变化的正弦信号从误差放大器的输入端接入。在第 12 章中将详细介绍如何计算和设计误差放大器的增益和相移以达到预期效果。

在图 5.3 中，并不能直接得到从误差放大器输出到 LC 滤波器输入的正弦信号的增益和相移的表达形式。关键是要注意到环路能有效响应的最高频率小于变换器的开关频率。因此，误差放大器的输出 V_{eao} 缓慢变化或基本为直流电压，当它与斜坡脉冲 V_i 峰值相等时，Q_{pw} 上将产生一系列宽度与 V_{eao} 相关的负脉冲。而 Q_{pw} 负脉冲将对应产生加于 LC 滤波器输入端的系列正脉冲。

在这种将电平转化为一定频率的系列脉冲的系统中，正弦信号的增益和相移是很难解释的，不过也可以作如下分析。

如果在误差放大器的输入端输入正弦信号，其输出端就会出现一定相移的放大信号。直流输出电压 V_{eao} 的幅值及负脉冲 Q_{pw} 的宽度同样会受到该频率正弦信号的调制。输出整流器的正向脉冲宽度也受到调制。若对与脉宽成正比的整流器阴极电压在比开关周期长的一个时段内取平均值，则它的幅值被与误差放大器输入端接入的正弦信号相同的频率进行调制。

只要调制周期大于开关周期，这种调制方式属于正弦波-脉宽-正弦波变换器的调制方式。该调制方式下的增益问题将在第 12 章中详细介绍。

这样，在图 5.3 所示的变换器中，只剩下计算不同频率的正弦信号通过 LC 滤波器时的增益和相移问题。在整流器的阴极得到的是正弦波电压信号，则其经 LC 滤波器的相移在谐振频率 $\dfrac{1}{2\pi\sqrt{LC}}$ 的条件下为 90°，而在稍大于该频率时为 180°，其输入到输出的增益衰减为-40dB/十倍频。

但对于电流模式，PWM 比较器迫使整流器的输出电压跟随调制的恒流脉冲而非电压脉冲变化。所以，在 LC 滤波器的输入端，其平均波形是恒流而非恒压的正弦波。

由于是恒流的正弦波，滤波电感将不会产生相移。在小信号分析中，这种电路可以忽略电感的存在。因此，在整流器的输出端，增益和相移是由流入并联的输出电容和负载电阻的恒流正弦波确定的。这样，电路最多只有 90° 的相移和-20dB/十倍频而非-40dB/十倍频的增益衰减。

　　从第 12 章的反馈环路稳定性分析中，我们将会看到上述特性会极大简化误差放大器的设计，误差放大器带宽更宽，且环路对负载电流和输入电网电压的阶跃响应性能更好。图 5.4（a）和图 5.4（b）所示分别为电压模式和电流模式电路中误差放大器反馈网络的比较。

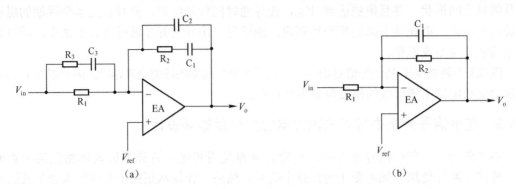

（a）　　　　　　　　　　　　　　　　　　　（b）

　　图 5.4　（a）电压模式电源的典型补偿网络。由于 LC 输出滤波器导致了 180°相移和 40dB/十倍频的增益衰减，导致了电压模式环路稳定比较困难，误差放大器的补偿不得不采用复杂网络。（b）电流模式电源的典型补偿网络。对于电流模式，输出电感可看作一个电流源，输出电感不会导致相移。输出可看作一个电流源给并联的电容和负载电阻供电，这样只造成 90°的相移和 20dB/十倍频的增益衰减，使误差放大器的补偿简化，从而更加适应输入和负载变化范围大的场合

　　补充： 注意电感实际是存在于电路中的，仅在小信号分析中不考虑其对环路的影响。在更大的瞬态变化中，电感仍会限制电流的变化速率并且不能被忽略（大的瞬态变化或大信号变化）时，误差放大器的输出达到最大或最小限值，即饱和。

——K.B.

5.4.4　负载电流调整原理

　　从图 5.3 可见，电压波形 V_i 与和二次侧电流呈匝比关系的开关管电流成正比。

　　直流输入电压为 V_{dc} 时，二次侧峰值电压 $V_{sp}=V_{dc}(N_s/N_p)$。若每个开关管导通时间为 t_{on}，则直流输出电压 $V_o=V_{sp}(2t_{on}/T)$。这个公式与电压模式推挽电路输出电压方程相同。如图 5.3 所示，导通时间从时钟脉冲开始，到 V_i 的斜坡峰值等于误差放大器输出电压时结束。

　　如前所述，若直流输入电压上升，则 V_i 斜坡上升率增大，它达到原 V_{eao} 的时间提前，导通时间缩短。这就实现了对输入电压跳变的快速调整。同时，由于二次侧幅值电压升高，导通时间缩短的现象会持续，以得到正确的输出电压 V_o。

　　负载电流调整的机理不同。若直流负载电流跃升，则由于 LC 输出滤波器阻抗（约为 $\sqrt{LC}$ ）也瞬时跃升，直流输出电压将稍有下降；经误差放大器延时后，V_{eao} 将根据误差放大器增益上升一定值。

　　这样，V_i 斜坡电压必然延长上升时间以增加幅值，从而使其与升高的 V_{eao} 相等。这使二次侧峰值电流和输出电感峰值电流也增大。电感电流上升时间延长，会使另一个开关管导通之前的死区时间缩短。

　　死区时间缩短使死区开始时，乃至另一个开关管导通时，对应的电感电流随周期增大。同时 V_i 表示的阶梯斜坡电流的阶梯值增加。

　　这个过程会持续几个开关周期，直到阶梯斜坡电流的阶梯上升到足以满足输出负载电

流的要求。随着直流输出电流的增大，输出电压逐步回升，V_{eao} 逐渐回落，导通时间（脉宽）逐渐恢复到原来的值。因此，直流负载电流变化的响应时间与输出电感值（电感值越小，电流变化越快）和误差放大器的带宽有关。

5.5 电流模式的缺点和存在的问题

5.5.1 恒定峰值电流与平均输出电流的比例问题[1-4]

从图 5.3 可见，电流模式保持开关管峰值电流恒定，即控制输出电感电流峰值也恒定，以确保输出所要求的直流平均负载电流，从而保持所对应的直流输出电压与电压误差放大器确定的输出电压值一致。

直流负载电流是输出电感电流的平均值，而恒定开关管电流峰值只是恒定了电感电流的峰值，并不能保证电感电流的平均值恒定，即无法保持输出负载电流的恒定。这样，在上述的未改进的电流模式电路中，直流输入电压的变化会引起直流输出电压的瞬时变化，经过短暂延时后，这个输出电压变化会被误差放大器外反馈环调整。因为正是这个电压反馈环最终确定输出电压。

补充： 这涉及 "峰值与平均值的比值" 问题，此问题来源于保持电感峰值电流恒定不能保证其平均电流恒定，原因在于占空比的改变会改变平均电流，而峰值电流却保持不变。在宽范围的占空比变化时，将导致次谐波不稳定问题，但可通过斜率补偿加以解决（见 5.5.3 节）。

——K.B.

尽管如此，控制峰值电流的内环，能保持电感峰值电流恒定，却不一定能提供与输出电压对应的正确的电感平均电流，从而导致输出电压的再次变化。反复调整会造成输入电压变化时输出电压产生振荡，并且会维持一段时间。至于具体情形，可以用图 5.5 中输出电感电流的上升和下降斜率来解释[3]。

图 5.5（a）显示出电流模式电感电流在两种不同输入电压下的上升和下降斜率。m_2 是下降斜率：$m_2 = dI_2/dt = V_o/L_o$。可见，它不随输入电压改变。输入电压较高时，导通时间 t_{on} 较短；输入电压较低时，导通时间 t_{on} 较长。

由于开关管的峰值电流受 PWM 比较器限制，所以电感峰值电流是恒定的，如图 5.3 所示。电压外环保持输出电压 V_o 不变，使比较器的直流输入 V_{eao} 恒定。而恒定的 V_{eao} 使 V_i 峰值不变，从而使开关管和输出电感的峰值电流也是恒定的。

如图 5.5（a）所示，稳态下，导通时间内输出电感上电流上升的值和截止时间内电流下降的值是相等的。如果不相等，输出电感两端就会有直流电压。因为已经假设电感的电阻可忽略，所以它是无法承受直流电压的。

从图 5.5（a）可见，直流输入较低时的电感平均电流值要比输入较高时的值大，这可定量地从下面等式的分析中得出。

$$
\begin{aligned}
I_{av} &= I_p - \frac{dI_2}{2} = I_p - \left(\frac{m_2 t_{off}}{2}\right) \\
&= I_p - \left[\frac{m_2(T - t_{on})}{2}\right] \\
&= I_p - \left(\frac{m_2 T}{2}\right) + \left(\frac{m_2 t_{on}}{2}\right)
\end{aligned} \tag{5.1}
$$

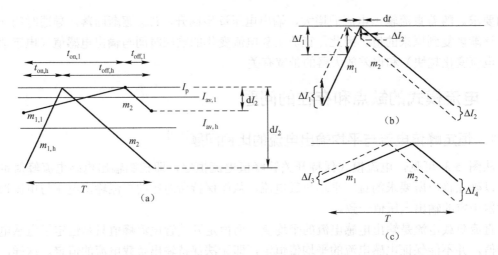

图 5.5 电流模式存在的问题。（a）不同输入电压下的输出电感电流波形。在电流模式下，电感峰值
电流是恒定的。直流输入电压最低时，t_{on} 最大，对应产生的电感平均电流为 $I_{av,l}$；随着直流
输入电压的升高，导通时间减小以维持输出恒定，但是对应的电感平均电流 $I_{av,h}$ 比 $I_{av,l}$
小。由于输出电压和电感电流的平均值（而非峰值）相关，输入电压变化时会引起振荡。m_2
为电感电流的下降斜率，$m_{1,l}$ 是低压输入时电感电流的上升斜率，$m_{1,h}$ 是高压输入时电感电
流的上升斜率。（b）占空比小于 0.5 时，初始电感电流扰动 I_1 到下个周期会导致更小的扰动
I_2，直到最终消失。（c）占空比大于 0.5 时，电感电流初始扰动 I_3 到下个周期会导致更大的
扰动 I_4，最终衰减但形成振荡

从式（5.1）和图 5.5（a）可知，由于反馈环保持 $V_{dc}t_{on}$ 乘积恒定，所以输入电压低
时，导通时间长，输出电感的平均电流 I_{av} 高。

又由于直流输出电压与电感电流的平均值而非峰值成正比，所以当输入电压下降，电
流内环使脉宽增大时，会造成直流输出电压过高；而反馈外环又使脉宽减小，电压下降。
这样，直流输出被反馈环反复调整形成振荡。

但这种现象不会在只控制输出电压的电压模式中出现。在电压模式中，由于直流输出
电压与电感电流的平均值相关而不是与其峰值成正比，保持输出电压恒定与保持电感平均
电流恒定不会发生矛盾。

5.5.2 对输出电感电流扰动的响应

图 5.5（b）和图 5.5（c）示出了电流模式会引起振荡的第二个原因。如图 5.5（b）所
示，在恒定输入电压下，如果由于某种原因产生了初始扰动电流 ΔI_1，则经过第一个下降
沿后，电流会偏移 ΔI_2。

此外，如图 5.5（b）所示，若占空比小于 50%（$m_2 < m_1$），则输出扰动 ΔI_2 会小于输入
扰动 ΔI_1，那么经过几个周期以后，扰动就会自动消除。但若如图 5.5（c）所示，占空比
大于 50%（$m_2 > m_1$），则经过一个周期后输出扰动 ΔI_4 就会比输入扰动 ΔI_3 更大。这个干扰
情况也可根据图 5.5（b）定量分析。设电流出现微小扰动 ΔI_1，则电流上升到原来的峰值
的时间将提前，变化量 $dt = \Delta I_1 / m_1$。

从扰动后的电感电流的下降沿可见，对应原导通结束时刻，最终电流比原来电流降低
了 ΔI_2：

$$\Delta I_2 = m_2 dt = \Delta I_1 \frac{m_2}{m_1} \qquad\qquad (5.2)$$

若 $m_2 > m_1$，则干扰将连续增加，从而引起振荡。

5.5.3　电流模式的斜率补偿[1-4]

图 5.6 示出了解决上述电流模式的两个问题的方案。其中，水平线 *OP* 是未被修正的误差放大器输出电压。解决上述问题（斜率补偿）的方法是，在误差放大器的输出叠加一个斜率为-*m* 的电压。如果按以下的方法选择合适的 *m*，则输出电感的平均电流就和开关管的导通时间无关，从而可以解决式（5.1）和式（5.2）中存在的问题。

图 5.6 示出电感电流的上升斜率 m_1 和下降斜率 m_2。从电流模式的原理可知，开关管导通时间从每个时钟脉冲前沿开始到开关管电流信号电压 V_i 达到误差放大器输出电压时结束，如图 5.3 所示。斜率补偿就是将一个从时钟脉冲前沿开始且负斜率为 $m = dV_{ea}/dt$ 的电压叠加到误差放大器的输出端。*m* 的计算方法如下。如图 5.6 所示，一个时钟脉冲后的 t_{on} 时间内误差放大器输出为

$$V_{ea} = V_{eao} - m t_{on} \qquad\qquad (5.3)$$

式中，V_{eao} 为时钟脉冲开始时误差放大器的输出。图 5.3 中一次侧电流采样电阻 R_i 上的峰值电压 V_i 为

$$V_i = I_{pp} R_i = I_{sp} \frac{N_s}{N_p} R_i$$

式中，I_{pp} 和 I_{sp} 分别为一次侧和二次侧电流的峰值。而 $I_{sp} = I_{sa} + dI_2/2$，这里 I_{sa} 是二次侧或输出电感的平均电流，dI_2（见图 5.6）是截止期间二次侧电流变化值（$dI_2 = m_2 t_{off}$），所以有

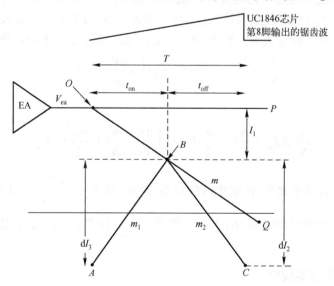

图 5.6　斜率补偿。通过叠加一个斜率为 $m = \dfrac{N_s}{N_p} R_i \dfrac{m_2}{2}$ 的负电压到误差放大器的输出端（见

图 5.3），能解决图 5.5 中的两个问题

$$I_{sp} = I_{sa} + \frac{m_2 t_{off}}{2}$$

$$= I_{sa} + \frac{m_2}{2}(T - t_{on})$$

从而
$$V_i = \frac{N_s}{N_p} R_i \left[I_{sa} + \frac{m_2}{2}(T - t_{on}) \right] \tag{5.4}$$

根据电流模式 PWM 比较器两输入量相等的规律，令式（5.3）等于式（5.4），则有

$$\frac{N_s}{N_p} R_i I_{sa} = V_{eao} + t_{on} \left(\frac{N_s}{N_p} R_i \frac{m_2}{2} - m \right) - \left(\frac{N_s}{N_p} R_i \frac{m_2}{2} T \right)$$

若上式中

$$\frac{N_s}{N_p} R_i \frac{m_2}{2} = m = \frac{dV_{ea}}{dt} \tag{5.5}$$

则 t_{on} 的系数为零，即输出电感的平均电流和导通时间无关。这就解决了上述由于无补偿电流模式只恒定输出电感峰值电流，而非恒定输出电感平均电流所造成的两个问题。

5.5.4　用正斜率电压的斜率补偿[3]

5.5.3 节中讲到，在误差放大器的输出叠加一个斜率由式（5.5）确定的负斜率电压，就可以解决电流模式的两个问题。

在电流采样信号 V_i（见图 5.3）上叠加一个正斜率电压而不改变误差放大器输出电压，也可以达到以上目的。在 V_i 上叠加正斜率信号更为简单，电路也更容易实现。这种方法同样也可使输出电感的平均电流与导通时间无关。其原理为：在 V_i 上叠加一个斜率为 dV/dt 的信号，然后和误差放大器的输出在 PWM 比较器中比较。如果 PWM 比较器发现两者相等，就立刻关断开关管，则 $V_i + dV/dt \times t_{on} = V_{eao}$。根据式（5.4），将 V_i 代入有

$$\frac{N_s}{N_p} R_i \left[I_{sa} + \frac{m_2}{2}(T - t_{on}) \right] + \frac{dV}{dt} t_{on} = V_{eao}$$

从而
$$\frac{N_s}{N_p} R_i I_{sa} + \frac{N_s}{N_p} R_i \frac{m_2}{2} T + t_{on} \left(\frac{dV}{dt} - \frac{N_s}{N_p} R_i \frac{m_2}{2} \right) = V_{eao}$$

由上式可知，如果叠加到 V_i 的电压的斜率 dV/dt 等于 $\frac{N_s}{N_p} R_i \frac{m_2}{2}$，式中 t_{on} 的系数变为零，同样可以使二次侧平均电流 I_{sa} 与导通时间无关。注意，$m_2 = V_o/L_o$ 是输出电感电流的下降斜率。

5.5.5　斜率补偿的实现[3]

在 UC1846 芯片中，从每个时钟脉冲开始的正斜率斜坡电压可以从定时电容的正端[见图 5.2（b）的第 8 脚]取得。其电压为

$$V_{osc} = \frac{\Delta V}{\Delta t} t_{on} \tag{5.6}$$

式中，ΔV=1.8V，Δt=0.45R_tC_t。

如图 5.7 所示，斜率为 $\Delta V/\Delta t$ 的电压的一部分加在 V_i（电流采样电阻两端的电压）上。选择适当的 R_1 和 R_2，使该电压斜率等于 $\dfrac{N_s}{N_p}R_i\dfrac{m_2}{2}$。这样在图 5.7 中，因为 $R_i \ll R_1$，输入到电流检测端（第 4 脚）的电压为

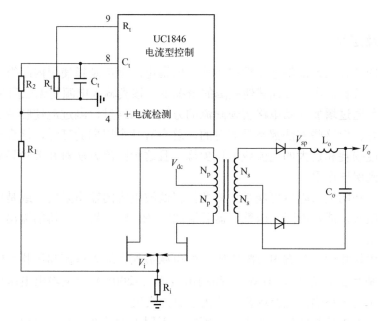

图 5.7　电流型控制芯片 UC1846 中的斜率补偿。由 R_1 和 R_2 确定幅值的正斜坡电压取自
　　　　定时电容的上端，并与电流采样电阻的电压叠加。若选择 R_1 和 R_2，使叠加到 V_i
　　　　的电压斜率等于输出电感电流下降斜率的一半，则输出电感电流平均值与开关
　　　　管脉宽无关

$$V_i + \frac{R_1}{R_1 + R_2}V_{osc} = V_i + \frac{R_1}{R_1 + R_2}\frac{\Delta V}{\Delta t}t_{on} \tag{5.7}$$

设置叠加电压的斜率为 $\dfrac{N_s}{N_p}R_i\dfrac{m_2}{2}$，就可得到

$$\frac{R_1}{R_1 + R_2} = \frac{\dfrac{N_s}{N_p}R_i\dfrac{m_2}{2}}{\Delta V / \Delta t} \tag{5.8}$$

式中，$\Delta V/\Delta t$=1.8/(0.45R_tC_t)。

由于 R_1+R_2 会从定时电容正端吸收电流而改变频率，所以要选择足够大的 R_1+R_2 以减小对频率的影响，或者在第 8 脚与电阻之间接一个射极跟随器。通常先选定 R_1，然后根据式（5.8）选择 R_2。

补充：在电感 L_o 的电感值很大或工作频率很高的条件下，电流波形（见图 5.5）在其达到导通转为关断时刻的斜率趋近于零。因此，任何微小扰动都会引起开关提前或滞后动作，从而导致输出噪声。此时，快速调整的电流内环增益非常大。注意 PCB 的合理布

线，选择合适的无感电流检测电阻 R_i 或使用 DCCT 有助于解决此问题。但大部分情况下，解决此问题的办法在于减小电感值，但这将导致高频纹波电流增大。

——K.B.

5.6　电压馈电和电流馈电拓扑的特性比较

5.6.1　引言及定义

以上讨论的各种拓扑都是电压馈电拓扑。所谓电压馈电是指使用内阻很小的电压源向拓扑供电。在开关管动作异常或其他故障的情况下，该类输入电源是无法限制电流的。

当然有多种通过增加辅助电路实现限流的方法，如通过检测过流使脉冲宽度缩窄或使脉冲完全终止等。但这些方法都不是即时的，总会有几个周期的延时，这会导致开关管或者整流管的过度损耗和过大的电流或电压尖峰。且这种限流方法对开关管导通和关断的瞬间过流无法起到保护作用。

电压馈电拓扑的输入阻抗可能是离线变换器滤波电容的输出阻抗，或是电池供电变换器的电池输出阻抗，或是电网电压整流器后端加的 Buck 前置稳压器的输出阻抗，它们的输出阻抗都是很低的。

在电流馈电拓扑中，具有很高瞬间阻抗的电感被加在输入电源和拓扑之间。这会带来很多好处，特别是在大功率（>1kW）、高输出电压（>200V）及辅输出电压也像主输出那样要求严格稳压的多路输出电源场合，其优点更为突出。

为了解电流馈电拓扑的这些优点，先解释一下用于大功率、高输出电压、多路输出的电压馈电拓扑的缺点。

5.6.2　电压馈电 PWM 全桥变换器的缺点[9]

图 5.8 是传统的电压馈电全桥电路，常用于功率为 1kW 左右的输出场合。在功率为 1kW 以上的高压输出或多路输出的场合，该电路有以下显著缺点。

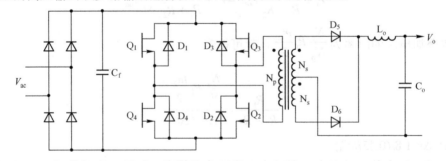

图 5.8　传统的电压馈电全桥电路。通常用于输出功率为 1kW 的场合。C_f 左侧的低阻电源和需要使用输出电感 L_o，是功率超过 1kW 且输出电压超出几百伏时的主要问题。另外，多路输出电源的每一个输出都需要输出电感，使得拓扑价格昂贵并且增大了体积

5.6.2.1　电压馈电 PWM 全桥电路的输出电感问题

在高压输出或多路输出情况下，输出电感的体积和价格都是很难接受的。因为输出电

感的选择应保证在规定的最小负载电流下其电流也连续，这在 1.3.6 节和 2.2.14.1 节中曾介绍过。通常最小负载电流为额定负载电流 I_{on} 的 1/10，式（2.20）给出了电感的计算公式 $L_o=0.5V_oT/I_{on}$。

假设一个输出 V_o=200V、I_{on}=10A、功率为 2kW 的电源，其最小输出电流为 1A。为了减小输出电感尺寸，T 应该尽量小，选择开关频率为 50kHz，V_o=200V、I_{on}=10A，则根据式（2.20）可得 L_o=200μH。

电感必须能承受 10A 电流而不饱和。对于带气隙的铁氧体磁芯和铁粉芯磁环做成的电感如何承受大的直流偏置电流而不饱和将会在以后的章节中讨论。200μH、10A 的铁粉芯电感的直径为 2.5in，高为 1.0in。

虽然算出的这个单组输出的 2kW 的电源电感不算太大，但是如果有多路输出，而且输出功率更大或输出电压更高，则多个这样大的电感的体积和价格就会成为一个严重的问题。

在高压（>1kV）输出时，即使输出电流很小，为承受高压使用的较大的电感绕组匝数也会带来很大问题。特别是图 5.8 中 D_5、D_6 的阴极在死区时间内均为低电压，这样加在电感两端的高电压就会导致电晕和飞弧。

需接输出电感的这类拓扑（见图 5.8）的另一缺点是多路输出的交叉调整率很差。在主输出电流变化时，辅输出电压也会变化（见 2.2.2 节）。另外，主输出和辅输出的电感都必须足够大，以防止在负载电流最小时电感电流不连续而引起输出电压更大的变化。

后面将讨论的电流馈电拓扑，如图 5.10 所示，没有使用输出电感，所以也不会出现上述的各种问题。该拓扑使用单一输入电感 L_1 代替所有的输出电感，此电感放置于高频开关桥式电路之前、输入交流整流电路及输入电容之后。这样，直流输出电压是变压器二次侧峰值电压而不是其平均电压。调节电压是通过调整桥式电路的脉冲宽度或图 5.10 所示的 Buck 变换器电感 L_1 前的开关管 Q_5 的导通脉宽来实现的。

5.6.2.2　电压馈电 PWM 全桥电路开关管导通瞬间存在的问题[9]

图 5.8 中斜对角的两对开关管交替导通。设计时，每对开关管的导通时间都不应超过半个周期的 80%。这可保证在一对开关管关断与另一对开关管开通之间留有 0.2T/2 的死区。

死区时间是必需的，因为若两对开关管有重叠导通，即使时间很短也会造成滤波电容短路放电。这在没有电流限制的情况下会立即损坏开关管。

在死区时间内，所有开关管均关断。输出整流二极管 D_5、D_6 的阳极均为地电平，滤波电感 L_o 前端电压急降以使电感电流保持不变。此时二极管 D_5、D_6 导通续流，其阴极将电感输入端电压钳位于比地电平低一个二极管压降。死区时间前流过电感的电流（约等于直流输出电流）按原方向继续流动，即通过地线流回到二次侧中心抽头，然后经二极管 D_5 和二极管 D_6 均分流回到滤波电感的输入端。

下半个周期开始时，当 Q_1、Q_2 导通时，T_1 一次侧的异名端电压为高电平，T_1 二次侧的异名端（D_6 阳极）电压也力图为高电平。但由于二极管 D_6 阴极与正流过一半直流输出电流的二极管 D_5 的阴极相连，在二极管 D_6 电流增加到能抵消二极管 D_5 正向电流之前，二极管 D_5 仍呈低阻（10Ω 以下）导通状态。

二次侧的低阻抗使变压器一次侧也呈低阻抗。但由于变压器漏感与一次侧串联，它在 D_5 续流电流下降期间限制了一次侧电流。漏感的强限流作用使开关管 Q_1 和 Q_2 维持饱和导通，直到二极管 D_5 的电流下降为零。

二极管 D_5 在电流降为零后的反向恢复时间（快恢复二极管，这个时间为 200ns；超快恢复二极管，这个时间为 35ns）内仍呈低阻状态。若反向恢复时间为 t_r，电源电压为 V_{cc}，变压器一次侧漏感为 L_1，则一次侧电流会产生过冲（$V_{cc}t_r/L_1$）。这种过冲电流使开关管过饱和，造成降级甚至损坏。

另外，输出二极管快速恢复时阴极会产生衰减的正弦振荡电压，其首半个周期产生的振幅可能超过二极管反压应力的两倍以上，而使二极管损坏。即使是小功率电源，也需在二极管两端加 RC 网络来衰减振荡。当然，缺点在于吸收电阻上会产生损耗。

5.6.2.3　电压馈电 PWM 全桥电路开关管关断瞬间存在的问题[9]

对于图 5.8 所示电路，开关管关断时刻下降的电流和上升的电压有重叠时间，所以会有较大的关断损耗。

假设，开关管 Q_3 和 Q_4 导通时其基极接收到关断信号。开关管 Q_3 和 Q_4 开始关断，T1 的漏感和励磁电感的电流会使一次侧电压极性反向。T1 一次侧下端电压立即变正，且二极管 D_1 导通将其钳位于直流母线正端（C_f 的正端）。而 T1 一次侧上端电压立即变负，且二极管 D_2 导通将其钳位于 C_f 的负端。只要二极管 D_1 和 D_2 导通，开关管 Q_3 和 Q_4 的电压就被钳位于 V_{cc}，不会产生推挽或正激变换器那样的漏感尖峰电压。漏感中的能量就被无损地回馈到输入电容 C_f。

但是，当开关管 Q_3 和 Q_4 的电压保持为 V_{cc} 时，它们的电流会依其基极负驱动信号所确定的时间 t_f 线性下降到零。这样，恒定电压 V_{cc} 和从 I_p 线性下降的电流重叠，造成一个周期内的平均关断损耗为

$$PD = V_{cc} \frac{I_p}{2} \frac{t_f}{T} \tag{5.9}$$

下面计算功率为 2kW、频率为 50kHz、V_{cc} 为 336V（AC 120V 倍压整流离线式变换器的典型输入电压，见 3.1.1 节）的电源的关断损耗。假设 V_{cc} 最低为 0.9×336V=302V。据式（3.7），可得峰值电流为

$$I_p = \frac{1.56P_o}{V_{dc}} = 1.56 \times \frac{2000}{302} = 10.3A$$

这种功率等级的电力晶体管的电流下降时间约为 0.3μs。由于关断时刻峰值电流值与直流输入电压无关，所以可以选择最高输入电压，即 V_{cc}=1.1×336=370V 计算重叠损耗。对于开关管 Q_3 或 Q_4，根据式（5.9）可得到其损耗为

$$PD=V_{cc}(I_p/2)(t_f/T)=370(10.3/2)(0.3/20)=28.5W$$

全桥电路中四个晶体管总的重叠关断损耗为 114W。

为作比较，有必要计算开关管的通态损耗。若饱和导通压降 $V_{ce(sat)}$ 为典型值 1.0V，占空比为 0.4，则其通态损耗为 $V_{ce(sat)}I_cT_{on}/T$=1×10.3×0.4=4.1W。

虽然可以通过缓冲器（将在后面章节中讨论）将 28.5W 的开关管重叠损耗部分减小，但缓冲器只是将损耗转移到缓冲电阻，并不能提高效率。后面将介绍的电流馈电拓扑，只用两个缓冲器就能消除开关管的重叠损耗，但其缺点在于这两个缓冲器中单个吸收电阻的损耗比电压馈电全桥电路中的要高。

5.6.2.4　电压馈电 PWM 全桥电路的偏磁问题

推挽电路和半桥电路的偏磁问题已分别在 2.2.5 节和 3.2.4 节中讨论过。它是由于变压器一次侧的伏秒数在两个半周期内不平衡造成的。当磁滞回线的中心点逐步远离原点时，变压器会进入饱和状态，使之无法承受电压，造成开关管损坏。

传统全桥变换器会因交替半周期内伏秒数不平衡造成偏磁。通常伏秒数不平衡是因为在两个半周期内电力晶体管存储时间不同或 MOSFET 导通压降不同。对于全桥电路，可以通过在一次侧串联一个隔直电容来解决这个问题。这样可以防止变压器直流偏磁，使其工作在磁滞回线原点附近。隔直电容的计算可以参考 3.2.4 节半桥变换器隔直电容的计算方法。

后面将讨论的电流馈电拓扑与电压馈电拓扑相比无需隔直电容，尽管这个电容体积不大，价格也不高，这仍然是电流馈电拓扑的一个优点。

5.6.3　Buck 电压馈电全桥拓扑基本工作原理

Buck 电压馈电全桥拓扑如图 5.9 所示。这种拓扑可以避免电压馈电 PWM 全桥拓扑用于高压、大功率、多路输出场合的众多缺点。

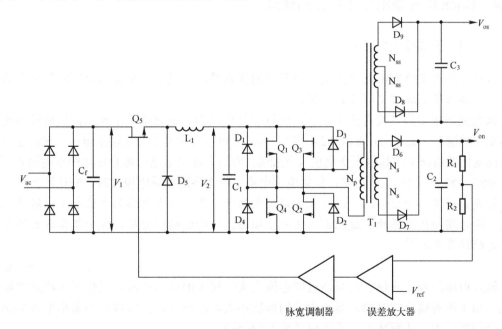

图 5.9　Buck 电压馈电全桥拓扑。全桥前端的 Buck 稳压器省去了多路输出电源中的输出电感。但是 Buck 稳压器的输出电容及其低输出阻抗构成低内阻电源，使这种拓扑有许多缺点。Q_5 可进行脉宽调制，$Q_1 \sim Q_4$ 导通时间保持为半周期的 90%，以避免同时导通。输出电容 C_2、C_3 的电压为整流器输出电压峰值（而非平均值），实际输出功率为 2~5kW

这种电路在全桥逆变器前串联了 Buck 变换器，而输出整流器后只接滤波电容。这样直流输出电压就是变压器二次侧电压峰值（忽略整流二极管导通压降）。若同时忽略逆变开关管导通压降，则直流输出电压 $V_o=V_2(N_s/N_p)$，其中 V_2 是 Buck 稳压器的输出。这样逆变晶体管可以不用脉宽调制。导通时间约为 $0.9T/2$，并保持不变，以避免同一桥臂双管直通，斜对角的两只开关管则同时开通和关断。

一个二次侧输出（通常是输出电流最大或者稳压要求最高的）接入反馈，控制调整 Buck 开关管 Q_5 的脉宽。Buck 电路将电网电压整流电压 V_1 降为 V_2。V_2 通常等于最低电网电压输入时整流电压 V_1 的 75%。应根据主输出电压 $V_{om}=V_2(N_s/N_p)$ 来选择变压器匝比 N_s/N_p。

保持电网电压、负载波动下输出电压 V_{om} 恒定的反馈环路，也同时保持 V_2 恒定（忽略整流二极管压降）在 $V_2=V_o(N_p/N_s)$。这样，在变压器上增加其他二次绕组及整流二极管和滤波电容就可以形成稳定的辅输出。

或者，可以从 C_1 获得反馈使 V_2 保持恒定，那么从 V_2 到输出就是开环。但是二极管和开关管的导通压降随电流的变化很小，几个二次侧的输出电压只与 V_2 成正比，在电网电压和负载波动下，二次侧输出电压仍基本恒定。

从 V_2 获得的反馈会导致输出稍有不稳，但是可以避免反馈信号一次侧和二次侧传递需隔离的问题。若误差放大器与二次侧共地，而脉宽调制器与一次侧共地，则直流误差信号从二次侧向一次侧传递需要隔离。通常的做法是使用光耦，但光耦的增益离散大，可靠性较差。

5.6.4　Buck 电压馈电全桥拓扑的优点

5.6.4.1　无需输出电感

这种拓扑在多路输出场合应用中最明显的优点是，可以用一个输入电感取代多个输出电感，这样既降低成本又可节省空间。

因为主辅输出级都没有输出电感，所以不会出现由于电感电流不连续而造成输出电压剧烈变化的情况（见 1.3.6 节和 2.2.4 节）。辅输出电压会紧紧跟随主输出电压，在输出电流大范围变化的情况下，其电压变化也只有±2%。而具有输出电感的拓扑在连续导电模式下也会有±(6%～8%)的输出电压变化，如果电感电流工作在不连续导电模式时，变化还会更大。

补充：若多路输出共地，通过采用耦合电感代替多个输出电感的方法也可以解决这种问题，即每路输出电感的单绕组都共用一个磁芯。这种绕组间变压器式的耦合方式还可解决上述的许多问题[1]。

——K.B.

输入电感的设计应使它自身通过的电流在大于规定的最小电流时工作于电流连续导电模式。由于所有输出同时输出最小电流的情况不太可能出现，所以规定的最小输入电感电流值会相对较大，从而减小电感体积（见 1.3.6 节）。

即使输入电感处于不连续导电模式，主输出电压仍能保持恒定，但输出纹波增大且负载调整差。此时，反馈环仍能通过大幅度减小 Buck 开关管脉宽来稳定主输出电压，如图 1.6（a）所示。

此外，由于辅输出电压根据各自的匝比关系跟随主输出电压，故辅输出电压在输入电网电压和负载变化较大时也可保持恒定。

由于省掉了直流高压输出时所需的多匝数输出电感（需承受交流高压），使输出 2～3kV 高压很容易实现。即使输出电压高达 15～3kV 的场合（如输出较小电流的阴极射线管或输出较大电流的行波管负载），也可以通过在该拓扑二次侧接入传统的倍压整流电路（二极管和电容组合）来满足应用要求。

5.6.4.2　消除全桥电路晶体管导通瞬时应力

5.6.2.2 节讨论了图 5.8 所示的 PWM 全桥电路中开关管（$Q_1 \sim Q_4$）的导通瞬时电流应力和整流二极管（D_5 和 D_6）的瞬时电压应力。

5.6.2.2 节中指出，这种应力的产生是因为整流二极管同时也是续流二极管。当斜对角的开关管（Q_1 和 Q_2）瞬间导通时，二极管 D_5 依然作为续流管导通。在二极管 D_5 正向电流下降到零之前，从 Q_1 和 Q_2 看进去的导通阻抗就是变压器 T_1 的漏感串联反射到一次侧的 D_5 的导通阻抗。

而后，流过 Q_1 和 Q_2 的一次侧电流上升到可抵消 D_5 正向电流，但此时由于 D_5 反向恢复时间的存在，其反射到一次侧的阻抗依然很小。这会造成一次侧电流过冲，使 Q_1 和 Q_2 承受过大的电流应力。当反向恢复时间结束时，二次侧电流过冲会产生振荡使 D_5 承受过大的电压应力。

上述这种开关管的电流应力和整流管的电压应力都不会在图 5.9 所示的 Buck 电压馈电拓扑中出现。在该拓扑中，一对开关管关断和另一对开关管开通之间虽有一定死区时间（约为 $0.1T/2$）。在此死区时间内无任何开关管导通，二次侧整流器也没有电流流过，输出负载电流完全由滤波电容提供。所以在下半周期开始时，将导通的二极管不会由于续流二极管导通（见图 5.8）而造成负担过重的情况。由于此时另一个二极管早已关断，开关管不会有电流过冲，整流管也没有反向恢复问题，从而不会造成二极管电压应力过大。

5.6.4.3　减小全桥电路晶体管关断损耗

5.6.2.3 节计算了功率为 2kW 的电压馈电 PWM 全桥电源在 AC 120V 倍压整流输入下，电网电压最高时每个开关管的关断损耗为 28.5W，如图 5.8 所示。

在如图 5.9 所示的 Buck 电压馈电 PWM 全桥电路中，这种损耗会小一些。这是因为即使在电网电压最高时，开关管截止电压为 Buck 电路降压输出值 V_2，其值为最低电网电压整流电压的 75%（见 5.6.2.3 节）。若最低电网电压整流电压为 302V，则 $V_2=0.75\times302V=227V$；而电网电压最高时，整流电压为 370V。

对于降压后的 227V 电压，开关管峰值电流不会与 5.6.2.3 节中计算出的 10.3A 相差很多，所以假设图 5.8 所示电路的总效率为 80%，图 5.9 所示电路中的 Buck 电路和全桥电路的损耗各占一半。

若设全桥电路效率为 90%，则其输入功率为 2000/0.9=2222W。由于前级调整的存在，全桥开关管可工作于占空比为 90%的情况下而不会出现同一桥臂开关管同时导通的问题。输入功率为 $0.9I_pV_{dc}=2222W$，若取 V_{dc} 为 227V，则 $I_p=10.8A$。可根据 5.6.2.3 节介绍的公式计算开关管损耗。设电流下降时间 $t_f=0.3\mu s$，周期 $T=20\mu s$，可计算出每个开关管的损耗为 $(I_p/2)(V_{dc})(t_f/T)=(10.8/2)227\times0.3/20=18.4W$。这样整个全桥的关断损耗为 74W，小于 5.6.2.3 节中图 5.8 所示电路的损耗 114W。

5.6.4.4　桥式变压器的偏磁问题

这个问题和图 5.8 所示拓扑的问题一样。由于电力晶体管的存储时间不一致和 MOSFET 的导通压降不等而导致伏秒数不平衡。图 5.8 和图 5.9 所示的拓扑都可以采用在变压器一次侧串联隔直电容的方法解决此问题。

5.6.5 Buck 电压馈电 PWM 全桥电路的缺点[9-10]

尽管 Buck 电压馈电全桥电路相对于 PWM 全桥电路有很多优点，但也有不少缺点。

首先是由于前级加了 Buck 变换器，这种拓扑成本增加了，体积增大了，Buck 开关管 Q_5 也产生了功耗，还有 Buck LC 滤波器也增加了成本及体积。但由于所有输出都不用电感，可以补偿一定的成本和空间。而且 Buck 电路开关管 Q_5 和续流二极管 D_5 的损耗对 2kW 以上的电源总损耗来说通常只是很小一部分。

其次，Buck 开关管的开关损耗要比其直流通态损耗大得多。虽然开关管的损耗可以通过转移到缓冲器的无源元件而减小，但是缓冲器的损耗、价格和体积又是一个问题。在后面章节中，将对这种开关缓冲器在 Buck 电流馈电全桥拓扑上的应用进行讨论。

全桥开关管的关断瞬态损耗，虽然要比图 5.8 所示的 PWM 全桥开关管低一些（见 5.6.4.3 节），但是仍然比较严重。

另外，在开关管存储时间异常增大的情况下（通常是在高温、大负载或低输入的情况），在一对开关管尚未关断前，另一对开关管已开始导通，使 Buck 电路输出母线短路，滤波电容放电，从而烧毁一个甚至所有开关管。

5.6.6 Buck 电流馈电全桥拓扑的基本工作原理[9-10]

Buck 电流馈电全桥电路如图 5.10 所示[6]。它与图 5.9 所示的 Buck 电压馈电全桥电路类似，同样没有输出电感而且还无需 Buck 滤波电容 C_1。不过，此处可认为仍有一个由二次侧输出电容根据变压器匝比平方关系折算的虚拟电容 C1V，其滤波功能与同容量实际电容相同。

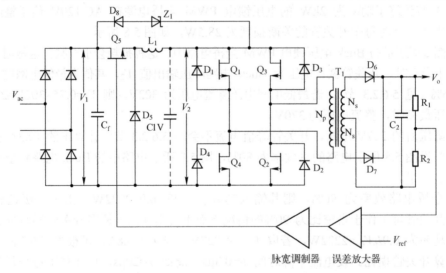

图 5.10 Buck 电流馈电全桥电路。这里省去了常用的 Buck 输出滤波电容 C_1。图中画有虚拟电容 C1V，它是所有主辅输出电容折算到一次侧的电容值。斜对角的两个开关管同时导通，使即将关断的开关对管和即将导通的开关对管短时重叠导通（约 1μs）对电路工作非常有利。两对开关管重叠导通时，由于 L_1（未接 C_1）呈现高阻抗，桥路所有的输入、输出接点电压均降为零。正是这个高阻抗使桥路的供电源成为恒流源。Z_1 和 D_8 构成高端电压钳位电路，限制 V_2 电压，使后关断的开关管截止电压不超过 V_1

与图 5.9 所示的电路一样，该电路用一个输入电感代替图 5.8 所示电路的所有输出电感，因此，它具有 5.6.2.1 节讨论的所有优点。

该电路开关管 $Q_1 \sim Q_4$ 不像图 5.8 所示电路那样使用脉宽调制。两对斜对角的开关管以半个周期轮流导通，而且与图 5.9 所示的 Buck 电压馈电拓扑不同，两者之间无需保留死区时间。图 5.10 所示电路中的每对开关管的导通时间都稍大于半个周期。通常通过使用较慢开关管（其存储时间较长）或关断延时 1μs 左右（对快速开关管或 MOSFET）来实现。而输出电压的调节是通过调节 Buck 电路 Q_5 的导通脉宽实现的，与如图 5.9 所示的电路相同。

去掉 Buck 电路的滤波电容和故意重叠两对开关管的导通时间会带来很多优点，这将在下面介绍。

5.6.6.1　Buck 电流馈电全桥电路缓解了开关管开关瞬间存在的问题[9-10]

5.6.2.2 节介绍过，图 5.8 所示的 PWM 全桥电路开关管导通瞬间会出现开关管电流过冲和损耗较大及整流管电压应力过大的问题。但因为两对开关管之间存在重叠导通时间，无 Buck 电路输出电容和电感 L 的高阻抗，这些问题在图 5.10 所示的电流馈电电路中都不会发生。

如图 5.11 和图 5.12 所示，T_1 时刻之前 Q_3 和 Q_4 已导通，而 Q_1 和 Q_2 在 T_1 时刻导通。Q_3 和 Q_4 一直导通到 T_2 时刻，如图 5.12 所示，这样就形成了重叠导通时间 $T_2 \sim T_1$。在 T_1 时刻，Q_1 和 Q_2 导通，将 L_1 输出端短路。由于 L_1 的阻抗很大，电压 V_2 会马上下降到零，如图 5.12（c）所示。又因为 L_1 电感量较大，故其电流 I_L 将保持恒定。此时，Q_1 和 Q_2 的电流从零开始上升，如图 5.12（f）和图 5.12（g）所示，同时 Q_3 和 Q_4 的电流从 I_L 开始下降，如图 5.12（d）和图 5.12（e）所示。

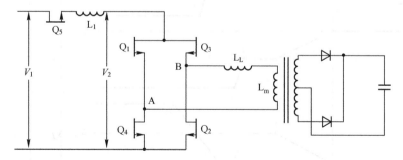

图 5.11　重叠导通期间 4 个开关管均导通，V_2 及 A、B 间电压均降到零。L_L 的漏感储能经变压器供给负载，而不是与传统电路一样消耗于缓冲电阻或回馈至输入母线。所以，桥路开关管无开通损耗，输出整流器无过高电压应力

由于 Q_1 和 Q_2 的电流在 V_2 电压为零的条件下上升，所以图 5.11 所示的 A、B 两端的电压也为零。这就是 Q_1 和 Q_2 电流上升时其两端电压为零，所以它们在此段时间内不产生损耗。在 T_3 时刻，Q_1 和 Q_2 的电流上升到 $I_L/2$，而 Q_3 和 Q_4 的电流下降到 $I_L/2$，其总和等于电感电流 I_L。

在 T_2 时刻，Q_3 和 Q_4 应关断。假设最坏的情况为两管并未同时关断，Q_3 速度慢，而 Q_4 先关断。由于 V_2 为零，Q_4 为零电压关断，所以关断损耗很小。I_{Q4} 从 $I_L/2$ 下降到零

（$T_2 \sim T_4$），因电感电流 I_L 恒定，故 I_{Q2} 从 $I_L/2$ 上升到 I_L，此时 I_{Q3} 也需从 $I_L/2$ 上升到 I_L 以支持 I_{Q2}。同理，由于 L_1 的电流 I_L 维持不变，所以随 I_{Q3} 上升到 I_L，I_{Q1} 在 T_4 时刻也下降到零。

从 T_1 时刻到 T_4 时刻，V_2 电压一直为零，变压器一次侧 A、B 两端电压也降到零，如图 5.11 所示。在 Q_3 和 Q_4 导通时漏感 L_L 存储的能量，随着 A、B 端电压下降，一次侧漏感两端的电压将会反向以维持其电流。此时漏感工作类似发电机通过变压器二次侧对输出负载供电，而不是像传统电路一样将存储的能量回馈到输入母线或将能量损耗在缓冲器中。

在稍后的时刻 T_5，慢速的 Q_3 开始关断。其电流从 I_L 下降到零，如图 5.12（d）所示。同时，电流 I_{Q1} 试图从零上升到 I_L 以保持电感电流恒定，但电流 I_{Q1} 的上升时间受变压器漏感限制，如图 5.12（f）所示。由于 I_{Q3} 下降时间要比 I_{Q1} 上升时间长，所以电压 V_2 会出现超过稳态值的过冲，必须对其钳位以防止 Q_3 承受过大电压应力（此时其发射极通过 Q_2 导通而接地）。通常可采用图 5.10 和图 5.13 所示的齐纳二极管实现钳位。

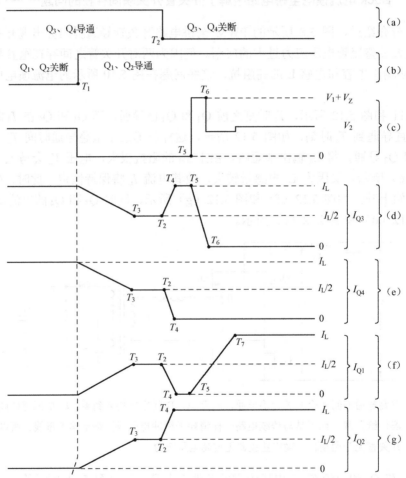

图 5.12　Buck 电流馈电拓扑 4 个开关管重叠导通时桥路输入电压及开关管电流波形

Q_3 关断期间的 V_2 电压过冲引起的损耗大于如图 5.8 所示的传统 PWM 全桥电路。对于图 5.10，该损耗为 $(V_1+V_Z)(I_L/2)(T_6-T_5)/T$，而图 5.8 所示电路中该损耗仅为 $V_1(I_L/2)(T_6-T_5)/T$。图 5.8 所示电路中的 4 个开关管有相同的关断损耗，而图 5.10 和图 5.13 所示电路中只有两个后关断的开关管才有高的关断损耗。如上所述，该拓扑先关断的开关管由于零压关断而没有关断损耗；所有的开关管因为与变压器漏感串联而零压开通，所以开通损耗可忽略。

可以将两个开关管增加的关断损耗转移到缓冲电路的电阻，缓冲电路如图 5.13 中的 R_1、C_1、D_1 和 R_2、C_2、D_2 所示，后面的章节中还会详细介绍。

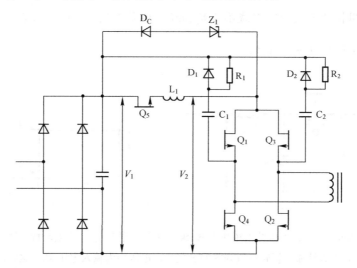

图 5.13　Buck 电流馈电全桥拓扑只用两组关断缓冲电路（R_1、C_1、D_1 和 R_2、C_2、D_2）。后关断的开关管关断时需要高端电压钳位电路（Z_1、D_C）限制 V_2

5.6.6.2　Buck 电流馈电全桥电路无同时导通问题

图 5.9 所示的 Buck 电压馈电全桥电路，必须避免垂直桥臂（Q_1 和 Q_4 或 Q_2 和 Q_3）的同时导通问题。同时导通会使电容 C_1 短路，因为电容 C_1 的低阻抗，它能供给后级负载很大电流，同时也能保持 V_2 电压不会有大的跌落，所以会使桥臂开关管同时承受高电压和大电流而立即损坏。

虽然可通过在两对开关管关断和开通之间设置死区来避免同时导通，但在一些特殊情况下，如高温重负载场合，开关管存储时间会比其额定存储时间长很多；又如在低压输入场合（最大占空比限制和欠压锁定电路又失效），反馈回路会过度增加导通时间，这些都会导致同时导通出现。

但是对于电流馈电全桥电路，同时导通本身是正常工作中必不可少的，并且由此带来前面所述的各种优点。而且，由于 Buck 电流馈电全桥电路每对开关管的导通时间都稍大于半个周期，而电压馈电全桥电路为避免同时导通，开关管的最大导通时间通常设置为半周期的 90%，故其开关管的峰值电流要小于 Buck 电压馈电全桥电路的。

5.6.6.3　Buck 电流馈电及电压馈电全桥电路的 Buck 晶体管开通问题[10]

从图 5.14 可知，Buck 电压或电流馈电的 Buck 开关管在开通和关断瞬间都有很大的开关损耗。首先考虑 Q_5 导通期间的瞬时电流和电压。图 5.14（b）是其电流上升和电压下降的轨迹图。Q_5 开通前，续流二极管 D_5 导通并流过电感电流。当 Q_5 开始导通时，其集电极电压为 V_1，其发射极电压比地电压低一个二极管（D_5）导通压降。在开关管 Q_5 电流从零上升至 I_L，抵消续流二极管的电流之前，发射极电压一直保持不变。

补充： 在开关管 Q_5 关断时，电感 L_1 使流过 Q_5 的电流保持恒定，直到整流管 D_5 导通，Q_5 发射极电压降为零，L_1 电流开始从 Q_5 转移至 D_5。在这个过程中，Q_5 承受持续上升的电压，且流过的电流一直保持恒定。所加电压为 $\frac{1}{2}V_1$ 时，损耗功率最大，其值为 $P_P = \frac{1}{2}V_1 I_L$。采用快速开关管可以减小平均损耗，但是无法减小峰值损耗。除非在 Q_5 关断瞬间，可提供 L_1 电流的其他通路。

——K.B.

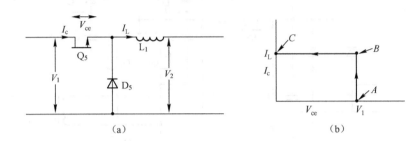

图 5.14　（a）Buck 电流、电压馈电拓扑中 Buck 开关管开通时的电压-电流特性较差。开关管电流上升直到续流二极管电流为零的过程中，电压均为输入电压 V_1。这将产生很大的开通损耗。（b）开关管 Q_5 开通时的 I_{ce}-V_{ce} 曲线。Q_5 电流上升直到抵消续流二极管 D_5 的电流 I_L（从 A 到 B），V_{ce} 保持等于 V_1 不变；若 Q_5 发射极电容较小且 D_5 能快速恢复，则 V_{ce} 快速减小到稳定导通电压，约为 1V（从 B 到 C）

在电流上升至 t_r 时段，I_c-V_{ce} 的轨迹为从 A 到 B。在 t_r 期间，Q_5 的平均电流为 $I_L/2$，而电压为 V_1。当 Q_5 电流上升到 I_L，并忽略 Q_5 发射极电容和 D_5 反向恢复时间，则 Q_5 的电压就会从 B 到 C 迅速下降到零。设一个周期内只有一个导通时段 t_r，那么 Q_5 的一个周期 T 内平均开通损耗为

$$\text{PD}_{\text{turnon}} = V_1 \frac{I_L t_r}{2T} \tag{5.10}$$

下面对 AC 220V 电网电压整流输入的 2kW Buck 电流馈电全桥电路开关管进行开通损耗计算。它的额定整流电压为 300V（最低为 270V，最高为 330V）。设 Buck 降压后的电压 V_2 为最低整流电压的 75%，即 200V。此外，设全桥逆变器的效率为 80%，那么输入功率为 2500W。因为 V_2 为 200V，L_1 的平均电流为 12.5A。若电感 L_1 足够大，则可忽略电感的电流纹波。

假设电流上升时间为 0.3μs（电力晶体管均可满足此值），Q_5 的开关频率为 50kHz，则由式（5.10）可得最大交流电压输入下的开通损耗为

$$\text{PD} = 330\left(\frac{12.5}{2}\right)\left(\frac{0.3}{20}\right) = 31\text{W}$$

注意，计算中已经忽略了 D_5 的反向恢复时间。在 5.6.2.2 节中曾讨论过桥式逆变器整流二极管的反向恢复时间的影响，这个问题在 Buck 电路的续流二极管中更为严重。因为 D_5 的耐压要求较高，V_1 最高为 330V 时的耐压值至少需要 400V。高耐压二极管的反向恢复时间要比低耐压的更长，致使 Q_5 导通时的电流会大大超过 D_5 中的电流（约为 12.5A）。

此外，如 5.6.2.2 节所讨论的，反向恢复之后产生的振荡会使续流二极管 D_5 承受过大的电压应力。

接入图 5.15 所示的开通缓冲器，可以消除 Q_5 的开通损耗和 D_5 的电压应力。

5.6.6.4 Buck 开关管开通缓冲器的基本工作原理

图 5.15（a）中的开通缓冲器并不会减小总损耗。它只是将较脆弱的开关管上的损耗转移到无源电阻 R_c 上，过热的开关管往往容易损坏，而电阻却可耐受较高温度。其工作原理如下：在续流二极管上串联一个电感 L_2，当 Q_5 关断时，电感电流 I_L 通过逆变桥开关管、电感 L_2、续流二极管 D_5 再回到电感 L_1。这使电感 L_2 的顶端电压稍微低于其底端电压。

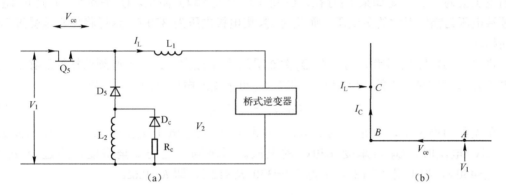

图 5.15 （a）L2、D_c 和 R_c 构成的开通缓冲电路消除了 Q_5 的开通损耗，但损耗转移到 R_c。
Q_5 开始导通时，L_2 的存在使 Q_5 发射极电压上升，直到与集电极电压相差 1V。随
Q_5 电流上升至 I_L，Q_5 关断时存储于 L_2 的电流下降到零。这样 Q_5 开通时其电压为
1V（而非 V_1）。Q_5 关断时，L_2 充电到 I_L 而充电电压不能太高，电阻 R_c 用来限制其
充电电压值。（b）接缓冲电路开通时，Q_5 电压下降（从 A 到 B）和电流上升（从 B
到 C）的轨迹

Q_5 开始导通时，将向 D_5 的阴极输入电流来抵消 D_5 的正向续流电流。此电流输入到 L_2，与其原电流方向相反。由于电感上的电流不能突变，电感上的电压会立即反向以维持其电流不变。

L_2 的上端电压上升，会抬高续流二极管阴极电压，直到和导通的 Q_5 发射极电压相等。Q_5 发射极电压也会被抬高，直至与其集电极电压差为饱和电压 $V_{ce(sat)}$，此时 Q_5 的电流持续上升，但是其承受的电压为 1V，而不是未接 L_2 时的 370V（V_1）。

当 Q_5 电流上升到 I_L（在时间 t_r 内），D_5 的导通电流已经下降到零，Q_5 提供电感 L_1 所需的全部电流。由于在 t_r 期间，Q_5 的电压为 1V，所以其损耗可以忽略。此外，由于 L_2 的高阻抗性，D_5 的反向恢复电流很小，也可以忽略。Q_5 导通时，电压、电流工作点的轨迹如图 5.15（b）所示。

5.6.6.5 Buck 开关管开通缓冲器元器件选择

如前所述，电感 L_2 的电流在 Q_5 开通瞬间等于负载电流 I_L，而在 t_r 时间内下降到零，

同时 Q_5 的电流上升到 I_L。由于 t_r 期间，L_2 的电压被钳位为 V_1，所以 L_2 为

$$L_2 = \frac{V_1 t_r}{I_L} \tag{5.11}$$

以上例子中，V_1 取最大值为 330V，t_r 为 0.3μs，I_L 为 12.5A。从式（5.11）可知，

$$L_2 = 330 \times 0.3 \div 12.5 = 7.9\mu H$$

图 5.15（a）中，R_c 和 D_c 的选择应保证在 Q_5 开始开通的瞬间 L_2 的电流等于 I_L，而且在 L_2 的电流上升过程中不会使 Q_5 过压。

假设 R_c 和 D_c 不存在。Q_5 关断的时刻，由于 L_1 的电流不能突变，L_1 的输入端电压会立即变负，以保持电流恒定。如果没有 L_2，D_5 将导通使 L_1 输入端和 Q_5 发射极接地，Q_5 上的电压就为 V_1。但是如果 L_2 存在，L_2 将呈现很大的瞬间阻抗。Q_5 关断时，I_L 通过 L_2 使其顶端电压为幅值很大的负电压，而此时 Q_5 集电极电压为 370V，这样将使它承受过高电压而损坏。

将 R_c 和 D_c 与 L_2 并联，可以在 Q_5 关断瞬间给 I_L 提供通路。R_c 必须选择得足够小，以使电流 I_L 流过它时产生的压降加上 V_1 仍在 Q_5 可承受的电压范围内。所以

$$V_{Q5(max)} = V_1 + R_c I_L \tag{5.12}$$

在先前的例子中，V_1 最大为 330V。假设 Q_5 的额定电压 V_{ceo} 为 450V。当其基极加 $-1 \sim -5V$ 电压时，Q_5 可承受 650V 的电压。考虑到一定的安全裕度，应选择 R_c 使 $V_{Q5(max)} = 450V$。根据式（5.12），可得 $450 = 330 + R_c \times 12.5$，即 $R_c = 9.6\Omega$。

5.6.6.6 Buck 开关管缓冲器电阻的损耗

从图 5.15（a）可知，电流 I_L 从 R_c 和 L_2 并联的电路流过。根据戴维南等效原理，这相当于电压为 $I_L R_c$ 的电压源给串联电感 L_2 和电阻 R_c 充电。所以，要使电感电流达到 I_p，即存储能量 $\frac{1}{2}L I_p^2$，就会在电阻上消耗同样的能量。若 L 每周期都充电到 I_p，则电阻的损耗为 $\frac{1}{2}L I_p^2 / T$。

前面的例子中，$T=20\mu s$，$L=7.9\mu H$，$I_p=12.5A$，则

$$PD_{snubber\ resistor} = \frac{(1/2)(7.9)(12.5)^2}{20} = 31W$$

所以，如前所述，缓冲器并不能降低损耗，只是把 Q_5 的损耗转移到电阻上去了。

5.6.6.7 缓冲电路电感充电时间

缓冲电路电感电流必须在 Buck 开关管截止期间达到 I_L。充电时间常数为 L/R，就上述例子来说，等于 7.9/6.4=1.23μs。电感电流会在 3 倍的时间常数，即 3.7μs 内上升至 I_L 的 95%。

上面例子中，开关周期 $T=20\mu s$。要将 330V 的电压经过 Buck 降压到 200V，导通时间 $T_{on}=20 \times (200/330)=12\mu s$。于是 Q_5 的截止时间为 8μs，大于 4.17μs，说明有足够的时间使缓冲电路电感电流达到 I_L。

5.6.6.8　Buck 开关管的无损开通缓冲器[10,21-22]

可采用图 5.16 所示的电路消除图 5.15（a）所示电路中缓冲电阻的损耗。在此电路中，加入一个小变压器 T_2。其一次侧匝数为 N_p，且磁芯要留有气隙，使其可承受电流 I_L，并使其电感值和图 5.15（a）中 L_2 的电感值相同。T_2 一次侧和二次侧的同名端关系如图 5.16 所示。

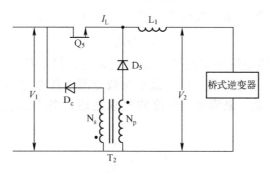

图 5.16　无损开通缓冲电路。Q_5 关断时，L_1 的电流 I_L 将经 T_2 的 N_p 续流。N_p 同名端的负压在
此电感充电期间受到 N_s/N_p 的限制。若 Q_5 关断时，N_p 的同名端负压被钳位于 $-V_n$，则
Q_5 截止电压应力为 (V_1+V_n)。而且当 N_p 同名端电压为 $-V_n$ 时，N_s 的异名端电压达到
V_1，D_c 导通并钳位于 V_1，使 N_p 所加电压钳位于预设值 V_n。为此，选择 $N_s/N_p=V_1/V_n$。
N_p 的充电电流不受电阻限制，如图 5.14 所示，所以没有衰减损耗

Q_5 关断时，L_1 的前端电压变负以保持电流恒定。这样电流 I_L 通过 D_5 和 N_p，在 N_p 的同名端产生一个负压，大小为 V_n，使 Q_5 所加电压为 V_1+V_n。V_n 的选择应保证 V_1+V_n 处于 Q_5 的安全耐压范围内。为了在 Q_5 关断时使 N_p 电压保持恒定，应选择匝比 N_s/N_p 等于 V_1/V_n。这样，Q_5 关断时，N_p 的同名端电压下降到大小为 V_n 的负电压，N_s 的异名端极性为正且被钳位至 V_1，使 N_p 电压保持等于 V_n。

在 Q_5 开通之前，L_1 电流流过 N_p 和 D_5。Q_5 开通瞬间，其发射极与高阻抗的 N_p 相连，故发射极电压会立即上升，直至与其集电极电压相差 1V。这样 Q_5 的电流在 1V 压降下增加，其开通损耗可以忽略。在 Q_5 截止期间，N_p 存储的能量可经 L_1 无损地供给负载。Q_5 的关断损耗，可通过接入关断缓冲器来减小（见第 11 章）。

5.6.6.9　Buck 电流馈电全桥电路的设计

首先要明确 Buck 电流馈电全桥电路适合用于输出大功率和高电压的场合。

就成本、效率和体积考虑，该电路通常适合用于功率为 1～10kW，甚至 20kW 的场合。对于输出电压为 200V 以上，输出电流为 5A 以上的电路，无需输出电感的优势很明显。若输出功率在 1kW 以上，则该电路的 Buck 级所增加的损耗、体积和成本就不会比 PWM 全桥电路有明显的增加。

对于多路高压（5000～30000V）输出场合，这种拓扑更是极佳的选择。在这种场合下，没有输出电感，可以采用电容和二极管组合的多级倍压电路[8,11]。同样，在输出电压较低的场合，无需输出电感也可以部分抵消 Buck 开关管及其输出电感占用的成本和体积。

第二个需要考虑的就是确定 Buck 电路的输出电压，即图 5.10 中的 V_2。其值通常选为最低交流输入时整流电压 V_1（见图 5.10）的纹波谷值的 75%。电感 L_1 的选择要保证其电流等于输出最小功率（V_2 已选定）所对应的最小电感电流 $I_{L(min)}$ 时电感也不会不连续。选择方法与 1.3.6 节中介绍的传统 Buck 电路相同。

对于输出电容，由于桥开关管重叠导通，无需再考虑输出储能和消除纹波的要求。要考虑的只是应该使所有电容折算到一次侧的等效串联电阻 R_{esr} 尽量小以减小 V_2 纹波。从 1.3.7 节输出电容容值计算可知，Buck 稳压器的纹波电压 V_{br} 为

$$V_{br}=\Delta I R_{esr}$$

式中，ΔI 为 Buck 电感电流的纹波峰-峰值，通常选为最小负载电流的两倍，这样电感流过最小负载电流时其电流临界连续。最小负载电流是在选定的 V_2 下输出功率最小时对应的电流。选择了 R_{esr} 来满足 V_2 纹波要求之后，各个二次侧纹波值就很容易求出，即

$$V_{sr} = V_{br}\frac{N_s}{N_p}$$

下面讨论相同 Buck 输出电压（V_2）下，电流馈电全桥电路与电压馈电全桥电路的区别。

对于电压馈电全桥电路，开关管的最大导通时间一般控制在半个周期的 80%，以防止同桥臂开关管同时导通。由于电压馈电 Buck 电路输出电阻很小，所以同时导通会导致很大的短路电流而损坏开关管。

在电流馈电电路中，要求两对开关管任何直流输入情况下都稍有重叠导通，所以其导通时间会稍长于半个周期。由于电压馈电全桥电路导通时间为半个周期的 80%，所以在相同的输出功率下，其峰值电流要比电流馈电全桥电路高 20%。

但需要注意的是，V_2 相同时不同的导通时间会导致磁通变化的不同，电流馈电全桥电路的导通时间比电压馈电全桥电路长 20%，所以它的变压器一次侧匝数就要多 20%，具体原理可参见法拉第定律[见式（2.7）]。

5.6.6.10 Buck 开关管和全桥晶体管的工作频率

Buck 开关管和全桥开关管同步工作，且 Buck 开关管频率为全桥开关管开关频率的两倍。Buck 开关管为脉宽调制模式，而全桥开关管工作占空比为 50%，并有一定的重叠导通时间。

通常，图 5.17（a）所示的方案是用来消减 Buck 开关管的损耗的。由图可见，电路中采用了两个 Buck 开关管（Q_{5A} 和 Q_{5B}）。它们与全桥晶体管同步，且轮流导通（占空比采用脉宽调制）半个周期。这样两个开关管将所有的直流和交流开关损耗平分，从而提高了可靠性。

5.6.6.11 Buck 电流馈电推挽拓扑

图 5.18 所示的电路是 Buck 电流馈电电路与推挽电路的结合。它比电流馈电全桥电路少用两个开关管，但仍具有电流馈电全桥电路所有的优点。其缺点是推挽电路开关管要承受更大的电压应力。全桥的电压应力为 V_2，而推挽的为 $2V_2$。V_2 是经过预调整的 Buck 电路输出电压，一般为电网电压波动最低时的整流电压 V_1 的 75%。这个电压应力与最大直

流输入下 PWM 全桥电路（见图 5.8）基本相同。

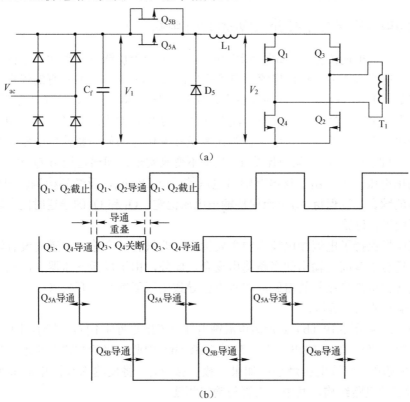

(a)

(b)

图 5.17　（a）Buck 开关管 Q_5 可以是与全桥开关管同步且工作频率为其两倍的单个晶体管，也可以
　　　　是两只同步脉宽调制的开关管（更常见），与全桥开关管同频交替工作。（b）为减小 Buck
　　　　开关管的功耗，通常采用双管并联，并且每个都同时与全桥开关管同频工作。Q_{5A} 和 Q_{5B} 进
　　　　行脉宽调制。桥路开关管不进行脉宽调制，并有较小的重叠导通时间

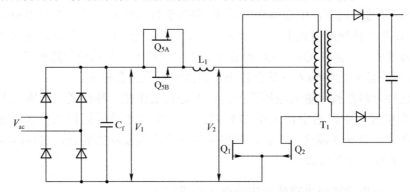

图 5.18　Buck 电流馈电推挽电路。与 Buck 电流馈电全桥电路相同，Buck 电感 L_1 后不接电容，且
　　　　Q_1、Q_2 导通时间有一定重叠。仅对 Buck 开关管 Q_{5A} 和 Q_{5B} 实施脉宽调制，不接输出电
　　　　感。它具有所有 Buck 电流馈电全桥电路所具有的优点。虽然开关管截止电压为 V_2 的两倍
　　　　（还要加上漏感），但因为 V_2 约为 V_1 最低值的 75%，所以截止电压仍远低于 V_1 的两倍。该
　　　　电路用于比 Buck 电流馈电全桥电路功率较低的电路，它比全桥电路节省了两个开关管

　　然而，该拓扑仍保留了电流馈电技术中无输出电感和无偏磁的主要优点。它特别适用

于输出功率为 2～5kW 的电源，尤其是多路输出或是至少有一路高压输出的场合。

5.6.7 反激电流馈电推挽拓扑（Weinberg 电路[23]）

反激电流馈电推挽拓扑[1,23]如图 5.19 所示。它由一个反激变压器和一个推挽逆变电路串联组成。该电路有很多 Buck 电流馈电推挽电路（见图 5.18）所具有的优点，而且它不需要脉宽调制开关管（Q_5），所以损耗更小、成本更低、体积更小、可靠性更高。

电路初看起来有点怪，因为输出端没有 LC 滤波器。输出端只是二极管和电容电路，它输出峰值电压而非平均电压，那么在输入和负载变化时如何调整输出电压呢？答案是可通过调整 T_1 中心抽头电压，从而保持 V_{ct} 基本不变来实现，即通过调节 Q_1 和 Q_2 的导通时间来保持输出电压恒定。由于该电路输出电压等于$(N_s/N_p)V_{ct}$，反馈环检测输出电压 V_o 调制 Q_1 和 Q_2 的脉宽，以保持 V_{ct} 进而保持输出电压恒定。Q_1 和 Q_2 的导通时间和输出电压的关系将在下面进行讨论。

该电路同样保持了电流馈电技术的主要优点，即只有一个输入电感而没有输出电感，所以它同样适合于有高压输出的多路输出场合。此外，由于反激变压器一次侧电感有很大的阻抗，电压馈电推挽拓扑的偏磁问题将不会导致变压器饱和、开关管损坏。该电路通常可用于 1～2kW 的功率等级。

图 5.19（a）和图 5.19（b）是反激电流馈电推挽拓扑的两种不同的结构。图 5.19（a）中 T_2 二次侧通过二极管 D_3 和输出相连；而图 5.19（b）中此二极管与输入相连。如果二极管接到 V_o，将使输出纹波电压最小；如果二极管接 V_{in}，将使输入纹波电流最小。先看图 5.19（a）所示的电路结构，其中二极管与输出相连。

图 5.19（a）所示的电路可以工作在两种不同的模式下。第一种模式是 Q_1 和 Q_2 在任何直流输入电压下都不允许重叠导通。第二种模式是 Q_1 和 Q_2 会在某些特定的直流输入电压范围内重叠导通。当输入电压变化时，电路可在反馈环路的作用下进行两种模式的切换。

在非重叠导通模式下，中心抽头电压 V_{ct} 要低于直流输入电压（类似 Buck 稳压器的工作）；而在重叠导通模式下，中心抽头电压 V_{ct} 要高于直流输入电压（类似 Boost 稳压器的工作）。所以在非重叠导通模式下，V_{ct} 相对较低，Q_1 和 Q_2 的电流在给定输入功率下就会较大。但是较低的 V_{ct} 会使 Q_1 和 Q_2 的截止电压应力较小。在重叠导通模式下，$V_{ct}>V_{in}$，Q_1 和 Q_2 的电流在给定功率输入下就会较小，但是电压应力会较大。

通常，这种电路在整个输入电压范围内，不是只工作在一种模式。当输入电压从最小值变化到最大值过程中，占空比大于 0.5 时，它工作在重叠导通模式；占空比小于 0.5 时，它工作在非重叠导通模式。因此，在输入电压大范围波动的场合，这种组合工作方式比只工作在一种模式下更合理。

5.6.7.1 反激电流馈电推挽拓扑中不存在偏磁问题

因为高阻抗的电流馈电电源向推换变压器提供能量，所以这种拓扑的偏磁问题并不严重。

电流馈电性质来自与 T_1 中心抽头串联的反激变压器 T_2，T_2 的励磁电感对输入电流呈现高阻抗。

在传统电压馈电推挽变换器中，伏秒数不平衡会导致偏磁（见 2.2.5 节）。变压器磁滞回线的中心点会逐渐偏离原点而使磁芯趋于饱和。由于电压源内阻很低，T_2 中心抽头的电流无法限制，而电压源却始终保持高压，使得磁芯将更加饱和，最后阻抗消失而使开关管电流急剧增加。此时，承受高电压大电流的开关管将立即损坏。

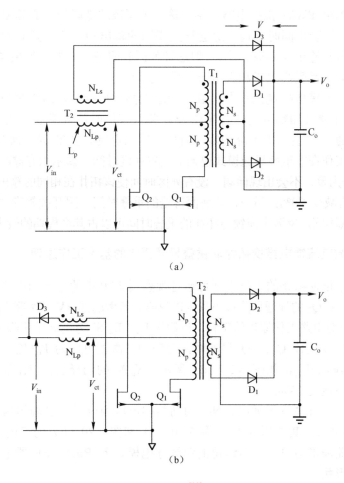

（a）

（b）

图 5.19　（a）反激电流馈电推挽拓扑（Weinberg 电路[23]）。电路由 PWM 推挽变换器与反激变压器串联构成。由于它不需要输出电感而只需要一个输入的反激变压器 T_2，所以特别适合作为含一个或多个高压输出的多输出电源。由于 T_2 一次侧呈现高阻抗使电路成为电流馈电式，从而使该电路具有图 5.18 所示电路所有的优点。如图所示，T_2 二次侧被钳位于 V_o。开关管 Q_1、Q_2 可工作于交替导通时保留死区状态，也可工作于重叠导通状态。与图 5.18 所示的电路相比，该电路的优点是无需输入开关管。该电路输出功率通常为 1～2kW。（b）该电路与图 5.19（a）所示的电路基本相同，只是反激变压器二次侧钳位于 V_{in}，从而降低了输入电流纹波（输出电压纹波增大）

　　而从图 5.19（a）可见，由于 T_2 的 N_{Lp} 绕组呈现很高的阻抗，T_1 磁芯趋于饱和时，电流增大将引起 V_{ct} 电压下降，从而伏秒数减小，可防止磁芯完全饱和。

　　所以，高阻抗的 N_{Lp} 并不能完全防止磁通饱和。在最坏的情况下，它可能使磁芯工作于接近磁滞回线的拐点，但这足以防止开关管电流持续上升至损坏。因此，推挽电路偏磁的问题在这个电路中并不严重。

5.6.7.2　反激电流馈电推挽拓扑可减小推挽开关管电流

传统的电压馈电 PWM 推挽电路，鉴于输入电压源的低阻抗，必须要保留半个周期的 20% 作为死区时间以防止同时导通。这会导致相同的输出功率下，开关管需承受更高的峰值电流（平均电流与输出功率成正比）。但这种死区时间是必需的，如果 Q_1 和 Q_2 同时导通，则开关管会同时承受高电压和大电流，最终损坏。

但是在反激电流馈电推挽拓扑中，由于 N_{Lp} 的高阻抗特性，即使两个开关管在瞬态或故障情况下同时导通（如输入电压异常低或开关管存储时间异常长）也不会出现什么问题。如果同时导通，V_{ct} 会马上下降到零，而推挽输入电流会被 T_2 的一次侧电感限制。

这样，即使工作在非重叠导通模式也无需设置死区时间。偶尔由存储时间造成的同时导通也只是将 V_{ct} 降为零，不会出现问题。没有死区时间使该拓扑在相同的输出功率和输入电压下开关管峰值电流减少 20%。另外，与前面讨论的重叠时间（因开关管存储时间而造成）很短的重叠导通模式不同，反激电流馈电拓扑的重叠时间可以占其半周期的较大比例。

5.6.7.3　反激电流馈电推挽拓扑非重叠导通模式的基本工作原理

反激电流馈电推挽拓扑的工作原理可通过观察图 5.20 中的电压和电流波形来理解。

首先假设 Q_1 和 Q_2 的导通压降很小且可以忽略。若考虑其 1V 的实际压降，反而会使设计方程复杂，影响对电路工作原理的理解。也假设 D_1、D_2 和 D_3 的导通压降相同，均为 V_d。

如图 5.19（a）所示，Q_1 或 Q_2 导通时，对应的二次侧电压为 V_o+V_d。这样，T_1 中心抽头的电压为 $(N_p/N_s)(V_o+V_d)$，如图 5.20（d）所示。N_p/N_s 的选择应使 V_{ct} 等于最低交流输入下整流电压纹波谷值的 75%。

这样，任意一个开关管导通时，N_{Lp} 的同名端电压相对于异名端均为负，电流经输入电感流入 T_1 中心抽头，其电压为 V_{ct}。图 5.20（g）和图 5.20（h）为流过 T_1 中心抽头的电流波形。这些电流波形与 1.3.2 节讨论的连续导电模式下 Buck 稳压器电路的电流波形一致，呈阶梯斜坡形状。

导通的开关管关断时，N_{Lp} 的同名端电压变正，以维持 L_p 电流恒定。N_{Ls} 的同名端同样变正，直到 D_3 正向导通使 N_{Ls} 电压钳位于 V_o。若使 T_2 的匝比 N_{Lp}/N_{Ls} 与 T_1 的匝比 N_p/N_s（以后称为 N）相等，则折算到 T_2 一次侧的电压为 $N(V_o+V_d)$。这样当任意一个开关管关断时，V_{ct} 将升高到 $V_{dc}+N(V_o+V_d)$，直到另一个开关管也导通，如图 5.20（d）所示。根据图 5.20（d）可以计算电路输出电压和导通时间之间的关系。

5.6.7.4　反激电流馈电推挽拓扑在非重叠导通模式下的输出电压和导通时间的关系

如图 5.20（d）所示，在导通时间 t_{on} 内，V_{ct} 为 $N(V_o+V_d)$，而在截止时间 t_{off} 内，V_{ct} 为 $[V_{dc}+N(V_o+V_d)]$。但是该点的平均电压必须等于 V_{dc}，即 L_p 前级的直流电压。这是因为，假设 L_p 的直流电阻可忽略，则其承受的平均电压必须等于零。另外一种解释是，图 5.20（d）中伏秒面积 A_1 和 A_2 必须相等。而面积 $A_1=[V_{dc}-N(V_o+V_d)]t_{on}$，且

$$V_{dc}t_{on}-NV_ot_{on}-NV_dt_{on}=NV_ot_{off}+NV_dt_{off}$$

或

$$NV_o(t_{on}+t_{off})=V_{dc}t_{on}-NV_d(t_{on}+t_{off})$$

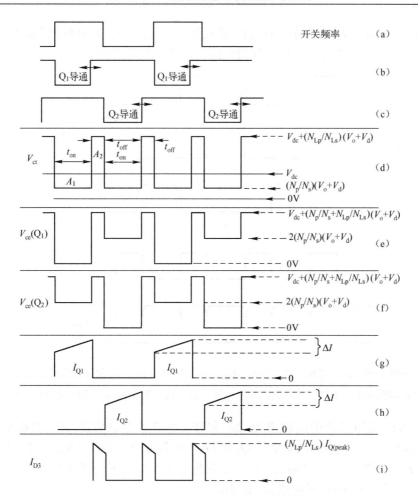

图 5.20　工作于非重叠导通模式的反激电流馈电电路的主要电流、电压波形。Q_1 或 Q_2 导通时，才向负载供电。供电电压为$(N_p/N_s)(V_o+V_d)$，低于 V_{dc}

又由

$$t_{on} + t_{off} = \frac{T}{2}$$

可知

$$V_o = \left(\frac{2V_{dc}t_{on}}{NT}\right) - V_d$$

或

$$V_o = \left(2V_{dc}\frac{N_s}{N_p}\right)\frac{t_{on}}{T} - V_d \tag{5.13}$$

因此，就像前面的电路，反馈环要通过调整脉宽 t_{on} 来调节 V_o，保持 $V_{dc}t_{on}$ 恒定从而实现稳压。

5.6.7.5　非重叠导通模式下的输出电压纹波和输入电流纹波

从图 5.21 可见，选择图 5.19（a）中的 N_{Lp}/N_{Ls} 等于 N_p/N_s，可以使 V_o 纹波最小。由于 D_1、D_2 和 D_3 阳极输出电压幅值相等，通过 D_1 和 D_2 的电流 NI_{Q1} 和 NI_{Q2} 也相等；另外，由

于在 t_{off} 期间 $N_{\mathrm{Lp}}/N_{\mathrm{Ls}}=N_{\mathrm{p}}/N_{\mathrm{s}}$，通过 D_3 的电流也等于 NI_{Q1}，所以没有时间间隔使电容 C_0 充放电。总的负载电流由 D_1、D_2 或 D_3 轮流供给，C_0 没有储能作用。

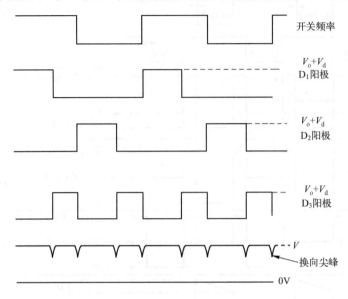

图 5.21　对于图 5.19（a），若选择 $N_{\mathrm{p}}/N_{\mathrm{s}}=N_{\mathrm{Lp}}/N_{\mathrm{Ls}}$，则加到 D_1、D_2、D_3 阳极的电压峰值相等。若某二极管阳极电压下降比将导通的二极管电压上升更快，则在输出端会出现窄的换向尖峰

　　输出电压纹波为二次侧纹波电流 ΔI_{s} 和 C_0 的等效串联电阻 R_{esr} 的乘积。此外，$\Delta I_{\mathrm{s}}=N\Delta I_{\mathrm{p}}$，这里 ΔI_{p} 为最小输出功率下 Q_1 和 Q_2 电流斜坡的中心值的两倍。根据 1.3.6 节的讨论选择 ΔI_{p}，应使电感 L_{p} 足够大，以保证在最小输入功率下电感电流也不会不连续。而如 1.3.7 节所讨论的 C_0 的选择应使 R_{esr} 最小。

　　从图 5.21 可见，在开关管开通和关断时有很窄（小于 1μs）的电压尖峰。这是由于 D_1、D_2 或 D_3 的阳极电压下降时间比接下来导通的二极管电压上升时间稍短造成的。不过这种尖峰可以用简单的 LC 积分电路很容易地消除。

　　如图 5.20（i）所示，V_{in} 的输入电流是不连续的。尽管 T_2 二次绕组在截止时间内也输出电流，使输出电流连续，但输入电流在关断时间内已减小至零。这种不连续的输入电流要求附加 RFI 输入滤波器消除谐波电流。但若如图 5.19（b）所示，将 T_2 二次侧和 D_3 回馈到输入端，输入电流就不会下降到零，而是会出现如图 5.20（g）和图 5.20（h）所示的幅值上下连续变化的情况。这可明显减小 RFI 滤波器的尺寸，甚至可以不用。

5.6.7.6　非重叠导通模式下的输出级和主变压器设计举例

　　下面举例说明非重叠导通模式下的反激电流馈电推挽拓扑的输出级和变压器设计。

　　现在只考虑主输出二次侧的匝数选择。若绕制其他二次侧，其匝数应根据其与主输出的电压比来选择。辅输出电压会跟随主输出电压变化且误差不会超过 2%，这比有 LC 滤波器电源的误差要小得多。

　　设计参数如下：

输出功率　　2000W

输出电压　　48V

效率　　　　　　80%

开关频率　　　　50kHz(T=20μs)

二极管压降　　　1V

直流输入电压（AC 115V 输入，波动为±15%）最大为 184V，额定为 160V，最小为 136V。

首先要确定的是导通时的 V_{ct}。5.6.7.3 节中讲过，V_{ct} 应选择为最低直流输入电压的 75%，即 0.75×136=102V。

接着选择匝比使导通时电压为 102V。如图 5.20（d）所示，V_{ct} 在导通时应为

$$V_{ct} = \frac{N_p}{N_s}(V_o + V_d) \quad 或 \quad \frac{N_p}{N_s} = N = \frac{102}{48 + 1} \approx 2$$

然后计算开关管电流幅值 I_{Q1}、I_{Q2} 及其导通时间，以便计算一次侧和二次侧的电流有效值和线径。根据功率选定变压器磁芯后，可根据导通时间和 V_{ct}，用法拉第定律计算出一次侧匝数。

由式（5.13）可得

$$\frac{t_{on}}{T} = \frac{(V_o + V_d)(N_p / N_s)}{2V_{dc}}$$

可据此得出表 5.1 中的数据。

已知开关管导通时，输入电感将向 T_1 中心抽头提供如图 5.20（g）或图 5.20（h）所示的电流，电压 V_{ct}=102V。开关管关断时，图 5.20（i）所示的电流通过 D_3 流入负载。截止期间，在电压 V_o+V_d 下提供电流 NI_Q 等同于在电压 $N(V_o+V_d)$ 下提供电流 I_Q 的能量。这样，综合导通时间和截止时间，可以等效为在电压 $N(V_o+V_d)$，即 102V 下，全占空比向 T_1 中心抽头提供 I_Q 电流。

假设从 T_1 中心抽头到输出的效率为 80%，那么输入到 T_1 中心抽头的功率就为 2000/0.8=2500W。中心抽头的平均电流为 2500/102=24.5A，这个值应很接近图 5.20（g）和图 5.20（h）所示的电流斜坡的中点值。

这样，通过 T_1 的每半个一次绕组的电流都可以近似为平顶脉冲，其幅值 I_{PK}=24.5A，其宽度见表 5.1，其有效值为 $I_{PK}\sqrt{t_{on}/T}$。当 V_{dc} 最小时，输入电流有效值取最大值。即 V_{dc}=136V 时，半个一次绕组的电流有效值 $I_{rms} = 24.5\sqrt{0.36} = 14.7A$。如果电流密度为 500cmil/A（RMS 值），则每半个一次绕组需要的面积为 500×14.7=7350cmil。

表 5.1

V_{dc} (V)	t_{on}/T	t_{on} (μs)
200	0.245	4.9
184	0.266	5.3
160	0.306	6.12
136	0.360	7.2

变压器磁芯可根据第 7 章中的图表选择，这在 2.2.9.1 节已有所讨论。忽略这些过程，假设已从表中选定铁氧体软磁性材料 EC70 磁芯，其截面积为 2.79cm^2，在频率为 48kHz 时可传递功率 2536W。

然后，根据法拉第定律[见式（2.7）]在最大导通时间（7.2μs）和一次侧电压为 102V 时计算一次侧匝数。频率为 50kHz 时，对于采用的铁氧体软磁材料 3F3 的 EC70 磁芯，若选择峰值磁感应强度为 1600Gs，则损耗只有 60mW/cm³。若磁芯体积为 40.1cm³，其损耗非常小，仅为 2.4W，即使铜损是铁损的两倍，也可使变压器温升限制在安全范围内。根据法拉第定律，$N_p = V_p t_{on} \times 10^8/(A_e \Delta B) = 102(7.2 \times 10^{-6})10^8/(2.79 \times 3200) = 8$ 匝。由于 $N_p/N_s = 2$，则二次侧为 4 匝。

最后，计算二次侧导线线径。二次侧传递的电流波形如图 5.20（g）或图 5.20（h）所示，电流斜坡的中点值就是直流输出电流。在最低直流输入电压下，其脉宽最大。根据表 5.1，该脉宽应为 7.2μs。为了便于计算其有效值，可将其看作幅值为 I_{dc}、宽度为 7.2μs 的矩形波电流。如果输出功率为 2000W，则直流输出电流为 2000/48=41.6A。矩形波电流幅值为 41.6A，宽度为 7.2μs，周期为 20μs，其有效值为 $41.6\sqrt{7.2/20} = 25A$。

如果取电流密度为 500cmil/A（RMS 值），则每个二次绕组需要的导线截面积为 500×25=12500cmil。对于这么大的截面积，二次绕组通常采用薄铜片。截面积为 7350cmil 的一次绕组，可采用多股细线并联绕制。

5.6.7.7 5.6.7.6 节实例中的反激变压器设计

前面实例是基于连续导电模式工作的电感 L_p 而进行的设计，即流过最小直流电流时，电感电流仍连续，见 1.3.6 节。而当 ΔI（斜坡电流的峰-峰值）小于最小直流电流的两倍时，电感才开始进入不连续导电模式。其中，最小直流电流是输出功率最低时斜坡电流的中点值。

对于上例，假设最小输出功率为额定输出功率的 1/10。额定输出功率下，斜坡电流中点值为 25A，则最小输出功率下斜坡电流中点值为 2.5A，其峰-峰值为 5A。$\Delta I = V_L t_{on}/L_p$，式中 V_L 为 t_{on} 期间加在 L_p 上的电压。根据表 5.1，$V_{dc}=136V$ 时，$t_{on}=7.2μs$，则有

$$L_p = \frac{(136-102)(7.2 \times 10^{-6})}{5.0} = 49μH$$

T_2 二次侧线径的计算，必须考虑最高直流输入的情况，因为此时反激变压器电流脉宽 t_{off} 最大，见表 5.1。此外，前面讲过，等效平顶脉冲幅值为 I_{dc}。从表 5.1 可知，其最大脉宽为 10-5.3=4.7μs。因此，最大有效值电流为

$$I_{rms(T2\ secondary)} = 41.6\sqrt{\frac{t_{off}}{0.5T}} = 41.6\sqrt{\frac{4.7}{10}} = 28.5A$$

若电流密度为 500cmil/A（RMS 值），则绕组截面积应为 500×28.5=14260cmil。

T_2 一次绕组线径的计算要考虑输入电压最低的情况，因为那时主变压器通过的电流脉宽最大，从而有效值最大。从表 5.1 可得

$$I_{rms(T2\ primary)} = 25\sqrt{\frac{t_{off}}{0.5T}} = 25\sqrt{\frac{7.2}{10}} = 21.2A$$

若电流密度为 500cmil/A（RMS 值），则绕组截面积应为 500×21.2=10600cmil。

对于这样大的截面积，一次绕组和二次绕组最好都用薄铜片绕制。

当然，由于 T_2 是反激变压器，一次侧流过电流时，二次侧没有电流，所以所有的一次侧电流都用于励磁，从而容易导致磁芯饱和。为了在 25A 电流下还维持 49μH 的一次侧电感，磁芯必须加气隙，或者采用坡莫合金或铁粉磁芯（见 4.3.3 节）。

5.6.7.8　反激电流馈电推挽拓扑重叠导通模式的工作原理[14]

在如图 5.20 所示的非重叠导通模式（$T_{on}/T<0.5$）下，该拓扑不适合输入电压大范围变化的场合。因为在最低输入下，其最大导通时间限制为 $0.5T$。而在高电压输入时，其占空比会很小。50～100kHz 频率下，其导通时间可能仅为 1～3μs。而开关管存储时间较长，不能工作于这么短的导通时间。

但若在如图 5.22 所示的重叠导通模式下（$T_{on}/T>0.5$），其可靠工作的输入电压范围将大大提高。

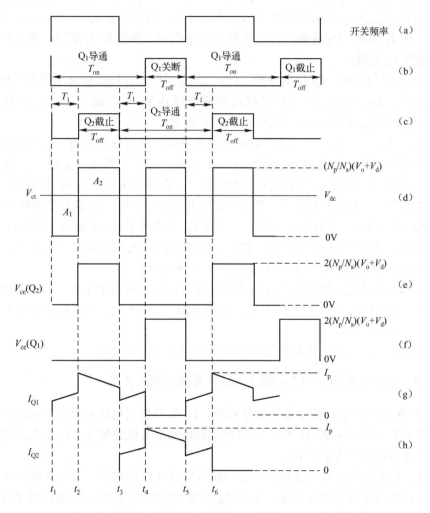

图 5.22　工作于重叠导通模式（$T_{on}>T_{off}$）下的反激馈电电路主要的电流-电压波形。该方式下
　　　　允许输入电压范围很宽，只是在一个管导通另一个管关断时才向负载供电。向负载供
　　　　电的电压 V_{ct} 比直流输入电压 V_{dc} 高（Boost 方式）。而图 5.20 所示的非重叠导通模式
　　　　电路，向负载供电的电压比直流输入电压 V_{dc} 低（Buck 方式）

通常的 PWM 集成芯片不能工作在重叠导通模式，因为它们交替导通的最大占空比一般仅为 0.5。文献[14]、[19]介绍了使用分立的集成芯片组合得到 0～100%占空比的电路。

只要选择合适的匝比 N_p/N_s 和 N_{Lp}/N_{Ls}（以下分别称为 N_1、N_2），重叠导通模式同样可以用图 5.19 所示的电路实现。下面将讨论图 5.19（a）所示的电路的工作原理，该电路的二极管 D_3 回馈到输出电压而不是输入电压。这样的接法是为了尽可能减小输出电压（而不是输入电压）的纹波。

从图 5.22 所示的波形和图 5.19（a）所示的电路可理解反激电流馈电推挽拓扑的工作原理。对于重叠导通模式，Q_1 和 Q_2 在 T_1 时段同时导通，而在 T_{off} 时段只有一个管导通（$t_2 \sim t_3$ 时段，Q_2 截止；$t_4 \sim t_5$ 时段，Q_1 截止）。电路只在截止时间 T_{off} 内向负载供电。

两个开关管都导通时，变压器一次侧不能承受电压，T_1 中心抽头电压下降到零，如图 5.22（d）所示。所有输入电压 V_{dc} 都加在 T_2 的一次侧电感 L_p 上，其电流开始以斜率 $dI/dT=V_{dc}/L_p$ 线性上升。该电流由 Q_1 和 Q_2 平均分担，波形可见 $t_3 \sim t_4$ 及 $t_5 \sim t_6$ 区间上升的斜坡凸台。在 T_1 期间，D_3 反偏，T_1 二次侧不输出电压。所以在 T_1 期间，所有的输出功率都由滤波电容 C_o 提供。

当 Q_2 在 t_2 时刻关断，Q_1 依然导通。此时 Q_1 对应的一次绕组能够承受电压使 V_{ct} 及 D_1 阳极电压上升。D_1 阳极电压上升直到其阴极电压达到 V_o。此时，二次侧电压钳位在 V_o+V_d，而 V_{ct} 钳位在 $N_1(V_o+V_d)$，如图 5.22（d）所示。

匝比 N_{Lp}/N_{Ls}，即 N_2，必须选得足够大，以保证一个管导通而另一个管截止，且 N_{Lp} 上的电压最大时，N_{Ls} 上的电压也不会使 D_3 导通。这样可保证 V_{ct} 在 T_{off} 期间钳位于 $N_1(V_o+V_d)$。此时，T_1 期间 L_p 的储能和直流输入 V_{dc} 将以电压 $V_{ct}=N_1(V_o+V_d)$ 通过 T_1 一次侧向负载提供电流。下面还可以看到，输入直流电压 V_{dc} 太高时，D_3 也会导通向负载供电。

t_2 时刻，由于 L_p 上的电流不能突变，所以 Q_1 电流等于 Q_2 关断前 Q_1 和 Q_2 电流的总和。$t_2 \sim t_3$ 期间，电流斜坡向下[见图 5.22（g）]是因为 N_1 选得足够大，使 $N_1(V_o+V_d)>V_{dc}$。这样，L_p 的同名端为正，其电流（及 Q_1 电流）线性下降。

t_3 时刻，Q_2 被触发，两个开关管再次同时导通。从 t_3 时刻到 t_4 时刻（Q_1 关断时刻），一次绕组不承受任何电压，V_{ct} 电压为零，如图 5.22（d）所示。而从 t_4 时刻到 t_5 时刻，V_{ct} 再次被钳位于 $N_1(V_o+V_d)$。

下面根据图 5.22（d），计算输入/输出电压和导通时间的关系。

5.6.7.9　重叠导通模式下输入/输出电压和导通时间的关系

如图 5.19（a）所示，两个晶体管导通时，L_p 的同名端电压相对于异名端为负。而当一只开关管关断（在 T_{off} 期间）时，L_p 极性反向以保持其电流恒定。L_p 同名端的电压会上升直到被二次侧钳位于 $N_1(V_o+V_d)$。

假设 L_p 的直流阻抗可以忽略，则它不能承受任何直流电压，即全周期或半周期内加在该电感上的平均电压必然等于零。由于 L_p 的输入端电压为 V_{dc}，其输出端半周期内平均电压也必为 V_{dc}，即如图 5.22（d）所示，面积 A_1 必须等于面积 A_2

$$V_{dc}T_1 = [N_1(V_o+V_d)-V_{dc}]T_{off}$$
$$= N_1 V_o T_{off} + N_1 V_d T_{off} - V_{dc} T_{off}$$
$$V_o N_1 T_{off} = V_{dc}(T_1+T_{off}) - N_1 V_d T_{off}$$

又由 $T_1+T_{off}=T/2$，有

$$V_o = \left(\frac{V_{dc}T}{2N_1 T_{off}}\right) - V_d \quad 和 \quad T_{off} = T - T_{on}$$

由 $D=T_{on}/T$，可得

$$V_o = \left[\frac{V_{dc}}{2N_1(1-D)} \right] - V_d \tag{5.14a}$$

根据式（5.14a），可求出对应不同直流输入电压的占空比为

$$D = \frac{2N_1(V_o+V_d)-V_{dc}}{2N_1(V_o+V_d)} \tag{5.14b}$$

5.6.7.10　重叠导通模式下主变压器及反激变压器匝比的选择

式（5.14a）给出了重叠导通模式下选定 N_1（T_1 的匝比）时，输入/输出电压和导通时间的关系。N_1 可根据式（5.14a）计算得到，即在额定输入电压 V_{dcn} 下，占空比 D 选为 0.5。这样，输入电压低于 V_{dcn} 时，进入重叠导通模式（$D>0.5$），其输出电压和导通时间的关系可根据选定的 N_1 值从式（5.14a）得出。

但输入电压高于 V_{dcn} 时，$D<0.5$，不存在重叠导通时间，式（5.14a）就不适用了。此时，输出电压与导通时间的关系式中应包含 N_2。式（5.14a）（$D>0.5$）不包含 N_2 是因为 N_2 选得足够大，使 T_{off} 期间 D_3 反偏，V_{ct} 幅值电压只受 N_1 影响，如图 5.22（d）所示。

这样，应首先根据式（5.14a）选择 N_1，使额定输入电压为 V_{dcn} 时，$D=0.5$。根据式

$$N_1 = \frac{V_{dcn}}{2(V_o+V_d)(1-0.5)} = \frac{V_{dcn}}{V_o+V_d} \tag{5.15}$$

其次，根据图 5.22（d），可选择 N_2（即 N_{Lp}/N_{Ls}），保证截止期间 N_{Ls} 两端电压最高时也不会使 D_3 正向导通。N_{Lp} 电压最高，即 V_{dc} 电压最低时，N_{Ls} 电压最高，如图 5.22（d）所示。T_2 二次侧最高电压等于 $[N_1(V_o+V_d)-V_{dc(min)}]/N_2$。此外，若已知 D_3 阴极电压为 V_o，为使 D_3 不导通，则

$$\frac{N_1(V_o+V_d)-V_{dc(min)}}{N_2} < V_o+V_d$$

或

$$N_2 > \frac{[N_1(V_o+V_d)-V_{dc(min)}]}{V_o+V_d} \tag{5.16a}$$

为了避免 T_1 漏感尖峰带来的问题，N_2 通常取该最小值的两倍，即

$$N_2 = \frac{2[N_1(V_o+V_d)-V_{dc(min)}]}{V_o+V_d} \tag{5.16b}$$

5.6.7.11　根据重叠导通模式设计的电路，在高输入电压下，进入非重叠导通模式运行时，输入/输出电压和导通时间的关系

在根据式（5.15）和式（5.16b）分别选定 N_1 和 N_2 的条件下，若输入电压 V_{dc} 小于额定值 V_{dcn}，则输出电压和导通时间的关系可由式（5.14a）确定；输入为额定值时，$D=T_{on}/T=0.5$；若输入电压高于 V_{dcn}，则 $D<0.5$ 且没有重叠时间。这种输入电压范围的电路工作波形如图 5.23 所示。

从图 5.23 可见，Q_1 或 Q_2 导通时，二次侧电压被钳位于（V_o+V_d），一次侧中心抽头电压被钳位于 $N_1(V_o+V_d)$，其中 N_1 由式（5.15）计算得出。当开关管关断，L_p 的同名端电压会上升以维持电流恒定。N_{Lp} 同名端电压上升使 N_{Ls} 同名端电压也上升，直到 N_{Ls} 电压被

D_3 钳位于 (V_o+V_d)。同时 V_{ct} 被钳位于 $[V_{dc}+N_2(V_o+V_d)]$，如图 5.23（d）所示。

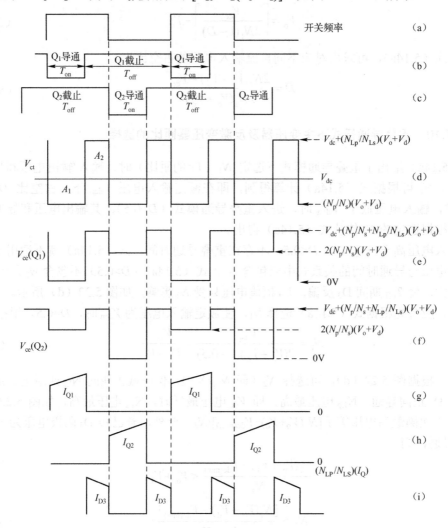

图 5.23　当直流输入电压升至足够高时，可使图 5.20 所示电路工作从重叠导通模式进入非重叠
　　　导通模式。选择合适的匝比即可实现重叠导通模式与非重叠导通模式间的平滑转变

同样如图 5.23 所示，由于在半周期内直流平均电压必须为零，所以面积 A_1 必须等于 A_2，或

$$[V_{dc}-N_1(V_o+V_d)]T_{on}=[N_2(V_o+V_d)][(T/2)-T_{on}]$$

据此，由于 $T_{on}/T=D$，可得

$$V_o=\frac{V_{dc}D-N_2V_d(0.5-D)-N_1V_dD}{N_2(0.5-D)+N_1D} \tag{5.17a}$$

式（5.17a）中，二极管导通压降 V_d 约为 1V，分子中后两项远小于 $V_{dc}D$，故可以忽略，则方程可改写为

$$V_o=\frac{V_{dc}D}{N_2(0.5-D)+N_1D} \tag{5.17b}$$

根据式（5.17b），任何直流输入电压下的占空比为

$$D = \frac{0.5 V_o N_2}{V_{dc} - V_o(N_1 - N_2)} \tag{5.18}$$

所以，对于重叠导通模式设计，N_1 可根据式（5.15）计算，N_2 可根据式（5.16b）计算。直流输入电压低于额定电压 V_{dcn} 时，反馈环可根据式（5.14a）确定占空比来维持 V_o 恒定。这时占空比大于 0.5。

随着输入电压升高达到 V_{dcn}，占空比会减小达到 0.5，从而使 V_o 不变。当直流输入电压升高至超过 V_{dcn} 后，反馈环会根据式（5.17b）确定占空比来保持输出恒定。此时占空比小于 0.5。

随着 V_{dc} 上升，占空比从 $D>0.5$ 到 $D<0.5$ 的转变是平滑和连续的。这样重叠导通模式的直流输入电压变化范围远宽于 5.6.7.6 节讲过的完全非重叠导通模式。

5.6.7.12　重叠导通模式下的设计举例

下面举例说明重叠导通模式的设计，并计算不同输入电压与导通时间的关系。仍采用 5.6.7.6 节中讲过的完全非重叠导通模式的例子。已知设计实例中，输出电压 V_o 为 48V，额定输入电压 V_{dcn} 为 160V，最小输入电压 $V_{dc(min)}$ 为 100V，开关频率为 50kHz，输出功率 P_o 为 2000W。从式（5.15）可得

$$N_1 = \frac{V_{dcn}}{V_o + V_d} = \frac{160}{48+1} = 3.27$$

从式（5.16b）可得

$$N_2 = \frac{2[(3.2)(49) - 100]}{49}$$
$$= 2\left(3.27 - \frac{100}{49}\right) = 2.46$$

当时 $V_{dc} < V_{dcn}$ 时，根据式（5.14b）可得

$$D = \frac{[2N_1(V_o + V_d) - V_{dc}]}{2N_1(V_o + V_d)}$$
$$= 1 - \left(\frac{V_{dc}}{2 \times 3.27 \times 49}\right) \tag{5.19}$$
$$= 1 - \left(\frac{V_{dc}}{320.5}\right)$$

当 $V_{dc} > V_{dcn}$ 时，根据式（5.17b）可得

$$D = \frac{0.5 V_o N_2}{V_{dc} - V_o(N_1 - N_2)}$$
$$= \frac{0.5 \times 48 \times 2.46}{V_{dc} - 48(3.27 - 2.46)} \tag{5.20}$$
$$= \frac{59}{V_{dc} - 38.9}$$

根据式（5.19）～式（5.22），就可以得到表 5.2。

表 5.2

V_{dc}(V)	D	T_{on}(μs)	T_{off}(μs)	I_p(A) 式（5.21）	I_{rms}(A) 式（5.22）
50	0.840	16.9	3.1	50.2	24.6
100	0.688	13.8	6.2	25.2	15.1
136	0.576	11.5	8.5	18.3	12.2
160	0.500	10.0	10.0	15.6	11.0
175	0.433	8.67	11.3	13.8	
185	0.404	8.08	11.9	13.1	
200	0.366	7.32	12.7	12.3	

将表 5.2 与表 5.1 相比较可以看出，设计为重叠和不重叠的交叉模式可以满足更大范围的输入电压波动，且在高输入电压下开关管导通时间较长。这一点对因存储时间限制不能工作于太短导通时间的电力晶体管特别有利。

5.6.7.13 重叠导通模式下的电压、电流和线径的选择

可根据图 5.22 和图 5.23 的波形计算开关管电流和变压器有效值电流。线径可根据 500cmil/A（RMS 值）的电流密度计算选择。

先考虑 V_{dc} 低于额定值工作在重叠导通模式下的情况，其波形如图 5.22 所示。假设 5.6.7.6 节中讲过的实例效率为 80%，则输入功率为 $P_o/0.8=2000/0.8=2500$W。分析可知，不管 V_{dc} 高于还是低于额定值，向负载提供功率的 T_1 中心抽头电压均为 $N_1(V_o+V_d)$。若 V_{dc} 低于额定值，如图 5.22（d）所示，则中心抽头电压会被提升到 $N_1(V_o+V_d)$。若输入电压高于额定值，则中心抽头电压会被降到同样的值，如图 5.23（d）所示。在这个设计实例中，$N_1(V_o+V_d)=3.27(48+1)=160$V。

现在计算流入 T_1 中心抽头的等效平顶电流脉冲 I_p，它是图 5.22（g）所示的斜坡电流的中点值。输入 T_1 中心抽头的功率为

$$P_{in} = 2500 = 160I_p\frac{2T_{off}}{T} \quad 或 \quad I_p = \frac{156}{T_{off}} \tag{5.21}$$

对应于低于额定值的输入电压 V_{dc}，其等效电流 I_p 可以根据式（5.21）计算，结果见表 5.2。如果 Q_1 和 Q_2 是电力晶体管，则必须有足够的基极驱动电流，使晶体管在该峰值电流下能够饱和导通。开关管耐压值可根据图 5.23（e）和图 5.23（f）选择，其最大集-射电压为 $V_{dc(max)}+(N_1+N_2)(V_o+V_d)$，比图 5.22（e）和图 5.22（f）中的集-射电压 $2N_1(V_o+V_d)$ 要高。另外，还应考虑留有承受漏感尖峰电压的裕量。

重叠导通模式电路在一个周期的两个截止期间将功率（电流）传递给负载[见图 5.22（g）和图 5.22（h）]，使二次绕组在 T_{off} 期间通过电流 I_p。在两个 T_1 时段内，二次侧通过电流 $I_p/2$，如图 5.22 所示，其中 $T_1=(T/2)-T_{off}$。这样，二次侧电流有效值为

$$I_{rms} = I_p\left(\frac{T_{off}}{T}\right)^{1/2} + \left(\frac{I_p}{2}\right)\left(\frac{T-2T_{off}}{T}\right)^{1/2} \tag{5.22}$$

表 5.2 示出了这些电流的有效值。二次侧线径可根据 500cmil/A(RMS 值)的电流密度选择，从表 5.2 可见，输入电压最低时，电流有效值最大。输入电压高于 V_{dcn} 时，电流有效值比输入电压低于 V_{dcn} 时要小。可根据表 5.2 的电流有效值选择线径。

如图 5.23 所示，反激变压器 T_2 二次侧流过脉冲电流 I_{D3}。随着输入直流电压的升高，开关管导通时间会下降到零，而 I_{D3} 的宽度会增大直到等于半个周期。此时所有的输出电流都通过反激变压器 T_2 的二次侧提供。由于 D_3 电流的斜坡中点值表示输出直流电流，所以在最坏的情况下，应考虑 T_2 的二次侧在 100%的占空比下承受此输出电流，并据此来选择线径。

最后，要选择 T_2 一次侧的线径。表 5.2 给出了输入电压低于额定值时每个一次侧的电流有效值。由于 T_2 一次侧要承受两个一次侧的电流之和，所以其有效值应为表中数值的两倍。

由图 5.22 可知，随着输入直流电压的降低，电流值会明显升高。这是因为输入电压降低时 T_{off} 会减小，如图 5.22 所示。由于只在 T_1 中心抽头有电压时（即 T_{off} 时段），电路才输出功率给负载，此时若 T_{off} 太短，就会导致需要很大的电流峰值和有效值，才能提供足够的输出功率。

参考文献

Current Mode:

[1] B. Holland, "A New Integrated Circuit for Current Mode Control," *Proceedings Powercon 10*, 1983.

[2] W. W. Burns and A. K. Ohri, "Improving Off Line Converter Performance with Current Mode Control," *Proceedings Powercon 10*, 1983.

[3] "Current Mode Control of Switching Power Supplies," Unitrode Power Supply Design Seminar Manual SEM 400, 1988, Unitrode Corp., Lexington, MA.

[4] T. K. Phelps, "Coping with Current Mode Regulators," *Power Control and Intelligent Motion (PCIM Magazine)*, April 1986.

[5] C. W. Deisch, "Simple Switching Control Method Changes Power Converter into a Current Source," 1978 IEEE.

[6] R. D. Middlebrook, "Modelling Current Programmed Regulators," *APEC Conference Proceedings*, March 1987.

[7] G. Fritz, "UC3842 Provides Low Cost Current Control," Unitrode Corporation Application Note U-100, Unitrode Corp., Lexington, MA.

Current Fed:

[8] A. I. Pressman, *Switching and Linear Power Supply, Power Converter Design*, p. 146, Switchtronix Press, Waban, MA, 1977.

[9] E. T. Calkin and B. H. Hamilton, "A Conceptually New Approach for Regulated DC to DC Converters Employing Transistor Switching and Pulse Width Control," *IEEE Transactions on Industry Applications*, 1A: 12, July 1986.

[10] E. T. Calkin and B. H. Hamilton, "Circuit Techniques for Improving the Switching Loci of Transistor Switches in Switching Regulators," *IEEE Transactions on Industry Applications*, 1A: 12, July 1986.

[11] K. Tomaschewski, "Design of a 1.5 kW Multiple Output Current Fed Converter Operating at 100 kHz," *Proceedings Powercon 9*, 1982.

[12] B. F. Farber, D. S. Goldin, C. Siegert, and F. Gourash, "A High Power TWT Power Processing System," *PESC Record*, 1974.

[13] R. J. Froelich, B. F. Schmidt, and D. L. Shaw, "Design of an 87 Per Cent Efficient HVPS Using Current Mode Control," *Proceedings Powercon 10*, 1983.

[14] V. J. Thottuvelil, T. G. Wilson, and H. A. Owen, "Analysis and Design of a Push Pull Current Fed Converter," *IEEE Proceedings*, 1981.

[15] J. Lindena, "The Current Fed Inverter—A New Approach and a Comparison with the Voltage Fed Inverter," *Proceedings 20th Annual Power Sources Conference*, pp. 207–210, 1966.

[16] P. W. Clarke, "Converter Regulation by Controlled Conduction Overlap," U.S. Patent 3,938,024, issued Feb. 10, 1976.

[17] B. Israelson, J. Martin, C. Reeve, and A. Scown, "A 2.5 kV High Reliability, TWT Power Supply: Design Techniques for High Efficiency and Low Ripple," *PESC Record*, 1977.

[18] J. Biess and D. Cronin, "Power Processing Module for Military Digital Power Sub System," *PESC Record*, 1977.

[19] R. Redl and N. Sokal, "Push Pull Current Fed, Multiple Output DC/DC Power Converter with Only One Inductor and with 0 to 100% Switch Duty Ratio," *IEEE Proceedings*, 1980.

[20] R. Redl and N. Sokal, "Push Pull, Multiple Output, Wide Input Range DC/DC Converter—Operation at Duty Cycle Ratio Below 50%," *IEEE Proceedings*, 1981.

[21] L. G. Meares, "Improved Non-Dissipative Snubber Design for Buck Regulator and Current Fed Inverter," *Proceedings Powercon 9*, 1982.

[22] E. Whitcomb, "Designing Non-Dissipative Snubber for Switched Mode Converters," *Proceedings Powercon 6*, 1979.

[23] A. H. Weinberg, "A Boost Regulator with a New Energy Transfer Principle," *Proceedings of the Spacecraft Power Conditioning Electronics Seminar*, European Space Research Organization Publication Sp-103, September 1974.

[24] Rudolf P. Severns and Gordon (Ed) Bloom, *Modern DC-to-DC Switchmode Power Converter Circuits*, Van Nostrand Reinhold Company, 1985.

[25] Keith Billings, *Switchmode Power Supply Handbook*, McGraw-Hill, New York, 1989.

[26] Wm. T. McLyman, *Transformer and Inductor Design Handbook*, Marcel Dekker Inc., New York, 1978.

[27] Wm. T. McLyman, *Magnetic Core Selection for Transformers and Inductors*, Marcel Dekker Inc., New York, 1982.

第6章 其他拓扑

6.1 SCR 谐振拓扑概述

可控硅整流器（SCR）在 DC/AC 逆变器和 DC/DC 电源中的应用已经超过 25 年[1-2]。与电力晶体管和 MOSFET 相比，其成本更低，电压与电流额定值更高，主要应用在功率超过 1000W 的电源上。在大功率变换器中，SCR 的一个显著特点是它不会因为二次侧损坏而损坏，而这恰恰是开关管最常见的失效模式。

SCR 相当于一种固态开关，很容易被施加于门极的窄脉冲触发导通，并且脉冲消失后仍能维持导通。一旦导通，就需要在某个时间点关断；但这并非易事，因为仅仅控制门极无法将其关断。现有文献中提到很多用来关断 SCR（"转换"其状态）的电路。本质上，这些电路都是通过在一段很短的时间 t_q 内将 SCR 上的导通电流转移到另一条支路上，使其电流下降到零而实现关断的。下面将讨论 SCR 的关断。

补充：需要一个类似于 SCR 且可以通过门极关断（GTO）的门极控制开关，能通过门极控制开通和关断，并维持正确的工作状态。

——K.B.

早期的 DC/AC 或 DC/DCSCR 电源在开关频率高于 8～10kHz 时不能可靠工作。因为即使是开关速度最快的逆导型 SCR，也必须在被关断且电流已经下降到零的 10～20μs 后，其输出端才能达到可靠的高阻抗开路状态，阳阴极间才能承受高电压。

此外，早期的 SCR 即使在其输出电流下降到零的 10～20μs 后，其输出端也仍然不能承受较大的 dV/dt。大多数 SCR 输出端能承受的最大电压变化率为 200V/μs。当 dV/dt 大于该值时，SCR 将不再受关断信号控制而再次导通。

此外，早期的逆导型 SCR 在导通瞬间也不能承受太大的电流变化率，大多数 SCR 可承受的电流变化率范围为 100～400A/μs。当 dI/dt 大于该值时，芯片的平均结温将上升，局部热点将扩大，SCR 要么立即被损坏，要么性能变差并很快被损坏。

由于工作频率被限制在 10kHz 以内，变压器、电感和电容的体积仍然较大，因而在许多场合中 DC/AC 或 DC/DC 变换器的体积过大。而且，10kHz 以下的开关频率处于人类听觉频率范围之内，因而变换器工作时会发出严重噪声，不宜用于办公室甚至工厂中。为使噪声降到可以接受的程度，开关频率必须大于听觉频率范围的最大值（约为 20kHz）。

大约在 1977 年，RCA 公司研制出了不对称可控硅整流器（ASCR），解决了上述大多数问题，并使 DC/AC 和 DC/DC 变换器的工作频率上升到 40～50kHz。

传统 SCR 的输出端能承受的反向电压等于它们的正向阻断电压。但在多数电路中，SCR 输出端的反向电压都被钳位在一个到两个二极管压降的水平（至多为 2V），因此没必要具备很大的反向阻断能力。RCA 公司对 SCR 芯片进行改进，使其关断时间（t_q，即从 SCR 正向电流下降为零到可以承受额定正向电压所需的时间）下降到 4μs。这样做的代价是，其反向阻断能力下降到约为 7V，但这在大多数逆变电路中已经足够。

t_q 下降到 4μs，RCA 公司生产的这种器件（S7310）允许逆变器主电路的工作频率提高到 40～50kHz。S7310 还具有很多优点。它能承受的 dV/dt 和 dI/dt 的额定值分别为 3000V/μs（带 1V 输入反偏）和 2000A/μs，而传统的 SCR 只有 200V/μs 和 400A/μs。而且，这种器件可工作在额定电压为 800V 和额定电流为 40A 的条件下。这样的电流、电压参数和 t_q 值，使基于半桥电路的逆变器和 DC/DC 变换器在工作频率为 40kHz 时仅用两个 ASCR 就能输出 4000W 的功率。

在最初几年里，S7310 的市场价格为 5 美元，当时没有其他使用开关管的电路能够仅用两个开关器件（总共 10 美元）就使输出功率达到 4000W。当 RCA 公司不再生产 S7310 时，其他厂家就开始生产类似的不对称 SCR。其中，与 S7310 非常相似的是 Marconi 公司生产的 ACR25U，其阻断时间 t_q 为 4μs，阻断电压为 1200V，有效额定电流为 40A。

6.2　SCR 和 ASCR 的基本工作原理

图 6.1 是 SCR 的电路符号，其 1 端为门极，2 端为阳极，3 端为阴极。SCR 导通时，电流由阳极流到阴极；关断时，能够承受或阻断的阳阴极间的最大电压记为 V_{DRM}。ASCR 的 V_{DRM} 额定值为 400～1200V。

图 6.1　SCR 的电路符号

SCR 一旦导通，从阳极到阴极的电流就由电源电压和负载阻抗决定。导通时，阳阴极间的电压和阳极电流之间的关系可参考具体器件的参数手册。对于 Marconi 公司的 ACR25U 芯片，若其额定有效电流为 40A，则其阳阴极间电压在阳极电流为 100A 时的典型值为 2.2V，如图 6.2 所示。

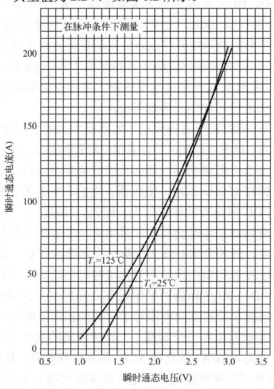

图 6.2　阳极电流与阳极电压的关系曲线

阳极电压下降时间较长的原因是阳极载流子需要较长的时间才能均匀地扩散到整个芯片上。最初,载流子仅仅集中在芯片一个很小的区域,因而阳阴极之间的瞬态电阻很大,瞬态导通电压很高。经过一段时间后,载流子将均匀地扩散到整个芯片上,此时导通电压也会下降到图 6.2 所示的静态水平。

因此,SCR 的大部分损耗在开通过程中产生,损耗大小等于积分 $\int I_a V_a dt$。在大多数 SCR 电路中,电流波形是正弦半波而不是方波,这非常有利。由图 6.5 可见,若阳极电流脉冲是方波,则电流脉冲的前沿将与阳极电压在 25V 左右交叉,产生很大的损耗。同时由图 6.5 可知,如果阳极电流脉冲波形为正弦半波,则其宽度必须大于 2.5μs,以使在整个正弦半波期间与其交叉的阳极电压不超过 5V,减小损耗。

若阳极电流为 100A,则门极脉冲的宽度应当大于 400ns。在门极电流脉冲持续期间,门极与阴极间的电压如图 6.4 所示。对于大小不同的门极电流,其门极与阴极间的电压一般为 0.9~3V。一旦导通,阳极就被擎住,并且在门极触发脉冲消失后仍能维持导通。对于 20~100A 的阳极电流,其阳极和阴极间的电压约为 1.2~2.2V,如图 6.2 所示。

SCR 由加在门极与阴极间的电流脉冲触发,脉冲的实际幅值和持续时间在参数手册中没有详细说明。图 6.3 所示的是阳极电流延迟及上升时间(到 100A)与门极触发电流的关系曲线。门极电流脉冲宽度在一定程度上也决定了电流的上升时间,但参数手册很少给出相关资料。对于 ACR25U,若阳极电流为 100A,则门极电流一般为 90~200mA。

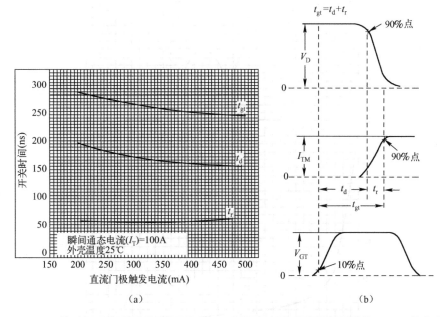

图 6.3 (a) 开关时间。典型开关时间 t_{gt}、t_d、t_r 与门极触发电流的关系曲线。(b) 截止电压、导通电流与门极触发电压之间的关系,从中给出定义导通时间 t_{gt} 的参考点[注意:图 6.3 (a) 和图 6.3 (b) 给出的参数对应于和 Marconi 公司生产的 ACR25U 芯片类型非常相似的 RCA 公司生产的 S7310 芯片]

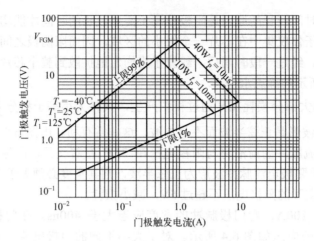

图 6.4　门极电压与电流的关系曲线

对 SCR 而言，阳阴极间电压的下降时间比阳极电流上升时间（见图 6.3）更为重要。如图 6.5 所示，即使门极电流为 500mA，一个幅值为 125A、持续时间为 8μs 的阳极电流脉冲也只能使阳阴极间的电压在 2.5μs 内下降到 5V。这是该电流下阳阴极间静态电压的两倍，如图 6.2 所示。图 6.6 和图 6.7 所示为 Marconi 公司生产的 ACR25U 芯片的 dV/dt 和 t_q 特性曲线。

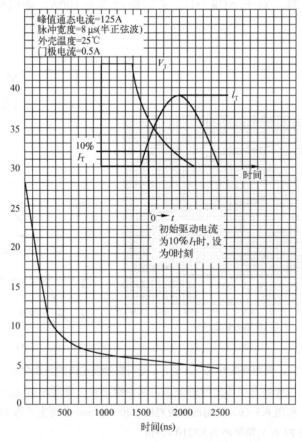

图 6.5　Marconi 公司生产的 ACR25U 芯片的特性及阳阴极间电压的下降时间

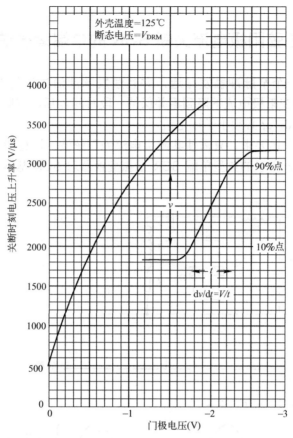

图 6.6 Marconi 公司生产的 ACR25U 芯片的特性曲线。断态电压的最小线
性临界比率（或上升率）和门极电压的关系曲线

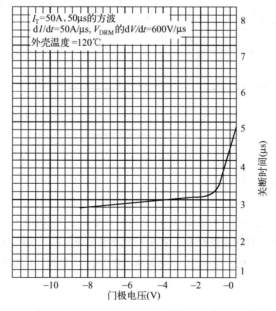

图 6.7 Marconi 公司生产的 ACR25U 芯片的特性曲线。关断时，典型电路
的关断时间和门极电压的关系

6.3　利用谐振正弦阳极电流关断 SCR 的单端谐振逆变器拓扑

SCR 很容易由一个窄脉冲触发导通，并且触发脉冲消失后仍能维持导通。为保证 SCR 可靠关断，必须在阳极电流下降到零并保持一段时间 t_q 后，阳阴极间才能重新施加电压，并且电压上升率 $\mathrm{d}V/\mathrm{d}t$ 必须小于规定值。

要使 SCR 满足上述要求，只需使其阳极电流为正弦波，这也能带来其他一些显著优点。下面将结合图 6.8 所示的典型单端 SCR 谐振变换器对 SCR 基本电路及其优点进行简单阐述[3-8]。

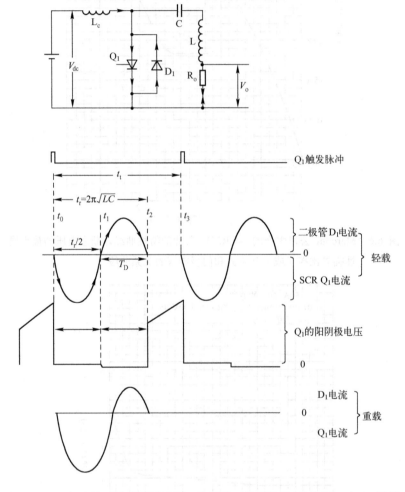

图 6.8　单端 SCR 谐振变换器。电感 L_c 对 C 充电至一个高于 V_{dc} 的电压。当 Q_1 被触发，正弦电流就流经 Q_1，传递能量给 R_o。在 t_1 时刻正弦电流反向，流经 D_1 传递能量给 R_o。如果 T_d 大于 Q_1 的 t_q 值，则 SCR 自动关断。在（t_t-t_r）期间，L_c 重新对 C 充电，开始下一个周期

如图 6.8 所示，SCR 与电感 L、电容 C 串联。SCR 被触发前，电容 C 已经由流经恒流电感 L_c 的电流充电，其电压极性为左正右负。SCR 被触发后，环路接通，电容 C 上的

电压加到闭合的 LC 串联谐振电路上。电路的电流进入谐振状态，振荡周期为 $t_r = 2\pi\sqrt{LC}$ 。

在半个周期（ $t = \pi\sqrt{LC}$ ）内，阳极正弦电流首先增大至首个负峰值，而后下降到零。由于 SCR 带有反并联二极管 D1，正弦谐振电流在 t_1 时刻过零然后反向流动，并在后半周期内流过 D_1。在二极管导通的半周期时间 T_d 内，SCR 的反向电压被 D_1 钳位在约为 1V 的水平，相对于不对称 SCR 能承受的 7～10V 的最大反向电压，这个电压很安全。

如果 T_d 大于器件的额定参数 t_q，则 T_d 结束时，SCR 已经自动安全关断，不再需要外围"转换"电路，SCR 可以重新安全地承受正向电压。流经 SCR 及其反并联二极管的正弦半波电流共同为负载电阻 R_o 提供能量。

到 t_2 时刻，D_1 的电流下降为零，Q_1 和 D_1 都安全关断，流经 L_c 的恒流开始重新对 C 充电，并使其两端电压极性为左正右负。在 t_2 到 t_3 期间，C 所储存的能量为 $CV^2/2$，其中一部分将在 Q_1 下一次导通期间被传送给负载。经过时间 t_t（触发周期）后，Q_1 被重新触发，下一个工作周期开始。

负载增大（R_o 减小）时，前半周期电流的幅值增大，持续时间增长，而后半周期的持续时间 T_d 缩短。但是，负载不能增加到使 T_d 小于 t_q（SCR 的关断时间），否则 SCR 将不能成功关断。

在输入电压最低和负载最大时，选择触发周期 t_t 为谐振周期 t_r 的 1.5～2 倍，使谐振截止时间（t_t-t_r）不会太长，如图 6.8 所示。这样，对不同的 R_o，输出电压都会是一个低畸变的交流正弦波。在 R_o 上并联电容可以减小由时间间隔（t_t-t_r）引起的输出电压畸变。电源电压 V_{dc} 增大，则正弦波的幅值增大，输出功率也随之增大。为了维持恒定的输出功率或输出电压，要使用反馈环路检测输出电压，如果 V_{dc} 或 R_o 增大，则降低触发频率（即延长 t_t），以维持输出交流电压峰值恒定，但是畸变会随时间（t_t-t_r）的增长而增大。

如果加上输出调节和隔离，该电路就会更适用于 DC/DC 变换器，如图 6.9 所示。R_o 由电力变压器的一次侧代替，二次侧带整流二极管和滤波电容。电源电压或负载变化时可通过改变开关频率，即触发频率 f_t 来实现调节。

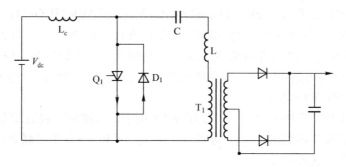

图 6.9　由变压器耦合的串联负载单端 SCR 谐振变换器

当电源电压升高或负载电阻增大时，正弦峰值也随之增大，如图 6.8 所示，但其半周期宽度大致恒定为 $\pi\sqrt{LC}$。当电源电压或负载改变时，电压误差放大器检测由整流得到的直流输出电压，并调节开关频率以维持输出恒定。当电源电压升高或负载电流减小使输出电压升高时，则降低开关频率，以减小单位时间内输入的能量。同样地，输出电压偏低也可通过提高开关频率来纠正。这种通过改变开关频率来调节输出电压的方法常用于输出电流或电压脉宽恒定的谐振型电源中；在非谐振型拓扑中，工作频率恒定，输出直流电压的调节是通过改变脉宽来实现的。

在恒频电路中，电源的开关频率通常与显示终端的水平扫描频率或系统时钟同步，因此能轻易兼容任何来自显示屏的 RFI 噪声，减小由于噪声干扰而产生计算机逻辑错误的可能性。而频率可变的谐振型调压电路由于不具备上述优点，在许多场合中并不适用。假如存在 RFI 噪声，对变频开关电源来说将是一个严重缺点。但是它实际上不大可能存在，因为谐振变换器的正弦电流相对于频率固定、脉宽可调的变换器方波电流，具有更低的 di/dt，因而产生的 RFI 噪声极小。

可控硅电源利用谐振产生正弦电流，在电流过零时将 SCR 可靠关断，这是另一个显著的优点。若电流为方波，则开关器件的损耗大部分是在关断时由电流下降和电压上升的交叠产生的。但对正弦电流而言，开关器件在零电压状态下关断，损耗几乎为零。导通时由于电压下降相对较慢（见 6.1 节和图 6.5），损耗较大。但如果正弦半波周期宽度 $\pi\sqrt{LC} > 8\mu s$，那么这些损耗也不会太大（见图 6.5）。

如图 6.9 所示的 DC/DC 变换器在输出功率为 1kW 时，仅需要一个有效额定值为 800V、45A 的 SCR[4]，而且二次侧无需输出电感；因为 SCR 及其反并联二极管的电流波形（见图 6.8）都是恒流脉冲，其幅值约等于施加于串联元件 LC 上的电压除以系数 $\sqrt{L/C}$。这些电流折算到二次侧也是恒幅电流脉冲。该电流脉冲流经输出电阻，产生相似的电压波形，再经过简单电容滤波后得到恒定的低纹波直流电压。因为无需输出电感，该电路可以用在高压电源上。

下面介绍应用更常用的使用两个 SCR 的谐振桥式 DC/DC 变换器，并会给出定量计算的设计例子。

6.4 SCR 谐振桥式拓扑概述

谐振型半桥电路（见图 6.10）和全桥电路（见图 6.11）是最有用的 SCR 电路。半桥电路仅用两个额定有效值为 800V、45A 的 SCR（Marconi ACR25UO8LG），就可以从经过整流的 AC 220V 电网上获取高达 4kW 的交流或直流输出功率。若器件额定电压为 1200V，则用全桥电路可以输出 8kW 的功率。全桥电路的工作原理与半桥电路相似，若输出功率相同，则全桥电路中 SCR 承受的电压应力将是半桥的两倍，电流应力则为其一半。下面将详细介绍半桥电路。

半桥电路可工作于串联负载状态，如图 6.10 所示，二次侧负载通过变压器 T_1 折算到一次侧与谐振电路发生串联谐振（Q_1 导通时，C_1 与 L_3 和 L_1 发生串联谐振；Q_2 导通时，C_1 与 L_3 和 L_2 发生串联谐振）。

在串联负载电路中，二次侧负载折算到一次侧的阻抗不能太高，否则谐振电路的 Q 值太低，当谐振电流反向时，原先导通的 SCR 就无法可靠关断。该电路无需输出电感，因此在输出高压或低压的场合都适用。正常工作时，因为负载和 LC 串联，与 LC 元件相比阻抗很小，所以该电路可以安全地承受输出端短路。但是该电路输出端不能开路，这将在下面进行论述。

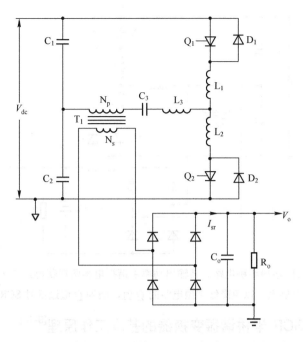

图 6.10 串联负载 SCR 谐振半桥电路。开关管 Q_1 和 Q_2 轮流导通半个周期。当 Q_1 导通时，电容 C_3 与 L_3 及 L_1 发生谐振；当 Q_2 导通时，C_3 与 L_3 及 L_2 发生谐振。只要触发其中一个 SCR，就会流过正弦半波电流，然后电流过零反向，以正弦半波规律流经其反并联二极管。如果二极管电流的持续时间大于 SCR 的 t_q 值，SCR 就能自动关断

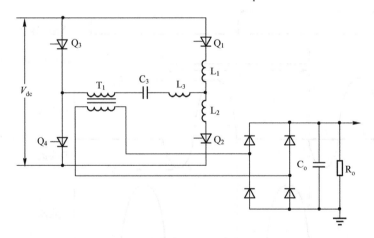

图 6.11 SCR 谐振全桥电路。它的输出功率能达到半桥电路输出功率的两倍

　　半桥电路也可以工作在并联负载状态，如图 6.12 所示，输出负载通过 T_1 折算到一次侧，和谐振电容 C_3 并联。输出负载折算到 T_1 一次侧的阻抗不能太小，否则会造成谐振电路的 Q 值太低而无法可靠关断 SCR 的情况。因此，该电路输出端可以开路，但不能短路。

　　串联负载电路可作为驱动 T_1 一次侧的电流源进行分析，而并联负载电路可作为驱动 T_1 一次侧的电压源进行分析。当要求输出直流时，并联负载电路需要二次侧输出电感，但对输出电压纹波要求不高时也可以省略。因此，对于 DC/DC 变换器，串联负载电路是一个更好的选择。

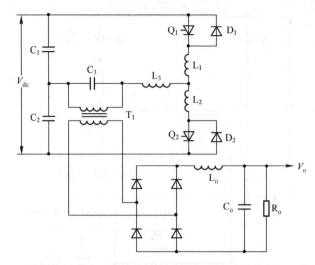

图 6.12 并联负载 SCR 谐振半桥电路。其输出功率由谐振电容两端获得。二次侧负载折算到一次侧的阻抗必须足够大，以免降低谐振电路的 Q 值，因为 Q 值过低时 SCR 无法正常关断

6.4.1 串联负载 SCR 半桥谐振变换器的基本工作原理[9-10]

图 6.10 是串联负载 SCR 谐振半桥电路，其主要波形如图 6.13 所示。由图 6.10 可见，当 Q_1 被触发导通时，环路形成，C_1 上幅值为 $V_{dc}/2$ 的电压加到 L_3、L_1 和 C_3 组成的串联谐振电路上。其中由 T_1 二次侧折算到一次侧的阻抗和 T_1 的励磁电感并联。

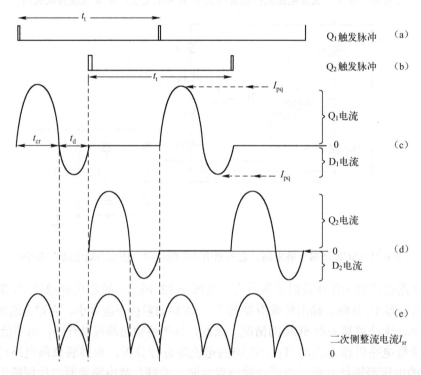

图 6.13 图 6.10 所示的串联负载 SCR 半桥电路在直流输入电压最低、负载最大时的主要电流波形。当输入电压升高或者载电阻增大时，反馈环会降低触发频率，以增大 Q_1 和 Q_2 的正弦电流波的时间间隔，从而维持平均输出电流和电压恒定

如果等效电路的 Q 值足够大，电流就会进入正弦"振荡"状态，如图 6.13（a）所示。在开始的半个周期内，正弦电流流经 Q_1。在该半波结束时刻 t_1，电流过零并反向流过反并联二极管 D_1。t_1 到 t_2 期间，SCR 的电流为零；如果（t_2-t_1）大于器件的 t_q 值，SCR 将自动关断，可以重新安全地承受正向电压。

电路谐振周期为 $t_r = 2\pi\sqrt{(L_1+L_3)C_3}$。轻载时，SCR 和反并联二极管的导通时间（分别为 t_{cr} 和 t_d）相等。二次侧负载增大（R_o 减小）时，t_{cr} 和 I_{pq} 增加，而 t_d 和 I_{pq} 减小。但负载不能增大到使 t_d 小于规定的 t_q 最大值，否则 SCR 将不能可靠关断。

在触发周期 t_t 的后半周期内，Q_1 安全关断，Q_2 被触发，谐振周期变为 $2\pi\sqrt{(L_1+L_3)C_3}$。

Q_2 和 D_2 的电流波形与 Q_1 和 D_1 的相似，如图 6.13（b）所示。图 6.13（c）和图 6.13（d）所示是 Q_1、D_1 和 Q_2、D_2 的电流波形，将其乘以匝比 N_p/N_s，并在 T_1 二次侧经输出二极管整流后叠加，就可得到输出电流波形。

该电路输出的直流电压可由图 6.13（e）所示的电流平均值乘以二次侧负载电阻 R_o 得到。而且电路无需输出电感，只要经过输出电容滤波就可以得到恒定的、低纹波的输出电压。t_t 时刻后，下一个周期开始。

在直流输入电压最低和输出功率最大（输出负载电阻最小）时，电路也会维持图 6.13 所示的时间关系。谐振电感值和电容值的选择要使图 6.13 所示的电流幅值和时间间隔在电源电压最低和负载最大时，且在设定的输出电压范围内，能够满足所需平均输出电流的要求。6.4.2 节将介绍满足上述要求的计算方法。电源电压或负载改变时，检测输出电压的反馈环将调节 SCR 的触发频率 f_t 以维持输出电压恒定。

由图 6.13 可见，电路电流峰值与直流输入电压成比例。电流峰值增大时，反馈环将降低 f_t，以维持二次侧平均电流恒定，从而维持输出电压恒定。而且，对于固定的直流输入电压和 L、C 值，电流峰值[见图 6.13（c）和图 6.13（d）]将是恒定的；如果 R_o 增大，反馈环将降低 f_t 以维持平均输出电压恒定。正常的直流输入电压和负载下的相应波形如图 6.14 所示。

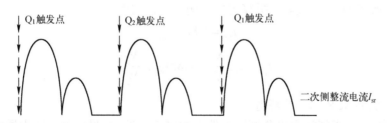

图 6.14　高输入电压下的整流桥输出电流 I_{sr}。过高的电流峰值会迫使反馈环减小触发频率，以维持输出电压恒定

6.4.2 串联负载 SCR 半桥谐振变换器的设计计算[9-10]

串联负载 SCR 半桥谐振变换器的电路如图 6.10 所示，图 6.13 和图 6.14 所示的是相应的主要波形。下面以 D. Chambers 的一篇论文[9]为基础对该变换器进行讨论。

首先要确定谐振周期或频率。假设使用 Marconi ASCR 类型的 ACR25U 芯片（见图 6.7），当门极偏置电压为 0V，通态电流为 50A 时，其典型关断时间为 5μs。假设情况最坏时，关断时间延长 20%，即 6μs。同时假设电路输入电压最低、输出功率最大，且工作于临界导电模式（见图 6.13，二极管电流过零点与对应 SCR 电流的开始时刻之间没有时间间隔）。则由图 6.13 可见，最小的谐振周期应为 12μs，即最高谐振频率为 83kHz。

但由 6.3 节可知，输出功率较大时，二极管导通时间 t_d 将减小到一个难以预测的数值。若它小于 t_q 值，SCR 就可能无法正常关断，因而 t_d 应留有一定的裕量。

而且，由图 6.5 可见，阳阴极间电压在导通时不能迅速下降到 2～3V 的静态值。为使导通时阳阴极间高电压的持续时间只占 SCR 导通时间 t_{cr} 的一小部分，谐振半周期至少应为 2.5μs 的 4 倍。这使在正弦阳极电流峰值时刻阳阴极间的电压约为 3V，如图 6.5 所示，而这是一个合理的折中方案。因此谐振周期选择为 20μs（f_r=50kHz），即

$$T_r = 2\pi\sqrt{(L_3 + L_1)C_3} = 20\times10^{-6} \tag{6.1}$$

下面来选择 T_1 一次侧（见图 6.10）的电压峰值。根据 Chambers 在论文中的建议[9]，其值应为一个桥电容（见图 6.10 中的 C_1 或 C_2）最低电压的 60%，即

$$最低一次侧电压 = V_{p(min)} = \frac{0.6V_{dc(min)}}{2} \tag{6.2}$$

假设桥式输出整流器每个二极管的压降为 1V，则可以确定 T_1 的匝比为

$$\frac{N_p}{N_s} = \frac{0.6V_{dc(min)}}{2(V_o + 2)} \tag{6.3}$$

当电源电压最低，输出电流最大时，二次侧电流如图 6.13（e）所示，反向二极管续流结束时刻和另一个 SCR 的导通时刻之间没有时间间隔。假设在负载电流最大时，SCR 和二极管的导通时间都约为半个周期，同时假设二极管电流峰值为 SCR 的 1/4（Chambers 在论文中提到），则图 6.13（e）中 SCR 和二极管的电流的平均值为

$$I_{(secondry\ average)} = I_{o(dc)} = \frac{2I_{ps}}{\pi}\frac{T}{2T} + \frac{2I_{ps}}{4\pi}\frac{T}{2T} = \frac{1.25I_{ps}}{\pi}$$

式中，I_{ps} 为一次侧 SCR 电流峰值折算到二次侧的值，因而

$$I_{ps} = 0.8\pi I_{o(dc)} \tag{6.4}$$

$$I_{pp} = I_{ps}\frac{N_s}{N_p} = 0.8\pi I_{o(dc)}\frac{N_s}{N_p} \tag{6.5}$$

式中，I_{pp} 为一次侧 SCR 的电流峰值。

图 6.10 中，V_{ap} 指施加于串联谐振元件上的电压，当 Q_1 导通时，即为桥电容 C_1 上的电压加上变压器电压峰值 $0.6V_{dc(min)}/2$，即

$$V_{ap} = \frac{V_{dc(min)}}{2} + \frac{0.6V_{dc(min)}}{2} = 0.8V_{dc(min)} \tag{6.6}$$

因此，可以大致推算，当阶跃电压 V_{ap} 加到串联 LC 电路上时，首个谐振电流脉冲的峰值为

$$I_{pp} = \frac{V_{ap}}{\sqrt{L/C}} \tag{6.7}$$

本例中，$L=L_1+L_3$，$C=C_3$，则有

$$\sqrt{(L_1 + L_3) / C_3} = \frac{V_{ap}}{I_{pp}}$$

即

$$\sqrt{(L_1 + L_3) / C_3} = \frac{0.8V_{dc(min)}}{0.8\pi I_{o[dc(min)]}(N_s / N_p)} = \frac{V_{dc(min)}(N_p / N_s)}{\pi I_{o(dc)}} \qquad (6.8)$$

因此，对于给定的 $V_{dc(min)}$ 和最大输出电流 $I_{o(dc)}$，谐振元件$(L_1+L_3)=(L_2+L_3)$ 和 C_3 可以由式（6.1）和式（6.8）确定，其中式（6.1）给出它们的乘积关系，式（6.8）给出它们的比例关系。变压器的匝比由式（6.3）确定。

选择恰当的比值 L_3/L_1，可以使 SCR 所受的断态电压应力最小。比值越小，则应力越小，dV/dt 应力也越小，但最好依据经验值来选择。电感 L_3 包括变压器一次侧漏感和杂散电感，但它的值的确定不宜过分依赖于漏感值，因为漏感通常有较大的变化，这会导致谐振周期的变化过大。

6.4.3 串联负载 SCR 半桥谐振变换器的设计实例

6.4.2 节中的各种量与量之间的关系将运用于下面的设计实例中。假设图 6.10 中的电路性能指标如下：

输出功率	2000W
输出电压	48V
输出电流 $I_{o(dc)}$	41.7A
正常输入直流电压	310V
最高输入直流电压	370V
最低输入直流电压	270V

由式（6.3）可得，N_p/N_s=0.6×270/2(48+2)=1.62。由式（6.1）可得

$$2\pi\sqrt{(L_3 + L_1) / C_3} = 20\times10^{-6}$$

即

$$\sqrt{(L_3 + L_1) / C_3} = 3.18\times10^{-6} \qquad (6.1a)$$

由式（6.8）可得

即

$$\sqrt{\frac{(L_3 + L_1)}{C_3}} = \frac{V_{dc(min)}(N_p / N_s)}{\pi I_{o(dc)}} = \frac{270\times1.62}{\pi\times41.7} = 3.34 \qquad (6.8a)$$

由式（6.1a）和式（6.8a）可得，C_3=0.95μF，L_3+L_1=10.6μH；由式（6.6）和式（6.7）可得

$$I_{pp} = \frac{V_{ap}}{\sqrt{(L_3 + L_1) / C_3}} = \frac{0.8\times270}{3.34} = 64.7A$$

由于 SCR 在电流峰值时刻的最大占空比为 $t_r/2t_{t(min)}$=0.25，如图 6.13（a）和图 6.13（c）所示，SCR 的电流有效值为 $I_{rms(SCR)} = 64.7\times\sqrt{0.25} / \sqrt{2} = 22.9A$。最大电流有效值为 40A 的 Marconi ACR25U 就能轻易满足这个要求。同时，上文中假设的反并联二极管的电流峰值为 SCR 的 1/4，即 64.7/4=16.2A。由于变压器匝比为 1.62，则相应的整流二极管的电流峰值分别为 104.8A 和 26.2A。由于整流二极管电流较大，所以使用带一个串联二极管的全

波整流器比使用带两个串联二极管的桥式整流器更好。

6.4.4　并联负载 SCR 半桥谐振变换器[6,12]

大多数实用 SCR 谐振桥式电源的初始电路都来自 Neville Mapham 的经典论文[6]中所描述的并联负载谐振半桥 DC/AC 逆变器。论文中介绍了用于 DC/AC 逆变器的并联负载 SCR 谐振半桥电路,其本质上与图 6.12 所示的电路相同,只是其变压器二次侧上的整流器和滤波器换成了阻性负载。

Mapham 在论文中并没有尝试对输出进行调节,但指出当输出电流在其额定值的 1/10 与额定值之间变化时,无需反馈就可输出一个畸变很小、电压波动小于 1%的正弦电压。详细准确的计算机分析表明,可根据输入直流电压的波动调节 SCR 的触发频率,使输出的正弦电压峰值稳定。

计算机分析是基于标称值($R_o/\sqrt{L/C}$, $I_{scr}\sqrt{L/C}/E$, $I_{diode}\sqrt{L/C}/E$, V_o/E)进行的,简化了二次侧带阻性负载的电路的设计。尽管分析结果难以推广到输出带整流器和 LC 滤波器的电路,但对其分析有很好的指导作用。

如图 6.12 所示的并联负载电路也可通过调节 SCR 的触发频率来调节输出。图 6.12 中整流器阴极的输出电压波形与图 6.13 和图 6.14 所示的串联负载电路的电流波形相似。在并联负载电路中,用 LC 滤波器进行输出电压滤波,而在串联负载电路中,仅用电容进行输出电流滤波。

由于并联负载电路需要输出电感,因此它与串联负载电路相比并没有优势。这里提到并联负载电路,只是为了提及 Mapham 论文中非常有用的计算机分析,这是对串联负载电路进行全面了解的基础。使用 MOSFET 的并联负载电路可用于频率更高的 DC/DC 变换场合[13]。

6.4.5　单端 SCR 谐振变换器拓扑的设计[3,5]

在 6.3 节中已对单端谐振 SCR 变换器(见图 6.8)做过定性讨论,下面将对其进行更为详细的定量分析。分析中包含一些简化的估计,对具体的设计来说还不够精确。要进行更严密的讨论就需要对该电路进行计算机分析。

图 6.15 所示的单端谐振 SCR 变换器电路结构很实用。它的二次侧负载通过隔离变压器耦合到串联谐振电路上,与谐振元件(C_1、L_1 和 L_2)串联。满足谐振周期所需的谐振电感等于 T_1 的漏感 L_1 和其他杂散电感 L_2 之和。如果 L_2 比 L_1 大得多,可以忽略 L_1 的离散性带来的影响。

T_1 的励磁电感虽然与谐振元件串联,但由于它与二次侧负载折算到一次侧的阻抗并联,所以在大多数场合中并不影响谐振周期或电路的工作。但若二次侧负载开路,则励磁电感的高阻抗会使谐振电路的 Q 值变低,阻止 SCR 关断。如果 T_1 的磁芯留有气隙,则 R_o 很大时电路仍能正常工作。

电路的基本工作原理如下:假设 C_1 已经被充电至某个高于 V_{dc} 的左正右负的直流电压 V_{max}(同 1.4.1 节中讲过的 Boost 稳压器)。当受到窄脉冲触发时,Q_1 将导通并维持导通,直至它的电流下降为零。由于 Q_1 导通,一个幅值为 V_{max} 的阶梯电压将加到 Q_1 右边所有串联在一起的元件上。这将产生一个正弦半波电流,沿回路 L_a 流过 Q_1,持续时间为 t_{cr}。在 t_1 时刻,正弦半波电流过零,然后反向按正弦半波规律流过 D_1,持续时间为 t_d。

轻载时,流过 Q_1 和 D_1 的正弦半波电流的持续时间(t_{cr} 和 t_d)都近似等于

$\pi\sqrt{(L_1+L_2)C_1}$ 。负载增大时，t_{cr} 增大而 t_d 减小。若 t_d 在最小时仍大于 SCR 的 t_q 时间，则 SCR 能够自动关断，可以安全地承受正向电压而不被误触发。在关断期间（$t_{off}=t_3-t_2$），$L_3[L_3$ 至少为 (L_3+L_2) 的 20 倍]中的电流使 C_1 充电至 V_{max}，Q_1 可被再次触发。这一过程循环进行，周期为

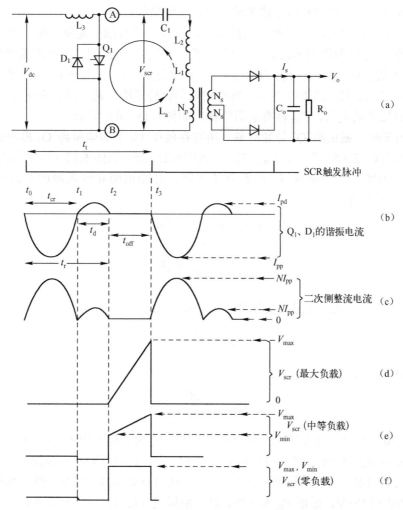

图 6.15 单端 SCR 谐振变换器

$$t_t = t_r + t_{off} = 2\pi\sqrt{(L_1+L_2)C_1} + t_{off}$$

流过 SCR 和二极管的一次侧电流是相似的正弦半波，为二次侧电流的 N（即 N_s/N_p）倍。二次侧电流由整流二极管 D_3 和 D_4 整流后叠加，如图 6.15（c）所示。二次侧电流脉冲的平均值（由 C_o 滤波而无需输出电感）等于直流端的输出电流。

通过调节触发周期可以维持恒定的平均输出电流，从而维持输出电压恒定，以此达到调节直流输出电压的目的。当直流输入电压升高或负载电阻 R_o 增大时，可通过反馈环增大 t_t 以维持输出电压恒定；反之则缩短 t_t。

6.4.5.1 最小触发周期的选择

图 6.15（b）所示的 SCR 电路和二极管的电流峰值（I_{pcr} 和 I_d）由谐振电容 C_1 充电时

达到的最高电压决定。为了确定触发周期及平均输出电流和平均输出电压，必须知道电流峰值。

图 6.15（d）到图 6.15（f）分别是输出功率值为最大、正常和零时 C_1 左端的电压 V_{scr} 的波形。SCR 被触发时，C_1 已经被充至最大电压 V_{max}，储能为 $C_1 V_{max}^2 / 2$。t_2 时刻，部分储能已由流过 SCR 和二极管 D_1 的正弦半波电流传递给负载。

当输出功率为正常值，至关断时间结束时，电容上仍有部分能量，电压不为零。因此当二极管电流在 t_2 时刻降为零时，C_1 的左端没有被钳位于零，L_3 中的电流开始对 C_1 充电。由于 C_1 上仍有电压 V_{min}，V_{scr} 由电压 V_{min} 开始缓慢上升，如图 6.15（e）所示。

负载最大时，至截止结束时刻 t_0，所有储能都已传递给负载，因此在 t_3 时刻再次关断时，C_1 上没有残留的电压，V_{scr} 没有前沿阶梯，如图 6.15（d）所示。

当负载为零时，截止到 Q_1 导通时刻，所有存储在 C_1 上的能量到 Q_1 再次关断时仍然保持不变，如图 6.15（f）所示，$V_{max}=V_{min}$。由图 6.15（d）到图 6.15（f）所示的波形可以确定最小触发周期。由于电感 L_3 没有直流压降，其输出端和输入端的平均电压必须相等，即为 V_{dc}，因此有

$$V_{dc} = \frac{V_{max} + V_{min}}{2} \frac{t_{off}}{t_t}$$

即

$$V_{max} + V_{min} = \frac{2V_{dc}t_t}{t_{off}} \tag{6.9}$$

由图 6.15（d）可见，在最大负载时，$V_{min}=0$，因此

$$V_{max} = \frac{2V_{dc}t_t}{t_{off}}$$

由图 6.15（b）可知，$t_{off}=t_t-t_r$，所以

$$V_{max} = \frac{2V_{dc}}{1 - t_r / t_t} \tag{6.10}$$

由式（6.10）可知，对于离线式变换器，其不同的 t_r/t_t 值对应不同的 V_{max}。最大功率出现在输入电网电压最低、直流输出电流最大时，因为这种情况下 SCR 流过的电流最大。假设输入电网电压的正常值和最低值分别为 AC 115V 和 AC 98V，整流得到的直流电压大约为 160V 和 138V。最低 V_{dc} 为 138V 时，根据式（6.10）可得到表 6.1。

表 6.1

t_r/t_t	$V_{max}(V_{dc}=138V)$	$V_{max}(V)$
0.7	$6.6V_{dc}$	911
0.6	$5.0V_{dc}$	690
0.5	$4.0V_{dc}$	552
0.4	$3.3V_{dc}$	455
0.3	$2.9V_{dc}$	393

由表 6.1 可见，$t_r/t_t=0.6$ 是一个不错的折中选择，因为这样可选用价格低廉的 800V 的 SCR。若 $t_r=16\mu s$，谐振半周期为 $8\mu s$，则 SCR 在绝大部分导通时间里阳阴极间电压很低，如图 6.5 所示。此时对应的最小触发周期 t_t 为 $26.6\mu s$（最高触发频率为 38kHz）。输出功率

较小时，最低触发频率约为最高触发频率的三分之一，即 13kHz，这在听觉范围内不是太低。

6.4.5.2 SCR 电流峰值及 LC 元件值的选择

SCR 和二极管 D_1 的电流峰值如图 6.15（b）所示。对于半桥结构（见 6.4.2 节）而言，假设二极管电流峰值为 SCR 电流的 1/4，对应的整流后的二次侧电流如图 6.15（c）所示。若 T_1 的匝比为 N，则二次侧电流的平均值为

$$I_{s(av)} = \frac{2I_{pp}N}{\pi}\frac{t_r}{2t_t} + \frac{2I_{pp}N}{4\pi}\frac{t_r}{2t_t} = 1.25I_{pp}N\frac{t_r}{\pi t_t} \tag{6.11}$$

式中，I_{pp} 是一次侧电流峰值，如图 6.15（b）所示。这是输入电网电压最低而输出电流最大时的电流平均值即直流输出电流。负载电阻为最小值 R_o 时，输出电压为

$$V_o = 1.25NI_{pp}R_o\frac{t_r}{\pi t_t} \tag{6.12}$$

下面介绍如何选择变压器匝比和谐振元件 L、C 的值，以使谐振电流峰值能够符合上述要求。

根据 6.4.2 节中 Chambers 论文中的建议[9]，选择 T_1 一次侧电压为整环 [图 6.15（a）中 A 点到 B 点] 电压的 60%，即式（6.10）中 V_{max} 的 0.6 倍。该电压通过匝比 N 被钳位，其中二次侧电压为输出电压和一个整流二极管的压降之和，则

$$N = \frac{0.6V_{max}}{V_o + 1} \tag{6.13}$$

当 SCR 被触发时，加到谐振电路元件上的电压为 $V_{ap}=V_{max}+0.6V_{max}=1.6V_{max}$，SCR 的半正弦波电流脉冲的峰值为

$$I_{pp} = \frac{V_{ap}}{\sqrt{(L_1+L_2)/C_1}} = \frac{1.6V_{max}}{\sqrt{(L_1+L_2)/C_1}} \tag{6.14}$$

最大直流输出电流可由式（6.11）确定，相关的其余各项也可由式（6.13）和表 6.1 得出，$(L_1+L_2)/C_1$ 的值可由式（6.14）得到，且在 6.4.5.1 节中选择谐振周期 t_r 为 16μs，则可得

$$t_r = 2\pi\sqrt{(L_1+L_2)/C_1} = 1.6\times10^{-6} \tag{6.15}$$

由式（6.14）和式（6.15）可求得 C_1 和(L_1+L_2)。

6.4.5.3 设计实例

根据以下要求设计一个单端 SCR 谐振变换器。

输出功率	1000W
输出电压	48V
输出电流	20.8A
正常交流输入	有效值 115V
最低交流输入	有效值 98V
整流后正常直流电压	160V
整流后最低直流电压	138V

从表 6.1 中选择 t_r/t_t=0.6，则 V_{max}=690V。由式（6.13）得

$$N = \frac{0.6V_{max}}{V_o + 1} = \frac{0.6 \times 690}{49} = 8.44$$

由式（6.11）可得

$$I_{s(av)} = I_{o(dc)} = 20.8 = 1.25 I_{pp} N \frac{t_r}{\pi t_t} = 1.25 I_{pp} \times 8.44 \left(\frac{0.6}{\pi} \right)$$

即 I_{pp}=10.3A。因此由式（6.14)有

$$I_{pp} = 10.3 = \frac{1.6 V_{max}}{\sqrt{(L_1 + L_2)/C_1}} = \frac{1.6 \times 690}{\sqrt{(L_1 + L_2)/C_1}}$$

即

$$\sqrt{\frac{(L_1 + L_2)}{C_1}} = 107.8 \tag{6.14a}$$

由式（6.15）

$$t_r = 16 \times 10^{-6} = 2\pi \sqrt{(L_1 + L_2)/C_1}$$

可得

$$\sqrt{(L_1 + L_2)/C_1} = 2.55 \times 10^{-6} \tag{6.15a}$$

则由式（6.14a）和式（6.15a）可得 C_1=0.024μF，L_1+L_2=275μH。

t_r/t_t 较小时，SCR 的电压应力也较小，见表 6.1，从而有更高的可靠性。但这会使 t_t 增大（触发频率降低），输出功率降低；且由式（6.12）可知，过大的 t_t 还会使触发频率下降到听觉频率的范围内。

6.5　Cuk 变换器拓扑概述[14-16]

在特定的应用领域中，Cuk 变换器是一种很具创意、应用价值很高的拓扑。其主要优点在于，它输入和输出的脉动电流都是连续的，不会中断。由图 1.4 中的 Buck 稳压器可见，如果 L_o 足够大，则输出电流连续，但输入电流不连续。对于 Boost 调节器，如图 1.10 和图 1.11 所示，输入电流 I_{L1} 连续，但流经整流二极管的输出电流 I_{D1} 不连续。

在一些特殊场合中，对输入和输出电流噪声的要求非常严格，这就必须使输入和输出的脉动电流在上升和下降的过程中不会如图 1.4（f）所示那样出现中断。大多数拓扑（正激变换器、反激变换器、Buck 型、推挽式和桥式等）是通过在输入端加上 RFI 滤波器达到这样的效果的，但这增加了费用和空间。

6.5.1　Cuk 变换器的基本工作原理

Cuk 变换器[见图 6.16（a)]的输入和输出电流都是连续的，如图 6.16（e）和 6.16（f）所示。只要 L_1 和 L_2 足够大，电流纹波的幅值将会非常小。由下文可知，只要 L_1 和 L_2 绕在同一磁芯上，纹波幅值将有可能减小至零。

图 6.16（a）是该电路的基本结构图，输入与输出共地，也可加入隔离变压器以实现直流隔离，这一点将在后面讨论。

下面介绍非隔离基本电路[见图 6.16（a)]的工作原理。当 Q_1 导通时，V_1 急剧下降至零。由于电容电压不能突变，V_2 也急剧下降相等的幅度，使 D_1 反偏，如图 6.16（c）

和图 6.16（d）所示。由于加在 L_1 上的电压为 V_{dc}，其电流线性上升，储能增加。在 Q_1 导通前，C_1 左端电平已经被充电至 V_p，其右端电平被 D_1 钳位到地电位，此时 C_1 已有储能 $C_1V_p^2/2$。

一旦 Q_1 导通，则 C_1 相当于蓄电池，电流从其左端出发，流经 Q_1 及 R_o，再通过 L_2 回到 C_1 的右端。储存在 C_1 和 L_2 上的能量就传递给 R_o，同时将输出滤波电容反向充电至负电压 $-V_o$。

当 Q_1 关断时，V_1 上升至正电压 V_p，V_2 随之上升，但如上所述，它将被 D_1 钳位，只能到达零电位。此时 L_2 的左端为地电位，右端电位为 $-V_o$，L_2 上的电流（储存的能量）就流经 D_1 和 R_o 后回到 L_2 的右端。

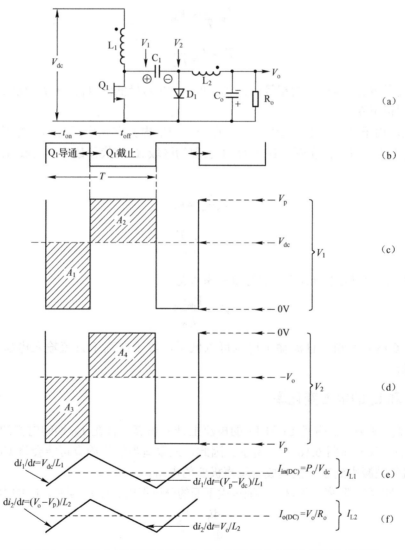

图 6.16　不带输入/输出隔离的基本 Cuk 变换器的主要电压和电流波形

当 Q_1 导通时，L_1 的电流上升率为 $di/dt=V_{dc}/L_1$，如图 6.16（e）所示。由于 V_2 和 V_1 降低的幅度都为 $V_1(V_p)$，所以 L_2 的左端电位为 $-V_p$，L_2 的电流上升率为 $di/dt=(V_o-V_p)/L_2$，如图 6.16（f）所示。

Q$_1$ 关断时，V_1 已经升至一个高于 V_{dc} 的电压，即 V_p，L$_1$ 的电流下降率为 $di/dt=(V_p-V_{dc})/L_1$，如图 6.16（e）所示。此时，由于 Q$_1$ 关断，L$_2$ 左端由 D$_1$ 钳位到地，其右端电位为 $-V_o$，L$_2$ 的电流下降率为 $di/dt=V_o/L_2$，如图 6.16（f）所示。如果 L_1 和 L_2 足够大，它们的电流就会停留在某个值上，不会下降到零。

6.5.2　输出和输入电压比与开关管 Q$_1$ 导通时间的关系

假设 L$_1$ 的直流阻抗为零，没有直流压降，因此在一个周期内其底端电压（V_1）的平均值必定等于其顶端的直流电压（V_{dc}）；这在图 6.16（c）中表现为区域 A_1 的伏秒数等于区域 A_2 的伏秒数。因此有

$$V_p \frac{t_{off}}{T} = V_{dc} \tag{6.16a}$$

即

$$V_p = V_{dc} \frac{T}{t_{off}} \tag{6.16b}$$

由于 V_2 的变化量与 V_1 的相等，在 t_{on} 期间，V_2 为最低值 $-V_p$；在 t_{off} 期间，V_2 为最高值，被 D$_1$ 钳位至零。

类似地，由于 L$_2$ 上没有直流压降，在一个周期内其左端电压（V_2）的平均值必定等于其右端的电压（$-V_o$）；在图 6.16（d）中表现为区域 A_3 的伏秒数等于区域 A_4 的伏秒数。因此有

$$V_p \frac{t_{on}}{T} = V_o \tag{6.17a}$$

即

$$V_p = V_o \frac{T}{t_{on}} \tag{6.17b}$$

由式（6.16b）和式（6.17b）的等量关系可得

$$V_o = \frac{V_{dc} t_{on}}{t_{off}} \tag{6.18}$$

由式（6.18）可知，直流输出电压可以低于、等于或高于直流输入电压，这取决于 t_{on}/t_{off} 的比值。

6.5.3　L$_1$ 和 L$_2$ 的电流变化率

若 $L_1=L_2$，则在 t_{on} 期间 L$_1$ 和 L$_2$ 的电流上升率相等，且在 t_{off} 期间它们的下降率也相等，如图 6.16（e）和图 6.16（f）所示。因此，采取适当的措施有可能会将 Cuk 变换器输入侧的电流纹波减小到零，使其成为噪声极低的电路。

电流上升率和下降率相等这一特征可由下面的分析得出。在 t_{on} 期间，L$_1$ 的电流上升率为

$$\frac{+di_1}{dt} = \frac{V_{dc}}{L_1}$$

L$_2$ 的电流上升率为

$$\frac{+di_2}{dt} = \frac{V_p - V_o}{L_2}$$

由式（6.16a）和式（6.18）可得

$$\frac{+\mathrm{d}i_2}{\mathrm{d}t} = \frac{1}{L_2}\left(\frac{V_{dc}T}{t_{off}} - \frac{V_{dc}t_{on}}{t_{off}}\right) = \frac{V_{dc}}{L_2 t_{off}}(T - t_{on}) = \frac{V_{dc}}{L_2}$$

可见，若 $L_1 = L_2$，则在 t_{on} 期间两电感的电流上升率相等。

在 t_{off} 期间，电感电流逐渐下降，对 L_2 有 $-\mathrm{d}i_2/\mathrm{d}t = V_o/L_2$，由式（6.18）得

$$\frac{-\mathrm{d}i_2}{\mathrm{d}t} = \frac{V_{dc}}{L_2}\frac{t_{on}}{t_{off}} \tag{6.19a}$$

对 L_1，$-\mathrm{d}i_1/\mathrm{d}t = (V_p - V_{dc})/L_1$。但由式（6.16b）可得

$$\frac{-\mathrm{d}i_1}{\mathrm{d}t} = \frac{(V_{dc}T/t_{off}) - V_{dc}}{L_2} = \frac{V_{dc}}{L_2}\frac{T - t_{off}}{t_{off}} = \frac{V_{dc}}{L_2}\frac{t_{on}}{t_{off}} \tag{6.19b}$$

那么，若 $L_1 = L_2$，则在 t_{off} 期间，两电感的电流下降率也相等，如图 6.16（e）和 6.16（f）所示，其值可由式（6.19a）和式（6.19b）得到。

6.5.4 消除输入电流纹波的措施

如果将 L_1 和 L_2 绕在同一磁芯上，且极性如图 6.17 所示，则输入和输出电流的脉动将减小至零，导线上只剩下直流分量。

如图 6.17 所示，将 L_1 和 L_2 绕在同一磁芯上，就构成了一个变压器。在 Q_1 导通期间，由 V_{dc} 流出的电流从 L_1 的同名端流进，且逐渐增大，如图 6.16（e）所示。而 L_2 的同名端相对于异名端电位为正，根据变压器特性，L_1 上将出现一个感生电压，其同名端相对于另一端电位为正；这样 L_1 中将出现一个"二次侧"电流，由 L_1 的同名端流向 V_{dc}。该电流正向增大，其上升率与由 V_{dc} 流出的电流的上升率相同。

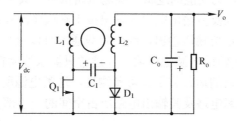

图 6.17 如果 L_1 和 L_2 绕在同一磁芯上，则输入和输出的电流纹波将接近于零。一次侧电流的变化分量被二次侧感应回来的大小相等方向相反的电流抵消。二次侧电流纹波的消除与之类似

由于这两个电流上升率相等（在 6.5.3 节中已证明），方向相反，故通路中的电流在 t_{on} 期间保持不变；也就是说，流过 V_{dc} 的电流为纯直流电流，其大小为 $P_o/(V_{dc}\eta)$，其中 P_o 为输出功率，η 为效率。

同理，如果 L_1 和 L_2 100%耦合，则负载电流同样为没有纹波的纯直流电流，其值为 V_o/R_o。

而且，由于在 t_{off} 期间，L_1 和 L_2 的电流下降率相等，在 t_{off} 期间输入和输出电流也没有纹波分量。

6.5.5 Cuk 变换器的隔离输出

在大多数场合，输出地与输入地之间必须有直流隔离；这可用匝比为 1∶1 的隔离变压器实现，如图 6.18 所示。变换器输出电压仍然由 t_{on}/t_{off} 的大小决定，输出极性可正可负，取决于二次侧电路哪一端接地。

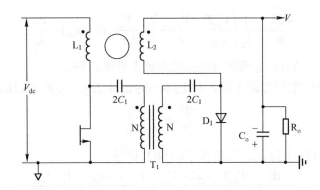

图 6.18　使用匝比为 1∶1 的隔离变压器，实现输出地与输入地间的直流隔离。输出极性的选
　　　　择取决于二次侧电路的哪一端接地

图 6.18 中的 Cuk 变换器用非常巧妙的方式使输入和输出电流都为纯直流电流；但是，所需的磁性元件的价格（电感磁芯 L_1、L_2 和变压器 T_1）相对于该优点来说太高了。

6.6　小功率辅助电源拓扑概述[15-17]

严格来说，并没有适用范围非常广的"拓扑"电路，在具体场合中每个电路各具特色。但由于辅助电源都能够产生输出电压，而这是开关电源的一个主要功能，所以有必要将它们作为独立的拓扑进行讨论。

这里讨论的拓扑输出功率都非常小（1～3W），输出电压为 10～45V，主要为主功率电路的 PWM 芯片及提供辅助功能的逻辑、检测电路供电。其中辅助功能包括过流/过压的检测和保护、遥控信号，以及多输出电源各输出按正确顺序的开和关。

这类辅助电源并非一定要稳压输出，因为负载通常可以承受相对较大的输入电压波动（最大可达±15%）。如果使辅助电源稳压输出（通常只要求波动在±2%以内），可提高电路的可靠性，而且主功率电路的运行将更具可预测性。这类电源所用元件数量必须少且成本要低，并且只能占用主功率电路及其输出电路所占空间的一小部分。

6.6.1　辅助电源的接地问题

在设计电路时，首先要决定为 PWM 芯片供电的辅助电源是接输出地还是接输入地。在大多数场合中，输入地和输出地之间都被直流隔离。带负载的输出端接输出地。主功率电路的开关管接输入地，即电网电压供电变换器中整流所得的直流母线的其中一端（在以蓄电池供电的 DC/DC 变换器中则为蓄电池的一个输出端）。

为了调节输出电压，必须用与输出共地的直流误差放大器来检测输出电压，将其与参考电压比较并放大得到误差电压。该误差电压是参考电压与输出电压的一部分的差值，放大后的误差电压用于调节与输入共地的主功率电路开关管的驱动脉冲宽度。图 2.1 所示的电路是一个典型的例子。

由于输出地和输入地间被直流隔离，且其直流电压等级可能相差数十甚至数百伏，所以 PWM 脉冲不能通过直流耦合直接驱动开关管。

这样，如果误差放大器和脉宽调制器都接输出地（PWM 芯片中的普遍接法），则PWM 脉冲必须通过脉冲变压器来克服输出地和输入地隔离的障碍。辅助电源的功能就是产生以输出地为参考、大小为 10～15V、功率为 1～3W 的输出电压；而其输入功率来自连接输入地的电源。

这类辅助电源常用在 PWM 芯片接输入地的场合。虽然芯片所需能量在主功率电路的开关管开始工作后可以取自主变压器的一个辅助绕组，但如果驱动关闭（例如过压或过流等原因），能量输送就会中断，无法再为远程显示仪供电。同时，由于来自辅助绕组的电压消失，PWM 芯片上的电压降低，会使脉宽过大，导致电路发生故障。

通常来说，由辅助电源为 PWM 芯片供电比由主电力变压器的辅助绕组供电（自举法）更加可靠。

另一种方法是用光耦跨越输入地和输出地隔离的障碍，将输出电压检测信号送回输入端用于调制脉宽，控制主功率电路的开关管的通断。但如果不适合由主电力变压器的辅助绕组自举供电，仍然需要与输入共地的辅助电源。下面将讨论一些实现辅助电源的电路方案。

6.6.2 可供选择的辅助电源

为减少辅助电源所用元件数，许多设计者选择了单开关管或双开关管变压器耦合反馈自振荡电路。这节省了 PWM 芯片或多频振荡器所占的空间和成本。PWM 芯片或多频振荡器能产生交流脉冲以驱动变换器。只要使用一个变压器耦合反馈振荡器，并在变压器上增加一个独立绕组，就可以在任何直流电压水平下提供输出功率。由集电极绕组到基极绕组的反馈维持了电路振荡，也为输出绕组传递功率提供了足够的驱动。

Keith Billings 的手册[16]里介绍了这类自振荡辅助变换器。

这种自振荡变换器由于电路简单、元件数量少而十分抢眼。但若没有附加电路，它就不能输出稳定的直流电压，而且还有其他缺点。若增加外围电路来调节输出并克服其他的缺点，则会增加内部损耗、元件数量及电路的复杂程度。

在某些场合里仍存在这样的争议，就是这些自振荡变换器相对于采用单开关管、驱动电路简单的小功率变换器（如由自身 PWM 芯片供电的反激变换器），是否更具有优势呢？

由于反激变换器无需输出电感，所用的 PWM 芯片价格不断降低，且输出电压容易调节（可通过检测与输入共地的从绕组电压来实现），因此可作为自振荡电路可靠的替换选择。

下面将对 Royer 和 Jensen 这两种最常用的振荡变换器进行讨论，并与简单的反激变换器进行比较。

6.6.3 辅助电源的典型电路

图 6.19 到图 6.21 是三种实用的辅助电源的简化电路，其误差放大器和脉宽调节器都置于 PWM 芯片内，PWM 芯片接输出地。

6.6.3.1 交流输入的辅助电源

图 6.19 所示是最简单、最常用的交流输入辅助电源电路。其中，工频变压器（通常为 2～6W）由交流电网直接供电，其二次侧经整流后接输出地。很多厂家都可提供此类变压器，其一次绕组也有抽头，可满足不同电网电压输入[115V/220V、工频（50Hz/60Hz）]的要求。

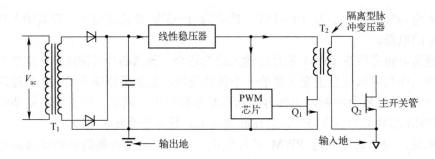

图 6.19　作为电网电压供电的变换器，最简单的辅助电源就是一个小功率（2W）、工频隔离变压器，其二次侧带整流器，产生以输出地为参考的 15V 直流电压。该变压器串联一个与输出共地的输出电压为 12V 的线性稳压器

　　6VA 电源的典型尺寸为 1.88in×1.56in×0.85in，2VA 电源的典型尺寸为 1.88in×1.56in×0.65in。它们的二次侧电压等级很多，且通常每个电源有两个二次侧，可串联起来为带中心抽头的全波输出整流器供电，也可以并联起来为桥式整流器供电。二次侧输出经整流和电容滤波得到直流电压，并根据设计要求将整流得到的直流电压与输出或者输入共地。

　　整流得到的直流电压会有和交流输入电压一样的波动，通常为±10%。由于大多数 PWM 芯片在 8～40V 的直流驱动电压下都能正常工作，因而整流得到的直流输出无需稳压。但如果采取稳压措施，电路运行将更加安全，更具可预测性。因此，应选择变压器二次侧电压使整流得到的直流电压高于设计要求约 3V，然后在滤波电容后面串联一个不贵的 TO220 封装的集成线性稳压器，如图 6.19 所示。所设计的电路通常要达到这样的要求：+12V 稳压输出，在输出功率为 3W 且电网电压向上波动 10%时，效率能达到 55%。

6.6.3.2　直流输入振荡式辅助电源

　　电源为直流时，变压器二次侧没有交流电压，就无法简单地通过整流得到以输出地为参考点的直流电压。图 6.20 所示的就是用于这种场合的常见电路[17]。由直流供电的简单的磁耦合型反馈振荡器在二次侧产生以输出地为参考的高频方波。

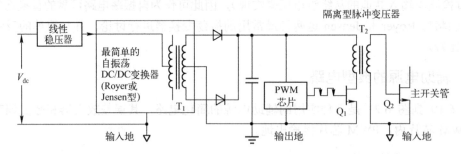

图 6.20　直流输入的辅助电源。当没有交流电压，无法通过整流得到与输出共地的直流电压时，可用简单的磁耦合反馈振荡器作为 DC/DC 变换器，提供与输出共地的电压，来驱动 PWM 芯片。其中，振荡器由输入直流电压供电。辅助电源的输出电压与输入电压成比例。如果主 PWM 芯片能够接受波动在±10%以内的驱动电压，则无需输入调节器

　　二次侧的高频方波经整流和电容滤波后得到接输出地的直流电压。由于是高频方波，二次侧的滤波电容比图 6.19 所示的工频整流滤波器所需的电容小得多。

在这类电路中，整流得到的直流电压通常与直流输入电压成比例。如果允许直流输出电压有±10%的波动，且采用有效的振荡器，则该电路所需元件数量少，效率也高。很多振荡器在输出功率为 3W 时效率可达 75%～80%[16]。下面将以这类振荡器中的 Royer 电路为例进行讨论。

如果要求输出稳压直流，可在振荡器前面串联集成线性稳压器，如图 6.20 所示，但这会使效率下降约 44%（若通信电源的最大直流输入为 60V，则线性稳压器会将其降低到35V——刚好低于通信电源规定的最小电压）。

如果用简单的 Buck 稳压器代替图 6.20 所示的线性稳压器，则会稍微增加元件数量及成本，但在输出功率为 3W 时，效率可达 70%甚至 75%。

6.6.3.3 直流输入的反激式辅助电源

图 6.20 所示的电路如果要求输出稳压直流，则必须增加成本和元件数量，从而使这种简单的自振荡电路失去其优势。图 6.21 提供了另一种可供选择的辅助电源，这是一种简单的反激变换器，可由许多价格低廉的 PWM 芯片驱动，由接输入地的直流电源供电，通过二次绕组 W_1 产生以输出地为参考的直流电压。

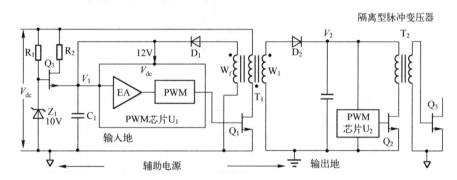

图 6.21 用作辅助电源且使用元件最少的反激变换器。尽管该电路所需元件比图 6.20 所示电路多，但无需线性稳压器就可得到稳定输出电压，而且在输出功率为 2～3W 时其所需输入功率比图 6.19 和图 6.20 所示电路的更小

在图 6.21 中，PWM 芯片刚启动时由射极跟随器 Q_3 供电。Q_3 输出电压为发射极电压，其值比 10V 稳压管 Z_1 的稳压值低一个基极和发射极间的压降。Q_3 发射极的输出电压为 9V，足以驱动 PWM 芯片 U_1。接着，U_1 驱动反激开关管 Q_1，从而通过 W_1 驱动与输出共地的主 PWM 芯片 U_2。

由于 U_1 已由 Q_3 驱动，反激变压器上的自举绕组 W_f 开始输出电压。绕组 W_f 匝数的选择要使滤波电容 C_1 上的电压约为 12V，高于 Q_3 发射极电压。这时 Q_3 发射极电压为12V，而基极电压为 10V，Q_3 被反偏截止。此后，辅助 PWM 芯片继续由绕组 W_f 驱动，主 PWM 芯片则由绕组 W_1 驱动。

电阻 R_2 应足够小，以使 U_1 在启动瞬间能提供足够大的电流。电阻 R_2 的损耗可以忽略，因为该过程仅维持数十微秒。虽然电阻 R_1 上的电流连续，但它提供约为 1mA 的 Q_3 基极电流，U_1 就可以得到 10～20mA 的启动电流，所以 R_1 的功耗非常小。

U_1 中的误差放大器检测为其供电的电压 V_1，并维持其稳定。因为在反激变换器中，辅输出能够很好地跟随主输出，所以由绕组 W_1 得到的输出电压 V_2 作为 V_1 的一个辅输出，也能够维持稳定（在 1%～2%的误差范围内）。

6.6.4　Royer 振荡器辅助电源的基本工作原理[17-18]

图 6.22（a）是 Royer 振荡器的电路图。该电路于晶体管面世仅几年后的 1955 年提出，是电力电子学中晶体管应用最早的一种[1]。

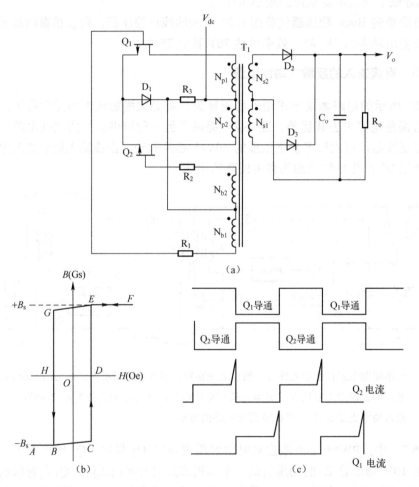

图 6.22　（a）基本 Royer 振荡器。（b）T_1 磁芯的方形磁滞回线。（c）导通结束时的大电流尖峰
　　　　特性。这些尖峰是 Royer 振荡器的主要缺陷。只要磁芯的 *B-H* 值在磁滞回线的垂直线
　　　　上，由 N_p 到 N_b 的正反馈就将维持一个开关管处于饱和导通状态。当磁芯的 *B-H* 值在
　　　　磁滞回线的顶端或底端时，由于磁芯的磁导率保持不变，集电极和基极绕组的耦合消
　　　　失，导通开关管的基极电压和电流下降为零，其集电极电压开始上升。绕组间由空气
　　　　滞留耦合产生的电压导通另一个开关管，并由正反馈使之完全导通。在半个周期内，
　　　　磁芯的 *B-H* 值运动的路线为 *CDEF*，在下半个周期内运动的路线则为 *FEGHBA*

目前这种电路已被用于产生交流方波，加上整流器后就成为 DC/DC 变换器，功率可达数百瓦。但是，初始模型中两个明显的缺点限制了它的应用，使其在许多场合中不够可靠；然而只需稍微改进并采用现代电子器件，它就能成为一个很有价值的电路，可应用于

功率为 10~300W 的场合。

最基本的 Royer 振荡器如图 6.22（a）所示。这是一个推挽电路，由从集电极绕组到基极绕组的正反馈维持振荡。该正反馈由集电极绕组和基极绕组的同名端点号可见。

假设 Q_1 已经饱和导通，一次绕组 N_{p1} 的异名端（无点号端）为正，因此其基极绕组 N_{b1} 的异名端也为正。N_{p1} 上的电压为 V_{dc}（忽略 V_{ce} 压降），N_{p1} 通过 N_{s1} 将能量传送到输出端，也通过 N_{b1} 和 R_1 给 Q_1 提供足够的基极电流，使其在负载电阻 R_o 最小、折算到一次侧的负载电流最大时仍能维持 Q_1 饱和导通。

变压器 T_1 的磁芯由具有方形磁滞回线的材料制成，磁滞回线如图 6.22（b）所示。假设 Q_1 开始导通时，磁芯工作在磁滞回线的 C 点。当电压 V_{dc} 加到绕组 N_{p1} 上时，根据法拉第定律，磁芯中的磁感应强度变化率为

$$\frac{\mathrm{d}B}{\mathrm{d}t} = \frac{V_{dc} \times 10^8}{N_{p1}A_e} \tag{6.20}$$

磁芯的 $B\text{-}H$ 值将沿着磁滞回线中的 CDE 曲线从磁感应强度为 $-B_s$ 的负饱和点运动到磁感应强度为 $+B_s$ 的正饱和点。由式（6.20）可得，所需时间为

$$T_1 = \frac{T}{2} = \frac{dBN_{p1}A_e \times 10^{-8}}{V_{dc}} = \frac{2B_s N_{p1}A_e \times 10^{-8}}{V_{dc}} \tag{6.21}$$

当 $B\text{-}H$ 值到达磁滞回线的 E 点时，磁芯饱和，磁导率几乎不再变化，Q_1 基极绕组与集电极绕组耦合而产生的电压突然消失，基极电流也迅速下降到零，集电极电压开始上升。绕组 N_{p1} 与 N_{b2} 同名端之间由空气滞留耦合产生的电压迫使 Q_2 导通。Q_2 一旦导通，N_{p2} 到 N_{b2} 的正反馈会加速它的导通，直至完全导通。在 Q_1 导通时，N_{p1} 的异名端为正，磁芯的 $B\text{-}H$ 值沿着磁滞回线上升。当 Q_2 导通时，N_{p2} 的同名端为正，磁芯的 $B\text{-}H$ 值将沿着路线 $EGHBA$ 被拉回到磁滞回线的底部。

由式（6.21）可知，$B\text{-}H$ 值同样要经过 $T/2$ 的时间才能回到磁滞回线的底部。接着，下一个周期开始，因此电路振荡频率为

$$F = \frac{1}{T} = \frac{V_{dc} \times 10^8}{4B_s N_p A_e} \tag{6.22}$$

由图 6.22（a）可知，R_3 的作用是使电路正常启动。V_{dc} 首次施加在电路上时，Q_1 和 Q_2 都没有导通，上述循环不可能开始。但由 V_{dc} 流出的电流，经 R_3 进入基极绕组的中心抽头，再经过半个基极绕组，流过它的基极电阻到基极，使管子导通，电路开始工作。通常，放大系数较大的开关管首先导通。一旦电流开始振荡，基极电流就会从基极绕组输出，经过基极电阻、基极、发射极及 D_1，再流回基极绕组的中心抽头。

图 6.22（a）所示的电路只是许多基极驱动方案中的一种。其中基极电阻用于限制基极电流，以免高温时电流过大，开关管存储时间过长。Baker 钳位（将在第 12 章中讨论）将用于该电路上，以降低电路对负载变化、开关管增益参数的分散性和温度变化等因素的灵敏度。

6.6.4.1 Royer 振荡器的缺陷[17]

最基本的 Royer 振荡器有两个主要缺陷，但它们都能通过简单的方法加以矫正。由图 6.22（c）可以看出第一个缺陷为，在开关管关断瞬间有一个极大的电流尖峰，虽然

该尖峰仅持续 1～2μs，但其幅度却可能是正常电流峰值的 3～5 倍。

该电流尖峰在集电极电压约等于电源电压时出现，这将大大增加开关管的功耗。由于同时出现高电压和大电流，开关管的工作点很容易跃出安全工作区域（SOA），甚至在平均损耗很低的时候，也会因"二次击穿"而损坏。

出现电流尖峰是由 Royer 振荡器的内部特性决定的，其产生过程如下：假设在 Q_1 导通，Q_2 被反偏截止时，磁芯的 *B-H* 值上升到磁滞回线的顶端，处于饱和状态。这时 Q_1 的基极绕组不再产生电压，Q_1 开始截止，其集电极电压将会迅速上升。

但是，必须等储存在基极的电荷全部放掉而且 Q_2 完全导通，使绕组 N_{p2} 和 N_{b1} 的异名端都出现负电压时，Q_1 的基极电压才变成负值，其集电极电流才能被截止。从变压器磁芯饱和、一个开关管开始关断到另一个开关管开通的延迟时间里，正在关断的晶体管将工作于高集电极电压和大尖峰电流的状态下，可能被损坏。

第二个缺陷实际上是出现第一个缺陷的部分原因。从一个开关管开始关断到另一个开关管开通需要较长的延迟时间。在该延迟时间里，将要关断的晶体管的基极电压停留在约 0.5V 的水平上，并缓慢下降，直至另一个开关管完全导通后才被迅速拉低。

然而，在基极电压从 0.5V 缓慢下降的过程中该开关管尚未完全关断，集-射电压很高；此时由于基极电压停留在 0.5V 左右，半导通（没有完全关断）的开关管通常会发生高频振荡。这个缺陷很容易克服。根据经验，只要在晶体管的集电极和基极间加上 100～500pF 的耦合电容就可以了。

该电路的另一个缺点是振荡器的方波频率与电源电压成比例[见式（6.22）]。相对于恒频开关电源来说，由于所有 RFI 都涵盖了宽广且连续的频谱范围，故存在许多与系统相关的缺陷。

图 6.23 给出了基于 Royer 振荡器的 DC/DC 变换器的典型电路及其主要波形，该变换器的输出功率为 2.4W，输入电压为 DC 38V（即通信电源要求的最低输入电压）。

Royer 振荡器所需元件较少，但如图 6.23 右下方的波形所示，该电路在关断和开通瞬间都会出现上述的电流尖峰。左下方是集电极电压波形。由于在开通和关断时刻都会出现电流尖峰，所以变换器效率仅有 50.6%。

6.6.4.2　电流馈电型 Royer 振荡器[19]

要消除上文提到的在开关管开通和关断时出现的电流尖峰，只需在 Royer 变压器的一次绕组中心抽头上串联一个电感，而且这能大大地提高效率。

串联电感后的电路变成电流馈电型电路（相对于电压馈电型而言），并具有电流馈电拓扑的所有优点（见 5.6 节）。串联电感的作用为，当磁芯饱和，导通的开关管开始出现一个幅值很大的电流尖峰，电流变化率 di/dt 也很大，由于电感电流不能突变，变压器中心抽头的电压将下降到地电位，集电极电流就被限制在磁芯饱和前的数值上。

此时，流过 R_3 的启动电流导通另一个开关管，因此在即将关断的开关管的存储时间内两个晶体管同时导通，集电极与发射极间的电压都接近于零。这样，一个开关管为零电压关断，另一个开关管为零电压导通，瞬时关断损耗和开通损耗都达到最小（见 2.2.12.1 节）。

由图 6.24 可以看出电流馈电型 Royer 电路的优点。如图 6.23 所示的 Royer 电路由一个可调压的电源供电，中间串联一个 630μH 的电感（1408-3C8 铁氧体磁芯，50 匝，总气隙长度为 2mil）。

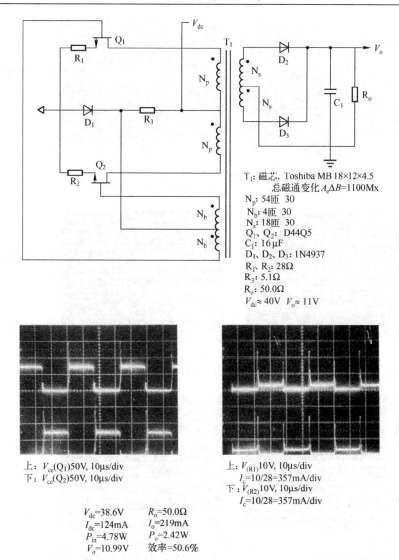

T₁: 磁芯, Toshiba MB 18×12×4.5
总磁通变化 $A_e\Delta B$=1100Mx
N_p: 54匝 30
N_b: 4匝 30
N_s: 18匝 30
Q_1、Q_2: D44Q5
C_1: 16 μF
D_1、D_2、D_3: 1N4937
R_1、R_2: 28Ω
R_3: 5.1Ω
R_o: 50.0Ω
V_{dc} ≈ 40V V_o ≈ 11V

上: $V_{ce}(Q_1)$50V, 10μs/div
下: $V_{ce}(Q_2)$50V, 10μs/div

上: $V_{(R1)}$10V, 10μs/div
I_c=10/28=357mA/div
下: $V_{(R2)}$10V, 10μs/div
I_c=10/28=357mA/div

V_{dc}=38.6V R_o=50.0Ω
I_{dc}=124mA I_o=219mA
P_{in}=4.78W P_o=2.42W
V_o=10.99V   效率=50.6%

图 6.23　使用方形磁滞回线磁芯的典型 Royer 振荡器，通常作为低功率辅助电源驱动接输出地
的 PWM 芯片，其输入功率来自接输入地的电源。尽管该电路所用元器件数量少，但
在开通和关断瞬间会出现很大的电流尖峰，降低了可靠性

图 6.24 所示为上述电路中开关管的电流波形，可见在导通结束时没有出现电流尖
峰。图 6.24 的有关数据见表 6.2。

表 6.2

$V_{dc(in)}$(V)	$I_{dc(in)}$ (mA)	P_{in}(W)	V_{out}(V)	R_o(Ω)	P_{out}(W)	效率(%)
38.0	96	3.65	11.24	49.8	2.54	69.6
50.0	127	6.37	15.05	49.8	4.55	71.4
60.0	151	9.03	18.08	49.8	6.56	72.7

由表 6.2 可以看出，当输入电压在通信电源要求的 38~60V 范围内，且输出端带恒定负
载，则平均效率约为 71%；而相同的 Royer 电路在没有串联输入电感（见图 6.23），且带相同
的 49.8Ω 的电阻负载时，效率只有 50.6%。由此可见，串联输入电感使效率明显提高了。

如图 6.24 和图 6.25 所示，由于存在输入电感，变压器中心抽头处的电压值会变为零。

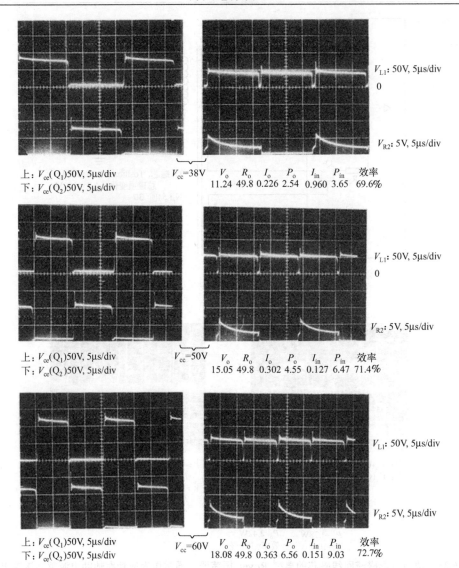

图 6.24　电流馈电型 Royer 振荡器的波形。通过在 V_{cc} 与变压器中心抽头之间串联一个电感，消除了开关管开通和关断时出现的电流尖峰，如图 6.22（c）所示，并大大提高了效率。这是因为在每次转换过程中，两个开关管有一个短暂的同时导通状态，中心抽头的电压下降为零。图 6.22（a）是电路串联 630μH 的电感后，输入分别为 38V、50V 和 60V 时的波形

　　如果输入直流电压为 38～60V，输出电压在 11～18V 范围内是可以被接受的，那么这种元器件数很少的非稳压电流馈电 Royer DC/DC 变换器将是一个很好的选择。

6.6.4.3　带 Buck 预调节的电流馈电 Royer 变换器

　　很多应用场合要求稳定的输出电压，这只需在 Royer 振荡器前面串联一个 Buck 稳压器就能满足，如图 6.26 和图 6.27 所示，但这样会稍微增加电路的复杂性和成本。因为 Buck 稳压器的效率通常为 90%以上，所以即使经过 Buck 稳压器和 Royer 振荡器两级处理，电路的总效率也不会很低。由图 6.27 可见，在不同的输入直流电压和输出功率下（38～60V，2.3～5.7W），其总效率都为 57.9%～69.5%。

由图 6.27 可知,Buck 稳压器能检测并维持其输出电压(即 Royer 振荡器的输入电压)稳定,使 Royer 振荡器在开环状态下,具有稳定的输出电压和良好的负载特性。从图中还可以看出,当上述的直流输入电压和负载变化时,其输出电压仅为 9.79~10.74V,这完全可以满足辅助电源的要求。

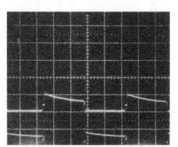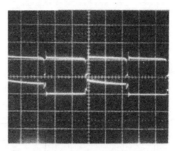

V_{dc}=50V V_o=15.04V I_{dc}=125.5mA R_o=49.7Ω
P_{in}=6.28W I_o=303mA P_o=4.55W 效率=72.5%
V_{R1}为5V 或178mA,5μs/div
V_{R2}为5V 或178mA,5μs/div

(a)

$V_{(T1中心抽头)}$为50V,5μs/div
V_{R2}为5V 或178mA,5μs/div

(b)

图 6.25 (a)图 6.22 所示电路中 T_1 中心抽头串联 1630μH 电感后的发射极电阻电压;
(b)图 6.23(a)所示电路,T_1 中心抽头电压在每个转换过程中下降为零

若需要更好的负载特性,则 Buck 电路的误差放大器可以通过检测主电力变压器的自举从属绕组的输出来进行调节;其设计可参见 6.6.3.3 节和图 6.21。

图 6.27 所示电路的具体参数如图 6.26 所示。

6.6.4.4 用于 Royer 振荡器的方形磁滞回线材料

Royer 振荡器的变压器磁芯必须具有方形的磁滞回线,否则,两个开关管轮流导通的转换过程将变得缓慢,甚至不能完成转换。

导通的开关管可能会将磁芯的 B-H 值推到磁滞回线的顶部,并保持传递足够的基极驱动能量以维持它的导通,但不能导通另外一个开关管。在这种情况下,独立导通的开关管将会在数十微秒内损坏。

绝大多数铁氧体磁芯没有完全方形的磁滞回线,但很多其他材料具备这个特性。最早的材料是一种合金,由 79%的镍、17%的铁、4%的钼组成。许多厂商都能提供这种材料,并赋予不同的命名。Magnetics 公司能提供最多可选的标准尺寸磁芯,其磁芯材料为 Square Permalloy 80。其他厂商把几乎完全一样的磁芯材料命名为 4-79 Permalloy、Squre Mu 79 或 Square Permalloy 等,其饱和磁感应强度为 6600~8200Gs。

材料通常被加工成薄带状,卷成柱形,外面用铝或者其他非金属容器包住。薄带的厚度约为 1mil 或 0.5mil。磁芯损耗会随频率提高而迅速增大,因此在电力变压器中,工作频率越高,制造磁芯的叠片的厚度就必须越小,以使损耗最小。若频率低于 50kHz,则可用厚度为 0.5mil 的叠片做成磁芯;但若频率高于 100kHz,那么即使是厚度为 0.5mil 的叠片,磁芯损耗也会过大。

在 20 世纪 80 年代,出现了一种新的软磁性材料,在高频时损耗很小,而磁感应强度能够在+B_s 到-B_s 间变化。这样,在磁芯损耗和温升可以接受的条件下,Royer 振荡器的工作频率将可以上升到 200kHz。

如图 6.13 所示，Buck 稳压器以开关频率在上截断到截断 Royer 振荡器的输入电压输入电压，使 Royer 振荡器在不截断 Fc 作开关管稳压的电压变换工作。从图中外部区域可知，该处输出进入人截止点截底，尽量输出电压仅为 Vo=100mV，是其值范围，运行范围的电压。

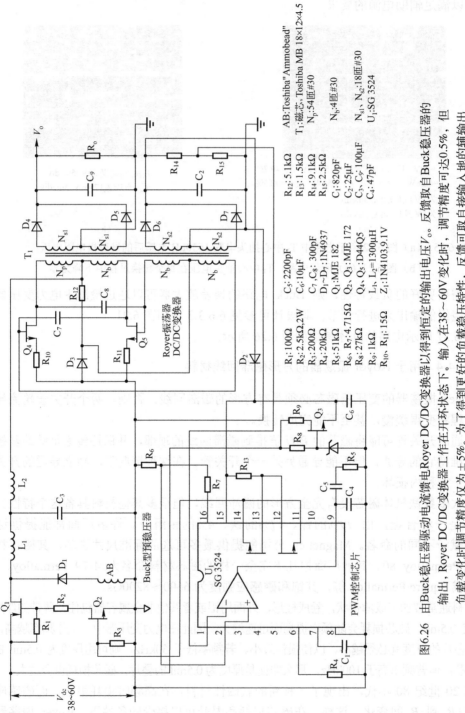

图6.26　由Buck稳压器驱动电流馈电Royer DC/DC变换器以得到恒定的输出电压V_o。反馈取自Buck稳压器的输出，Royer DC/DC变换器工作在开环状态下。输入在38～60V变化时，调节精度可达0.5%，但负载变化时调节精度仅为±5%。为了得到更好的负载稳压特性，反馈可取自直接输入入地的辅助输出

R_1:100Ω　R_{12}:5.1kΩ
R_2:2.5kΩ,2W　R_{13}:1.5kΩ
R_3:200Ω　R_{14}:9.1kΩ
R_4:20kΩ　R_{15}:2.5kΩ
R_5:51kΩ
R_6, R_7:4.715Ω　C_1:820pF
R_8:27kΩ　C_2:25μF
R_9:1kΩ　C_3, C_9:100μF
R_{10}, R_{11}:15Ω　C_4:47pF

C_5:2200pF
C_6:10μF
C_7, C_8:300pF
D_1～D_7:1N4937
Q_1:MJE 182
Q_2, Q_3:MJE 172
Q_4, Q_5:D44Q5
L_1, L_2:1300μH
Z_1:1N4103,9.1V

AB:Toshiba"Ammobead"
T_1:磁芯, Toshiba MB 18×12×4.5
N_p:54匝#30
N_b:4匝#30
N_{s1}, N_{s2}:18匝#30
U_1:SG 3524

所有照片均为50V 10μs/div

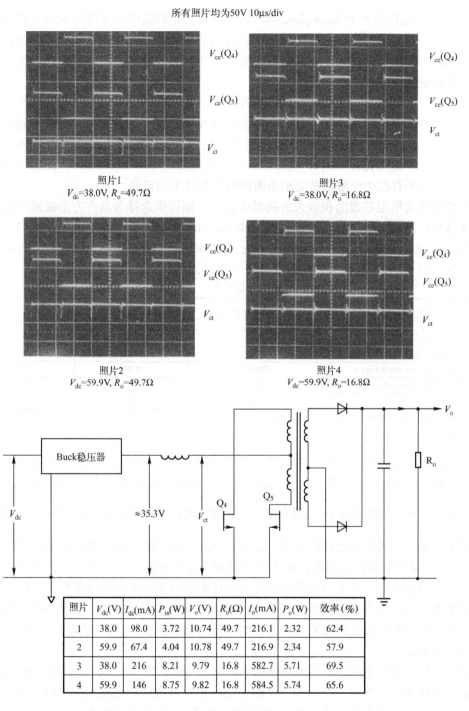

照片1
$V_{dc}=38.0V$, $R_o=49.7\Omega$

照片3
$V_{dc}=38.0V$, $R_o=16.8\Omega$

照片2
$V_{dc}=59.9V$, $R_o=49.7\Omega$

照片4
$V_{dc}=59.9V$, $R_o=16.8\Omega$

照片	$V_{dc}(V)$	$I_{dc}(mA)$	$P_{in}(W)$	$V_o(V)$	$R_o(\Omega)$	$I_o(mA)$	$P_o(W)$	效率(%)
1	38.0	98.0	3.72	10.74	49.7	216.1	2.32	62.4
2	59.9	67.4	4.04	10.78	49.7	216.9	2.34	57.9
3	38.0	216	8.21	9.79	16.8	582.7	5.71	69.5
4	59.9	146	8.75	9.82	16.8	584.5	5.74	65.6

图 6.27 由 Buck 稳压器驱动的电流反馈型 Royer 变换器的波形和数据。反馈取自 Buck 输出，
其电路如图 6.26 所示

补充：将具有方形磁滞回线的非晶磁性材料用于单变压器 Royer 自振荡电路设计时必须注意：振荡要求磁芯能够满足反激，而一些非晶材料的剩磁值 B_r 接近其饱和值，以致磁芯维持在饱和状态而无法振荡。

由美国的 Allied 公司和 Magnetics 公司制造的这种非晶磁性材料命名为 Metglas，由

Toshiba 公司制造的则称为 Maorphous-MB，该材料的饱和磁感应强度为 5700～6200Gs。

由于这些具有方形磁滞回线的磁芯都由较薄的叠片叠成，与铁氧体磁芯相比，磁芯截面积较小。因此在相同的频率下，它们需要的绕组匝数比铁氧体磁芯更多（若铁氧体磁芯也具有方形磁滞回线）。

但由式（6.22）可见，Royer 变换器的绕组匝数和磁芯截面积间没有必然联系。其绕组匝数与饱和磁感应强度、频率和磁芯截面积成反比。虽然这种由薄片叠成的磁芯截面积较小，但是它们的饱和磁感应强度约为现有的任何具有方形磁滞回线的铁氧体磁芯的两倍。同时，这种磁芯允许 Royer 电路的工作频率提高到 50～200kHz，因此所需的绕组匝数较小，所以不存在由于磁芯截面积小而绕组匝数很大的问题。

如果需要选用磁芯截面积较大的铁氧体磁芯，则可供选择的具有方形磁滞回线的磁性材料非常少；其中一种材料是 Fairite（Walkill，New York）公司生产的 Type 83，它的饱和磁感应强度为 4000Gs，但在饱和磁感应强度±4000Gs 时损耗很大，最高工作频率只能为 50kHz。表 6.3 列出了现有的所有具有方形磁滞回线的磁芯材料。

表 6.3

磁芯材料	饱和磁感应强度(Gs)	磁芯损耗(W/cm³)*	
		50kHz	100kHz
Toshiba MB	6000	0.49	1.54
Metglas 2714A	6000	0.62	1.72
Square Permalloy 80(0.5mil)	7800	0.98	2.26
Square Permalloy 80(1mil)	7800	4.2	9.6
Fairite Type 83	4000	4.0†	30.0

* 磁感应强度在正饱和值与负饱和值之间变化。

† 25kHz 时为 1W/cm³。

需要指出的是，绝大多数由带状叠片叠成的磁芯表面辐射面积很小，因而具有较大的热阻，约为 40～100℃/W。除非固定在散热片上，否则它们的总损耗必须控制在 1W 以下。

6.6.4.5　电流馈电 Royer 电路和 Buck 预调节电流馈电 Royer 电路的应用前景

如果在有关现代电源设计的文献中提出："30 年前已被冷落的 Royer 电路仍有很大的发展空间"，这将是难以置信的。但在许多场合，工作在电流馈电模式、开关管集电极与基极之间有跨越电容，且采用新型低损耗软磁性磁芯的 Royer 电路仍极具吸引力。

如果无需进行输入电压调节，则 Royer 电路所需元件数量极少，如图 6.23 和图 6.24 所示。它主要应用在低压直流输入场合，如 48V 的通信电源、28V 的航空电源和 12V 或 24V 的汽车电源。

如果应用上述新型磁芯，则该电路的功率可达 200～300W。因为无需输出电感，所以该电路只需接上一个多匝二次侧和一个输出电压增效器就能轻易输出高电压。如果要求稳压输出，则可在前面串联高效的 Buck 稳压器，如图 6.26 和图 6.27 所示。

可以预见，在不久的将来，基于电流反馈 Royer 谐振器的 DC/DC 变换器将会重新广泛引起人们的兴趣。

6.6.5　作为辅助电源的简单反激变换器

图 6.21 是小功率反激电路，作为辅助电源时其详细电路如图 6.28 所示。

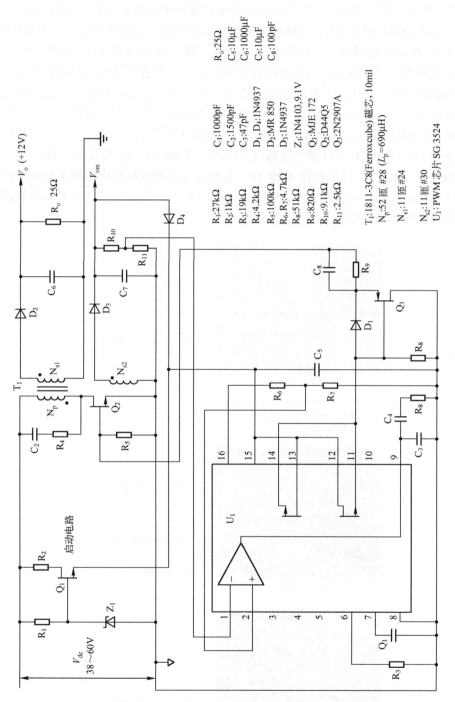

图6.28 带输出隔离的低功率反激变换辅助电源，输出电压为V

根据第 4 章提到的设计方法，所设计的反激电路将工作在不连续导电模式下，工作频率为 50kHz，输入直流电压为 38～60V（通信电源电压范围），输出功率为 6W，能轻易传送两倍输出功率而不增加任何元器件的应力。但是在输入电压低于 38V 且其输出功率超过 6W 时，除非改变反馈环进行调节，否则电路将会进入连续导电模式而发生振荡（见 4.3 节）。

在图 6.28 所示的电路中，主输出电压 V_{om} 是以输入地为参考的稳压输出，而辅输出 V_o 以输出地为参考，用于驱动主功率电路的 PWM 芯片。反激变换器没有输出电感，但其辅输出能够紧跟主输出变化。因而稳压输出的 V_{om} 能够使作为辅助电源的 V_o 保持稳定。

在图 6.28 所示的电路中，Q_1 为 PWM 芯片提供启动电压。电源启动并建立输出电压后，V_{om} 替代启动电压通过 D_4 给芯片供电。D_4 的阴极电压约为 11V。由于 Q_1 的基极电压被 Z_1 钳位在 9.1V，当由 D_4 引过来的发射极电压约升至 9V 时，Q_1 被反偏关断。

图 6.29（a）、图 6.29（b）和图 6.29（c）是低功率反激变换器电路的主要波形及其性能参数，对应的输入电压分别为 38V、50V 和 60V，效率约为 70%。这是在电路的设计及效率未被优化的情况下测得的。

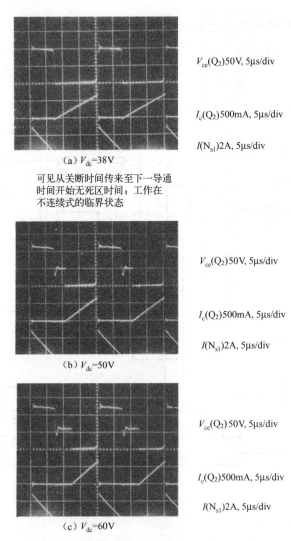

$V_{ce}(Q_2)50V, 5\mu s/div$

$I_c(Q_2)500mA, 5\mu s/div$

$I(N_{s1})2A, 5\mu s/div$

（a）$V_{dc}=38V$

可见从关断时间传来至下一导通时间开始无死区时间；工作在不连续式的临界状态

$V_{ce}(Q_2)50V, 5\mu s/div$

$I_c(Q_2)500mA, 5\mu s/div$

$I(N_{s1})2A, 5\mu s/div$

（b）$V_{dc}=50V$

$V_{ce}(Q_2)50V, 5\mu s/div$

$I_c(Q_2)500mA, 5\mu s/div$

$I(N_{s1})2A, 5\mu s/div$

（c）$V_{dc}=60V$

图 6.29　图 6.28 所示的低功率反激变换器的主要波形

这里只给出实际工作在不连续导电模式下的反激变换器的主要经典波形。图 6.29（a）是直流输入电压为 38V、工作在临界导通模式下的波形（见 4.4.1 节和图 4.8）。可见，在二次侧电流刚下降到零的时刻，一次侧电流就开始上升，两者之间没有死区时间。图 6.29（b）和图 6.29（c）分别是输入电压为 50V 和 60V 时的相关波形。可见，在二次侧电流下降为零到下一周期一次侧电流开始上升之间有一段死区时间。

反激变换器比图 6.26 所示的电流反馈型 Royer 电路所用的元器件数量更少。但由图 6.29 可见，当输出功率为 6W 时，反激变换器的二次侧电流峰值为 3A，而 Buck 电流反馈型 Royer 电路（见图 6.26）的这一电流值仅为 0.36A。反激变换器中二次侧电流越大，RFI 问题就会越严重，就需要容量越大的输出滤波器，甚至需要在主滤波电容后面加上一个小容量的 LC 滤波器，以消除在关断瞬间由主电容的 ESR 带来的输出电压尖峰。

6.6.6 作为辅助电源的 Buck 稳压器（输出带直流隔离）

图 1.9 所示的是另一种价格低廉、结构简单的电路（见 1.3.8 节），可作为带直流隔离的辅助电源。必须注意的是，在该电路中，取自二次侧的电流并不足以使一次侧电流进入不连续导电模式，这意味着需要加上稳压器。

参考文献

[1] B. D. Bedford and R. G. Hoft, *Principles of Inverter Circuits*, Wiley, New York, 1964.

[2] *General Electric SCR Manual*, 6th ed., General Electric Co., Auburn, NY, 1979.

[3] I. Martin, *Operating Characteristics of Self-Commutated Sinewave SCR Inverters*, RCA Application Note AN-6745, RCA, Somerville, NJ, 1978.

[4] I. Martin, *Regulating the SCR Inverter Power Supply*, RCA Application Note AN-6856, RCA, Somerville, NJ, 1980.

[5] Z. F. Chang, *Application of ASCR in 40 kHz Sine Wave Converter*, RCA Application Note ST-6867, RCA, Somerville, NJ, 1980.

[6] N. Mapham, "An SCR Inverter with Good Regulation and Sine Wave Output," *IEEE Transactions on Industry and General Applications*, IGA-3 (2), 1967.

[7] N. Mapham, "Low Cost Ultrasonic Frequency Inverter Using Single SCR," *IEEE Transactions on Industry and General Applications*, IGA-3 (5), 1967.

[8] I. Martin, "Application of ASCR's to High Frequency Inverters," *Proceedings Powercon 4*, May 1977.

[9] D. Chambers, "Designing High Power SCR Resonant Converters for Very High Frequency Operation," *Proceedings Powercon 9*, 1982.

[10] D. Chambers, "A 30 kW Series Resonant X Ray Generator," *Powertechnics Magazine*, January 1986.

[11] K. Check, "Designing Improved High Frequency DC/DC Converters with a New Resonant Thyristor Technique," Intel Corporation, Hillsboro, OR.

[12] See Reference 1, Chapters 8 and 10.

[13] D. Amin, "Applying Sinewave Power Switching Techniques to the Design of High Frequency Off-Line Converters," *Proceedings Powercon 7*, 1980.

[14] S. Cuk and D. Middlebrook, *Advances in Switched Mode Power Converters*, Vols. 1, 2, Teslaco, Pasadena, CA, 1981.

[15] G. Chryssis, *High Frequency Switching Power Supplies*, 2d ed., McGraw-Hill, New York, 1989.

[16] K. Billings, *Switchmode Power Supply Handbook*, McGraw-Hill, New York, 1990.

[17] A. Pressman, *Switching and Linear Power Supply, Power Converter Design*, Switchtronix Press, Waban, MA, 1977.

[18] G. H. Royer, "A Switching Transistor AC to DC Converter," *AIEE Transactions*, July 1955.

[19] D. V. Jones "A Current Sourced Inverter with Saturating Output Transformer," *IEEE Proceedings*, 1981.

第 2 部分

磁路与电路设计

第7章 变压器和磁性元件设计

7.1 简介

在本书第 1 部分中，对最常用的几种电路拓扑特性做了充分的讨论，以便用户根据电源设计的要求来选择最合适的拓扑。通常选择电路拓扑时最需要考虑的是高电网电压时功率开关管承受的关断电压应力最小，而输出最大功率时流过开关管的峰值电流最小。其他需要考虑的还有减少元器件数量、电源成本以及整机体积。另外，如何减小射频干扰也是在选择拓扑和开关频率时需要考虑的一个因素。

电路拓扑选定以后，就要确定电路的工作频率和变压器磁芯尺寸，确保在变压器体积最小的情况下获得所需要的最大输出功率。要确定频率和变压器磁芯尺寸，首先要知道输出功率和变压器各种参数之间的关系，如变压器尺寸、磁芯截面积、磁芯或骨架窗口面积、峰值磁感应强度、工作频率和绕组电流密度等。下面将对最常用的几种电路拓扑的这些关系进行推导，并给出计算公式。

上面所提到的这些关系可以写成公式的形式，根据这些公式可以选择变压器磁芯和工作频率。一种方法是首先估算出所需磁芯的大小和工作频率，然后根据所选磁芯、频率以及相关参数计算出近似功率。如果这个功率不符合要求，就必须更改先前的假设，重新设定变压器尺寸和工作频率，重复以上过程。由于这些参数彼此相关，所以必须经过大量计算才能得到满足要求的变压器尺寸和工作频率。

提示：文献[17]的 368 页提供了一种计算表格，根据所需功率和选定的工作频率可以直接得到最优的变压器磁芯大小。

—— K.B.

另外一种更好的方法就是将公式转化为图表。图表中纵坐标参量为工作频率（每 8kHz 一格），横坐标参量为不同厂家生产的磁芯参数，根据公式计算，纵轴与横轴的交点就是在这些参数下的输出功率。

沿着横轴方向，输出功率不断增大。这样由图表就能很容易地选定工作频率。只要沿着该频率所在行向右查找，找到的第一个满足功率要求的磁芯尺寸即为所求。或者若满足尺寸要求的磁芯已经选定，那么只要沿着该磁芯所在的列向上查找，第一个满足输出功率要求的频率就是所需要的频率。

该图表给出了 4 个主要磁芯厂家所生产的各种磁芯尺寸。

以下章节给出了目前最常用的几家厂商生产的不同磁芯材料的磁芯损耗随频率和峰值磁感应强度变化的特性，讨论了现有的铁氧体磁芯的几何结构以及各自的应用场合；也提供了铁损和铜损的计算方法，并对产生铜损的主要因素——邻近效应进行了阐述；最后还论证了变压器温升与磁芯损耗和铜损的关系。

7.2　变压器磁芯材料与几何结构、峰值磁感应强度的选择

7.2.1　几种常用铁氧体材料的磁芯损耗与频率和磁感应强度的关系[17-20]

　　大多数开关电源的变压器都采用铁氧体磁芯。铁氧体是一种具有晶体结构的陶瓷性铁磁材料，一般由氧化铁和锰或锌氧化物混合构成。因为它有很高的电阻率，所以铁氧体的涡流损耗可以忽略。有些铁氧体材料的磁芯损耗主要来自磁滞损耗，如果磁滞损耗足够小，则这种材料可以用在 1MHz 以上开关频率的场合。目前市面上常用的铁氧体磁芯主要来自几大厂家，如美国的 Ferroxcube-Philips、Magnetics、Ceramic Magnetics、Ferrite International、Fairrite，以及其他国家的生产厂家如 TDK、Siemens、Thomson-CSF、Tokin 等。

　　每个厂家都生产了一系列不同材料的磁芯，采用不同的生产工艺可以得到不同优点的产品。有的磁芯材料可以使工作在高频（>100kHz）时的磁芯损耗最小，有的可以使在高温下（如 90℃）磁芯损耗最小，还有的可以使在常用的高频和峰值磁感应强度条件下的磁芯损耗最小。但是，大多数厂家适用于电力变压器的铁氧体的直流磁滞回线都是相似的。当温度为 100℃时，它们都在 3000～3200Gs 的范围内达到 10%的饱和度，矫顽力为0.10～0.15Oe，剩余磁感应强度为900～1200Gs。

　　选择磁芯材料的主要参考因素为磁芯损耗（单位一般为 mW/cm^3）随频率和峰值磁感应强度变化的曲线。以 Ferroxcube-Philips 生产的 3F3 型磁芯为例，图 7.1 给出了其磁芯损耗曲线和直流磁滞回线。表 7.1 列出了一些常用材料的磁芯损耗。

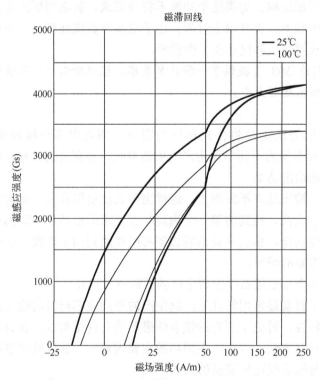

图 7.1　3F3 型材料（一种高频、低损的磁芯材料）的主要特性（由 Ferroxcube-Philips 提供）

磁芯损耗与磁感应强度的关系

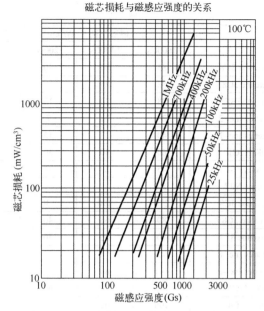

磁芯损耗与温度的关系

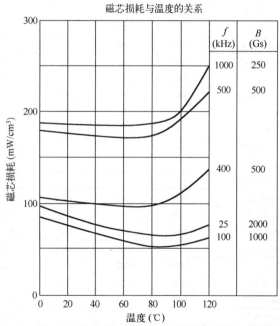

图 7.1　3F3 型材料（一种高频、低损的磁芯材料）的主要特性（由 Ferroxcube-Philips 提供）（续）

尽管没有特别说明，表 7.1 中这些由磁芯厂家提供的数据一般都是针对双极性磁路，即磁感应强度变化工作在磁滞回线第一、三象限的电路（如推挽、半桥和全桥）而言的，而正激变换器和反激变换器仅工作在第一象限。

由于铁氧体的磁芯损耗仅为磁滞损耗，而磁滞损耗又与磁滞回线所包含的面积成正比，因此可以想象，如果电路的磁场是单极性的，磁滞回线面积仅为双极性磁场的一半，那么在相同的峰值磁感应强度下，磁芯损耗仅为双极性电路的一半。

开关电源设计

表 7.1

频率（kHz）	材　料	磁芯损耗（mW/cm³）（不同峰值磁感应强度下）					
		1600Gs	1400Gs	1200Gs	1000Gs	800Gs	600Gs
20	Ferroxcube 3C8	85	60	40	25	15	
	Ferroxcube 3C85	82	25	18	13	10	
	Ferroxcube 3F3	28	20	12	9	5	
	Magnetics Inc.-R	20	12	7	5	3	
	Magnetics Inc.-P	40	18	13	8	5	
	TDK-H7C1	60	40	30	20	10	
	TDK-H7C4	45	29	18	10		
	Siemens N27	50			24		
50	Ferroxcube 3C8	270	190	130	80	47	22
	Ferroxcube 3C85	80	65	40	30	18	9
	Ferroxcube 3F3	70	50	30	22	12	5
	Magnetics Inc.-R	75	55	28	20	11	5
	Magnetics Inc.-P	147	85	57	40	20	9
	TDK-H7C1	160	90	60	45	25	20
	TDK-H7C4	100	65	40	28	20	
	Siemens N27	144			96		
100	Ferroxcube 3C8	850	600	400	250	140	65
	Ferroxcube 3C85	260	160	100	80	48	30
	Ferroxcube 3F3	180	120	70	55	30	14
	Magnetics Inc.-R	250	150	85	70	35	16
	Magnetics Inc.-P	340	181	136	96	57	23
	TDK-H7C1	500	300	200	140	75	35
	TDK-H7C4	300	180	100	70	50	
	Siemens N27	480			200		
	Siemens N47				190		
200	Ferroxcube 3C8				700	400	190
	Ferroxcube 3C85	700	500	350	300	180	75
	Ferroxcube 3F3	600	360	250	180	85	40
	Magnetics Inc.-R	650	450	280	200	100	45
	Magnetics Inc.-P	850	567	340	227	136	68
	TDK-H7C1	1400	900	500	400	200	100
	TDK-H7C4	800	500	300	200	100	45
	Siemens N27	960			480		
	Siemens N47				480		
500	Ferroxcube 3C85				1800	950	500
	Ferroxcube 3F3		1800	1200	900	500	280
	Magnetics Inc.-R		2200	1300	1100	700	400
	Magnetics Inc.-P		4500	3200	1800	1100	570
	TDK-H7F						100
	TDK-H7C4		2800	1800	1200	980	320
1000	Ferroxcube 3C85						2000
	Ferroxcube 3F3				3500	2500	1200
	Magnetics Inc.-R				5000	3000	1500
	Magnetics Inc.-P						6200

注：表中数据是对双极性电路而言的（磁场工作于第一、三象限）。如果为单极性电路（正激变换器和反激变换器），则取原值的一半。

关于这一点，生产商之间还存在不少的争议。有的厂家认为在同样的峰值磁感应强度下，单极性电路的磁芯损耗只有双极性电路的 1/4，他们认为单极性电路的磁感应强度从零变化到最大磁感应强度 B_{max} 时，相当于双极性电路的磁感应强度从最小值（$-B_{max}/2$）变化到最大值（$B_{max}/2$）。而双极性电路中，磁芯损耗与峰值磁感应强度变化的平方成正比，那么有着相同峰值磁感应强度变化的单极性电路的磁芯损耗应为双极性电路的 1/4。

TDK 提供的曲线显示，一个单极性电路磁感应强度从零变化到 B_{max} 时的磁芯损耗与双极性电路的磁感应强度从$-B_{max}$ 到$+B_{max}$ 时的磁芯损耗呈 K_{fc} 倍关系。其中参数因子 K_{fc} 与频率有关，20kHz 时为 0.39，60kHz 时为 0.35，100kHz 时为 0.34。

磁滞回线面积只有双极性电路的一半（对单极性电路而言），那么其磁芯损耗也应减半，这个观点虽仍有争议，但还是被大部分人所接受。这么看来，在峰值磁感应强度相同的情况下，表 7.1 中所列单极性电路的损耗应该只有该表所示值的一半。

表 7.1 为不同磁芯材料在不同频率和峰值磁感应强度下的磁芯损耗（温度为 100℃）。

7.2.2　铁氧体磁芯的几何尺寸

铁氧体磁芯的几何形状相对来说比较少，但是每种形状的磁芯又有不同尺寸。产品目录给出了 4 个不同厂家的磁芯的几何形状和尺寸[1-4]。

在这些产品目录中，大多数的磁芯形状和尺寸都为国际标准，从不同厂家那里可以得到他们专有的磁芯材料产品。国际标准磁芯材料参见 MMPA（美国磁性材料制造商协会）公布的标准[5-6]及美国国家标准化协会公布的 IEC 文件[7]。

各种几何结构的磁芯如图 7.2 所示。图 7.2（e）所示为罐状磁芯，通常用于低功率等级（不超过 125W）的 DC/DC 变换器中，主要优点是骨架中心柱上的绕组几乎完全被铁氧体材料包住，从而有效地减弱了辐射磁场，因此主要用于 EMI 或者 RFI 要求严格的场合。

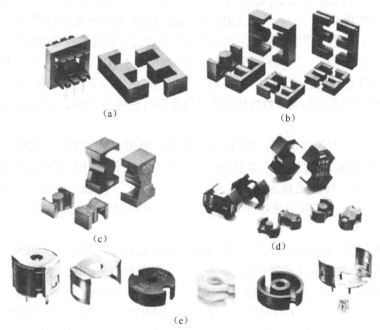

（a）　　　　　　　　　　　　　　　　（b）

（c）　　　　　　　　　　　　　　　　（d）

（e）

图 7.2　各种几何结构的磁芯：（a）EE 型磁芯；（b）EC 型和 ETD 型磁芯；（c）PQ 型磁芯；（d）RM 型磁芯；（e）罐状磁芯；（f）LP 型磁芯（由 TDK 公司提供）

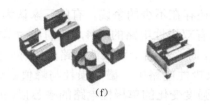

(f)

图7.2　各种几何结构的磁芯：（a）EE 型磁芯；（b）EC 型和 ETD 型磁芯；（c）PQ 型磁芯；
（d）RM 型磁芯；（e）罐状磁芯；（f）LP 型磁芯（由 TDK 公司提供）（续）

　　罐状磁芯的主要缺点是出线槽很窄，在输入或者输出电流较大的变换器中，由于绕线的线径很大而很难采用这种磁芯，另外在多路输出电源中因需要多个引出线也较少采用。

　　即使功率很低，当电源电压很高时，罐状磁芯也不是一个很好的选择。因为罐状铁氧体的出线槽太窄，带有高压的线头可能会产生电弧。

　　大多数罐状磁芯中心柱处都设有不同大小的气隙，以便磁芯能通过一定大小的直流偏置电流而不饱和。因此罐状磁芯可用作 Buck 变换器（见 1.3.6 节）、正激变换器（见 2.3.9.2 节和 2.3.9.3 节）、推挽变换器（见 2.2.8.1 节）及反激变换器（见 4.3.3.1 节）的输出电感。

　　通常，如果磁芯的中心柱上开有气隙，生产厂家应该给出参数 A_l 的值（每 1000 匝电感值，单位为 mH）和安匝数临界值（磁芯饱和的临界值）。

　　如果要求磁芯开气隙，从性能的角度来看，采用中心柱上带有气隙的磁芯比用一定厚度的塑料薄片隔离来形成气隙的磁芯性价比更高。由于时间、温度以及产品离散度的原因，加薄片的磁芯无法保证 A_l 值的批量一致性。另外，在磁芯外侧磁柱开气隙会加剧 EMI 问题。

　　最常用的磁芯为 EE 型磁芯[见图 7.2（a）]，因为 EE 型磁芯没有像罐状磁芯那样限制绕线引进或导出的狭窄缺口。由于这类磁芯的绕组没有完全被铁氧体包围住，它将产生较大的 EMI-RFI 磁场。但是这样的结构，空气可以从中间流过，因此变压器散热好。EE 型磁芯的中心柱有方形和圆形两种。中心柱为圆形的磁芯[EC 型或 ETD 型，见图 7.2（b）]与中心柱为方形的磁芯相比具有一定的优势，即在中心柱面积相同的情况下，前者每匝绕组的平均长度要比后者短 11%。因此在相同匝数的情况下，绕组阻抗也要小 11%，而且铜损和温升相对来说也要小一些。

　　EE 型磁芯尺寸有很多规格，在不同频率和峰值磁感应强度下，EE 型磁芯能传递 5W 到 5kW 甚至 10kW 的功率。如果将两个中心柱为方形的 EE 型磁芯并联，磁芯截面积将加倍，在电压、峰值磁感应强度和频率相同的情况下，绕组匝数可以减少一半（根据法拉第定律）。与采用单个磁芯相比，这种方式可以使输出功率加倍，并减小了变压器体积。

　　RM 型（或方形）磁芯是一种介于罐状磁芯和 EE 型磁芯之间的磁芯结构，如图 7.2（d）所示。它实际上是一种更有效的罐状磁芯，铁氧体上的开槽更宽，因此这种磁芯适用于大功率输出或多路输出电源。较宽的开槽也便于空气流动，因此与罐状磁芯相比，温升更小。

　　由于绕组没有完全被铁氧体包住，因此它的 EMI-RFI 辐射问题要比罐状磁芯严重。但是在相同输出功率下，EMI 要比 EE 型磁芯好，因为方形磁芯中被铁氧体包围的绕组面积比 EE 型磁芯的大。

RM 型磁芯分为有中心柱孔和无中心柱孔两种。中心柱孔一般用来安装螺栓或用在对频率变化敏感的场合。如果在中心柱孔中插入一根可调的铁氧体磁柱，则可使 A_l 值最大能改变 30%。考虑到能量损耗的问题，在电力变压器中很少用到这种调节功能，但是在频敏滤波器中经常用到。

PQ 型磁芯[Magnetics 和 TDK 生产，见图 7.2（c）]的体积与辐射表面面积及窗口面积之间的比例是最佳的。由于磁芯损耗和磁芯体积成正比，而热辐射能力与辐射表面面积成正比，因此，在给定的输出功率条件下，PQ 型磁芯的温升最小。另外由于 PQ 型磁芯在体积与窗口面积的比例是最优的，所以相同输出功率下，变压器体积也是最小的。

LP 型磁芯[见图 7.2（e），TDK 生产]是专门为小剖面变压器设计的。它们的中心柱很长，这样可以减小漏感。

UU 型或 UI 型磁芯（图 7.2 没有给出来）主要用于高压或超大功率场合，1kW 以下很少用到。与 EE 型磁芯相比，在相同的磁芯截面积下，这两种磁芯的窗口面积要大得多。因此可以允许更粗的线径，更多的匝数。但是由于 UU 型磁芯磁通路径很长，一次侧和二次侧之间的耦合程度不如 EE 型磁芯，所以采用该类磁芯的变压器漏感很大。

7.2.3　峰值磁感应强度的选择

在 2.2.9.3 节中已讨论过，如果峰值磁感应强度 B_{max} 已经确定，利用法拉第定律[见式（2.7）]可以得到变压器一次侧匝数。从式（2.7）可以看出，磁感应强度偏移越大，一次侧匝数越小，可允许的绕线尺寸就越大，因此能获得的输出功率就越大。

铁氧体磁芯的峰值磁感应强度受到两个因素的限制，即磁芯损耗以及由磁芯损耗带来的温升。大多数铁氧体材料的磁芯损耗与峰值磁感应强度的 2.7 次方成正比，因此峰值磁感应强度取值不能太大，尤其是在频率很高的情况下。但是大多数铁氧体在频率低于 25kHz 时磁芯损耗都是很小的，即使是磁芯损耗最大的那种。在这种情况下，峰值磁感应强度可以不考虑磁芯损耗的影响（见表 7.1）。因此，在工作频率很低时，峰值磁感应强度偏移可以达到饱和磁滞回线包围的面积区域的顶部。但是应该注意磁感应强度不能进入饱和区域，否则一次侧电流将失去控制，变得很大而损坏开关管。同时，铁氧体磁芯损耗大约与开关频率的 1.7 次方成正比。因此，对于高损耗的铁氧体材料（见表 7.1）来讲，当工作频率很高时，如果试图提高峰值磁感应强度来减小绕组匝数的话，反而会导致更大的损耗，从而带来过高的温升。磁芯损耗等于损耗因子（mW/cm³）与磁芯体积（cm³）的乘积。

所以，当频率为 50kHz 以上时，必须采用低损耗的磁芯材料（这种材料会贵一点），或者适当减小峰值磁感应强度。当然，峰值磁感应强度值减小了，一次侧匝数就会增大[见式（2.7）]。如果磁芯骨架窗口面积相同，就必须减小绕线尺寸，这样一次侧电流和二次侧电流就将减小，其最大输出功率也将减小。因此，工作在高频（>50kHz）时需要使用损耗最小的磁芯材料，并选择较低的峰值磁感应强度，以保证磁芯损耗和铜损所带来的温升控制在允许的范围内。怎样利用磁芯损耗和铜损来计算温升将在 7.4 节中介绍。

虽然在低频时选择峰值磁感应强度不用考虑磁芯损耗的影响，但是也不能为了减少一次侧匝数而选取过高的峰值磁感应强度。由图 2.3 可知，磁滞回线在 2000Gs（大部分铁氧体材料磁滞回线上线性部分的最大值）附近仍是线性的。如果磁感应强度超出这个范围，晶体管导通阶段结束的时刻励磁电流将会增大，进而增加绕组损耗和开关管损耗。对大多数铁氧体来说，在计算一次侧匝数 N_p[见式（2.7）]的时候取最大磁感应强度为 2000Gs 是有风险的。因为当电网电压或负载跳变的时候，如果反馈误差放大器响应速度不够快，在几个开关周期内无法调节过来，那么最大磁感应强度将会达到饱和值（100℃时大于3200Gs）并且损坏开关管。这在 2.2.9.4 节中已详细介绍过。

　　因此，在后面的设计实例中，即使频率小于 50kHz，峰值磁感应强度也选择为1600Gs。在高频时，如果采用损耗小的磁芯材料，功率损耗还是超出期望的范围，那么还需继续减小峰值磁感应强度值。后面将通过表 7.2，介绍如何根据峰值磁感应强度来计算输出功率。

7.3　磁芯最大输出功率、峰值磁感应强度、磁芯截面积与骨架窗口面积及绕组电流密度的选择

7.3.1　变换器拓扑输出功率公式的推导

　　以图 7.3 所示正激变换器为例，为了推导变换器的输出功率关系，做出如下假设。

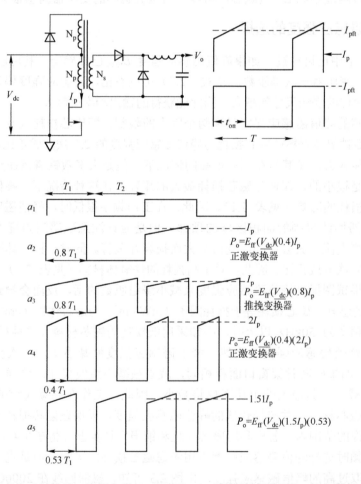

图 7.3　正激变换器拓扑及一次侧电流 I_p 的波形。I_{pft} 为等效平顶电流，用来计算输出功率与
　　　　B_{max}、频率、A_e、A_b 和 D_{cma} 的关系。匝比 N_s/N_p 应选择为输入电压取最小值 $V_{dc(min)}$、
　　　　导通时间为 $0.8T/2$ 时，输出电压为 V_o。

（1）忽略控制电路的损耗，设变换器从输入到全部输出之间的功率转换效率为 80%。

（2）窗口使用系数（即整个骨架窗口面积中绕有导线的部分所占的比例）为 0.4，其中包括一次侧和所有二次侧、绝缘层、所有 RFI 或静电屏蔽层以及空余的间隙。在变压器设计中，窗口使用系数通常取 0.4～0.6。因为各种因素，骨架窗口面积存在一定的浪费，其中一个重要的原因就是绕组层间的匝数分布不均匀。匝数分布均匀有利于所有层的宽度相等，提高磁场耦合程度，从而减小漏感。另一个因素就是欧洲安全标准（VDE）中要求每层绕组与骨架间要留有 4mm 的空间。除此之外，对绝缘层厚度也有要求，VDE 标准中一般要求采用 3 层厚度为 1mil 的绝缘材料。如果二次侧被夹在两个一次侧层之间（为了减小邻近效应带来的铜损）也会浪费 6mil 的骨架窗口高度。最后，在实际中经常遇到的一个问题就是，如果骨架窗口高度已被充分利用，磁芯和骨架将会很难安装，所以这种浪费不可避免。

（3）图 7.3 所示为变换器一次侧电流波形。输入电压 V_{dc} 最低时，最大导通时间为 $0.8T/2$（见 2.3.2 节和 2.3.5 节）。由于二次侧输出电感的存在，每个周期内一次侧电流为阶梯状的斜坡波形，斜坡波动范围约为中心值 I_{pft} 的±10%。一次侧电流波形可近似等效成幅值为 I_{pft}、占空比为 $0.8T/(2T)$，即 0.4（见 2.3.5 节）的矩形脉冲。当 $V_{dc}=V_{dc(min)}$ 时，

$$P_o=0.8P_{in}=0.8V_{dc(min)}I_{av}[\text{取 }V_{dc(min)}\text{时的 }I_{av}\text{ 值}]$$

$$=0.8V_{dc(min)}(I_{pt})\frac{0.8T}{2T}$$

$$=0.32V_{dc(min)}I_{pft} \tag{7.1}$$

幅值为 I_{pft}，占空比为 0.4 的方波电流有效值为 $I_{rms}=I_{pft}\sqrt{0.4}$ 或 $I_{pft}=1.58I_{rms}$，则

$$P_o=0.32V_{dc(min)}(1.58I_{rms})$$

$$=0.506V_{dc(min)}I_{rms} \tag{7.2}$$

根据法拉第定律有

$$V_p=N_pA_e\frac{\Delta B}{\Delta T}\times10^{-8}$$

式中，V_p 为一次侧电压（$\approx V_{dc}$）；N_p 为一次侧匝数；A_e 为磁芯截面积（cm^2）；ΔB 为磁感应强度变化量（Gs）（取值范围为 0～B_{max}）；ΔT 为时间（s）。此处磁感应强度变化的时间为 $0.4T$。

当输入直流电压为 $V_{dc(min)}$ 时，$\Delta B/\Delta T=B_{max}/0.4T$。根据式（7.2），$f=1/T$，则

$$P_o=\frac{0.506I_{rms}N_pA_eB_{max}f}{0.4}\times10^{-8}$$

$$=1.265N_pB_{max}A_ef\times10^{-8}(I_{rms}) \tag{7.3}$$

假设一次侧和所有二次侧电流密度都取 D_{cma}，单位为 cmil/A（RMS 值）。复位绕组由于只流过励磁电流，其绕线尺寸通常很小（不超过 AWG 30 号线），所以忽略其在骨架上所占的面积。

令 A_b 为骨架窗口面积（in^2），A_p 为一次绕组面积（in^2），A_s 为二次绕组面积（包括所有二次侧）（in^2），A_{ti} 为一次侧功率绕组每匝的面积（in^2），则当窗口使用系数 SF=0.4，且 $A_p=A_s$ 时，有

$$A_p=0.20A_b=N_pA_{ti}$$

或

$$A_{ti} = \frac{0.2A_b}{N_p} \tag{7.4}$$

则电流密度为

$$D_{cma} = \frac{A_{tcm}}{I_{rms}}$$

式中，A_{tcm} 是一次侧绕线面积（cmil），有

$$I_{rms} = \frac{A_{tcm}}{D_{cma}} \tag{7.5}$$

又 $1in^2 = (4/\pi) \times 10^6 cmil$，则

$$A_{tcm} = \frac{4A_{ti} \times 10^6}{\pi} = \frac{4(0.20A_b)10^6}{\pi N_p}$$

由式（7.5）可得

$$I_{rms} = \frac{0.8A_b \times 10^6}{\pi N_p D_{cma}} \tag{7.6}$$

将式（7.6）代入式（7.3）可得

$$P_o = (1.265 N_p B_{max} A_e f \times 10^{-8}) \frac{0.8A_b \times 10^6}{\pi N_p D_{cma}}$$

$$= \frac{0.003\,22 B_{max} f A_e A_b}{D_{cma}}$$

式中，A_b 的单位为 in^2，除以 6.45 后将其转化为以 cm^2 为单位，那么

$$P_o = \frac{0.00050 B_{max} f A_e A_b}{D_{cma}} \tag{7.7}$$

式中，P_o 的单位为 W，B_{max} 的单位为 Gs，A_e 和 A_b 的单位为 cm^2，f 的单位为 Hz，D_{cma} 的单位为 cmil/A（RMS 值）。

7.3.2 推挽变换器输出功率公式的推导

假设条件如 7.3.1 节中讨论的一样，$P_o = 0.8 P_{in} = 0.8 V_{dc(min)} I_{av}$[取 $V_{dc(min)}$ 时的 I_{av} 值]。在推挽电路中，当输入为最小值 $V_{dc(min)}$ 时，每个开关管在其半周期内的占空比最大值为 $0.8T/2$，每个周期有两个脉冲，所以整个周期内从 $V_{dc(min)}$ 获得电流的占空比为 0.8。每个开关管导通时，开关管和相应的一次侧回路流过幅值为 I_{pft} 的等效平顶电流，则输出功率为

$$P_o = 0.8 V_{dc(min)} \times 0.8 I_{pft}$$

$$= 0.64 V_{dc(min)} I_{pft} \tag{7.8}$$

由于一次侧每个开关管流过电流的占空比仅为 0.4，因此流过一次侧每条支路的电流有效值为 $I_{rms} = I_{pft} \sqrt{0.4}$ 或 $I_{pft} = 1.58 I_{rms}$，有

$$P_o = 0.64 V_{dc(min)} \times 1.58 I_{rms}$$

$$= 1.01 V_{dc(min)} I_{rms} \tag{7.9}$$

又令 SF=0.4，总窗口面积的一半分配给一次绕组，另一半分配给二次绕组，每个绕组的电流密度都为 D_{cma}（cmil/A），可以得到

$$A_p = 0.20A_b = 2N_pA_{ti}$$

或
$$A_{ti} = \frac{0.1A_b}{N_p} \tag{7.10}$$

式中，N_p 为一次绕组的匝数；A_b 为骨架窗口面积（in^2）；A_{ti} 为一次绕组每匝的面积（in^2）。

又因

$$D_{cma} = \frac{A_{tcm}}{I_{rms}}$$

式中，A_{tcm} 为绕线面积（cmil）；I_{rms} 为一次侧每条支路的电流有效值，且

$$I_{rms} = \frac{A_{tcm}}{D_{cma}} \tag{7.11}$$

而 $A_{ti}=A_{tcm}(\pi/4)\times10^{-6}$，将此式代入式（7.10），可以得到

$$A_{tcm} = 0.1273\frac{A_b}{N_p}10^6$$

再将上式代入式（7.11），得到

$$I_{rms} = 0.1273\frac{A_b}{N_pD_{cma}}10^6$$

代入式（7.9），则

$$P_o = 1.01V_{dc(min)}\frac{0.1273A_b}{N_pD_{cma}}10^6$$

$$= 0.129\frac{V_{dc(min)}A_b}{N_pD_{cma}}10^6 \tag{7.12}$$

根据法拉第定律，可得

$$V_{primary\,min} \approx V_{dc(min)} = \left(\frac{N_pA_e\Delta B}{\Delta T}\right)10^{-8}$$

推挽电路中，当输入电压为 $V_{dc(min)}$ 时，磁感应强度在 0.4T 时间内的变化量为 $2B_{max}$，将该量代入式（7.12），可得

$$P_o = 0.129(N_pA_e)\frac{2B_{max}}{0.4T}\cdot\frac{A_b}{N_pD_{cma}}10^{-2}$$

$$= \frac{0.00645B_{max}fA_eA_b}{D_{cma}}$$

同样，式中 A_b 的单位是 in^2，除以系数 6.45 后转化以 cm^2 为单位，即

$$P_o = \frac{0.0010 B_{max} f A_e A_b}{D_{cma}} \quad (7.13)$$

式中，P_o 的单位为 W，B_{max} 的单位为 Gs，A_e 和 A_b 的单位为 cm^2，f 的单位为 Hz，D_{cma} 的单位为 cmil/A（RMS 值）。从这个结果可知，在相同磁芯、频率和电流的情况下，推挽拓扑的输出功率是正激拓扑的两倍。

推挽电路中，变压器每半个一次绕组承受与正激变换器相同的输入电压，但是它的磁感应强度变化为 $2B_{max}$，而不是正激变换器的 B_{max}。根据法拉第定律，磁感应强度增量 B_{max} 相同时，推挽电路每半个一次绕组的匝数是正激变换器的一半。但是推挽电路有两个二次侧，所以 V_{dc} 和 B_{max} 相同时，推挽电路所有的匝数之和与正激变换器相等（忽略正激变换器中复位绕组所占的很小的比例）。

在推挽电路中，每个二次绕组传送一半的输出功率。因此，推挽变换器和正激变换器输出功率相同时，前者变压器每半个一次绕组的峰值和有效值电流是后者的一半[比较式（2.11）和式（2.28）、式（2.9）和式（2.41）可得]。同样，前者变压器每半个一次绕组要求的绕线面积（cmil）和骨架窗口面积也是后者的一半。如果骨架窗口面积相同，从式（7.7）和式（7.13）可以看出，磁芯相同时推挽电路传送的功率是正激变换器的两倍。

7.3.2.1 推挽变换器和正激变换器的磁芯损耗与铜损

比较式（7.7）和式（7.13）可知，如果推挽变换器和正激变换器采用同样尺寸的磁芯（即 A_e 和 A_b 的乘积相同），则前者的输出功率是后者的两倍。

但是推挽变压器也有一个缺陷，即变压器温升比正激变换器的高。这是因为虽然它的输出功率是正激变换器的两倍，但是铜损相同，而磁芯损耗却是正激变换器的两倍。如图 7.3 中 a_3 所示，推挽电路中，变压器每半个一次绕组承受和正激变换器一次绕组一样的电压，都为输入电压，但是正激变换器的磁感应强度在时间 $0.8T_1$ 内从 0 变化到预先选定的最大值 B_{max} 附近（见图 7.3 中 a_2），而推挽电路的磁感应强度在相同的时间内从 $-B_{max}$ 变化到 B_{max}，即变化为 $2B_{max}$。

根据法拉第定律，匝数与承受的电压成正比，与磁感应强度的变化成反比。因此，峰值磁感应强度相同时，推挽电路每半个一次绕组的匝数是正激变换器一次绕组匝数的一半。

如果推挽电路的输出功率为正激变换器的两倍，那么它每半个周期内的电流峰值与正激变换器的相同。又因为在推挽电路中流过每半个一次绕组的电流的时间与正激变换器输出一半功率时相等，那么推挽电路半个一次绕组中的电流有效值与正激变换器的相等。

当电流密度都取 500cmil/A 时，推挽电路与正激变换器一次绕组的导线尺寸相同（cmil 数相同）。另外由于推挽电路半个一次绕组的匝数是正激变换器半输出功率时一次绕组匝数的一半，因此推挽电路整个一次绕组的体积与正激变换器的相同。

推挽电路半个一次绕组的匝数为正激变换器一次侧的一半，电流有效值与正激变换器相同，相应的铜损 I^2R 为正激变换器的一半，因此一次绕组总的铜损与半输出功率下正激变换器的铜损相同。

但是推挽电路的磁芯损耗是正激变换器的两倍。因为推挽电路的磁感应强度是从 $-B_{max}$ 变化到 $+B_{max}$，正激变换器的磁感应强度只是从 0 变化到 B_{max}，而磁芯损耗与磁滞回线所包围的面积成正比，所以推挽电路（工作在磁滞回线的第一、第三象限）的磁芯损耗是正激变换器（工作在磁滞回线的第一象限）的两倍（见 7.2.1 节）。随着新型的低损耗磁芯材料的应用，在频率低于 30kHz 的情况下，磁芯损耗不再是变压器温升的限制因素。

7.3.2.2　不采用推挽拓扑，使给定的磁芯输出功率加倍

7.3.2.1 节的分析中指出，对于同样的磁芯，在频率较低的时候，推挽拓扑的输出功率是正激变换器的两倍，且铜损保持不变，唯一的缺点是磁芯损耗会加倍。

但是推挽拓扑采用两个开关管，这样成本和体积都会增加。另外，推挽变压器每个绕组需引出三个出线端，而正激变换器中，每个绕组只需引出两个出线端，所以推挽变压器的绕制更加复杂，其成本比正激变换器的高。最后，如果推挽 a_4 和 a_5 电路工作在非电流模式，还会存在偏磁问题（见 2.2.5 节）。

对于给定的正激变换器，要想在不增加磁芯尺寸的情况下使输出功率加倍，下面所介绍到的方法是替代推挽电路一个很好的选择[见图 7.3 中 a_4 和 a_5]。

在 30kHz 以下的工作场合，在相同磁芯的条件下，推挽电路之所以能产生两倍于正激变换器的输出功率，是因为该电路每个周期能产生两个电流脉冲，而正激变换器只能产生一个。所以使正激变换器的输出功率加倍的方法就是保持正激变换器电路拓扑不变，使其电流脉冲幅值为推挽电路的两倍，脉冲宽度为原推挽电路电流周期的一半，如图 7.3 中 a_4 所示。

另外一种方法就是使正激变换器频率加倍（此处正激变换器的频率定义为磁芯 *B-H* 值沿着磁滞回线运动一周所需时间的倒数）。式（7.7）表明，磁芯的输出功率与频率成正比。

因此，如果正激变换器的频率提高一倍，则其磁芯的输出功率必将提高一倍。但同时因为磁芯损耗与频率的 1.7 次幂成正比（见表 7.1 和 7.2.3 节），所以磁芯损耗大于原值的两倍（接近 3 倍）。

补充：与相应的推挽电路相比，在峰值磁感应强度相等的情况下，正激变换器工作频率增加一倍并不一定导致磁芯损耗增加。注意到推挽电路中磁通变化的峰-峰值是正激变换器的两倍，因此推挽电路磁通变化一个周期与正激变换器磁通变化两个周期产生的损耗相等。用另外一种方式可以理解为，正激变换器磁滞回线变化一个周期所围成的面积是推挽电路的一半。

—— K.B.

正激变换器采用两倍频率和两倍一次侧电流峰值使输出功率加倍时的铜损保持不变，其原因将在下面的章节中加以分析。

上述方法的缺点在于正激变换器的磁芯损耗将是原来的 3 倍，但由于推挽电路的磁芯损耗也为原来的两倍，因此在原来的工作频率下还是可以考虑用此方法替代推挽电路的。

但是采用该方法的前提是，原来的频率应低于 50～80kHz。因为如果原来的频率已经较高，则频率增加一倍后，开关损耗和缓冲电路的损耗（见第 11 章）将会很大，从而使变换器效率变低。

如图 7.3 中 a_4 所示，为了使输出功率加倍，正激变换器的频率和一次侧电流峰值都增加了一倍。但是这种方法有自身的缺点：首先电流峰值增大将会加剧 RFI 问题，同时也要求选用更高电流等级的开关管，增加了成本。

如果一次侧电流峰值加倍的方法不可取，还有一种方法就是增大开关管的最大导通时间。图 7.3 的 a_4 中，设变压器变比 N_r/N_p（变压器复位绕组与功率绕组的匝比）为 1，取最大脉宽为 $0.8T_1/2$。最大脉宽的选取必须确保磁芯能在同样的复位时间内完全复位，同时在下一个开关管导通之前留有一段死区（见 2.3.2 节）。

在 2.3.8 节中已介绍过，如果令 N_r/N_p 小于 1，则开关管导通时间增加，但复位电压和开关管承受的截止电压应力也会增大。所以在图 7.3 的 a_5 中，N_r/N_p 取 0.5。与 $N_r/N_p=1$ 时相比，最大脉宽从 $0.4T_1$ 增大为 $0.53T_1$，电流峰值也由 $2I_p$ 减小为 $1.51I_p$。缺点是此时开关管承受的截止电压为 $3V_{dc}$，而不是原先的 $2V_{dc}$。

正如 2.3.8 节所述，令 N_r/N_p 小于 1 可以降低开关管的最大电流应力，但增加了最大电压应力。如果 N_r/N_p 小于 0.5，则开关管截止时的电压应力通常会超出管子所能承受的范围。

如前所述，采用使正激变换器频率和开关管电流峰值加倍，从而使输出功率加倍的方法后，变换器的铜损保持不变，具体可以参考下面的表格。

图号	频率	I_p	占空比	I_{rms}	N	绕线面积	绕线电阻	I_{rms}^2R	P_o
图 7.3 中 a_2	f	I_p	0.4	$0.632I_p$	N	A_1	R_1	I_{rms}^2R	P_o
图 7.3 中 a_4	$2f$	$2I_p$	0.4	$1.264I_p$	$0.5N$	$2A_1$	$0.25R_1$	I_{rms}^2R	$2P_o$

频率加倍后正激变换器的电流有效值变为原来的两倍，从而绕线的面积应为原来变换器在半功率输出条件下绕线面积的两倍，而此时一次侧匝数却为原来的一半，综合起来，变换器的阻抗为原来的 1/4。由铜损公式 I^2R 可知，变换器此时的铜损与原来变换器在半功率输出时的相等。

7.3.3　半桥拓扑输出功率公式的推导

图 3.1 所示为半桥拓扑，同样假设输入电压最小值为 $V_{dc(min)}$，此时开关管的最大导通时间为 $0.8T/2$，设变换器效率为 80%，并令 A_e、A_b 分别为磁芯截面积和骨架窗口面积（单位为 cm^2），A_{bi} 为骨架窗口面积（单位为 in^2），A_p 为一次绕组面积（单位为 in^2），SF=0.4，一次绕组面积和所有二次绕组面积相等，D_{cma} 为电流密度（单位为 cmil/A，所有绕组都工作在相同的电流密度值），A_{ti} 为绕线面积（单位为 in^2），A_{tcm} 为绕线面积（单位为 cmil），N_p 为一次侧匝数，I_{pft} 为一次侧电流脉冲等效为平顶脉冲后的幅值。

电流 I_{pft} 的占空比为 0.8，有效值为 $I_{rms} = I_{pft}\sqrt{0.8} = 0.894I_{pft}$ 或 $I_{pft}=1.12I_{rms}$，则有

$$\begin{aligned}
P_o &= 0.8P_{in} = 0.8\frac{V_{dc(min)}}{2}[I \text{ average at } V_{dc(min)}] \\
&= 0.4V_{dc(min)}0.8I_{pft} \\
&= 0.32V_{dc(min)}I_{pft} \\
&= 0.358V_{dc(min)}I_{rms}
\end{aligned} \tag{7.14}$$

又

$$A_p = 0.2A_{bi} = N_pA_{ti}$$

$$A_{ti} = \frac{0.2A_{bi}}{N_p}$$

而 $A_{ti}=A_{tcm}(\pi/4)\times10^{-6}$，所以

$$A_{tcm} = 0.255\left(\frac{A_{bi}}{N_p}\right)10^6 \tag{7.15}$$

$$I_{rms} = \frac{A_{tcm}}{D_{cma}} = 0.255\frac{A_{bi}}{N_pD_{cma}}10^6 \tag{7.16}$$

将式（7.16）代入式（7.14）可得

$$P_o = 0.0913\frac{V_{dc(min)}A_{bi}}{N_pD_{cma}}10^6 \tag{7.17}$$

因为输入电压为 $V_{dc(min)}$ 时，一次侧承受的电压为 $V_{dc(min)}/2$，则根据法拉第定律可得

$$V_{p(min)} = \frac{V_{dc(min)}}{2} = N_pA_e\frac{\Delta B}{\Delta T}10^{-8}$$

式中，$\Delta B=2B_{max}$，$\Delta T=0.4T$。而 $V_{dc(min)}=10N_pfA_eB_{max}10^{-8}$，将此式代入式（7.17），则

$$P_o = \frac{0.00913B_{max}fA_eA_{bi}}{D_{cma}}$$

除以系数 6.45，将骨架窗口面积单位转化为 cm^2，可得

$$P_o = \frac{0.0014B_{max}fA_eA_b}{D_{cma}} \tag{7.18}$$

式中，P_o 的单位为 W，B_{max} 的单位为 Gs，A_e 和 A_b 的单位为 cm^2，f 的单位为 Hz。

7.3.4　全桥拓扑输出功率公式的推导

若选用相同的磁芯，则全桥拓扑的输出功率与半桥拓扑相等，只有选用尺寸更大的磁芯，它才能传送两倍于半桥的输出功率。因为全桥变换器一次侧承受的电压为半桥的两倍，所以它的一次侧匝数也为半桥的两倍。

如果全桥变换器中骨架窗口使用面积与半桥的相等，那么一次侧绕线面积减小一半。绕线面积减半后，如果电流密度不变，那么允许的有效值电流将会减半。

综合来看，虽然全桥变换器磁芯的工作电压为半桥的两倍，但一次侧电流却只有半桥的一半，所以相同磁芯下传送的输出功率与半桥的相等。

当然，如果此时全桥变换器一次侧电压为半桥的两倍，而电流一样，那么它的输出功率将是半桥的两倍。但是如果电流密度一样，则一次绕组匝数将是半桥变换器的两倍，这意味着磁芯需要更大的窗口面积，亦即需要选择尺寸更大的磁芯。

7.3.5　以查表的方式确定磁芯和工作频率

通过式（7.7）、式（7.13）和式（7.18）可以选择相应输出功率所需的磁芯和工作频率。但是，正如 7.1 节所述，这需要大量烦琐的计算过程。

表 7.2a 和表 7.2b 避免了这些计算，表中列出了 $B_{max}=1600Gs$ 和 $D_{cma}=500cmil/A$ 时，根据上面三个公式计算所得的输出功率。

表 7.2a 正激变换器拓扑的最大输出功率

磁芯	A_e(cm²)	A_b(cm²)	A_eA_b(cm⁴)	各频率下的最大输出功率 (W)									体积 (cm³)
				20kHz	24kHz	48kHz	72kHz	96kHz	150kHz	200kHz	250kHz	300kHz	
EE型磁芯, Ferroxcube-Philips													
814E250	0.202	0.171	0.035	1.1	1.3	2.7	4.0	5.3	8.3	11.1	13.8	16.6	0.57
813E187	0.225	0.329	0.074	2.4	2.8	5.7	8.5	11.4	17.8	23.7	29.6	35.5	0.89
813E343	0.412	0.359	0.148	4.7	5.7	11.4	17.0	22.7	35.5	47.3	59.2	71.0	1.64
812E250	0.395	0.581	0.229	7.3	8.8	17.6	26.4	35.3	55.1	73.4	91.8	110.2	1.93
782E272	0.577	0.968	0.559	17.9	21.4	42.9	64.3	85.8	134.0	178.7	223.4	268.1	3.79
E375	0.810	1.149	0.931	29.8	35.7	71.5	107.2	143.0	223.4	297.8	372.3	446.7	5.64
E21	1.490	1.213	1.807	57.8	69.4	138.8	208.2	277.6	433.8	578.4	722.9	867.5	11.50
783E608	1.810	1.781	3.224	103.2	123.8	247.6	371.4	495.1	773.7	1031.6	1289.4	1547.3	17.80
783E776	2.330	1.810	4.217	135.0	161.9	323.9	485.8	647.8	1012.2	1349.5	1686.9	2024.3	22.90
E625	2.340	1.370	3.206	102.6	123.1	246.2	369.3	492.4	769.4	1025.9	1282.3	1538.8	20.80
E55	3.530	2.800	9.884	316.3	379.5	759.1	1138.6	1518.2	2372.2	3162.9	3953.6	4744.3	43.50
E75	3.380	2.160	7.301	233.6	280.4	560.7	841.1	1121.4	1752.2	2336.3	2920.3	3504.4	36.00
EC型磁芯, Ferroxcube-Philips													
EC35	0.843	0.968	0.816	26.1	31.3	62.7	94.0	125.3	195.8	261.1	326.4	391.7	6.53
EC41	1.210	1.350	1.634	52.3	62.7	125.5	188.2	250.9	392.0	522.7	653.4	784.1	10.80
EC52	1.800	2.130	3.834	122.7	147.2	294.5	441.7	588.9	920.2	1226.9	1533.6	1840.3	18.80
EC70	2.790	4.770	13.308	425.9	511.0	1022.1	1533.1	2044.2	3194.0	4258.7	5323.3	6388.0	40.10
ETD型磁芯, Ferroxcube-Philips													
ETD 29	0.760	0.903	0.686	22.0	26.4	52.7	79.1	105.4	164.7	219.6	274.5	329.4	5.50
ETD 34	0.971	1.220	1.185	37.9	45.5	91.0	136.5	182.0	284.3	379.1	473.8	568.6	7.64
ETD 39	1.250	1.740	2.175	69.6	83.5	167.0	250.6	334.1	522.0	696.0	870.0	1044.0	11.50
ETD 44	1.740	2.130	3.706	118.6	142.3	284.6	427.0	569.3	889.5	1186.0	1482.5	1779.0	18.00
ETD 49	2.110	2.710	5.718	183.0	219.6	439.2	658.7	878.3	1372.3	1829.8	2287.2	2744.7	24.20
罐状磁芯, Ferroxcube-Philips													
704	0.070	0.022	0.002	0.0	0.1	0.1	0.2	0.2	0.4	0.5	0.6	0.7	0.07
905	0.101	0.034	0.003	0.1	0.1	0.3	0.4	0.5	0.8	1.1	1.4	1.6	0.13
1107	0.167	0.054	0.009	0.3	0.3	0.7	1.0	1.4	2.2	2.9	3.6	4.3	0.25

续表

磁芯	A_e (cm²)	A_b (cm²)	A_eA_b (cm⁴)	各频率下的最大输出功率 (W)									体积 (cm³)
				20kHz	24kHz	48kHz	72kHz	96kHz	150kHz	200kHz	250kHz	300kHz	
罐状磁芯，Ferroxcube-Philips													
1408	0.251	0.097	0.024	0.8	0.9	1.9	2.8	3.7	5.8	7.8	9.7	11.7	0.50
1811	0.433	0.187	0.081	2.6	3.1	6.2	9.3	12.4	19.4	25.9	32.4	38.9	1.12
2213	0.635	0.297	0.189	6.0	7.2	14.5	21.7	29.0	45.3	60.4	75.4	90.5	2.00
2616	0.948	0.407	0.386	12.3	14.8	29.6	44.4	59.3	92.6	123.5	154.3	185.2	3.53
3019	1.380	0.587	0.810	25.9	31.1	62.2	93.3	124.4	194.4	259.2	324.0	388.8	6.19
3622	2.020	0.774	1.563	50.0	60.0	120.1	180.1	240.2	375.2	500.3	625.4	750.5	10.70
4299	2.660	1.400	3.724	119.2	143.0	286.0	429.0	572.0	893.8	1191.6	1489.6	1787.5	18.20
RM型磁芯，Ferroxcube-Philips													
RM5	0.250	0.095	0.024	0.8	0.9	1.8	2.7	3.6	5.7	7.6	9.5	11.4	0.45
RM6	0.370	0.155	0.057	1.8	2.2	4.4	6.6	8.8	13.8	18.4	22.9	27.5	0.80
RM8	0.630	0.310	0.195	6.2	7.5	15.0	22.5	30.0	46.9	62.5	78.1	93.7	1.85
RM10	0.970	0.426	0.413	13.2	15.9	31.7	47.6	63.5	99.2	132.2	165.3	198.3	3.47
RM12	1.460	0.774	1.130	36.2	43.4	86.8	130.2	173.6	271.2	361.6	452.0	542.4	8.34
RM14	1.980	1.100	2.178	69.7	83.6	167.3	250.9	334.5	522.7	697.0	871.2	1045.4	13.19
PQ型磁芯，Magnetics													
42016	0.620	0.256	0.159	5.1	6.1	12.2	18.3	24.4	38.1	50.8	63.5	76.2	2.31
42020	0.620	0.384	0.238	7.6	9.1	18.3	27.4	36.6	57.1	76.2	95.2	114.3	2.79
42620	1.190	0.322	0.383	12.3	14.7	29.4	44.1	58.9	92.0	122.6	153.3	183.9	5.49
42625	1.180	0.502	0.592	19.0	22.7	45.5	68.2	91.0	142.2	189.6	236.9	284.3	6.53
43220	1.700	0.470	0.799	25.6	30.7	61.4	92.0	122.7	191.8	255.7	319.6	383.5	9.42
43230	1.610	0.994	1.600	51.2	61.5	122.9	184.4	245.8	384.1	512.1	640.1	768.2	11.97
43535	1.960	1.590	3.116	99.7	119.7	239.3	359.0	478.7	747.9	997.2	1246.6	1495.9	17.26
44040	2.010	2.490	5.005	160.2	192.2	384.4	576.6	768.8	1201.6	1601.6	2002.4	2402.4	20.45

注：由式(7.7)知，当 D_{cma} =500 cmil/A（RMS值），B_{max} =1600Gs 时，P_o =0.00050$B_{max}fA_eA_b/D_{cma}$。其中，P_o 单位为 W，B_{max} 的单位为Gs，A_e 和 A_b 的单位为 cm²，f 的单位为Hz，D_{cma} 的单位为cmil/A（RMS值），骨架窗口使用系数为40%。而当对于其他 B_{max} 值，表中数据应乘以系数（B_{max}/1600）；对于其他 D_{cma} 值，应乘以系数（500/D_{cma}）；对于推挽拓扑，应取原值的2倍。

表 7.2b　半桥或全桥拓扑的最大输出功率

磁芯	A_e(cm²)	A_b(cm²)	$A_e A_b$(cm⁴)	各频率下的最大输出功率 (W)									体积(cm³)
				20kHz	24kHz	48kHz	72kHz	96kHz	150kHz	200kHz	250kHz	300kHz	
EE 型磁芯，Ferroxcube-Philips													
814E250	0.202	0.171	0.035	3.1	3.7	7.4	11.2	14.9	23.2	30.9	38.7	46.4	0.57
813E187	0.225	0.329	0.074	6.6	8.0	15.9	23.9	31.8	49.7	66.3	82.9	99.5	0.89
813E343	0.412	0.359	0.148	13.3	16.0	31.8	47.8	63.6	99.4	132.5	165.7	198.8	1.64
812E250	0.395	0.581	0.229	20.6	24.8	49.3	74.1	98.7	154.2	205.6	257.0	308.4	1.93
782E272	0.577	0.968	0.559	50.0	60.3	120.1	180.4	240.2	375.3	500.4	625.6	750.7	3.79
E375	0.810	1.149	0.931	83.4	100.5	200.1	300.6	400.2	625.4	833.9	1042.4	1250.8	5.64
E21	1.490	1.213	1.807	161.9	195.2	388.6	583.8	777.2	1214.6	1619.4	2024.3	2429.1	11.50
783E608	1.810	1.781	3.224	288.8	348.1	693.1	1041.2	1386.2	2166.2	2888.4	3610.4	4332.5	17.80
783E776	2.330	1.810	4.217	377.9	455.5	906.7	1362.2	1813.4	2834.0	3778.7	4723.4	5668.1	22.90
E625	2.340	1.370	3.206	287.2	346.2	689.2	1035.5	1378.5	2154.3	2872.4	3590.5	4308.6	20.80
E55	3.530	2.800	9.884	885.6	1067.5	2125.1	3192.5	4250.1	6642.0	8856.1	11070.1	13284.1	43.50
E75	3.380	2.160	7.301	654.2	788.5	1569.7	2358.2	3139.3	4906.1	6541.5	8176.9	9812.3	36.00
EC 型磁芯，Ferroxcube-Philips													
EC35	0.843	0.968	0.816	73.1	88.1	175.4	263.6	350.9	548.4	731.2	913.9	1096.7	6.53
EC41	1.210	1.350	1.634	146.4	176.4	351.2	527.6	702.4	1097.7	1463.6	1829.5	2195.4	10.80
EC52	1.800	2.130	3.834	343.5	414.1	824.3	1238.6	1648.6	2576.4	3435.3	4294.1	5152.9	18.80
EC70	2.790	4.770	13.308	1192.4	1437.3	2861.3	4298.6	5722.6	8943.2	11924.2	14905.3	17886.4	40.10
ETD 型磁芯，Ferroxcube-Philips													
ETD 29	0.760	0.903	0.686	61.5	74.1	147.6	221.7	295.1	461.2	614.9	768.6	922.4	5.50
ETD 34	0.971	1.220	1.185	106.1	127.9	254.7	382.6	509.4	796.1	1061.4	1326.8	1592.1	7.64
ETD 39	1.250	1.740	2.175	194.9	234.9	467.6	702.5	935.3	1461.6	1948.8	2436.0	2923.2	11.50
ETD 44	1.740	2.130	3.706	332.1	400.3	796.8	1197.1	1593.7	2490.6	3320.8	4150.9	4981.1	18.00
ETD 49	2.110	2.710	5.718	512.3	617.6	1229.4	1846.9	2458.8	3842.6	5123.4	6404.3	7685.1	24.20
罐状磁芯，Ferroxcube-Philips													
704	0.070	0.022	0.002	0.1	0.2	0.3	0.5	0.7	1.0	1.4	1.7	2.1	0.07
905	0.101	0.034	0.003	0.3	0.4	0.7	1.1	1.5	2.3	3.1	3.8	4.6	0.13

续表

磁芯	A_e(cm²)	A_b(cm²)	A_eA_b(cm⁴)	各频率下的最大输出功率 (W)									体积(cm³)
				20kHz	24kHz	48kHz	72kHz	96kHz	150kHz	200kHz	250kHz	300kHz	
罐状磁芯,Ferroxcube-Philips													
704	0.070	0.022	0.002	0.1	0.2	0.3	0.5	0.7	1.0	1.4	1.7	2.1	0.07
905	0.101	0.034	0.003	0.3	0.4	0.7	1.1	1.5	2.3	3.1	3.8	4.6	0.13
1107	0.167	0.054	0.009	0.8	1.0	1.9	2.9	3.9	6.1	8.1	10.1	12.1	0.25
1408	0.251	0.097	0.024	2.2	2.6	5.2	7.8	10.4	16.3	21.8	27.2	32.7	0.50
1811	0.433	0.187	0.081	7.3	8.7	17.4	26.2	34.8	54.4	72.6	90.7	108.8	1.12
2213	0.635	0.297	0.189	16.9	20.4	40.5	60.9	81.1	126.7	169.0	211.2	253.5	2.00
2616	0.948	0.407	0.386	34.6	41.7	83.0	124.6	165.9	259.3	345.7	432.1	518.6	3.53
3019	1.380	0.587	0.810	72.6	87.5	174.2	261.6	348.3	544.4	725.8	907.2	1088.7	6.19
3622	2.020	0.774	1.563	140.1	168.9	336.1	505.0	672.3	1050.7	1400.9	1751.1	2101.3	10.70
4229	2.660	1.400	3.724	333.7	402.2	800.7	1202.9	1601.3	2502.5	3336.7	4170.9	5005.1	18.20
RM型磁芯,Ferroxcube-Philips													
RM5	0.250	0.095	0.024	2.1	2.6	5.1	7.7	10.2	16.0	21.3	26.6	31.9	0.45
RM6	0.370	0.155	0.057	5.1	6.2	12.3	18.5	24.7	38.5	51.4	64.2	77.1	0.80
RM8	0.630	0.310	0.195	17.5	21.1	42.0	63.1	84.0	131.2	175.0	218.7	262.5	1.85
RM10	0.970	0.426	0.413	37.0	44.6	88.8	133.5	177.7	277.7	370.2	462.8	555.4	3.47
RM12	1.460	0.774	1.130	101.3	122.0	243.0	365.0	485.9	759.4	1012.5	1265.6	1518.8	8.34
RM14	1.980	1.100	2.178	195.1	235.2	468.3	703.5	936.5	1463.6	1951.5	2439.4	2927.2	13.19
PQ型磁芯,Magnetics													
42016	0.620	0.256	0.159	14.2	17.1	34.1	51.3	68.2	106.7	142.2	177.8	213.3	2.31
42020	0.620	0.384	0.238	21.3	25.7	51.2	76.9	102.4	160.0	213.3	266.6	320.0	2.79
42620	1.190	0.322	0.383	34.3	41.4	82.4	123.8	164.8	257.5	343.3	429.2	515.0	5.49
42625	1.180	0.502	0.592	53.1	64.0	127.4	191.3	254.7	398.1	530.8	663.4	796.1	6.53
43220	1.700	0.470	0.799	71.6	86.3	171.8	258.1	343.6	536.9	715.9	894.9	1073.9	9.42
43230	1.610	0.994	1.600	143.4	172.8	344.1	516.9	688.1	1075.4	1433.9	1792.4	2150.9	11.97
43535	1.960	1.590	3.116	279.2	336.6	670.0	1006.6	1340.1	2094.2	2792.3	3490.4	4188.4	17.26
44040	2.010	2.490	5.005	448.4	540.5	1076.1	1616.6	2152.1	3363.3	4484.4	5605.5	6726.6	20.45

注：由式（7.18）可知，当 $D_{cma}=500$ cmil/A(RMS值)，$B_{max}=1600$ Gs 时，$P_o=0.0014B_{max}fA_eA_b/D_{cma}$。其中，$P_o$ 的单位为 W，B_{max} 的单位为 Gs，A_e 和 A_b 的单位为 cm²，f 的单位为 Hz，D_{cma} 的单位为 cmil/A(RMS值)。而对于其他 B_{max} 值，表中数据应乘以系数（$B_{max}/1600$）；对于其他 D_{cma} 值，应乘以系数（$500/D_{cma}$）。骨架窗口使用系数为 40%。

选择 1600Gs 的原因在 7.2.3 节和 2.2.9.4 节中已经讨论过了。当频率高于 50kHz 时，高损耗磁芯材料会产生大量的损耗，这就必须选择较小的 B_{max} 值。通过表 7.2a 和表 7.2b 可以快速、简单地计算磁芯最大输出功率。当峰值磁感应强度较低时，只需将表中相应的值乘以系数（B_{max}/1600）即可。

在变压器设计中，D_{cma} 取 500cmil/A 是一个折中的选择。电流密度太高（即 D_{cma} 值较小），铜损就会很大；电流密度太低，又不可避免地会使绕组尺寸增加。密度为 400cmil/A 甚至 300cmil/A 都是可以接受的，但是不能低于 300cmil/A。

实际上，D_{cma} 值的选择只会影响到绕组的直流电阻。7.5 节将讨论集肤效应和邻近效应。这些效应在绕线中会产生涡流，使电流只流过绕线面积的一部分，增大了绕线阻抗，使绕线的阻抗值大大超出了绕线表中指定圆密耳面积下的阻抗值。尽管如此，最开始设计的时候一般都会选择电流密度为 500cmil/A。

表 7.2 的使用方法如下。首先选定最佳拓扑，原则是使开关管的截止电压应力和峰值电流应力最小，其次要使所用元件成本最低。

表格中磁芯是按照 A_eA_b 值从小到大垂直排列的，其输出功率也依次增大。如果用户对变压器设计比较熟悉，或者已经给定工作频率，只需对照表中频率所在的列，逐渐下移，选择第一个输出功率大于所指定的最大输出功率的磁芯即可。

如果限于实际空间要求已经选定了磁芯，那么先找到磁芯所在的行，水平右移，第一个输出功率大于所指定的最大输出功率的频率即为所求。

如果所需磁芯在选定的频率下不能满足输出功率的要求，比如说正激变换器，此时就可以考虑改用推挽拓扑。因为在相同的频率和磁芯下，推挽（电流或电压模式）拓扑的输出功率是正激变换器的两倍。需注意的是，若选择电压型推挽电路，则必须考虑好怎样防止偏磁的问题（见 2.2.8 节）。

根据所给表格，上移可以得到较小的磁芯损耗，右移可得到更高的频率，因此，总能找到一个最佳的磁芯损耗-频率组合。对于给定的输出功率，频率越高，磁芯损耗越小，但也要注意此时磁芯损耗、变压器温升、开关管的开关损耗也在增大。

7.3.5.1 高频时峰值磁感应强度的选择

在使用表 7.2a 和表 7.2b 时需注意，表中的功率值只有在所选频率下磁感应强度为 1600Gs 时，变压器温升不会超出范围的情况下才是有效的。当频率为 20～50kHz 时，即使采用表 7.1 中损耗最大的材料，其磁芯损耗也很小，磁感应强度为 1600Gs 时的温升很小，可以忽略。

但是，磁芯损耗约与频率的 1.6 次幂以及峰值磁感应强度的 2.7 次幂成正比，因此当频率高于 50kHz 时，可能需要增加一次绕组匝数使峰值磁感应强度小于 1600Gs，以保证变压器的温升在一个合理的范围内。

一般来说，磁芯尺寸越小，高频时所允许的峰值磁感应强度越大。这是因为，磁芯冷却速度与辐射表面面积成正比，但是磁芯损耗与体积成正比。随着磁芯尺寸的增大，体积增大速度将大于表面积增大速度，因此内部产生的热量要比表面积散出去的热量大得多。

举个实例来证明，对照表 7.2b 中的 Ferroxcube-Philips E55 型磁芯，如果工作频率为 200kHz，峰值磁感应强度 B_{max}=1600Gs，采用半桥拓扑时其最大输出功率约为 8856W。对应表 7.1 中的 3C85 型材料，B_{max}=1600Gs 和频率为 200kHz 时，磁芯损耗为 700mW/cm^3。

E55 型磁芯体积为 43.5cm^3，则损耗为 0.7×43.5=30.5W，绕组损耗（将在本章下面讨论）也接近于这个值。

考虑另外一种尺寸较小的磁芯，如 813E343 型磁芯，从表 7.2b 中可以看出，在同样的磁感应强度和工作频率下，采用该磁芯的半桥拓扑的输出功率为 133W。磁芯体积为 1.64cm^3，磁芯损耗同样为 700mW/cm^3，则损耗只有 1.15W。因此，如果忽略绕组损耗，体积为 1.64cm^3、损耗为 1.15W 的 813E343 型磁芯的温升要比体积为 43.5cm^3、损耗为 30.5W 的 E55 型磁芯低得多。

7.4 节将说明实际设计中变压器温升的计算与磁芯和绕组的损耗之和有关。

对于尺寸较大的磁芯来说，如果频率高于 50kHz，则表 7.2a 和表 7.2b 中的功率值将不再适用。因为此时若磁芯工作于 1600Gs，温升有可能超出允许的范围，所以峰值磁感应强度 B_{max} 必须减小到 800～1400Gs，实际输出功率只需将表 7.2a 和表 7.2b 中的值乘以系数（B_{max}/1600）。

表 7.2a 和表 7.2b 给出了美国两家主要磁芯厂家的磁芯输出功率参数。大多数磁芯的几何结构和 A_e 值都是可互换的，不同磁芯材料制成磁芯的损耗也各不相同。此处的互换仅指磁芯结构和 A_e 值，表 7.3 给出了相应公司（Ferroxcube-Philips、Magnetics 和 TDK）的产品型号，以及一系列磁芯配件——骨架、装配和固件安装的参数[1-4]。

表 7.3　各种几何形状的磁芯的型号

Ferroxcube-Philips	Magnetics	TDK
EE 型磁芯		
814E250	41205	
813E187	41808	EE19
813E343		
812E250		
782E272		
E375	43515	
E21	44317	
783E608		EE42/42/15
783E776		
E625	44721	
E55		EE55/55/21
E75	45724	
EC 型磁芯		
EC35	43517	EC35
EC41	44119	EC41
EC52	45224	EC52
EC70	47035	EC70
ETD 型磁芯		
ETD29		
ETD34	43434	ETD34
ETD39	43939	ETD39
ETD44	44444	ETD44
ETD49	44949	ETD49

Ferroxcube-Philips	Magnetics	TDK
罐状磁芯		
704	40704	P7/4
905	40905	P9/5
1107	41107	P11/17
1408	41408	P14/8
1811	41811	P14/8
2213	42213	P22/13
2616	42616	P26/16
3019	43019	P30/19
3622	43622	P36/22
4229	44229	P42/29
RM 型磁芯		
RM4	41110	RM4
RM5	41510	RM5
RM6	41812	RM6
RM7		RM7
RM8	42316	RM8
RM10	42819	RM10
RM12	43723	RM12
RM14		RM14
PQ 型磁芯		
	42016	PQ20/16
	42020	PQ20/20
	42620	PQ2620
	42625	PQ26/25
	43220	PQ32/20
	43230	PQ32/30
	43535	PQ32/30
	44040	PQ40/40
		PQ50/50

　　每家公司都拥有各自磁芯材料的专利权，每种材料的损耗特性也各不相同。

7.4　变压器温升的计算[8]

　　变压器的温升（相对于环境温度）取决于磁芯损耗和绕组损耗（即铜损）之和，另外还与辐射表面面积有关。气流流经变压器可以减小变压器温升，降低的程度与气流速度有关。

　　要想精确、系统地计算出变压器的温升是不现实的，但是基于热阻这一概念可以得到一些经验曲线，估算出来的温升误差一般在 10℃以内。散热片的热阻 R_t 定义为散热片每损耗 1W 功率所带来的温升（通常以℃为单位），温升的增加 dT 与功率损耗 P 之间的关系为 $dT=PR_t$。

　　提示：根据文献[18]，利用变压器总的损耗（磁芯损耗以及铜损之和）、变压器有效散热面积的相关信息以及散热方式有可能比较精确地计算出变压器温升。

—— K.B.

一些磁芯厂家还给出了不同产品的 R_t，指出磁芯表面的温升为 R_t 与磁芯损耗和铜损之和的乘积。有经验的用户通常假定变压器内部最热点（一般位于磁芯中心柱）的温升比磁芯外表面高 10～15℃。

温升不仅和辐射表面面积有关，还与变压器总的功率损耗有关。辐射表面所耗散的功率越大，辐射表面和周围空气的温差就越大，表面更容易冷却，也就是说表面的热阻越低。

因此，在估算变压器温升时[8]，往往将变压器总的外表面积等效成散热片的辐射表面面积。总的外表面积为（2×宽度×高度+2×宽度×厚度+2×高度×厚度）。等效散热片的热阻可以根据总的功率损耗（磁芯损耗与铜损之和）来校正。

散热片热阻与表面面积的关系曲线如图 7.4（a）所示，这是一条经验曲线，是根据大量不同厂家生产的不同尺寸和形状的散热片的平均值得来的。图中曲线对应于 1W 功率级的热阻值，在双对数坐标中表现为一条直线。

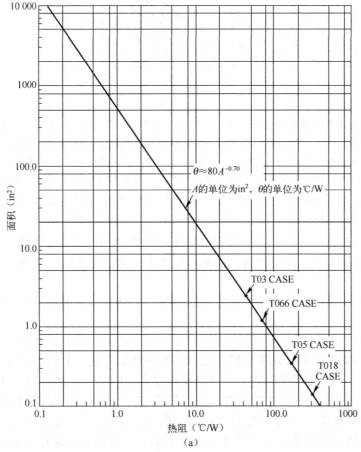

图 7.4　根据变压器的等效散热片面积（两个侧面面积与磁芯边缘面积之和）计算温升。（a）热阻与散热片面积的关系。该面积为平板状散热片两侧的面积或片状散热片叶片两侧的面积。所示曲线对应的功率损耗为 1W，对于其他功率等级，应乘以图 7.4（b）所示的系数。（b）标准散热片热阻与功率损耗的关系。（c）不同散热片面积的温升与功率损耗的关系。将图 7.4（b）中的 $K_1 = P^{-0.15}$ 与图 7.4（a）中的 $80A^{-0.70}$ 结合，可以得到不同变压器的损耗和辐射表面面积与温升的关系，即 $T = 80A^{-0.70}P^{+0.85}$

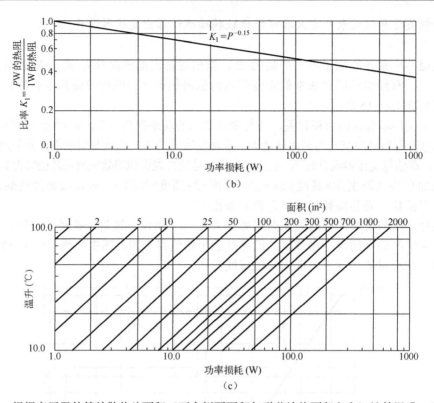

图 7.4 根据变压器的等效散热片面积（两个侧面面积与磁芯边缘面积之和）计算温升。(a) 热
阻与散热片面积的关系。该面积为平板状散热片两侧的面积或片状散热片叶片两侧的面
积。所示曲线对应的功率损耗为 1W，对于其他功率等级，应乘以图 7.4 (b) 所示的系
数。(b) 标准散热片热阻与功率损耗的关系。(c) 不同散热片面积的温升与功率损耗的
关系。将图 7.4 (b) 中的 $K_1 = P^{-0.15}$ 与图 7.4 (a) 中的 $80A^{-0.70}$ 结合，可以得到不同变压
器的功率损耗和辐射表面面积与温升的关系，即 $T = 80A^{-0.70}P^{+0.85}$ （续）

尽管片状散热器的热阻在某种程度上与叶片的形状、叶片间的空隙和叶片是否黑化或
镀铝有关，但这些都只是次要因素。在某种程度上，可以说热阻完全由散热片辐射表面的
面积决定。

不同散热器厂家的产品目录中也会给出如图 7.4 (b) 所示的热阻与功率损耗关系的经
验曲线。

综合图 7.4 (a) 和图 7.4 (b) 可得到图 7.4 (c)，该图使用起来更为直接。它提供了
不同散热面积（对角线）和功率损耗情况下的散热片温升值。前面已经给出了总损耗和总
辐射表面面积，因此可以直接从图中读出变压器表面的温升。通过图 7.4 (c) 再来看看
7.3.5.1 节中讨论过的两种磁芯的温升。已经知道 E55 型磁芯的体积为 43.5cm²，工作在
1600Gs 和 200kHz 时，功率损耗为 30.5W。根据前面的定义，该磁芯的辐射表面面积为
16.5in²，如果完全忽略铜损，从图 7.4 (c) 可以看出，该磁芯的温升为 185℃。

813E343 型磁芯较小，体积为 1.64cm³，工作在 1600Gs 和 200kHz 时磁芯损耗为 1.15W。
如前所述，它的辐射表面面积为 1.90in²。同样，如果完全忽略铜损，它的温升只有 57℃。这
就证明了高频和 1600Gs 条件下，图 7.2 (a)、(b) 中磁芯体积越小，越容易耗散功率。

如果有兴趣，可以比较一下由厂家提供的磁芯热阻测量值和通过图 7.4 (a) 计算所得
的值（$R_t = 80A^{-0.70}$，见表 7.4）之间的差别。

表 7.4　磁芯热阻

磁芯	辐射表面面积（in^2）	热阻（℃/W）	
		厂商测量值	由图 7.4（a）计算得到的值
EC35	5.68	18.5	23.7
EC41	7.80	16.5	19.0
EC52	10.8	11.0	12.6
EC70	22.0	7.5	9.2

7.5　变压器中的铜损

7.5.1　简介

在 7.3 节中曾指出，在选择绕线尺寸时，都是以电流密度 500cmil/A 为前提的，并且假设铜损的计算公式为 $I_{rms}^2 R_{dc}$。其中，R_{dc} 为所选导线的直流电阻，通过导线的长度和每英寸的阻抗值（导线规格表可以查得）可以计算得到。I_{rms} 为电流有效值，根据电流波形（见 2.2.10.2 节、2.2.10.4 节）可以计算出来。

由于集肤效应和邻近效应的影响，绕组损耗往往比 $I_{rms}^2 R_{dc}$ 大许多。

当变化的磁场穿过绕组时会产生涡流，集肤效应和邻近效应都是由涡流产生的。集肤效应对应的涡流是由导线自身电流所产生的磁场导致的，而邻近效应对应的涡流是相邻的导线或者导线层的电流所产生的磁场导致的。

由于集肤效应的影响，电流流过导体时趋向于集中在导体表面。集肤深度或者说环形导电面积与频率的平方根成反比。因此，频率越高，导线损失的导电面积越大，从而交流电阻也越大，铜损越大。

低频时集肤效应带来的导线阻抗并不明显，例如，当频率为 25kHz 时，导线集肤深度为 17.9mil。

但是，在传统的开关电源中电流波形都为矩形波，按傅里叶展开其高频分量很大。因此，即使频率较低，如 25kHz，由高频谐波产生的交流电阻也很大，这种情况下还是必须考虑集肤效应的。

有关集肤效应的定量分析将在 7.5.3 节给出。

相邻导线或者绕组层与层之间的邻近效应产生的铜损有可能比集肤效应大得多。多层绕组的邻近效应损耗是相当大的，一部分原因是感应的涡流迫使净电流只流经导线截面的一小部分，增大了交流损耗。最为重要的原因是涡流比原来流经导线或者绕组层的净电流的幅值有可能大好几倍。在本节下面将做定量分析。

7.5.2　集肤效应

集肤效应早已被人熟知[9-17]，1915 年就有人推导出了集肤深度与频率之间的关系式[9]。从图 7.5 所示圆形导线的截面图可以看出，受涡流的影响，电流只流经导线表面极薄的一部分。主电流的流通方向为 *OA*，如果没有集肤效应的影响，电流将分布均匀地流过导线。

现在所有沿 *OA* 方向的电流都已被垂直于 *OA* 轴的磁力线包围。设想有一束电流流经 *OA* 轴，根据弗莱明右手定则，这部分电流产生的磁力线方向如图中箭头所示，从 1 到 2 到 3 再返回到 1。

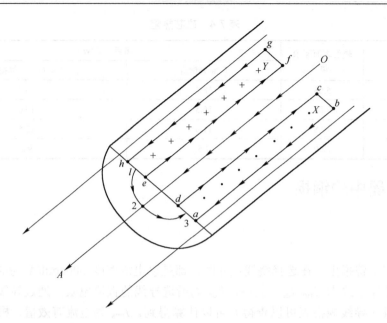

图 7.5　圆形导线的涡流导致集肤效应——导线中心没有电流，并且电流趋向于集中在导体表
　　　　面。流经导线的电流产生的磁场感应出如 *abcd* 和 *efgh* 环的电动势，这些电动势在其环
　　　　路周围产生涡流，并且这些涡流与流经环内侧（*dc* 和 *ef*）的主电流反方向，而与流经环
　　　　外侧（*ba* 和 *gh*）的主电流同方向。因此，电流在导线内部被抵消，并集中到导线表面

　　假设 *X* 和 *Y* 为导线内的两条水平环路，它们位于导线的直径面上，并且延伸至导线
的整个长度。两条环路对称分布在导线轴的两侧。磁力线从 *X* 环路穿出（图 7.5 中用
"•"表示），从 *Y* 轴穿进（图 7.5 中用"×"表示）。

　　根据法拉第定律，当一个变化的磁场穿过某区域时，将会在包围该区域的闭合导线上
产生感应电流。根据楞次定律，闭合回路中感应电流的方向，总是使得它所激发的磁场来
阻碍引起感应电流的磁通量的变化。

　　因此，在环路 *X* 和环路 *Y* 中都将产生感应电流，流向如图 7.5 所示。根据右手定则，
X 环路中的电流方向为顺时针方向，即 *d-c-b-a-d*。这个方向的电流产生的磁场从环路的中
心进入平面，与沿 *OA* 轴方向主电流产生的磁场方向相反。*Y* 环路情况类似，涡流方向为
逆时针方向，即 *e-f-g-h-e*。产生的磁场从环路的中间穿出平面，与沿 *OA* 轴方向主电流产
生的磁场方向相反。

　　注意，沿 *dc* 和 *ef* 的涡流与沿 *OA* 轴电流的方向相反，且有抵消主电流的趋势；而沿
ba 和 *gh*（绕线外表层）的涡流与沿 *OA* 轴主电流的方向相同，有增强主电流的趋势。

　　因此净电流（涡流和主电流之和）在绕线中心相互抵消，在绕线外表面被增强。所
以，高频时绕线流过电流的实际面积小于绕线总面积，交流阻抗大于直流阻抗。交流阻抗
大小由集肤深度决定。

7.5.3　集肤效应——定量分析

　　集肤深度定义为导体中电流密度减小到导体截面表层电流密度的 1/e（e 为自然底数
e=2.71828183）或 37%处的深度。很多文献[9]都推导出了集肤深度与频率的关系式，70℃

时铜线的集肤深度为

$$S = \frac{2837}{\sqrt{f}}$$

（7.19）

式中，厚度 S 的单位是 mil，频率 f 的单位为 Hz。

表 7.5 给出了由式（7.19）计算得到的 70℃时不同频率下铜线的集肤深度。

表 7.5　70℃时铜线的集肤深度

频率（kHz）	集肤深度（mil）*
25	17.9
50	12.7
75	10.4
100	8.97
125	8.02
150	7.32
175	6.78
200	6.34
225	5.98
250	5.67
300	5.18
400	4.49
500	4.01

*由式（7.19）计算得集肤深度 $S = \frac{2837}{\sqrt{f}}$ 。S 的单位是 mil，f 的单位是 Hz。

假设导体横截面为圆形，直流阻抗为 R_{dc}，集肤效应带来的交流阻抗为 R_{ac}，阻抗变化量为 ΔR，则有

$$R_{ac} = R_{dc} + \Delta R = R_{dc}\left(1 + \frac{\Delta R}{R_{dc}}\right) = R_{dc}(1 + f)$$

或

$$\frac{R_{ac}}{R_{dc}} = 1 + f$$

（7.20）

从式（7.19）可以看出，任何频率、任何尺寸下都可以计算出导线 R_{ac}/R_{dc} 的值。而绕组的阻抗与导通面积成反比，若导线集肤深度为 S，半径为 r，直径为 d，导通平面的内半径为 $r-S$，则有

$$\begin{aligned}
\frac{R_{ac}}{R_{dc}} &= \frac{\pi r^2}{\pi r^2 - \pi(r - S)^2} \\
&= \frac{(r/S)^2}{(r/S)^2 - (r/S)^2/S^2} \\
&= \frac{(r/S)^2}{(r/S)^2 - (r/S - 1)^2} \\
&= \frac{(d/2S)^2}{(d/2S)^2 - (d/2S - 1)^2}
\end{aligned}$$

（7.21）

式（7.21）表明了导线交流、直流阻抗之比 $\dfrac{R_{ac}}{R_{dc}}$ =(1/f)仅与导线直径和集肤深度的比值有关，R_{ac}/R_{dc} 与 d/S 的关系如图 7.6 所示。

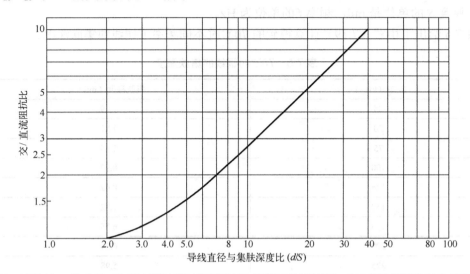

图 7.6　圆形导线的交/直流阻抗比与导线直径和集肤深度比（d/S）的关系[由式（7.21）得到]

7.5.4　不同规格的导线直径在不同频率下的交/直流阻抗比

由于集肤效应的存在，圆形导线的交/直流阻抗比取决于导线直径和集肤深度的比值[见式（7.21）]。此外，导线集肤深度又与频率的平方根成反比，所以不同尺寸的导线，其交/直流阻抗比也不同。这个比值会随着频率的增大而增大。

表 7.6 给出了频率为 25kHz、50kHz、100kHz 及 200kHz 时，线径为偶数的导线的交/直流阻抗比。在该表中，d/S（导线直径与集肤深度比）中的 d 为导线表中提供的最大裸线直径，S 可由式（7.19）计算得出，见表 7.5。有了这些 d/S 值，就可以通过式（7.21）或图 7.6 得到 R_{ac}/R_{dc} 的值了。

从表 7.6 可见，导线直径越大，其交/直流阻抗比越大，且随着频率的升高而增大。例如，频率为 25kHz 时，14 号线的直径为 64.7mil，集肤深度为 17.9mil（见表 7.5），此时导线的 d/S 值为 3.6，由图 7.6 可知其交/直流阻抗比已经达到 1.25 了。但是如果将频率升高到 200kHz，绕线集肤深度将变为 6.34mil，d/S 值将变为 10.2，从而由图 7.6 得到的此时的交/直流阻抗比增加到了 3.3。

然而，要注意正确理解表 7.6。虽然图 7.6 表明 R_{ac}/R_{dc} 随导线直径的增大（即 d/S 增加）而增大，但实际上，R_{ac} 却是随着直径的增大而减小的，导线直径越大，其铜损越小。这是因为 R_{dc} 与 d^2 成反比，而 R_{ac} 与深度为 S 的环形表面的面积 d 成反比，所以当 d 增大时，R_{dc} 减小的速率远大于 R_{ac} 减小的速率。

高频时，导线直径越大，损耗越大。因此往往采用多股线并绕来取代同样面积的单股线，因为这样增大了导线的环形表层面积。例如，两股线并联后，虽然其面积与一单股线的面积相等，但是其直径却为 $D/\sqrt{2}$（D 为并联前每股线的直径）。

设集肤深度为 S，并联前每股线的环形表层面积为 πDS，由于表层厚度只与频率有关

[见式（7.20）]，与导线直径无关，并联后整个表面面积为 $2[\pi(D/\sqrt{2})S]=\pi\sqrt{2}DS$。这样并联后，虽然直流时的集肤深度和面积没有改变，但导通面积却是并联前的 $\sqrt{2}$ 倍，即增大了 41%。

考虑到这一点，用户往往使用利兹（Litz）线[16]。利兹线是由多股细小且绝缘良好的单线并绕而成的，并采用网状绕制的方式，以使在中间和边缘的绕线都有相同的长度。这样做可以减小集肤效应和邻近效应[12]。

利兹线比普通的实心线约贵 5%，除此之外，其缺点主要在于这种线生产起来比较困难。生产时，必须确保所有的单股线（通常是 28～50AWG）在两端都焊接良好。因为如果有些线破损了或者在两端没有焊接好，并联后的损耗将会大增，而且还有可能产生其他问题，如噪声和振动等。

通常在开关频率低于 50kHz 时应尽量避免使用利兹线。当然偶尔也会在 100kHz 时使用，但此时必须权衡一下，且最多不能超过 4 根并绕。

关于这方面的评估可以参考表 7.6。以 18AWG 为例，由于集肤效应，频率为 25kHz 时，交流阻抗只比直流阻抗高 5%。此时差别并不明显，但是当频率为 50kHz 时，这个差值将上升到 15%，100kHz 和 200kHz 时分别为 40% 和 85%。

在大多数开关电源拓扑中，电流波形为矩形波，大部分能量都位于高频谐波中，这些数据可以不予考虑。但是当考虑电流方波中高频谐波的损耗时，表 7.6 中的交/直流阻抗比将显著增大，这将在 7.5.6 节中加以讨论。

对大电流（一般指二次侧，大于 15～20A）而言，应采用薄铜箔，而不是利兹线或多股实心线并联。铜箔被切割得和骨架一样宽（如果考虑 VDE 安规标准，应稍窄一点），厚度应大于额定开关频率下导线集肤深度的 37%。铜箔的外面应绕一层 1mil 厚的塑料（聚酯片），将铜箔卷绕在骨架上，绕到所需匝数即可。

7.5.5 矩形波电流的集肤效应[14]

导线交/直流阻抗之比与导线直径和集肤深度之比密切相关，如图 7.6 所示，而集肤深度又与频率有关，见式（7.19）。在大多数开关电源拓扑中，电流都为矩形波，谐波中包含大量能量，因此面临的一个问题就是该选择多高的频率来计算集肤深度。Venkatramen 对这个问题做了严谨的论证[14]。这里为了简化分析，对交/直流阻抗比值进行了近似估算，以便于计算铜损。

假设方波电流中的能量都集中在前三次谐波中，则由式（7.19）可计算出常用开关频率（25kHz、50kHz、100kHz、200kHz）下 3 种谐波各自的集肤深度 S。

为了简化分析，取这些开关频率下集肤深度的平均值 S_{av}。根据平均集肤深度，可以计算出所有线径为偶数的导线的 d/S_{av} 平均值。利用所得结果，从图 7.6 中可以读到对应的 R_{ac}/R_{dc} 值，结果见表 7.7。

如果这种近似是有效的（这种可能性的程度主要取决于电流方波 3 次以上的谐波中储存了多少能量），则可以根据表 7.6 来估计方波电流产生的集肤效应损耗。表 7.8 对 18AWG 的两个 R_{ac}/R_{dc} 值（分别来自表 7.6 和表 7.7）进行了比较。

表 7.6　由集肤效应产生的交/直流阻抗比

AWG	直径 d(mil)	25kHz 集肤深度 S(mil)	25kHz d/S	25kHz R_{ac}/R_{dc}	50kHz 集肤深度 S(mil)	50kHz d/S	50kHz R_{ac}/R_{dc}	100kHz 集肤深度 S(mil)	100kHz d/S	100kHz R_{ac}/R_{dc}	200kHz 集肤深度 S(mil)	200kHz d/S	200kHz R_{ac}/R_{dc}
12	81.6	17.9	4.56	1.45	12.7	6.43	1.85	8.97	9.10	2.55	6.34	12.87	3.50
14	64.7	17.9	3.61	1.30	12.7	5.09	1.54	8.97	7.21	2.00	6.34	10.21	2.90
16	51.3	17.9	2.87	1.10	12.7	4.04	1.25	8.97	5.72	1.70	6.34	8.09	2.30
18	40.7	17.9	2.27	1.05	12.7	3.20	1.15	8.97	4.54	1.40	6.34	6.42	1.85
20	32.3	17.9	1.80	1.00	12.7	2.54	1.05	8.97	3.60	1.25	6.34	5.09	1.54
22	25.6	17.9	1.43	1.00	12.7	2.02	1.00	8.97	2.85	1.10	6.34	4.04	1.30
24	20.3	17.9	1.13	1.00	12.7	1.60	1.00	8.97	2.26	1.04	6.34	3.20	1.15
26	16.1	17.9	0.90	1.00	12.7	1.27	1.00	8.97	1.79	1.00	6.34	2.54	1.05
28	12.7	17.9	0.71	1.00	12.7	1.00	1.00	8.97	1.42	1.00	6.34	2.00	1.00
30	10.1	17.9	0.56	1.00	12.7	0.80	1.00	8.97	1.13	1.00	6.34	1.59	1.00
32	8.1	17.9	0.45	1.00	12.7	0.64	1.00	8.97	0.90	1.00	6.34	1.28	1.00
34	6.4	17.9	0.36	1.00	12.7	0.50	1.00	8.97	0.71	1.00	6.34	1.01	1.00

注：集肤深度取自表 7.5；R_{ac}/R_{dc} 的值由式(7.21)计算得到。

表 7.7　4种常用开关频率下方波电流的由集肤效应产生的交/直流阻抗比

AWG	直径 d(mil)	25kHz 集肤深度 S(mil)	25kHz d/S	25kHz R_{ac}/R_{dc}	50kHz 集肤深度 S(mil)	50kHz d/S	50kHz R_{ac}/R_{dc}	100kHz 集肤深度 S(mil)	100kHz d/S	100kHz R_{ac}/R_{dc}	200kHz 集肤深度 S(mil)	200kHz d/S	200kHz R_{ac}/R_{dc}
12	81.6	13.2	6.18	1.85	9.66	8.45	2.40	6.83	11.95	3.30	4.83	16.89	4.50
14	64.7	13.2	4.90	1.50	9.66	6.70	1.90	6.83	9.47	2.65	4.83	13.40	3.70
16	51.3	13.2	3.89	1.25	9.66	5.31	1.59	6.83	7.51	2.12	4.83	10.62	2.90
18	40.7	13.2	3.08	1.13	9.66	4.21	1.35	6.83	5.96	1.75	4.83	8.43	2.36
20	32.3	13.2	2.45	1.05	9.66	3.34	1.17	6.83	4.73	1.45	4.83	6.69	1.90
22	25.6	13.2	1.94	1.00	9.66	2.65	1.07	6.83	3.75	1.25	4.83	5.30	1.56
24	20.3	13.2	1.54	1.00	9.66	2.10	1.01	6.83	2.97	1.12	4.83	4.20	1.35
26	16.1	13.2	1.22	1.00	9.66	1.67	1.00	6.83	2.36	1.04	4.83	3.33	1.17
28	12.7	13.2	0.96	1.00	9.66	1.31	1.00	6.83	1.86	1.00	4.83	2.63	1.07
30	10.1	13.2	0.77	1.00	9.66	1.05	1.00	6.83	1.48	1.00	4.83	2.09	1.01
32	8.1	13.2	0.61	1.00	9.66	0.84	1.00	6.83	1.19	1.00	4.83	1.68	1.00
34	6.4	13.2	0.48	1.00	9.66	0.66	1.00	6.83	0.94	1.00	4.83	1.33	1.00

注：这是一种简单的近似。假设方波中的能量大部分储存在前 3 次谐波内，则方波电流产生的平均集肤深度就为表 7.5 中的前 3 次谐波集肤深度的平均值。根据这个平均值可以计算出 d/S，就可以从图 7.6 中读出 R_{ac}/R_{dc} 值。

表 7.8　18AWG 线的交/直流阻抗比

频率（kHz）	R_{ac}/R_{dc}（见表 7.6）正弦电流	R_{ac}/R_{dc}（见表 7.7）矩形波电流
25	1.05	1.13
50	1.15	1.35
100	1.40	1.75
200	1.85	2.36

7.5.6　邻近效应

相邻导线流过电流时会产生可变磁场，从而形成邻近效应[11-15]。如果是属于多层绕组层间的邻近效应，则危害性更大。

邻近效应比集肤效应更严重，因为集肤效应只是将绕线导电面积限制在表面的一小部分，增加了铜损。它没有改变电流幅值，只是改变了绕线表面的电流密度。相反，邻近效应中由相邻绕组层电流产生的可变磁场引起的涡流，其大小却随绕组层数的增加按指数规律而增加。

7.5.6.1　邻近效应产生的机理

邻近效应产生的原理如图 7.7 所示。在两个平行导体中分别有电流流过，电流方向相反（AA′和 BB′）。为了简化分析，假设图中的两个导体的横截面为很窄的矩形，距离较近，且导体可能是两个圆导线也可能是变压器绕组中两个紧密相邻的导线层。

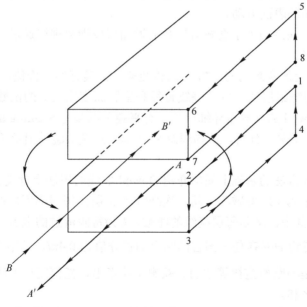

图 7.7　导体中电流产生的磁场在相邻导体间感应出电压。感应出的涡流沿着导体径向在导体上、下表面流动。位于下方的导体，上表面的涡流与主电流方向相同（AA′），对主电流起增强作用。而对于下表面来说，涡流与主电流流向相反，两者相互抵消。同样，位于上方的导体，其下表面的涡流与主电流流向相同，使电流增大，上表面的涡流与主电流相互抵消，电流减小。最后导致的结果就是电流集中在两导体的接触面表层上，位于下面的导体被包围在磁场中，磁力线从其侧面 1234 穿出后进入上面导体的侧面，然后从对面穿出，最后又往下回到下面导体。根据弗莱明右手定则，磁场的方向是进入上面导体侧面 5678 的方向

根据法拉第定律，穿过平面 5678 的可变磁场将在位于该平面的任何导体上感应出电压。由楞次定律可得，沿感应电压的方向在该区域的边界将产生感应电流，感应电流的方向总是使得它所激发的磁场来阻碍引起感应电流的磁通量的变化。

因此，平面 5678 上的电流方向应是逆时针的。在平面的下层，电流方向（7 到 8）与上导体的主电流方向（B 到 B'）相同，有增强主电流的趋势；而在平面的上层，电流方向（5 到 6）与主电流相反，有减弱主电流的趋势。在导体宽度范围内任何与平面 5678 平行的平面都会发生这样的现象。

这样导致的后果是，沿着上导体的下表面有涡流径向流过，方向是从 7 到 8，然后它会沿着导体上表面返回。但在上表面，涡流被主电流抵消了。

下导体的情形与此相似，在下导体的上表面有涡流径向流过，该涡流增强了上表面流过的主电流，但在导体的下表面，由于涡流与主电流方向相反，涡流被主电流抵消了。

因此，两个导体上的电流被限制在两者接触面表层的一小部分上，与集肤效应一样，表层的厚度与频率有关。

7.5.6.2 变压器绕组相邻层间的邻近效应

由于变压器绕组同一层绕线中流过的电流是相互平行且同向的，那么可以将这些电流看成是流过一块很薄的矩形薄片，薄片的厚度等于绕线的直径，宽度等于骨架宽度。因此整个绕组都将产生感应涡流。和先前讨论过的相邻平行导体间的邻近效应一样，这些涡流只在绕组层间接触面的表面流动。

值得注意的是，涡流的大小会随着层数的增加而按指数规律递增。因此，邻近效应比集肤效应要严重得多。

Dowell 有关邻近效应影响的分析[13]比较经典，很具有参考价值。论文给出了交/直流阻抗比（R_{ac}/R_{dc}）与绕组层数，以及绕线直径和集肤深度比之间的函数关系。限于文章篇幅，这里不再对 Dowell 的结论做详细讨论，有兴趣可以参考 Senlling 的文献[12]。Dixon[11]还对 Dowell 曲线做了深入分析，从物理意义上解释了 R_{ac}/R_{dc} 为什么会随着层数的增加而按指数规律递增。

下面将在 Dixon 方法的基础上简单介绍 Dowell 曲线的用法及意义。

图 7.8（a）所示为 EE 型磁芯，其一次绕组有 3 层。每层都可以被看作独立的薄片，流过的电流 $I=NI_t$。其中，N 是每层绕组的匝数，I_t 为每匝流过的电流。根据安培定律，有 $\oint Hdl = 0.4\pi I$，或者说 Hdl 在任一闭合回路上的积分值为 $0.4\pi I$，其中 I 为该闭环包围的总电流。这在磁路上是与欧姆定律等效的。欧姆定律指出，任何闭环上所施加的电压等于该闭环一周所有电压之和。

沿着图 7.8（b）中的 abcd 环绕一周进行线性积分，可得到路径 bcda 上的磁阻（模拟电路中的阻抗）。由于采用了高磁导率的铁氧体材料，其阻值很低。因此，大部分的磁场强度都处于薄片 1 和薄片 2 之间的路径 ab 上，薄片 1 左侧面的磁场强度几乎为零。由于只是导体表层的磁场强度感应出集肤电流，所以薄片 1 上的所有电流 I 都只流过薄片右侧面，而左侧面没有电流流过，电流方向如图 7.8 中的"+"号所示（也可从图中的原点看出）。

现在来看薄片 2[见图 7.8（a）]上的电流，并设所有绕组中的电流都为 1A。图 7.7 所示邻近效应将产生涡流，涡流流过薄片的左侧面和右侧面，厚度等于该频率下的集肤深度，但是这个厚度不会超过薄片 1 右侧面的集肤深度，也不会超过薄片 2 左侧面的集肤深度。

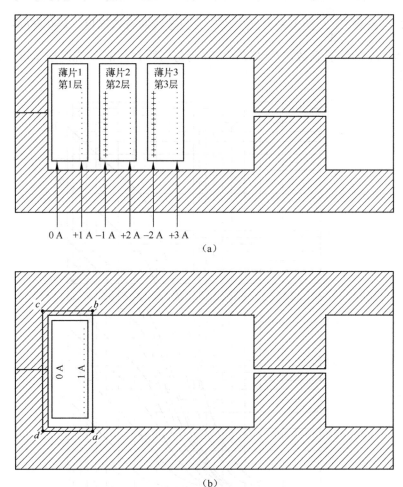

图 7.8 （a）多层绕组表面涡流按指数规律递增；（b）根据安培定律，流过第一层
导线的电流将集中在远离铁氧体材料的那一面

　　如果沿闭环 *efgh*（穿过薄片 1 和薄片 2 的中心）对 *Hdl* 进行积分，由于该平面上的磁场强度为零，根据安培定则，该平面上包围的电流也为零。既然流过薄片 1 右侧面的电流为 1A（沿 "+" 号方向），那么流过薄片 2 左侧面的电流必定也为 1A，方向以 "–" 号（或 "×" 号）表示。

　　但是流过每个薄片的净电流为 1A，所以必定有-1A 的电流流过薄片 2 的左侧面，右侧面的电流为+2A。

　　同理可得，薄片 3 左侧面的电流为-2A，右侧面的电流为+3A。

　　从以上分析可以推断出，邻近效应产生的涡流大小随着绕组层数的增加按指数规律递增。7.5.6.3 节中 Dowell 的分析[13]将从数量上证明这个结论。

7.5.6.3　Dowell 曲线表示邻近效应产生的交/直流阻抗比

根据 Dowell 分析可以得到如图 7.9 所示的 Dowell 曲线[13]。它描述了交/直流阻抗比（$F_R=R_{ac}/R_{dc}$）与系数 $\dfrac{h\sqrt{F_l}}{\Delta}$ 的关系。式中，h 为圆导线的有效高度，$h=0.866d$；Δ 为集肤深度，见表 7.5；F_l 为铜层系数，$F_l=N_l d/w$（N_l 为每层匝数，w 为绕组层宽度，d 为绕线直径，对于铜箔，$F_l=1$）。

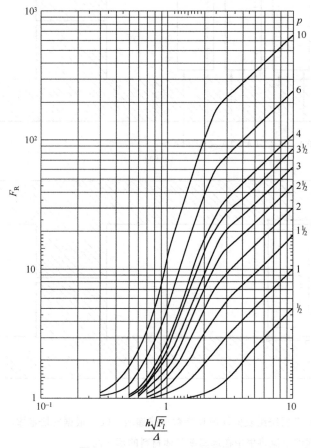

$$F_R \text{ 为 } \frac{h\sqrt{F_l}}{\Delta} \text{ 和层数的函数，} p \text{ 为每个绕组所占的比例}$$

$$R_{AC}=R_{dc}F_R$$

$$\text{当 } \frac{h\sqrt{F_l}}{\Delta} > 5 \text{ 时}$$

$$F_R \to \frac{2p^2+1}{3} \cdot \frac{h\sqrt{F_l}}{\Delta}$$

图 7.9　邻近效应产生的交/直流阻抗比。图中给出了不同 p 值下的交直流阻抗比，p 是指每部分所含的绕组层数。"部分"经常会被误解，所以在这里需要解释一下。这里的"部分"定义为低频磁动势（$\oint Hdl = 0.4\pi NI$）从零变化到峰值的区域。假设一次侧和二次侧都为多层绕组，一次绕组位于骨架最里面，二次绕组位于其上，如图 7.10（a）所示。现由磁芯中心柱向外移动，则磁动势（$\oint Hdl = 0.4\pi NI$）会线性增大（见文献[1]）

　　由于这个线性积分值与最里层一次绕组的距离成正比，所以距离越远，包围的安匝数越多。因此在二次绕组-一次绕组的交界面，$\oint Hdl$ 已经达到最大值，并开始线性下降。在传统的变压器中（不同于反激变换器），二次侧安匝数往往与一次侧安匝数方向相反。换一种说法就是，如果一次侧电流是从"•"端流进的，则二次侧电流必定是从"•"端流出的。当对最后一层二次绕组进行线性积分时，$\oint Hdl$ 已经降为零。这可以理解为二次侧所有安匝数抵消了一次侧的安匝数（除了一次侧很小的励磁电流以外）。

　　因此，"部分"就是指磁场强度从零到峰值的区域。对排列顺序如图 7.10（a）所示的双层一次侧、双层二次侧的变压器来说，每部分 p 的层数为 2。图 7.9 中，若假设 $\dfrac{h\sqrt{F_l}}{\Delta}$ 为 4，则 R_{ac}/R_{dc} 约为 13。

　　图 7.10（a）中每半个二次绕组的安匝数为一次侧总安匝数的一半。如果将一次侧和二次侧两个绕组层按图 7.10（b）那样交错排列，则其低频磁动势如图所示分布。此时磁动势从零到峰值区域内的绕组层数仅为 1，同样取 $\dfrac{h\sqrt{F_l}}{\Delta}$ 值为 4（根据图 7.9），则每部分 R_{ac}/R_{dc} 的比值从原来的 13 降为 4。也就是说，一次侧和二次侧的交流阻抗都只有直流阻抗的 4 倍（而不是原来的 13 倍）。

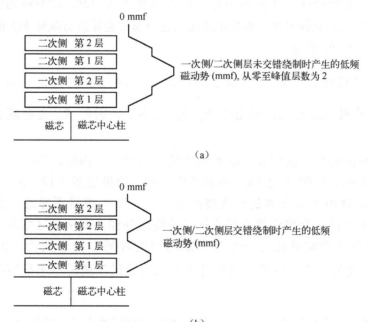

图 7.10 （a）对于双层一次侧/二次侧变压器来说，如果一次侧/二次侧层没有交错排列，则低
　　　频磁动势就会累积。"部分"定义为磁动势从零到峰值的区域。这里每部分有两层，
　　　　"每部分层数"的差异如图 7.9 所示。（b）一次侧/二次侧层交错排列，每部分的层数
　　　　　减少为 1，交/直流阻抗比显著减小，如图 7.9 所示

　　注意到图 7.9 中每部分的层数减为 1/2，从图 7.11 可以看出这种绕组结构的优势。这种情况下，如果二次侧只有一层，则二次绕组中心处的低频磁动势为零。对于图 7.10（b）所示的结构，同样取 $\dfrac{h\sqrt{F_l}}{\Delta}$ 等于 4，从图 7.9 可以看出，此时 R_{ac}/R_{dc} 为 2 而不是 4。

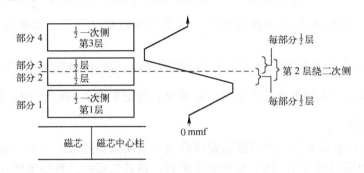

图 7.11　每"部分"只有半层，如图 7.9 所示。单层的二次绕组夹在两个半一次绕组之间，一次侧的安匝数被二次侧的电流分为两半。根据图 7.9 中的"每部分层数"的概念可知，半个二次侧的每部分层数为半层

　　在选择一次侧线径或二次侧铜箔厚度时可以参考图 7.9，而不是先前按电流密度 500cmil/A（RMS 值）选择导线。根据电流密度选择通常会导致高频时 h/Δ 很大，从图 7.9 可以看出，此时 R_{ac}/R_{dc} 值很大。

　　通常选择导线时会选择直径较小的绕线或厚度较小的铜箔，以使 $\dfrac{h\sqrt{F_l}}{\Delta}$ 小于 1.5。虽然这样会使 R_{dc} 增大，但由于 R_{ac}/R_{dc} 减小了，因此 R_{ac} 也会减小，从而减小了铜损。

　　当推挽电路的两个一次侧和二次侧都采用交错绕线结构时，同时导通的那组一次绕组和二次绕组应该按图 7.12（a）所示结构排列。如果按图 7.12（b）所示结构将不导通的半个二次绕组紧靠导通的一次绕组层，即使二次绕组不导通，也会感应出涡流。可以将不导电的二次绕组放在导电的二次绕组外侧，其所处区域内，半个一次绕组和半个二次绕组的安匝数在每半个周期的导电时间内相互抵消，因此线性积分 $\oint Hdl$ 为零，磁动势为零。这样，当另外半个二次绕组导通时，不导通的二次绕组中没有涡流产生。

　　值得注意的是，在反激电路中，一次绕组和二次绕组的电流不是同时导通的，因此，一次侧/二次侧交错排列的绕组结构对邻近效应没有什么影响。此时只能根据"500cmil/A（RMS 值）"的规则，采用最少的层数，选择更好的导线来减小邻近效应。虽然此时直流阻抗增大了，但从图 7.9 可以看出 R_{ac}/R_{dc} 减小了。

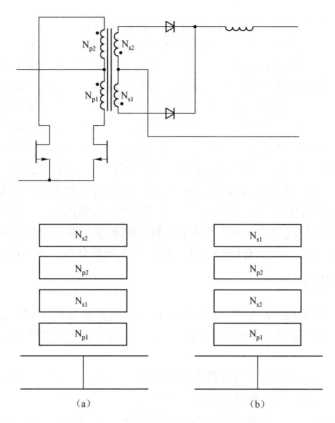

图 7.12　推挽电路变压器层数的（a）正确排序与（b）不正确排序。由于邻近效应，图（b）所示的排序将比图（a）所示的排序产生更多的涡流损耗

7.6　利用面积乘积（AP）法进行电感及磁性元件设计简介

在前面的章节中，Pressman 先生将任何带感性的卷绕式元件称为"电感器"。在这一点上，我们将打破惯例引入另外一个概念："扼流圈"。在这里，这一传统而又多少被人忽略的概念专指那些可以通过大量 DC 偏置电流而 AC 纹波电流和电压分量相对较少的卷绕式元件。其典型应用为开关电源中的低通输出滤波器。

在本章中"电感器"仅限定为传递交流电流和电压的卷绕式元件，而无须承载大量的 DC 偏置电流，直流"电感器"用"扼流圈"表示。

之所以用两个不同的概念来描述，是因为电感的设计方法和扼流圈的设计方法有很多不同。此外，两者采用的材料也可能大不一样。由于包含大量相互联系的杂散变量，扼流圈的设计相对来说更加复杂，设计者必须协调好这些参数。因此扼流圈的设计本质上讲是一个不断迭代调整的过程。尽管磁芯制造商提供的各种数据表格可以简化优化设计中不可避免的大量迭代过程，但还是不能完全消除这一工作。

7.6.5 节将根据应用场合来介绍磁性元件的设计方法。由于各种杂散变量的存在，在某一特定的场合中，工程师将根据最重要的参数对设计的结果进行折中处理。这些可能考虑的参数包括最便宜的成本、最小的体积、最小的损耗、最大的电流以及最大的电感量等。鉴于对这些基本要求的优化条件各不相同，最终的权衡结果将取决于工程师。设计的挑战也就在于，对于一个特定的应用场合怎样才能获得最佳的权衡结果。

本章将利用图形、图表、曲线、表格来确定各种未知变量的取值。尽管这种方法看上去没有前面章节采用公式计算精确，但其方法更为实用。因为在电感和扼流圈的设计中，由于生产的差异，总会存在一定的工程误差，最终的取值都只是一个近似的结果。这些图表给出了一些典型应用的取值趋势，而不是绝对的计算值。生产商在不断地改进材料，因此，在实际应用中，工程师必须根据厂家提供的最新资料来获得最佳的设计。

采用曲线图、表格和索引的方法能更快得到结果，各种变量的变化趋势也显而易见。在进行电感及磁元件设计时，即使是经验不足的工程师也可以很快地利用这种直观的方法得到所要的参数。Colonel Wm. T McLyman 在 Jet Propulsion 实验室工作多年，对磁性材料进行了大量的测试和研究[18-19]。他提出了一些有用的公式和图表，并在业界得到了广泛的应用。最后设计者会发现"Colonel"（这里是指他的名字，而不是他发明的专利）所钟爱的面积乘积（AP）法是一个很有用的设计工具。下面简单介绍一下 AP 法。

7.6.1　AP 法的优点

接下来将利用 Colonel Wm. T McLyman 所提出的面积乘积（AP）法给出电感器及扼流圈的设计实例。AP 法是一个很实用的设计工具，很多类型的磁芯都能适用，这极大地简化了设计过程。

简单来讲，AP 就是指磁芯有效截面积和磁芯有效窗口面积（用于绕组和绝缘）的乘积。若面积都以 cm^2 为单位，则 AP 的单位为 cm^4。

文献[17-19]表明，利用面积乘积法可以计算出变压器磁芯的额定功率大小，在设计扼流圈时也可以用来选择磁芯的尺寸。此外，AP 值还可以用于变压器其他重要参数如表面积、温升、绕组匝数和电感量等的计算。

如今很多磁芯厂家的数据手册中都给出了 AP 值。即使没有给出，通过下面的公式也可以很快地计算出所需要的磁芯尺寸：

$$AP = A_e A_w$$

式中，AP 为面积乘积（cm^4）；A_w 为磁芯有效窗口面积（cm^2）（E 型磁芯取其中一个窗口的面积）；A_e 为磁芯有效截面积（cm^2）。

AP 值是磁性元件设计的一个重要参数，在 7.9 节中对其优点有更详细的说明。

后面各节中所用到的公式、图表和曲线的计算公式在本章末所列的参考文献中都给出了详细的推导过程。在进行开关电源中各种卷绕式元件的设计时，工程师若能完全掌握这些理论和实践的要求，将具有宝贵的设计技能。

7.6.2　电感器设计

电感器的理解和设计要相对简单一些，首先就从开关电源中一些经常用到的电感器开始。掌握了这些方法以后，再进行复杂烦琐的扼流圈设计（见 7.7 节～7.10 节）就相对容易一些了。

开关电源中的电感器（无需传递 DC 偏置电流的卷绕式元件）通常包括以下几种类型：

- 信号级的小功率电感，不含直流分量；
- 共模输入滤波电感（一种特殊绕制的双绕组电感，可以流过较大的对称工频电流）；
- 差模输入滤波电感（可以流过较大的不对称工频电流）；

● 电感棒（磁芯为棒状铁氧体或铁粉芯的小电感）。

7.6.3　信号级小功率电感

此处仅考虑那些一般用于信号场合的电感，它们对 DC 电流没有要求，甚至所承受的 AC 电流和电压应力都很小。这种电感通常用作信号级的电流谐振或滤波器，其设计相对来说比较简单。工作频率比较高的场合，磁芯材料一般都选择铁氧体。选定磁芯型号后，通过厂家提供的电感系数 A_l 可以直接算出电感值和所需的匝数。信号级的小功率场合，铜损不是考虑的关键因素，因此如果需要很大电感值的话可以增加绕组匝数。

厂家提供的电感系数 A_l 值必须给出磁芯每匝绕组的电感量，包括磁芯材质以及气隙的影响（如果厂家可以提供的话）等。值得注意的是，任何卷绕式元件的电感值都是与 N^2（匝数的平方）成正比的，因此最终的电感值为

$$L_n = N^2 A_{l1}$$

提示：注意，由于厂家提供的 A_l 值可能是一匝绕组的电感值，也可能是 N 匝（通常是 100 匝甚至是 1000 匝）的电感值，为避免错误，此处将 A_l 值统一折算成每匝绕组的电感值，因此有

$$A_{l1} = A_{ln}/N^2$$

—— K.B.

信号级电感在开关电源设计中很少用到，此处不再进行详细的介绍，通过上式可以计算其电感值。

7.6.4　输入滤波电感

开关电源中的输入滤波电感是一种低通的 RFI 滤波器。开关电源中的开关器件会产生大量的电气噪声，输入滤波器的作用在于减小或抑制这些高频噪声回馈到输入电网。

图 7.13（a）所示为一个典型的输入滤波器的基本原理图。这种滤波器在离线式开关电源中通常用来抑制传导 RFI 噪声以满足 FCC 标准。滤波电路包括一个对称的共模电感 L_1（两个绕组完全相等），两个共模电容 C_1 和 C_2。L_2 为差模电感，C_3、C_4 为解耦的差模电容。

7.6.4.1　共模输入滤波电感

共模电感 $L_{1(a)}$ 和 $L_{1(b)}$ 的电感量一般都取得比较大，考虑到体积和成本的因素，一般都选择高磁导率的磁芯（大于 5000μ），因为高磁导率意味着每匝获得的电感量大。一般来讲，在电感设计中，磁芯损耗越小越好，但在此处却并非考虑的重点。高频时 AC 应力一般都比较低，因此在设计共模输入滤波电感时可以不用考虑磁芯损耗的影响。

共模电感的情况比较特殊，虽然它可以流过直流电流和低频的交流电流，但是由于两个绕组在同一磁芯上绕制反相，直流或低频交流产生的磁场将相互抵消。

7.6.4.2　采用磁环绕制共模输入滤波电感器

图 7.13（b）所示为一个典型的采用高磁导率环形铁氧体磁芯绕制的共模电感。由两个分离的绕组绕在同一磁环上分别构成电感 $L_{1(a)}$ 和 $L_{1(b)}$，电感之间紧密耦合形成一个双绕组的共模输入滤波电感。为了使绝缘和爬电距离满足安全规则要求，绕组之间以及绕组与磁环之间必须采用绝缘材料隔离。

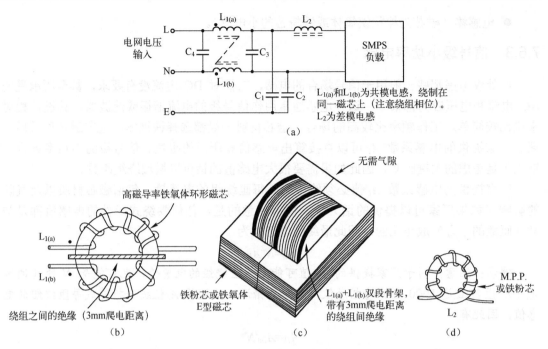

图 7.13　（a）由共模和差模滤波元件构成的典型的 RFI 输入滤波电路。这种电路经常用在
　　　　　开关电源中的输入端，以抑制开关器件产生的 RFI 噪声。（b）采用高磁导率环形
　　　　　磁芯绕制的共模输入滤波电感。（c）用 E 型磁芯绕制的共模输入滤波电感。（d）采
　　　　　用高损耗的铁粉芯磁环绕制的差模输入滤波电感

　　这两个绕组之间相互隔离且匝数相等，在工频差模输入电流回路上其相位完全相反
（注意，此处所提到的反相是指正常的工频电流从上侧电感的起始端流入，然后从下侧的
电感输入端流出，反之亦然）。因此工频差模 AC 输入电流（或者 DC 变换器中的 DC 输入
电流）所产生的磁场在磁芯中完全抵消。通过这种耦合方式，工频输入电流所流过的电感
量仅来自两个绕组之间的漏感，而由磁环产生的电感量很小。因此，正常的差模输入电流
几乎可以不受影响地流过共模电感。

　　采用这种反相连接的方式，低频的 AC（或 DC）差模输入电流不会使磁芯饱和，因此可
以采用高磁导率的磁芯材料而不用担心饱和的问题，当然也没有开气隙的必要。环形磁芯无
法开气隙，其磁导率一般都比较高，因此只要绕上几匝绕组就能获得很高的电感量。

　　但是对共模噪声（高频的噪声电流或电压同时在开关电源的两条输入线上流动，两者
相位相同，最后流回大地 E）来讲，两个绕组相互并联且同相，开关电源的噪声源与两条
输入线 L 和 N 之间表现为很大的感抗，因此由开关器件产生的共模噪声大部分都可以通
过 C_1 和 C_2 被旁路到大地上。这种滤波电路可以有效地抑制共模 RFI 噪声反馈回电网。

　　共模电感的设计方法很简单。选择一个大小合适的高磁导率磁环，根据最大输入
RMS 电流选择导线，将两根导线按照图 7.13（b）所示的方法单层并绕在磁环上。由于磁
芯损耗可以忽略不计，导线散热好，因此电流密度可以设计得很大（700～1000A/cm²）。
采用多层并绕的方式也可以，但是这样会增加绕组间电容，降低自谐振频率，从而减小高
频噪声抑制比，因此并不推荐这种方式。

　　根据绕组的匝数和所选磁芯的 A_l 值可以计算出有效的电感值。考虑到两组绕组的并

联关系以及共模抑制作用，计算中仅选择其中一组绕组的匝数值，从而有

$$L_n = N^2 A_{l1}$$

提示：在样机调试阶段，实际所需共模电感的感量一般是不确定的，这是由于 RFI 水平受众多因素的影响，而这些因素在样机阶段都是不确定的。最终的设计最好根据频谱分析仪测试的传导 RFI 电流的结果来确定。测试过程中应包括机壳或机箱、所有的散热片、开关器件和所应包含的固件。如果测试结果不能满足要求，则需进一步衰减干扰，可以在一定的范围内调节 C_1 和 C_2。

如果调节 C_1 和 C_2 仍不能满足要求，可以考虑采用更大的磁芯。如果是用在医疗器械上的专用电源，由于其对地面反射电流有非常严格的要求，因此对解耦电容 C_1 和 C_2 的最大值都有规定。此时工程师应该选择更大的共模 RFI 扼流圈。

—— K.B.

7.6.4.3　采用 E 型磁芯绕制共模输入滤波电感器

E 型磁芯通常也被用来绕制共模输入滤波电感器，如图 7.13（c）所示。一般来讲，E 型磁芯更容易绕制，生产成本也更低。E 型磁芯主要的不足在于电感量不好控制，磁导率低，绕组间电容比较大。

提示：E 型磁芯的电感量变化量一般比环形磁芯的更大，这是因为所有的 E 型磁芯都由两部分构成，而两部分之间不可能完全匹配，所以不可避免地存在一定气隙。对于高磁导率的磁芯材料来讲，即使是很小的气隙也会对装配后的磁导率产生很大的影响。此外气隙间任何一点点的杂质都会带来很大的影响。例如，坡莫材料采用 E 型结构时，磁导率可能下降多达 60%，相应的电感量也将按相同的比例下降。鉴于成本上的优势，即使有上述缺陷的存在，共模滤波电感通常还是采用 E 型磁芯绕制。有些厂家能提供表面采用抛光处理的磁芯，这种磁芯如果装配环境比较干净的话能够很好地耦合，从而保留较高的磁导率。为了获得最佳的结果，通常这种磁芯都是匹配好成对提供的。

—— K.B.

7.6.5　设计举例：工频共模输入滤波电感

在下面的设计实例中将采用一种简单而高效的设计方法。首先根据一般设计对体积和成本的要求选择一个合适的 E 型磁芯。对于样机设计来讲，由于滤波的要求还没有完全确定，这种方法是合理的。根据所选高磁导率的 E 型铁氧体磁芯，假设所需电感量为该磁芯所能得到的最大电感量，同时温升不能超过 30℃。

共模滤波电感中的高频噪声电压很低，磁芯损耗可以忽略不计，因此在计算温升的时候仅考虑铜损的影响。为了保证两个绕组之间有效隔离，一般此处选择双槽型骨架。每个槽分别用相同型号的分立导线绕满，并且相互隔离。

本设计中必须保证所选导线规格在流过满载电流时温升不超过 30℃。由于计算时取的是最大匝数，因此所设计出来的结果为在选定磁芯和设定温升的前提下的最大电感量。采用这个骨架和绕法得到的电感对低频噪声具有良好的抑制作用，但是跨绕线电容可能很大，因此对高频噪声的衰减作用有所减弱。

提示：绕组间电容增大会导致自谐振频率降低，从而高频噪声分量能有效地被电感旁路掉。但是后面会介绍，通过图 7.13（b）所示的差模电感 L_2 能更有效地阻止高频噪声的

传导。L_2 的自谐振频率通常都比较高。

—— K.B.

7.6.5.1 步骤 1：选择磁芯尺寸，计算 AP 值

通常所选 E 型磁芯要满足成本和机械尺寸要求，根据厂家提供的数据表可以查到 AP 值，见表 7.9。也可以按照下面的步骤来计算 AP 值。

表 7.9 导线尺寸规格（10～41AWG），扼流圈和变压器设计导线电流密度取典型值为 450A/cm² 的 AP 值（AWG 值每增加或减 3，导线铜面积按因数 2 发生改变，例如，两根 AWG18 号线的面积与一根 AWG15 号线的面积相等）

AWG	AWG 绕组数据（铜，导线，厚绝缘）						
	直径，铜（cm）	面积，铜（cm²）	直径，绝缘（cm）	面积，绝缘（cm²）	电阻率（Ω/cm）（20℃时）	电阻率（Ω/cm）（100℃时）	电流（A）（450A/cm² 时）
10	0.259	0.052620	0.273	0.058572	0.000033	0.000044	23.679
11	0.231	0.041729	0.244	0.046738	0.000041	0.000055	18.778
12	0.205	0.033092	0.218	0.037309	0.000052	0.000070	14.892
13	0.183	0.026243	0.195	0.029793	0.000066	0.000088	11.809
14	0.163	0.020811	0.174	0.023800	0.000083	0.000111	9.365
15	0.145	0.016504	0.156	0.019021	0.000104	0.000140	7.427
16	0.129	0.013088	0.139	0.015207	0.000132	0.000176	5.890
17	0.115	0.010319	0.124	0.012164	0.000166	0.000222	4.671
18	0.102	0.008231	0.111	0.009735	0.000209	0.000280	3.704
19	0.091	0.006527	0.100	0.007794	0.000264	0.000353	2.937
20	0.081	0.005176	0.089	0.006244	0.000333	0.000445	2.329
21	0.072	0.004105	0.080	0.005004	0.000420	0.000561	1.847
22	0.064	0.003255	0.071	0.004013	0.000530	0.000708	1.465
23	0.057	0.002582	0.064	0.003221	0.000668	0.000892	1.162
24	0.051	0.002047	0.057	0.002586	0.000842	0.001125	0.921
25	0.045	0.001624	0.051	0.002078	0.001062	0.001419	0.731
26	0.040	0.001287	0.046	0.001671	0.001339	0.001789	0.579
27	0.036	0.001021	0.041	0.001344	0.001689	0.002256	0.459
28	0.032	0.000810	0.037	0.001083	0.002129	0.002845	0.364
29	0.029	0.000642	0.033	0.000872	0.002685	0.003587	0.289
30	0.025	0.000509	0.030	0.000704	0.003386	0.004523	0.229
31	0.023	0.000404	0.027	0.000568	0.004269	0.005704	0.182
32	0.020	0.000320	0.024	0.000459	0.005384	0.007192	0.144
33	0.018	0.000254	0.022	0.000371	0.006789	0.009070	0.114
34	0.016	0.000201	0.020	0.000300	0.008560	0.011437	0.091
35	0.014	0.000160	0.018	0.000243	0.010795	0.014422	0.072
36	0.013	0.000127	0.016	0.000197	0.013612	0.018186	0.057
37	0.011	0.000100	0.014	0.000160	0.017165	0.022932	0.045
38	0.010	0.000080	0.013	0.000130	0.021644	0.028917	0.036
39	0.009	0.000063	0.012	0.000106	0.027293	0.036464	0.028
40	0.008	0.000050	0.010	0.000086	0.034417	0.045981	0.023
41	0.007	0.000040	0.009	0.000070	0.043399	0.057982	0.018

提示：所谓面积乘积就是磁芯有效截面积 A_e 和磁芯有效窗口面积 A_{wb} 的乘积（E 型磁芯仅包括其中一个窗口的面积），都以 cm^2 为单位。如果采用骨架绕制，为保守起见，取骨架内部窗口面积而不是磁芯窗口面积，见图 7.16，此处包括骨架的两个槽。

——K.B.

面积乘积（AP）定义为

$$AP = A_e A_{wb} \ (cm^4)$$

式中，A_e 为磁芯截面积（cm^2）；A_{wb} 为骨架内部窗口面积（cm^2）。

7.6.5.2　步骤 2：计算热阻和损耗上限

一般来讲，将上一步所得到的 AP 值代入图 7.14 所示的曲线就能查到对应的温升。AP 值与温升曲线的交点向左投影到纵轴上就可以得到预期的电感热阻（R_{th}）值。R_{th} 的单位为℃/W，假设环境温度为 25℃。

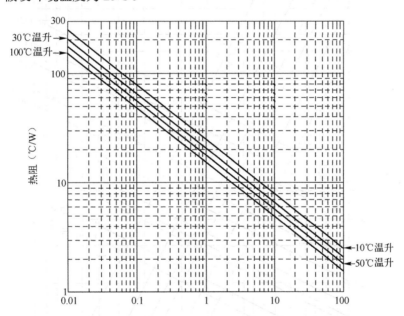

图 7.14　标准 E 型磁芯 AP 值与热阻的关系曲线（环境温度为 25℃，自然冷却）

设所允许的最大温升（ΔT）为 30℃，根据所查得的 R_{th} 值可以计算出最大绕组损耗（W_{cu}）为

$$W_{cu} = \Delta T / R_{th} \ (W)$$

此处假设选择 EC35 型磁芯，AP 有效值为 $1.3cm^4$。采用骨架绕制，为保守起见取 $AP = 1.1cm^4$。代入图 7.14 中查得温升为 30℃时对应的热阻值为 20℃/W。注意，根据该计算图表所得到的 R_{th} 值是在环境温度为 25℃的基础上温升为 30℃时的结果。假设磁芯损耗为零，则绕组损耗所允许的最大值为

$$W_{cu} = \Delta T / R_{th} = 30/20 = 1.5W$$

7.6.5.3 步骤 3：计算绕组电阻

设工频输入电流有效值为 5A，铜损 1.5W 时所允许的最大绕组电阻 R_{wp} 为

$$R_{wp}=W_{cu}/I^2=1.5/25=60m\Omega（或 0.06\Omega）$$

得到整个骨架的绕组电阻后，就可以计算出填满整个骨架所需的导线尺寸和匝数（此处绕组分成两组，每组 30mΩ）。根据绕组匝数和 A_l 可以得到电感量。

7.6.5.4 步骤 4：根据图 7.15 选择绕组匝数和导线尺寸

大多数厂家提供的数据表都给出了各种导线绕满骨架后的阻值。本例将根据图 7.15 直接给出导线尺寸和绕组匝数，具体方法如下。

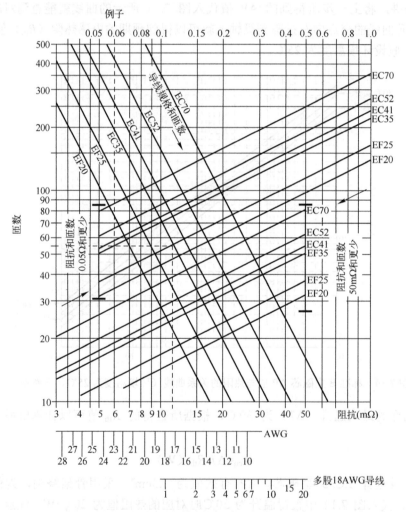

图 7.15　电感和扼流圈设计中最小铜损计算表。通过这个图表可以很快计算出
E 型磁芯骨架的绕组匝数和导线最优尺寸

在顶部横坐标方向的电阻轴上找到电感的阻值（0.06Ω），投影到向上方向的"电阻和匝数"斜线（斜率为正）上找到 EC35 型磁芯，如图 7.15 所示。两者的交点投影

到纵坐标上即为电感的匝数——本例中为 56 匝。向右投影到"导线规格和匝数"（斜率为负）的斜线上找到 EC35 型磁芯，其交点投影到下面的横坐标上即为导线规格——此处约为 17AWG。

　　提示：为了方便绕制，也可以采用多股规格小一些的导线并绕。表 7.9 给出了 10～41AWG 的电阻值。注意到 AWG 值每增加 3，导线横截面积减半，因此，两股 20AWG 线的横截面积与 17AWG 线的相等。这种关系适用于整个 AWG 导线规格表。

——K.B.

　　如果导线电阻小于 50mΩ，则从底部的电阻轴向上投影到"电阻和匝数"斜线上。对于共模电感来讲，绕组平分为相等的两部分。选择 17AWG 线，每个绕组绕 28 圈，或者两股 20AWG 线并绕。

7.6.5.5　步骤 5：计算绕组匝数和导线规格

　　如果首选的话，导线规格和绕组匝数一般还是通过计算的方法求得。

　　在这个例子中仅考虑一组绕组和骨架中的一个槽，如图 7.16 所示。除去绝缘材料的空间，可用的窗口面积为 30mm²。如果采用圆形的磁导线，填充系数一般取 60%，其中包括了导线间的绝缘以及圆形导线不能完全填充横截面的因素。从而实心铜导线的绕组有效窗口面积 A_{cu} 为

$$A_{cu}=0.6A_w=0.6\times30=18\text{mm}^2（0.18\text{cm}^2）$$

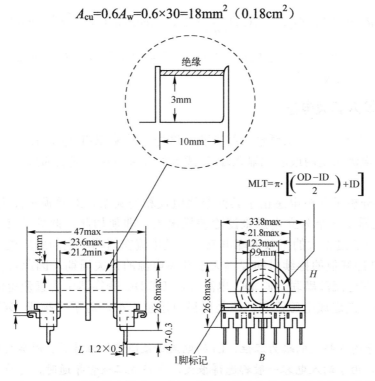

图 7.16　A_{wb} 为双槽骨架的绕组有效窗口面积，骨架材料和绝缘所占的空间将减小磁芯的 AP 值。每匝绕组平均长度（MLT）用来计算导线的长度，进而可以计算出导线电阻

骨架的平均直径为 1.6cm，因此每匝绕组平均长度（MLT）为 5.02cm。

现在可以利用铜的标称体积电阻率计算单匝实心铜导线的理论电阻 R_x，该实心铜导线将完全占据骨架一个槽的有效窗口面积 A_{cu}。

70℃时，铜的电阻率为 $\rho=1.9\mu\Omega\cdot cm$，因此有

$$R_x = \frac{\rho MLT}{A_w} = \frac{1.9\times10^{-6}\Omega\cdot cm(5.02cm)}{0.18cm^2} = 53\mu\Omega$$

前面分析了当最大允许温升为 30℃时，绕满整个骨架所允许的总导线电阻为 60mΩ，即每个槽为 30mΩ。单匝绕组电阻为 53μΩ，则绕满骨架一个槽所需的匝数为

$$N=(R_w/R_x)^{1/2}=(30m\Omega/53\mu\Omega)^{1/2}=24 \text{ 匝}$$

提示：由于骨架窗口面积必须绕满，因此匝数每增加一倍则导线截面积减半，进而每匝绕组电阻也要加倍，因此导线电阻与 N^2（匝数的平方）成正比。

——K.B.

得到绕组匝数后就可以选择合适的导线截面积以填满整个骨架，计算公式为

$$A_{cuw}=A_{cu}/N=0.18/24=0.0075cm^2$$

根据表 7.9，所得面积介于 18AWG 号线和 19AWG 号线之间。

选择线径稍大的 18AWG 号线，利用表 7.9 中所示 18AWG 的 Ω/cm 值可以计算整个绕组的导线电阻为

$$R_{cu} = N(MLT)\left(18AWG的\frac{\Omega}{cm}\right) = 24(5.02cm)\left(0.00024\frac{\Omega}{cm}\right) = 29m\Omega$$

最终得到的每槽绕组的导线电阻（29mΩ，全部绕组的电阻为 58mΩ）与前面采用计算图表的方法所得结果相近。

7.6.6 差模输入滤波电感

图 7.13（a）中 L_2 与工频输入线串联，这样对差模 RFI 电流来讲 L_2 表现为高阻抗。这些噪声电流从电网或者说输入端 L 线流经开关电源，然后通过 N 线流回电网，反之亦然。

前面已经分析了共模电感由于其两个绕组反相的关系，对差模电流来讲，L_1 相当于短路，因此需要一个分立电感来滤除差模电流。即使如此，此处的 L_2 也不用承受 DC 电流，而是流过很大的工频尖峰电流，以及电流在两端产生的感应电压。另外，由于 AC 电流脉冲峰值的持续时间要远大于开关电源的开关周期，因此可以认为电感与一个工频输入的电流源串联。同 DC 电流（在 DC/DC 变换器中为直流电流）一样，输入电流尖峰也可能造成电感饱和。但是如果电感量太小，对于工频或 DC 电流来讲影响不大。

提示：由于输入整流电路为容性，L_2 的电流峰值通常很难计算。以典型的离线式输入整流电路为例，由于输入电容一般都选得很大，当整流二极管导通时，对应于交流电压的波峰将有一个很大的尖峰电流流过。此时应该保证 L_2 能够承受足够的电流尖峰而不饱和。峰值电流的大小取决于很多不确定的因素，包括输入电源的内阻、电路阻抗、输入电容的 ESR，以及整个回路的寄生电感。一般来讲，最好测量一下输入电流，并且计算出磁芯的峰值磁感应强度。考虑到元件以及输入线路阻抗的差异，需留取 30%的安全裕量。当

系统含有功率因数校正电路时，电流就很容易确定，而且峰值也会小很多。

—— K.B.

为防止 L_2 饱和，有必要在铁氧体磁芯上加气隙，或者采用磁导率较低的铁粉芯。如果电流最大值已知，则差模电感的设计与后文所提到的扼流圈的设计过程是一样的。在 DC/DC 变换器中采用 DC 电流最大值进行计算，此处设计则取 AC 电流的峰值而不是 DC 电流值。总之，差模输入滤波电感 L_2 的设计方法与扼流圈的一样（见 7.7 节）。

如果 L_2 的电感量小于 50μH（很多场合这个电感量已经足够），可以采用棒状磁芯电感，其优点在于简单、低成本，并且不会饱和。

7.6.6.1 铁氧体和铁粉芯电感棒

在电感量要求很低，如 5～50μH 的场合，工程师可以考虑使用简单的开路型铁氧体或棒状铁粉芯、线轴或者轴型的铁氧体磁珠。

如果绕组间电容能够控制得很小（比如，通过采用间隔绕组，以及绕组和磁棒之间绝缘来实现），采用开路型磁棒绕制成的 RFI 电感的自谐振频率可以做得很高。现在简单介绍一下怎样用棒状磁芯设计电感 L_2。

图 7.17（a）给出了电感棒/扼流棒的实例，当这种电感与低 ESR 的电容组成 RFI 滤波器时，可以有效地抑制高频噪声尖峰。通常这种高频 AC 电流要比工频或者 DC 电流的平均值要小很多，因此由这些开路型的电感棒、线轴或骨架产生的高频电磁辐射（这类电感最大的缺陷）不是很大，一般不会造成 EMI 问题。

一般的铁氧体材料都可以用作电感棒，由于空气的磁路很长，即使采用高磁导率的材料也不用担心磁芯饱和的问题。下一小节将介绍棒状磁芯电感怎样优化设计，以获得最大的高频阻抗。

7.6.6.2 棒状磁芯电感的高频特性

任何卷绕式元件自身的电感与绕组间电容并联组成了一个 LC 电路，由于绕组间电容很小，因此电感自谐振频率很高。

一旦超过这个谐振频率，电感更多地表现为容性，且阻抗非常低，因此如果噪声的频率足够高就可以通过电感。为了获得最好的高频衰减特性，应该尽量减小绕组间电容。

图 7.17（a）给出了一个 1in 长，直径为 5/16in 的铁氧体电感棒，绕组为 15 匝，采用 17AWG 线。图 7.17（b）为电感阻抗和相移与频率变化的关系曲线。可以看出自谐振频率为 4MHz 时，相移为 0°，此时阻抗最大。与并联谐振电路一样，当频率超过或者低于这个值时，阻抗减小。

从图 7.17（c）所示的阻抗特性曲线可以看出，减小绕组间电容可以改善高频衰减特性。将图 7.17（b）中的电感绕组改用间绕方式，并在磁芯棒上加一层 10mil 厚的聚酯胶带隔离，就得到了图 7.17（c）所示阻抗曲线。所选导线为 20 号标准线，绕 15 圈，每圈之间间隔一定间隙。从曲线可以看出，由于减小了绕组间电容，阻抗增加，自振荡频率移位到 6.5MHz 附近。这样可以加宽噪声抑制的频谱范围。

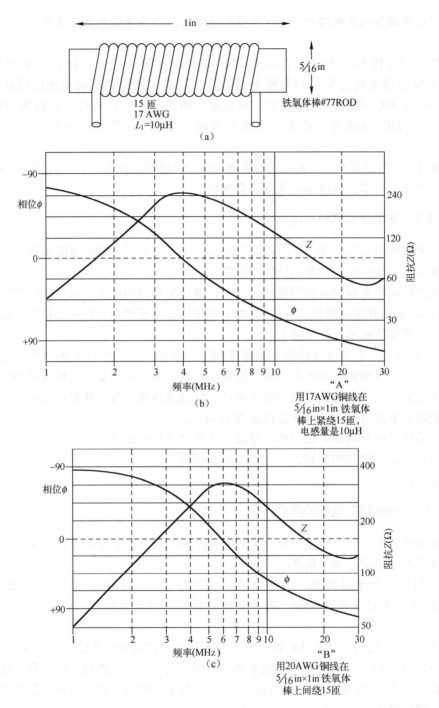

图 7.17 （a）电感棒/扼流棒实例。（b）电感棒/扼流棒的阻抗和相移随频率的改变而改变，最大阻抗出现在 4MHz 的位置。（c）采用间绕绕组减小了绕组间电容，此时最大阻抗移至 6MHz 附近，改善了电感棒/扼流棒的高频衰减特性

7.6.6.3 棒状磁芯电感的计算

图 7.18 给出了棒状磁芯电感相对于磁芯材料初始磁导率的有效磁导率（以几何比例

l/d 为参数）。相对于磁芯的磁导率，电感量大小更多取决于磁芯的窗口尺寸。

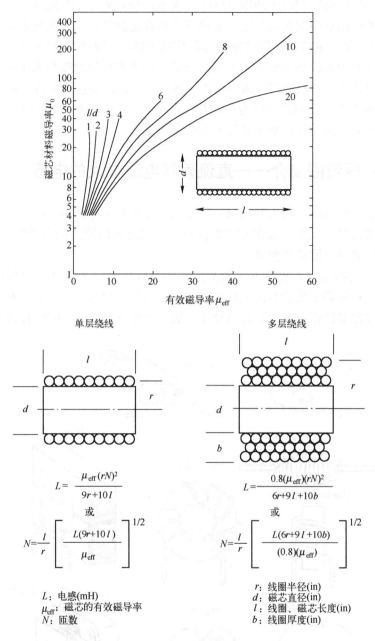

图 7.18　棒状磁芯电感有效磁导率与磁芯材料初始磁导率、磁芯长宽比之间的函数关系

（Micrometals 公司）

在很多实际应用中，磁芯长宽比一般都是 3：1 或者更大。而磁芯材料的初始磁导率对电感最终的有效磁导率影响不大，因此大部分实际应用中，电感值的大小与磁芯材料的磁导率相关度不大。所给曲线为铁粉芯材料的曲线，不过如果允许小量的误差，它也同时适用于高磁导率的铁氧体材料。

知道有效磁导率后，根据磁芯结构和几何比例就可以利用图 7.18 所给的公式计算出电感量。而棒状电感外部的气隙则可以防止高磁导率的铁氧体磁芯饱和。即使直流电流很大，此类电感也能满足作为扼流圈对直流偏置的要求，某些场合甚至可以当 RF 扼流圈使用。

选择导线的时候应注意在额定工作电流下应该满足损耗和温升的要求，电流密度一般取 600～1000A/cm^2。也可以采用铁粉磁芯做棒状电感，因为气隙很大减小了初始磁导率的作用，即使磁芯初始磁导率低也是可以接受的。由于高频磁通变化量很小，磁芯损耗一般都不大。对于铁粉芯材料来讲，虽然增加了磁芯损耗，但是抗饱和特性好。

有关"电感器"的介绍就到此为止，7.7 节将介绍"扼流圈"的设计。扼流圈的设计与电感有很大不同，因为扼流圈涉及更多不确定的变量。

7.7　磁学：扼流圈简介——直流偏置电流很大的电感

扼流圈（直流偏置电流很大的电感）广泛地应用在开关电源中。小到开关管或二极管驱动电流的整形磁珠，大到在输出端用的滤波器，都是扼流圈的应用范围。图 7.19 给出一些用于开关模式扼流圈的典型例子。

为了得到好的结果，需要深入了解扼流圈的设计步骤。为设计出性价比较好的扼流圈，电源设计工程师需要做大量的工作来选择磁芯型号、材料、设计和体积，以及绕组设计。这个问题非常多样化，没有理想的设计方法，因为没有理想的磁性材料。

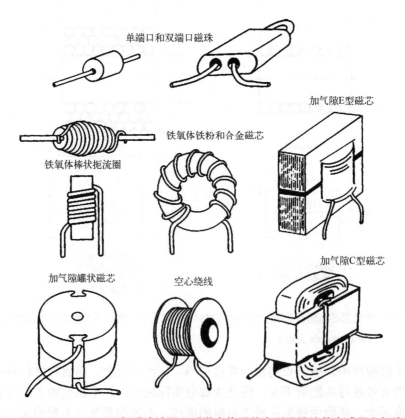

图 7.19　用于 Buck、Boost、低通滤波器及反激变换器的变压器设计的电感器和扼流圈例子

本节将讨论加气隙 E 型铁氧体磁芯、E 型粉芯和环形粉芯，因为这几种是最常用于高

频扼流圈的磁芯。

7.7.1　公式、单位和图表

在第 6 章中，Pressman 先生应用大量公式来解释线绕式器件的设计。在本章，将采用 *B-H* 磁滞回线和各种图表、列线图及表格形象地得到需要的解决方案。

由于大多数的工程师都是根据特定应用场合来设计，他们更关心已经定义好了的实际磁芯，所以这里将磁感应强度 *B* 当作一个设计参数，而不是总的磁通量 Φ，即

$$B(\text{T})=\Phi/A_e$$

式中，A_e 为有效磁芯截面积（mm^2）。

在很多例子中，作者已经修正了这些公式，并且化简单位后得到更方便的方法。这里也大量采用了在 Jet Propulsion 实验室做了许多关于磁性材料测量和研究工作的 Colonel Wm. TMcLyman 改进的一些公式。想深入分析的读者若希望了解各种磁学公式、本节用到的计算图表及解释这些图表的公式都可参考文献[17-19]。

在 7.6.6 节中发现电感的设计相当简单易懂，这是因为其中的直流偏置很小，甚至没有。为了更好地理解设计扼流圈时所受的限制，则当扼流圈中存在很大的直流偏置时，需要根据一些典型磁芯材料的饱和特性以及气隙的影响来重新核对磁滞回线。

7.7.2　有直流偏置电流的磁滞回线特征

对于低磁导率的铁粉芯和不加气隙的铁氧体，图 7.20 是它们典型磁滞回线的第一象限图。首先水平轴 *H*（Oe）和直流偏置电流成正比，垂直轴 *B* 是磁芯的磁感应强度，单位为 T。

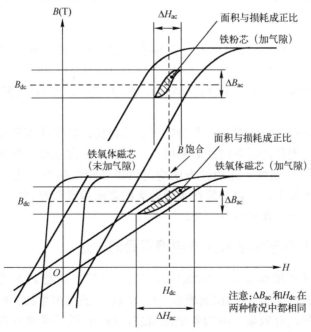

图 7.20　单端（不包括推挽变换器）应用场合，加气隙或没加气隙的铁氧体和铁粉芯材料磁滞回线的第一象限。平均磁感应强度（B_{dc}）是磁场强度（*H*）的函数，其中后者由绕组中平均直流偏置电流、磁导率和扼流圈磁芯气隙产生。磁滞回线包围的面积是引起磁芯损耗的原因，并且磁感应强度摆幅 ΔB 只是交流应力的函数

注意到对于任意的直流偏置量，若磁场强度 H_{dc} 如图垂直虚线所示，这会使不加气隙的铁氧体磁芯进入饱和区。同时注意到铁氧体磁芯饱和时，磁滞回线的斜率为 0（水平的）。这意味着此时不加气隙的铁氧体磁芯的有效磁导率是 0，则扼流圈的电感量近似为 0。很明显，若流过这么大的直流偏置电流，则扼流圈磁芯不能用没有加气隙的铁氧体磁芯。

对于初始磁导率小很多的铁粉芯（斜率更小）在同样的 H_{dc} 处不会饱和，即 H_{dc} 附近的磁滞回线有效斜率仍有意义，所以扼流圈仍然有一定的电感量。注意到同样是铁氧体磁芯，但是若加了气隙，在 H_{dc} 处也不会饱和，所以加气隙的铁氧体磁芯保留了部分电感量。

对于同样的磁场强度（H_{dc}），B_{dc}（即由偏置电流感应的磁感应强度）在铁粉芯中更大。这意味着铁粉芯磁芯可以承受更大范围的 ΔB（磁感应强度变化量）而不饱和，所以铁粉芯材料有能力承受更大的交流伏秒数。这种材料可以储存更多的能量，并且可以适应大范围的纹波电压和纹波电流。

铁粉芯的磁滞回线包围的面积比加了气隙的铁氧体更大，所以铁粉芯磁芯的磁芯损耗也更大。但是，高磁芯损耗并不是必然的，因为在最终设计中实际的工作损耗主要由磁感应强度变化量 ΔB 和开关频率决定。因此，铁粉芯磁芯也可以应该用在扼流圈中，因为其成本较低。

现在研究控制磁芯磁场强度 H_{dc} 的参数。

7.7.3 磁场强度 H_{dc}

为了更好地理解磁场强度 H，我们再次回到磁滞回线。在这个曲线中，其水平轴就是磁场强度 H[17-19]，按照国际单位制 H 的表达式为

$$H = \frac{0.4\pi NI}{L}$$

式中，H 为磁场强度（Oe）；N 为匝数；l 为磁芯的磁路长度（cm）；I 为绕组中的直流偏置电流（A）。

在扼流圈设计完成后，N 和 l 都是确定的，所以 $H \propto I$，即磁场强度 H_{dc} 与直流偏置量 I_{dc} 成正比。

这里是第一个折中选择。对于一个特定的磁芯材料，给定体积和匝数，直流偏置电流越大，需要防止磁芯饱和的磁滞回线斜率越小。因此，必须选择一种低磁导率的磁芯材料或者增加磁芯中气隙的长度，这两种方法均可以得到较低的有效磁导率。由于磁导率较低，每匝的电感量也很小，所以必须在承受较大的直流偏置和得到一定的电感量两者之间寻求平衡——增加一个，则减小另一个。

7.7.4 增加扼流圈电感或者额定直流偏置量的方法

在设计中怎么才能增加电感量并/或增加偏置电流呢？若磁芯不是接近饱和，则增加匝数会有效，因为电感量以 N^2 的比例增加，而 H 以 N 的比例增加。但是若磁芯已经接近饱和，则增加匝数就没有效果。因为若电流增加，则 H 以同样的方式增加。这将使磁芯进入深度饱和，导致磁芯的磁导率降低，这时必须减小匝数。

电感量的公式为[17-19]

$$L = \frac{N A_e \Delta B}{\Delta I}$$

式中，L 为电感量（H）；N 为匝数；A_e 为磁芯的截面积（mm^2）；ΔI 为偏置电流上的电流小波动（A）；ΔB 为相应的磁感应强度摆幅（T）。

在磁芯的工作点（所选磁芯的工作磁导率），磁滞回线的斜率与 $\Delta B/\Delta I$ 成正比，因此剩下的变量是 N 和 A_e。所以，

$$L \propto N A_g$$

为了防止磁芯直流饱和，N 不能够增加得太多，所以增加电感的唯一方法就是增加 A_e（磁芯截面积）。所以对于一种特定的磁芯材质，得到较大的电感量或者承受较大的直流偏置的唯一方法就是采用更大的磁芯。稍后会发现磁芯的体积决定了存储能量 W，即

$$W = \frac{1}{2}LI^2(\text{J})$$

同样地，增加 $\Delta B/\Delta I$ 斜率或者磁芯工作磁导率同样可以增加电感量，但是从图 7.20 发现，这要求磁芯有更高的饱和磁导率。即使存在合适的材料，但是这样会导致很大的磁芯损耗，这也将会成为一个限制因素。

7.7.5 磁感应强度变化量 ΔB

现在研究磁滞回线垂直轴（磁感应强度 B）。但是在此之前，首先根据一个扼流圈来研究 B 与工作交流应力的关系。

图 7.21（a）是典型 Buck 稳压器的功率电路部分，其中扼流圈为 L_1。图 7.21（b）是连续导电模式下扼流圈的期望电流波形。注意到此波形是以直流负载电流为中心的三角波波形。

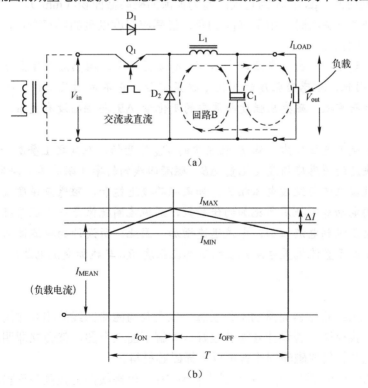

图 7.21 （a）典型 Buck 变换器的例子，图中包括扼流圈 L_1 和 Q_1、D_1、C_1 及输出电流流通回路。
（b）连续导电模式的典型波形

稳态时，该电流波形由 Q_1 的开关动作、扼流圈 L_1 的工作状态、二极管 D_1、输出电容 C_1 及负载电流决定。

稳态时，当 Q_1 导通时，输入电压作用于扼流圈 L_1 的左边，而右边是 C_1 上的直流输出电压，小于输入电压。所以施加于扼流圈 L_1 上的正向电压为 $V_{L1}=V_{in}-V_{out}$，而 L_1 的电流以 $di/dt=V_{L1}/L_1$ 的斜率线性增加。

当 Q_1 关断时，L_1 的左边电压被导通的 D_2 钳位近似为 0，L_1 承受的反向电压为 V_{out} 加二极管压降，所以其电流线性下降。

在本例中，扼流圈工作在连续状态，因为其电流从没有到 0，电感的平均电流就是负载电流。刚才提到的平均负载电流就是所设计的扼流圈的直流偏置电流。

由磁滞回线（见图 7.20）可知，磁感应强度的平均值 B_{dc} 由磁场强度 H_{dc} 和磁滞回线的斜率及其形状决定。现在考虑交流状态，即开关管开关过程施加于其扼流圈上的纹波电压。

对于交流状态，依据平均直流电流决定的 B_{dc} 沿 B 轴左端开始可以很方便地做出磁滞回线。以 B_{dc} 为中心，磁芯的磁感应强度在开关管导通时增加，所以在交流电压作用下，磁感应强度（绕组中的磁链）的变化量如下：

$$\Delta B = \frac{V_{L1}t}{NA_e}(\text{T})$$

式中，ΔB 为磁感应强度变化量（T）；V_{L1} 为扼流圈 L_1 的正向电压（V）；t 为电压施加的时间（Q_1 的导通时间，μs）；N 为匝数；A_e 为扼流圈磁芯截面积（mm^2）。

同样，在开关管关断时，由于 V_{L1} 为负，磁感应强度以负的斜率变化，电流和磁芯磁通返回 Q_1 导通时的值。

提示： 注意到上式，由于在设计中 N 和 A_e 都是常量，磁感应强度变化量 ΔB 由伏秒数决定（Vt）。因此，磁感应强度的变化量也是常量，它不是磁芯材料、磁芯气隙或者磁导率的函数。换而言之，磁感应强度所需要的变化量 ΔB 与磁芯没有关系，其由所施加的伏秒数决定。

因此，对于交流电压应力，从 B 轴左端的 B_{dc} 处开始，在其之上叠加一个以 B_{dc} 为中心、由伏秒数决定的磁感应强度变化量 ΔB。磁滞回线的斜率（磁导率）决定了 H 相应的变化量，因此纹波电流与纹波电压相关。如果磁芯接近饱和，磁感应强度就不能再增加，即这时没有反向电动势来抵消所施加的伏秒数，则扼流圈就像是一个短路绕组。这时，仅仅由扼流圈的电阻限制电流增加，电流迅速增加。因此，所设计的扼流圈必须有足够的饱和裕量，以满足由于直流偏置电流产生的磁感应强度 B_{dc} 与施加交流电压所引起增量 $\Delta B/2$ 的和。

—— K.B.

现在研究 Buck 稳压器完整的工作状态，以及其与磁滞回线的相互作用，然后在铁氧体和磁粉芯间寻找权衡。若设计者能够很好地理解下面三个图，就会立即明白在设计扼流圈时仅仅根据磁芯材料的磁滞回线就可以选择磁芯材料。

如图 7.20 所示的磁滞回线，在 H 轴上找到 H_{dc}，沿虚线向上找到与铁粉芯磁滞回线的交点就可得到其平均直流工作点 B_{dc}。这是由绕组直流偏置电流产生的粉芯平均工作磁感应强度。注意到平均电流相同时，加气隙的铁氧体磁芯磁导率更低，则其平均工作点 B_{dc}

低于粉芯的 B_{dc}。

现在在工作点 B_{dc} 上叠加一个交流部分 ΔB（由于 Q_1 导通或关断产生的交流方波电压引起的磁感应强度变化量）。如图 7.20 所示，磁芯 B-H 值将遍历这个小的磁滞回线。当磁感应强度来回变化时，H 也跟着变化，其变化量 ΔH_{ac} 如图 7.20 所示。H 的变化转化成电流的变化，产生图 7.21（b）所示的三角波。如果把磁滞回线描绘出来，则发现纹波电流将会呈现同样的曲线。如果磁芯趋近饱和，则磁滞回线的斜率迅速减小，导致 H 也迅速增大，这将使电流迅速增大。因此，若将要发生饱和，则会在电流纹波的正向峰值处会看到电流的突然增加尖刺。

注意到由于磁滞回线的斜率较小，在加气隙的铁氧体磁芯较小直流工作点 B_{dc} 上叠加同样的磁感应强度变化量，产生的磁场强度变化量 ΔH 更大。施加同样的纹波电压（其波形没有画出）将产生更大的纹波电流。换而言之，在同样的工作点，加入气隙后铁氧体磁芯的电感要比铁粉芯磁芯的电感量小，则纹波电流更大。虽然铁氧体磁芯的磁滞回线更宽，而实际上曲线包围的面积更小，磁芯损耗也更小。所以仅由磁滞回线就可预知扼流圈材料的性能，并可判断其是否具有设计需要的性能。

现在考虑第二个权衡。设计者可选择低损耗加气隙的铁氧体磁芯，但由于其饱和磁感应强度较低，所以电感量更小和纹波电流更大。因此，同样体积的磁芯、在同样的直流偏置电流作用下，加气隙的铁氧体磁芯电感更小。稍后将看到，磁芯可储存的能量（$\frac{1}{2}LI^2$）将磁芯体积与电感量和额定直流偏置电流联系起来。

7.7.6　气隙的作用

现在要问一下读者对气隙基本作用的理解程度。在这里强调这点是因为设计者经常不能很好地理解气隙功能并存在许多混淆。如果读者对本节内容非常精通，可以直接跳过本节到 7.7.7 节。

由磁滞回线（见图 7.20）及下式可知，对于直流电流部分，B_{dc} 的平均值是 H_{dc} 的函数，它与直流偏置电流关系为

$$H = \frac{0.4\pi NI}{l} \text{（Oe）}^{[17-19]}$$

所以对于水平轴而言，$H_{dc} \propto I_{dc}$，直流感应磁感应强度 B_{dc} 是磁化特性决定的受控量。因此，磁芯材料的磁导率（磁滞回线斜率）、气隙或者直流偏置电流的任何一个变化都会引起直流感应磁感应强度 B_{dc} 变化。

但是，对于交流状态，ΔB 不受上面因素的限制，而由下式决定：

$$\Delta B = \frac{\Delta V t}{N A_e} \text{（T）}$$

对于交流状态，由于 N 和 A_e 都是常量，所以交流部分引起的 ΔB 仅仅是外部施加的伏秒数的函数，而与磁芯材料无关。因此，ΔB 与所施加交流量成比例，事实上，ΔB 叠加在由直流偏置电流决定的工作点 H_{dc} 上。交流磁感应强度变化量 ΔB 由外部需要抵消的伏秒数决定。上式中没有磁导率，所以改变平均电流、磁导率或者气隙，不会引起磁感应强度变化量 ΔB 的变化。

但是改变磁导率会改变磁滞回线的斜率，即改变 ΔB 与 ΔH 的比例。这会导致纹波

电流的变化。换而言之，改变磁芯磁导率就改变了扼流圈的电感量，因此会影响到纹波电流。

改变材料磁导率或者气隙长度都不会改变交流磁感应强度变化量 ΔB，也不会改变交流饱和磁感应强度。但是，通过降低磁导率来降低磁滞回线的斜率，可以降低电感量，则由直流偏置电流决定的磁通量会降低，可避免磁通量直流部分和交流部分总和饱和。从图7.20 中没加气隙和加了气隙的铁氧体磁滞回线可明显地看出这点。

总之，气隙或磁导率的改变会引起电流直流部分产生的磁感应强度变化，但不引起交流磁感应强度变化量的变化。

7.7.7　温升

最后，扼流圈设计中最重要的也许就是温升的限制。一般来说，扼流圈的铜损比铁损大，这是因为较大的直流偏置电流会产生 I^2R 的损耗。所以，大多数场合磁芯损耗比铜损小，并且实际上有些情况下磁芯损耗相当小。但是，温升是总损耗的函数，必须考虑磁芯损耗，尤其是磁芯损耗占比较大时。

温升是很多个变量的函数，其中包括扼流圈安装的位置、空气流动速度及可能会影响到温升的其他环境因素。这里用到的各种图表和曲线图均假设在自然冷却条件下，所以表面积和辐射特性决定了温升。这些图表假设热量的 45%靠对流冷却，而 55%靠辐射冷却（发射率为 0.95）。由于布局和热设计引入其他很难控制的热影响，所以任何时候，最终扼流圈的温度都需要在实际的工作条件下加以验证。下面考虑材料特性。

7.8　磁设计：扼流圈磁芯材料简介

本节详细分析设计扼流圈用到的各种磁芯材料的更重要的特性。

通常，设计中所选择的磁芯材料要满足设计者认为的一些最重要参数。这包括工作频率、直流偏置电流相对交流纹波电流的比例、需要的电感量、温升、饱和磁感应强度、成本及其他特殊的机械要求。因为参数要求相互制约，选择时需要折中考虑，所以即使不考虑成本因素也很难找到一种磁芯材料同时满足所有要求。

直流偏置电流的饱和影响使设计扼流圈更加困难，并严格限制了设计者获得大电感量的能力。因此，扼流圈的设计过程是一个平衡磁芯材料、磁芯体积、磁芯损耗、绕线损耗、额定电流、电感量和温升的过程。在最终设计中必须使所有这些相互依赖、相互限制的变量达到最佳组合。

根本没有磁芯材料的选择是理想的，它主要由应用场合和其他一些因素，比如设计者的技术和经验决定。但事实是，作为一个纯电感器时，磁芯可提供数毫亨的电感量；而作为扼流圈时，其电感量仅是数微亨。

7.8.1　适用于低交流应力场合的扼流圈材料

一些场合，选择扼流圈材料很简单。当交流纹波电流或频率很低（如工频时母线串模输入滤波器）时，磁芯损耗不再是一个关键因素。在这些应用场合，应该选择低成本、高磁导率、高饱和磁感应强度的材料。这时可以选择铁粉芯材料或者加气隙的硅磁化铁片变压器。这两种材料的优点是饱和磁感应强度高、磁导率高并且价格低。

高磁导率使得较少的匝数就可以获得所需要的电感量，并且即使更大的直流偏置电流也可以使磁芯远离饱和磁感应强度。减少匝数有助于减少绕组损耗。而这些情况下磁芯损耗通常不会成为问题。

7.8.2　适用于高交流应力场合的扼流圈材料

但是在工作频率和交流纹波电流都很大的场合，必须考虑磁芯损耗，所以需要选择低损耗的材料。这包括各种低磁导率、低损耗的材料，如铁粉芯、MPP、KoolMμ（铁硅铝）和加气隙的铁氧体。所有这些材料的磁导率很低，为获得需要的电感量就需要更多匝数，因此绕组损耗和磁芯损耗更大。

7.8.3　适用于中等范围的扼流圈材料

在这两个极限状态之间的情况，磁芯材料和几何结构的最优选择就不是这么明显，即在磁芯损耗和铜耗间进行折中。本节中将研究一些材料的基本特性，并比较它们的一些本质特征，首先从饱和特性开始。

7.8.4　磁芯材料饱和特性

图 7.22 是一些磁芯材料的典型饱和特性。水平轴 H（Oe）与直流偏置电流和匝数成比例，概括地讲，垂直轴表明每种材料磁感应强度的平均值都对应着的 H_{dc}。在铁氧体的例子中，引入气隙后磁导率大约为 60。本节中要注意的重要参数是在材料饱和点磁感应强度的数量。这取决于材料特性，并且每种材料磁导率的范围不会改变太多。与普通观念相反，气隙不会改变饱和磁感应强度。磁芯材料的饱和磁感应强度由下向上依次为：

① 所有铁氧体材料在 0.35T 附近饱和；

② MPP 的饱和范围为 0.65～0.8T；

③ KoolMμ 在 1.0T 附近饱和；

④ 铁粉芯材料在 1.2T 以上饱和。

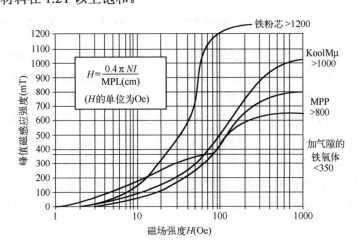

图 7.22　铁粉芯、KoolMμ、MPP、加气隙的铁粉芯材料磁心典型饱和特性

图 7.22 为设计者提供选择磁芯所需的参数。很明显，如果没有其他约束条件，设计者会选择饱和磁感应强度最大的材料，但是现在必须考虑磁芯损耗。

7.8.5　磁芯材料损耗特性

对上面提到的材料，图 7.23 给出由于交流磁感应强度变化量 ΔB 产生的磁芯损耗。这里，假设在 50kHz 处有一个峰值为 100mT（即峰-峰值为 200mT）的交流磁感应强度。注意到该图是以指数形式的坐标轴，所以图的顶部比底部的值要大得多。

磁芯损耗是交流状态，即磁感应强度变化量和频率的函数。根据图 7.23 中所示的交流条件，磁芯材料损耗由下到上依次为：

① 对于加气隙的铁氧体，磁芯损耗接近 30mW/cm^3；

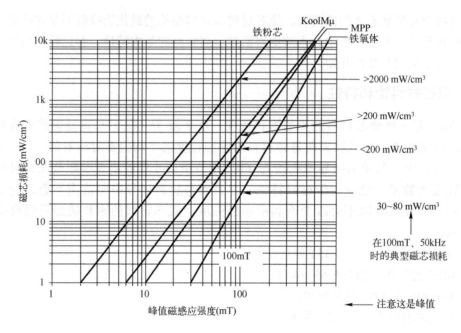

图 7.23　铁粉芯、KoolMμ、MPP 和加气隙铁氧体材料磁芯损耗的典型特性

② MPP 的磁芯损耗一般比铁氧体的磁芯损耗的 3 倍还要多，接近 100mW/cm^3；

③ KoolMμ 的磁芯损耗一般比铁氧体的磁芯损耗的 6 倍还要多，接近 200mW/cm^3；

④ 铁粉芯材料的磁芯损耗比铁氧体的磁芯损耗的 65 倍还要多，接近 2000mW/cm^3。

从图 7.23 中可以看出，磁芯损耗从 30mW/cm^3 到 2000mW/cm^3 变化很大，近 65：1 的跨度。这些都是归纳结果，仅仅作为设计指导，但是趋势是显而易见的。

提示：图 7.24 中磁芯损耗的例子是在交流磁感应强度（B_{ac}）的峰值为 100mT 处得到的。在供应商磁芯损耗的说明书中通常假设磁芯工作在推挽状态，所以损耗曲线图中假设交流磁感应强度变化量 ΔB 的峰-峰值为 200mT。图 7.24 中不包括直流磁感应强度（B_{dc}）的影响，这是因为直流磁通对磁芯损耗没有贡献。

——K.B.

饱和磁感应强度高的磁芯材料相应的磁芯损耗却很大。而扼流圈设计者只需要折中考虑相互限制变量中的两个。很明显，选择饱和磁感应强度最高的材料与需要降低磁芯损耗相矛盾。因此，由于目前磁性材料的限制，最终的选择总需平衡这两个因素。

7.8.6　材料饱和特性

必须保证磁芯在最大直流偏置电流、所有过流状态及交流磁通的总和下不饱和。所以饱和特性的形状（磁滞回线的曲率）是一个很重要选择依据。此参数显示了所选择的磁芯的承受磁场强度而不饱和能力。

图 7.24 比较了加气隙的铁氧体与各种粉芯材料的饱和曲线。随着磁场强度的增加，加气隙的铁氧体仍然维持相对磁导率为常数。这意味着随负载电流的增加，电感量变化很小，但是它会突然进入饱和。当用加气隙的铁氧体设计扼流圈时，一定要保证在最大电流的情况下磁芯不饱和。所以应该选择适当的气隙，以保证足够的安全裕量。

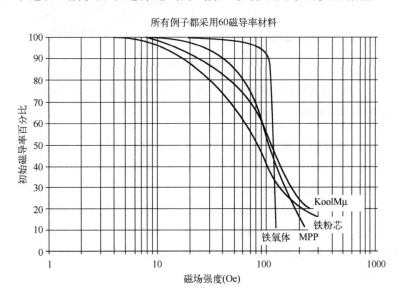

图 7.24　以直流磁场强度为变量，给出铁粉芯、Kool Mμ、MPP 和加气隙铁氧体材料的磁芯饱和特性

7.8.7　材料磁导率参数

选择好最合适的材料后，现在需考查在不同直流和交流工作状态下所选择材料的性能变化。

通常每类材料可提供很大范围的磁导率。但是，对于铁氧体磁芯，工作磁导率由气隙厚度决定。用作扼流圈时，气隙通常比较大，所以铁氧体材料初始磁导率在加气隙的磁芯中仅起很小的作用。若忽略气隙边缘的影响，则随着气隙的变化，铁氧体磁芯损耗并无明显变化。

粉芯材料有很宽范围的磁导率，这主要由生产者混合各种粉末和黏结剂时控制。因此，铁粉芯材料的气隙分布在磁芯的各个部分，通常高磁导率材料的磁芯损耗也很高。

图 7.25 是环形 KoolMμ 材料的典型磁化特性，其磁导率一般在 26μ～125μ。磁导率越

高的材料，接近饱和时的磁场强度越低。例如，100Oe 时，90μ 材料的磁导率只有其初始磁导率的 25%，而为 26μ 材料的磁导率仍然在其初始磁导率的 90% 以上。磁滞回线的形状是产生这些差别的原因，而与其固有的饱和值变化无关。各种磁导率的 KoolMμ 磁芯的饱和磁感应强度都很接近。铁粉芯材料有类似特性。

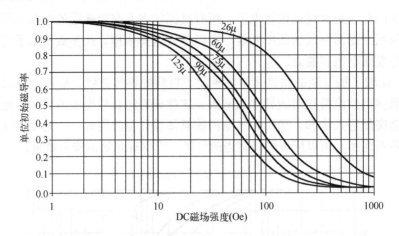

图 7.25　环形 KoolMμ 磁芯材料的磁化特性，图中显示当磁场强度（直流偏置电流）增加时磁导率将降低（Magnetics 公司）

　　在上面例子中，磁导率分别为 90μ 和 26μ 的磁芯材料区别并不像看起来那么大，因为 25μ 的 80% 是 20μ，而 90μ 的 25% 是 22.5μ。所以，当磁场强度为 100Oe 时，对于同样的匝数，每种磁芯材料的电感量都很接近。

　　另外要注意特性曲线。它反映了磁导率是如何随磁场强度变化而变化的。可以看出相比于初始磁导率为 26μ 的材料，初始磁导率为 90μ 的材料的工作磁导率在更低的直流偏置电流下就开始变化。其他粉芯材料有类似的特性。设计摆动扼流圈时可利用磁导率的这种变化（或摆动）优化设计。

7.8.8　材料成本

　　成本通常是选择磁芯一个很重要的标准。因为材料价格总在变化，只能比较相对成本。之前价格最高的材料是 MPP 和铁氧体，因为其未加工的材料和制造成本很高。紧跟其后的是 KoolMμ 材料，但其价格变化很大。铁粉芯一般是最便宜的材料。

　　但是铁粉芯材料在高温下比其他材料老化得更快，所以设计者必须核对最新材料的这种特性，并确保设计的扼流圈在温度限制之内（不同生产厂家间会有所不同）。

7.8.9　确定最佳的磁芯尺寸和形状

　　所有设计的第一步都是选择磁芯尺寸和结构。这会令人困惑，因为有很多种磁芯拓扑和磁芯尺寸，对于某种应用场合很难从中选择一个最佳的尺寸和形状。

　　磁芯类型的选择就稍微易懂一点。如果能找到一种合适的磁芯，那么任何形状都可以用，但本节只以 E 型磁芯和环形磁芯为例做介绍。之前所介绍的所有材料都可有环形磁芯。铁粉芯磁芯和 KoolMμ 磁芯也有 E 型和棒状磁芯。而 MPP 磁芯有环形磁芯，因为这种材料很难加工。铁氧体磁芯有很多种形状。

　　一般来说，设计者根据自己的偏爱和其他特殊机械要求选择磁芯的形状和类型。环形磁芯很难绕制，并且对铁氧体来讲不方便加气隙。E 型和棒状磁芯适用于大电流的场合，这时经常用铜带绕制。

7.8.10　磁芯材料选择总结

　　综上，在一些情况下，磁芯材料的选择很令人困惑。如果直流偏置电流远大于交流电流，或者工作频率很低，那么一般选择高饱和磁感应强度的材料（如铁粉芯）以减少匝数。这种情况下，磁芯损耗并不重要，因为铜耗可能是磁芯损耗的很多倍。

　　另一种情况，交流电压应力和工作频率很大，或者电感量很大而直流偏置电流很小，磁芯损耗将成为限制因素。所以很明显，这时应该选择损耗更小的粉芯材料或者加气隙的铁氧体材料。这两种极端之间的情况，很多其他因素会决定选择，而一些完全不同的选择方法常会得到类似的结论。

7.9　磁学：扼流圈设计例子

7.9.1　扼流圈设计例子：加了气隙的铁氧体磁芯

　　下面例子中，采用 E 型加气隙的铁氧体磁芯来设计扼流圈。首先从磁芯尺寸选择开始。引入面积乘积[17-19]的概念以帮助理解。磁芯的面积乘积（AP）提供了可帮助选择磁芯体积和其他参数的图表。虽然很多其他方法也可以用来确定最佳的磁芯体积，但是下面例子中还是用 AP 法。

　　用 E 型加气隙的铁氧体磁芯来设计如图 7.21 所示的 Buck 稳压器的扼流圈 L_1。可以用加气隙的 E 型铁氧体磁芯的曲线图确定磁芯的 AP 值，进而确定其磁芯尺寸。这种方法为普通的设计要求提供了一种快速、简单并有效的方法。它推荐一种典型的折中设计方法可轻松地应付一些典型的要求。

　　图 7.26 中的列线图[17]根据 E 型加气隙的铁氧体所得。它表明，若以需要的电感量作为参数，则磁芯的面积乘积及磁芯体积是负载电流的函数。更进一步讲，AP 法将电感量和磁芯损耗，进而与温升联系起来。

　　图 7.26 图假设周围的环境温度为 20℃，并在此基础上有 30℃ 的温升，磁芯最大的磁感应强度是 250mT，窗口的填充系数为 0.6，即只有 60% 的窗口面积被铜线占据。对于这类设计，这些都是典型值。

　　图 7.26 中，面积乘积是磁芯的截面积和骨架有效窗口面积（而不是磁芯窗口面积）的乘积。由于用到骨架，这是一种保守的方法，因为骨架和绝缘材料占据了部分窗口面积，导致面积乘积下降很多（设计者可以调整填充系数来补偿骨架的影响）。下面的例子给出了列线图的用法。假设 Buck 变换器的电气性能指标如下。

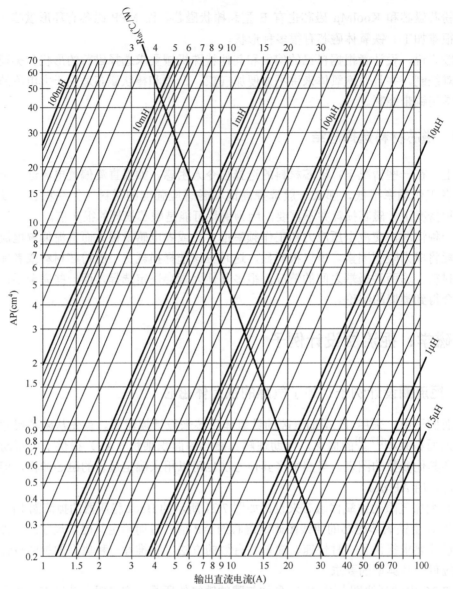

图 7.26　以电感量为参数，E 型加气隙铁氧体磁芯的面积乘积（及磁芯体积）与平均扼
　　　　流圈电流关系的列线图[17]

Buck 变换器的性能指标：

输入电压=25V
输出电压=5V
最大负载=10A
频率=25kHz
最大电流纹波=最大电流的 20%（峰-峰值为 2A）
最大温升=环境基础上增加 30℃

7.9.2　步骤一：确定 20%纹波电流需要的电感量

20%的纹波电流所需的电感量设计如下。

如图 7.21（b）所示的电流波形，是最大输入电压时的满载波形。纹波电流波形以 10A 平均电流为中心，可按下面的方法由电流波形斜率得到所需的电感量（如果需要更小的电流纹波，则需要更大的电感量）。

频率 f=25kHz。

因此整个周期时间为 T=1/f=40μs

输出电压=5V

输入电压=25V

Q_1 导通时间（t_{on}）：

对于 Buck 变换器，占空比 D 为 t_{on}/T，稳态时，这与电压传输率 V_{out}/V_{in} 相同

$$t_{on} = \frac{TV_{out}}{V_{in}} = \frac{40 \times 5}{25} = 8\mu s$$

且

$$t_{off} = T - t_{on} = 40 - 8 = 32\mu s$$

由图 7.21（a）可知，稳态时在 Q_1 截止期间，B 曲线显示这时电流处于续流状态。这期间二极管 D_1 正向偏置导通，电感 L_1 左端承受大约 0.6V 负压。而由于较大电容 C_1 存储的能量，电感右端电压仍然保持在+5V 附近。由于在闭环控制系统中，输出电压保持为常数，所以在 Q_1 截止期间扼流圈两端电压也为常数，用这段时间确定其电感量。

在续流阶段，扼流圈两端的电压为输出电压加二极管压降，即 5+0.6=5.6V，故计算电感量如下：

$$V_{L1} = \frac{L\Delta I}{\Delta t} = 5.6V$$

因此

$$L = \frac{V_{L1}\Delta t}{\Delta I} = \frac{5.6(32 \times 10^{-6})}{2} = 87\mu H$$

7.9.3   步骤二：确定面积乘积（AP）

根据额定电流及计算所得电感量，用图 7.26 所示列线图求磁芯所需的 AP 值，进而得到磁芯体积。

在图 7.26 底部找到要求的电流 10A，然后向上找到 90μH 电感量附近的交点，可得 AP 值大约为 1.5。此值在 EC35 型磁芯（AP=1.3）和 EC41 型磁芯（AP=2.4）之间。由于 EC41 型磁芯的磁芯体积和 AP 值比 EC35 型磁芯的大很多，因此通常温升不是问题。

本例中选用更大的 EC41 型磁芯。

7.9.4   步骤三：计算最小匝数

在磁感应强度不超过 250mT 的情况下，要得到所需的电感量，最小匝数由下式给出。

$$N_{min} = \frac{LI_{max} \times 10^4}{B_{max} A_e}$$

式中，N_{min} 为最小匝数；L 为所需的电感量（H）；I_{max} 为最大电流（A）；B_{max} 为最大磁感应强度（T）；A_e 为磁芯截面积（mm^2）。

本例中，

$$N_{min} = \frac{90 \times 10^{-6}(11)10^4}{250 \times 10^{-6}(106 \times 10^{-2})} = 37 \text{（匝）}$$

7.9.5 步骤四：计算磁芯气隙

本例中，磁芯用 E 型铁氧体磁芯，为防止磁芯在直流电流状态下饱和需要加气隙。铁氧体磁芯材料初始磁导率远大于气隙的磁导率。因此可假设大部分磁势在气隙中。

提示：磁芯的磁路主要由磁导率在 2000～6000 的铁氧体磁芯材料组成。铁氧体磁芯与磁导率仅为 1 的气隙串联。虽然气隙长度远小于磁芯长度，但是磁导率非常低的气隙掩盖了磁芯的作用，因此计算时可忽略磁芯磁导率。这是用加气隙的铁氧体作为扼流圈时常遇到的情况。

——K.B.

气隙长度 l_g（忽略边缘的影响）为

$$l_g = \frac{\mu_r \mu_0 N^2 A_e 10^2}{L}$$

式中，l_g 为总的气隙长度（mm）；$\mu_0 = 4\pi \times 10^{-7}$；$\mu_r = 1$（空气的相对磁导率）；$N$ 为匝数；A_e 为中心柱有效的截面积；L 为电感量（H）。

本例中，

$$l_g = \frac{4\pi \times 10^{-1}(37^2)(106 \times 10^{-2})10^{-1}}{90 \times 10^{-6}} = 2\text{mm}　(0.078\text{in})$$

这是磁芯中需要加的气隙总长度，如果可能，尽量将气隙加在中心柱，以使外部磁场辐射最小。但对于这种扼流圈，通常纹波电流很小，并且气隙也许覆盖整个磁芯（对接气隙），所以磁场辐射不会很大。对接气隙是总气隙的一半，本例中是 1mm——中心柱和边柱各 1mm，共 2mm。

提示：如果想有效地降低外部剩余磁势，可用铜带包住气隙部分，如图 7.27 所示。对于 EC 型磁芯，中心柱的截面积小于边柱截面积的总和，如果中心柱和边柱都加气隙，则边柱的气隙长度将以中心柱和边柱截面积比例降低一些。但是由于忽略磁芯磁导率和边缘磁通的影响，所以必须通过对气隙进行调整以得到最佳结果。

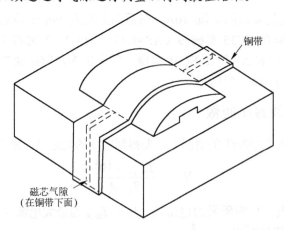

图 7.27　在铁氧体 E 型磁芯的气隙外部包一层铜带以减小气隙处的 EMI 辐射和边缘效应[17]

交流应力很大时，在边缘磁通作用下，气隙处的绕线增加了涡流和集肤效应，这将使绕组中出现局部热点。这种情况下，中心柱和边柱都加气隙有助于降低热点的影响。

——K.B.

7.9.6　步骤五：确定最佳线径

由于扼流圈中的直流电流比变压器的大，所以设计扼流圈选择线径的原则与设计变压器所用原则不同。这意味着铜耗通常远超磁芯损耗。由于通常纹波电流很小，集肤效应和邻近效应并不像变压器那么严重。因此，为使铜耗最小，应使线径最大。为达到此目的，所需的匝数应将窗口全部可用的空间充满（功率因数调整器的扼流圈是个例外，其高频纹波电流很大，集肤效应不可忽略）。

提示：骨架或磁芯供应商通常会提供线径、将骨架绕满需要的匝数和绕组电阻等相关信息。

——K.B.

图 7.28 中的列线图给出面积乘积与用 10AWG 到 28AWG 的线径绕满骨架所需匝数间的关系。它适用于标准 E 型磁芯。

根据图 7.28 所示，在垂直轴找到所选磁芯的面积乘积（本例中是 1.6cm^4）并在水平轴找到需要的匝数（本例中是 37 匝）。由图 7.28 可知，其交点处在 14AWG 和 16AWG 之间。

提示：为方便绕制，设计者更喜欢用多股更细的线并绕，这增加了填充因数并可降低集肤效应。通常，线径规格下降三位，则绕线的线径下降为原来的 50%。因此，两根 18AWG 线与一根 15AWG 线的线径一样。AWG 表中的线径都满足此关系，所以本例中可用 4 根 21AWG 线并绕。

——K.B.

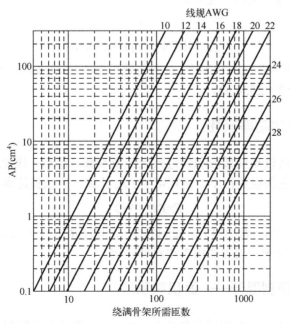

图 7.28　适用于设计 E 型磁芯的扼流圈，本图将面积乘积、匝数及绕满骨架所需的线径间建立了联系[17]

7.9.7 步骤六：计算最佳线径

如果需要，绕满骨架所需的线径可用下式计算。

$$d = \left(\frac{A_{\mathrm{w}} K_{\mathrm{u}}}{N}\right)^{1/2}$$

式中，d 为线的直径（mm）；A_{w} 为总的绕线窗口面积（mm^2）；K_{u} 为绕组填充系数；N 为匝数。

本例中，A_{w}=138（mm^2）（EC41），K_{u}=0.6（圆导线），N=37，因此，

$$d = \left(\frac{138 \times 0.6}{37}\right)^{1/2} = 1.5\mathrm{mm}$$

根据表 7.9，选择 15AWG 线。

7.9.8 步骤七：计算绕组电阻

扼流圈的直流绕组电阻可由骨架制造商提供的信息得到，也可由绕线骨架的平均直径、匝数和线径计算得到。但是无论如何，扼流圈设计完成之后都应测量该值。因为绕线技术会影响绕组间的应力和填充系数，这些都会影响到最终的总电阻。切记，温度超过20℃时，铜导线电阻随温度的变化率是 0.43%/℃。所以当温度为 100℃时，有效电阻增加34%，计算绕组工作电阻和铜耗时设计者应该考虑这点。

绕组的长度和电阻可根据一些基本原则，由骨架的平均直径和匝数确定如下：

● EC41 型骨架的平均直径 d_{b}=2cm。
● 每匝的平均长度（MLT）是 πd_{b}。
● 绕线的总长度

$$l_{\mathrm{w}}=\mathrm{MLTN}=\pi(2)37=233\mathrm{cm}$$

由表 7.9，20℃和 100℃时 14AWG 线的电阻率分别是 83μΩ/cm 和 110μΩ/cm，所以本例中总绕组电阻在 19.3～25.8mΩ。

7.9.9 步骤八：确定功率损耗

纹波电流很小，所以集肤效应和邻近效应的影响都可忽略。因此，用平均直流电流和直流电阻计算损耗产生的误差很小。铜耗可用 $I^2 R_{\mathrm{c}}$ 计算，所以扼流圈的功率损耗是

$$P = I^2 R_{\mathrm{c}}（\mathrm{W}）$$

本例中，电流是 10A，R_{c} 在 19.3～25.8mΩ，所以 $I^2 R_{\mathrm{c}}$ 在 1.9～2.6W。因此铜线的功率损耗（W_{cu}）在 1.9～2.6W，这主要由工作温度决定。

7.9.10 步骤九：预测温升——面积乘积法

温升由总功率损耗（铜耗加磁芯损耗）、表面积、磁芯的热辐射系数和应用状态下空气的流通速度决定。为简化设计，这里假设在自然对流状态下并忽略二阶效应，因为这样预测的温升误差很小。

　　但是无论如何，扼流圈的温升应该在工作条件下验证，因为电路板布局和热设计增加了预测温升的难度。文献[17-19]中指出了 E 型结构磁芯的最终的表面积与其面积乘积相关。

　　图 7.29 有两个作用：①给出 E 型磁芯的表面积与面积乘积的函数关系（上面的水平轴和 AP 的虚斜线）；②给出以表面积为参数可预测的温升与损耗的函数关系（下面的水平轴和温升的实斜线）。此曲线图可预测 EC41 型磁芯铜线最大损耗为 2.6W 时的温升。

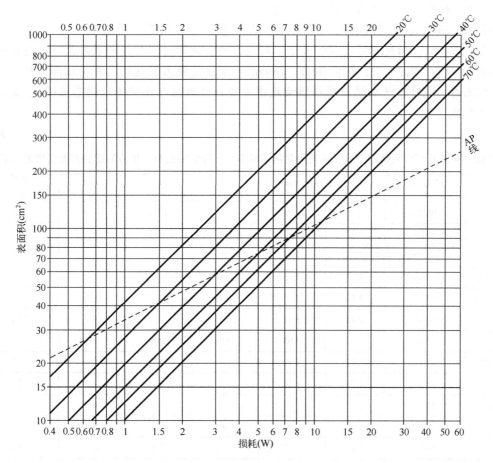

图 7.29　E 型磁芯电感设计用的列线图，给出表面积与面积乘积、内部损耗和温升的函数关系[17]

　　由图 7.10 知 EC41 型磁芯的面积乘积是 2.4cm^4。若用骨架则窗口面积会减小，面积乘积下降到近 1.6cm^2，在顶部找到面积乘积为 1.6cm^2 的点，然后向下找到其与 AP 线（虚斜线）的交点。由此交点可在左边垂直轴找到相应的表面积（本例中是 42cm^2）。

　　在图 7.29 下面的水平轴找到总损耗（2.6W），并向上找到其与表面积的斜线（42cm^2）的交点，离该点最近的实斜线可预测温升。本例中，可预测扼流圈温度在环境温度的基础上会上升 40℃。这高于设计时假设的 30℃ 的温升，但是这是因为设计中用了骨架使绕组窗口面积减小，所以预测的这个温升值偏高。

　　如 7.6 节所示，也可用图 7.14 确定温升。

7.9.11　步骤十：核查磁芯损耗

如前所述，用面积乘积法预测温升时忽略了磁芯损耗。你会发现对于加气隙的铁氧体磁芯通常这个假设是正确的。现在检验此假设。可用如下方法计算磁芯损耗。

磁芯损耗主要包括涡流损耗和磁滞损耗，这两者都随频率和交流磁通的增大而增大。损耗因数由材料决定，并可在材料供应商的手册中找到。

提示：供应商都假设在推挽状态下给出磁芯损耗与磁感应强度峰-峰值的关系。因此，这种图表假设磁感应强度摆幅关于零对称，B_{max} 是峰值，它是推挽状态下磁感应强度峰-峰值的一半。因此，当计算 Buck、Boost 和反激变换器等这些只利用磁滞回线第一象限的扼流圈损耗时，故从供应商提供曲线图中查损耗数据时应将峰值磁感应强度 B_{max} 减半，即用 $B_{max}/2$。

—— K.B.

表 7.10　标准 E 型铁氧体磁芯设计扼流圈时所需的参数（详细数据参见供应商提供的完整数据清单）

磁芯类型	磁芯尺寸（cm）	A_e（cm²）	A_{WB}（cm²）	AP（cm⁴）	MPL（cm）	MLT（cm）	体积（cm³）
E100	100/27	7.38	9.75	72	27.4	14.8	202
E80	80/20	3.92	10.2	40	18.4	11.9	72.3
F11	72/19	3.68	5.44	20	13.7	11.5	50.3
Din5525	55/25	4.20	3.15	13.2	12.3	8.9	52.0
Din5521	55/21	3.53	3.15	11.12	12.4	8.5	44.0
E60	60/16	2.48	3.51	8.7	11.0	9.0	27.2
E175	56/19	3.37	2.08	7.0	10.7	8.5	36.0
Din4220	42/20	2.33	2.18	5.0	9.7	8.4	22.7
Din4215	42/15	1.78	2.18	5.0	9.7	7.5	17.3
E1625	47/15	2.34	1.64	3.83	8.9	6.5	20.8
E	42/9	1.07	2.24	2.40	9.8	5.8	10.5
E121	40/12	1.49	1.33	1.98	7.7	6.1	11.5
E1375	34/9	0.87	1.31	1.14	6.9	5.2	5.6
E2627	31/9	0.83	0.85	0.70	6.2	4.6	5.1
Din307	30/7	0.60	0.99	0.59	6.7	4.0	4.0
E2425	25/6	0.74	0.60	0.45	7.3	3.8	3.0
EC 型磁芯							
EC35	34/9	0.84	1.55	1.3	7.74	5 杆	6.5
EC41	40/11	1.21	2.0	2.4	8.93	6	10.8
EC52	52/13	1.80	3.0	5.4	10.5	7.3	18.8
EC70	70/16	2.79	6.38	17.8	14.4	9.5	40.1

注：A_e 为磁芯截面积（cm²）；A_{wb} 为骨架的有效窗口面积（cm²）；AP 为面积乘积（cm⁴）；MPL 为平均磁路长度（cm）；MLT 为每匝的平均长度（填充系数：40%）（cm）；体积为磁芯体积（用作损耗计算）（cm³）。

在之前的例子中，交流磁感应强度摆幅为

$$\Delta B_{ac} = \frac{V_{L1}t_{off}}{NA_e}$$

式中，ΔB_{ac} 为交流磁感应强度变化量（T）；V_{L1} 为电感电压（V）；t_{off} 为 Q_1 的截止时间（μs）；N 为匝数；A_e 为磁芯中心柱有效截面积（mm^2）。

对上面的例子，V_{L1}=5.6V，t_{off}=32μs，N=37，A_e=71mm^2，因此

$$\Delta B_{ac} = \frac{5.6(32)}{37(71)} = 68mT（680Gs）$$

$$B_{peak} = \Delta B_{ac} / 2 = 340Gs$$

典型铁氧体材料工作在磁感应强度为 340Gs，开关频率为 20kHz 时，磁芯损耗最小是 2mW/cm^3（见图 7.30）。EC41 型磁芯的体积是 10.8cm^3，所以总的磁芯损耗是 22mW，可忽略。因此，除了高频大纹波的情况，通常假设铁氧体磁芯损耗可忽略都是正确的。

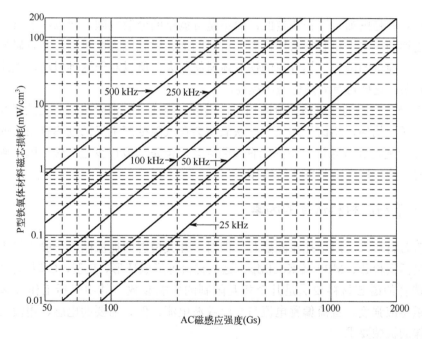

图 7.30 以工作频率为参数，Magnetics 公司典型 P 型铁氧体材料磁芯损耗与峰值交流磁感应强度的函数关系。参见供应商最新的数据信息。注意：供应商假设扼流圈工作在推挽状态，所以磁感应强度峰-峰值（ΔB）是其峰值的两倍。若将这种图表用于单端变换器时，如 Buck 变换器的扼流圈，应将 ΔB 除以 2

虽然铁氧体磁芯的磁芯损耗可忽略，但是即使是同样的条件，却不能忽略铁粉芯材料的磁芯损耗。因此，用铁粉芯材料设计扼流圈时，应计算实际的磁芯损耗，如果其占比很大，则应用铜耗和磁芯损耗的总损耗预测温升。切记，这是在自然冷却状态下计算的，但是最终设计中，扼流圈与其他器件的距离和风速会影响温升。完成产品后，测量实际温升

能为优化设计提供指导。

7.10 磁学：用粉芯材料设计扼流圈简介

可用磁导率更低的材料代替加气隙的铁氧体材料，这样就不用加气隙。本节将比较各种粉芯材料的基本特性，并研究如何用它们设计扼流圈。

7.9 节扼流圈的例子中，为防止较大直流偏置电流时磁芯饱和，必须用低磁导率材料。对于铁氧体磁芯，需要在磁路中加入气隙以得到低磁导率，因为铁氧体的磁导率很大。铁氧体材料的初始磁导率在 100μ～5000μ。根据不同的应用场合，加气隙可有效地将扼流圈磁芯的磁导率降到10μ～500μ。

可用其他磁导率更低的粉芯材料代替加气隙的铁氧体。粉芯是在很大压力下将独立的铁磁体颗粒压缩成各种形状和体积。磁性材料和非磁性材料载体结合在一起，这种电绝缘材料可降低涡流效应。因此，有效气隙均匀地分散在材料体内。这种分散气隙可有效地降低初始磁导率，而通常初始磁导率在 10μ～500μ 间的磁芯材料可用来设计扼流圈。

因为磁导率是由加工过程决定的，而不是可调整的分散气隙，所以粉芯材料的磁导率通常是不连续的。由于粉芯材料比铁氧体材料的饱和磁感应强度更高，并且磁导率更小，粉芯材料储存能量的能力比加气隙的铁氧体材料更大。所以对于这种材料，扼流圈可用体积较小的磁芯，这样可有效降低磁芯损耗。

与 7.9 节加气隙的铁氧体扼流圈相比，离散气隙还具有消除磁路的突然断续的优点。由于辐射磁场更均匀，相比于加气隙的铁氧体会在气隙处产生局部过热有很大的优势。虽然 E 型粉芯可通过加气隙进一步降低有效磁导率，但是一般很少这么做，因为磁导率和损耗都更小的粉芯材料通常是更佳的选择。

7.10.1 影响粉芯材料选择的因素

许多粉芯材料都可用于扼流圈磁芯，但对于开关模态的扼流圈，一般选择更普通的类型，其中包括铁粉芯、MPP 及 KoolMμ。这些材料可形成环形、E 型、C 型和棒状。由 7.8 节可知，选择的磁芯材料要满足几个相互限制的性能参数，其中包括工作频率、磁芯损耗、饱和磁感应强度、直流偏置电流与交流纹波电流比例、需要的电感、电流范围、温升和一些特殊的机械要求。

为什么这些参数会相互限制？由于这时很多材料都可以用，那么必然要在这些参数中寻求折中，若优化一个就会损害另一个。例如，选择低磁导率的材料可降低磁芯损耗，但是增加了铜耗。所以为了得到最佳的选择，必须评估不同材料的相关参数，并根据应用条件最重要的要求来选择。为了提醒大家需注意哪些参数，下面回顾一下 7.8 节提到的一些重要参数。

7.10.2 粉芯材料的饱和特性

在用粉芯材料设计扼流圈之前，首先仔细研究可用作扼流圈磁芯的各种材料，并比较它们的基本特性。图 7.22 给出了加气隙的铁氧体、铁粉芯、MPP 和 KoolMμ 等材料的饱和曲线。

图 7.22 中水平轴 H（Oe）与直流偏置电流或平均电流与匝数的乘积成正比，垂直轴 B（mT）表明每种材料的平均磁感应强度由 H_{dc} 决定。

设计扼流圈需要考虑的最重要参数是磁芯饱和磁感应强度。在铁氧体的例子中，通过引入气隙使磁导率降到 60μ。

提示：与普通观念相反，铁氧体中的气隙并不改变饱和磁感应强度 B，它只改变了磁芯饱和时的磁场强度 H。

$$——K.B.$$

由图 7.22 可知，各种磁芯的饱和磁感应强度由下到上依次为

① 铁氧体：0.35T。

② MPP：0.65～0.8T。

③ KoolMμ：近 1.0T。

④ 铁粉芯：超过 1.2T。

⑤ 高磁通粉芯（图 7.22 中未给出）：1.5T。

很明显，若其他条件一样，那么应选择饱和磁感应强度更高的材料，因为这样电感量更大，铜耗更低，但是，现在必须考虑材料损耗，再次分析图 7.23。

7.10.3　粉芯材料的损耗特性

图 7.23 给出了各种典型磁芯材料的损耗特性，显示磁芯损耗由交流磁感应强度分量 ΔB 和施加于扼流圈的交流应力决定，它是磁感应强度变化量和频率的函数。本例中，50kHz 处交流磁感应强度峰-峰值为 200mT。可以看出各种磁芯的典型损耗由下到上依次如下：

① 铁氧体：接近 30mW/cm^2。

② MPP：大约是铁氧体损耗的 3 倍，接近 100mW/cm^2。

③ KoolMμ：大约是铁氧体损耗的 6 倍，接近 200mW/cm^2。

④ 铁粉芯：大约是铁氧体损耗的 65 倍，超过 2000mW/cm^2。

由此可知，选择磁芯损耗最小的材料与选择饱和特性最大材料完全矛盾。实际上这两种选择直接冲突，所以必须在这两种选择之间折中考虑。

那么如何着手呢？幸运的是，大多数情况下选择还是很简单的，所以下面仔细分析设计中常碰到的两种极端情况。第一种情况，交流应力很小，磁芯损耗也很小，这时铜耗是限制设计的主要因素；另一种情况，交流应力很大，这时磁芯损耗是限制设计的主要因素。

对于交流应力在大范围变化的情况，在同一图表中绘制各种材料最小选择时的损耗曲线，就可更好地得到各种材料相关性能对照表。

图 7.31 以交流磁感应强度为变量，给出了工作频率为 50kHz 时，铁粉芯材料和铁氧体材料的损耗曲线，为各种材料损耗特性提供了最直接的比较。

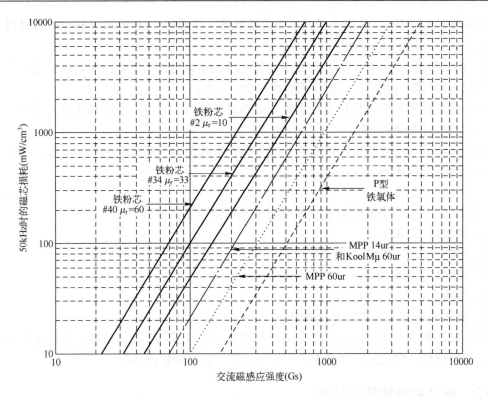

图 7.31　50kHz 时以交流磁感应强度为变量，铁粉芯、MPP、KoolMµ 和典型 P 型铁粉体
材料的损耗曲线。对于同样的磁芯种类，材料的磁导率越高损耗越大。并不是所
有的材料都是这样，所以对于某种特殊的材料，设计者应参考制造商的数据

　　虽然也有一些例外，但是通常情况下，粉芯材料磁导率越高，损耗也越大。即使对于
同一类材料也有非常大的差异，这主要由工作条件决定。但是，若考察 50kHz 时交流磁感
应强度峰值为 700Gs（峰-峰值 1400Gs）的情况，损耗分别如下：

材　　　　料	相对磁导率μ_r	损耗（mW/cm³）
P 型铁氧体	2500	100
MPP 14µr 和 KoolMµ	60	500
MPP 60µr	60	1100
铁粉芯＃2	10	2100
铁粉芯＃34	33	5000
铁粉芯＃60	60	10000

　　可以看出，这些材料的损耗变化了 20 倍。加气隙铁氧体的磁芯损耗最小，并且磁导
率变化时磁芯损耗变化也最小。这是因为对于铁氧体磁导率主要由气隙决定，而磁芯损耗
是由铁氧体材料的其他因素决定。各种粉芯材料和 MPP 磁芯的磁芯损耗随磁导率的变
化，发生了很大的变化，这是因为材料的结构发生了变化。铁粉芯材料的损耗最大，并且
变化也最大，而 KoolMµ 材料的损耗最小，并且变化也比较小（图 7.31 中未给出）。
　　注意，由于一些特殊材料（本书未给出）可能并不具备这些规律，所以这时应参考磁
芯制造商提供的数据。

7.10.4 铜耗——低交流应力时限制扼流圈设计的因素

有时,选择磁芯材料很简单。例如,当交流纹波电流和/或频率很低时,如用于工频输入 RFI 滤波器的扼流圈,磁芯损耗不是主要的限制因素,所以可选择磁导率最高的铁粉芯甚至加气隙的硅钢片。这些材料的优点是饱和磁感应强度(B_{sat})高、磁导率高并且成本低。

采用这种磁导率较高的磁芯,只需较少匝数就可得到所需要的电感量,从而可降低铜耗。磁芯的磁感应强度较高意味着在较大直流偏置电流下磁芯仍然不饱和。这种情况下,频率和纹波电流都很低,则磁芯损耗不是重要因素。因为即使是磁芯损耗很高的材料,铜耗也可能远超过磁芯损耗。因此,设计受铜耗限制。设计时最重要的是使绕组电阻最小。对于这种情况,通常选用磁导率较高的铁粉芯材料,但是也需要在最终的设计中重新计算损耗。7.11 节将用 KoolMμ 粉芯研究受铜耗限制设计的例子。

7.10.5 磁芯损耗——高交流应力时限制扼流圈设计的因素

在另外一种极端情况,其工作频率和/或交流电流都很大,磁感应强度变化量也更大,磁芯损耗占主要地位,成为限制磁芯材料选择的决定因素。

扼流圈用于高交流应力的典型例子是高电压、高开关频率的有源 Boost 功率因数稳压器的扼流圈。对于这种情况,磁导率、损耗、饱和磁感应强度都很低的 MPP、KoolMμ 和加气隙的铁氧体等材料是优选材料。选用这种低磁导率的材料就需要更多的匝数,以满足电感量的要求,因此铜耗也很大。

在这种磁芯损耗是设计扼流圈的限制因素的情况下,即使材料损耗很低,铜耗与磁芯损耗的总和可能比低交流应力要大得多。对这种情况,因为磁芯损耗占主要部分,所以应参考磁芯损耗设计扼流圈。这时应选用 MPP、KoolMμ 和加气隙的铁氧体等损耗较低的材料。再次强调,选择并不是显而易见的,需要计算扼流圈实际的铜耗和磁芯损耗,以确定选择的材料是否最佳。7.12 节将介绍一个受磁芯损耗限制的例子。

7.10.6 中等交流应力时的扼流圈设计

如上文所述,磁芯类型和磁芯材料的选择受很多因素限制。最佳选择通常并不明显,并且不同材料和设计会得到类似的结论。所以需要计算实际的磁芯损耗和铜耗,并通过反复调整它们以得到最佳结果。有的文献写的设计计算过程很好,对于这种反复优化的过程都是理想的,但是一定要确定此过程包括所有的已知变量。

KoolMμ 材料可简化设计过程,因为其磁芯损耗很低,并且在整个磁导率范围内基本保持常数,这就减少了一个参数。另外,这种磁芯的价格比含镍很高的 MPP 材料低。对交流应力不是很大的情况,应考虑这种磁导率较低的铁粉芯材料,它不仅满足设计要求,而且最便宜。

7.10.7 磁芯材料饱和特性

限制磁芯选择的另一个重要因素是磁芯能够承受直流偏置电流而不饱和的能力,即磁芯是否能够承受直流偏置电流,加上交流电流和过流状态下电流的总和。图 7.24 比较了加气隙的铁氧体与其他各种粉芯材料的饱和特性。注意到铁氧体会突然饱和，因此，当用加气隙的铁氧体设计扼流圈时，一定要保证过流状态下磁芯不饱和。选择足够的气隙可使其有足够的安全裕量。

当电流增加时，粉芯材料的磁导率虽然降低但是却也有进步性，虽然电感也有变化，但即使在过流状态下也总能保持最小电感量，所以过流时粉芯材料可提供更好的安全增益。

各种粉芯材料的磁滞回线表明，随着磁场强度变化，磁导率也变化很大，而磁滞回线与负载电流成正比，这种磁导率的摆动可用来设计摆动扼流圈。

7.10.8 磁芯的几何结构

选择磁芯的几何结构就简单很多。这里，只考虑 E 型磁芯、环形磁芯、C 型磁芯和棒状磁芯。所有粉芯材料都有环形磁芯。铁粉芯材料和 KoolMμ 材料还有 E 型磁芯、C 型磁芯和棒状磁芯。而铁氧体材料有很多种磁芯形状。由于 MPP 材料很难加工，故这种材料只有环形磁芯。

提示：据了解，最近有家生产厂商正计划未来制造 E 型 MPP 磁芯。由于这种材料损耗很低，当有 E 型磁芯上市时设计中可考虑这种磁芯。

——K.B.

E 型磁芯、C 型磁芯和棒状磁芯的优点是当电感量较大需要很多匝数时，方便绕制绕组。典型的例子是共模 RFI 滤波器。棒状粉芯有多种装配方式允许设计者自行设计。这些磁芯尤其适合于较大电流的场合，常用铜带绕制。

7.10.9 材料成本

由于价格总在变化，所以这里只比较相对成本。从以往来看，MPP 是成本最高的材料，因为其原材料成本比较高。MPP 材料的 79% 是镍，而这种材料是有限资源，其成本一直很高。铁氧体材料成本紧随其后。一般铁粉芯材料的成本最低。KoolMμ 材料不含镍，其成本很低，但是价格受市场因素和制造成本的影响比其自身原材料成本的影响还要大，所以其价格经常变化。E 型磁芯、C 型磁芯和棒状磁芯的制造成本较大，但是其绕制成本较低。

粉芯材料的磁导率变化范围很大，注意这是由制造过程中加入的各种磁性粉末和非磁性颗粒决定的。因此，有效气隙分散在磁芯材料内部。但是当铁氧体材料用于扼流圈时，其最终的磁导率由气隙决定。气隙磁阻通常占磁路磁阻的大部分，铁氧体的初始磁导率对加气隙磁芯的磁导率作用很小。因此，对加气隙的扼流圈，选择价格高、损耗低、磁导率高的铁氧体材料没有任何优势。

提示：目前已知，当温度超过 90℃ 时，铁粉芯材料比其他粉芯材料更容易老化。其老化过程与包扎材料的性能有关，所以提高这方面的技术很重要。如果用这种材料，应检查实际应用场合的温度，并查看所选材料的最新高温特性。不同制造商的产品性能差别很大。

——K.B.

下面研究一些用粉芯设计扼流圈的例子。

7.11　扼流圈设计例子：用环形 KoolMμ 粉芯限制铜损耗

7.11.1　简介

本节将研究用环形 KoolMμ 粉芯材料设计受铜耗限制的扼流圈。同样的方法也适用于其他低磁导率材料，如用环形和 E 型铁粉芯及钼坡莫合金材料设计扼流圈。

这时绕线扼流圈的铜耗占大部分总功率损耗。由于平均直流负载电流与交流纹波电流的比值很大，大多数用于开关状态的扼流圈设计时都受铜耗限制。特别是加气隙的铁氧体、KoolMμ 或者 MPP 粉芯更是如此，因为通常这些材料的磁芯损耗远小于铜耗。事实上，这种情况的设计过程一般忽略磁芯损耗。

设计者面对的第一个选择是确定合适的磁芯体积。所选择的磁芯体积应满足平均负载电流、电感量和温升的要求。有几种方法可用来选择磁芯体积。制造商通常提供许多图表以方便选择磁芯体积，其与磁芯所储存能量有关。其他方法采用图表或列线图将电流和电感量与磁芯体积和其他参数如温升、匝数、线径等联系起来。

本例用面积乘积法选择磁芯体积，因为这种方法具有通用性，并且这种方法用于各种磁芯材料、体积和形状，可得到适用于各种情况的图表。

7.11.2　根据所储存能量和面积乘积法选择磁芯尺寸

首先介绍扼流圈一个新的参数——磁芯存储的能量（$\frac{1}{2}LI^2$）。一些扼流圈的设计方法首先确定磁芯储存的能量。对此，必须定义平均直流电流和实际需要的电感量。然后可用下式计算所储存的能量：

$$W = \frac{1}{2}LI^2$$

式中，W 为所储存的能量（mJ 或 mW·s）；L 为电感量（mH）；I 为平均负载电流（A）。

很明显，在能量完全传递的系统，如断续反激变换器中，磁芯储存的能量与每个周期传输的能量有关。在这种系统中，磁芯在每个周期开始时储存能量，周期结束时将能量全部转移到输出端，所以磁芯储存能量与输出端功率相等。

对工作在连续状态的扼流圈，如开关变换器输出 LC 滤波器，则扼流圈储存的能量与其磁芯体积就不那么明显。磁芯储存的大部分能量是直流平均电流的能量，而这些能量从一个周期到下一个周期仍然保持在磁芯中。但是铜耗与 I^2R 相关。文献[17-19]指出磁芯储存能量的能力与磁芯体积有关，尤其在连续导电模式下。

确定磁芯储存的能量后，可根据图 7.32 将其与环形磁芯的面积乘积（AP）联系起来。本图包括另一个参数——预测的温升。用图中斜的温升线，可选择面积乘积值，然后根据磁芯储存的能量和预计的温升选择磁芯体积。本图包括 20～50℃ 几种温升情况。其他的磁芯类型，如 E 型磁芯，由于表面积和面积乘积的比例完全不同，图表也不同。

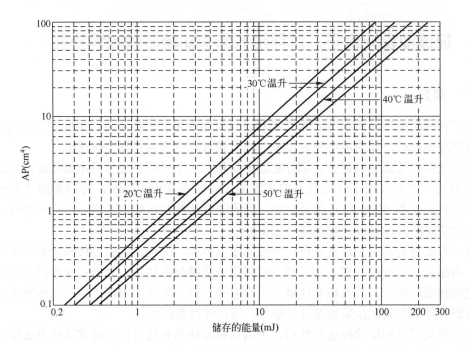

图 7.32　对环形 KoolMμ 磁芯材料，以温升为参数给出储存的能量与面积乘积间的关
系，为设计环形扼流圈时选择面积乘积和磁芯提供了依据

7.11.3　受铜耗限制的扼流圈设计例子

本节以图 7.21 中 Buck 变换器的扼流圈 L_1 为例，介绍环形 KoolMμ 扼流圈的设计
过程。

首先做如下假设：

① 平均负载电流为 10A；

② 需要的电感量为 1.2mH；

③ 温升不超过 40℃。

7.11.3.1　步骤 1：计算储存的能量

储存的能量为 $W = \frac{1}{2}LI^2$。

因此，$W = \frac{1}{2}LI^2 = \frac{1}{2}(1.2 \times 10^{-3}) \times 10^2 = 60\text{mJ}$。

7.11.3.2　步骤 2：确定面积乘积并选择磁芯尺寸

根据磁芯需要储存的能量和图 7.32，可确定面积乘积，并进而确定磁芯体积。

在水平轴找到刚计算出的磁芯储存的能量值，然后向上找到与所预测温升斜线的交
点。由这个交点可从垂直轴找到相应的面积乘积值。根据此值，可由磁芯制造商提供的面
积乘积值或图 7.11 选择磁芯体积。或者也可根据上节介绍的用所选磁芯的窗口面积和磁
芯截面积计算面积乘积。

本例中，从图 7.32 水平轴找到磁芯应储存的能量 60mJ，然后向上找到与 40℃斜线的

交点，由此交点可在垂直轴找到相应的面积乘积为 28cm⁴。

　　由表 7.11 制造商给出的环形 KoolMμ 磁芯数据可看出，最接近此值的磁芯是 77868，其面积乘积是 31.8cm⁴，故选择此磁芯。

7.11.3.3　步骤 3：计算初始匝数

　　首先用所选磁芯材料的磁导率确定匝数。本例中，对于这么大的磁芯尺寸，只有一个磁导率可选择——#26。根据表 7.11，这种材料的 A_l 为 30mH/1000²=30×10⁻⁹，初始匝数可用下式计算。

　　一般，$L = N^2 A_l$，因此

$$N = \sqrt{\frac{L}{A_l}} = \sqrt{\frac{1.2 \times 10^{-3}}{30 \times 10^{-9}}} = 200（匝）$$

　　图 7.25 的曲线给出不同直流磁场强度 H_{dc} 下 KoolMμ 材料的磁导率，它其实反映了磁滞回线的曲率。此曲率表明，初始磁导率随磁场强度的增加而降低，所以计算匝数是反复迭代的过程（在计算匝数前并不知道 H 的值，所以也不知道相应的磁导率，而在知道最终磁导率前，也就不能确定最终匝数。如果有此曲线的公式，就可直接求出最终的值。）。

表 7.11　用环形 KoolMμ 磁芯设计扼流圈时的基本磁性参数（参见制造商详细的数据清单）

磁芯型号	外径/厚度（mm）	A_e（cm²）	A_w（cm²）	AP（cm⁴）	MPL（cm）	MLT（cm）	体积（cm³）	A_l #26	A_l #60
77908	79/17	2.27	18	40.8	20	7.5	45.3	37	
77868	79/14	1.77	18	31.8	20	6.9	34.7	30	
77110	58/15	1.44	9.5	13.7	14.3	6.2	20.7	33	75
77716	52/14	1.25	7.5	9.38	12.7	5.8	15.9	32	73
77090	47/16	1.34	6.1	8.19	11.6	5.9	15.6	37	86
77076	37/11	0.68	3.6	2.47	9.0	4.3	6.1	24	56
77071	34/11	0.67	2.9	1.97	8.1	4.3	5.5	28	61
77894	28/12	0.65	1.6	1.02	6.35	4.1	4.1	32	75
77351	24/10	0.39	1.5	0.58	5.88	3.34	2.3	22	51
77206	21/7	0.23	1.1	0.26	5.09	2.64	1.2	14	32
77120	17/7	0.19	0.7	0.14	4.11	2.44	0.79	15	35

　　注：A_e 为磁芯截面积（cm²）；A_w 为窗口面积（cm²）；AP 为面积乘积（cm⁴）；MPL 为平均磁路长度（cm）；MLT 为每匝的平均长度（填充系数：40%）（cm）；体积为磁芯体积（用作损耗计算）（cm³）；A_l#26 为 #26 材料的电感因数（mH/1000 匝）；A_l#60 为 #60 材料的电感因数（mH/1000 匝）

7.11.3.4　步骤 4：计算直流磁场强度

　　可根据下式计算 H_{dc} 的初始值：

$$H_{dc} = \frac{0.4\pi NI}{MPL}$$

式中，H_{dc} 为磁场强度（T）；N 为初始匝数；I 为直流电流（A）；MPL 为平均磁路长度（cm）。

　　由表 7.11，环形磁芯 77868 的 MPL 为 20cm，所以初始 H_{dc} 为

$$H_{dc} = \frac{0.4\pi(200)10}{20} = 126（Oe）$$

7.11.3.5　步骤5：确定新的相对磁导率并调整匝数

由图 7.25 可知，#26 材料的相对磁导率下降为初始值的 85%，所以这时磁导率为 30×0.85=25.5，匝数必须增加到：

$$N = \sqrt{\frac{L}{A_l}} = \sqrt{\frac{1.2 \times 10^{-3}}{25.5 \times 10^{-6}}} = 69（匝）$$

本例中，匝数取为 70 匝。为得到更精确的结果，需要重复上述迭代过程。

7.11.3.6　步骤6：确定线径

因为假设铜耗限制了扼流圈的设计（即铜耗远大于磁芯损耗），下面设计中在可用窗口面积内方便安装的前提下，通过采用最大线径，使绕组电阻最小。因为交流纹波电流相对于平均直流电流很小，故集肤效应和邻近效应都很小。因此，通常选用最大的线径（但是为方便绕制，一般用多股线并绕的方法得到同样的铜面积）。

对于环形磁芯，圆导线绕制的填充系数一般为 40%，下面就用此值计算线径。根据表 7.11，77868 磁芯的窗口面积为 18cm^2。因此，窗口面积（7.2cm^2）的 40%用作铜线面积（A_{wcu}）。对于 70 匝绕组，单匝铜线面积为

$$A_{wcu}=7.2/N=10.33\text{mm}^2$$

$$N=70$$

由表 7.9 可知，最接近此值的导线是 17AWG 导线，其截面积是 12.2mm^2，故选择此导线。

提示：环形磁芯的填充系数是 40%，必须留出磁芯内径 30%的空间以方便绕制，所以选择线径需要有一些弹性。

—— K.B.

7.11.3.7　步骤7：确定铜耗

为确定铜耗，需要知道绕组电阻。根据表 7.11，对于填充系数为 40%的 77868 磁芯，导线的平均长度是 6.9cm。因此，绕组导线总长度为

$$6.9×70=483\text{cm}=4.83\text{m}$$

17AWG 线（或总面积相同的多股线并联）的电阻率为 0.01657Ω/m，则总绕组电阻（R_{cu}）为 4.83×0.01657=0.08Ω。

因此，铜耗 $I^2 R_{cu}$ 为 10^2×0.08=8W。

7.11.3.8　步骤8：用能量密度法确定扼流圈温升

由图 7.32 可知最初选择的面积乘积，然后假设温升不超过 40℃来选择磁芯体积。现在可以用如下方法来检查此选择。

扼流圈的温升由总损耗和绕线器件有效表面积决定。

对于表 7.11 所示填充系数为 40%的 77868 磁芯，可计算出这个有效表面积为 203cm^2。其铜耗为 8W，则表面积的热量密度为 0.039W/cm^2。

在图 7.33 中的垂直轴上找到能量密度为 0.039W/cm^2 的点，由其与 25℃环境温度线的

交点可看出，在环境温度为 25℃时，温升大约为 31℃（本例中最小的温升在最大磁芯和最大线径下得到）。

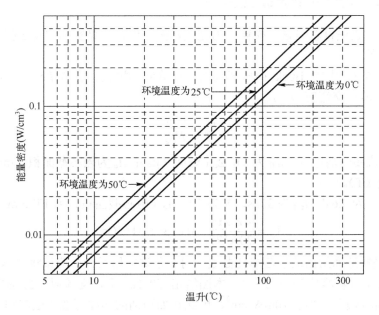

图 7.33　对 E 型磁芯，随环境温度变化能量密度（W/cm^2）与预测温升的关系

7.11.3.9　步骤 9：面积乘积法预测温升

也可用面积乘积法预测温升。图 7.34 以功率损耗和面积乘积为参数预测温升，以表面积为参数。

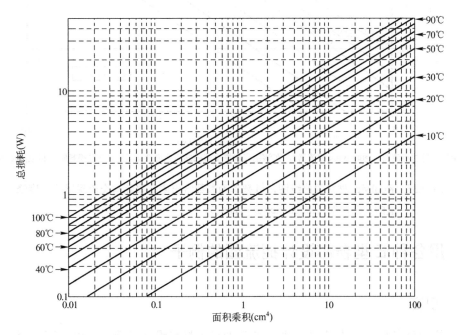

图 7.34　以温升为参数，环形磁芯总损耗（磁芯损耗和铜耗）与面积乘积间的关系

77868 磁芯的面积乘积是 31.8cm^4，铜耗是 8W。根据这些值可预测温升为 30℃。

7.11.3.10　步骤 10：确定磁芯损耗

在此之前一直假设忽略磁芯损耗。为完成本例，现在计算实际的磁芯损耗，并证明这个假设是正确的。

这里以图 7.21 中的 Buck 稳压器为例，计算磁芯损耗。在 7.7.5 节已经指出，通常 Buck 变换器的峰值交流应力（B_{ac}）为

$$B_{ac} = \frac{et_{off}}{NA_e}$$

式中，e 为扼流圈两端电压；t_{off} 为 Q$_1$ 截止时间（μs）；A_e 为磁芯截面积（mm^2）；B_{ac} 为峰值磁感应强度（T）。

本例中，V 为 5.6V，t_{off} 为 32μs，N 为 70，A_e（磁芯截面积）为 177mm^2，因此，

$$B_{ac} = \frac{5.6 \times 32}{70 \times 177} = 0.0145T \quad (145Gs)$$

图 7.35 是制造商给出的磁芯损耗曲线，对于单端应用场合，应该将此峰值除 2，则有效峰值为 73Gs（峰-峰值为 145Gs）。本图给出 50kHz 下，交流磁感应强度为 73Gs 的 KoolMμ 磁芯的损耗不超过 10mW/cm^2，因此正如预期的那样可忽略磁芯损耗。实际上，一种磁芯损耗更高、成本更低的铁粉芯可能会用于这种特殊的设计。

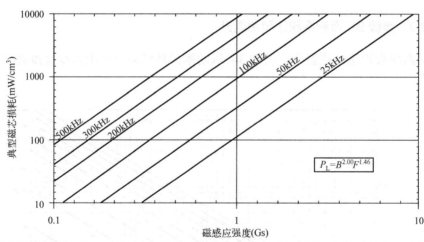

注：对于单端应用的扼流圈（例如 Buck 整流器），在该图表根据交流磁感应强度变化量 ΔB 读取损耗时，相应的损耗要除以 2

图 7.35　KoolMμ 材料的曲线图，以频率为参数给出磁芯损耗与交流磁感应强度峰值的关系曲线（Magnetics 公司提供）。

7.12　用各种 E 型粉芯设计扼流圈的例子

7.12.1　引言

在同样电气条件下，本节用三种不同 E 型粉芯材料设计扼流圈，以示范不同磁芯材料

的区别。

第一个例子是研究受磁芯损耗限制的设计。由于磁芯损耗很高，故选用成本低而损耗高的铁粉芯材料。第二个例子中，采用磁导率更低、损耗更低的铁粉芯材料，以使磁芯损耗降低到可以接受的水平。第三个例子中，在同样条件下用 KoolMμ 材料设计扼流圈。

7.12.2　第一个例子：用 E 型 #40 铁粉芯设计扼流圈

这里用 E 型铁粉芯材料设计受磁芯损耗限制的扼流圈。同样的方法也适用其他 E 型或环形低磁导率材料，如 KoolMμ 和 MPP 的磁芯来设计扼流圈。

这种受磁芯损耗限制的设计，磁芯损耗占总损耗的大部分。但是不像受铜耗限制的设计，必须同时考虑磁芯损耗和铜耗，因为通常铜耗也很大。因此，在这种设计中温升是磁芯损耗和铜耗共同作用的结果。磁芯损耗由磁芯材料、磁芯体积、电感量和交流磁感应强度共同决定。

再次说明，设计者首先要选择合适的磁芯。该磁芯必须满足电感量（即纹波电流要求）、平均负载电流和温升的要求。因为面积乘积法的通用性，并且适用于 E 型和环形磁芯，所以这里仍然用此法。

本节设计如图 7.36 所示的 Boost 变换器的扼流圈。注意，功率因数校正的扼流圈也属于此范畴。本例中，我们设计输入电压为 100V、输出电压为 200V、开关频率为 50kHz 的 Boost 变换器的扼流圈。这时，扼流圈 L_1 的交流纹波应力很高，磁芯损耗很大。之前已经介绍过磁芯损耗是磁芯材料和交流纹波应力的函数。

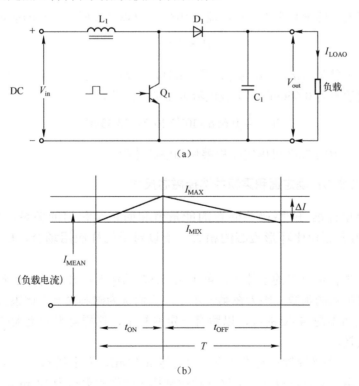

图 7.36　（a）典型 Boost 变换器；（b）平均负载电流为 10A 时，连续工作状态下扼流圈 L_1 的电流波形

首先做如下假设：

① 平均负载电流（I_{dc}）=10A；

② 纹波电流（ΔI_L）=15%（峰-峰值为 1.5A）；

③ 开关频率=50kHz；

④ 温升不超过 40℃。

7.12.2.1　步骤 1：计算 1.5A 纹波电流所需的电感量

首先需要计算 L_1，以保证在平均负载电流为 10A 时，纹波电流的峰-峰值不超过 1.5A。

如图 7.36 所示，稳态时输入电压为 100V，输出电压为 200V，则占空比为 50%，所以一个周期 Q_1 导通的时间为 10μs。在此 10μs 中，电感两端电压为 100V，电流从 9.25A 上升到 10.75A[如图 7.36（b）所示电流波形]。由此，可以计算电感量如下。

通常 $V_L=L di/dt$，并且本例中电流线性变化，所以其关系为

$$V = \frac{L\Delta I_L}{\Delta t}$$

所以，

$$L = \frac{V\Delta t}{\Delta I_L} = \frac{100 \times 10 \times 10^{-6}}{1.5} = 0.666\text{mH}$$

7.12.2.2　步骤 2：计算磁芯储存的能量

由上面计算的电感量和平均直流电流（10A），可以计算磁芯储存的能量为

$$W = \frac{1}{2}LI^2$$

式中，W 为储存的能量（mJ）；L 为电感量（mH）；I 为平均负载电流（A）。

本例中，电感量为 0.666mH，负载电流为 10A，因此，

$$W = \frac{1}{2}(0.666 \times 10^{-3})(10^2) = 33.33\text{mJ}$$

根据储存的能量，由图 7.37 可确定面积乘积和磁芯体积。

7.12.2.3　步骤 3：确定面积乘积并选择磁芯尺寸

图 7.37 给出标准 E 型磁芯储存的能量值和面积乘积间的关系。同样的面积乘积，E 型磁芯的表面积比环形磁芯的稍大，所以对于同样应用场合，E 型磁芯的温升稍低。

在假定磁芯损耗可忽略的条件下，可用图 7.37 预测的温升。而当磁芯损耗占比很大时，温升就是总损耗的函数。因为在第一步中，我们认为磁芯损耗占比很大，所以这里用 30℃面积乘积线而不是 40℃的线，以留有一定的裕量，这样可得到更大的磁芯，并可承受一定额外的损耗。

在图 7.37 的水平坐标轴找到磁芯应储存的能量 31mJ，向上找到与 30℃温升时面积乘积斜线的交点。由此交点可以在左边坐标轴找到相应的面积乘积为 14cm^4。

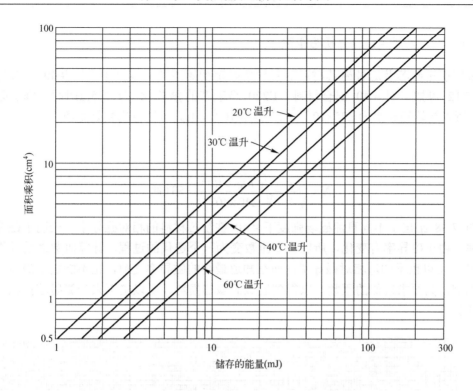

图 7.37　以温升为参数，E 型磁芯储存的能量 $\frac{1}{2}LI^2$ 和面积乘积间的关系。这样可确定面

积乘积和磁芯体积

　　由此面积乘积值，可由制造商提供的面积乘积值来选择磁芯体积，如表 7.12 所示，也可根据用所选磁芯的窗口面积和截面积计算磁芯的面积乘积。由表中制造商给出的 E 型铁粉芯的数据，可看出最接近的磁芯为 E220 型，其面积乘积为 14.2cm^4，故选择此磁芯。

表 7.12　用于设计扼流圈的 E 型铁粉芯的基本参数（美国微金属公司）

磁芯型号	磁芯尺寸（cm）	A_e（cm^2）	A_w（cm^2）	AP（cm^4）	MPL（cm）	MLT（cm）	体积（cm^3）	A_l ＃40	A_l ＃2
E450	114/35	12.2	12.7	155	22.9	22.8	280	480	132
E305	77/31	7.5	8.1	60	18.5	16.3	139	339	
E305	77/23	5.6	8.1	45	18.5	15.5	104	255	75
E220	56/21	3.6	4.1	14	13.2	11.5	47.7	240	69
E225	57/19	3.58	2.87	10	11.5	11.4	40.8	290	76
E168	43/20	2.41	2.87	6.9	10.4	8.85	24.6	196	55
E187	47/16	2.48	1.93	4.8	9.5	9.50	23.3	240	
E162	41/13	1.61	1.7	2.7	8.4	8.26	13.6	175	105
E137	35/10	0.91	1.55	1.4	7.4	6.99	6.72	113	32
E118	30/7	0.49	1.27	0.63	7.14	5.38	4.60	80	
E100	25/6	0.43	0.806	0.32	5.08	5.08	2.05	81	21

　　注：A_e 为磁芯截面积（cm^2）；A_w 为窗口面积（cm^2）；AP 为面积乘积（cm^4）；MPL 为平均磁路长度（cm）；MLT 为每匝的平均长度（填充系数：40%）（cm）；体积为磁芯体积（用作损耗计算）（cm^3）；A_l＃40 为＃40 材料的电感因数（nH/匝^2）；A_l＃2 为＃2 材料的电感因数（nH/匝^2）。

7.12.2.4　步骤 4：计算初始匝数

采用所选磁芯及这种磁芯材料的磁导率确定初始匝数。本例中采用＃40 混合材料。由表 7.12 可知，对＃40 混合材料，E220 型磁芯的参考 A_l 为 275nH/匝^2，修正因子是 87%，所以初始磁导率为 $275×10^{-9}×0.87=240×10^{-9}$。由此可计算出初始匝数

$$L=N^2A_l$$

所以，

$$N=\sqrt{\frac{L}{A_l}}=\sqrt{\frac{0.666×10^{-3}}{240×10^{-9}}}=53（匝）$$

图 7.38 给出了不同直流磁场强度下＃40 铁粉芯材料的相对磁导率，表明了磁滞回线的曲率。由于磁导率有变化，所以计算匝数变为一个迭代的过程。计算匝数之前并不知道 H 的值，所以也不知道相对磁导率，而在知道最终的磁导率之前，也不能定下最后匝数。但对本例，只要求近似的匝数，以得到近似的磁芯损耗，所以接下来计算磁芯损耗而不做迭代计算。

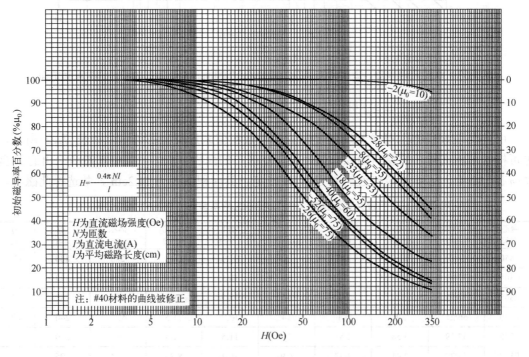

图 7.38　铁粉芯材料的磁化特性（美国微金属公司）

7.12.2.5　步骤 5：计算磁芯损耗

在 7.7 节已知磁芯损耗是开关频率和磁滞回线扫过面积的函数，而后者由正比于所施加伏秒数的磁感应强度变化量 B_{ac} 产生。

如图 7.36 所示的 Boost 变换器，当 Q_1 导通时，电感两端的电压为 100V 的输入电压，其左端电压为正。当 Q_1 关断时，二极管 D_1 导通，L_1 左端电压是输入电压，电感两端

的电压是输入电压和输出电压的差,也是 100V,但是极性相反。

假设稳态时,在 Q_1 导通的 10μs 中,输入电压作用于 L_1,电流从最小的 9.25A 上升到最大的 10.75A。故可计算 B_{ac} 如下,

$$B_{ac} = \frac{Vt_{on}}{NA_e}$$

式中,V 为 Q_1 导通时作用于 L_1 两端的电压(V);t_{on} 为电压作用的时间(μs);N 为匝数;A_e 为磁芯截面积(mm^2)。

本例中,$V=100V$,$t_{on}=t_{off}=10μs$,$N=53$,$A_e=360mm^2$,因此,

$$B_{ac} = \frac{100(10)}{53(360)} = 0.0524T = 524Gs$$

提示:由于交流状态引起的磁感应强度变化以平均磁感应强度为中心,后者由直流输出电流决定,本例中为 10A。直流电流产生的磁感应强度是磁导率的函数,但是磁感应强度变化量由交流应力决定,而与磁芯本身的特性无关。

——K.B.

图 7.39 给出了铁粉芯材料的磁芯损耗曲线。在水平坐标轴找到 524Gs,则#40 材料在 524Gs、50kHz 的损耗为 600mW/cm^3。

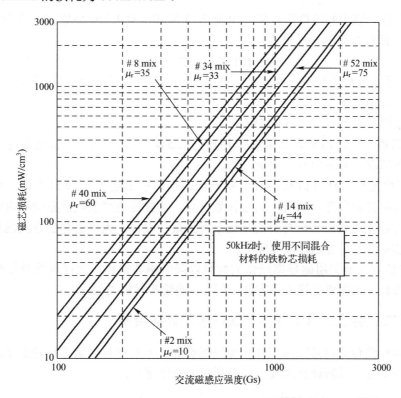

图 7.39 以频率为参数,铁粉芯材料磁芯损耗与交流磁感应强度的关系(美国微金属公司)

图 7.29 中是在推挽状态下给出的损耗,磁感应强度变化量是峰值的两倍。对于单端场合,损耗为此值的一半,即 300mW/cm^3。E220 型磁芯的体积是 47.7cm^3,所以总损耗为

$$47.7 \times 300 \times 10^{-3} = 13.4W$$

磁芯损耗看起来很大。在比较磁芯损耗和铜耗之前，需要先确定绕组的电阻并计算铜耗。本例中，近似值也可接受，可以继续用 53 匝。

7.12.2.6　步骤 6：确定线径

为使铜耗最小，设计中在可利用窗口面积内方便绕制条件下，采用线径最大的导线，以使绕组电阻最小。

由于 E 型磁芯用骨架，根据结构和绝缘的不同要求，用圆导线绕制时填充系数最大是 87%，最小是 40%。本例中用理想情况下的平均值 60%。

由表 7.12 知，E220 型磁芯的窗口面积为 4.09cm^2。窗口面积的 60%可用作铜面积，即 2.45cm^2。本例中绕组有 53 匝，所以每匝的截面积为

$$A_{cu}/N=2.45/53=0.0462cm^2$$

由表 7.9 可知，11AWG 线（0.0464cm^2）的线径最接近此值，其电阻为 4.13mΩ/m。

由于交流应力很大，所以必须考虑集肤效应，通常用多股细线并绕得到同样的铜面积，而不是只用一根大直径的线。并且，11AWG 线也很难绕制。

7.12.2.7　步骤 7：确定铜耗

为计算铜耗，需要知道绕组电阻。由表 7.12 可知，对 E220 型磁芯每匝绕组的平均长度为 11.5cm。因此绕组的最长度为

$$N×MLT=53×11.5=610cm$$

11AWG 线或者截面积相同的多股并绕线的电阻率为 4.13mΩ/m，故绕组总电阻 R_{cu} 为 6.095×0.00413=0.025Ω。

因此，铜耗 $I^2R_{cu}=10^2×0.025=2.5W$。

正如我们预料的，13.4W 的磁芯损耗超过 2.5W 的铜耗很多。很明显这不是最佳设计。遇到这种情况，有下面几个解决方法。

① 磁芯损耗和铜耗近似相等时效率最佳。在原有的磁芯上增加匝数，铜耗虽然增加，但是磁芯损耗将降低，从而达到最佳效率点。这样还能增加电感量减少电流纹波。这种方法也许可以在现有磁芯和材料的基础上得到最佳设计，也许这样会令人满意，但是需要较大的电感量，并可能超过温度限制。

② 更好的方法是采用磁导率较低的材料以降低磁芯损耗，这样可保持原来的电感量并降低磁芯损耗。下面研究第二种方法，用＃8 铁粉芯材料代替。

7.12.3　第二个例子：用 E 型＃8 铁粉芯设计扼流圈

现在用＃8 铁粉芯材料完成同样的扼流圈设计。＃8 材料的磁芯损耗更小，但是磁导率也更小。因此必须重新计算匝数，以得到所需的电感量。

7.12.3.1　步骤 1：计算新匝数

＃40 材料 E220 型磁芯的 A_l 值为 275nH/匝^2。＃8 材料的校准因数为 51%，所以其初始磁导率为 275×10^{-9}×0.51=140×10^{-9}。初始匝数为

$$N_1 = \sqrt{\frac{L}{A_l}} = \sqrt{\frac{0.666\times10^{-3}}{140\times10^{-9}}} = 69（匝）$$

下面计算磁芯损耗。

7.12.3.2   步骤 2：计算＃8 材料的磁芯损耗

$$B_{ac} = \frac{Vt_{off}}{NA_e}$$

式中，V=100V；t_{off}=t_{on}=10μs；A_e=360mm^2

本例中，N=69，所以

$$B_{ac} = \frac{100(10)}{69(360)} = 40mT = 400Gs$$

图 7.39 给出＃8 材料在 50kHz 和 400Gs 条件下的磁芯损耗为 190mW/cm^3。对于单端场合，应采用此值的一半，即 95mW/cm^3。E220 型磁芯的体积是 47.7cm^3，故总磁芯损耗为
$$47.7\times95\times10^{-3}=4.53W$$
提示：注意到两个因素导致磁芯损耗降低，分别是匝数增加和磁芯本身的材料损耗降低。

——K.B.

7.12.3.3   步骤 3：确定铜耗

很容易就可确定铜耗，因为可用的 A_{cu} 被绕线完全填满。如果想让匝数加倍，必须减少绕线的截面积，这使电阻加倍，并且匝数加倍，电阻也加倍，因此总电阻就增加了 4 倍。

通常，对于充满绕组的骨架，电阻以$(N_2/N_1)^2$的比例变化，所以新绕组的电阻大约是
$$(69/52)^2\times0.025=1.76\times0.025=0.044\Omega$$
因此，铜耗为 I^2R_{cu}=10^2×0.044=4.4W。

由于此时磁芯损耗和铜耗近似相等，可认为这是效率最佳的设计。为完善设计，还需要调整匝数，以减少工作电流处磁导率的损失。但是，＃8 材料的磁滞回线曲率很小，不必对匝数调整。

7.12.3.4   步骤 4：计算效率和温升

现在确定温升如下：

磁芯损耗和铜耗总共为 4.5+4.4=8.9W。

对于环形磁芯，图 7.34 是面积乘积与温升的关系。面积乘积相同的 E 型磁芯表面积比环形磁芯大 15%，故用 E 型磁芯时温升大约减少 15%。

在图 7.34 上找到面积乘积为 14.2cm^4 和损耗为 8.9W 的交点，可知环形磁芯温升大约为 47℃，所以 E 型磁芯的温升比此值少了 15%，约为 40℃。

所以温升满足设计要求，并且由于铜耗和磁芯损耗近似相等，可认为这是效率最佳设计，非常令人满意。

7.12.4   第三个例子：用 E 型＃60 KoolMμ 磁芯设计扼流圈

再次说明，用 KoolMμ 材料设计扼流圈时，也可用面积乘积法选择磁芯体积。对于这

种材料，磁芯损耗在整个磁导率范围内变化很小。

7.12.4.1　步骤 1：选择磁芯尺寸

之前已经知道了在本条件下存储的能量值为 33.3mJ，最佳的面积乘积为 14.2cm^4。为了得到同样的纹波电流，电感量为 0.666mH。

由表 7.13 知，KoolMμ 磁芯中面积乘积最接近此值的是 5528E 型磁芯，其面积乘积为 13.3cm^4。这比此前的 E220 型磁芯略小，但是还是尝试用此磁芯，因为下一个磁芯的尺寸相当大。

表 7.13　E 型磁芯的基本参数（美国微金属公司）

磁芯型号	磁芯尺寸（cm）	A_e（cm^2）	A_{wb}（cm^2）	AP（cm^4）	MPL（cm）	MLT（cm）	体积（cm^3）	A_l #60	A_l #40
8020E	80/20	3.89	11.2	43.3	18.5	15.8	72.1	190	
6527E	65/27	5.40	5.4	29.0	14.7	14.18	79.4		
7728E	72/19	3.68	6.0	22.2	13.7	14.38	50.3		
5530E	55/25	4.17	3.8	15.9	12.3	12.4	51.4	261	
5528E	55/20	3.50	3.8	13.3	12.3	11.6	43.1	219	
4022E	43/20	2.37	2.8	6.60	9.84	10.1	23.3	194	281
4020E	43/15	1.83	2.8	5.10	9.84	9.2	180	150	217
4017E	43/11	1.28	2.8	3.56	9.84	8.26	12.6	105	151
4317E	41/12	1.52	1.64	2.49	7.75	8.16	11.8	163	234
3515E	35/9	0.84	1.52	1.28	6.94	6.86	5.83	102	146
3007E	30/7	0.60	1.25	0.75	6.56	5.36	3.94	71	92
2510E	25/6	0.38	0.78	0.30	4.85	5.00	1.87	70	100
1808E	19/5	0.23	0.52	0.117	4.10	3.78	0.914	48	69
1207E	13/4	0.13	0.23	0.030	2.96	2.48	0.385		

注：A_e 为磁芯截面积（cm^2）；A_w 为窗口面积（cm^2）；AP 为面积乘积（cm^4）；MPL 为平均磁路长度（cm）；MLT 为每匝的平均长度（填充系数：40%）（cm）；体积为磁芯体积（用作损耗计算）（cm^3）；A_l#60 为#60 材料的电感因数（mH/1000 匝）；A_l#40 为#40 材料的电感因数（mH/1000 匝）

7.12.4.2　步骤 2：计算匝数

因为随磁导率变化，磁芯损耗几乎不变，所以选择磁导率最高的 #60 材料，以使匝数最小。#60 材料初始磁导率为 219，则为得到要求的电感量，匝数至少为

$$N = \sqrt{\frac{0.666 \times 10^{-3}}{219 \times 10^{-9}}} = 55\,(\text{匝})$$

#60 材料的磁滞回线的曲率相对较大，随着磁场强度 H 的增加，其磁导率下降得很快。因此，最后需要调整匝数以补偿磁导率的减小。

7.12.4.3　步骤 3：计算直流磁场强度

计算 H_{dc} 的初始值如下

$$H_{dc} = \frac{0.4\pi NI}{MPL}$$

式中，H_{dc} 为磁场强度（T）；N 为初始匝数；I 为直流电流（A）；MPL 为磁路长度（cm）。

由表 7.13 可知，5528E 型磁芯的 MPL 为 12.5cm，所以初始 H_{dc} 为

$$H_{dc} = \frac{0.4\pi 55(10)}{12.5} = 55 \text{（Oe）}$$

7.12.4.4　步骤 4：确定相对磁导率并调整匝数

由图 7.25 可知，55Oe 时，#60 材料相对磁导率是 219 的 70%，因此这时 $\mu_r =$ 153nH/N²。

计算新匝数 N_2，

$$N_2 = \sqrt{\frac{L}{\mu_r}} = \sqrt{\frac{0.666 \times 10^{-3}}{153 \times 10^{-9}}} = 66\text{（匝）}$$

7.12.4.5　步骤 5：计算 #60 KoolMµ 材料的磁芯损耗

其磁芯截面积 A_e 是 350mm²。

因此，交流磁感应强度变化量为

$$B_{ac} = \frac{Vt}{NA_e} = \frac{100 \times 10}{66 \times 350} = 0.0433T = 433Gs$$

由图 7.35 可知，当开关频率为 50kHz 和磁感应强度变化量为 433Gs 时，#60 材料工作在推挽状态下的磁芯损耗是 60mW/cm³，则在单端场合的磁芯损耗是 30mW/cm³。此磁芯的体积是 43.1mm³，所以其损耗为

$$43.1 \times 30 = 1.3W$$

7.12.4.6　步骤 6：确定线径

由表 7.13 可知，5528 KoolMµ 磁芯的窗口面积 A_w 是 3.81cm²。窗口面积的 60%是有效铜线截面积，即 A_{cu}=2.28cm²。对于 66 匝，每匝铜线占的面积是

$$A_{cu}/N = 2.28/66 = 0.0345\text{cm}^2$$

由表 7.9 知，12AWG 线的截面积（0.037cm²）最接近此值，其电阻率是 0.00522Ω/m。由于交流应力很大，所以必须考虑集肤效应，通常用多股细线并绕得到同样的铜面积，而不是只用一根大直径的线，并且 12AWG 线也很难绕制。

7.12.4.7　步骤 7：确定铜耗

为了计算铜耗，需要知道绕组的电阻。由表 7.13 知，5528 磁芯的平均每匝绕组长度（MLT）是 10.37cm。因此绕组总长度为

$$66 \times 10.73 = 708\text{cm}$$

12AWG 线或者截面积相同的多股并绕线的电阻率为 0.00522Ω/m，则绕组总电阻

R_{cu}=7.08m×0.00522Ω/m=0.037Ω。

因此，铜耗 I^2R_{cu}=10^2×0.037=3.7W。

1.3W 的磁芯损耗比铜耗小很多，所以设计受铜耗限制。采用磁导率更高的材料可减少匝数及铜耗。但是此磁芯体积没有更高磁导率的材料，所以在不减少匝数和电感量，也不增加纹波电流的条件下，这是最好的方法。

7.12.4.8　步骤 8：确定温升

磁芯损耗和铜耗总共为 1.3+3.7=5W。

对于环形磁芯，图 7.34 所示的是面积乘积与温升的关系。面积乘积相同的 E 型磁芯表面积比环形磁芯大 15%，故用 E 型磁芯时，温升大约减少 15%。

在图 7.34 上找到面积乘积为 13.3cm^4 和损耗为 5W 的交点，可知对于环形磁芯温升大约为 35℃，所以 E 型磁芯的温升比此值少了 15%，约为 30℃。

第三个设计采用 KoolMμ 磁芯，不仅体积更小，而且总损耗更低，效率更高，温升更低。

7.13　变感扼流圈设计例子：用 E 型 KoolMμ 磁芯设计受铜耗限制的扼流圈

7.13.1　变感扼流圈

变感扼流圈通常工作在连续导通状态，随直流偏置电流（负载电流）减小其电感量增大，具有降低轻载时的纹波电流的优点，这扩大了电流工作在连续状态时的范围。其"电感量变化量"是磁滞回线非线性曲率的函数。

由图 7.40 可知，E 型 KoolMμ 磁芯的磁导率在 26μ～90μ，并且磁导率随磁场强度的增加而降低。这种特性称为磁导率摆动，利用这种特性可设计变感扼流圈。

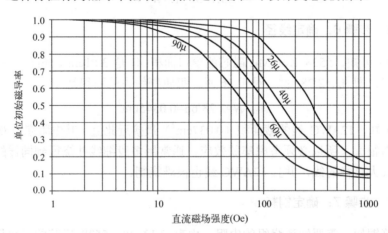

图 7.40　E 型 KoolMμ 磁芯材料的磁化特性，磁芯磁导率随磁场强度（直流偏置电流）的增加而减少（美国微金属公司）

另外，与之前介绍的一样，磁导率越高，接近饱和时的磁场强度越低。例如，100Oe

处，初始磁导率为 90μ 的材料的磁导率降为初始值的 32%。然而初始磁导率更低的 26μ 材料仍然保持有原来的 87%。如果用 90μ 的材料设计扼流圈，最大负载时 $H=100\text{Oe}$，则当负载电流降为最大负载的 5%时（5Oe），磁导率和有效电感量大约增加了 55%。即工作磁导率和有效电感量随平均负载电流的变化而变化。

具有这种特性的扼流圈叫作变感扼流圈。它可以保证扼流圈的电流在很大范围内工作在连续状态。很明显，在一些应用场合这种扼流圈有很大的优势。但缺点是负载电流最大时，需要更多匝数和更大体积，以提供足够的电感量，因为初始磁导率为 90μ 的材料随电流增加，磁导率降低很多。结果是，变感扼流圈的匝数和铜耗更大，而饱和裕量更小。

7.13.2　变感扼流圈设计例子

下面设计变感扼流圈的例子中，由于需要更多的匝数以保证扼流圈工作在磁导率线性变化区域，所以采用 E 型 KoolMμ 磁芯。当需要很多匝数时，E 型磁芯的骨架可方便绕制。

下面以图 7.21 中 Buck 变换器的变感扼流圈 L_1 为例，介绍设计过程，做如下假设：

① 最大负载电流为 10A；
② 需要的电感量 1mH；
③ 温升不超过 40℃。

7.13.2.1　步骤 1：计算磁芯储存的能量

磁芯储存的能量为 $W=\frac{1}{2}LI^2=\frac{1}{2}(1\times10^{-3})(10^2)=50\text{mJ}$。

7.13.2.2　步骤 2：确定面积乘积并选择磁芯体积

根据磁芯需要储存的能量和图 7.32，可确定面积乘积和磁芯体积。

在图 7.32 中的水平坐标轴上找到磁芯应储存的能量（50mJ），然后找到其与 40℃温升线的交点。由此交点，可在垂直坐标轴找到需要的面积乘积值，$AP=16\text{cm}^4$。由此面积乘积值，可由制造商提供的面积乘积值来选择磁芯体积，如表 7.13 所示，也可根据所选用磁芯的窗口面积和截面积计算磁芯的面积乘积。

根据表 7.13，5530E 型磁芯的面积乘积（15.9cm⁴）最接近此值，故选此磁芯，其参数如下：

面积乘积 AP=15.9cm⁴
平均磁路长度 MPL=12.3cm
平均每匝的长度=12.4cm
骨架窗口面积 A_{wb}=3.8cm²
中心柱截面积 A_e=4.17cm²
#60μ 材料的电感因数/匝 A_{lO}=261nH/匝²

7.13.2.3　步骤 3：计算 100Oe 时的匝数

为使电感变化量最大，通常选择磁导率最大材料。对于这种磁芯体积，最大磁导率是

60μ，所以选择此材料。

在额定电流处，应该用如图 7.40 所示磁滞回线曲率最大时计算匝数，选择工作在 100Oe/10A 时的磁导率计算匝数，这时的磁导率是其最大值的 52%。在 100Oe/10A 处计算匝数如下：

$$N=\frac{H\text{MPI}}{0.4\pi I}=\frac{100(12.3)}{0.4\pi 10}=98 \text{（匝）}$$

7.13.2.4　步骤 4：计算电感量

由表 7.13 可知，初始磁导率为 60μ 的材料，A_{lO}=261nH/匝^2（261×10^{-9}）。磁场强度为 100Oe 时，相对磁导率降为初始值的 52%，A_{lO} 也以同样的比例降低，变为 136nH/匝^2。电感量计算如下。

通常，

$$L=N^2 A_l$$

因此，

$$L=98^2(136×10^{-9})=1.33\text{mH}\text{（电流为 10A）}$$

也许还需要调整匝数、磁芯尺寸或者磁芯材料，但是本设计可满足设计要求，所以对上述计算不做调整。

由图 7.40 可知，当电流为 20A（200Oe）时，磁导率降低到 25%；而当电流为 2A（20Oe）时，磁导率仍然为初始值。所以电感量在 20A 时的 0.65mH 和 2A 时的 2.5mH 间摆动，比例为 5∶1。

7.13.2.5　步骤 5：计算线径

由于设计时认为扼流圈受铜耗限制，即铜耗远大于磁芯损耗，故应在方便绕制的条件下，充分利用骨架窗口面积选择直径最大的导线，以使绕组电阻最小。由于交流纹波电流相对于平均直流电流很小，可忽略集肤效应和邻近效应。因此，通常用线径最大的导线。但是为了方便绕制，也可用截面积相同的多股铜线并绕。

对于 E 型磁芯骨架，通常圆导线的填充系数近 70%，下面将用此值计算线径。由表 7.13 可知，5530E 型磁芯骨架的窗口面积是 3.8cm^2。因此，有效铜面积 A_{cu} 是窗口面积的 70%，即 2.66cm^2，则每匝铜线占的截面积为

$$A_{wcu}/N=2.66/98=0.026\text{cm}^2$$

由表 7.9 可知，13AWG 线的截面积 0.026cm^2 最接近此值，故选此线。

7.13.2.6　步骤 6：确定铜耗

计算铜耗前需首先确定绕组电阻。由表 7.10 可知，若骨架绕满绕组，则绕组平均长度 MLT 是 12.4cm，因此绕组总长度为

$$N\text{MLT}=98×12.4=1215\text{cm}$$

13AWG 线或截面积相同的多股并绕铜线的电阻率为 0.0007Ω/m，故绕组总电阻 R_{cu}=12.15×0.007=0.085Ω。

因此，铜耗 $I^2 R_{cu}$=10^2×0.085=8.5W。

7.13.2.7　步骤 7：用热阻法核对温升

选择面积乘积和磁芯体积时，假设温升不超过 40℃，下面将验证此选择。

扼流圈的温升由总损耗和绕线器件的表面积决定。由图 7.14 可知，面积乘积为 16cm^4 的 5530 E 型磁芯热阻是 4.6℃/W，铜耗为 8.5W 时可预测温升是 39℃，所以满足设计要求。

7.13.2.8　步骤 8：确定磁芯损耗

到目前为止，总是假设可忽略磁芯损耗，为完成本例，下面将计算实际磁芯损耗，并验证此假设的正确性。

用图 7.21 中的 Buck 变换器计算磁芯损耗。如 7.7.5 节所示，通常 Buck 变换器的峰值交流应力 B_{ac} 为

$$B_{ac} = \frac{Vt_{off}}{NA_e}$$

式中，V 为扼流圈两端的电压（V）；t_{off} 为 Q_1 截止时间（μs）；A_e 为磁芯截面积（mm^2）；B_{ac} 为磁感应强度峰-峰值（T）。

本例中，V=5.6V，t_{off}=32μs，N=98，A_e=177mm^2，所以

$$B_{ac} = \frac{5.6(32)}{98(417)} = 0.00438T = 43.8Gs$$

工作频率为 50kHz，交流磁感应强度为 43.8Gs 时，KoolMμ 材料的磁芯损耗小于 1mW/cm^3，所以可忽略磁芯损耗。

参考文献

[1] Ferroxcube-Philips Catalog, *Ferrite Materials and Components*, Saugerties, NY.
[2] Magnetics Inc. Catalog, *Ferrite Cores*, Butler, PA.
[3] TDK Corp. Catalog, *Ferrite Cores*, M. H. & W. International, Mahwah, NJ.
[4] Siemens Corp. Catalog, *Ferrites*, Siemens Corp., Iselin, NJ.
[5] MMPA Publication PC100, *Standard Specifications for Ferrite Pot Cores*, MMPA, 800 Custer St., Evanston, IL.
[6] MMPA Publication UE 1300 *Standard Specifications for Ferrite U, E And I Cores*, MMPA, 800 Custer St., Evanston, IL.
[7] IEC Publications 133, 133A, 431, 431A, 647, American National Standards Institute, 1430 Broadway, New York.
[8] A. I. Pressman, *Switching and Linear Power Supply, Power Converter Design*, pp. 116–120, Switchtronix Press, Waban, MA, 1977.
[9] A. Kennelly, F. Laws, and P. Pierre, "Experimental Researches on Skin Effect in Conductors," *Transactions of AIEE*, 34: 1953, 1915.
[10] F. Terman, *Radio Engineer's Handbook*, p. 30, McGraw-Hill, New York, 1943.
[11] L. Dixon, *Eddy Current Losses in Transformer Windings and Circuit Wiring*, Unitrode Corp. Power Supply Design Seminar Handbook, Unitrode Corp., Watertown MA, 1988.
[12] E. Snelling, *Soft Ferrites*, pp. 319–358, Iliffe, London, 1969.
[13] P. Dowell, "Effects of Eddy Currents in Transformer Windings," *Proceedings IEE* (U.K.), 113(8): 1387–1394, 1966.
[14] P. Venkatramen, "Winding Eddy Currents in Switchmode Power Transformers Due to Rectangular Wave Currents," *Proceedings Powercon 11*, 1984.

[15] B. Carsten, "High Frequency Conductor Losses in Switchmode Magnetics," *High Frequency Power Converter Conference*, pp. 155–176, 1986.

[16] A. Richter, "Litz Wire Use in High Frequency Power Conversion Magnetics," *Powertechnics Magazine*, April 1987.

[17] Keith Billings, *Switchmode Power Supply Handbook*, Chapter 3.64, McGraw-Hill, New York, 1989.

[18] Colonel Wm. T. McLyman, *Transformer and Inductor Design Handbook*, Marcel Dekker, New York, 1978.

[19] Colonel Wm. T. McLyman, *Magnetic Core Selection for Transformers and Inductors*, Marcel Dekker, New York, 1982.

[20] Jim Cox, "Power Conversion & Line Filter Applications," *Micrometals Catalog*, Issue 1, Feb. 1998.

第8章 电力晶体管的基极驱动电路

8.1 简介

20 世纪 80 年代以来,开关电源领域中,随着绝缘栅型场效应晶体管(MOSFET,或仅仅是 FET)的发展,电力晶体管逐渐被 FET 取代。在以后的设计中,将会更多地使用 FET 器件。

然而,仍然有一些场合会继续使用电力晶体管(如线性整流器和低功率场合)。因为它的价格相对较低,应用在线性整流器场合仍然表现出优势。由于电力晶体管在少数场合仍然表现出优势,并且某些应用中的绝大多数开关电源最初都是使用电力晶体管的,所以对于一个设计者来说,熟悉它们的主要特性,了解早期的设计方式,对解决可能发生的故障是非常重要的。

采用电力晶体管设计开关电源,首先要合理地选择器件的电压和电流额定值。器件的最大电压和电流应力取决于所选的拓扑、输入电压及其波动范围和输出功率。本章对每个拓扑进行分析时都给出了这些应力的计算公式及其推导过程。

对于电力器件的整体可靠性来说,电力晶体管基极驱动电路的设计方法和晶体管电压和电流额定值的选择同样重要。下面将讨论基极驱动电路设计的一般规则及典型设计方案。

补充:FET 为电压驱动型器件,在驱动脉冲的上升沿和下降沿,电流分别流入和流出栅极。在驱动高频大功率器件时,瞬态驱动电流可能会很大,而且导通状态栅极电压也可能很高,有些器件的栅极电压高达 8V 左右。因此,驱动大功率 FET 会比想象中要困难。而且,FET 完全导通和关断时才比较可靠,当它应用在线性场合时,由于开关管只是部分导通,功率损耗不理想,所以 FET 适用于开关电路中。

与 MOSFET 相比,电力晶体管为电流驱动型器件,基极电流与集电极电流成比例变化,该比例被定义为晶体管的增益。基极需要的驱动电压很低,大概在 0.6V 左右,基极特性类似于二极管。电力晶体管多用于线性场合,在其他一些电路中也有应用。将来,电力晶体管的需求一定不会减少。

——K.B.

8.2 电力晶体管的理想基极驱动电路的主要目标

一个好的基极驱动电路应当具有 8.2.1 节~8.2.6 节所描述的标准和参数。

8.2.1 导通期间足够大的电流

基极输入电流应足够大,使得电力晶体管在增益最小的情况下,在最大输入电流、最低输入电压时使用最小 β 值的电力晶体管,并用这个电流驱动电力晶体管,集-射电压将达到饱和值,约为 0.5~3.0V。

设计时必须考虑到，电力晶体管的 β 值具有 4 倍的变化范围。厂商器件手册（见图8.1）中的电流-电压曲线（I_{ce}-V_{ce}）通常对应于典型或常用的 β 值。可以假设，最小 β 值是曲线中给出的典型值的一半，最大 β 值为典型值的两倍。

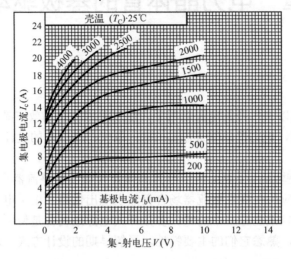

图 8.1 典型高压大电流电力晶体管 2N6676（15A，450V）的 I_{ce}-V_{ce} 曲线。这样的曲线通常是具有典型 β 值的管子的曲线。基于厂商提供的产品资料，最低 β 值的管子的 β 值大约是图中所示 β 值的一半，最高 β 值的管子则大约是其两倍

补充：对电力晶体管的过驱动会增大存储时间，这个问题会影响晶体管在开关电路中的应用，而不会影响到它在线性整流器中的应用。图 8.6 所示的贝克钳位电路可以防止过驱动，适用于开关电路中。

——K.B.

在大多数拓扑中，电力晶体管的电流波形具有从零开始的斜坡形状，或者从某个值开始的斜坡形状。因此基极电流应当足够大，以满足在输入电压最低、负载最大、电力晶体管的 β 值最小且 I_c 达到斜坡峰值时，V_{ce} 电压约为 0.5～1.0V。对于工作于不连续导电模式且峰值电流比平均电流大很多的反激变换器来说，基极驱动电流的要求更是如此。

8.2.2 开通瞬间基极过驱动输入电流尖峰 I_{b1}

为了保证迅速导通集电极电流，需要有一个持续时间很短，且约为导通期间平均值2～3 倍的基极尖峰电流供给基极。该尖峰的持续时间仅为最小导通时间的 2%～3%，如图 8.2（a）所示。

图 8.2（b）给出了这种"开通过驱动"效应的图示。如果对导通速度没有要求，则为了获得要求的集电极电流（I_{c1}）所需的基极输入电流（I_{b1}），只要满足将电压 V_{ce} 降低到集电极负载线和 I_c-V_{ce} 曲线的交点处的饱和电压 $V_{ce(sat)}$ 的水平上就可以了。

在满足上面要求的 I_{b1} 的作用下，集电极电流将以某个时间常数 τ_a 呈指数上升，并且在 $3\tau_a$ 的时间内进入 $I_{c1}\pm5\%$ 的范围内。

然而，若基极电流为 $2I_{b1}$（过驱动系数为 2），集电极电流将迅速上升，直至 $2I_{c1}$。如果没有电源电压和负载阻抗的限制，集电极电流将在相同的时间 $3\tau_a$ 后达到 $2I_{c1}$。由于受电源电压和负载阻抗的限制，集电极电流只能达到 I_{c1}，所以集电极电流仅需要 $0.69\tau_a$，而非 $3\tau_a$ 的时间内达到期望值 I_{c1}。

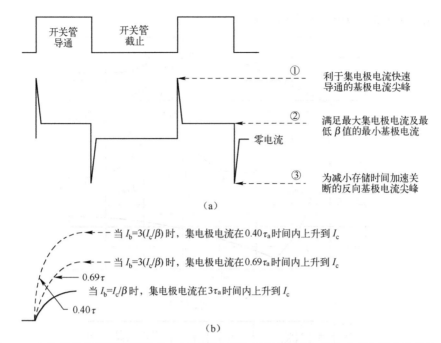

图 8.2　（a）最优的基极电流波形；（b）通过基极电流过驱动加快集电极电流上升的速率

类似地，如果过驱动系数为 3（$I_b=3I_{b1}$），则集电极电流会迅速上升，直到接近于 $3I_{c1}$，将在相同的时间 $3\tau_a$ 后达到 $3I_{c1}$。但事实上，集电极电流受到限制，它只能达到 I_{c1}。因此，集电极电流是在 $0.4\tau_a$，而非 $3\tau_a$ 时间内达到期望值 I_{c1} 的。

为加速电力晶体管的导通，过驱动系数通常选为 2～3。这个过驱动系数用于具有典型 β 值的电力晶体管。β 值低的电力晶体管速度很快，不需要高的过驱动系数。而 β 值高的电力晶体管速度慢，其相应的过驱动系数大约为典型 β 值电力晶体管的两倍，即 4。

补充：图 8.6 所示的贝克（Baker）钳位电路解决了过驱动问题，但是并没有增加导通期间的驱动，因此也不会增加存储时间。

　　　　　　　　　　　　　　　　　　　　　　　　　　　　　　—— K.B.

8.2.3　关断瞬间反向基极电流尖峰 I_{b2}

如果在电力晶体管关断时，基极输入电流下降到零，则集电极电流在一段时间（储存时间 t_s）内将维持不变，集电极电压将仍然保持为其饱和电压（约为 0.5V）。当该电压开始上升的时候，速度也相对较慢。

出现这种现象是因为基极和发射极间的电路就像被充了电的电容。集电极电流在关断后的短时间内持续流通，直到储存在基极的电荷通过外部基-射电阻被抽走为止。而在通常情况下，为使 β 值最小的电力晶体管的集-射电压在工作时降低至 0.5V 左右，基极输入电流一般都比较大，从而造成基极储存了过量电荷。所以，β 值较大甚至有正常 β 值的电力晶体管都会有过大的基极电流和很长的储存时间。

因此，电力晶体管需要一个短暂的反向基极尖峰电流 I_{b2} 抽走基极储存的电荷，这样就可以缩短储存时间，提高开关频率，同时能够显著地减小关断期间的功率损耗。

由图 8.3（a）所示的关断期间的 I_c-V_{ce} 曲线可知，V_{ce} 开始迅速上升前的 t_1～t_2 时间里，电力晶体管缓慢退出饱和状态，同时集电极电流维持在峰值上。在这期间，集-射电压比饱和值（为 0.5～1.0V）要高出很多。

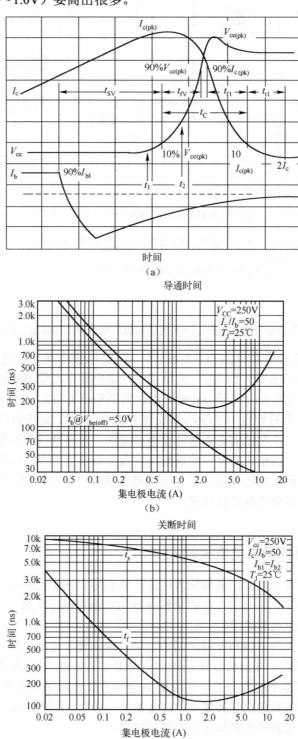

（a）

导通时间

（b）

关断时间

（c）

图 8.3 （a）电力晶体管（集电极无缓冲器）关断时，典型的集电极电流下降和集-射电压上升
过程。（b）和（c）典型的高压大电流电力晶体管 2N6836（15A、850V）的开关时间
（Motorola 公司提供）

关断损耗在电力晶体管的总损耗中占了很大的比例。反向基极电流尖峰[见图 8.2（a）]可以减小这个损耗，因为它缩短了 $t_1 \sim t_2$ 的时间。缩短了储存时间，管子就可以工作在更高的频率下。

通常厂商会提供在不同的集电极电流的情况下，I_c/I_{b1} 和 I_c/I_{b2} 的取值在 5～10 的电力晶体管储存时间及上升、下降时间的曲线[见图 8.3（b）和图 8.3（c）]。

8.2.4　关断瞬间基极和发射极间的-1～-5V 反向电压尖峰

电力晶体管有三个重要的集-射电压额定值，即 V_{ceo}、V_{cer} 和 V_{cev}。其中，V_{ceo} 是在关断期间，当基极和发射极开路的时候，集电极和发射极间能够承受的最大电压。它是器件的最低额定电压。

如果基-射电阻很小（50～100Ω），那么在截止状态下电力晶体管能够承受一个更高的电压 V_{cer}。

电力晶体管能够安全承受的最高电压是 V_{cev}。这是在关断的瞬间出现漏感尖峰（见图 2.1 和图 2.10）时电力晶体管能够承受的最高电压。只有在关断期间，如图 8.4 所示，基极存在一个-1～-5V 的反向尖峰电压时，电力晶体管才能承受这个电压。反向偏置的基极电压或电压尖峰必须由基极驱动电路提供，其持续时间必须大于漏感尖峰的持续时间。

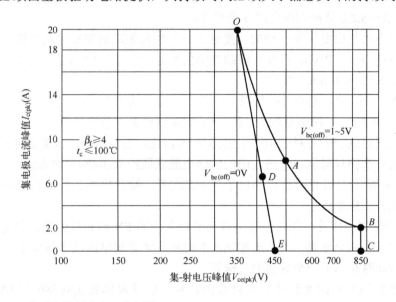

图 8.4　2N6836 的反向偏置安全工作区域（Reverse-Bias Safe Operating Area，RBSOA）。在关断期间，I_c-V_{ce} 曲线不能越过给出的边界。就算是一次越界也可能损坏电力晶体管，因为电流会集中在芯片的某个小部分，导致局部过热。若在关断瞬间加上-1～-5V 的反偏电压，则电力晶体管可工作在边界 OABC 以内。若关断时 V_{be}=0，则电力晶体管只能工作在 ODE 区域内（Motorola 公司提供）

8.2.5　贝克（Baker）钳位电路（能同时满足高、低 β 值的电力晶体管工作要求的电路）

产品的 β 值的离散性很大，可能相差 4 倍之多。如果基极电流可以较好地驱动 β 值低的电力晶体管，那么它将对 β 值高的电力晶体管造成很强的过驱动，导致过长的储存时间。如果要缩短过长的储存时间，需要的反向基极电流就会相当大。图 8.6 所示的贝克钳位电路解决了这个问题。

8.2.6 对驱动效率的改善

由于集电极额定电流大的电力晶体管的 β 值通常较低，所以要求其基极传输大电流。如果该电流不是经由降压变压器得到的，而直接由高压电源获得的，其效率就会很低。

例如，高速大功率电力晶体管 2N6836，其额定电流为 15A，V_{cev} 为 850V。当它应用在离线式变换器中，由于额定电流为 15A，最小电流增益为 5，所以需要至少 3A 的基极电流。

如果这个基极电流来自 6V 的电压源，使用推挽电路提供，假定基极驱动的占空比为 80%，则基极的驱动损耗（在电压源侧）会高至 14.4W（总占空比为 0.8），这是不允许的。因此，一个好的基极驱动电路应通过一个降压-增流式变压器从辅助电源上获得能量。

8.3 变压器耦合的贝克钳位电路

变压器驱动贝克钳位[1-4]是一种广泛使用的基极驱动电路，使用元器件少，成本低，且满足 8.2.1 节~8.2.6 节提到的全部 6 个要求。

贝克钳位电路是由变压器驱动的，能够很好地解决驱动脉冲在输入与输出之间耦合的问题。在离线电源中，PWM 芯片和辅助电源的地通常与输出地相连，而电力晶体管位于输入端（见图 6.19 和第 6.6.1 节）。

由于引入了变压器，获取 10 倍以上的降压-增流比是比较容易的。二次侧提供给基极的电压约为 1~1.8V，一次侧从约为 12~18V 的辅助电源中获取电流。

在前面提到的例子中，对于 10∶1 的降压-增流比，若变压器二次侧需要提供 3A 的基极电流，则其一次侧只需从与输出共地的辅助电源获取约为 300mA 的电流。

如图 6.19 所示，贝克钳位电路位于 T_2 二次侧，接在电力晶体管的集电极和基极之间。下面介绍其工作原理。

通常，NPN 型晶体管工作时，集电极和基极之间的 PN 结是反偏的，集电极电压高于基极电压。但当它完全导通，进入饱和状态的时候，集电极电压低于基极电压，该 PN 结正偏，晶体管此时相当于一个导通的二极管。

这从图 8.5（a）和图 8.5（b）可以看出。对于快速晶体管 2N6386（15A、450V），图 8.5（a）给出了在 β 值（$\beta_f = I_c/I_b$）和温度值确定时，不同集电极电流所对应的通态集-射电压曲线。显然，V_{ce} 依赖于 I_c、β_f 和温度。在通常的运行条件下，I_c=10A，V_f=5，结温为 100℃，此时 V_{ce} 约为 0.2V。图 8.5（b）表明，对应于 10A 和 100℃结温的条件，基-射电压约为 0.9V。

由于在基极和集电极间的 PN 结上出现了 0.7V 的正偏电压，以致基极储存了过量的电荷。因此，在基极电流下降为零时，这种超快速电力晶体管的储存时间仍然长达 3μs[见图 8.5（c）]。

贝克钳位改善了这个问题，它不允许基极和集电极间的 PN 结承受正偏电压，在最坏的情况下，最多也只允许 0.2~0.4V 的正偏电压，这样可以防止过长的存储时间。

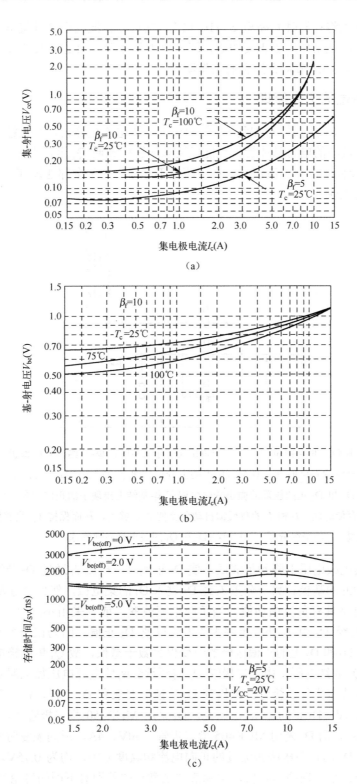

图 8.5 （a）、（b）对应两个不同 β 值时，电力晶体管 2N6836 的结电压。（c）没有贝克钳位的
　　　　电力晶体管 2N6836 的存储时间

贝克钳位可以将存储时间缩短 5～10 倍[4]。它可以在温度很高且集电极电流变化范围较大的条件下良好地工作，更重要的是，即使电力晶体管 β 值的离散度大到相差 4 倍，它也能很好地工作。8.3.1 节将介绍它的工作原理。

8.3.1　贝克钳位的工作原理

在图 8.6 中，驱动电流 I_1 加到 D_2 的阳极上，该电流足够大，有足够的过驱动能力，即使 Q_1 是 β 值较小的电力晶体管，也能以要求的速度导通 Q_1 至最大电流。当 Q_1 开始导通的时候，D_3 反偏，没有电流流过，在电路里不起作用。I_1 全部通过 D_2 流进基极，使集电极电流上升得很快。

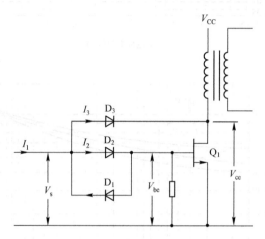

图 8.6　贝克钳位。贝克钳位的目的在于防止 Q_1 导通期间，集-基结被正向偏置，从而可以减
　　　　小甚至消除存储时间。如果 D_2 上的上升电压等于 D_3 的下降电压，则 V_{ce} 刚好等于
　　　　V_{be}。D_2 和 D_3 正向压降的微小变化允许在集-基结上出现小的正向偏置，但不会导致过
　　　　长的存储时间。I_2 和 I_3 的负反馈自动分流使 I_2 足够大，从而保持 V_{ce} 足够低且 D_3 为正
　　　　向偏置。I_1 的平衡分量（I_3）流经 D_3 和 Q_1 的集电极后回到地

然而，当集电极电压下降到足够低，使 D_3 正偏时，电流 I_1 通过 D_3 分流。这时只有分量 I_2 经 D_2 进入 Q_1 的基极。另一分量 I_3 经 D_3 进入 Q_1 的集电极，然后经过发射极流入地。

贝克钳位电路具有负反馈功能。当负载电流改变，或者采用不同 β 值的电力晶体管时，Q_1 基极需要经 D_2 由 I_1 获取足够大的电流以使 D_3 正偏。因为在一个非常大的负载电流变化范围内，D_2 和 D_3 上的正偏压降的改变仅为数十毫伏，故 Q_1 集电极电压改变不大。

现在讨论 Q_1 的结电压。由于二极管 D_3 需要承受两倍电源电压加上漏感尖峰电压，所以必须选用高压快速恢复二极管。二极管 D_2 的速度要求和 D_3 一样，但它需要承受的反向电压不会高于 0.8V（D_1 正向电压）。因此，D_3 采用 MUR450 型二极管（450V、3A，反向恢复时间为 75ns），而 D_2 采用 MUR405 型二极管（50V、4A，反向恢复时间为 35ns）。

假设 D_2 和 D_3 的正向压降跟流过的正向电流和温度无关，均为 0.75V。由表 8.1 可以看出，这是一个比较合理的假设值，实际值与之微小的差别对下面的讨论影响不大。

在图 8.6 中，D_3 导通时，D_2 和 D_3 的正向压降约为 0.75V。Q_1 的基-射电压 V_{be} 为 1.0V，则 D_2 阳极电压（V_s）为+1.75V。又因 Q_1 集电极的电压为 1.0V，则 Q_1 的基极和集电极之间没有正向偏置电压，储存时间可以忽略。当温度上升时，D_2 的正向压降下降，

但 D_3 的正向压降也跟着下降，集电极和基极间的 PN 结仍然不会正向偏置。

现在假设 Q_1 是一只 β 值最大的管子，其 I_1 为 3.5A，且基极电流为 0.5A，剩余的 3.0A 电流从 D_3 流过。表 8.1 表明，在 100℃时，D_2 的压降为 0.61V，D_3 在 3A、100℃时压降为 0.95V。这将在 Q_1 的基极和集电极间引起 0.34V 的正向偏置电压，但不会引起 Q_1 内部的基极和集电极间的二极管导通。在这样的正向偏置下，储存时间仍然可以忽略。

表 8.1　两种超快速二极管的正向压降（图 8.6 中的 D_2、D_3）

I_f（A）	MUR450 V_f（V）		MUR405 V_f（V）	
	25℃	100℃	25℃	100℃
0.5	0.89	0.75	0.71	0.61
1.0	0.93	0.80	0.74	0.65
2.0	1.01	0.90	0.78	0.70
3.0	1.10	0.95	0.80	0.73

注意： 贝克钳位将集电极到发射极之间的电压维持在约 1V 的水平上，而没有贝克钳位时，该电压为 0.2～0.5V。这将增加电力晶体管在导通期间的损耗，但从导通到截止转换过程中，交流损耗降低了，而且其降低的损耗比增加的要大[见 8.2 节和图 8.3（a）]。

所以，贝克钳位很好地解决了前面提到的两个主要问题。它防止了基极和集电极间的 PN 结的过度正偏，减小了储存时间；而且输入电流可以根据基极的需要，在 D_2 和 D_3 间进行分配，使电路在较大的负载电流变化范围内及电力晶体管放大倍数变化时都能够很好地工作。

然而在 Q_1 关断瞬间，该电路同样需要提供加快关断所需的反向基极电流，并提供-1～-5V 的基极反向偏置电压。但 D_2 的单向导通阻止了这种反偏，通过给 D_2 并联一个二极管 D_1，就可以满足要求了。接下来需要做的就是寻找一个简单的电路，为导通提供正向大电流 I_{b1}，为关断提供反向大电流 I_{b2} 和基极反向偏置电压。8.3.2 节要介绍的变压器耦合电路能够很容易地做到这一点。

8.3.2　使用变压器耦合的贝克钳位电路

8.3.2.1　变压器电压、匝比的选取和一次侧电流和二次侧电流的限制

图 8.7 所示的电路提供了贝克钳位电路要求的所有驱动特性——当提供给 Q_2 基极较高的正向和反向驱动电压时，它从辅助电源 V_h 所获得的一次侧电流较小。它可以提供 Q_2 基极反向驱动电压，使其能够承受 V_{cev}。下面介绍它的工作原理。

首先将 T_1 的匝比 N_p/N_s 选择得足够大，使其在给二次侧提供所需的电流时，从一次侧获得的电流较小。通常由辅助电源 V_h 给一次侧供电，该电源同时也给 PWM 芯片供电，故 V_h 应尽量小，以保证 PWM 芯片的损耗较低。

如果为了获取 T_1 的大电流增益把匝比 N_p/N_s 选择得太高，就会导致需要很高的 V_h。而对 PWM 芯片而言，将 V_h 选择为 15～18V 是比较合理的。这样就极大地限制了 N_p/N_s 的选择范围。另外，由于 R_1（它是电路的主要部分之一）的存在，T_1 一次侧电压 V_p 通常低于 V_h。

T_1 二次侧电压 V_s 被钳位为等于 $V_{be(Q2)}$ 加上 D_2 正向压降 V_{D2}，即

$$V_s = V_{be(Q2)} + V_{D2} = 1.0 + 0.75 = 1.75V$$

T_1 一次侧电压为

$$V_{pt} = \frac{N_p}{N_s}V_s + V_{ce(Q1)} = \frac{N_p}{N_s}1.75 + V_{ce(Q1)} \approx \frac{N_p}{N_s}1.75 + 1.0V \qquad (8.1)$$

如图 6.19 所示，V_h 由一个较便宜的工频小变压器二次侧所接的线性稳压器来稳压，V_h 的地为输出地。

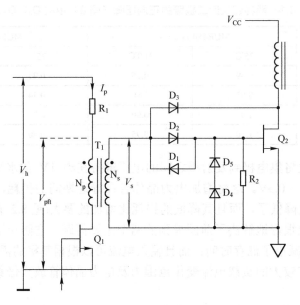

图 8.7　一种变压器驱动的贝克钳位电路。变压器 T_1 提供了一次侧到二次侧的大电流增益，使一次侧流过约 600mA 的电流时，二次侧就可以获得 2～3A 的电流。这样 Q_1 就可以使用又小又便宜的 TO-18 封装的晶体管。由于在 N_p 中储存有励磁电流，在 Q_2 关断瞬间，N_s 就可以获得一个很大的反向电流。电阻 R_1 用于一次侧限流

若由温度变化引起 V_{be} 和 V_{D2} 发生变化，则 V_s 也会跟着发生改变。这时，V_{pt} 也应当维持在低于 V_h 的数值上，以便给 R_1 提供一个相对稳定的电压 V_{R1}。维持 V_{R1} 恒定的原因是 R_1 要满足

$$I_{p(Q1)} = \frac{V_h - V_{pt}}{R_1} = \frac{V_h - (N_p/N_s)V_s - 1.0}{R_1} \qquad (8.2)$$

因此，需要合理选择 R_1，以限制 T_1 的一次侧电流，进而限制二次侧电流和流进 D_2 的电流。尽管通过贝克二极管 D_3 的负反馈对进入 Q_2 的电流进行分流，可以提供给基极所需要的电流并维持 D_3 导通；但是 T_1 二次侧流入的部分电流会经 D_3 进入 Q_2 的集电极而被浪费掉。

因此需要通过选择比 $(N_p/N_s)V_s$ 大的 V_h，使 R_1 基本表现为一个与 V_s 变化（与温度相关）无关的恒流源。

做一个初始的假设。假设 $N_p/N_s = 5$，V_s 典型值为 1.75V，则 I_{pn} 的正常值为

$$I_{pn} = \frac{V_h - 5V_s - 1.0}{R_1}$$

I_{pn} 的变化量 $dI_{pn} = 5dV_s/R_1$，这里 dV_s 为预期的 V_s 随温度的变化量，则 I_{pn} 的分数变化为

$$\frac{\mathrm{d}I_{pn}}{I_{pn}} = \frac{5\mathrm{d}V_s}{V_h - 5 \times 1.75 - 1.0} = \frac{5\mathrm{d}V_s}{V_h - 9.75} \tag{8.3}$$

因此，假设由于温度变化，$\mathrm{d}V_s$ 为 0.1V，I_{pn} 的允许分数变化量为 0.1，则由式（8.3）可得

$$0.1 = \frac{5 \times 0.1}{V_h - 9.75}$$

即

$$V_h \approx 14.75\mathrm{V} = 15.0\mathrm{V}$$

所以，如果需要限制 Q_1 的一次侧电流为 I_{pn}，则 R_1 应该选择为

$$R_1 = \frac{15 - (5 \times 1.75) - 1.0}{I_{pn}} \tag{8.4a}$$

$$R_1 = \frac{5.25}{I_{pn}} \tag{8.4b}$$

8.3.2.2 由驱动变压器的反激作用得到电力晶体管反向基极电流

T_1 一次侧的小励磁电感可以使图 8.7 所示电路中的电力晶体管 Q_2 的基极在关断时刻获得一个大的反向电流。在 Q_1 导通期间，流进 T_1 一次侧的电流由 R_1 限流，该电流的一部分乘以匝比 N_p/N_s 后耦合到二次侧，给 Q_2 提供基极驱动。

但一次侧的部分电流流经一次侧励磁电感 L_m，不会进入二次侧电流。它仅仅是以速率 $\mathrm{d}I_m/\mathrm{d}t = (V_{pt}-1)/L_m$ 线性上升。一次侧电流在关断前达到峰值 $I_{pm} = (V_{pt}-1)t_{on}/L_m$，并将能量存储在励磁电感中。

当 Q_1 关断时，励磁电流 I_{pm} 通过反激作用在二次侧产生一个大小为 $I_{pm}(N_p/N_s)$ 的反向电流脉冲（注意 T_1 一次侧和二次侧的同名端）。该反向电流脉冲由 Q_2 基极流出，经过二极管 D_1 后流入二次侧。

基极电流变化阶段结束后，基极阻抗通常非常高。T_1 二次侧残留的能量会导致 Q_2 基极承受过大的负电压，可能会使 Q_2 损坏。为了避免出现这种情况，使用两个串联二极管 D_4 和 D_5，将 Q_2 基极的反向偏置电压钳位在 1.6V 左右。这个反向电压使 Q_2 能够承受电压 V_{cev}。

8.3.2.3 限制驱动变压器的一次侧电流以获得导通期间结束时相等的正向和反向基极电流

图 8.8 给出了 T_1 的主要电流波形和流经 R_1 的电流波形。对于 $V_h = 15\mathrm{V}$，$N_p/N_s = 5$，可由式（8.4b）求得典型峰值电流为 $I_{pn} = 5.25/R_1$。

如果在关断瞬间，基极反向电流等于关断前的基极正向电流，则可以通过正确选择励磁电感来允许 T_1 一次侧励磁电流在导通结束时刻达到 $I_{pn}/2$。

图 8.8（b）给出了一次侧励磁电流波形。Q_1 的一次侧负载电流波形为图 8.8（a）所示电流波形与图 8.8（b）所示电流波形的差值，如图 8.8（c）所示。在 Q_2 导通期间，T_1 二次侧电流等于图 8.8（c）中的 T_1 一次侧电流乘以 N_p/N_s，其幅值在导通结束时为 $(N_p/N_s)I_{pn}/2$。按照在集电极电流最大时仍能够驱动 β 值最小的电力晶体管的设计要求，

将 T_1 一次侧电流开始导通时刻的初始值设置为导通结束时刻的两倍，这样可以获得很快的导通速度。

在 Q_1 导通结束时刻，T_1 励磁电感 L_m 中的励磁电流为 $I_{pn}/2$。Q_1 关断后，这个电流折算到 T_1 二次侧给 Q_2 提供反向基极电流，其值等于关断时刻前的正向偏置电流，即 $(N_p/N_s)I_{pn}/2$[见图 8.8（b）]。

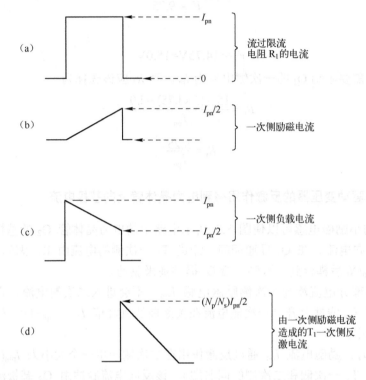

图 8.8　适当选择 T_1 的一次侧励磁电感，使 Q_2 基极通过 T_1 反激作用得到的反向驱动电流等于其正向驱动电流

8.3.2.4　设计实例——变压器驱动贝克钳位

假设有一个工作于 AC 115V 输入电压的 500W 正激变换器，并假设负载最小时，整流后直流输入电压为 160V，负载最大时，整流后最小直流输入电压值为 0.85×160=136V。由式（2.28），一次侧峰值电流为

$$I_{pft}=\frac{3.13P_o}{V_{dc(min)}}=\frac{3.13\times500}{136}=11.5A$$

Q_2 采用 2N6836 型管，它的额定电流为 15A，额定电压为 450V（V_{ceo}），V_{cev} 额定值为 850V。电流 10A 时，其最小 β 值为 8——假设电流为 11.5A 时，β 值为 7。恶劣情况下最小基极电流为 11.5/7=1.64A。对于匝比 N_p/N_s 为 5 的变压器 T_1，其一次侧负载电流为 1.64/5=0.328A，这就是晶体管关断前的基极电流。

在图 8.8（a）中，R_1 的电流（见图 8.7）必须为 T_1 励磁电流（用于提供 Q_2 反向基极驱动）的两倍。由式（8.4b），当 V_h=15V 时，R_1=5.25/(2×0.328)=8.0Ω。

导通结束时，T_1 励磁电感必须可以流通 0.328A 的峰值励磁电流。下面根据 Q_1 的最小导通时间来计算励磁电感。

假设开关频率为 50kHz，交流输入电压最低时，最大导通时间为 $0.8T/2$，即 8μs。设交流输入变化范围为 ±10%，Q_1 的最小导通时间应为 0.8×8=6.4μs，则

$$L_{m(T1)} = \frac{(N_p / N_s)V_s t_{on(min)}}{0.328} = \frac{5 \times 1.75 \times 6.4 \times 10^{-6}}{0.328} = 171\mu H$$

采用铁氧体磁芯 1408A3153C8，其形状类似于一个小药盒，直径为 0.551in，高度为 0.328in，每千匝电感毫亨数（A_l）为 315（见图 8.9）。对于一次侧 0.171mH 的电感量，采用该磁芯所需要的一次侧匝数为 $N_p = 1000\sqrt{0.171/315} = 23$。设计变压器匝比为 5，为了方便，$N_p$ 取为 25，则 N_s=5。一次侧励磁安匝数为 0.328×25=8.2。

图 8.9 给出了这种磁芯（A_l=315）的 A_l-安匝曲线，可以读出该磁芯在 12 安匝时开始饱和，所以上边的计算结果是可行的。

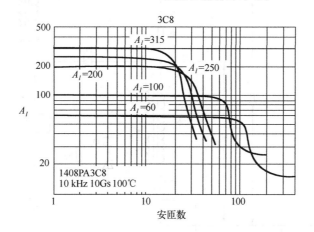

图 8.9 铁氧体 1408PA3C8 罐状磁芯的每千匝电感量毫亨数 A_l。该磁芯适合于图 8.7 所示电路
　　　　中的变压器 T_1

晶体管 Q_1 需要承受的峰值电流为 2×328=656mA。可以选用 2N2222A 型管（800mA、40V），其上升和下降时间均小于 60ns，并采用较便宜的 TO-18 封装。

8.3.3 结合集成变压器的贝克钳位电路

通过将图 8.7 中的电路简化为图 8.10 中的电路，可以进一步提高贝克钳位电路的性能。不用提高 V_h 就可以将 T_1 的电流增益增大一倍，并在更宽的温度范围内获得更好的性能。图 8.7 所示电路的问题，即大电流变化时，D_2 的正向电压增量不跟随 D_3 的电压下降量，在图 8.10 所示的电路中不复存在。图 8.10 所示的电路工作过程如下所述。图 8.10 中的 T_1 二次侧是带中心抽头的（$N_{s1}=N_{s2}$），因此 $V_{N_{s1}} = V_{N_{s2}} = V_{be(Q2)}$。当 D_3 导通时，可以得到

$$V_{ce(Q)} = V_{N_{s1}} + V_{N_{s2}} - V_{D3} = 2V_{be(Q2)} - V_{D3} \qquad [见表 8.1 和图 8.5（b）]$$

$$=2 \times 1.0 - 1.0 = 1.0$$

由于 V_{be}=1.0V，基-集结上没有正偏电压，此时存储时间最小。

实际中，电压 V_{be} 和 V_{D3} 会跟随电流和温度的变化而变化，但是由于仅有一个二极管（而图 8.7 所示电路中有两个），Q_2 的最大基-集正向压降也相应低于图 8.7 所示电路中的对应值。

由于不再需要 D_2（图 8.7 所示电路中，D_2 的压降用于补偿 D_3 的压降），二极管 D_1 也不再需要了。

图 8.10 所示电路的最大优点在于，$V_s \approx 1.0V$，而不是图 8.7 所示电路中的 1.75V。则在 V_h 不必增加的情况下，匝比 N_p/N_{s1} 就能翻倍。因此，在要求传送相同的 T_2 基极电流的条件下，Q_1 和 T_1 一次侧的电流仅需为原先的一半。图 8.10 所示电路的优点也可以通过重复 8.3.2.4 节中讲过的设计例子来说明。

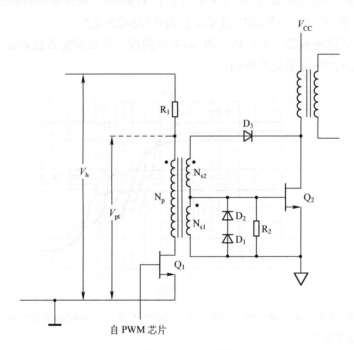

图 8.10 变压器型贝克钳位电路

8.3.3.1 变压器型贝克钳位电路的设计实例

对于图 8.10 所示的电路，有 $V_{pt}=(N_p/N_{s1})V_{Nse}+V_{ce(Q1)}$。选择 $N_p/N_{s1}=10$（图 8.7 所示电路中该值为 5）。由于 T_1 匝比变大时，I_{Q1} 变小，因此假设 $V_{ce(Q1)}$ 为 0.5V（图 8.7 所示电路中该值为 1.0V）。这样，就有 $V_{pt}=10\times1.0+0.5=10.5V$，取 $V_h=15.75V$ 以保证 R_1 上能得到相同的电压 5.25V[见式（8.4b）]。先前例子中，Q_2 的基极电流为 1.64A，根据 $N_p/N_{s1}=10$，T_1 一次侧负载电流现在仅为 164mA。

正如 8.3.2.4 节中所讲的，为了合理选择导通末期的 T_1 励磁电流，使其等于一次侧负载电流（见图 8.8），就需要合理选择 R_1 将电流限制为 328mA，则 $R_1=5.25/0.328=16\Omega$。T_1 一次侧电压为 10V，对于相同的 6.4μs，励磁电感为 $L_m=(10\times6.4\times10^{-6})/0.164=390\mu H$。

对于相同的铁氧体磁芯 1408PA3153C8，A_l 值为 315mH，一次侧需要的匝数为 $1000\sqrt{0.390/315}=35$。匝比为 10 时，N_{s1} 和 N_{s2} 需要 3.5 匝。

对于罐状磁芯，匝数可能只需一半，但会引出其他问题。选择 $N_{s1}=N_{s2}=4$ 和 $N_p=40$，则励磁电感为$(40/35)^2×390=509\mu H$，尖峰励磁电流为$(390/509)×164=126mA$。匝比为 $10：1$ 时，Q_2 的反向基极电流为 1.26A（而非 1.64A）。这已经足够减小存储时间了。

T_1 一次侧安匝数为 $0.126×40=5.04$ 安匝，仍然低于图 8.9 所示曲线的临界值，该计算值是安全的。

8.3.4　达林顿管内部的贝克钳位电路

在达林顿晶体管中，输出晶体管 Q_2 自动被驱动晶体管 Q_1 的基极和发射极间的二极管钳位，基极和发射极间的二极管工作原理与图 8.7 所示电路中的 D_2 相似，其基极和集电极间二极管工作原理与图 8.7 所示电路中的 D_3 相似。这由图 8.11（a）和图 8.11（c）可以看出。

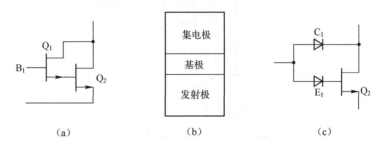

图 8.11　在达林顿管的结构中，Q_1 基极与集电极间的二极管和基极与发射极间的二极管的工作分别类似于图 8.7 中的 D_3 和 D_2。为输出晶体管 Q_2 提供了内在的贝克钳位功能。达林顿管有存储时间是因为驱动它的驱动晶体管不具有贝克钳位功能。图 8.11（b）给出了晶体管 Q_1 的结构图

既然达林顿管中的输出晶体管的基极和集电极间的正向偏置电压可以忽略，那么存储时间也应该很短。但达林顿集成电路的数据手册表明，存储时间高达 $3\sim4\mu s$。这主要是由于达林顿管的驱动晶体管存储时间较长。可以通过由分立的晶体管给达林顿管提供驱动来降低高达 $3\sim4\mu s$ 的存储时间。

通过使用分立的晶体管来驱动达林顿管，驱动晶体管可以选用快速器件，这样尽管基-集结间有正向偏置电压，仍然可以使存储时间最小化。

绝大多数集成电路中的达林顿管都有内置二极管，即图 8.7 所示电路中的 D_1，可以允许辅输出晶体管基极拉出电流，以加快关断速度。

8.3.5　比例基极驱动电路[2-4]

这种基极驱动电路（见图 8.12）广泛地应用在大输出功率场合，或者在电力晶体管电流超过 $5\sim8A$ 时使用。

该电路并不是通过使用贝克钳位电路防止电力晶体管进入饱和的，而是通过提供很大的反向基极电流来减小存储时间，它产生一个跟输出电流成比例的基极驱动电流。

在输出电流较大时，比例基极电路的基极驱动电流相当大，当输出电流由其最大值降到最小值时，输入基极电流也会发生相同的变化。这样就不会在低输出电流时导致过驱动，存储时间在整个负载电流范围内都可以维持在一个合理的低水平上。

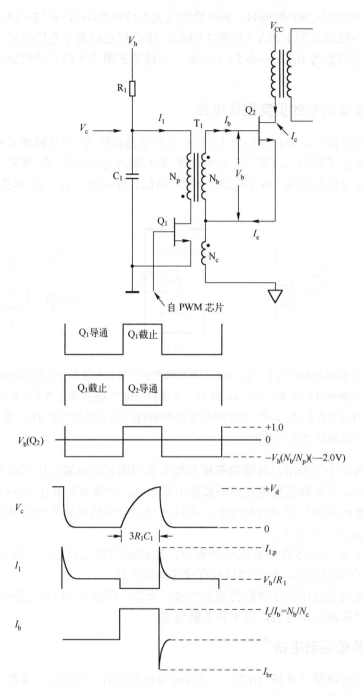

图 8.12　比例基极驱动。当 Q_1 关断时，T_1 的存储在 N_p 中的励磁电流通过反激作用给 Q_2 的导通提供了一个短暂脉冲。之后由 N_c 到 N_b 的正反馈维持 Q_2 导通。选择合适的匝比 N_b/N_c，使它与 Q_2 的最小 β 值相等。当 Q_1 导通时，耦合到 N_b 的负向脉冲使 N_c 到 N_b 再次产生相应的截止正反馈

　　该电路的一个特别有价值的特点是，基极电流由集电极电流通过正反馈得到。在大的输出电流需要大的基极驱动电流时，这种获取基极电流的方法比从辅助电源获得的方法引

起的损耗低很多。

8.3.5.1　比例驱动电路的详细工作原理

图 8.12 中，变压器 T_1 的绕组 N_c 和 N_b 间（注意同名端）是一个正反馈，形成匝比等于 N_c/N_b 的电流变压器。若 Q_2 导通，则会有一个电流 I_c（约等于 I_e）流入 N_c，相应产生一个基极电流（N_c/N_b）I_c 流入 N_b。

若 $N_c/N_b=0.1$，且 $I_c=10A$，则 Q_2 的基极电流为 1A。若 I_c 降到 1A，则 Q_2 基极电流仅为 0.1A。当 Q_2 要关断时，必须根据基极驱动电流为 0.1A 来放掉存储在基极上的电荷，而不是 1A。而在输出电流为 1A 时，则会更加迅速地关断 Q_2。

现在的问题在于，如何导通 Q_2 和如何在 Q_2 关断时对 N_c 和 N_b 间紧紧耦合的正反馈环进行解耦，并提供一个大的反向基极电流以减小 Q_2 的存储时间和关断时间。

开通和关断晶体管 Q_2 的方法很多。一些设计者通过开通辅助晶体管 Q_1 来开通 Q_2，关断 Q_1 来关断 Q_2。但在这个电路中是通过关断 Q_1 来开通 Q_2 的。这样通过反激作用（注意 N_p 和 N_b 的同名端），存储在 T_1 一次绕组的励磁电流乘以 N_p/N_b 后，传递到 N_b 来开通 Q_2。

由 N_p 到 N_b 的激励仅能维持很短一段时间——仅需要能够使 Q_2 集电极电流上升到足够在 N_c 和 N_b 间建立起稳定的正反馈环的程度。而在导通期间的基极电流是由变压器 N_c 和 N_b 的耦合作用产生的。

为了使 Q_2 关断，要使 Q_1 开通。假设电容 C_1 上的电压 V_c 已经被充至电源电压 V_h。当 Q_1 开通时，N_b 的同名端电位相对于异名端为负（注意同名端的方向），则 Q_2 截止。匝比 N_p/N_b 应这样选择，当 Q_2 关断时，在 N_b 上能够获得 2V 的反偏电压，以使 Q_2 能够承受电压 V_{cev}。

R_1、C_1、V_h 和 N_p 的励磁电感及 T_1 的匝比参数对于设计是非常重要的。这些参数的计算将在下面的章节中具体介绍。

8.3.5.2　比例基极驱动电路参数的定量计算

首先要做的是确定匝比 N_b/N_c（见图 8.12），按照 Q_2 最小放大倍数进行设计，可得

$$\frac{N_b}{N_c} = \beta_{\min(Q2)} \tag{8.5}$$

比例基极驱动通常用于给 Q_2 提供 5～8A 的电流，在这个水平上，电力晶体管的放大倍数为 5～10。故 N_b/N_c 通常选择为 5～10。

接着选择确定 N_p/N_b。当 Q_1 导通时，电容 C_1 顶端的电压 V_c 等于电源电压 V_h，并要给 Q_2 的基极提供一个 2V 的反向偏置电压。这样可以使 Q_2 承受 V_{cev} 电压，以及防止"二次击穿"。因此，

$$\frac{N_p}{N_b} = \frac{V_h}{2} \tag{8.6}$$

当所有匝比都确定后，变压器就基本设计完了。N_c 一旦选定，按照匝比也就能确定 N_b 和 N_p 的匝数。下面讨论磁芯和气隙的选择。

当 Q_2 导通最大电流 $I_{c(max)}$时，维持集电极电流的基极电流来自 N_c 和 N_b 的正反馈。

为了开始这个正反馈过程，在 Q_1 关断时刻通过反激作用传递的电流脉冲需要足够大，以保证正反馈环能够稳定。若来自 N_p 的脉冲的幅值或宽度太小，则 Q_2 有可能导通后又马上关断。

为保证不会出现这种情况，由 N_p 传给 N_b 的脉冲必须等于正反馈环稳定建立起来时由 N_c 传给 N_b 的脉冲。通过正确选择 R_1 可使 I_1 的值满足下式。

$$I_1 = \frac{N_b}{N_p} = \frac{I_{c(max)}}{\beta_{min}} = \frac{N_b}{N_p}\left[I_{c(max)}\left(\frac{N_c}{N_b}\right)\right] \tag{8.7a}$$

$$I_1 = I_c \frac{N_c}{N_p} \tag{8.7b}$$

I_1 的值可通过合理选择 N_p 电感值来确定。若 N_p 电感值选得足够小，Q_1 导通结束时 N_p 的电感电压下降到零，则 I_1 可由 V_h 和 R_1 确定

$$I_1 = \frac{V_h}{R_1} \tag{8.8a}$$

由式（8.7b）可得

$$R_1 = \frac{V_h}{I_c}\frac{N_p}{N_c} \tag{8.8b}$$

8.3.5.3　保证电力晶体管关断的浮充电容（图 8.12 中的 C_1）的选择

在 Q_1 导通末期，Q_1 的导通时间已经足够长，以使 N_p 上的电压下降至零，这时 N_p 上的电流为 V_h/R_1。Q_1 关断时，这个电流由反激作用传递给 N_b，使得 N_c 和 N_b 的反馈环重新建立。

Q_1 开始导通的时刻，它需要的电流必须大于 I_1。在 N_p 中的这个初始电流有两个任务。Q_1 刚开始导通时，它的电流首先必须抵消 I_b（即 Q_2 基极正向电流）并破坏由 N_b 和 N_c 所建立的正反馈环。然后，为了以最短的存储时间快速关断 Q_2，它应该向 Q_2 基极提供相等的反向电流 I_b。因此，在 N_p 中的电流必须达到 $2I_b(N_b/N_p)$，送给 N_b 的电流才能达到 $-2I_b$。

而在传送 $-2I_b$ 的电流给 N_b 时，N_p 的上端电压必须保持为 V_h，以确保给 Q_2 基极传送前面提到的 2V 反向偏置电压。如果没有电容 C_1 和电阻 R_1，就无法确保 N_p 的上端电压为 V_h，也无法提供 $2I_b(N_b/N_p)$ 的电流给一次侧。因此，需要在 R_1 和 N_p 的连接处增加电容 C_1，将 V_c 维持足够长的时间，以确保 Q_2 的关断。

下面确定电容 C_1。C_1 上的电压维持在 V_h，所提供的 $2I_b(N_b/N_p)$电流的维持时间至少应等于 Q_2 的关断时间 t_{offs}。这样需要存储于 C_1 上的能量为

$$\frac{1}{2}C_1(V_h)^2 = 2I_b\frac{N_b}{N_p}V_h t_{offs} = 2I_c\frac{N_c}{N_b}\frac{N_b}{N_p}V_h t_{offs}$$

或

$$\frac{1}{2}C_1(V_h)^2 = 2I_c\frac{N_c}{N_p}V_h t_{offs} \tag{8.9a}$$

或

$$C_1 = 4\left(\frac{I_c}{V_h}\right)\frac{N_c}{N_p}t_{offs} \tag{8.9b}$$

对大电流电力晶体管而言，平均关断时间通常为 0.30μs，有了这个参数就可以确定 C_1 了。

选定了 R_1 和 C_1 之后还必须注意的是，在导通 Q_1 关断 Q_2 的时刻，电压 V_c（见图 8.12）已经升至 V_h。在前一个导通期间（见图 8.12），N_p 的电感应选择得较小，以使 V_c 下降至零，且在 R_1 上能够建立起电流 I_1。在 Q_1 开始关断的时刻，V_c 为零，应在最短的关断时间内使 V_c 重新升至 V_h。

因此，为了使 C_1 重新充至 V_h（误差在 5% 之内），必须使 $3R_1C_1$ 等于 Q_1 的最短关断时间。

若前面选择的时间常数 R_1C_1 过大，C_1 可通过 Dixon 建议的射极跟随器快速充电，如图 8.13 所示[6]。

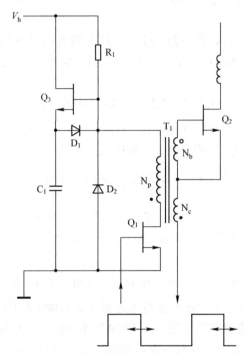

图 8.13　用于比例基极驱动的 C_1 快速充电电路。在图 8.12 中，如果 C_1 两端电压不能在 Q_2 的最短导通时间内充电至 V_h，射极跟随器 Q_3 就会被接入 R_1 和 C_1 之间提供快速充电

8.3.5.4　基极驱动变压器一次侧电感和磁芯的选择

Q_1 导通时刻，V_c 等于 V_h；在导通结束时刻，V_c 下降到零，以便在 N_p 存储电流 I_1。假设在 Q_1 的最小导通时间（$t_{on(min)}$）内，V_c 由 V_h 线性下降至零，则在导通结束时刻，N_p 必须承担电流

$$I(N_p) = I_{R1} + I_{C1} = \frac{V_h}{R_1} + \frac{C_1 V_h}{t_{on(min)}} \tag{8.10}$$

在 t_{on} 期间，N_p 上的电压线性下降至零。这等效于在 N_p 的电感 L_p 上施加一个持续时间为 t_{on} 的电压 $V_h/2$。在 t_{on} 期间，电感 L_p 的电流上升至 $I_1 = V_h t_{on}/(2L_p)$，它必须等于式（8.10）中的 $I(N_p)$，故有

$$\frac{V_h t_{on}}{2L_p} = \frac{V_h}{R_1} + \frac{C_1 V_h}{t_{on(min)}}$$

即
$$L_p = \frac{t_{on}}{2(1/R_1 + C_1/t_{on(min)})} \qquad (8.11)$$

8.3.5.5 基极比例驱动的设计实例

下面对图 8.12 中的正激变换器的基极驱动电路进行设计。假设 Q_2 集电极电流为 12A，电路为一个由 115V 的交流线电压供电的离线式变换器，交流线电压经整流后可得到 145V 的直流电压。由式（2.28）可得，12A 的集电极电流对应的输出功率为 12×145/3.13=556W。

假设 Q_2 为 15A 的器件，在 12A 时，其放大倍数值最小为 6。由式（8.5）可知，N_b/N_c=6 对应于 N_c=1、N_b=6。再假设辅助电源电压 V_h=12V，由式（8.6）可得 $N_p/N_b = V_h/2=6$，$N_p=6N_b=36$。

由式（8.7b）可得，$I_1 = I_c(N_c/N_p)$=12/36=0.33A，由式（8.8b）可得

$$R_1 = (V_h/I_c)(N_p/N_c) = (12/12)(36/1) = 36\Omega$$

根据式（8.9b），已知 Q_2 关断时间 t_{offs} 为 0.3μs，则有

$$C_1 = 4\frac{I_c}{V_h}\frac{N_c}{N_p}t_{offs} = 4\left(\frac{12}{12}\right)\left(\frac{1}{36}\right)(0.3\times 10^{-6}) = 0.033\mu F$$

假设开关频率为 50kHz。由图 8.11 可知，Q_1 最小导通时间出现在 Q_2 导通时间最大的时候，可以假设为一个半周期，即 10μs。由式（8.11）可得

$$L_p = \frac{t_{on(min)}}{2(1/R_1 + C_1/t_{on})} = \frac{10\times 10^{-6}}{2[1/36 + 0.033\times 10^{-6}/(10\times 10^{-6})]} = 162\mu H$$

由于已算出 N_p=36，故 A_l（每千匝的电感量）为 $(1000/36)^2\times(0.162)$=125mH。

最后，由图 8.9，可选择铁氧体磁芯 1408PA3C8-100，其 A_l 为 100mH。

补充：比例驱动电路是一种高效的驱动电路，但是它对晶体管的增益要求较高。如果器件的增益较高就会过驱动，增加存储时间。将比例驱动电路和贝克钳位电路中的抗饱和电路结合就可以解决这一问题，从而使器件选择和驱动设计更为灵活。这种电路的动态性能使得增益的变化得到补偿，确保器件的驱动处于最佳状态。

——K.B.

8.3.6 其他类型的基极驱动电路

在过去的几年里，出现了许多专门用于驱动电力晶体管的电路。它们大多应用于低功率场合，这些电路通过各种方法来达到以下两个目标：①用最少的元器件获得反向基极电压和反向基极电流，或者在关断和开通的过程中将基极和发射极短路；②在主电路电流最大的时候，正向基极电流足够驱动 β 值小的电力晶体管，同时不会在主电路电流最小时驱动 β 值大的电力晶体管而产生存储时间过长的问题。下面将给出一些例子。

P. Wood 设计了如图 8.14（a）所示的电路，用在 1000W 的离线式电源中[7]。该电路的主要特性是，在 Q_2 即将关断时开通 Q_1，并通过变压器 T_1 将电流和 2V 反向基极偏置电压提供给电力晶体管 Q_2。它既可驱动下桥臂的电力晶体管，也可驱动上桥臂的电力晶体

管。这个电路在低功率场合也得到了广泛应用。它的工作原理如下：假设[见图 8.14（b）]在上半个周期里，N_s 同名端的电压在 Q_2 导通时为正，其余时间内 Q_2 将截止（Q_2 的死区），N_s 上的电压被钳位为零。在下半个周期里，N_s 上的电压反向对磁芯进行复位。

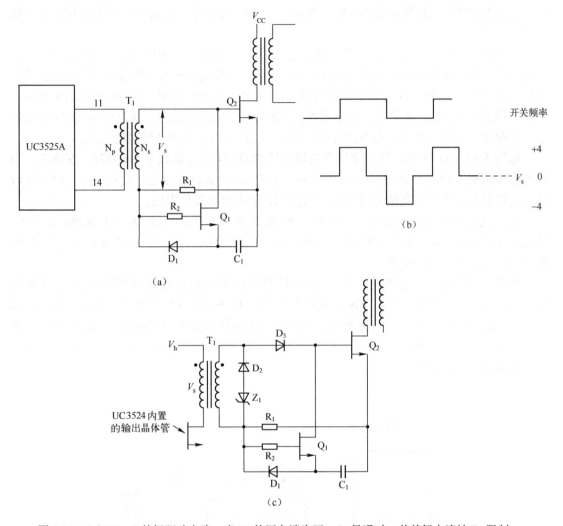

图 8.14　（a）Wood 基极驱动电路。当 N_s 的同名端为正，Q_2 导通时，其基极电流被 R_1 限制。电压 V_s 的选择应满足使在流过已知基极电流的时候 R_1 上约有 4V 的电压。若 R_1 上的电压为 4V，则 C_1 通过 D_1 充电至 3V。当 N_s 上有电压时，Q_1 被反向偏置而关断。当 N_p 上的电压跌落至零时，N_s 上的电压也跌落至零。C_1 上的 3V 电压通过电阻 R_1 和 R_2 将 Q_1 导通。这样就给 Q_2 的基极施加上-3V 的反向偏置电压，并令其迅速关断。（c）在电路中增加 D_3、Z_1 和 D_2，允许 T_1 直接连接到 UC3524 的输出晶体管集电极上

　　将 UC3525A 芯片的输出脚 11 和输出脚 14 连接于 T_1 的一次侧，就可以获得所需的波形了。适当选择变压器 T_1 的匝比，使二次侧电压 V_s 约为 4V。再选择合适的电阻 R_1，将 Q_2 基极电流限制到能足以让 Q_2 导通的值，并在电流 I_c 最大时能够以要求的速度将 β 值最小的电力晶体管驱动至饱和导通，即

$$R_1 = \frac{V_s - V_{be}}{I_{b(max)}} = \frac{(V_s - 1)\beta_{(min)}}{I_{c(max)}} \tag{8.12}$$

N_s 上的电压约为 4V，R_1 上的电压约为 3V，C_1 左端被充电到相对 Q_2 发射极为-2V，R_1 左端电位相对于 Q_2 发射极为-3V。当 R_1 上有 3V 电压时，Q_1 有-1V 反偏电压，处于截止状态。

在死区初始时刻，V_s 跌落至零，Q_2 快速关断，其存储时间越短越好。C_1 给由 R_1、R_2 和 Q_1 的基极和发射极串联构成的电路供电，同时使得 Q_2 导通，或将 Q_2 基极电压降为 -2V，从而使 Q_2 关断。Q_2 基极的反向电流具体是多少并不能确定。Q_1 为 2N2222A 型管，它是一种流过 500mA 电流时，最小增益为 50 的快速电力晶体管，这足够令 Q_2 快速关断了，且存储时间也足够短。在 N_s 的同名端再次为正时，Q_1 因基极反偏而关断。

如图 8.14（c）所示，该电路用更为便宜的 SG3524 芯片取代了 UC3525。在这里，当 V_s 极性反向时，稳压二极管 Z_1（3.3V）和二极管 D_2 对其进行钳位，并在设定的时间内对磁芯进行复位。为了避免被 Q_1 钳位，二极管 D_3 用来阻断复位电压。

C_1 被充至一个浮充偏置电压，它通过 R_1 和 R_2 的串联电路导通 Q_1。Q_1 导通时，将 Q_2 基极电压拉低到-2V，从而关断 Q_2。由于增加了二极管 D_3，T_1 的匝比需要根据使 V_s 获得约 5V 电压的要求进行选择。

如图 8.15 所示，若对电力晶体管的反向基极偏置电压要求不严格，则可以采用 UC3525 芯片实现驱动。那么 Wood 电路中的 Q_1、C_1 和 D_1 这些元器件就可以省略了。尽管这个电路不提供反向基极偏置电压，但它在电力晶体管关断后的瞬间，立即给基极提供了一个较短的死区短路，缩短了存储时间和关断时间。但由于不能提供基极反向偏置电压，以维持 V_{cev} 额定值。

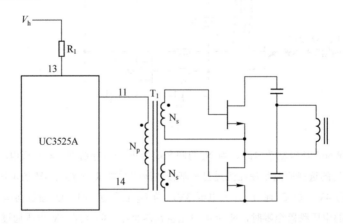

图 8.15　通过变压器给桥上臂和下臂的电力晶体管提供基极驱动，这个变压器的一次侧由 UC3525 的输出直接驱动

图 8.15 给出了半桥的上、下桥臂电力晶体管的基极驱动电路，或者说，给一对推挽电力晶体管提供驱动[8]。电阻 R_1 用于限流，为使其工作为一个恒流源，其上的电压应当独立于内部电源电压变化及第 11 和第 14 引脚的驱动电流。

UC3525 在驱动级输出电流和吸收电流为 200mA 时都会产生 2V 的压降。因此在 $V_s = V_{be} = 1V$ 和电流增益为 10 时，第 11 脚和第 14 脚间的一次侧电压为 10V。由于一次侧电流由芯片流出，经过驱动吸收后流回地，所以一次侧电压为 10V 时，第 13 脚上的驱动供电电压应为 14V。为了使 R_1 工作为一个恒流源，其电压设定为 6V，则辅助电源的电压 V_h=20V。

由上可知，为了使一次侧电流限制为 200mA，则 R_1=6/0.2=30Ω。由于匝比为 10∶1，电力晶体管可以得到 2A 的基极电流。由于 UC3525 的两个输出端在关断时立即短路，所以即使电力晶体管流过最大电流，关断延迟和其存储时间也会大大减小。

注意： 该驱动电路跟贝克钳位电路或者比例驱动电路不同，无论集电极电流是大还是小都会给电力晶体管提供相同的基极电流。因此，如果基极电流在集电极电流最大的时候相当大，则在集电极电流最小的时候会造成严重的过驱动，导致过长的关断延迟和存储时间。

图 8.16 给出了一个有很多良好特性的方案。开通驱动来自 PNP 射极跟随器 Q_2（2N2907A，一种小型快速 800mA 晶体管）。电阻 R_3 按照 Q_4 需要的最大基极电流[I_{R3}=(V_h-2)/R_3]进行选择。PWM 的输出晶体管 Q_1 开通时，使 Q_2 开通，进而使 Q_4 开通。

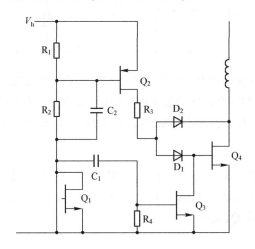

图 8.16　直流耦合电力晶体管基极驱动电路。当 PWM 芯片中的 Q_1 开通时，Q_2 也开通，则 V_h 通过 Q_2 和 R_3 开通 Q_4。Q_1 关断时，通过 C_1 的耦合，将一个正向电压尖峰送至 Q_3 基极，将 Q_4 的基极拉到地电位并将其迅速关断。Q_1 的关断同样给 Q_2 的基极送出一个正向电压尖峰，并将其迅速关断

Q_3 通常是截止的，它不会从 Q_4 的基极获得电流。当需要关断 Q_4 时，应先关断 Q_1，撤销 Q_2 的基极驱动。Q_2 集电极电流消失，Q_4 的正向基极驱动也被撤销，这样 Q_4 就开始关断了。

当 Q_1 开始关断时，其集电极电压上升得很快。通过 C_1 的耦合作用，有一个正向脉冲分量流进 Q_3 的基极并将 Q_3 瞬时开通，Q_4 基极瞬时对地短路。这样就缩短了存储时间和电流下降时间。

在 Q_1 开始关断时，Q_2 并没有完全关断，直至 R_2 的底端电压上升至 V_h。为了加快 Q_4 关断，除了通过 C_1 给 Q_3 的基极送出一个耦合的正向脉冲分量外，还要通过 C_2 给 Q_2 的基极送出另一个耦合正向脉冲分量，以加快其关断。

图 8.17 给出了最后一种基极驱动电路，Q_1 为 PWM 芯片的输出晶体管，而 Q_4 为电力

晶体管，Q_2 和 Q_3 组成一个 NPN-PNP 射极跟随图腾柱。Q_2 选用 2N2222A 型管，Q_3 选用 2N2907A 型管。这个图腾柱电路可以在 Q_2 导通时提供 800mA 的电流，在 Q_3 导通时获得 800mA 的电流。Q_2 和 Q_3 都是 300MHz 的快速晶体管。Q_2 导通时，Q_3 基极有 0.6V 的反向偏置电压使其关断。Q_3 导通时，Q_2 基极也有 0.6V 的反向偏置电压使其关断。

图 8.17 中，Z_1 为 3.3V 的稳压二极管。当 Q_1 和 Q_2 都导通时，C_1 充电至 3.3V。R_2 用于限制 Q_4 的基极电流，即 $[V_h - V_{ce(Q2)} - V_{be(Q4)} - V_{Z1}]/R_2$。

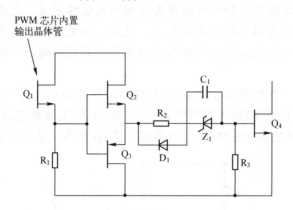

图 8.17　PWM 芯片中的输出晶体管发射极的直接耦合驱动。Q_1 导通时，图腾柱驱动晶体管 Q_2 开通电力晶体管 Q_4，Q_4 的基极电流由 R_2 和 Z_1 限制。电容 C_1 充电至稳压值，约为 -3.3V。Q_1 关断时，Q_3 发射极电压跌落至约 0.6V，C_1 使 Q_4 基极承受约-3V 的反压将 Q_4 迅速关断

Q_1 关断时，由于图腾柱晶体管的基极电容非常小，R_1 迅速将 Q_2 和 Q_3 的基极电压拉到地电位。Q_3 发射极电压降低到 0.6V。此时，由于 C_1 上 3.3V 的反向电压将 Q_4 基极电压拉至-3.3V，从而迅速地将 Q_4 关断。

参考文献

[1] A. I. Pressman, *Switching and Linear Power Supply, Power Converter Design*, pp. 322–323, Switchtronix Press, Waban, MA, 1977.

[2] K. Billings, *Switchmode Power Supply Handbook*, pp. 1.132–1.133, McGraw-Hill, New York, 1989.

[3] G. Chryssis, *High Frequency Switching Power Supplies*, 2d ed., pp. 68–71, McGraw-Hill, New York, 1989.

[4] P. Wood, *High Efficiency, Cost Effective Off Line Inverters*, TRW Power Semiconductor Application Note 143–1978, Lawndale, CA, 1978.

[5] R. Carpenter, "A New Universal Proportional Base Drive Technique for High Voltage Switching Transistors," *Proceedings Powerton 8*, 1981.

[6] L. Dixon, "Improved Proportional Base Drive Circuit," Unitrode Power Supply Design Seminar, Unitrode Corp., 1985.

[7] P. Wood, "Design of a 5 Volt, 1000 Watt Power Supply," TRW Power Semiconductor Application Note 122, Lawndale, CA, 1975.

[8] Unitrode Corp. Application Note 89-1987, Unitrode Corp., Watertown, Mass.

第9章 MOSFET 和 IGBT 及其驱动电路

9.1 MOSFET 概述

自从 20 世纪 90 年代早期，电力 MOSFET 的技术已经取得了重大进步，大大地促进了电子工业的发展，甚至引发了开关电源工业的革命。开关电源使用电力晶体管时，开关频率一般达到 50kHz。由于 MOSFET 具有更快的开关速度，使用 MOSFET 时，开关电源的开关频率可以提高到 MHz 级。同时也使得开关电源的体积变得更小，由此产生了大量使用小型电源的新产品。个人计算机和便携计算机的不断小型化就是技术进步的典型例子。

开关电源工作频率的不断提高促使电子元器件工业发生了广泛的变革。半导体工业首当其冲，更多的研究经费投入于 MOSFET 的研究。MOSFET 的额定电压和额定电流得到了显著提高，成本却逐渐下降，使它可以应用于大量新的场合。

9.1.1 IGBT 概述

在 20 世纪 80 年代末期，半导体设计师研发了绝缘栅双极型晶体管（IGBT），是将一个小型容易驱动的 MOSFET 和一个双极型晶体管结合制成的。这种结合的优点是两种开关管均有各自的封装。在 IGBT 问世之初，由于大量拖尾电流的存在使得它并不适用于开关电源中。通过不断的研究发展，IGBT 的性能也逐渐完善，到 20 世纪 90 年代中期，IGBT 在一些应用场合已经可以替代 MOSFET 和电力晶体管（即双极型晶体管）。

由于 IGBT 改善了驱动性能，并且具有很小的导通损耗，在大电流和高电压应用场合，成了电力晶体管的最佳替代品。通过对开关速度、通态损耗和耐压耐流等因素的折中考虑，对 IGBT 进行优化，使它进入了高频高效电路领域，而在这些领域一直都是 MOSFET 处于主导地位。事实上，除了那些小电流应用场合，电源工业在 21 世纪的发展趋势是 IGBT 逐渐取代 MOSFET（译者注：当前随着 MOSFET 的额定电压和电流等级提高，其在大功率场合逐渐得到应用）。为了帮助大家理解那些均衡条件并帮助工程师选择应用合适的 IGBT 器件，9.3 节概述了 IGBT 工艺技术。

9.1.2 电源工业的变化

目前，工作于高频高磁感应强度下的低损耗磁性材料已经产生，提供高频 PWM 波的芯片也已生产出来。随着变压器和滤波电容体积的缩小，现在电源工业的发展重点在于生产工艺的完善，如表面贴装技术的发展。

谐振模式电路的出现，使得电源业进入新的研发领域。尽管数年前，谐振模式电路工作在 20～30kHz 时就已使用晶闸管整流器，但是 FET 类高频器件的生产促进了新的谐振电路拓扑的研究，该工作频率达 0.3MHz，甚至可高达 5MHz。

9.1.3 对新电路设计的影响

在低频电路中，寄生因素的影响可被忽略，但在高频电路中需要仔细考虑这些因素。在高频电路中，变压器绕组的集肤效应和临近效应损耗在变压器总损耗中占据很大的比例。在电路中电流上升得越快，电感电压即 Ldi/dt 的对地峰值越高，输电线路越易受到干扰，因此，要重视电路布线，降低输电线路的寄生电感，并在电路的关键点对寄生电容进行解耦。

尽管现已开发出很多 MOSFET 和 IGBT 新特性，但是电源工程师只要熟悉开关管的一般性能，就可以很快设计出使用 MOSFET 和 IGBT 的电路。MOSFET 内部的固态物理结构决定了它的性能，但那不是工程师要考虑的问题，也不是本书的重点。

工程师非常关心开关管的功能特性，如直流伏安特性、端子电容、温度特性、开关速度等，它们都是电路设计时要考虑的因素。逆变电路拓扑使用 MOSFET 和 IGBT 作为开关管可以大大简化电路。

MOSFET 和 IGBT 的栅（门）极由完全绝缘氧化层构成，因此栅（门）极输入阻抗很高。小功率 MOSFET 和 IGBT 的栅（门）极驱动电路比前面章节讨论的电力晶体管的门极驱动电路简单很多。大功率器件的栅（门）极有效电容会很大，MOSFET 的达 nF 级，IGBT 的最大约为 1nF，因此有必要为大功率器件设计专门的驱动电路。MOSFET 栅极没有存储时间，复杂的贝克钳位电路和比例基极驱动电路都不适于作为它的驱动电路，问题就在于 MOSFET 没有增益再生传播的优点，而电力晶体管具有这个特点。

在 MOSFET 关断的暂态过程中，下降的开关电流和上升的开关管电压的重叠区发生在很小的开关电流下，这样减小了电压、电流重叠区的面积，进而减小了交流开关损耗。这样就缓解了缓冲电路的介入，同时也简化了线性负载电路的设计（线性负载电路和缓冲电路将在第 11 章中介绍）。

MOSFET 的一些基本特性和设计技术将在 9.2 节中详细讨论。

9.2 MOSFET 的基本工作原理

MOSFET[1-2]是三端电压控制型开关器件（电力晶体管是三端电流控制型开关器件）。在开关电源电路中，MOSFET 的使用与双极型晶体管类似。当栅极有驱动电压时，MOSFET 完全导通，驱动电压需要满足尽可能减小导通压降的要求。栅极无驱动电压时，MOSFET 关断，MOSFET 承受输入电压或其值的几倍。

N 型 MOSFET 的符号如图 9.1（a）所示，图 9.1（b）是其简化符号。

N 型 MOSFET（相当于 N 型电力晶体管）通常由正电源供电。负载连接在电源正极和漏极之间。漏极电流由正的栅-源电压控制，从正供电母线流入通过负载阻抗到漏极，然后从源极返回到负供电母线，如图 9.2（a）所示。

大部分 MOSFET 都是 N 沟道型的。它还可以进一步分为两种截然不同的类型，即增强型和耗尽型。对于 N 沟道增强型管，当栅-源电压为零时，漏-源电流为零，需要一个正的栅-源电压来建立漏-源电流。

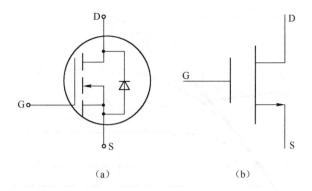

图 9.1　(a) N 型 MOSFET 的符号。二极管是它的结构里固有的，它的正向电流和反向电压额定值即为 MOSFET 的相应值。(b) 简化的 N 型 MOSFET 的符号。MOSFET 的三个端子分别称为漏极、栅极和源极，对应于电力晶体管的集电极、基极和发射极。正因为有双极性，MOSFET 可以工作于正或负供电电源

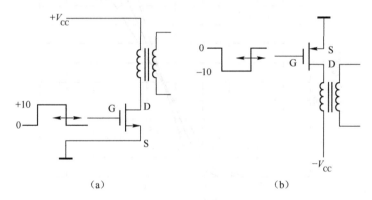

图 9.2　(a) 漏极接负载的 N 型 MOSFET。(b) 漏极接负载的 P 型 MOSFET。漏极电流由负的栅-源电压控制，从正供电母线流入源极，从漏极流出，然后通过负载阻抗回到负供电母线

对于 N 沟道耗尽型管，当栅-源电压为零时，漏-源电流最大，需要一个负的栅-源电压来关断漏-源电流。耗尽型 MOSFET 不用作开关管，也很少应用在单管小电流电路中，多用于对电路中重要器件的敏感输入端的接地保护电路中。

9.2.1　MOSFET 的输出特性（I_d-V_{ds}）

图 9.3（a）所示是 Motorola MTM7N45（7A、450V）的输出特性曲线。它与图 8.1 所示电力晶体管的 I_c-V_{ce} 曲线一致。注意，MOSFET 是电压控制型器件，栅极和源极间正电压控制漏极电流导通。图 9.3（b）所示的传输特性清楚地表明了它的压控特性，显示了漏极电流随栅-源电压的变化情况。

从传输特性可以看出 MOSFET 相对于电力晶体管的一些优点。在图 9.3（b）中，漏极电流直到栅-源电压达到约 2.5V 时才开始导通。这样未达到 2.5V 阈值电压的栅极正电压噪声尖峰不会误导通漏极电流。而对于电力晶体管，其基-射输入电压特性类似于二极管，所以只能允许噪声电压尖峰低于 0.6V 甚至更低（当温度超过 25℃）。

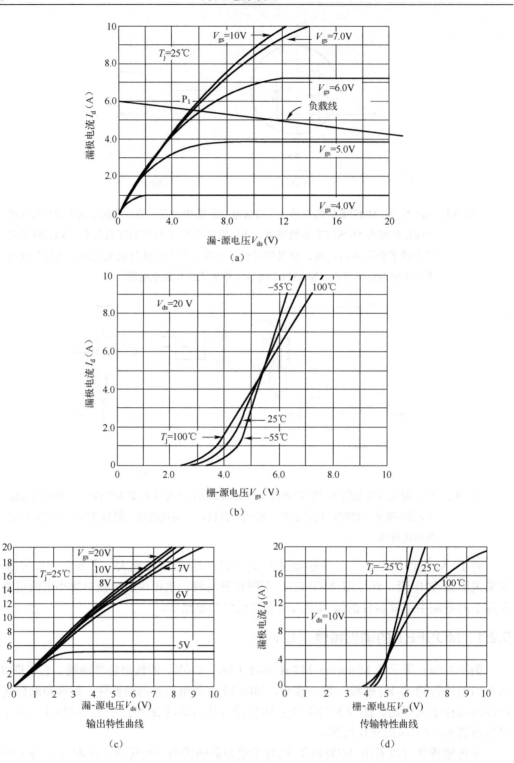

图 9.3 （a）MTMTN45（7A、450V）的 I_d-V_{ds} 特性曲线。（b）MTM7N45 的 I_d-V_{gs} 曲线（即传输特性曲线）。（c）、（d）MTM15N40 的 I_d-V_{ds} 曲线和 I_d-V_{gs} 传输特性曲线（Motorola 提供）

补充：尽管 MOSFET 的栅极阈值电压相对于电力晶体管更高，但是它的栅极输入阻抗也很高，这就使得 MOSFET 更易受到干扰信号的影响，因此在电路布线时要合理布局，尽量抑制干扰信号的传播。为了减小噪声信号的接收和避免寄生振荡，通常在 MOSFET 的栅极端子串联一个电阻。在高压大功率应用场合，在 MOSFET 关断后要在栅极加上一个小的负偏置电压，这一点对于防止 IGBT 的擎住效应尤为重要（9.3 节有介绍）。

—— K.B.

9.2.2　MOSFET 的通态阻抗 $r_{ds(on)}$

在图 9.3（a）中，类似于电力晶体管，MOSFET 漏极电流特性也有一个拐点。当 V_{ds} 超过拐点电压值，漏-源电压在一个较大范围内变化时，漏极电流保持不变，它的值取决于栅-源电压。拐点前方，不同栅-源电压值的 I_d-V_d 曲线斜率都渐近地收敛于一个常数，这个渐近斜率（dV/dI）称为 r_{ds}。

从图 9.3（a）可以看出，10V 的栅-源电压足够使漏-源导通压降下降到以 r_{ds} 为斜率的负载线与 I_d-V_d 曲线的交叉处（P_1 点）。此后，增加栅-源电压，导通压降 V_{ds} 的下降不明显，除非工作电流接近最大额定电流，这时 I_d-V_d 曲线会偏离斜率 r_{ds} 而弯曲。

对于电力晶体管来说，集-射导通电压在集电极电流较大的变化范围内都保持为 0.3～0.5V。而 MOSFET 的漏极导通压降等于 $I_{ds}r_{ds}$。一般来说，因为 r_{ds} 与最大额定电流 I_{ds} 成反比，为了得到大约 1V 的 V_{ds} 导通压降，应选择最大额定电流约为 $3I_d$～$5I_d$ 的 MOSFET。

图 9.3（a）为 MTM7N45（7A、450V，r_{ds}=0.8Ω）的输出特性曲线。栅-源电压为 10V，且 I_d=7A 时由图读出 V_{ds}=7V。这样，导通期间将产生过高损耗（49W），这是不能接受的。图 9.3（c）和图 9.3（d）分别是 MTM15N40（15A、400V，r_{ds}=0.4Ω）的输出特性曲线和传输特性曲线。当 V_{gs}=10V 且 I_d=7A 时，它的 V_{ds} 仅为 2.5V。

通常保持电力晶体管导通压降 V_{ce}=1V 甚至更小以获得较低功耗。电力晶体管的总通态损耗（$I_c V_{ce}$）只占总损耗的 1/3～1/2，与重叠损耗和交流开关损耗持平。而 MOSFET 可以在 V_{ds} 为 2～3V 的条件下工作，且漏极电流关断时间很短，这样下降电流和上升电压重叠造成的损耗可以忽略。所以，通态损耗 $I_{ds}V_{ds}(t_{on}/T)$ 占总损耗的大部分。

9.2.3　MOSFET 的输入阻抗米勒效应和栅极电流

MOSFET 的直流输入阻抗特别高。V_{gs}=10V 时，栅极只流过纳安数量级的电流。因此一旦栅极电压建立起来之后，栅极的驱动电流就可以忽略。

然而在栅极和源极之间有一个不能忽略的电容。为了快速地开通或关断漏极电流，需要较大的电流驱动栅极电压上升或下降。所需的栅极驱动电流的计算在下面介绍。

补充：米勒效应对于高压大功率 MOSFET 和 IGBT 的性能有着重大影响。栅极和源极以及栅极和漏极寄生元件的内部极间电容相似。然而，栅-漏电容（如图 9.4 中的 C_2 所示）具有更显著的影响：当 MOSFET"开通"时，漏极电压随着流入栅-源电容（C_1）的电流而降低。漏极上的电压降低将电流拉过 C_2（即 C_2 放电），并从驱动电路（用于为 C_1 充电）中分流栅极驱动电流。漏极电压下降得越快，C_2 放电也越快，分流效应越强。实际上，在"开通"阈值电压（通常约 5V）下，栅极的输入阻抗变得非常小。这被视为过渡电压下栅极驱动电压波形上的显著平台。

MOSFET 栅极的内部结构限制了栅极的最大驱动电流，所以米勒效应就是引起功率开通延迟的主要原因，这在高压应用场合表现更为明显。高压 IGBT 的寄生门极电容相对较低，因此米勒效应相对不那么严重。

—— K.B.

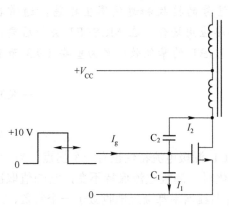

图 9.4　栅极驱动电流 I_1 向 C_1 供电，电流 I_2 向 C_2 供电。由于米勒效应，即使 C_1 可能是 C_2 的 10 倍，I_2 仍可能大于 I_1

如图 9.4 所示，栅极电压从 0V 上升到 10V 的过程中，栅极电流 I_g 包括 I_1 和 I_2 两部分，它们分别对应于流过 C_1 和 C_2 两个电容的电流。C_1 是栅-源电容；C_2 是栅-漏电容，在数据手册里用"C_{rss}"表示，即反向传输电容，也称米勒电容。

在 t_r 时间内栅极驱动电压达到 10V，所需要的电流平均值 I_1 为

$$I_1 = \frac{C_1 dV}{dt} = \frac{C_1 \times 10}{t_r} \tag{9.1}$$

然而，栅极驱动电压达到 10V 时，漏极导通，漏-源电压由供电电压 V_{dc}（见图 2.10）下降到导通压降 V_{ds}。为了简化，可认为导通压降 V_{ds} 足够小。这样，C_2 的上端电压下降了 V_{dc}，它的下端电压上升 10V。完成这个过程所需的电流是

$$I_2 = C_2 \frac{dV}{dt} = \frac{C_2(V_{dc}+10)}{dt} \tag{9.2}$$

下面通过一个例子来具体说明这些电流的计算。假设一个离线式正激变换器工作于交流 115V（有 10%的误差），那么整流后最大直流电压为 1.1×115×1.41=178V。假设 MTM7N45 的 C_1=1450pF，C_2=150pF，栅极电压上升时间为 50ns，那么由式（9.1）可得

$$I_1 = \frac{1450 \times 10^{-12} \times 10}{50 \times 10^{-9}} = 290\text{mA}$$

由式（9.2）可得

$$I_2 = \frac{(150 \times 10^{-12})(178+10)}{50 \times 10^{-9}} = 564\text{mA}$$

需要的总驱动电流为 $I_g=I_2+I_1=(0.29+0.564)=0.854A$。可以看出，较小的电容 C_2 分担的充电电流超过总电流的 60%。这一现象就是著名的米勒效应，即计算输入电容时，C_{rss} 需要乘以 MOSFET 的增益。根据米勒效应，通过简单的计算也可以得到需要的驱动电流为 0.854A。

一般来说，耐压等级越高，MOSFET 的电容值 C_1 越大，反向传输电容值 C_{rss} 越小。而且，在较低的母线电压供电的情况下，由于电容 C_{rss} 上的电压变化幅度小，电容 C_{rss} 上的米勒效应也相应减小。

对 MTH15N20（15A、200V）来说，假设它工作在 48V 的通信工业电源下，电源电压的最低值是 38V，最高值是 60V。电容 C_{iss}=1800pF，C_{rss}=200pF，那么等效总输入电容（假设在供电电压为 60V 时导通）为

$$C_{in} = C_1 + \left(\frac{60+10}{10}\right)C_{rss} = 1800 + 7 \times 200 = 3200\text{pF}$$

若要求输入电容电压在 50ns 内上升到 10V，则栅极输入电流为

$$I_g = C_{in}dv/dt = 3200 \times 10^{-12} \times 10/(50 \times 10^{-9}) = 0.64A。$$

尽管栅极输入电流比较大，但持续时间短（50ns 或栅极电流的上升时间 t_r），所以其损耗并不大。但是，由于驱动电流为脉冲波，很可能超过开关器件所需要的最大驱动电流，所以脉冲驱动电流才是电路设计中的一个难点。

9.2.4　计算栅极电压的上升和下降时间以获得理想的漏极电流上升和下降时间

尽管快的开关速度可以减小开关损耗，但是漏极电流上升和下降太快会在地线和电源线上引起较高的 Ldi/dt 尖峰电压，并在邻近的线路或节点上耦合出大的 CdV/dt 浪涌电流。有些大功率器件需要限制漏极电流变化率 di/dt 和电压变化率 dV/dt。如果 IGBT 的漏极电压、电流变化超过了这些限定值就会被击穿，导通状态不再受栅极电压的控制。

由此引出的问题是，为了尽可能将漏极电流的上升率限制在最大值以内，具体需要多大的栅极电压上升速度。图 9.3（b）和图 9.3（d）的传输特性曲线中给出了答案。对于 MOSFET，漏极电流从 0A 上升到 I_d 的时间对应于栅极电压 V_{gs} 从阈值电压 V_{gth} 上升到 V_{gl} 的时间，如图 9.5 所示。栅极电压从 0V 上升到阈值（约为 2.5V）的时间为 MOSFET 的导通延迟时间。漏极电流导通速度并不能像电力晶体管那样通过在输入端施加过驱动来加速 [见 8.2 节和图 8.2（b）]。

补充：如果以一个低阻抗且电压值相对较高的电压源来驱动栅极，将缩短开通延迟时间，并且由于漏极电流和电压中的米勒效应，较大的栅极电流将缩短滞后时间。大多数器件对漏极电流变化率 di/dt 和电压变化率 dV/dt 都有最大值限制，我们要注意使用器件时不超过这些限定值。钳位二极管的存在将会限制栅极驱动电压超过最大值。为了防止高频寄生振荡发生，器件制造商建议将钳位二极管或稳压二极管安装在栅极电阻的输入端，远离栅极端子，而栅极电阻则安装在栅极端子周围。制造商通常会表明栅极电阻的最小值，典型值为 5～50Ω。

——K.B.

另外，MOSFET 没有存储时间，只有一个关断延迟时间。关断延迟时间是栅极电压从最高电压（约为 10V）下降到关断电压 V_{gl}（见图 9.5）所需的时间。在这个时间段内，漏极电流 I_d 保持不变，当栅极电压下降到 V_{gl} 时，MOSFET 开始关断。所以漏极电流下降时间是栅极电压从 V_{gl} 下降到阈值 V_{gth} 的时间。IGBT 的导通是少数载流子和空穴共同作用的结果，需要很长的存储时间，就是电流拖尾时间。随着 IGBT 性能的逐渐完善，电流拖尾时间已经缩短了很多，现在 IGBT 和 MOSFET 已经势均力敌，同样受到工程师的青睐。

下面讨论 MTM7N45 从截止状态到漏极电流 I_d 上升到 2.5A 的开通过程。在栅极电压从 0V 上升至 2.5V 的时间里，漏极电流 I_d 为 0V，如图 9.3（b）所示。随后在栅极电压上

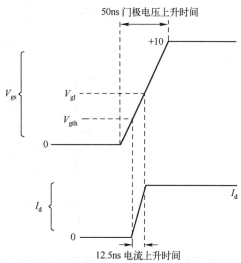

图 9.5　若栅极电压上升时间为 50ns，则漏极电流上升时间为 12.5ns。栅极电压从 0V 上升到 2.5V 的阈值电压的时间只是一个延迟时间。当栅极电压达到 5～7V 时，大部分漏极电流已经建立起来了

升到 5V 的过程中，漏极电流 I_d 将逐渐从 0A 上升至 2.5A。

因此，若栅极电压从 0V 上升至 10V 需要 50ns，则漏极电流从 0A 上升至 2.5A 的时间约为 $(2.5 \div 10) \times 50 = 12.5$ns，如图 9.5 所示。因为漏极电流的上升时间仅仅是栅极电压上升时间的一小部分，所以 10V 栅极电压的上升时间是漏极电流上升时间的 2～4 倍。栅极电流只需要为前面计算值的 1/4～1/2 就可以了。

9.2.5　MOSFET 栅极驱动电路

如上所述，栅极驱动电路必须能输出电流，即成为"源"。同时，为了提供栅极反向电压，驱动电路必须能从栅极抽取电流，即成为"汇"。

大部分早期的 PWM 芯片（SG1524 系列）的驱动电路，不能同时抽取和输出电流，即不能同时成为漏极开通和关断的"源"和"汇"。图 9.6（a）说明了这一点。

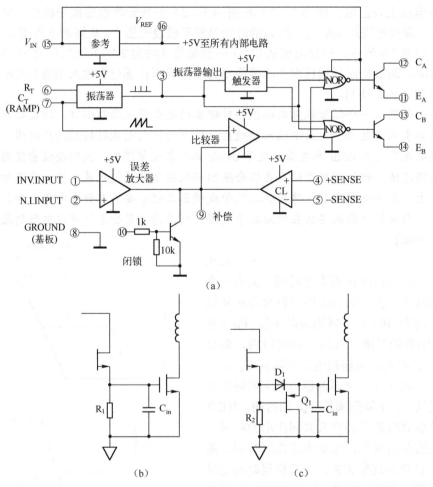

图 9.6 （a）PWM 芯片 SG1524 和它的输出晶体管（11 脚、12 脚、13 脚和 14 脚）。输出晶体管能提供或吸收 200mA 的电流，但不能同时。（b）输出晶体管发射极驱动 MOSFET 栅极的输入电容。200mA 的驱动电流可以快速地导通 MOSFET。关断时，R_1 为栅极下拉电阻，它在时间 $3R_1C_{in}$ 内将栅极电压拉低。（c）基于 PNP 射极跟随器的一种改进电路，在关断过程运行，提供更大的电流吸收能力，而不会对驱动 IC 附加额外负载。200mA 芯片的全部输出电流可用于对 C_{in} 充电，因为 R_2 的电阻值很大

　　SG1524 型 PWM 芯片输出级由发射极和集电极都悬空的晶体管构成。当输出级的晶体管开通，它能从集电极抽取或从发射极输出 200mA 的电流。当利用晶体管的发射极驱动 MOSFET 的栅极时，发射极电阻能从栅极抽取电流，降低栅极电压来关断 MOSFET。通常当芯片内输出晶体管导通时，MOSFET 也要导通。图 9.6（b）给出了一个 N 型 MOSFET 的驱动电路，它的栅极由 SG1524 型 PWM 芯片的发射极驱动。当发射极作为电源提供栅极电流时，需要一个下拉电阻在驱动 MOSFET 关断时，将栅极电流分流，从而关断 MOSFET。该发射极作为电源应能为驱动电路提供 200mA 的电流，快速开通 MOSFET。

　　如 9.2.3 节所述，50ns 内需要 0.854A 的电流去驱动 MTM7N45 栅极电压使之上升到 10V。可以推导，SG1524 型 PWM 芯片输出 200mA 电流时，栅极电压从 0V 上升到 10V 只需 $(0.854 \div 0.2) \times 50 \approx 214$ns。又如 9.2.4 节所述，漏极电流上升时间对应于栅极电压从 2.5V 上升到 5V 所用的上升时间，漏极电流上升时间就只有 $(2.5 \div 10) \times 214 \approx 54$ns。栅极电压从 0 上升到阈值电压产生 $(2.5 \div 10) \times 214 \approx 54$ns 的延迟。这虽然降低了最大开关频率，但它不会引起任何开关损耗。

　　栅极电压从 0V 到 10V 的上升时间（214ns）已经足够短了，但在图 9.6（b）所示电路中，因为没有恒定电流给电容放电，所以栅极电压下降时间只取决于发射极电阻 R_e 和栅极输入电容。当芯片内输出晶体管的基极为低电平时，输出晶体管发射极的电压由于 MOSFET 的大输入电容而依然维持为高电平。输出晶体管关断后，只剩下输出发射极电阻给 MOSFET 输入电容提供放电回路。对应的电容值（见 9.2.3 节）与电容 C_1 和米勒电容有关，即 $1450 + [(178 + 10) \div 10] \times 150 = 4270$pF。这样，对于标称值为 200Ω 的发射极电阻，MOSFET 栅极电压下降时间为 $3R_1 C_{in} = 3 \times 200 \times 4270 = 2.56$μs。如果开关频率达到 100kHz 以上，则 2.56μs 的栅极电压下降时间显然太长了，因此需要用双向驱动电路来驱动 MOSFET，该电路可以输出或吸收 200mA 或更大的电流。

　　就 SG1524 型 PWM 芯片来说，它拥有输出或吸收电流的能力，但是不能同时应用。大多数情况下，简单而实用的 MOSFET 的栅极驱动电路就是使用 NPN-PNP 图腾柱式射极跟随器。如图 8.17 所示，晶体管 Q_2 和 Q_3 分别是 2N2222A 和 2N2907A，采用 TO-18 封装，价格不超过 10 美分。它们可以输出或抽取 800mA 的电流，上升时间约为 53ns。图腾柱上方的晶体管可以用 PWM 芯片输出级的晶体管代替，如图 9.6（c）所示。虽然它的驱动能力（200mA）比 2N2222A 管小，但一般情况下已经足够了。

　　第二代 PWM 芯片，如 Unitrode 公司生产的 UC1525A[3]，具有内置图腾柱结构，它由 NPN 型反相器叠加 NPN 型射极跟随器组成。如图 9.7（a）所示，射极跟随器和反相器由相位相差 180° 的信号驱动，交错导通。通过使用具有两个互相隔离的二次侧的变压器[见图 9.7（b）]，驱动具有不同直流电压水平的半桥或全桥电路的上下两只晶体管。类似地，推挽电路也可以驱动具有相同直流电压的 MOSFET。

　　在图 9.7（b）中，变压器一次侧连接到 PWM 芯片的 11 脚和 14 脚。在半周期的导通时间内，11 脚相对于 14 脚为正，并输出 200mA 电流。11 脚电位对地约为 $+(V_h - 2)$V，14 脚电位对地约为 $+2$V。在半周期的死区时间内，11 脚和 14 脚都对地短路。在下半周期，11 脚和 14 脚的极性颠倒。若一次侧电压为 ±10V，则供电电压 V_h 应约为 14V。

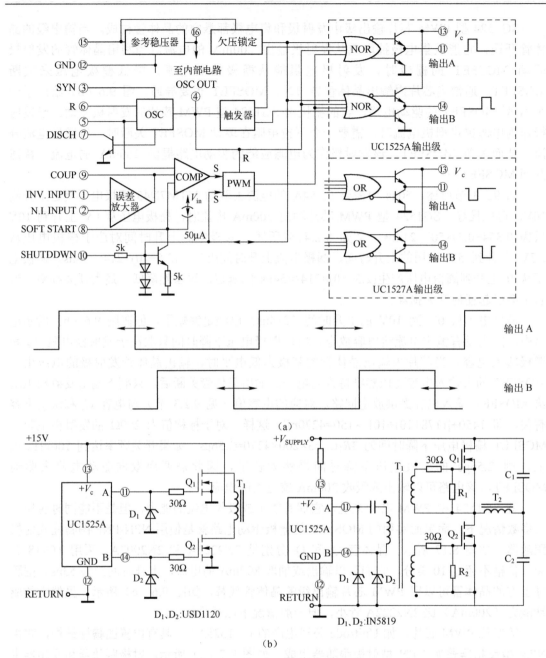

图 9.7 （a）具有图腾柱输出（输出 A 和 B）的第二代 PWM 芯片 UC1525A。它可以吸收或供给较
大的栅极驱动电流（Unitrode 提供）。（b）A 和 B 的图腾柱输出可以驱动大输入电容
MOSFET，即可以直接驱动源极共地的推挽电路，或通过一个变压器驱动源极不共地的半
桥或全桥电路

9.2.6 MOSFET 的 r_{ds} 温度特性和安全工作区[4-5]

二次击穿是电力晶体管最常见的失效模式，这是由于它们的导通压降 $V_{ce(sat)}$ 随着温度
升高而降低引起的。因此必须保证电力晶体管在关断过程中不能超越 I_c-V_{ce} 的安全工作极
限曲线（图 8.4 的 RBSOA 曲线）。任何超出制造厂家提供的安全工作极限曲线的工作状态

都可能引起电力晶体管的二次击穿。

对于 MOSFET 来说，由于其导通压降，即 r_{ds} 上的压降，随着温度升高而升高，因此不会受到二次击穿的危害，相应地就有更大的开关安全工作区（SOA），如图 9.8 所示。在导通或关断时，工作在超出极限边界曲线的时间超过 $1\mu s$，就会损坏 MOSFET。边界极限曲线是由器件的最大尖峰电流（$I_{dm, pulsed}$）和最高漏-源电压 V_{dss} 决定的。

下面将解释为什么电力晶体管的 V_{ce} 的负温度系数特性会引起二次击穿，而 MOSFET 漏-源电压 V_{ds} 的正温度系数特性却可以防止二次击穿的发生。电力晶体管的二次击穿是由芯片局部温升造成局部过热引起的。局部热点的温升比考虑了芯片热阻和芯片损耗计算出来的平均节点温升要高很多，后者的计算是基于电荷均匀穿过集电极区域并将产生的损耗均匀分布的假设基础上的。电力晶体管的关断引起电流集中流向芯片内部电流减小的地方。因为某些原因使电流分配不均匀，且仅集中在集电极区域的一小部分，那么这部分的温升就会比周围的快。另外，由于电力晶体管集-射电阻随温度升高而减小，那么热点部分的电阻就会因为温度的升高而减小，从周围吸收更多电流，引起局部热点温度更高，直到局部热点电流密度值到达一定极限或其温度达到极限温度（高于 $200℃$）而引起电力器件的损坏。

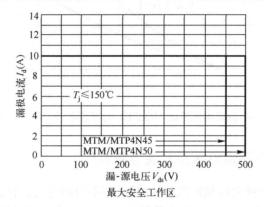

最大安全工作区

图 9.8　MOSFET（4A、400V）的安全工作区。它远大于电力晶体管（4A、400V）的安全工作区。MOSFET 的安全工作区是一个由 I_{dm}（额定最大峰值电流）和 V_{dss}（额定最大漏-源电压）确定的矩形边界，I_{dm} 是 I_d（额定最大连续电流）的 2～3 倍。安全工作区是器件安全工作不发生损坏的负载区域。安全工作区由额定最大峰值漏极电流 I_{dm}、最小漏-源击穿电压 $V_{(br)dss}$ 和最大额定结点温度围成。这个边界对上升或下降时间小于 $1\mu s$ 的器件的开通和关断过程都适用（Motorola 提供）

MOSFET 没有这种电流集中的现象，因为它具有正温度系数 r_{ds}，能抑制局部温升，消除器件的局部热点或者使其降温。当电力器件局部某点的初始工作温度略高于周围温度时，它在长时间工作后的温升依然很小。这是因为 r_{ds} 具有正温度系数，热点处的电阻随着电流的增大而增大，使电流流入周围区域，从而抑制温升，所以 MOSFET 的安全工作区 SOA（见图 9.8）远大于电力晶体管的安全工作区。

图 9.9 为 MTM15N45（15A、450V）的 r_{ds} 随温度和漏极电流变化的曲线。r_{ds} 随温度的变化与 MOSFET 的额定电压有关。如图 9.10 所示，额定电压高的 MOSFET 的 r_{ds} 比额定电压低的具有更大的正温度系数。

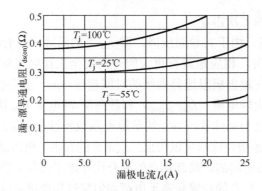

图 9.9　MTM15N45 的 $r_{ds(on)}$ 随漏极电流和温度变化的曲线（Motorola 提供）

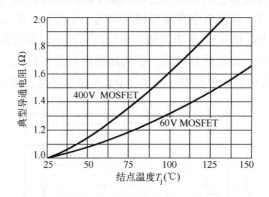

图 9.10　结点温度对不同额定电压等级 MOSFET 的导通电阻变化的影响（Motorola 提供）

9.2.7　MOSFET 栅极阈值电压及其温度特性[4-5]

许多 MOSFET 生产商对栅极阈值电压 V_{gsth} 有不同的定义。有些厂家定义 V_{gsth} 为：当 $V_{ds}=V_{gs}$ 时，流过漏极的电流 $I_{ds}=1mA$ 时的栅-源电压 V_{gs}。还有一些厂家定义为：当 $V_{ds}=V_{gs}$ 时，流过漏极的电流 $I_{ds}=0.25mA$ 时的栅-源电压 V_{gs}。这表明 V_{gsth} 存在参数分散性。

栅极阈值电压 V_{gsth} 具有负温度系数，每升高 25℃，阈值电压 V_{gsth} 下降 5%，如图 9.11 所示。而且在辐射环境中，阈值电压会迅速下降到 0V[6]。为了在辐射环境下关断 MOSFET，需要在栅极和源极之间施加反向电压。其传输特性曲线与辐射类型、持续时间和辐射强度密切相关，如图 9.12 所示。本书不讨论 MOSFET 工作在辐射环境下的情况。

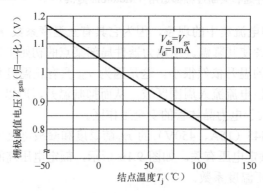

图 9.11　栅极阈值电压随温度变化的曲线（Motorola 提供）

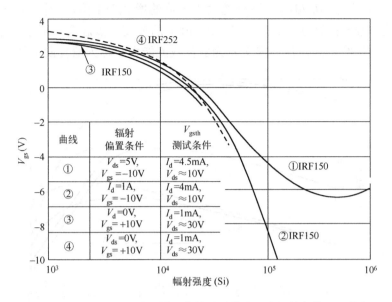

图 9.12　典型的栅极阈值电压与总辐射强度的关系曲线。在辐射条件下，关断 MOSFET
需要在栅极加反向偏置电压。栅极阈值电压与辐射类型、辐射强度和持续时间
密切相关（Unitrode 提供）

9.2.8　MOSFET 的开关速度及其温度特性

MOSFET 的开关速度与温度毫无关系。漏极电流上升和下降时间只取决于栅极电压通
过由栅极阈值电压 V_{gsth} 和 V_{gI} 组成的过渡区域的时间，如图 9.3（b）所示。栅极电压上升
和下降时间由图腾柱式驱动电路的输出电阻和有效栅极输入电容决定。输出电阻通常是一
个分立的外部低温度系数电阻。

由于栅极输入电容与温度无关，MOSFET 开通和关断延迟与温度有一定关系。导通延
迟是栅极电压从 0V 变化到阈值电压 V_{gsth} 的延迟时间。由于温度每升高 25℃，V_{gsth} 值就下
降 5%，导通延迟时间也随温度升高而下降。同样由于 V_{gsth} 存在参数分散性，即使在相同
的温度下，导通延迟时间也会因器件的不同而不同。不过即使如此，在导通大电流的情况
下，V_{gsth} 的较大变化并不会引起导通延迟时间的大幅度变化。因为在 V_{gI} 不变的情况下，
传输特性曲线尾部转折点也会有明显的改变。

关断延迟时间是栅极电压从通常的 10V 下降到 V_{gI} 的时间。由于栅极阈值电压和跨导
随温度而变化，所以栅极关断延迟也随温度的改变而改变。为了确保 MOSFET 并联使用
时均分电流，要重点考虑导通和关断延迟现象问题。

9.2.9　MOSFET 的额定电流

对于电力晶体管，由于电流增益随输出电流的上升急剧下降，当集电极电流显著增大
时，其基极电流的增大是无法接受的，所以最大输出电流受到限制。图 9.13 给出了
2N6542 电力晶体管（5A、400V）电流增益与集电极电流的关系曲线。对于 MOSFET，输

出/输入增益（即跨导 dI_{ds}/dV_{gs}）不会随输出电流的增大而下降，如图 9.14 所示。这样限制漏极电流的唯一因素就是损耗，即 MOSFET 的最高结点温度。制造商标明的电流等级是依据器件结构给定的，他们定义 I_d 为器件载流能力，称为器件漏极最大持续电流。

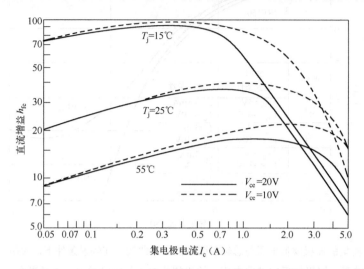

图 9.13　电力晶体管 2N6542/3 的直流增益曲线。电力晶体管的增益随着输出电流的增大而下降，而 MOSFET 不存在这种情况，MOSFET 最大电流只受结点温升的限制（Motorola 提供）

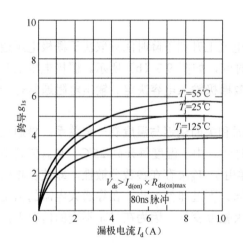

图 9.14　不同温度下 IRF330 的跨导与漏极电流的关系曲线。电力晶体管的增益随输出电流的增大而减小，而 MOSFET 不存在这种情况。MOSFET 最大电流只受结点温升的限制（International Rectifier 提供）

许多制造商将最大持续电流 I_d 定义为，在最大导通压降 $V_{ds(on)}$ 和占空比为 100% 时，产生的功率损耗使 MOSFET 结点温度上升到最大值 150℃（外壳温度为 100℃）时的漏极电流。因此

$$dT = 50 = PDR_{th} = V_{ds(on)}I_dR_{th} \text{ 或 } I_d = \frac{50}{V_{ds(on)}R_{th}}$$

式中，$V_{ds(on)}$ 为 150℃ 时最大漏-源导通电压；R_{th} 为热阻（℃/W）。

在开关电源设计中通过给定的最大尖峰电流来选择 MOSFET 时，I_d 值不能作为参考值，因为实际使用中占空比不会达到 100%。出于可靠性的考虑，希望结点温度的设计值为 125℃ 或 105℃（军用）。但 I_d 值可以说明不同 MOSFET 在占空比为 100% 的工作情况下的相对载流能力。

一般来说，输出功率确定时，有两种方法可以选择 MOSFET。首先，根据输出功率和最小直流输入电压，计算出等效的一次侧电流 I_{pft} 值，推挽变换器、正激变换器、半桥及全桥电路的 I_{pft} 电流值可分别由式（2.9）、式（2.28）、式（3.1）及式（3.7）计算得出。从得

出的电流值就可以计算出 MOSFET 的 r_{ds} 值，能使导通漏-源电压（$I_{pft}r_{ds}$）不超过最小直流输入电压的 2%，即导通电压不超过变压器最小一次侧电压的 2%。

根据前面计算出的 r_{ds} 值选择器件，应注意表 9.1 中的数据是在温度为 25℃的条件下给出的。由于 r_{ds} 受温度等参数影响较大，所以选择 MOSFET 时要注意图 9.9 和图 9.10 中 r_{ds} 随温度和器件额定电压变化的曲线。图 9.10 说明额定电压为 400V 的 MOSFET 在温度为 100℃的条件下的 r_{ds} 是 25℃时的 1.6 倍。

下面以一个工作于 115V 线电压的 150W 正激变换器为例进行说明。假设整流后最大和最小直流线电压分别是 184V 和 136V，由式（2.88）计算出等效平顶电流 I_{pft}=3.13×(150÷136)=3.45A，那么由于 MOSFET 导通电压占最小电源电压的 2%，V_{on}=0.02×136=2.72=$I_{pft}r_{ds}$=3.45r_{ds}，即 r_{ds}=0.79Ω（100℃）或 r_{ds}=0.79÷1.6=0.49Ω（25℃）。

表 9.1 给出了 Motorola 公司生产的塑料封装、额定电压为 450V 的 MOSFET 的各种数据。

表 9.1　Motorola 公司生产的 MOSFET 的参数

器件	I_d（A）	V_{dss}（V）	25℃时的 r_{ds}（Ω）
MTH7N45	7	450	0.8
MTH13N45	12	450	0.4

对于设计人员来说，选择器件要兼顾性能和成本。额定电流为 7A 的 MTH7N45 工作在漏极电流为 3.45A 时，导通压降为 2.72V。这会使它的工作温度比 MTH13N45 的高一些，但如果要求不高也可以使用，因为 MTH7N45 有成本低的优势。

选择 MOSFET 还有一个方法，就是按照我们需要的可靠性定义一个最高结点温度，每当温度上升 10℃记录一次可靠性降低的情况。例如，将最高结点温度设为 100℃，然后选择合适的散热片使得 MOSFET 结点到外壳的温升最低。

在本例中假定合理的结点到外壳的温升为 5℃，则有 dT=5=功率损耗×热阻（结点到外壳），若假设交流开关损耗可以忽略，则又有

$$\mathrm{d}T = I_{rms}^2 r_{ds} R_{th} \ \text{或}\ r_{ds} = \frac{5}{I_{rms}^2 R_{th}}$$

式中，I_{rms} 为 MOSFET 的有效电流。

对于一个正激变换器，每个周期的最大导通时间是 0.8T/2，有效电流是 $I_p(\sqrt{t_{on}/T})=0.632I_p$。那么对于上面的例子中，功率为 150W 且 I_p=3.45A 的正激变换器，有

$$r_{ds} = \frac{5}{(0.632I_p)^2 R_{th}}$$

这种额定电流和封装尺寸下的 MOSFET 热阻一般为 0.83℃/W，则 r_{ds} 为

$$r_{ds} = \frac{5}{(0.632 \times 3.45)^2 \times 0.83} = 1.26Ω$$

这是在结点温度为 100℃时的 r_{ds}，尖峰电流为 3.45A 且导通比为 0.4%，产生了 5℃的结点到外壳的温差。结点温度为 25℃时，r_{ds}=1.26÷1.6=0.78Ω。

这样，在结点到外壳的温差为 5℃时，表 9.1 表明 MTH7N45 是一个合适的选择。如果不考虑成本，MTH13N45 会是更加合适的选择。

9.2.10 MOSFET 并联工作[7]

MOSFET 并联工作时，需要考虑两个问题：①满载时，完全导通时的静态电流分配是否均衡；②通断转换过程中，动态电流是否分配均衡。静态电流分配不均衡是由并联器件的 r_{ds} 不相等引起的。r_{ds} 较小的器件分担了比平均值更大的电流——就像一组并联电阻，阻值最小的分担了最多的电流。MOSFET 在并联情况下，无论是静态还是动态情况，如果一个 MOSFET 分担了不均衡的电流，它发热将会更厉害，很容易损坏或者造成长期的可靠性隐患。

前面已经解释过，因为 MOSFET 的 r_{ds} 具有正温度系数，所以 MOSFET 不会发生二次击穿。如果芯片中的一小部分区域吸收了更多的电流，则它将发热得更厉害些。r_{ds} 增大，就把部分电流转移到相邻区域，以平衡电流密度。这个机制在一定范围内也适用于并联的分立 MOSFET，但仅仅靠自身机制并不足以降低较热器件的工作温度。这是因为，r_{ds} 的温度系数并不是很大，需要较大的器件温差来转移较大的过剩电流。但如果器件之间需要的温差太大，那么较热器件的温度就需要很高，这正是可靠性降低的原因，也是必须避免的情况。这个机制在单个芯片内效果较好，是因为芯片内的所有区域都是热耦合的。在分立 MOSFET 中，因为各个器件外壳独立而共用散热器，甚至散热器也是独立的，其间的热耦合非常弱，这个机制的工作效果却不理想。

为了提高静态电流的均衡程度，具有独立外壳的 MOSFET 并联工作时应置于同一个散热片上，且尽可能靠近。现在很多厂家都提供这种多个 MOSFET 封装在一起且共用一个衬底和一个散热器的产品。如果只能用独立封装的 MOSFET，而且距离较远不能使用同一个散热器，那么就需要严格匹配并联器件的 r_{ds} 才可以保证电流均衡。

对于动态均流，并联器件的跨导曲线必须重合，如图 9.15 所示。如果所有并联工作器件的栅极在同一时间具有相等的电压，但跨导曲线不是重合的，那无论是导通还是关断，各个器件漏极在同一时刻都会承担不同的电流。栅极阈值电压的匹配就没那么重要。如果使用 n 个器件并联承担总电流 I_t，即使栅极阈值电压存在较大的失配，在同样的栅极电压下它们也将匹配并分担尽可能相同的电流 I_t/n。

对称的电路设计对平衡动态电流也是很重要的（见图 9.16）。从栅极驱动器共同的输出点到栅极端子的引线长度应该相等。从 MOSFET 源极端子到共同结点的引线应相等。而且这个共同结点应尽可能地置于地线的同一结点上。地线结点应该和辅助电源的地线等电位，且它们之间的连线应尽量短。最后，为防止并联的 MOSFET 发生振荡，需要在栅极驱动线路上串联 10～20Ω 的电阻或铁氧体磁珠。

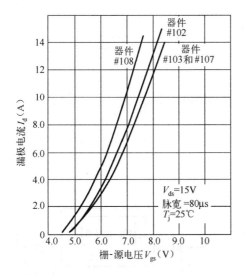

图 9.15　MTPBN20（共测试了 250 件）跨导曲线的离散度。为了保证动态均流，并联工作 MOSFET 的跨导曲线必须重合（Motorola 提供）

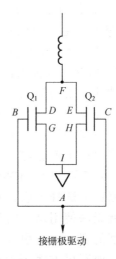

接栅极驱动

图 9.16　并联 MOSFET 动态均流的对称电路设计。为了保证并联的 MOSFET 的动态均流，电路设计必须对称，要求 $AB=AC$，$GI=HI$，$DF=EF$

9.2.11　推挽拓扑中的 MOSFET

在推挽拓扑中使用 MOSFET，可以大大减小变压器的偏磁问题。回顾 2.2.5 节，变压器在"开"期间半周期内施加的伏秒数不等于下半周期内施加的伏秒数，变压器磁芯就会向一个方向磁化。经过多个周期以后，磁滞回线中心点远离原点，致使磁芯饱和，变压器不能再承受电源电压，导致开关管损坏。

基于以下两个原因，MOSFET 可以减小推挽拓扑中偏磁问题。首先，MOSFET 没有存储时间，在交替的半周期内，对于相等的栅极导通次数，漏极电压导通次数总是相等。因此在交替的半周期中施加到变压器上的伏秒数相等。而对于电力晶体管，由于存储时间的不相等，在交替的半周期中伏秒数也不相等。

其次，对于 MOSFET，r_{ds} 的正温度系数形成的负反馈阻止了偏磁问题的产生，从而减小了磁芯饱和问题。如果存在一定的不平衡磁通，就会导致磁滞回线上移或下移。这导致半周期内的励磁电流（及总电流）大于另一个半周期内的励磁电流（及总电流）[见图 2.4（b）和图 2.4（c）]。但 MOSFET 在更大的尖峰电流作用下，发热会增大，r_{ds} 增大，导通压降也增大。这个增大的压降导致半个一次侧的电压被消耗一部分，造成伏秒数减小，磁滞回线的中心点又返回原点。

上面两个效应都试图阻止发生严重的偏磁，但是这两种效应不能保证在所有功率等级、温度和磁芯材料的情况下都产生效果。通常解决偏磁问题的办法是使用电流模式拓扑（见 2.2.8.5 节）。但如果因为某种原因不能用电流模式拓扑，就可以使用由 MOSFET 构成的传统的推挽电路来解决偏磁问题，很多设计人员已经成功地运用了这个方案使电路的功率等级达到 150W。

由 MOSFET 构成的推挽电路如图 9.17 所示。这个简单的结构可以彻底消除由于 r_{ds} 不同带来的剩余偏磁。当偏磁时，一个 MOSFET 的电流将大于另一个 MOSFET 的电流

[见图 2.4（b）和图 2.4（c）]。具有更大电流的 MOSFET 将产生更大的伏秒数。偏磁也可以通过将一个依靠经验选择的小电阻 r_b 串联到有较大电流的 MOSFET 栅极来校正，电路如图 9.17 所示。通过该电阻与输入电容形成的积分效应使栅极导通脉冲的前沿变陡，使等效脉宽变窄，达到两边伏秒数相等的效果，并在交替的周期中调整尖峰电流相等。这个电路唯一的缺陷就是当其中任何一个 MOSFET 更换后，必须通过新的测试来选择电阻。在没有相应的测试设备时，就无法使用这个方案。随着器件使用时间和温度的变化，会引起理想磁通平衡状态发生变化，而军用方案不允许用经验测试的方法去选择元器件。

补充：根据第 5 章介绍的内容，工程师应该注意推挽电路工作在电流控制模式下，偏磁问题是可以完全被忽略的。

——K.B.

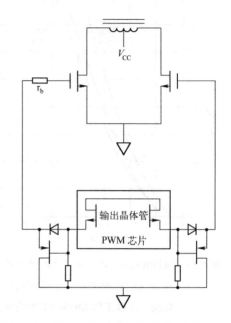

图 9.17 基于 MOSFET 推挽电路的偏磁校正电路。选择一个经验电阻串联接入有更大尖峰电流的 MOSFET 栅极。强制使流经 Q_1 和 Q_2 的电流正好相等。它是通过积分效应使栅极驱动脉冲变窄，强制使变压器每半个周期的伏秒数相等做到这一点的

9.2.12 MOSFET 的最大栅极电压

大部分 MOSFET 指定了最大栅-源电压（±20V）。如果超过这个限制，器件就容易被损坏。当 MOSFET 工作时使用栅极输入电阻，并在一个具有较大供电电压的电路中快速关断，器件内部的米勒电容就会耦合一个电压尖峰到栅极，引起栅极电压超限的问题。

以一个工作于直流线电压为 160V（最大可为 186V）电路中的正激变换器为例进行分析。当 MOSFET 在最大线电压下关断，它的漏极电压上升到 2 倍线电压即 372V。这个正向电压前沿的一部分耦合回来，由 C_{rss} 和 C_1 分压。对于 MTH7N45 管，$C_{rss}=150pF$、$C_1=1450pF$。那么耦合回栅极的电压是 372×150÷(150+1450)≈35V。

这个电压值超过了 20V 最大栅-源电压，会损坏栅极。栅极电阻会减小电压的幅值，但如果考虑线电压瞬态过程和漏感尖峰，则这个耦合回栅极的电压很可能达到损坏器件的临界点。因此，较好的设计方法是用一个 18V 的齐纳二极管来限制栅极电压。一些制造商建议钳位二极管安装在驱动输入端与栅极串联电阻之间，而这个栅极串联电阻值参考值为 5～50Ω。值得注意的是，如果串联电阻值选用过大，漏极到栅极的容性反馈容易引发高频振荡。

9.2.13 MOSFET 源极和漏极间的体二极管

MOSFET 的内部结构中，漏极和源极之间存在一个固有的寄生二极管——体二极管，如图 9.18 所示。

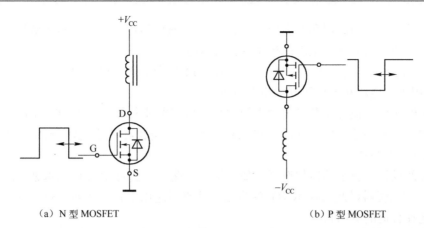

　　（a）N 型 MOSFET　　　　　　　　　　　　（b）P 型 MOSFET

图 9.18　N 型和 P 型 MOSFET 中的体二极管。对于 N 型 MOSFET，体二极管阻止负的漏-源
电压，对于 P 型 MOSFET，体二极管阻止正的漏-源电压

　　体二极管的极性可以阻止反向电压通过 MOSFET，其正向电流承受能力和反向额定电压
与 MOSFET 的标称值一致。体二极管的反向恢复时间比普通的交流功率二极管短，比快恢复
型二极管的长。生产商数据表列出了各种 MOSFET 的体二极管的反向恢复时间。由于在漏极和
源极之间一般不会施加反向电压（对于 N 型 MOSFET，漏极相对源极为负；对于 P 型
MOSFET，漏极相对源极为正），所以这个寄生二极管对大部分开关电源拓扑是没有什么影响
的。但有一些情况下也需要 MOSFET 承受反压，尤其是在如图 3.1 和图 3.3 所示的半桥和全
桥拓扑中。不过在这些拓扑中几乎都有一个死区时
间，这个死区时间是从体二极管导通的时刻（储存
在变压器漏感中的能量反馈到电网时）到它被施加
反向电压的时刻。死区使正向电流和反向电压之间
有延迟，所以 MOSFET 的体二极管较弱的反向恢复
特性是没什么影响的。

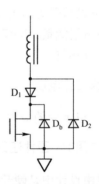

　　然而，如果一个全新的电路拓扑需要
MOSFET 承受反向电压，则必须在漏极串联一个
阻断二极管。由于体二极管的存在，电动机驱动
电路或具有电感负载的电路可能会存在问题[8]。
高频谐振电路拓扑（见第 13 章）通常要求开关管
必须能在承受正向电流以后立即承受反向电压。
这时可以使用如图 9.19 所示的电路。二极管 D_1
阻止正向电流流过 MOSFET 的体二极管，快速反
向恢复二极管 D_2 为正向电流提供通道。

图 9.19　当必须允许反向电流流过 MOSFET
时，应避免使用体二极管。为阻止
电流流经体二极管（它的反向恢复
特性不好），要附加阻断二极管 D_1
串联到漏极。将反向恢复特性更好
的 D_2 并联在 D_1 阳极和 Q_1 源极上

　　补充：从 20 世纪 90 年代中期之后，很多制造商都会生产具有特定正反向特性的二极
管。如果在电路中采用这种二极管，前面所述的很多辅助电路都不再需要。

　　　　　　　　　　　　　　　　　　　　　　　　　　　　　　　　　　　——K.B.

9.3　绝缘栅双极型晶体管（IGBT）概述

Jonathan Dodge 和 John Hess 的论文对本节有很大贡献[10]，但书中如有任何错误均由

本人造成。书中用到的数据和图表用于介绍一般 IGBT 的特性，而并非特指某一器件的特性。在设计时通常需要参考生产商提供的器件数据。

在 20 世纪 80 年代中期，由易驱动的 MOSFET 和低通态损耗的双极型晶体管组成的 IGBT 开始用于大电流和高电压开关电源设备。

开关速度和通态损耗以及稳定度之间的平衡协调继续发展，使 IGBT 正在朝超过功率 MOSFET 的高频、高效领域发展。将来行业趋势就是在除特小电流外的应用场合，用 IGBT 替换功率 MOSFET。

为了帮助设计人员了解器件选择时如何综合权衡，下面对 IGBT 技术进行简单综述，介绍 IGBT 技术资料以及选择 IGBT 的方法。认真考虑以下几个重要问题，有助于为特定应用场合选择合适的 IGBT。

9.3.1　选择合适的 IGBT

在选择器件前，设计者必须先考虑以下问题。

1．非穿通型器件（NPT）和穿通型器件（PT）的区别

给定一个 $V_{CE(on)}$，PT 型 IGBT 的开关速度更快，开关损耗也小。这与高增益和少子寿命衰减有关，少子寿命衰减加速了拖尾电流的消失。

NPT 型 IGBT 开关速度较慢，但具有较高的坚固性（耐受电流过载、电压过冲的能力），一般可以承受短路电流，而 PT 型器件通常不能。NPT 型 IGBT 比 PT 型 IGBT 可以吸收更多的雪崩能量。NPT 技术具有较高的坚固性是因为采用了较宽的基极和较低增益的 PNP 双极型晶体管。

2．最大工作电压

IGBT 可以承受的最大电压应小于 V_{CES} 额定值的 80%。

3．应该用 PT 器件还是 NPT 器件

这个要由设计中是硬开关还是软开关以及问题 4 和 5 的答案决定。PT 型器件因拖尾电流和开关损失较小更适合于高频开关，可能 NPT 型器件在应用时也可以运转良好，而且具有较高的坚固性，只是开关损耗较大。

4．应用中想要达到的开关频率

如果是"越快越好"，PT 器件更合适些。图 9.30 是采用硬性开关时集电极电流和可用频率关系图。

5．短路电流是否达到要求的功能

如果用于电动机驱动，这时开关频率相对较低，坚固性较高的 NPT 器件可能是较好的选择。不过在开关电源通常不要求具有短路功能的情况下，频率更高的 PT 型器件更合适。

6．如何选择 IGBT 的额定电流

这取决于流过器件电流的大小。在软开关情况下，电流 I_{C2} 可以作为启动点。对于硬

开关的场合，用频率和电流关系图（见图 9.30）有助于判断器件是否符合设计要求。测试条件和应用条件的差别也要考虑进来。

9.3.2　IGBT 构造概述

N 沟道 IGBT 是在 P 型材料衬底上构建的 N 沟道功率 MOS 管，图 9.20 为 N 沟道 IGBT 横截面图。所以 IGBT 的操作与功率 MOSFET 相似。加在发射极和门极间的正向偏压将导致基区电子向门极移动。如果门极和发射极间的电压不低于阈值电压，将有足够的电子聚集到门极形成横贯衬底的导通带，电流从集电极流向发射极。准确地说是电子从发射极流向集电极。这些电子吸引正离子或空穴从 P 型衬底流向漂移区，然后流向发射极。这样可以得到 IGBT 的如下一些简化等价电路。

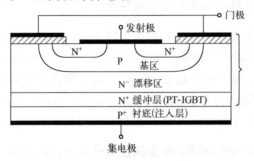

图 9.20　N 沟道 IGBT 横截面图（PT-IGBT 具有附加的 N⁺层，将在后面介绍）

图 9.21 左面的电路所示为一个 N 沟道功率 MOSFET 直接驱动达林顿结构 PNP 型双极型晶体管。优点非常明显。优点在于场效应管提供高输入电阻特性，场效应管的结构小，输入电容也小。场效应管驱动 PNP 双极型晶体管在低饱和状态下控制功率。这样就同时获得两者的优点。

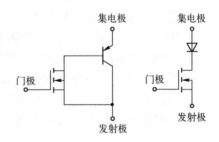

9.3.2.1　等效电路

图 9.21 右侧的电路是一个二极管串联到 N 沟道功率 MOSFET 的漏极。

图 9.21　IGBT 简化的等效电路

这时导通状态的两端压降将会比没有二极管的电路的压降高出一个二极管的导通压降。尽管在导通状态至少有一个二极管导通压降，但与同样大小的功率 MOSFET 工作在同样的温度和电流的情况下的压降相比已经明显降低了。

9.3.3　IGBT 工作特性

普通 N 沟道 MOS 管是单极性器件，其中只有电子在流动。在 IGBT 复合型结构里，P 型衬底把空穴注入漂移区，所以 IGBT 里电流是由电子和空穴共同形成的。空穴的注入明显地降低了漂移区的电阻，增大了电导率。导通状态压降的减小和高门电阻是 IGBT 的主要优点。同时低导通电压的代价是开关频率的降低，因为开关损耗特别是关断损耗受拖尾电流的影响变大了。

9.3.3.1　IGBT 的关断特性

在关断过程，可以通过把驱动电压 V_{GE} 降到阈值电压之下来快速截断电子流，同功率

MOSFET 关断原理一样。不过空穴会存留在漂移区，只有通过电压使之漂移并与电子复合掉。这样在关断后直到所有空穴被清除或复合掉的时间内，IGBT 会存在拖尾电流。

多年来，电流拖尾问题一直将 IGBT 限制在低频的应用场合。不过复合的速度可以通过附加 N^+ 缓冲层来控制（见图 9.20），这个缓冲层能在关断期间快速吸收空穴。新型 PT 型 IGBT 可以在高频工作条件下使用。

9.3.3.2　PT-IGBT 和 NPT-IGBT 的区别

并不是所有的 IGBT 都有缓冲层，有缓冲层的为穿通型（PT）或非对称 IGBT；没有缓冲层的为非穿通型（NPT）或对称型 IGBT。

9.3.3.3　PT-IGBT 和 NPT-IGBT 的导通特性

同一开关频率下 NPT 技术的 IGBT 导通压降 $V_{CE(on)}$ 高于 PT 型的。更严重的是 NPT 型器件有正温度效应，随着温度的升高，$V_{CE(on)}$ 升高；而 PT 型器件具有负温度效应，温度升高，$V_{CE(on)}$ 减小。IGBT 器件不论是 PT 型还是 NPT 型在开关损耗和 $V_{CE(on)}$ 之间有平衡关系，频率越高，$V_{CE(on)}$ 越高；频率越低，$V_{CE(on)}$ 也越低。所以，用于高开关频率的 PT 型器件与用于低开关频率的 NPT 型器件相比，也会存在更高的 $V_{CE(on)}$。

9.3.3.4　PT-IGBT 和 NPT-IGBT 中坚固性与开关损耗的关系

同一压降下，PT 型器件开关频率高、开关损耗低，这得益于高增益和 N^+ 缓冲层终止拖尾电流造成的空穴寿命缩短。

NPT 型器件频率低些，但属于短路系列，它可以吸收更多的雪崩能量，也因为宽衬底、低增益 PNP 型双极晶体管的存在而具有较高的坚固性。将 PT 技术的高开关速度和 NPT 技术的低速、高坚固性特点综合处理可以获得最大优点。

通常很难制造 V_{CES} 高于 600V 的 PT-IGBT，而用 NPT 技术可以容易达到。不过现在也有一些公司制造出了频率很高的 1200V 的 PT-IGBT。

9.3.3.5　IGBT 的擎住效应

擎住效应是 IGBT 不能通过门极关断的一种失控状态。误操作会引发 IGBT 的擎住效应。擎住效应发生的机理需要进一步解释。

IGBT 的低导通压降需要代价。如果设计不良，当 IGBT 工作在数据手册以外的情况下就有可能发生擎住效应。IGBT 的基本结构类似于晶闸管的 PNPN 串联起来的半导体结构。在 N 沟道功率 MOSFET 内存在寄生 NPN 型双极型晶体管，这个晶体管的基极是基区，基区与发射极短路防止寄生 NPN 型晶体管开通。然而，基区存在"基区扩散电阻"。P 型衬底、漂移区、基区形成 IGBT 的 PNP 部分。PNPN 结构产生了寄生晶闸管，结果是 NPN 型晶体管一旦开通，两个晶体管的增益之和大于 1 时，寄生晶闸管会导通，擎住效应发生。

通常擎住效应可以通过 IGBT 的设计避免。通过优化掺杂率、各层的几何形状（见图 9.20），使 PNP 型和 NPN 型晶体管的增益之和小于 1。当温度升高时，晶体管的增益和基区的扩散电阻会增大。结区的过度加热使寄生晶闸管的增益大于 1。接下来集电极大电流使基区产生足够大的压降来导通寄生 NPN 型晶体管。这样寄生晶闸管就会导通，IGBT 的门极无法控制关断，这就是静态擎住效应。过电流发热会导致 IGBT 的损坏。

关断时的高 dv/dt 伴随集电极过电流同样会提高增益，使寄生 NPN 型晶体管导通，这称为动态擎住效应。正是动态擎住效应限制了安全工作区，与静态擎住效应相比，它可以在相对较低的集电极电流下发生，而且主要的诱发原因是关断时的 dv/dt。

只要在最大电流内和安全工作范围内，不论关断时 dv/dt 的大小，静态和动态擎住效应都不会发生。需要注意的是，外部电路电感、门极电阻和不合理的线路布局都会产生开和关时的 dv/dt、过冲和振荡的现象。

9.3.3.6 温度效应

PT 型和 NPT 型 IGBT 的导通速度和损耗基本不受温度的影响。而外部二极管的反向恢复电流通常随着温度一起增大，所以外部电路中的二极管的温度效应会影响 IGBT 的开通损耗。NPT 型器件的关断速度和开关损耗在温度过高时保持常量，而 PT 型器件关断速度降低并且开关损耗会随着温度增大。由于 PT 型器件良好的拖尾电流消耗功能而使开关损耗很小，温度效应的影响也极小。

9.3.4 IGBT 并联使用

前面提到 NPT 型器件的正温度效应适合于并联使用。正温度效应适合并联是因为温度高的器件流过的电流小于温度低的器件的，这样并联的器件会自动趋于均分电流。

有个错误的观点认为具有负温度效应的 PT 型器件不能并联使用。实际上，以下原因说明，如果小心使用，PT 型器件也可以并联。

① PT 型器件的温度效应接近于 0，在大电流通过时也会是正温度效应。

② 共用散热器的话，器件会均分电流，热的器件会导热给旁边的器件，并降低它们的导通压降。

③ 器件之间影响温度系数的参数一致性更好。

作为电路设计人员，选择合适的器件并预计其具体电路中的工作状态的能力是设计可靠电路的基本要素。提供的图表有助于设计者从一种工作条件推算出其他的情况。需要注意的是，测试结果对电路的依赖性强，特别是集电极寄生电感、发射极寄生电感、门极驱动电路设计和布局方面的影响。不同的测试电路会产生不同的结果。

9.3.5 技术参数和最大额定值

集-射额定电压 V_{CES}

V_{CES} 是常温下门极短路到发射极时，集电极和发射极之间能承受的最大电压。V_{CES} 与温度有关，高温下的最大电压值更大，可以参考 9.3.6 节 BV_{CES} 的描述。

门-射额定电压 V_{GE}

V_{GE} 是门极和发射极之间所允许的最大连续电压值，这个额定值是为了防止门极氧化层击穿和限制短路电流。

通常门极氧化层击穿电压远远大于这个限制额，门-射电压保持在 V_{GE} 之内可以保证应用系统的稳定性。

门-射额定脉冲电压 V_{GEM}

V_{GEM} 是门极和发射极之间可以承受的最大脉冲电压。这个额定值也用于防止门极氧化层击穿。门极击穿可能通过门极驱动信号引发，更易通过门极驱动电路分布电感或门-

集电容产生的米勒反馈引发。

如果测试中发现门极上电压超过 V_{GEM}，就有必要降低电路的分布电感，同时（或者）增大门极电阻，以减缓开关速度。不单主电路布局，门极电路布局同样可以通过减小驱动电路的面积来降低分布电感。

如果使用了齐纳二极管，将它连接在门极驱动和门极电阻之间比直接连在门极端更好，门极驱动并非必须使用负电压，不过可以使用负电压达到最快的开关速度，同时避免电压变化导致器件导通。

集电极连续电流额定值 I_{C1} 和 I_{C2}

I_{C1} 和 I_{C2} 是 25℃时和最高结温时，集电极可以流过的最大连续直流电流。它们的值与器件外壳温度、集电极连续直流电流和结区到外壳热阻有关。电流最大值限定正是取决于导致结区加热到额定结温的内部能量损耗，但并不包括开关损耗。

温度的降额

因为散热片温度高于环境温度，I_{C1} 和 I_{C2} 必须降额使用。为了帮助设计者选择合适的器件，大多数生产商提供集电极最大电流和外壳温度关系图。

例如，图 9.22 给出 APT 公司的 100A 功率 MOS 7 IGBT 器件的典型降额曲线。图 9.22 中显示器件可以承受的最大连续直流电流，这个理论值是通过结区到外壳之间的热阻和散热片工作温度计算的。请注意，在图 9.22 中，低温下的电流被限制为 100A 是因为封装引线，而不是因为结温。虽然图 9.22 并没有包括开关损耗，主要提供用于器件比较的理论数据，但确实为选择器件打了基础。无论硬开关还是软开关，器件都要安全地流过或大或小的电流，损耗取决于开关损耗、占空比、开关频率、开关速度、散热能力、热阻和热瞬态等。

不要以为开关电源变换器所用器件能够安全地传送与 I_{C1} 或 I_{C2} 一样大小的电流，或图 9.22 中所示的最大电流，开关损耗造成的电流消耗必须要考虑到。

集电极额定脉冲电流 I_{CM}

I_{CM} 指器件能够承受的最大脉冲电流。脉冲电流值远大于连续直流值，这个数值的作用如下。

① 维持 IGBT 工作在传输特性的饱和区。

从图 9.23 所示的 IGBT 的传输特性中可以看到在相应的门-射电压下 IGBT 可以通过的最大集电极电流。

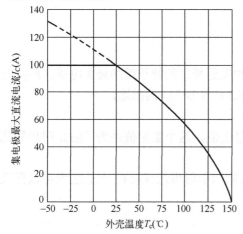

图 9.22　集电极最大电流的典型温度降额。水平线
　　　　上的 100A 限制值是器件固有的额定值

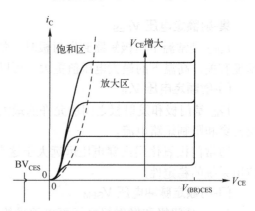

图 9.23　IGBT 的传输特性

注意：在给定门-射电压下，如果工作点超饱和区转折点（见图 9.23），集电极电流稍有增加将导致集-射电压急剧增大，通态损耗也增大，甚至有损坏器件的危险。所以，对于门极驱动典型电压值下的 I_{CM} 值均设在转折点以下。

② 防止击穿或擎住效应。即使理论上脉冲宽度不能使结区过热，但是电流超过 I_{CM} 过多会造成结区受热导致击穿点或擎住效应。

③ 防止结区过热。"最大结温限制脉冲宽度"的标注说明 I_{CM} 是在温度限制下依据脉宽确定的，原因如下。

a. I_{CM} 保留一定裕量以防止潜在的损坏原因，而不是为了防止结温超过最大值。

b. 不论损坏的机制到底是什么，最终结果总是过热烧坏。

I_{CM} 限制温升的最大值，但以下原因也可以提高结区温度。

● 脉宽
● 脉冲周期
● 散热
● 集-射导通压降 $V_{CE(on)}$
● 脉冲形状和幅值

即使电流保持在 I_{CM} 以内，也不能保证结区温度不会超过最大值。

I_{LM}、RBSOA、FBSOA 和开关安全工作区（SSOA）

这些额定值相互关联。I_{LM} 是在硬性开关中 IGBT 器件能够安全开关的钳位感性负载电流。厂商对与相应的最大值有关的电路参数详细列出，包括外壳温度、门极电阻和钳位电压。假设门极是从正偏压转向无偏压或负偏压的，I_{LM} 的额定值受限于关断瞬态值。因此 I_{LM} 的额定值与反偏安全工作区（RBSOA）相似。I_{LM} 额定值是最大电流，而 RBSOA 边界是一系列最大电流对应的电压值。

开关安全工作区（Switching Safe Operating Area，SSOA）是整个 V_{CES} 电压额定值下的反偏安全工作区。正偏安全工作区（Forward Bias Safe Operating Area，FBSOA）包括整个导通期间，比反偏安全工作值大很多，所以一般不列在 IGBT 数据手册里。从 IGBT 可靠性方面考虑，只要工作参数不超过以上几个限制，就不必担心缓冲电路、最小门极电阻和 dv/dt 限制等问题。

单脉冲雪崩能量值 E_{AS}

任何具有雪崩能量额定值的器件必有 E_{AS} 额定值。雪崩能量额定值与非钳位感性开关（UIS）额定值同义。E_{AS} 受温度限制和结构缺陷限制，它表示在外壳温度为 25℃且芯片温度小于或等于最大额定结温时，器件所能吸收的最大反向雪崩能量。现代器件采用的单元结构减轻了结构缺陷对 E_{AS} 的限制。另一方面，相邻单元结构的缺陷会导致单元在雪崩情况时发生擎住效应。因此，在全面测试前切勿故意让 IGBT 器件工作在雪崩区域。

E_{AS} 额定值等于 $\frac{1}{2}LI_C^2$，L 是峰值电流 I_C 流经的任何外部电感的值。

为了测出 E_{AS} 额定值，要将外部感应电流突然引入待测器件集电极。此时感应电压超过 IGBT 的击穿电压，器件进入雪崩击穿状态，电感电流流入 IGBT，尽管 IGBT 处于深度关断状态。

存储在外部电感里的能量，包括电路相关漏能或分布电感储能，会耗费在待测器件上。如果漏感和分布电感引起的脉冲尖峰不超过击穿电压，器件不会出现雪崩现象也不用消耗雪崩能量。满足雪崩能量额定值的器件已在器件额定电压和系统电压之间留有安全裕量，这包括暂态过程的情况。

总功率损耗 P_D

P_D 是 IGBT 器件消耗的最大功率的额定值，它与最高结温和结区到外壳间的热阻有关，当外壳温度是 25℃时，

$$P_D = (T_{J(max)} - 25℃)/R_{\theta JC}$$

工作和储藏时的结温范围 T_J、T_{STG}

T_J 和 T_{STG} 是工作和储藏时的结温范围，限制这个范围是为了保证器件的工作寿命至少符合要求。凭以往经验，在最大值限额之下，结温每下降 10℃，器件寿命加倍。

9.3.6 静态电学特性

集-射击穿电压 BV_{CES}

BV_{CES} 具有正温度效应，温度从 25℃升到 150℃，集-射击穿电压上升 10%。对于固定的漏电流，温度高的 IGBT 器件比温度低的 IGBT 器件承受的击穿电压高。

反向集-射击穿电压 RBV_{CES}

这是发射极电压高于集电极电压时的击穿电压。在 IGBT 中，对 RBV_{CES} 没有规定额定值，因为在设计中，不会让 IGBT 承受反偏压。因为 N^+型缓冲层的存在，PT 型 IGBT 不能承受非常高的反向电压。

门极阈值电压 $V_{GE(th)}$

$V_{GE(th)}$ 是集电极开始有电流流入时的门极电压。测试条件（集电极电流、集-射电压、结温）也有具体设定。所有的 MOS 门控制器件的 $V_{GE(th)}$ 都有所不同，所以用最大值、最小值可标出 $V_{GE(th)}$ 的分布范围。$V_{GE(th)}$ 具有负温度特性，结温升高，器件导通的门-射电压降低。同功率 MOSFET 一样，温度系数是-12mV/℃。

集-射导通电压 $V_{CE(on)}$

$V_{CE(on)}$ 是在一定的集电极电流、门-射电压和结温条件下 IGBT 集-射电压。$V_{CE(on)}$ 与温度相关，分为常温和高温两种。多数生产商提供集-射导通电压与集电极电流、门-射电压和结温等条件的关系图。电路设计人员可以从图中估计通态损耗和 $V_{CE(on)}$ 的温度系数。通态损耗等于 $V_{CE(on)}I_C$。温度系数是 $V_{CE(on)}$ 对温度的变化率。NPT-IGBT 有正温度系数，随着结温升高 $V_{CE(on)}$ 升高，PT-IGBT 温度系数却略为负。两只器件温度系数随着集电极电流增大变大，PT-IGBT 的温度系数会从负变到正。

集电极关断电流 I_{CES}

I_{CES} 是在一定集-射电压和门-射电压下，器件关断后从集电极流向发射极的漏电流。由于漏电流随温度增大，I_{CES} 分为室温和高温条件下的两种情况。漏电流产生的功率损耗等于 I_{CES} 乘以集-射电压。

门-射漏电流 I_{GES}

I_{GES} 是在一定门-射电压下，流过门极的漏电流。

9.3.7 动态特性

IGBT 的寄生电容如图 9.24 所示。

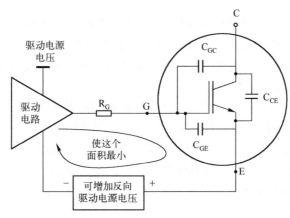

图 9.24   IGBT 的寄生电容。IGBT 的等效模型，包含各极之间的电容

输入电容 C_{ies}

C_{ies} 是集电极和发射极间交流信号短路时，门极和发射极之间的输入电容。C_{ies} 由门-集电容（C_{GC}）和门-射电容（C_{GE}）并联得到，因此 $C_{ies}=C_{GE}+C_{GC}$。

在器件导通前输入电容先充电到预置电压，同样在关断前先放电降到稳定低电压。所以，驱动电路的电阻和输入电容值与开、关延迟有直接关系。

输出电容 C_{oes}

C_{oes} 是门极和发射极间交流信号短路时，集电极到发射极间的输出电容。C_{oes} 由集-射电容（C_{CE}）和门-集电容（C_{GC}）并联组成，即 $C_{oes}=C_{CE}+C_{GC}$。

在软开关电路中，C_{oes} 非常重要，因为它影响电路的谐振。

反向传输电容 C_{res}

C_{res} 是发射极接地后集电极和门极间的反向传输电容。反向传输电容等于门-集电容，因此 $C_{res}=C_{GC}$。C_{res} 也称米勒电容，是影响开关过程中电压升降变化时间的主要因素。

图 9.25 是典型的 C_{res} 与集-射电压关系图。在一段范围内随着集-射电压升高，各电容值降低，特别是输出电容和反向传输电容。电容的变化特性是门极驱动信息的基础。

平台电压 V_{GEP}

图 9.26 是门-射电压与门极充电关系图。测量门极充电的方法在 JEDEC 标准 24-2 中有介绍。门极平台电压 V_{GEP} 定义为导通过程中，在恒定门极电流驱动下，门-射电压变化率第一次达到极小值时的门-射电压。换句话说，就是门极电压曲线第一次转折后的门-射电压，如图 9.26 所示。有时可以把关断后曲线的最后一个转折点电压定义为 V_{GEP}。平台电压随着电

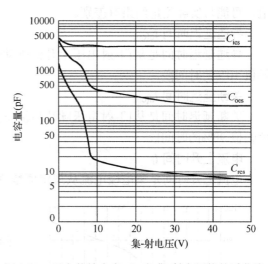

图 9.25   反向传输电容 C_{res} 与集-射电压的关系曲线

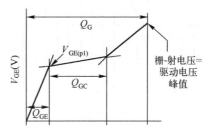

图 9.26 Q_{GE}、Q_{GC} 和 Q_G——门极充电过程对应的 V_{GE}

流而增大，与温度无关。用 IGBT 器件代替 MOSFET 时需要注意，10V 或者 12V 的门极驱动电压可以很好地驱动高压功率 MOSFET。而驱动 IGBT 时，根据它的平台电压，如果电流较大，在导通过程中导通速度可能很慢或者不能完全导通，除非增大门极驱动电压。

门极充电过程 Q_{GE}、Q_{GC} 和 Q_G

参考图 9.26，Q_{GE} 是从起点到曲线第一次转折点的充电过程，Q_{GC}（米勒充电）是第一次转折点到第二次转折点的充电过程，Q_G 是从开始充电到门-射电压达到最大驱动电压的过程。充电过程随集电极电流和集-射电压变化，与温度无关。数据手册中包含具体测量条件和门极充电过程曲线图，介绍固定集电极电流和不同集-射电压下门极充电曲线。门极充电过程反映器件内部电容存储的电量，常用来设计门极驱动电路，包含了开关瞬态过程中电容和电压的变化。

开关的时间和能量

通常导通的速度和能量基本与温度无关，温度上升时导通速度有极小上升（能量下降）。外部二极管反向恢复电流随温度增大，造成 E_{on2} 随温度上升。E_{on1} 和 E_{on2} 将在后面定义。关断时，因关断能量随温度升高而使关断速度变慢。随着门极电阻的增大，开关能量增大，从而使开关速度降低。开关能量可以通过实际测量电压与数据手册中测量电压的比例关系直接求得。如果数据手册中测试电压是 400V，应用中电压是 300V，可以用数据手册中开关能量乘以 300/400，求得应用中的开关能量。

开关时间和能量受主电路和门极驱动电路分布电感的影响很大，特别是串联在发射极的分布电感，严重影响开关时间和能量。所以数据手册中的开关时间和能量数据仅是典型值，可能与实际测量结果有差别。

导通延迟时间 $t_{d(on)}$

导通延迟时间是从门-射电压上升到驱动电压幅值 10%，到集电极电流上升到规定值幅值 10%的时间段。

关断延迟时间 $t_{d(off)}$

关断延迟时间是从门-射电压脉冲后沿下降到幅值 90%起，到集电极电流下降到规定值幅值 90%的时间段。

电流上升时间 t_r

电流上升时间是集电极电流从规定值幅值的 10%上升到 90%所需时间。

电流下降时间 t_f

电流下降时间是集电极电流从规定值幅值的 90%下降到 10%所需时间。

正向跨导 g_{fe}

正向跨导是集电极电流与门-射电压的比值。正向跨导随集电极电流、集-射电压和温度变化。高跨导将产生低平台电压和较短的电流上升、下降时间。

门-射电压较高时，MOSFET 和 IGBT 增益相对较高。与 MOSFET 不同的是，即使在门极高电压和大电流下，IGBT 保持对集电极电流的控制，如图 9.27 所示。

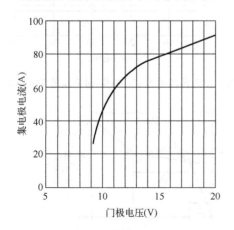

图 9.27　典型的集电极电流与门极电压的关系

IGBT 器件通过增加门-射电压加快电子和空穴的流动,并调制结区有效电阻。这个参数提供了测量和防止超出预定工作区间的瞬间过电流的简易方法。

当驱动电流远超过工作范围时,可以通过驱动调节 IGBT 到关断状态达到有效的瞬间过流保护。瞬间集电极电流增大使 IGBT 进入本征电流限制区(见图 9.9),并在检测到门-射电压开始增大时限制门极电压最大值。不过这个方法对功率 MOSFET 不太有效,因为 MOSFET 完全处于导通状态时,漏极电流对门极电压的变化不敏感。

9.3.8　温度和机械特性

结区到外壳热阻 $R_{\theta JC}$

$R_{\theta JC}$ 是从芯片结区到器件外壳的热阻。热量由器件衬底总功率损耗产生,而热阻与功率损耗造成的芯片温度相关。图 9.28 所示的热电阻模型用来预测稳态功率损耗下温度的上升值。

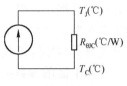

图 9.28　热阻模型

器件功率损耗

图 9.28 中,功率损耗表示为电流流经热阻产生的压降。这个压降的增大类似于温度上升。其余电阻也可构成外壳到散热器的热阻和散热器到空气的热阻,然后串联到 $R_{\theta JC}$ 构成热电阻电路模型。不同分布点的温度,可以利用该点的热阻电路模型的电压来模拟。因此,在稳定状态下,结温可由下式计算而得。

$$T_J = T_C + P_{Loss}(R_{\theta JC})$$

器件功率损耗包括开关损耗、通态损耗和截止损耗。通常截止损耗很小,可以忽略。外壳到散热器的热阻和散热器到环境的热阻决定于实际应用情况(发热材料、散热器类型等),只有 $R_{\theta JC}$ 会在数据手册中列出。外壳到空气的热阻通常包括装配硬件和散热器,这也要计入总的有效热阻 $R_{\theta JA}$ 来预测温升值。最大连续直流电流、总功率损耗和频率对电流的关系都以最大 $R_{\theta JC}$ 为基础来估算。所采用的 $R_{\theta JC}$ 最大值包含的裕量可以弥补生产差异和提供应用时所需裕量。

结-壳热阻抗 $Z_{\theta JC}$

热阻抗是热阻的动态模拟。热阻抗考虑了衬底或芯片材料的热量和质量。$Z_{\theta JC}$ 将芯片材料温度升高和芯片材料瞬间能量消耗联系起来。经过较长的时间,芯片热量都被导出,使有效热阻抗降低,如图 9.29 所示。热阻抗可以用来估计由功率损耗、不同占空比脉冲加载或瞬态环境温度造成的瞬间结温。

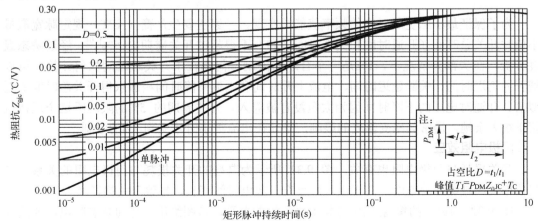

图 9.29　典型的结-壳热阻抗

瞬态热阻抗取决于加载到器件上的功率脉冲的幅值和持续时间。不同情况下可以得到一系列热阻抗曲线，如图 9.29 所示。需要注意的是，这些曲线是在 $R_{\theta JC}$ 取最大值时得到的，前面提到过这个最大值已经包含裕量。从图 9.29 中可以看到计算最高结温的方法。对于非矩形脉冲可以采用矩形脉冲线性近似替换的方法。

在感性硬开关应用中，开关频率受到最小和最大脉冲宽度，以及通态和开关损耗的限制。芯片的瞬间温度响应限制了脉宽。紧连的开关动作使芯片没有时间在相邻硬开关功率损耗尖峰之间散热。同时前面开关响应还未停止又接连开启，重复下去，芯片会过热。即使占空比很小，受工作温度和瞬间热阻抗影响，芯片结温也会过高。最小占空比的限制对电动机驱动（如电动车）来说是一种挑战，当运转功率很小时会需要特别小的占空比，除非将开关频率降低到听觉范围或者采用跳周期的方式，才能输出很小的功率。

从上面的参数中可以得到一个更有用的关系，就是图 9.30 中描述的集电极电流和最高工作频率的关系。

典型最高工作频率与集电极电流的关系曲线（见图 9.30）是数据手册中最有用的参数之一。即使是在一定条件下得到的曲线，它也能大概提供器件在实际应用中的工作迹象。行业中趋向于把这个参数作为器件比较的一个标准，而不再仅仅用 I_{C1}、I_{C2} 等参数。

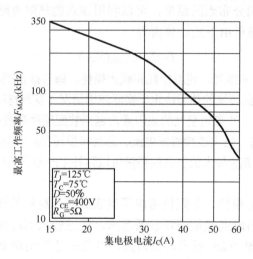

图 9.30　典型最高工作频率与集电极电流的关系

为了保证最小脉宽所对应的频率值能够实现，一家主要生产商（APT）规定脉宽取最小值时开关总时间（开通时间和关断时间之和）不得超过开关周期的 5%[10]。经过瞬态温度分析，在大部分情况下，5%是一个合理的限制。问题在于开关总时间如何计算？可以把开通延迟时间、关断延迟时间、电流上升时间和电流下降时间相加求得开关总时间的近似值。开通时电压的下降时间因为太短没有被算入。开关周期的 5%的限制给这个近似值留下很大余地，通常频率受温度的限制，除非在电流很小时才受到 5%的限制。

门极电阻效应

开关损耗与门极电阻也有关，图 9.31 所示为典型的开关损耗与门极电阻的关系。电阻值增大，减缓开关速度，门极输入电容充、放电时间变长，导致开关损耗增大。

图 9.32 为典型的集-射电压与集电极电流的关系，该图给出了导通状态时电压的温度效应。

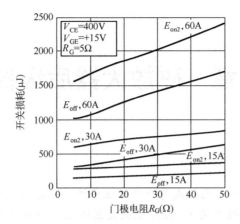

图 9.31　典型的开关损耗与门极电阻的关系

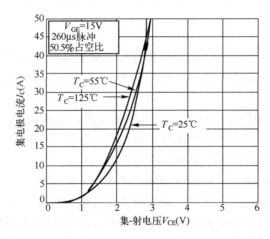

图 9.32　典型的集-射电压与集电极电流的关系

参考文献

[1] *International Rectifier Power MOSFET Data Book*, HDB-3, International Rectifier, El Segundo, CA.

[2] *Power MOSFET Transistor Data*, Motorola Inc., Motorola Literature Distribution, Phoenix, AZ.

[3] *Linear Integrated Circuits Data Book—PWM chip UC3525A*, Unitrode Corp., Merrimack, NH.

[4] Reference 1, Chapters 1–4.

[5] Reference 2, Chapter 2.

[6] "Radiation Resistance of Hexfets," Reference 1, p. B10.

[7] Reference 1, Chapter 1; Reference 2, Chapter 7; International Rectifier Application Note AN-941.

[8] "Hexfet's Integral Body Diode," Reference 1, p. A65.

[9] Reference 1, p. A65.

[10] Jonathan P.E. Dodge and John Hess, Advanced Power Technology Application Note, APT0201, July 2002.

第 10 章 磁放大器后级稳压器

10.1 简介

提示：磁放大器在应用中已经成为一个专业术语，但是准确地说，它在电路中的作用相当于饱和电抗器（即磁性开关）。实际磁放大器通过一个或多个控制绕组上的较小电流控制主功率绕组上的大交流电流。在半导体器件应用之前，磁放大器有着广泛的应用，但本书中不对此进行探讨。

——K.B.

在 2.2.1 节和 2.3.3 节中讨论了多输出推挽和正激变换器。两种拓扑中反馈电路都是接到主输出（一般是最大电流输出或 5V 电压输出）的。当电网电压或者负载变化时，反馈电路保持主输出电压的恒定。

在电力变压器上增加绕组可以得到不同的辅输出，辅输出电压与其绕组的匝数成正比。这些辅输出开环工作，其导通时间受主输出反馈环控制，这样主输出电压恒定，但是辅输出绕组的导通时间与辅输出电流和电压无关。

当线电压变化时，辅输出和主输出都能自动调整，但辅输出对主输出负载变化或辅输出本身负载变化，都不能很好地调整。由主输出负载的变化引起辅输出电压改变的现象称为交叉影响。当主输出电流变化最大时，辅输出的电压变化可能高达±8%。

如果主输出和辅输出的输出电感都工作在连续导电模式下（见 2.2.4 节），由电流变化引起的辅输出变化就要小得多。如果主输出或者任何一个辅输出电感工作在不连续导电模式下，则该辅输出的波动可能达到 50%。

提示：如果采用耦合输出绕组（绕在同一磁芯上的多路二次绕组之一），电路可以得到更好的交叉调节，并使得电流变化范围更宽[17]。

——K.B.

如果输出电感值选得很大，就会使输出电感工作在连续导电模式下，但是过大的输出电感，会在负载突变时使输出电压有较严重的瞬态过程。

处于开环状态的辅输出电压不能精确控制，其误差只能控制到额定值的百分之几。

输出电压设定精度由磁芯上单匝绕组的电压伏数确定。由于一次绕组和二次绕组的匝数都只能是整数，所以输出电压只能粗调。由法拉第定律可知，每匝伏数与开关频率成正比，所以频率越高，辅输出电压精确程度越低。

这种只有主输出能对电网电压和负载变化进行自动调节，而辅输出对于主输出或自身负载变化的稳压性能不理想的多输出变换器拓扑已经不再广泛使用了。

通常，主输出（一般为 5V）向主逻辑电路供电，要求这些逻辑电路的供电电源不受电网电压和负载的影响。辅输出一般向磁碟机及磁带机中的电动机或误差放大器供电，这类负载性能不受供电电压波动影响，一般偏离 1~2V 都没问题。例如，电动机电压的轻微波动只对电动机的加速时间有轻微影响。各种线性电路，供电电压的变化只对其内部有轻微影响。

　　但仍有一些应用场合要求辅输出必须很精确而且稳压性能要好,对于电网电压和负载的变化,其调整精度应在 1%之内。目前,当需要精确稳定的辅输出时,一般采用多加一级稳压电路的方法对辅输出再次稳压。当输出电流小于 1.5A 时采用线性稳压器,当输出电流大于 1.5A 时采用 Buck 电路。

　　这些方案的优缺点后面将会介绍。一种更好的解决方案是磁放大后级调节技术,它的原理很简单。它采用现有技术及先进磁性材料和简单电路,它的应用在 20 世纪 80 年代中期突起,并迅速被整个工业界采用。

10.2 线性稳压器和 Buck 后级稳压器

　　电流小于 1.5A 时最好使用线性稳压器作为后级稳压输出。1.5A 的输出限制是因为考虑了成本和损耗。

　　TO220 是市场上可买到的输出电流小于 1.5A 的线性稳压器,价格大约为 50 美分。工作时除了一个小滤波电容外不再需要其他外部元器件。通常这类芯片需要 2V(最坏的情况下该值为 3V)的输入/输出电压差或称为压差裕量(见 1.2.3 节)。因此,当输出电流为 1.0A,电压差为 3V 时,器件内部消耗的功率为 3.0W。

　　TO66 和 TO3 是能承受更高电流的线性稳压器,但是过高的结温需要散热器,同时过大的内部损耗会导致电源整体效率下降,通常它们不用于电流大于 1.0A 的场合。

　　具有 0.5V 和 1.0V 输入/输出电压差的线性稳压器也已经研制成功(见 1.2.5 节),不过价格是相当高的。

　　当电流大于 1.5A 或 3.0A 时,一般使用 Buck 稳压电路作为后级稳压器,变压器二次侧电压通常比设定输出值高 4V,然后通过 Buck 电路降压(见 1.3.1 节),得到要求的输出电压。

　　这种方法比线性稳压器的效率要高很多,不过也要贵很多,而且使用的元器件比线性稳压器多,占用空间大。另外,Buck 电路的开关管产生额外的 RFI 源,而且当它的工作频率与主开关管的不同步时,可能产生对主开关管工作频率的拍频,从而在频谱的其他部分引起问题。

　　下面将介绍电流大于 1.5A、性能优于 Buck 稳压器的磁放大器后级稳压技术,它也可以成功用于电流小于 1.5A 的后级稳压。

10.3 磁放大器概述

　　由图 2.1 和图 2.10 可知,对主输出电压的控制是通过调节 D_4 的有效导通时间(即占空比)实现的,也就是通过调整二次绕组正电压的持续时间实现的。逆变电路输出的矩形脉冲波由电感和输出电容滤波,再经过闭环控制 D_4 的占空比,最终输出稳定的直流电压。D_4 的导通时间是受主输出反馈环路控制的,而辅输出处于开环状态,不能很好地稳压。如果有独立的反馈环路控制辅输出的导通时间,其电压将会稳定。

　　一个正激变换器的辅输出绕组的占空比可以通过如图 10.1 所示的开关 S_1 来控制。开关 S_1 串联在辅输出绕组和整流二极管 D_1 之间。通过独立调节它的导通时间和截止时间就能调节供给辅输出 LC 滤波器的电压占空比,从而控制辅输出电压。注意,我们 S_1 只能减小所施加的占空比,因此只能降低输出电压。因此,在所有条件下,辅二次侧电压必须高于所需的输出电压，并通过减小导通占空比降低到所需的输出电压。

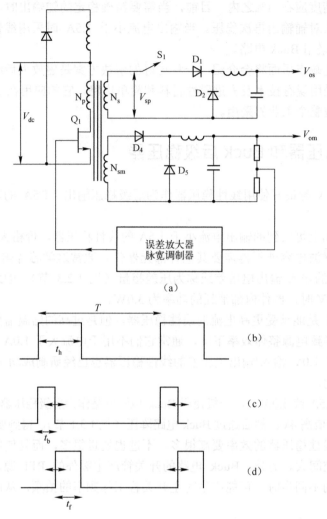

（a）

（b）

（c）

（d）

图 10.1 使用开关 S_1 对辅输出进行脉宽调制。如果 S_1 的开关时间可以通过一个独立的反馈来
调节，而与 Q_1 的导通和截止无关，则辅输出可以独立于主输出进行调节

如图 10.1 所示，假设主输出导通时间为 t_h，周期为 T，t_h 是由主反馈回路根据维持输出电压稳定的条件确定的，则有

$$V_{om} = \left[(V_{dc} - V_{ce}) \frac{N_{sm}}{N_p} - V_{D4} \right] \frac{t_h}{T} \qquad (10.1a)$$

$$V_{om} \approx \left[(V_{dc} - 1) \frac{N_{sm}}{N_p} - 1 \right] \frac{t_h}{T} \qquad (10.1b)$$

在 t_h 时间里，设开关 S_1 在 t_b 时间先断开，V_{sp} 在 t_b 时间内不能通过 D_1 给负载供电[见图 10.1（c）]，接着开关在 t_f 时间内导通[见图 10.1（d）]，则辅输出级的输出电压为

$$V_{os} = (V_{sp} - V_{D1}) \frac{t_f}{T} \qquad (10.2a)$$

$$V_{os} \approx (V_{sp} - 1) \frac{t_f}{T} \qquad (10.2b)$$

这样，

$$t_f + t_b = t_h \quad 或 \quad t_f = t_h - t_b \qquad (10.3)$$

由式（10.2），可以通过控制 t_f 来使辅输出电压保持恒定。实际上是通过控制开关 S_1 的截止时间 t_b 来达到这个目的。

因此在式（10.2a）中，输入电压 V_{dc} 升高，辅输出的二次侧峰值电压 $V_{sp}=(V_{dc}-V_{Q1})(N_s/N_p)$ 也升高，通过增加 t_b 来降低 t_f，使输出电压稳定。

在本例中，开关 S_1 就是一个磁放大器（准确地说是一个饱和电抗器，见文献[1]），是在具有方形磁滞回线的环形磁芯上绕制导线而成的，其工作原理将在下面介绍。

10.3.1　用作快速开关的方形磁滞回线磁芯

图 10.2 所示是一个典型的方形磁滞回线磁芯（Toshiba MB 非晶磁芯材料）的磁滞回线。在磁放大器中使用的其他方形磁滞回线磁芯材料将在后面讨论。

提示：在图 10.2 中，纵轴表示的是磁感应强度 B，它是每匝伏秒数的函数。从点 0 到点 6 所示的曲线是磁芯饱和的变化回线，该过程所需时间是二次侧电压、二次绕组匝数和磁芯横截面积的函数。以 SI 单位制计算该时间的公式为

$$t_d = \frac{N \Delta B A_e}{V_S}$$

式中，t_d 为延迟时间（μs）；N 为绕组匝数；ΔB 为磁感应强度变化量（T）；A_e 为有效磁芯面积（mm^2）；V_S 为二次侧电压。

如果 N、A_e 和 V_S 都已确定，那么 t_d 仅是 ΔB 的函数，t_d 的大小取决于在正脉冲波开始时，磁芯状态在磁滞回线上所处的位置。

图 10.2 的横轴表示的是磁场强度 H，它与电流的大小成比例。在磁滞回线从点 0 变化到点 7 时，纵轴坐标的变化量较大，而横轴的变化量很小，因为电流变化很小。当开关管截止时，从以上的公式可看出磁感应强度变化量和延迟时间是成正比例的。当磁滞回线到达点 7 时，磁场强度迅速地沿曲线从点 7 变化到点 5，这是由于电流随着磁芯的饱和迅速增大引起的，这也是磁放大器又名饱和电抗器的缘由。对于开关导通时的情况，在文献[16]中有进一步介绍。

—— K.B.

磁滞回线的斜率（$\mu=dB/dH$）就是磁芯的磁导率。绕制在磁芯上的绕组的阻抗与磁导率 μ 成正比，因此在磁滞回线的垂直段，它的磁导率和阻抗都非常大。这等效为开关在断开的位置。

当磁芯处于饱和状态，即工作于磁滞回线水平部分（点 4 以后）时，这个部分的磁滞回线的斜率 dB/dH，即磁导率接近于零，磁放大器的阻抗很小，磁放大器相当于有相同匝数的空心线圈，磁放大器相当于单刀开关工作在闭合状态。

使用这种磁芯绕制就构成了图 10.1 中的开关 S_1。图 10.3 给出了利用误差放大器和辅助电路构成的磁放大器开关控制电路。

一个开关周期内（图 10.4 中的 t_0 到 t_3 段），磁芯 B-H 值经过了一个所谓的最小磁滞回线环路，即如图 10.2 中的路径 01234567890。控制磁放大器开关的截止时间 t_b 和导通时间 t_f 的方法如下。假设在一个周期开始的时刻 t_0，磁芯被复位到图 10.2 中的 B_1 位置。当 Q_1 导通时，电压 $V_{sp} \approx (V_{dc}-1)N_{ss}/N_p$，加在辅绕组的二次侧。

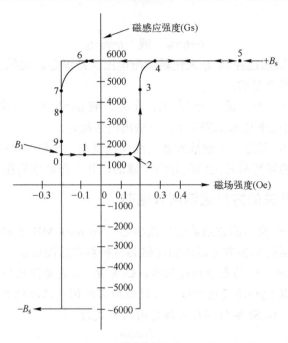

图 10.2   100kHz Toshiba MB 非晶磁芯材料下的磁滞回线。在磁放大器工作过程中，磁芯沿着
           路径 01234567890 磁化。从点 1 到点 4 的过程中，磁芯 $B\text{-}H$ 值位于磁滞回线斜率很
           大的位置，此时磁芯的阻抗很大。在点 4 位置，磁芯饱和阻抗为零。在 Q_1 关断之前
           （见图 10.1）磁芯 $B\text{-}H$ 值复位到 B_1 位置，从 B_1 沿着磁滞回线到+B_s 的时间就是开关
           关断时间。B_1 的位置越低，阻隔时间或开关截止时间越长。B_1 的复位是由 Q_2 流向
           磁放大器的反向电流控制的（见图 10.3）。这个电流由误差放大器控制

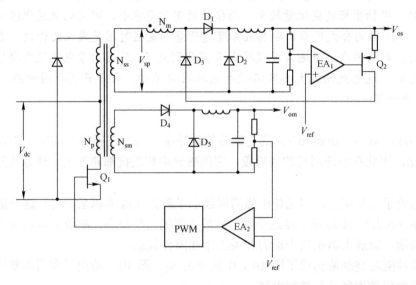

图 10.3   使用磁放大器调节的辅输出。图 10.1 中的开关 S_1 被磁放大器代替，如图中 N_m 所
           示。磁放大器在没有饱和时，磁滞回线斜率很大，其阻抗很大。保持高阻抗的时间
           受到 Q_1 截止时间内反向加于磁放大器的复位电流的控制。磁放大器简单地说就是绕
           了几圈导线的方形磁滞回线磁芯

t_0 之前 D_2 是导通的，并且阴极电压比地低一个二极管压降。在 t_0 时刻，电压（V_{sp}+1）加在磁放大器及串联的 D_1 上，使磁芯趋于饱和（见图 10.2 中的点 4）。

在磁芯到达饱和点之前，只有很小的"漏电流"流过磁放大器和 D_1。这个漏电流比续流二极管 D_2 的电流小很多，因此 D_2 导通，其阴极电压仍比地低一个二极管压降。同时电压 V_{sp} 被阻断，不会加到输出电感 L_s 上。

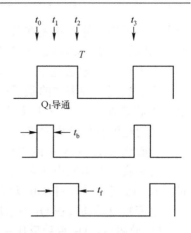

图 10.4　图 10.3 所示电路中的磁放大器的关键时间间隔

二极管 D_1 流过磁放大器的漏电流。相对于 D_2 的电流来说，D_1 的电流很小。设 D_1 和 D_2 的正向压降均为 1V，则加在磁放大器上的电压为 V_{sp}，磁放大器的右端电压等于地电位。此时磁放大器处于阻断状态，持续时间为 t_b。t_b 就是磁放大器沿着磁滞回线从 B_1 到 $+B_s$ 的时间。

一旦磁芯进入饱和状态（点 4 位置），磁放大器的阻抗就可以忽略，电流经磁放大器流入负载。在 Q_1 导通时间内，D_2 的阴极电压等于 V_{sp} 减去二极管导通压降。

从磁放大器开始饱和到 Q_1 关断时刻的时间为 t_f。LC 输出滤波器上承受一个值为（$V_{sp}-V_{D1}$）的电压，其占空比为 t_f/T，则平均输出电压为 $(V_{sp}-V_{D1})t_f/T$。

由上述可知，可以通过调节 t_f 来实现输出电压的调整，实际使用中可以通过控制 t_b 来控制输出电压。

10.3.2　磁放大器中的截止和导通时间

截止时间 t_b 可由法拉第定律计算得到。

$$
\begin{aligned}
V_{sp} &= N_m A_e \frac{\mathrm{d}B}{\mathrm{d}t} \times 10^{-8} \\
&= N_m A_e \frac{B_s - B_1}{t_b} \times 10^{-8} \\
t_b &= N_m A_e \frac{B_s - B_1}{V_{sp}} \times 10^{-8}
\end{aligned}
\tag{10.4}
$$

式中，N_m 为磁放大器的绕组匝数；A_e 为磁放大器的磁芯截面积（cm^2）；B_s 为饱和磁感应强度（Gs）；B_1 为起始磁感应强度（Gs）；V_{sp} 为辅输出绕组二次侧峰值电压（V）；t_b 为截止时间（s）（见图 10.4）。

从式（10.2b）可得 $V_{os}=(V_{sp}-1)t_f/T$，从式（10.3）可得 $t_f=t_h-t_b$。

如果 V_{sp} 升高，V_{os} 可以通过缩短导通时间 t_f[见式（10.3）]保持恒定。从式（10.2）可知，缩短 t_f 可以通过延长 t_b 来实现。从式（10.4）可知，延长 t_b 可以通过将 B_1 复位到磁滞回线更低的位置来实现。同样，如果由于某种原因使 V_{os} 降低，则必须通过缩短 t_b 来延长 t_f，这可以通过提高初始磁感应强度 B_1 实现，这样磁芯到达饱和的时间 t_b 会更短。

10.3.3　磁放大器磁芯复位及稳压

到目前为止，只讨论了磁芯从初始磁感应强度 B_1 到达饱和的暂态过程。在 t_f 时间内，磁放大器的阻抗为零且向输出 LC 滤波器供电。

从 Q_1 关断到下一次导通之前这个时间段内，磁芯必须被复位到 B_1 位置，这是为在下一个开关周期内能关断做准备。如果在导通时间结束后没有反向电流流入磁放大器将其复位，则磁放大器磁芯将保持在+B_s位置。

在本例中，磁芯通过一种电流复位技术将磁感应强度复位到B_1位置。在实际应用中，磁芯被复位到需要的磁感应强度是通过电压复位或电流复位实现的。在电压复位技术里，磁芯是通过一个反压伏秒值来复位的[由法拉第定律，$dB=Edt/(N_mA_e)$]。在有些电路中，使用电流复位会更简单。

一般通过图 10.3 中的电压误差放大器、二极管 D_3 和压控电流源 Q_2 来使磁芯复位到B_1，同时实现在电网电压和负载变化时的稳压。磁芯被复位到 B_1 位置，因此有一个截止时间 t_b，改变导通时间 t_f 可以调节输出电压。

电流复位是通过在 Q_1 关断后给磁放大器加一个反向直流电流实现的。

Q_1 导通后，D_3 承受反压关断，Q_2 关断，主电路停止给负载供电。Q_1 关断，N_{ss} 的上端为负，电流通过 Q_2 的集电极加到磁放大器的异名端。电流是通过误差放大器来控制的，误差放大器使采样电压与给定电压一致。

如果直流输出电压上升，则 t_f 必须减小，即 t_b 必须增大。因此，误差放大器的输出就会下降，Q_2 的集电极电流增大，复位电流增大。这将使初始磁感应强度 B_1 更低，由式（10.4）可知，t_b 会增大使 t_f 减小，直流输出电压也会降低到正常值。

同样，V_{os} 的降低引起误差放大器输出电压的提高，同时减小了磁复位电流。当 B_1 升高时，t_b 减小，t_f 增大，V_{os} 也上升到了正常值。

所有这些过程都发生在几个开关周期之内，执行时间的长短完全由误差放大器的带宽决定。

提示：值得注意的是，在实际应用中不会考虑简化电路。当 D_3 阻断 Q_2 的集电极电流时，Q_2 的发射极电流与基极电流立即相等。因为误差放大器提供基极电流，而不提供发射极电流，当误差放大器内部电路饱和时，基极与发射极电流就相等了。在这种情况下，放大器并没有损坏，这是一种不希望出现的工作状态，可以通过完善电路设计来避免。

——T.M.

负反馈环路的稳定性在这里不讨论，请参考 C. Jamerson[4] 及 C. Mullett[2] 的著作。

10.3.4 利用磁放大器关断辅输出

迄今为止，磁放大器只是用来调节辅输出电压。它通过控制初始磁感应强度 B_1 来控制输出。B_1 越低，截止时间 t_b 越长，即导通时间 t_f 越短，直流输出电压越低。

通过将初始磁感应强度从+B_1变到-B_s，磁放大器可以完全关断直流输出电压。由式（10.4）可知 $t_b=N_mA_e(2B_s)10^{-8}/V_{sp}$，选择合适的 A_e 和绕组匝数 N_m 可以使截止时间 t_b 比 Q_1 的最大导通时间还要长（实现了磁放大器彻底关断直流输出电压）。

可通过不同的方法使 Q_2 的电流足够大来将磁感应强度 B_1 降低到-B_s。因此，需要将误差放大器的输出端强制为低阻抗和低电压源；或者在 V_{ref} 与误差放大器的同向输入端之间串接隔离电阻，V_{ref} 端直接接地。

需要注意，如果磁放大器仅仅用作调节器（一般情况下都这样使用），如图 10.2 所示，则磁芯的磁滞回线只包围很小的面积，仅仅是整个饱和磁滞回线面积的一小部分。这个面积和初始磁感应强度 B_1 有关，而 B_1 是由最高和最低输出电压和负载电流决定的。

磁放大器作为调节器使用时，磁芯的磁滞回线包围的面积一般是饱和磁滞回线面积的四分之一左右。由于磁芯损耗与磁芯的磁滞回线包围的面积成比例，这种情况下磁放大器的损耗和温升都比较小。

　　然而，当磁放大器被用来完全关断辅输出时，它的磁芯磁滞回线覆盖了从$+B_s$到$-B_s$的大部分面积，这将产生较高的磁芯损耗和温升，损耗和温升可以通过制造厂商提供的磁芯损耗曲线来计算。这将在 10.3.7 节介绍。

　　同时请注意图 10.3，误差放大器和 Q_2 的电源就是辅输出本身，如果设计成完全关断辅输出，那误差放大器和 Q_2 就需要其他电源供电，比如另一个辅输出。

　　提示：磁放大器可以通过延迟上升时间控制导通占空比，或者控制关断前的下降时间来调节导通时间。磁放大器有磁芯置位和复位两种类型。前者由高磁导率的金属磁芯构成，这种磁芯在高频状态下磁芯损耗大。后者采用低损耗的铁氧体磁芯材料，更适合用于高频情况下[16]。

——K.B.

10.3.5　方形磁滞回线磁芯特性和几种常用磁芯

　　20 世纪 70 年代，磁放大器重新引起人们的兴趣时，只有少数磁性材料满足磁放大器磁芯材料的特性，可以用来制造高效高频置位磁放大器。

　　数年来，冷轧、晶态、高磁导率的磁芯材料被用于制作脉冲变压器及其同类产品。这种材料是一种含有 79%镍、17%铁、4%钼的合金。很多磁芯厂商都有此类产品。Magnetics 和 Pennsylvania 是美国著名的磁芯供应商，可以提供各种规格的磁芯，适合做磁放大器的磁芯型号是 Square Permalloy 80。其他公司的同类产品有 4-79 Molypermalloy、Square Mu 79、Square Permalloy 和 HyRa 80。

　　Magnetics 公司提供的 Square Permalloy 80 磁芯分为 0.5mil、1.0mil、2.0mil、4.0mil、6.0mil 和 14.0mil 几种厚度[5]。这种材料是可导电的，涡流损耗是损耗的主要部分，为了减小损耗，频率越高，使用的磁芯厚度越小。

　　一般来说，1mil 的厚度适合使用的最高频率为 50kHz，0.5mil 的厚度适合使用的频率为 50～100kHz。超过 100kHz 就要使用非晶磁芯，以得到更低的磁芯损耗。

　　一个高效率、高频率的磁放大器需要具有以下两个特性，即接近完全方形的磁芯磁滞回线和达到峰值磁感应强度时有较低的损耗。0.5mil 的磁芯要比 1mil 的磁芯贵很多。如果磁放大器仅用于后级稳压，则磁滞回线仅为饱和磁滞回线的一小部分，1mil 厚度的磁芯也可以用在频率高于 50kHz 的场合。

　　方形磁滞回线是使磁芯在饱和情况下阻抗极低的必要条件。如果磁滞回线不够方正，它的磁导率（饱和时候的 dB/dH，见图 10.2）不是接近于零，则需要考虑其阻抗，而且其阻抗会比同匝数空心电感大很多。

　　因此，在图 10.3 中，磁放大器的输出电压会比 V_{sp} 略低，且磁放大器上的压降是由二次侧电流决定的。如果磁滞回线不是方形的，就要考虑从高阻抗到低阻抗的转换时间，这限制了其在高频条件下的使用。

　　图 10.5（a）和图 10.5（b）是 1mil 和 0.5mil Square Permalloy 材料以峰值磁感应强度和工作频率为参数的磁芯损耗曲线（损耗单位为瓦特每匝）。曲线中的磁感应强度是磁感应强度峰-峰值的一半。Magnetics 公司没有给出每个磁芯的质量，不过可以通过磁芯截面积、等效磁路长度和材料密度（$8.75g/cm^3$）计算得到。

　　磁放大器外部温升可通过如图 7.4（a）和图 7.4（c）所示的热阻和磁芯损耗来估计。磁芯和外表面的温差在 15℃ 左右是比较合理的。Square Permalloy 材料的最高工作居里温度为 460℃，那么磁芯工作时应可以承受如此高的温升。限制磁芯损耗的因素为绕线耐温等级或磁放大器的效率。

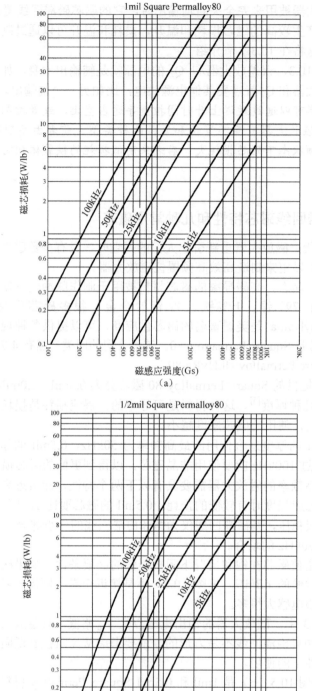

图 10.5 （a）1mil Square Permalloy 材料的磁芯损耗曲线（由 Magnetics 公司提供）。（b）
0.5mil Square Permalloy 材料的磁芯损耗曲线（由 Magnetics 公司提供）。（c）非晶合
金材料 Metglas 2714A 的磁芯损耗曲线（由 Magnetics 公司提供）。（d）Toshiba MA
材料的磁芯损耗曲线（W/lb=56.8W/cm³）（由 Magnetics 公司提供）

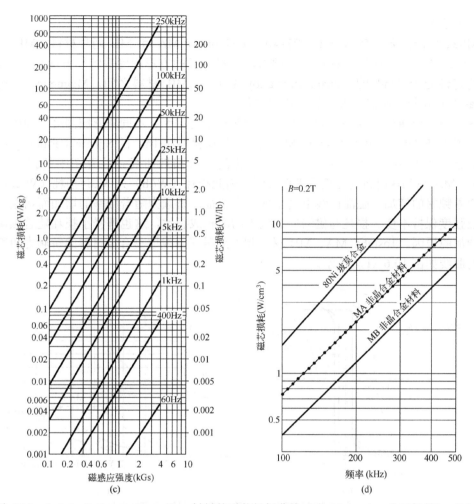

图 10.5 （a）1mil Square Permalloy 材料的磁芯损耗曲线（由 Magnetics 公司提供）。（b）
0.5mil Square Permalloy 材料的磁芯损耗曲线（由 Magnetics 公司提供）。（c）非晶合
金材料 Metglas 2714A 的磁芯损耗曲线（由 Magnetics 公司提供）。（d）Toshiba MA
材料的磁芯损耗曲线（W/lb=56.8W/cm^3）（由 Magnetics 公司提供）（续）

提示：在磁性材料的研发应用中，非晶态磁性材料被意外地发现在某些应用中具有独
特的优越性。在 20 世纪 70 年代，人们在研究一种更好的方法生产一种用于加固自行车轮
胎的薄金属条时，发现了这种非晶态磁性材料。在金属条的生产流程中，熔融的金属直接
被喷射到一个快速旋转的超速冷却的金属滚筒上，就可以生产出一种连续的薄金属条。快
速的冷却使得晶体结构的金属无法形成。而非晶态的金属为玻璃状，并被发现具有额外的
磁性特性。德国的 Vacuumschmelze 迅速地开发了这种磁性材料，即 Vitrovac 6025，该材
料的磁导率高达 2×10^6。与此同时，美国的 Allied Signal 开发了同类产品 Sq Metglas。

——K.B.

磁放大器的研究重新引起大家的兴趣之后不久，一种新型的磁性材料出现了。这种材
料不是晶体状态的，而是非晶的，且拥有更低的磁芯损耗，同时在高频时的磁滞回线比
Square Permalloy 材料更趋近于方形。虽然 0.5mil 的 Square Permalloy 材料可以工作在频率
为 100kHz 的情况下，但如果需要更高的工作频率，则使用新材料效果会更好。新泽西州
Parsippany 市的 Allied Signal 公司[6]和 Toshiba 公司[7]（美国的代理是纽约的 Mitsui 公司）

可以提供这种非晶材料。

Allied 的产品名称是 Metglas 2714A。Toshiba 有 MA 和 MB 两种材料。MB 材料和 Metglas 2714A 材料在磁芯损耗、矫顽力、磁滞回线的方形程度等特性方面很相似。MA 材料的特性处于 1mil 的 Square Permalloy 材料和 MB 材料之间。Magnetics 公司使用 Metglas 2714A 材料制造标准磁放大器的磁芯。

图 10.5（c）所示的是 Metglas 2714A 材料在不同频率、不同磁感应强度下的磁芯损耗曲线。图 10.5（d）给出了 Toshiba MA 材料、MB 材料和 1mil 的 Square Permalloy 材料在最大磁感应强度为 2000Gs 时随着频率变化的磁芯损耗曲线。注意图中的损耗单位是 W/cm^3，MA 和 MB 材料的密度为 $8.0g/cm^3$，因此损耗（W/lb）为 56.8×损耗（W/cm^3）。

随着频率的增加，磁滞回线上会出现一个特征：矫顽力随着频率的增加而增加，饱和磁感应强度保持不变。损耗与磁滞回线包围的面积成正比，这也解释了损耗随着频率的升高而增加的原因。Toshiba MA、MB 材料和方形磁滞回线坡莫合金材料的矫顽力随着频率变化的曲线如图 10.6（b）所示。

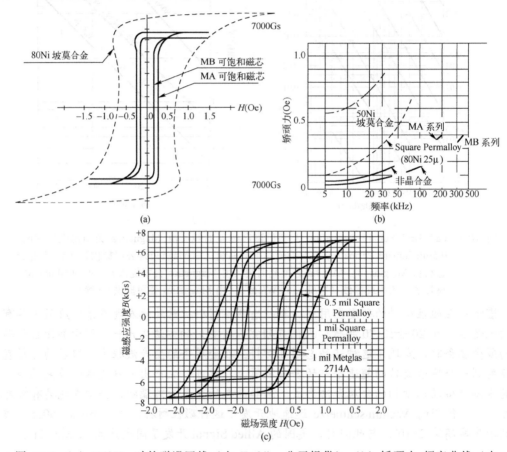

图 10.6 （a）100kHz 时的磁滞回线（由 Toshiba 公司提供）。（b）矫顽力-频率曲线（由 Toshiba 公司提供）。（c）1mil 和 0.5mil 的 Square Permalloy 材料及 Metglas 2714A 材料 100kHz 时的磁滞回线（由 Magnetics 公司提供）

Toshiba 公司标准尺寸的 MA 和 MB 材料参数如图 10.7（a）和图 10.7（b）所示。Magnetics 公司的 Metglas 2417A 材料参数如图 10.8（a）所示，Allied Signal 公司[8]的 Metglas 2417A 材料参数如图 10.8（b）所示。

（a）

型号	标准磁芯尺寸 (mm) 外径	内径	高度	成品尺寸 (mm) 外径	内径	高度	有效截面面积 (mm²)	等效磁路长度 (mm)	总磁通 $2\phi_t(\times 10^{-8}\text{Wb})$	绝缘材料
MA26×16×4.5W	26	16	4.5	29.5 max.	13.0 min.	8.0 max.	16.9	66.0	1800	树脂外壳
MA22×14×4.5W	22	14	4.5	25.5 max.	11.0 min.	8.0 max.	13.5	56.5	1440	树脂外壳
MA18×12×4.5X	18	12	4.5	20.5 max.	10.2 min.	8.0 max.	10.1	47.1	1080	环氧树脂涂层
MA14×8×4.5X	14	8	4.5	16.3 max.	6.3 min.	7.5 max.	10.1	34.6	1080	环氧树脂涂层
MA10×6×4.5X	10	6	4.5	12.3 max.	4.4 min.	7.5 max.	6.75	25.1	720	环氧树脂涂层
MA8×6×4.5X	8	6	4.5	10.0 max.	4.4 min.	7.5 max.	3.38	22.0	360	环氧树脂涂层
MA7×6×4.5X	7	6	4.5	9.0 max.	4.4 min.	7.5 max.	1.69	20.4	180	环氧树脂涂层

（b）

型号	标准磁芯尺寸 (mm) 外径	内径	高度	成品尺寸 (mm) 外径	内径	高度	有效截面面积 (mm²)	等效磁路长度 (mm)	总磁通 $2\phi_t(\times 10^{-8}\text{Wb})$	绝缘材料
MB21×14×4.5	21	14	4.5	24.0 max.	12.0 min.	8.5 max.	11.8	55.0	1105	环氧树脂涂层
MB18×12×4.5	18	12	4.5	20.5 max.	10.2 min.	8.0 max.	10.1	47.1	935	环氧树脂涂层
MB15×10×4.5	15	10	4.5	17.5 max.	8.3 min.	7.5 max.	8.44	39.3	790	环氧树脂涂层
MB12×8×4.5	12	8	4.5	14.3 max.	6.3 min.	7.5 max.	6.75	31.4	629	环氧树脂涂层
MB10×7×4.5	10	7	4.5	12.3 max.	5.4 min.	7.5 max.	5.06	26.7	476	环氧树脂涂层
MB9×7×4.5	9	7	4.5	11.0 max.	5.4 min.	7.5 max.	3.38	25.1	315	环氧树脂涂层
MB8×7×4.5	8	7	4.5	10.0 max.	5.4 min.	7.5 max.	1.69	23.6	158	环氧树脂涂层
MB15×10×3W	15	10	3.0	17.0 max.	8.0 min.	5.0 max.	5.63	39.3	526	树脂外壳
MB12×8×3W	12	8	3.0	14.0 max.	6.0 min.	5.0 max.	4.5	31.4	420	树脂外壳

图 10.7　（a）磁放大器用 MA 非晶材料（由 Toshiba 公司提供）。
　　　　　（b）磁放大器用 MB 非晶材料（由 Toshiba 公司提供）

器件型号	尺寸						磁芯损耗 (W) @50kHz 2000 Gs (Max.)	磁路长度 ml(cm)	磁芯横截面积 A_c(cm²)	窗口面积 W_a(cmil)	磁芯质量(g)	$W_a \cdot A_c$ cmil·cm² (×10⁶)
	内径 (in)		外径 (in)		高 (in)							
	磁芯	外壳	磁芯	外壳	磁芯	外壳						
50B10-5D	0.650	0.580	0.900	0.970	0.125	0.200	0.118	6.18	0.051	348000	2.7	0.0177
50B10-1D	0.650	0.580	0.900	0.970	0.125	0.200	0.22	6.18	0.076	348000	4.0	0.0264
50B10-1E	0.650	0.580	0.900	0.970	0.125	0.200	0.092	6.18	0.076	348000	3.5	0.0264
50B11-5E	0.500	0.430	0.625	0.695	0.125	0.200	0.044	4.49	0.025	194000	1.0	0.0048
50B11-1D	0.500	0.430	0.625	0.695	0.125	0.200	0.083	4.49	0.038	194000	1.5	0.0074
50B11-1E	0.500	0.430	0.625	0.695	0.125	0.200	0.034	4.49	0.038	194000	1.3	0.0074
50B12-5D	0.375	0.305	0.500	0.570	0.125	0.200	0.035	3.49	0.025	99000	8	0.0025
50B12-1D	0.375	0.305	0.500	0.570	0.125	0.200	0.066	3.49	0.038	99000	1.2	0.0038
50B12-1E	0.375	0.305	0.500	0.570	0.125	0.200	0.027	3.49	0.038	99000	1.04	0.0038
50B45-5D	0.500	0.430	0.750	0.820	0.250	0.325	0.194	4.99	0.101	194000	4.4	0.0143
50B45-1D	0.500	0.430	0.750	0.820	0.250	0.325	0.363	4.99	0.151	194000	6.6	0.0214
50B45-1E	0.500	0.430	0.750	0.820	0.250	0.325	0.149	4.99	0.151	194000	5.7	0.0214
50B66-5D	0.500	0.430	0.750	0.820	0.125	0.200	0.097	4.99	0.050	194000	2.2	0.0071
50B66-1D	0.500	0.430	0.750	0.820	0.125	0.200	0.182	4.99	0.076	194000	3.3	0.0108
50B66-1E	0.500	0.430	0.750	0.820	0.125	0.200	0.075	4.99	0.076	194000	2.9	0.0108

* 其他规格参考厂商资料。

器件型号代码

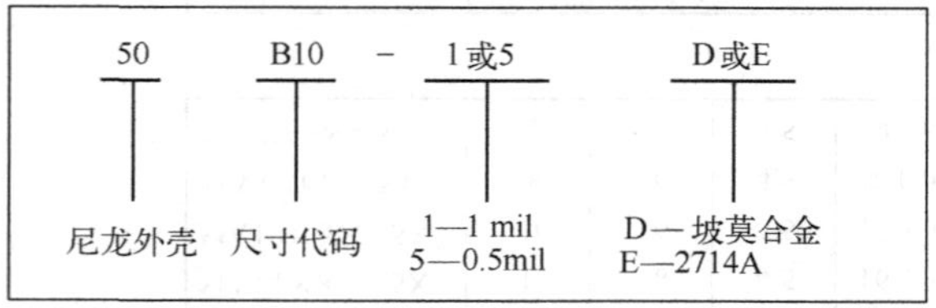

```
50    B10    -    1或5    D或E
│      │          │        │
尼龙   尺寸       1—1 mil   D—坡莫合金
外壳   代码       5—0.5mil  E—2714A
```

材料特性

材料特性	Metglas2714A	0.5mil Square Permalloy	1mil Square Permalloy
B_m(Gs min.)	5000	7000	7000
B_r/B_m(min.)**	0.9	0.83	0.80
H_1(Oe max.)**	0.025	0.045	0.040
磁芯损耗 (t/lb.max.@50kHz,2000Gs)	12	20	25

** 测量条件：400Hz CCFR 测试。

(a)

(b)

图 10.8 (a) 磁放大器用 Square Permalloy 80 和 Metglas 2714A 材料（由 Magnetics 公司提供）。
(b) 磁放大器用标准Metglas 2714A非晶材料（由 Allied Signal 公司提供）

磁芯型号	磁芯外壳	尺寸(mm)			磁路长度ml (cm)	A (cm²)	质量 (g)	磁通 2ϕ (μWb)	W (cm²)	WA (cm²)
		外径	内径	高度						
MP1303	CORE CASE	12.8 14.6	9.5 7.9	3.2 5.1	3.50	0.041	1.1	4.7	0.49	0.021
MP1603	CORE CASE	15.9 17.8	12.7 11.1	3.2 5.1	4.50	0.041	1.4	4.7	0.96	0.039
MP1903	CORE CASE	19.2 21.0	12.7 11.1	3.2 5.1	5.00	0.082	3.1	9.3	0.96	0.079
MP2303	CORE CASE	22.9 25.0	16.4 14.6	3.2 5.1	6.19	0.081	3.8	9.2	1.68	0.14
MP1305	CORE	12.5	9.5	4.8	3.46	0.057	1.5	6.5	0.49	0.028
MP1505	CORE	15.1	9.5	4.8	3.87	0.11	3.1	12	0.49	0.049
MP1805	CORE CASE	18.4 20.8	12.7 10.8	4.8 6.7	4.88	0.11	4.0	12	0.92	0.10
MP1906	CORE CASE	19.1 21.3	12.7 10.7	6.4 8.4	4.99	0.16	6.1	18	0.90	0.14
MP3506	CORE CASE	35.2 37.3	25.4 23.4	6.4 8.4	9.52	0.241	17.4	27.5	0.49	1.04
MP2510	CORE CASE	25.6 27.8	19.1 17.0	9.5 11.8	7.01	0.241	12.8	27.5	2.28	0.552

注：1cmil =5.067×10^{-6} cm²

型号代码：
MP
Metglas 产品
13 OD(外径)　03 HT(高度)
P 或 E　P—塑料盒　E—密封
4A 合金 2714A
S 方形　环形

(b)

图 10.8 （a）磁放大器用 Square Permalloy 80 和 Metglas 2714A 材料（由 Magnetics 公司提供）。
（b）磁放大器用标准Metglas 2714A非晶材料（由 Allied Signal 公司提供）（续）

值得注意的是，图 10.12 中 Toshiba 公司给出的温升，与图 7.4（c）中计算出的任何功耗的温升和图 10.7（b）中计算出的磁芯区域的温升在几度之内是一致的。

磁通变化量（单位为 Mx）等于磁感应强度变化量（单位为 Gs）乘以磁芯截面积（单位为 cm^2）。因此，磁通变化量（单位为 Wb）除以磁芯截面积即可得到磁感应强度变化量。曲线中磁通变化的最大值对应磁感应强度从负方向最大值$-B_s$变化到正方向最大值$+B_s$。Toshiba MA 和 MB 材料的 B_s 值分别为 6500Gs 和 6000Gs。

图 10.9～图 10.11 中，最大磁通变化情况下的损耗对应于磁放大器工作在磁滞回线的全路径，这时磁放大器用来完全关断辅输出电压。在磁感应强度变化较小的情况下的损耗对应磁芯工作于部分磁滞回线上，如图 10.2 所示，此时磁放大器仅用于调整辅输出。

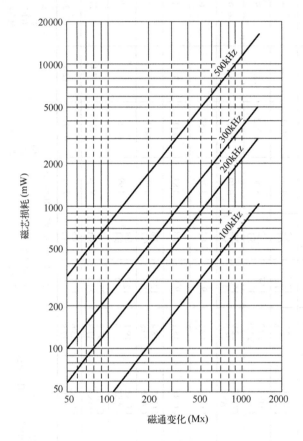

图 10.9　磁通变化最大时的磁芯损耗曲线，磁芯材料为 Toshiba MB 21×14×4.5；截面积为 $0.118cm^2$；$\Delta B=\Delta\phi$（Mx）/0.118（由 Toshiba 公司提供）

Toshiba MA 材料、MB 材料和 0.5mil 的 Square Permalloy 材料工作在 100kHz 下的磁滞回线如图 10.6（a）所示。图 10.6（c）所示为 Metglas 2417A、0.5mil 和 1mil Square Permalloy 在 100kHz 下的磁滞回线。

10.3.6　磁芯损耗和温升的计算

Toshiba 公司提供了计算磁芯温升的曲线图。图 10.9、图 10.10 和图 10.11 是该公司最大的 3 个 MB 材料磁芯的以最大磁通变化（单位为 Wb）为参数的磁芯损耗曲线。

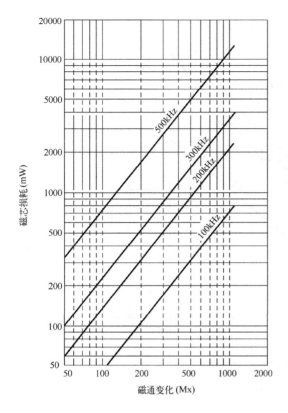

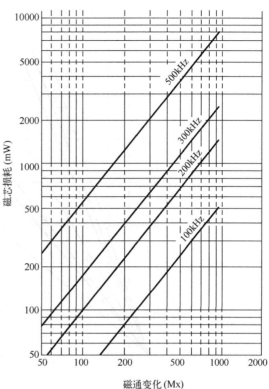

图 10.10　磁通变化最大时的磁芯损耗曲线，磁
芯材料为 Toshiba MB 18×12×4.5；截
面积为 0.101cm²；$\Delta B = \Delta\phi$（Mx）
/0.101（由 Toshiba 公司提供）

图 10.11　磁通变化最大时的磁芯损耗曲线，磁
芯材料为 Toshiba MB 15× 10×4.5；截
面积为 0.0843cm²；$\Delta B = \Delta\phi$（Mx）
/0.0843（由 Toshiba 公司提供）

　　因此，不管磁通变化的路径是怎样的，图 10.9～图 10.11 给出了每个磁芯在不同磁通
变化下的磁芯损耗，按照这个损耗，从图 10.12 可以读出磁芯温升。实际上，图 10.12 中
的曲线是对各个磁芯热阻进行计算得到的，计算中需要知道磁芯的辐射表面积，这可以从
图 10.7（b）给出的外部尺寸计算得到。

10.3.7　设计实例——磁放大器后级稳压

　　正激变换器输出级磁放大器后级稳压装置如图 10.13（a）所示，其参数如下。

正激变换器开关频率：　　100kHz
辅输出电压：　　　　　　15V
辅输出电流：　　　　　　10A

　　主输出电压 $V_{om} = V_{dc}(N_{sm}/N_p)(t_{on}/T)$。为了保持主输出电压 V_{om} 的恒定，主反馈回路必
须保持伏秒数 $V_{dc}t_{on}$ 的恒定，因此当 V_{dc} 最低时，t_{on} 最大。

　　一般情况下，T_1 的复位绕组 N_r 的匝数和一次绕组 N_p 的匝数相同。这样在 Q_1 导通和
截止时，N_p 上的电压值是相等的（方向是相反的）。

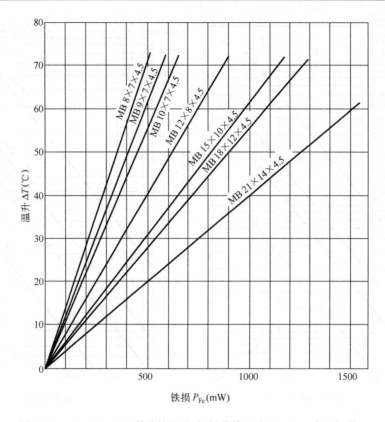

图 10.12　Toshiba MB 磁芯的温升-损耗曲线（由 Toshiba 公司提供）

　　在一个开关周期里，Q_1 导通时在绕组 N_p 上的伏秒数必须等于 Q_2 关断时在绕组 N_p 上的伏秒数。否则根据法拉第定律，磁芯的磁感应强度会沿着磁滞回线单方向增加，并在下一个开关周期开始时，不能返回到磁滞回线的起点。经过几个开关周期，磁芯就会饱和，甚至损坏开关管。

　　因此在输入电压最低的情况下，Q_1 最大导通时间不能超过 $0.5T$ 或 5μs，这样才能保证 $+V_{dc}t_{on}=-V_{dc}t_{off}$。

　　为了确保磁芯在输入交流电压突然降到最低值时仍可以复位，按照对 V_{om} 的分析，N_{sm} 的值必须使 V_{om} 在 V_{dc} 最低时，最大导通时间为 $0.4T$ 或 4μs，这样就有 $0.1T$ 或 1μs 的安全裕量。

　　因此输入直流电压最低时，有磁放大器的辅输出绕组峰值电压 V_{sp} 将保持 4μs。磁放大器在时间 t_b 内会阻止这个电压输出[见图 10.13（c）]，磁放大器饱和之后，电压 V_{sp1} 将加到输出滤波器上，并保持一段时间 t_f。

　　设整流二极管 D_1 正向压降为 1V，如果磁放大器饱和之后的阻抗为零，则 $V_{sp1}=(V_{sp}-1)$，即放大器饱和后加在输出电感 L_s 前端的电压为 $V_{sp}-1$V。当一次侧输入电压 V_{dc} 很低时，V_{sp} 的持续时间是 4μs，假设 $t_f=3$μs，则 $t_b=1$μs。在负载变化时，通过改变 t_f[见图 10.13（b）]来稳压。

　　若辅输出为 15V，则有

$$15 = (V_{sp} - 1)\left(\frac{t_f}{T}\right) = (V_{sp} - 1)\left(\frac{3}{10}\right)，\ 则\ V_{sp} = 51V$$

此时，选择适当的磁放大器（MA）匝数和磁芯截面积以阻断 V_{sp}=51V。设磁放大器需要完全关断辅输出，则磁放大器不是只在 1μs 内阻隔电压 V_{sp}，而是可以在 V_{sp} 持续的最长时间内（4μs）完全阻隔。

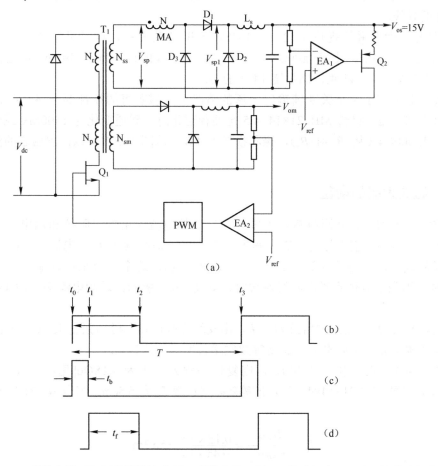

（a）

（b）

（c）

（d）

图 10.13　磁放大器后级调节器设计实例。磁放大器阻断 V_{sp} 的时间为 t_b，零阻抗的时间为 t_f。
　　　　　这样就有 $V_{op}=V_{sp}(t_f/T)$。在负反馈回路中，导通时间 t_f 由 Q_2 通过 D_3 强制进入磁放大
　　　　　器的电流控制，该电流由误差放大器 EA_1 控制

　　设计一个工作在 100kHz 且使用 Toshiba MB 非晶磁芯材料[见图 10.7（b）]的磁放大器。对于给定的磁通变化，要在 4μs 内阻隔 51V 电压，选定一个最大面积的磁芯（这样的磁芯需要最少的匝数，这样就减小了磁放大器饱和时的漏感，所以选择 MB 21×14×4.5 磁芯，磁芯截面积为 0.118cm²）。

　　根据法拉第定律，为了减少绕组匝数，磁通变化量应该最大，即磁芯应沿着磁滞回线的全路径磁化（从 $-B_s$ 到 $+B_s$）。从图 10.6（a）可见，Toshiba MB 材料的 B_s 值为 6000Gs。

　　由法拉第定律，使用磁芯截面积为 0.118cm² 的磁芯在 4μs 内阻断 51V 电压所需的匝数最少应为

$$E = 51 = NA_e \frac{\mathrm{d}B}{\mathrm{d}t} 10^{-8}$$

$$= 51 = N(0.118) \frac{2B_s}{4 \times 10^{-6}} 10^{-8}$$

即 N=15 匝。

输出电流为 10A 时，磁放大器必须在 3μs（t_f 最大值）内导通 10A 的电流。电流有效值为 $10\sqrt{3/10}=5.48A$。每有效安培需要的导线面积为 500cmil，则需要选择截面积为 2739cmil 的导线。

19 号导线两股并绕提供了 2×1290=2580cmil 的截面积，这已足够了。Toshiba MB 21×14×4.5 磁芯的内部周长为 π×0.55=1.73in。19 号导线的直径为 0.0391in，磁芯骨架一层可以绕制 1.73/0.0391=44 匝，满足绕 14 匝的要求。

磁放大器工作于完全关断辅输出电压的情况下，磁芯每周期都要全路径磁化。由图 10.9 可以得到，磁芯材料 MB 21×14×4.5 全路径磁化时，磁通变化为 1400Mx 或磁感应强度变化为 12000Gs（从 $-B_s$ 到 $+B_s$），磁芯损耗为 1W，从图 10.12 可以读出磁芯的温升仅为 40℃。

10.3.8　磁放大器的增益

磁放大器饱和后，其阻抗接近为零。通过它的电流仅由输出阻抗和输出电压决定。为了使磁放大器到达临界导通状态，需要一个两倍于矫顽电流 I_c 的电流，使磁芯的 B-H 值在磁滞回线上从左边移动到右边，如图 10.2 所示，这个电流来自辅输出二次侧电压 V_{sp}。同时，当磁芯复位到磁滞回线左边时，如图 10.2 所示，矫顽电流必须由 Q2 提供给磁芯。

磁放大器从 Q2 到输出的增益为 I_o/I_c。由安培定则可知，磁场强度 H_c=0.4πN_mI_c/L_p，式中，N_m 为匝数，I_c 为矫顽电流，L_p 是等效磁路长度（单位为 cm）。

例如，MB 磁芯工作在 100kHz，则复位矫顽力大小为 0.18Oe[见图 10.6（b）]。由图 10.7（b）可得，MB21×14×4.5 磁芯的等效磁路长度 L_p 为 5.5cm，则当 N_m 为 14 匝时，矫顽电流为

$$I_c=\frac{H_cL_p}{0.4\pi N_m}=\frac{0.18\times5.5}{0.4\pi\times14}=56.3mA$$

因此，Q2 提供 56.3mA 磁放大器电流可以控制 10A 的输出电流。或者说，磁放大器的增益是 10/0.056=178。

磁放大器和普通的可饱和的器件不同。在磁放大器的使用中，当控制电流（来自 Q2）复位时，由于 D1 反向偏置，没有任何负载电流流过 D1，因此控制电流没有"抵消"负载电流。

在受外部电流控制的可变电感器件与负载串联在一起的电路中，负载电流和控制电流是同时流通的。因此，控制绕组的安匝数必须抵消负载电流的安匝数，这样增益就会很低。

10.3.9　推挽电路的磁放大器输出

对于全波输出的电路（推挽、半桥拓扑），一般使用图 10.14 所示的输出拓扑。但是它存在严重的问题，即在死区时间内，磁放大器中流过一次侧磁化电流（见图 2.6）。这些在文献[15]中有详细介绍。

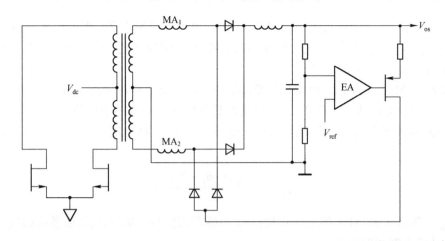

图 10.14　推挽电路使用同一个 EA 驱动和 PNP 电流源的两个磁放大器磁芯

10.4　磁放大器脉宽调制器和误差放大器

到目前为止，在本章中，磁放大器都是作为后级稳压装置进行讨论的。本节讨论使用磁放大器构成的脉宽调制器和误差放大器[9]。

或许这会让人产生疑惑，为什么在集成脉宽调制和误差放大器的半导体芯片日趋廉价的今天，还要去研究使用磁放大器去实现这些功能呢？

下面将讨论的电路是有其优越性和特殊使用场合的，尤其是半导体芯片由于种种原因没有办法在这样的场合下工作。这个电路仅仅由方形磁滞回线磁芯和绕在其上的绕组构成，比集成电路具有更高的可靠性。

磁放大器比集成电路更容易在一些特殊环境（如极高的温度）下使用。既然耐高温的分立的晶体管很容易找到，那么一个由分立晶体管和磁放大器构成的 PWM 误差放大器电路要比由集成 PWM 芯片构成的电路更稳定。

磁放大器构成的这个电路为一个普遍存在于开关电源中的问题提供了解决方法。这个问题就是如何检测一次侧输出端的电压，并将适当宽度的调制脉冲传输到一次侧输入端的开关管，而无需辅助电源为二次侧的误差放大器供电。

这种电路的工作原理如下。

10.4.1　磁放大器脉宽调制及误差放大器电路[9]

电路如图 10.15 所示，该电路最初由 Dulskis 和 Estey 发明[9]，使用传统的推挽拓扑和达林顿管。图中通过变压器 T_1 在 A、B 之间加载一个 40kHz、±8V、占空比为 50%的方波电压。

这个电路的核心是磁放大器 M_1。它由两个方形磁滞回线磁芯叠加组成。绕组由两个匝数相等的开关绕组（N_{g1} 和 N_{g2}）和一个控制绕组 N_c 组成。开关绕组 N_{g1} 绕制在磁芯 A 上，开关绕组 N_{g2} 绕制在磁芯 B 上，控制绕组与两个磁芯均耦合。

假设在前半个周期内，持续时间为 12.5μs，值为+8V 的电压加在 A、B 两端，A 为正端，则 8V 电压被 D_1、Q_3、Q_1 的 b-e 结和 R_5 分压，电阻 R_5 有限流作用。

在开始的半个周期内，磁放大器 M_{1A} 工作在磁滞回线的垂直位置，即图 10.16（a）中 B_0。此时它具有很高的阻抗，Q_3 基极保持高电平。约为（$V_{dc}-1$）的电压通过达林顿管 Q_3、Q_1 加载到 T_2 一次侧的半绕组上。

磁放大器 M_{1A} 上的电压为 Q_1 和 Q_3 的 b-e 结压降之和，大约为 1.6V。这个电压使 M_{1A} 沿着磁滞回线 B_0-B_1-B_2-B_3-B_s 运动并逐步趋向饱和。当磁感应强度达到 B_s 时，M_{1A} 达到饱和，Q_3 基极无驱动，达林顿管 Q_3 和 Q_1 关断。由法拉第定律可知，Q_3 和 Q_1 的导通时间为

$$t_{on(Q1,Q3)} = \frac{N_g A_e (B_s - B_0)}{1.6} 10^{-8}$$

式中，N_g 为磁放大器 M_{1A} 的绕组匝数；A_e 为磁芯截面积；B_0 为初始磁感应强度；1.6 是 M_{1A} 上使其趋于饱和的电压。

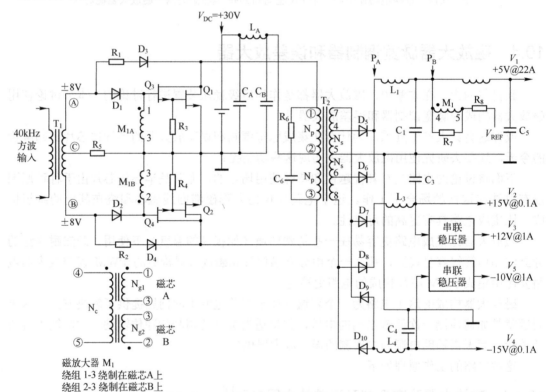

图 10.15 磁放大器控制的开关稳压器。磁放大器有脉宽调制器和误差放大器双重功能。控制
绕组 N_c 上的直流电流决定了开关绕组上的初始磁感应强度，即控制了它们到达饱
和的时间，从而控制了达林顿管的导通时间

从上面的公式可知，B_0 与 B_s 差得越多，导通时间越长。导通时间可以通过控制初始磁感应强度 B_0 来实现，也就是控制正半周导通之前磁芯的复位程度 B_0。

当 M_{1A} 被加在其 N_g 绕组上的 1.6V 电压推向饱和时，同时耦合到绕组 N_c 上的电压为 $(N_c/N_g)1.6$。由匝比可知，加在 M1B 上的电压为 1.6V。但是由于绕组绕制方向不同，此电压将 M_{1B} 复位到 B_0 位置。

因此，在前半个周期内，M_{1A} 沿着磁滞回线从 B_0 到 B_s，由它驱动的达林顿管为导通状态。同时，M_{1B} 沿着磁滞回线从 B_s 运动到 B_0。但是由于 D_2 反向偏置，M_{1B} 驱动的达林顿管关断。接下来的半个周期内，正好相反，M_{1B} 从 B_0 运动到 B_s，它驱动的达林顿管导通，M_{1A} 从 B_s 运动到 B_0。达林顿管的导通时间是由初始磁感应强度 B_0 确定的，而控制绕组 N_c 上的电流决定了 B_0 的大小。

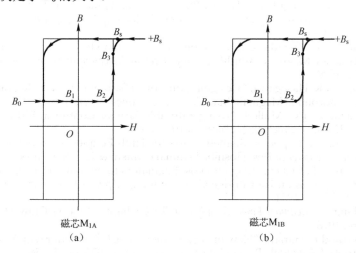

图 10.16　磁放大器磁芯的磁滞回线轨迹。当磁芯 M_{1A} 的 *B-H* 值由 B_0 运动到 B_s 时，磁芯 M_{1B} 的 *B-H* 值由 B_s 复位到 B_0。由 B_0 运动到 B_s 的时间就是功率晶体管的导通时间。导通时间由 B_0 在磁滞回线上的初始位置决定。而 B_0 由控制绕组 N_c 上流过的与输出电压成正比的电流决定

根据绕组的极性，N_c 上不流过交流电流，其电压处于输出电压和参考电压之间。如果输出电压上升，开关绕组磁感应强度将会被复位到更接近于 B_s 的位置，这样磁芯饱和所需的时间缩短了，即绕组驱动的达林顿管导通时间缩短，输出电压将降低。

因此，可以认为控制绕组具有误差放大器的功能。它以输出地为参考，且其输出电流用于控制开关绕组的初始磁感应强度 B_0，从而控制接在输入端的达林顿管的导通时间，这就是这个电路最有用的特征。电阻 R_7 和 R_8 可以调整线性误差放大器的增益。

图 10.15 中的磁放大器的磁芯是用 0.25mil 的 Square Permalloy 材料缠绕在外径为 0.290in、内径为 0.16in、高为 0.175in 的骨架上制成的。开关绕组 N_{g1}（绕组 1-3）绕制在磁芯 A 上，N_{g2}（绕组 2-3）绕制在磁芯 B 上，它们都由 40 匝 35 号的导线绕制而成。N_c（绕组 4-5）绕制在磁芯 A 和 B 上，采用 250 匝 37 号的导线绕制而成。

参考文献

[1] C. Mullett, "Design and Analysis of High Frequency Saturable Core Magnetic Regulators," *Proceedings Powercon 10*, 1983.
[2] C. Mullett, "Design of High Frequency Saturable Reactor Output Regulators," *High Frequency Power Conversion Conference Proceedings*, 1986.
[3] Toshiba Corp. Bulletin, *Toshiba Amorphous Magnetics Parts*, Mitsui & Co., New York.
[4] C. Jamerson, "Calculation of Magnetic Amplifier Post Regulator Voltage Control Loop Parameters," *High Frequency Power Conversion Conference Proceedings*, 1987.

[5] Magnetics, Inc. Bulletin TWC 300S, Butler, PA.

[6] Allied Signal Technical Bulletin, *Metglas Amorphous Alloy Cores*, Parsippany, NJ.

[7] Toshiba Corp. Bulletin, *Toshiba Amorphous Saturable Cores*, Mitsui & Co., New York.

[8] Magnetics Inc. Bulletin, *New Magnetic Amplifier Cores and Materials*, Butler, PA.

[9] R. Dulskis, J. Estey, and A. Pressman, "A Magnetic Amplifier Controlled 40 kHz Switching Regulator," *Wescon Proceedings*, San Francisco, CA, 1977.

[10] R. Taylor, "Optimizing High Frequency Control Magamp Design," *Proceedings Powercon 10*, 1983.

[11] R. Hiramatsu, K. Harada, and T. Ninomiya, "Switchmode Converter Using High Frequency Magnetic Amplifier," *International Telecommunications Energy Conference*, 1979.

[12] S. Takeda and K. Hasegawa, "Designing Improved Saturable Reactor Regulators with Amorphous Magnetic Materials," *Proceedings Powercon 9*, 1982.

[13] R. Hiramatsu and C. Mullett, "Using Saturable Reactor Control in 500 kHz Converter Design," *Proceedings Powercon 10*, 1983.

[14] A. Pressman, "Amorphous Magnetic Parts for High Frequency Power Supplies," *APEC Conference 1990* (Toshiba Seminar), Mitsui & Co., New York.

[15] C. Jamerson and D. Chen, "Magamp Post Regulators for Symmetrical Topologies with Emphasis on Half Bridge Configuration," *Applied Power Electronics Conference (APEC)*, 1991.

[16] Keith Billings, *Switchmode Power Supply Handbook*, Chapter 2.1.4, McGraw-Hill, New York, 1998.

[17] H. Matsuo and K. Harada, "New Energy Storage DC-DC Converter with Multiple Outputs," *Solid State Power Conversion*, November 1978, pp. 54–56.

第 11 章　开关损耗分析与负载线整形缓冲电路

11.1　简介

对于变压器绕组或电感与开关管串联的拓扑，存在开关管开通和关断时电压和电流重叠所引起的开关损耗。其中，关断损耗占晶体管损耗的大部分。

关断损耗为关断时间内的积分 $\int I(t)V(t)\mathrm{d}t$，持续时间约为 0.2～2μs（电力晶体管）。用于减小关断时电压和电流重叠面积的电路，称为关断缓冲电路或负载线（load-line）整形电路。这些电路是本章主要讨论的内容。

开关损耗通常会有很高的损耗尖峰。甚至对开关损耗取平均值后，其平均损耗也可能大于电力晶体管导通时的平均通态损耗。开关频率越高，每个周期的开关损耗占总损耗的比例越大。这也是使用电力晶体管工作在 50kHz 开关频率以上时的主要制约因素。

对带电力变压器的拓扑而言，开通过程的损耗会比较小，因为变压器漏感可抑制开通时电流的上升斜率。在开通的瞬间，漏感产生的高瞬态阻抗使得电力晶体管上的压降迅速降为零，而同时漏感会使电流上升斜率变缓。由于电力晶体管上的压降近似为零，因此电压、电流重叠引起的开通损耗非常小。

但在 Buck 电路中（见图 1.4），电力晶体管开通和关断时均有很大的电流、电压重叠。Buck 电路的电力管导通时，由于 Buck 电路中续流二极管 D_1 的阻抗很小，重叠的上升电流和下降电压产生很大的瞬时尖峰损耗。Buck 的电力管的关断损耗则可以通过与变压器型拓扑中一样的关断缓冲电路来减小（开通缓冲电路在 1.3.4 节和 5.6.6.3 节～5.6.6.8 节中讨论）。

MOSFET 的关断损耗比电力晶体管的要小很多。它的电流下降时间非常短，因此使用一个小的缓冲电路，甚至 MOSFET 漏-源极的寄生电容，就可以在漏-源电压显著上升前，使电流大幅下降了。

虽然 MOSFET 依然使用关断缓冲器，但它的作用不是减小关断重叠损耗，而是降低变压器漏感尖峰电压。由于变压器漏感尖峰电压与 $\mathrm{d}I/\mathrm{d}t$ 成正比，所以 MOSFET 比电力晶体管更快的电流下降速率会引起更高的漏感尖峰电压。所以，MOSFET 虽然也需要关断缓冲电路，但缓冲电路上的损耗不会像电力晶体管上的那么高。

MOSFET 存在相当可观的开通损耗，但这并非由电流和电压的重叠引起，而是由于它相对较大的漏-源输出电容 C_o。关断时，该电容通常被充电至输入电压的两倍，故储存了 $\frac{1}{2}C_o(2V_{dc})^2$ 的能量。接下来，在 MOSFET 导通时，该能量以 MOSFET 损耗的形式释放，在一个周期内的平均损耗为 $\frac{1}{2}C_o(2V_{dc})^2/T$。

遗憾的是，用于减小 MOSFET 所承受的漏感尖峰电压的缓冲电路也会增加这一损耗，原因是缓冲电路会增加 MOSFET 输出端的电容量。本章后文将讨论到通用 RCD（电阻、电容、二极管）型关断缓冲电路，相信读者了解后将会对这些不利影响了然于心。

11.2　无缓冲电路的开关管的关断损耗

以图 11.1（a）中的正激电路为例，电路中采用了典型的 RCD 关断缓冲电路（由 R_1、C_1、D_1 组成）。假设该电路由 AC 115V 电压供电，输出功率为 150W。对离线式电源来说，整流后的直流输入电压范围通常是 136～184V。

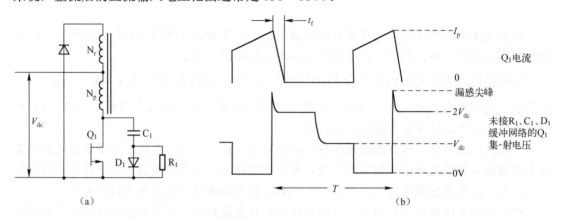

图 11.1　（a）由 R_1、C_1、D_1 组成的正激变换器的缓冲电路。Q_1 关断时，集电极电压开始上升，D_1 随即开通，C_1 抑制集电极电压上升的速度，减小上升电压和下降电流的重叠，从而降低开关管 Q_1 的损耗。在下次开关管关断之前，C_1 必须在 Q_1 的导通时间内将上一次关断时充的 $2V_{dc}$ 放完，放电路径为 R_1、Q_1。（b）无缓冲电路时，集电极电压瞬时升高，Q_1 的损耗是 $(2V_{dc}I_p/2)(t_f/T)$

由式（2.28）可知，Q_1 的峰值电流为

$$I_p=3.13P_0/V_{dc}=3.13\times150/136=3.45A$$

假设 Q_1 为快速电力晶体管，如第三代 Motorola 2N6836，其额定电压 V_{ceo} 为 450V（850V V_{cev}），额定电流为 15A。器件手册上给出，在 5V 基极反向偏置条件下，集电极电流由 3.5A 下降到 0A 的时间为 0.15μs。实际计算中，假设最坏情况下的下降时间是手册中数据的两倍，即 0.3μs。

首先分析不存在 R_1、D_1、C_1 缓冲网络的情况。对于复位绕组和一次绕组匝数相同的正激变换器，在关断瞬间，储存在励磁电感和漏感中的能量释放，电感两端电压极性反向，使正激变换器的开关管集电极电压迅速上升到 $2V_{dc}$。

由于集电极输出电容比较小，故电压的上升是瞬时的。假设峰值母线电压 V_{dc} 为 184V，如图 11.1（b）所示，开关管集电极电压迅速上升到 368V，电流在 0.3μs 内由 3.45A 线性下降到 0A。

这一过程会在 0.3μs 的开关时间内平均产生 368×3.45/2=635W 的重叠损耗。假设开关频率为 100kHz，则每周期内平均损耗为 635×0.3/10=19W。如此高的损耗需要很大的散热器来保证开关管的结温不至于过高，而通常满足条件的散热器的体积是不能接受的。

但需注意，以上计算是在假设的理想状态下得出的。1.3.4 节中指出，估算的损耗是

依赖于电流关断时间的假设而做出的。实际上，电流在下降之前会在很短的一段时间内保持为峰值，因此实际损耗大约比计算出的 19W 要多出 50%。

图 11.1（a）中，R_1、C_1、D_1 组成的缓冲器通过减缓集电极电压的上升速度，使下降的电流波形同上升的电压波形之间的重叠尽量小，以达到减小开关损耗的目的。下面介绍其工作原理和元器件选择。

11.3　RCD 关断缓冲电路

在图 11.1（a）中，当 Q_1 开始关断时，变压器漏感会维持 Q_1 的峰值电流，阻止其减小。该电流继续流过正在关断的开关管，另一部分电流经过 D_1 流过电容 C_1。

流过电容 C_1 的那一部分 I_{C1} 减缓了集电极电压的上升。通过选取足够大的 C_1，大大减小了上升的集电极电压与下降的集电极电流的重叠部分，从而显著地降低了开关管的损耗。

C_1 的大小是有限制的。如图 11.2 所示，在关断前，即 A_1 时刻，电容 C_1 必须未被充电。在完全关断时刻（B 时刻），C_1 减缓了电压的上升速度，但被充电到 $2V_{dc}$（忽略了该时刻的漏感尖峰）。

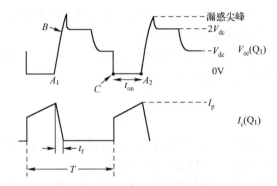

图 11.2　缓冲电容 C_1 减缓了集电极电压的上升速度。在下一个关断时刻 A_2 到来之前，电容　　　　C_1 必须把上一关断过程中所储存的 $2V_{dc}$ 电量放完，放电是在前一个导通时间 t_{on} 内　　　　完成的。有缓冲电路时，Q_1 的损耗等于 $(2V_{dc}I_p/12)(t_f/T)$

由于在下一次关断的开始时刻（A_2 时刻），C_1 两端应保证没有电压，因此，在 B 时刻到 A_2 时刻之间的某时间段内，C_1 必须被放电。实际上，C_1 在 C 到 A_2 这段时间内通过 R_1 放电。当 Q_1 在 C 时刻开始开通时，C_1 的上端瞬间连接到地，通过 Q_1 和 R_1 构成了放电回路。

因此，当选择了一个足够大的 C_1 来延长集电极电压的上升时间后，R_1 应使 C_1 在最小导通时间 t_{on} 内放电至所充电荷的 5% 以下，则

$$3R_1C_1 = t_{on(min)} \tag{11.1}$$

在 Q_1 完全关断瞬间，即 B 时刻，若 C_1 上的电压为 $2V_{dc}$，则它储存的能量为 $0.5C_1(2V_{dc})^2$J。若该能量在导通期间全部消耗在 R_1 上，则 R_1 上的功耗为（T 的单位为 s）

$$PD_{R1} = \frac{0.5C_1(2V_{dc})^2}{T} \text{（W）} \tag{11.2}$$

　　11.4 节会介绍，式（11.2）决定的 R_1 上的功耗使得 C_1 的电容值选取不能过大，即限制了增大 C_1 来延长集电极电压上升时间的程度。

11.4　RCD 缓冲电路中电容的选择

　　式（11.2）表示，R_1 上的能量损耗与 C_1 成比例，因此需要选择大小合适的 C_1，能在适当延长集电极电压的上升时间的同时，减少 R_1 上的能量损耗。

　　并没有绝对的选择 C_1 的最佳法则。不同的设计者使用不同的方法，以达到不同的要求——依据或者对 C_1 充的 Q_1 峰值电流，或者 Q_1 集电极电压的上升时间，或者集电极电流下降到零的时间。后者与所用开关管的关断速度和基极反向驱动电压关系密切。对于电力晶体管，下边给出了一个较好的选择电容 C_1 的方法。

　　提示：现在很多示波器有实时或数字 *VI* 乘法运算功能，可以测量出实际的开关损耗，并得到整个开关周期中功率分布的波形。通过功率波形，可有助于缓冲器元器件参数的优化。

——K.B.

　　当 Q_1 开始关断时，一部分集电极峰值电流流过 C_1，同时 C_1 两端的电压开始上升。假设最初的峰值电流 I_p 的一半流过 C_1，另一半仍然流过逐渐关断的 Q_1 集电极（假设变压器中的漏感使得总电流在一定时间内仍然维持为 I_p）。

　　通过选择电容 C_1，使集电极电压在集电极电流从初始值下降到零的时间 t_f 内上升到 $2V_{dc}$，t_f 可以从电力晶体管数据手册上查寻，则有

$$C_1 = \frac{I_p}{2}\frac{t_f}{2V_{dc}} \tag{11.3}$$

　　C_1 可以由式（11.3）计算得到，当最小导通时间已知时，R_1 可以由式（11.1）计算得到，电阻 R_1 上的损耗可以通过式（11.2）计算得到。

　　Q_1 的重叠损耗可以按 1.3.4 节所述的方法估计出来。假设在 Q_1 的关断时间 t_f 内，Q_1 电流从 $I_p/2$ 开始下降，同时 Q_1 两端电压也开始上升。当 Q_1 电流下降到零时，集电极电压同时上升到 $2V_{dc}$。

　　由 1.3.4 节可知，时间 t_f 内的重叠损耗为

$$\frac{I_{max}V_{max}}{6} = \frac{I_p}{2}\frac{2V_{dc}}{6}$$

则每周期内电力晶体管的平均损耗为

$$\frac{(I_p/2)(2V_{dc})t_f}{6T} \tag{11.4}$$

11.5　设计范例：RCD 缓冲电路

　　下面介绍如何为 11.2 节中的正激变换器设计 RCD 缓冲电路。已知 Q_1 关断前的电流峰值 I_p 为 3.45A，开关管关断时间为 0.3μs，没有缓冲电路时的开关管损耗为 19W。由式（11.3）可得

$$C_1 = \frac{(I_p / 2)t_f}{2V_{dc}} = \frac{(3.45 / 2)(0.3 \times 10^{-6})}{2 \times 184} = 0.0014\mu F$$

又由式（11.1），可得

$$R = \frac{t_{on(min)}}{3C_1}$$

对正激电路而言，当直流母线输入电压最小时，开关管导通时间最长，通常设计为 $0.8T/2$。工作频率为 100kHz 时，导通时间为 $4\mu s$。但是在 11.2 节中，最高和最低输入电压分别高于和低于额定值的 15%，因此 $t_{on(min)}=4/1.3=3\mu s$，从式（11.1）可得出

$$R_1 = \frac{3 \times 10^{-6}}{3 \times 0.0014 \times 10^{-6}} = 714\Omega$$

由式（11.2）可得

$$PD_{R1} = \frac{0.5C_1(2V_{dc})^2}{T} = \frac{0.5(0.0014 \times 10^{-6})(2 \times 184)^2}{10 \times 10^{-6}} = 9.5W$$

由式（11.4）可得 Q_1 的重叠损耗为

$$PD_{Q1} = \frac{(I_p / 2)(2V_{dc})t_f}{6T} = \frac{(3.45 / 2)(2 \times 184)(0.3 \times 10^{-6})}{6 \times 10 \times 10^{-6}} = 3.2W$$

因此，虽然在 R_1 上增大了 9.5W 的损耗，但开关管上的损耗已经减小很多（从 19W 减小到 3.2W），降低了故障风险。实际上，开关管重叠损耗可能大于计算出的 3.2W，因为以上的计算是基于理想的电流下降时间和电压上升时间的（见 1.3.4 节）。

如果 Q_1 温度偏高，可以通过适当增大 C_1 来减小 Q_1 上的损耗，但同时会增大 R_1 上的损耗。不过这仍然比增大 Q_1 的损耗要好很多。

虽然似乎可以通过减小 R_1 来减小其上的损耗，但从式（11.2）可知这是不可行的。减小 R_1 只能使 C_1 中的能量释放得更快（在图 11.2 中的 A_2 时刻之前）。而 R_1 上的损耗等于每周期内存储在 C_1 中的能量（通过 R_1 释放）。这个能量只与关断时间内 C_1 和 C_1 上电压的平方成比例，所以 R_1 上的损耗与 R_1 的阻值无关。

11.5.1　接电源正极的 RCD 缓冲电路

RCD 缓冲电路通常连接到电源正极，如图 11.3 所示。它的工作方式和图 11.1 中将能量回馈到地的 RCD 缓冲器是一样的。开关管关断时，D_1 导通，C_1 充电电流流入 V_{dc}，集电极电压的上升时间变长。接下来的导通时间内，C_1 通过 Q_1 和供电电源 V_{dc} 放电。

R_1、D_1 接到 V_{dc} 的好处是使 C_1 上的电压应力仅为 V_{dc}，而不是 R_1、D_1 接地时的 $2V_{dc}$。

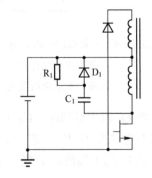

图 11.3　接电源正极的 RCD 缓冲电路，电容 C_1 的电压应力是馈地型（图 11.1）缓冲电路的一半

11.6　无损缓冲电路[1-7]

对于工作频率超过 50kHz 的开关电源，传统 RCD 缓冲电路的损耗通常为 10W 或者更

高。这一附加损耗带来的问题不仅仅是损耗本身，还有缓冲电阻的大小和所占的位置。实际应用中，选择功率电阻的功率降额系数为 1/2。这样，10W 的损耗需要一个 20W 的功率电阻。

20W 的功率电阻体型较大，通常其位置的选择是比较困难的。而且 10W 的损耗使它的温升会影响周边元器件，这就更难为它选择一个合适的位置了。

图 11.4 中给出了一种"无损缓冲电路"。虽然它的结构比较复杂，但是为以上问题提供了一个比较好的解决方法。与传统的 RCD 缓冲器一样，它是通过使用电容减缓开关管集电极电压上升速度来达到缓冲目的的。但是它不会通过电阻将电容的电能释放掉，这样就避免了能量损耗。

无损缓冲器将电容 C_1 储存的静电能转化为电流流过电感时产生的电磁能。在下一开关周期开始之前，电容和电感通过谐振的形式使电容放电，并将储存的能量回馈到输入直流母线。因此，整个过程没有任何能量损失——首先能量储存到缓冲电容上，然后无损地回馈到输入母线上。

如图 11.4 所示，当 Q_1 关断时，其集电极电压开始上升，D_1 导通。C_1 的缓慢充电减缓了集电极电压的上升速度。C_1 下端电压上升到 $2V_{dc}$，C_1 上端电压被 D_1 钳位为 V_{dc}，因此电流从变压器的下端向 C_1 和 D_1 流动，从而减缓了 Q_1 上电压的变化速度。电容上储存的能量为 $0.5C_1V_{dc}^2$ J。

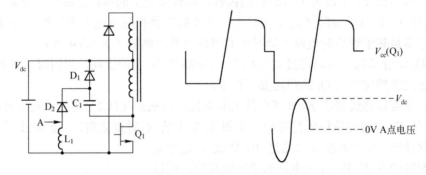

图 11.4　无损缓冲电路。电容 C_1 减缓了 Q_1 集电极电压的上升速度，当 Q_1 导通时，前半个振荡周期内储存在 C_1 的能量转换为以电感电流形式存在的磁场能量。在后半个振荡周期，A 点电压变为正，电感将储能无损地回馈给 V_{dc}

当 Q_1 再次导通时，C_1 下端的电位从 $2V_{dc}$ 被拉到地，由于电容两端电压不能突变，C_1 上端的电位变为 $-V_{dc}$。这一负压会加在串联的 L_1 和 D_2 上，使得电容的放电电流可经由 D_2，从 L_1 的下端流向上端。这一过程中产生的振荡频率为 $f_r = 1/(2\pi\sqrt{L_1C_1})$。

在半个振荡周期后，以电压形式储存在电容 C_1 上的静电能，转变为以电流形式储存在电感 L_1 中的电磁能。此时，L_1 的电流达到其最大值。在下半个振荡周期，L_1 上端的电压因谐振升高一倍，使得 D_1 导通，L_1 中的电流通过 D_1 返回输入母线。如果 L_1 是高 Q 值的电感，则在前半个振荡周期中储存的能量将全部在后半个周期返回输入 V_{dc}。

首先，要选择足够大的 C_1，以保证 Q_1 集电极电压上升时间满足需求。然后，电感的选择应使振荡周期小于 Q_1 最小导通时间。

11.7　负载线整形（减小尖峰电压以防止开关管二次击穿的缓冲器）

缓冲器除了能够减缓开关管电压的上升速度，从而减小开关管的平均损耗，另一个很重要的优点是防止二次击穿。当瞬态电压、电流超出基极反向偏置安全工作区（RBSOA），将会发生二次击穿。RBSOA 的数据在电力晶体管的用户使用手册中给出（见图 11.5）。

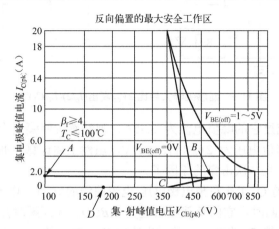

图 11.5　15A、450V 快速电力管 2N6836 的反向偏置安全工作区（RBSOA）。电力晶体管关断时，变压器漏感会在一定时间内维持电流（由 *A* 到 *B* 的漏感尖峰）。如果没有基极反向电压偏置，电力晶体管将超出安全工作区，发生二次击穿而被损坏。RCD 缓冲器可以减小开关重叠损耗，同时也可以减小漏感尖峰的幅值（由 Motorola 公司提供）

在开关管关断的瞬间，漏感尖峰可能会超出该安全边界（见图 2.10）。开关管制造商声称，仅一次超出边界都可能引起二次击穿，造成元件失效。

不借助计算机是不可能对关断瞬间集电极电压变化的顺序和大小进行确切分析的，但通过下面的近似讨论，可以知道问题的严重性，以及怎样通过缓冲电容来减小漏感尖峰。

当 Q_1 关断时，变压器的漏感可以保持通过 Q_1 的电流短时间内不变。根据上面的假设，近似认为一半的电流是流过正在缓慢关断的开关管，另一半则流入了缓冲器电容 C_1。

在图 11.6 中，当 Q_1 关断时，励磁电感上的电压反向，并使得复位绕组 N_r 上的电压反向。N_r 的上端电压立刻变负，并被 D_4 钳位到地。因为绕组匝数 $N_p=N_r$，所以 L_m 上的电压被钳位到 V_{dc}，A 点的电压升高到 $2V_{dc}$。

前半个周期的振荡，即漏感尖峰，叠加在数值为 $2V_{dc}$ 的 A 点电压上。$\sqrt{L_1/C_1}$ 为 LC 电路的特征阻抗，因而增大 C_1 可以使集电极电压的上升时间变长，同时也可以减小漏感尖峰。

尖峰电流的一半 $I_p/2$ 会流经漏感 L_1、缓冲电容 C_1 和二极管 D_1，这将引起正弦振荡，振荡周期为 $2\pi\sqrt{L_1C_1}$。前半个周期的振幅近似为 $\sqrt{(L_1/C_1)}I_p/2$。

基于上述研究，计算漏感尖峰的幅值是非常有意义的。对于在 11.4 节中所举的例子中的 100kHz 变压器，其漏感大约为 15μH，则 LC 电路的特征阻抗为

$$\sqrt{L_1/C_1}=\sqrt{15\times10^{-6}/(0.0014\times10^{-6})}=103\Omega$$

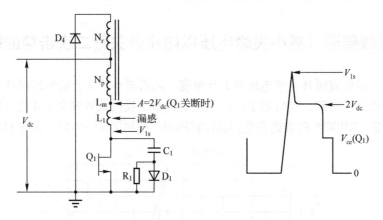

图 11.6　漏感尖峰大约比 $2V_{dc}$ 高出 $(I_p/2)(L_1/C_1)^{1/2}$

若 Q_1 关断之前流过它的峰值电流为 3.45A，则漏感尖峰幅值为 $(3.45/2) \times 103 = 178V$。因此，开关管承受的峰值电压为 $2V_{dc}+178=547V$。虽然上述计算并非非常精确，但这一漏感尖峰的值足以解释产生二次击穿的原因了。

图 11.5 中，关断前 Q_1 工作在集电极电压-电流曲线的 A 点，电流值为 3.45A，电压值近乎为 0V。开关管关断时，它的负载线轨迹为 $ABCD$。关断瞬时漏感维持总电流大小不变，但是原先流过开关管 Q_1 的电流 I_p 的一半流向 C_1，剩下的 1.73A 的电流仍流过 Q_1。开关管集电极电压-电流工作点沿着 AB 轨迹线水平移动。在 B 点，电流仍然为 1.73A，而电压为 547V。短暂的漏感尖峰持续时间后，集电极电压恢复到 $2V_{dc}$，直到磁芯复位之后，集电极电压才恢复到 V_{dc}，并保持到下一次导通之前（见图 2.10）。由图 11.5 可知，如果关断时开关管上有 5V 反向电压，则 547V、1.73A 时开关管仍工作在 RBSOA 曲线内，二次击穿是不会发生的。如果不在基极加反向电压，开关管工作状态就会超越 RBSOA 曲线，就有可能二次击穿。

因此，虽然缓冲电容的首要作用是延长集电极电压的上升时间，但还需要选择比式（11.3）计算出来的值大的电容来减小漏感尖峰。当输出功率较大时，即使有 5V 的基极反向驱动来加速关断，但由于关断负载曲线水平部分的电流很大，漏感尖峰仍然可能超出 RBSOA 曲线。这就更需要容值更高的缓冲电容。

11.8　变压器无损缓冲电路

图 11.7 中带 RCD 缓冲电路的电路可以显著减小甚至消除漏感尖峰，不需要增大缓冲电容，也就不会增加缓冲电阻上的损耗。

这种缓冲电路只是需要增加一个小变压器 T_1，但仍然需要保留传统的 RCD 缓冲器，但此时 C_1 可以选得相对较小。其工作原理如下：如图 11.7 所示，T_1 是个匝比为 1:1 的小变压器。T_1 磁芯截面积和匝数的选择依据是，必须能承受 Q_1 关断时 T_2 一次侧上的最大伏秒数。选用较小的有效横截面积的磁芯，但需较多的匝数，这样可以选用体积较小的磁芯。并且 T_1 需要转换的能量很小，绕组的线径也可以适当小一些，这样更允许使用较小的磁芯。

注意 T_1 的一次侧、二次侧的同名端。只有当 Q_1 的集电极电压达到 $2V_{dc}$ 时，T_1 一次侧两端电压上升到 V_{dc}（同名端为正），N_s 的同名端电压升到 V_{dc} 时，二极管 D_1 才能导通。

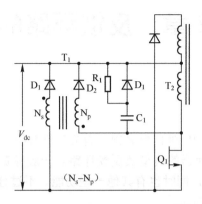

图 11.7　钳位漏感尖峰的 RCD 缓冲电路。T_1 为匝比 1∶1 的小变压器。当集电极电压超过 $2V_{dc}$ 时，D_2 导通，使 D_1 导通，并将 $V_{ce(Q1)}$ 钳位于 $2V_{dc}$。只要变压器 T_1 的漏感很小，Q_1 集电极就不会有高于 $2V_{dc}$ 的漏感尖峰，这样就不需要使用大容量的 C_1 了

　　因此，当 Q_1 的集电极电压达到 $2V_{dc}$ 时，D_1 开始导通，将 N_s 上的电压钳位为 V_{dc}。由于变压器的匝比为 1∶1，所以集电极的电压就被钳位于 $2V_{dc}$，即集电极上没有漏感尖峰。为了保证该缓冲电路的钳位效果，T_1 的漏感要非常小。

　　D_1 导通时，存储在 T_2 漏感中的能量将无损地回馈到 V_{dc} 输入母线。

参考文献

[1] E. Whitcomb, "Designing Non-Dissipative Current Snubbers for Switched Mode Converters," *Proceedings Powercon 6*, 1979.
[2] W. Shaunessy, "Modeling and Design of Non-Dissipative *LC* Snubber Networks," *Proceedings Powercon 7*, 1980.
[3] L. Mears, "Improved Non-Dissipative Snubbers for Buck Regulators and Current Fed Inverters," *Proceedings Powercon 9*, 1982.
[4] M. Domb, R. Redl, and N. Sokal, "Non-Dissipative Turn Off Snubber Alleviates Switching Power Dissipation, Second Breakdown Stress," *PESC Record*, 1982.
[5] T. Ninomiya, T. Tanaka, and K. Harada, "Optimum Design of Non-Dissipative Snubber by Evaluation of Transistor's Switching Loss," *PESC Record*, 1985.
[6] T. Tanaka, T. Ninomiya, and K. Harada, "Design of a Non-Dissipative Snubber in a Forward Converter," *PESC Record*, 1988.
[7] Keith Billings, *Switchmode Power Supply Handbook*, Chapter 2.32, McGraw-Hill, New York, 1999.

第 12 章　反馈环路的稳定

12.1　简介

在详细讨论反馈环路的稳定性问题之前，首先定性分析一下反馈环路为什么会振荡。

图 12.1 所示为正激变换器的典型负反馈环路。一般脉宽调制芯片不仅有基本的误差放大器和 PWM 调制器功能，同时也有其他一些功能。不过分析系统稳定性问题，暂且只考虑误差放大器和脉宽调制功能。

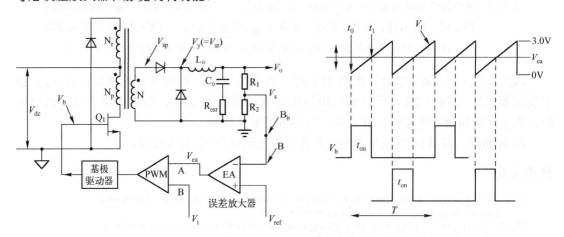

图 12.1　正激变换器的典型闭环反馈环路

由电网电压输入或负载的改变引起 V_o 的微小、缓慢变化通过由 R_1、R_2 组成的电阻分压采样网络检测，输入到误差放大器 EA 的反相端，与 EA 同相输入端的参考电压 V_{ref} 进行比较。EA 输出端相对缓慢变化的电压 V_{ea} 随之改变，并输入到 PWM 调制器的 A 输入端。PWM 调制器将 A 端输入的直流电压 V_{ea} 与 B 端输入的幅值大约为 0～3V 的三角波 V_t 进行比较后，在输出端得到矩形脉冲（PWM 脉冲）。PWM 脉冲的宽度 t_{on} 为三角波开始时刻 t_0 到直流电压 V_{ea} 与 B 端三角波相交时刻 t_1 的时间。此脉冲的宽度决定了 PWM 芯片输出晶体管的导通时间，也就决定了开关管的导通时间。例如，输入电压 V_{dc} 的缓慢升高将导致 V_y 的缓慢升高，由于输出电压 $V_o = V_y t_{on}/T$，从而也引起 V_o 缓慢升高。V_o 升高会引起采样电压 V_s 升高，V_{ea} 随之降低。因为 t_{on} 是从三角波开始时刻到 V_{ea} 与三角波相交的时刻 t_1 的一段时间，故 V_{ea} 降低将导致 t_{on} 缩短，使 V_o 恢复到它的原始值。同理，V_{dc} 降低将导致 t_{on} 增大，以保持 V_o 不变，满足输出电压稳定的要求。

开关管的驱动信号通常来自 PWM 芯片内输出晶体管的发射极或集电极，即信号已在芯片内部经过一级电流放大基极驱动电路。无论从集电极输出还是发射极输出，都必须保证极性正确，即当输出 V_o 上升时，导通时间 t_{on} 缩短。注意，大部分 PWM 芯片的输出晶体管在 t_0 到 t_1 时间内都是导通的。使用这类 PWM 芯片时，V_s 要接到 EA 的反相输入端。

采用 NPN 型电力晶体管作为开关管时，其基极（N 沟道 MOSFET 则称为栅极）应由 PWM 芯片输出晶体管的发射极来驱动。

图 12.1 所示电路是考虑低频信号作用时的负反馈稳压系统。然而环路中可能存在低电平的噪声电压或暂态电压，它们的正弦傅里叶分量的频谱很宽。这些傅里叶分量经过输出滤波器的 L_o、C_o、误差放大器，以及 PWM 调制器（V_{ea} 到 V_{sr}）后的增益变化和相移都是不一样的。

若某一傅里叶分量的环路增益是 1，额外的相移为 180°（第一个 180° 来源于负反馈连接），总的相移为 360°，则反馈后的信号将会与输入同相，即会变成正反馈，而不是所期望的负反馈，从而引起下面所说的振荡。

12.2　系统振荡原理

以图 12.1 中的正激变换器反馈环路为例，假设在某一时刻，电路在误差放大器的反相端 B 点断开。在环路断开前，所有的傅里叶分量从 B 点到 V_{ea}，从 V_{ea} 到平均电压 V_{sr}，再从平均电压 V_{sr} 通过 L_o、C_o 滤波器返回到 B_b（即环路的断开处）的过程中，都有增益变化和相移。

假设此时有一频率为 f_1 的干扰信号进入 B 点，经过上述的路径后返回到 B_b，得到的响应信号（echo）的相位和增益与原 B 点信号相比都发生了变化。倘若响应信号正好与原信号同相位且幅值相等，而此时环路恢复正常的闭合状态（B_b 与 B 相连），并且外部注入的干扰信号消失，电路中仍将存在频率为 f_1 的持续振荡。引起并维持振荡的干扰信号就是噪声谱中频率为 f_1 的傅里叶分量。

12.2.1　电路稳定的增益准则

稳定环路的第一个准则是：在开环总增益为 1 的穿越频率处，系统的总开环相移必须小于 360°。这里包括了负反馈带来的 180° 相移。在穿越频率处，总相移小于 360° 的角度称为相位裕量。

为了保证系统在各元件的参数发生变化的最恶劣情况下仍然保持环路稳定，通常的设计准则是使系统至少有 35°～45° 的相位裕量。

12.2.2　电路稳定的增益斜率准则

本节将介绍一些常用的与增益斜率相关的稳定准则。增益 V_o/V_{in} 随频率的变化曲线通常用半对数坐标（dB）表示，如图 12.2 所示。增益变化 20dB（即代数变化 10 倍）时，频率变化 10 倍，则该增益的变化率为 20dB/dec，斜率为 ±1。因此，增益变化率为 ±20dB/dec 的电路也称为 ±1 增益斜率电路。

图 12.2（a）为 RC 积分电路，在极点 $f_p = 1/(2\pi R_1 C_1)$ 后的增益斜率 dV_o/dV_m 为 −20dB/dec，即频率变化 10 倍时，增益变化 20dB。−20dB/dec 即是 −1 增益斜率，这种电路也称为 −1 斜率电路。

图 12.2（b）为 RC 微分电路，在零点 $f_z = 1/(2\pi R_2 C_2)$ 前的增益斜率为 +20dB/dec，零点处有 $X_{C2} = R_2$。零点后增益逐渐逼近 0dB。频率每变化 10 倍，增益变化 20dB，+20dB/dec 为 +1 的增益斜率，这种电路也称为 +1 斜率电路。

图 12.2（c）为 L/C/R 滤波电路，在临界阻尼（$R_o = \sqrt{L_o C_o}$ ）情况下，增益 dV_o/dV_{in} 在转折频率 $F_{cnr} = 1/(2\pi\sqrt{L_o C_o})$ 前为 1（即 0dB）。转折频率后，增益的斜率变成-40dB/dec，这是因为频率每提高为原来的 10 倍，X_L 变大为原来的 10 倍，而 X_C 减小为原来的 1/10。频率变化 10 倍时，增益变化 40dB，-40dB/dec 的增益斜率为-2，这种电路也称为-2 斜率电路。

图 12.2（a）所示的 RC 积分电路就是典型的增益斜率为-1（穿越频率后）的电路。图 12.2（b）中的 RC 微分电路在穿越频率前的增益斜率是+1，或者说增益变化率为 20dB/dec。因为当频率每提高为原来的 10 倍或降低为原来的 1/10 时，容抗也增大为原来的 10 倍或减小为原来的 1/10，但电阻的阻抗保持不变，所以这类电路只有 20dB/dec 的增益变化率。

不考虑输出电容中的等效串联电阻（ESR）时，输出 LC 滤波电路[见图 12.2（c）]具有-2（或者说-40dB/dec）的增益斜率。这是因为，当频率提高为原来的 10 倍时，电感的感抗增大为原来的 10 倍，与此同时，电容的容抗减小为原来的 1/10。

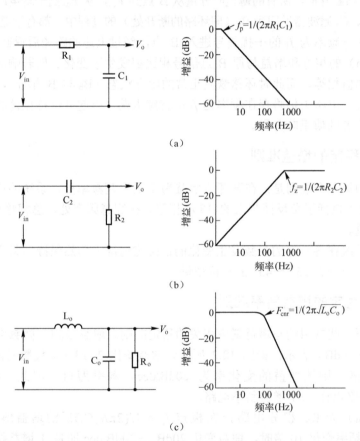

图 12.2 典型网络及其传递函数。（a）R/C 网络；（b）C/R 网络；（c）L/C/R 网络

图 12.3（a）和图 12.3（b）所示的是对应于不同输出阻抗 R_o 值时，$L_o C_o$ 滤波器的幅频特性曲线和相频特性曲线。图中的曲线是对应于不同比率 $k_1 = f/F_o$[其中，$F_o = 1/(2\pi\sqrt{L_o C_o})$]和 $R_o/\sqrt{L_o/C_o}$ 的归一化曲线。

图 12.3（a）表明，无论 k_2 取何值，所有的增益曲线在频率高于转折频率

$F_o = 1/(2\pi\sqrt{L_o/C_o})$ 时，斜率渐近于-2（-40dB/dec）。$k_2 = 1.0$ 的电路，称为临界阻尼电路。临界阻尼电路的增益具有非常小的谐振峰值，在穿越频率 F_o 后会立即以-2 的斜率开始下降。

$k_2 \gg 1.0$ 的电路是欠阻尼电路。欠阻尼 LC 滤波器的增益在频率 F_o 处，有一个非常大的谐振峰值。

$k_2 < 1.0$ 的电路是过阻尼电路。从图 12.3（a）可以看出，过阻尼的 LC 滤波器也逐渐趋近于-2 增益斜率。但若是对于严重过阻尼（$k_2=0.1$）的滤波器，幅频曲线直到穿越频率 F_o 的 20 倍处，增益斜率才接近-2。

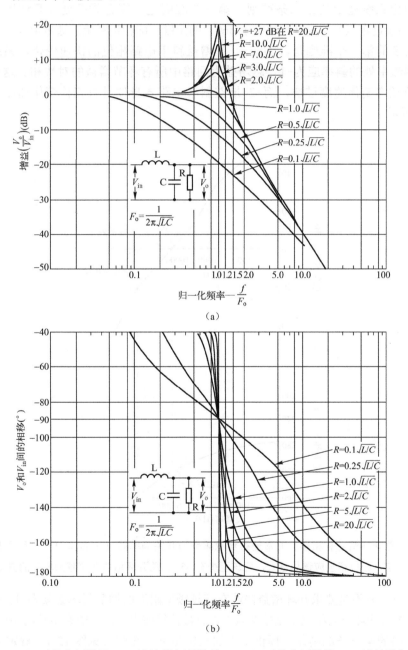

（a）

（b）

图 12.3 （a）开关稳压器的 LC 滤波器幅频特性；（b）开关稳压器的 LC 滤波器相频特性
（图由 Switchtronix 出版社提供）

图 12.3（b）所示为不同比值 $k_2 = R_o / \sqrt{L_o/C_o}$ 下，相移与归一化频率（f/F_o）的关系曲线。从图中可以看出，对任意 k_2 值，在转折频率 $F_o = 1/(2\pi\sqrt{L_o/C_o})$ 处，输出相对于输入的相移都是 90°。但是对于严重欠阻尼滤波器（$R_o > 5\sqrt{L_o/C_o}$），相移随频率变化得很快。对 $R_o = 5\sqrt{L_o/C_o}$ 的相频曲线来说，$1.5F_o$ 频率处的相移已经接近 170°。

相比之下，-1 增益斜率电路的相移不会超过 90°，其相移的变化率远低于增益斜率为-2 的电路，如图 12.3（b）所示。

由此得出系统稳定的第二条准则。第一个准则是，穿越频率处（开环增益为 1，即 0dB，增益曲线过零点）总开环相移小于 360° 的角度，即相位裕量，通常至少要大于 45°。

系统稳定的第二个准则是，为防止-2 增益斜率电路相位的快速变化，系统的总开环增益在穿越频率处的斜率应为-1。总增益为回路中所有环节增益的对数和。这一准则可以防止相移随频率变化速度过快，而-2 增益斜率电路本身便具有相移变化速度快的特性，如图 12.4 所示。

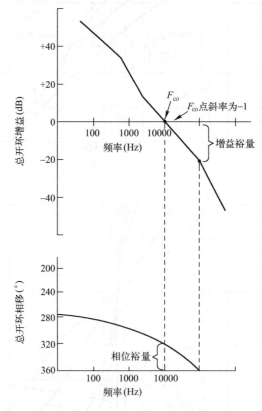

图 12.4　总开环增益和相移。通常使得穿越频率为开关频率的 1/4 或者 1/5。为了使系统稳定，相位裕量应该尽量大，应该至少有 45°。总开环增益在穿越频率时的斜率应为-1

应当注意，并不是要求开环增益曲线在穿越频率附近的增益斜率必须为-1，但是这能够保证当电路中某些环节的相位变化被忽略而没有被计算在内时，仍能有足够的相位裕量。

稳定电路的第三条准则是，提供所需的相位裕量，在此（见图 12.4）规定为 45°。

要满足上述的三条准则，必须知道怎样计算图 12.1 中的所有环节的增益和相移。对此，将在下面进行说明。

12.2.3　输出 LC 滤波器的增益特性（输出电容含/不含 ESR）

除反激变换器（只含有一个输出滤波电容）外，这里讨论的所有电路拓扑中都含有输出 LC 滤波器[1]。LC 输出滤波器幅频特性是非常重要的，必须首先计算，因为它决定了该如何调整误差放大器的频率特性曲线的形状，以满足系统稳定的三条准则。

图 12.3（a）为不同的输出负载电阻下，输出 LC 滤波器的增益特性。这里假设输出电容不含等效串联电阻（ESR）。为了便于讨论，假设输出滤波器处于临界阻尼，即 $R_o = 1.0\sqrt{L_o/C_o}$。如果系统在临界阻尼点 $R_o = 1.0\sqrt{L_o/C_o}$ 是稳定的，那么在其他负载情况下也是稳定的。然而，在轻载工作（$R_o \gg 1.0\sqrt{L_o/C_o}$）的情况下，因为在 LC 转折频率 $F_o = 1/(2\pi\sqrt{L_o/C_o})$ 处，增益曲线上存在谐振峰值，需对此种情况着重说明。这将在下面详细论述。

没有 ESR 的 LC 输出滤波器的增益特性如图 12.5（a）曲线中 12345 段所示。从图 12.5 中可以看出，在频率小于转折频率 $F_o = 1/(2\pi\sqrt{L_o/C_o})$ 的低频段内，增益为 0dB（代数增益为 1）。在直流以及频率低于 F_o 的低频段，C_o 的阻抗远大于 L_o 的阻抗，同时输出/输入的增益为 1。

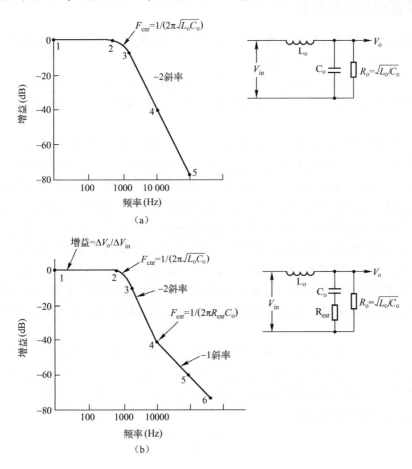

图 12.5　（a）临界阻尼的 LC 滤波器的增益特性（输出电容不含 ESR）；

　　　　　（b）临界阻尼的 LC 滤波器的增益特性（输出电容含 ESR）

频率高于转折频率 F_o 以后，C_o 的容抗以 20dB/dec 的斜率减小，同时 L_o 的感抗以 20dB/dec 的斜率增大，使增益以-40dB/dec 的速率，或者说以-2 的斜率下降。当然，增益曲线在转折频率 F_o 处并非陡峭地由 0dB 变到-2 斜率。实际的增益曲线在之前平滑地从 0dB 下降，在 F_o 之后快速渐近至-2 斜率。

但是，如图 12.5（b）所示，大部分滤波电容都有内在的串联等效电阻 R_{esr}，串联在两个引脚之间，这将改变输出与输入间的增益特性。

当频率刚开始高于 F_o 时，C_o 的阻抗仍远大于 R_{esr}。这时，从 V_o 到地真正有效的阻抗只有 C_o 的阻抗。在这一频率范围内，增益仍以-2 斜率下降。在更高的频率处，C_o 的阻抗会小于 R_{esr}，从 V_o 到地的有效阻抗变为只有 R_{esr}。因此，在这个频率范围内，电路可认为是 LR 电路而不是 LC 电路。此时，L_o 的阻抗以 20dB/dec 的速率增大，而 R_{esr} 保持不变。故在此频率范围内，增益以-1 斜率下降。

增益斜率由-2 变为-1 的转折点在频率 $F_{esr} = 1/(2\pi R_{esr}C_o)$ 处，此时 C_o 的容抗等于 R_{esr}。增益曲线如图 12.5（b）中的曲线 123456 段所示，图中的 F_{esr} 即为斜率转折点。实际上增益斜率由-2 到-1 的转折是平滑的，但可将其假设为如图 12.5 所示的突变过程。

12.2.4 脉宽调制器的增益

在图 12.1 中，从误差放大器的输出端到平均电压 V_{sr}（输出电感的输入端电压）的增益，称为 PWM 增益，用 G_{pwm} 表示。

PWM 增益是一种电压增益。这是因为，V_{ea} 处的电压是轻微变化的，并与误差放大器的 B 点输入电压成正比。而 V_{sr} 处为幅值固定、脉宽变化的 PWM 脉冲，脉宽又与 V_{ea} 成正比。

下面将介绍增益 G_{pwm} 的意义和幅值大小。在图 12.1 中，PWM 脉宽调制器将直流电压 V_{ea} 与幅值为 3V 的三角波 V_t 进行比较。对于可以输出两路相位相差 180° 且脉冲的脉宽可调（用来驱动推挽、半桥或全桥电路）的 PWM 芯片，每个三角波周期对应一个脉冲，最大导通时间（高电平时间）为半个周期。在 PWM 之后，脉冲分两路输出，交替地发送到两个独立的输出端[见图 5.2（a）]。对于正激变换器，只需要其中的一路输出。

对于 ESR 很大的 C_o，增益斜率依然是在 F_{cnr} 处由水平变为-2 斜率。但是在频率 $F_{esr} = 1/(2\pi R_{esr}C_o)$ 处，增益曲线变为-1，因为在 F_{esr} 处，有 $X_{co} = R_{esr}$，而且相比 R_{esr} 而言，C_o 随频率增大而越来越小。频率高于 F_{esr} 时，电路由 LC 电路变为 LR 电路。随着频率升高，LR 电路的增益斜率降为-1，因为 L 的感抗会随频率升高而变大，但电阻 R 的阻抗不会随着频率而改变。

图 12.1（b）中，当 V_{ea} 等于 3V 三角波的最低电压时，V_{sr} 处的脉冲导通时间或脉宽为零。此时 V_{sr} 处的平均电压 V_{av} 也是零，这是因为 $V_{av}=(V_{sp}-1)(t_{on}/T)$，其中 V_{sp} 是二次侧峰值电压。当 V_{ea} 升高至 3V 三角波的最高电压时，有 $t_{on}/T = 0.5$，$V_{av} = 0.5(V_{sp}-1)$。因此，V_{av} 和 V_{ea} 之间的调制器增益 G_m 为

$$G_m = \frac{0.5(V_{sp}-1)}{3} \tag{12.1}$$

该增益与频率无关。

在图 12.1 中，由于采样网络 R_1、R_2 的存在，会有增益衰减（负增益）G_s。大部分常

用的 PWM 芯片的误差放大器 A 点的输入参考电压为 2.5V。因此在图 12.1 中，当采样 +5V 的输出电压时，若 $R_1 = R_2$，V_s 和 V_o 之间的增益 $G_s = -6$dB。

12.2.5　LC 输出滤波器加调制器和采样网络的总增益

如上所述，输出 LC 滤波器增益 G_f 加上调制器增益 G_m，再加上采样网络增益 G_s，所得的总增益 G_t（以 dB 表示）如图 12.6 所示。从直流到 $F_o = 1/(2\pi\sqrt{L_o/C_o})$ 的低频范围内，总增益 G_t 等于 $G_m + G_s$。在转折频率 F_o 处，增益 G_t 的斜率变为-2，并保持-2 斜率直到频率 F_{esr}。当频率等于 F_{esr} 时，C_o 的容抗等于 R_{esr}。在频率 F_{esr} 处，增益 G_s 的斜率变为-1。

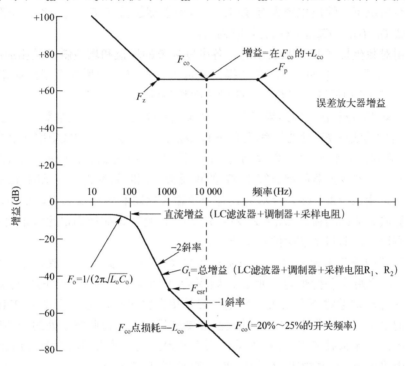

图 12.6　总增益 G_t=LC 滤波器增益+PWM 调制器增益+输出电压采样电阻增益。G_t决定了误差
　　　　放大器的增益。在穿越频率处，误差放大器的增益为 G_t 的相反数，在 F_{co} 附近为水
　　　　平直线。增益曲线斜率增大的转折频率为 F_z（零点），斜率减小的转折频率为 F_p
　　　　（极点）。F_z 和 F_p 的位置决定了系统的相位裕量

通过这条曲线，再根据系统稳定的三个准则，就可以决定误差放大器的增益和相频特性。

12.3　误差放大器幅频特性曲线的设计

系统稳定的第一条准则是，在穿越频率 F_{co} 处（总开环增益 0dB 处），总开环相移必须小于 360°。在这里，相位裕量取为 45°。

设计步骤：首先确定系统开环增益为 0dB 时的频率，即穿越频率 F_{co}；然后选定误差放大器增益，使系统总开环增益在此频率处为 0dB；下一步是设定误差放大器增益斜率，使系统总开环增益曲线在穿过穿越频率时的斜率为-1（见图 12.4）；最后调整误差放大器的增益曲线，以获得所需的相位裕量。

根据采样定理，为了保证系统稳定，穿越频率 F_{co} 必须小于开关频率的 1/2。但实际上，F_{co} 必须远远小于开关频率的 1/2，否则在输出中将会有很大的开关纹波。因此，通常将 F_{co} 选取为开关频率的 1/4～1/5。

参考图 12.6，总增益是由 LC 滤波器加上 PWM 调制器再加上采样网络的增益总和。假设图 12.6 中输出滤波器的电容含有 ESR，这使得在频率 $F_{esr} = 1/(2\pi R_{esr}C_o)$ 处，增益斜率从-2 变为-1。假设此时穿越频率 F_{co} 为开关频率的 1/5，并确定这点的分贝数。

在大多数情况下，输出电容含有 ESR，F_{esr} 低于穿越频率 F_{co}。因此，在穿越频率 F_{co} 处，增益曲线 $G_t=(G_{lc} + G_{pwm} + G_s)$ 的斜率为-1。

当增益用对数坐标（dB）来表示时，各串联环节的增益和增益斜率是相加的。因此，要使穿越频率为开关频率的 1/5，应使得误差放大器在 F_{co} 的增益等于此频率处增益 $G_t=(G_{lc} + G_{pwm} + G_s)$ 的相反数（代数上，两者是倒数关系）。

将穿越频率 F_{co} 设计在期望的频率点后，如果误差放大器在 F_{co} 的增益斜率是水平的，那么由于增益 G_t 的曲线在 F_{co} 处的斜率已经为-1，因此，误差放大器曲线斜率加上增益 G_t 曲线斜率之和后，在穿越频率 F_{co} 处的斜率仍为-1，即同时满足了系统稳定的第二个准则。

在 F_{co} 处，误差放大器的增益等于 G_t 的相反数，同时斜率为 0（见图 12.6）。这时的增益特性，可以用图 12.7（a）所示的具有一个输入电阻和一个反馈电阻的运算放大器实现，此类运算放大器的增益为 $G_{ea} = Z_2/Z_1 = R_2/R_1$。但是，该如何确定此恒定增益的频率范围呢（左、右边界，即斜率变化的频率点）？

系统总开环增益等于误差放大器增益与增益 G_t 的和。如果误差放大器的增益从直流（频率为零）开始始终保持恒定，那么在频率为 120Hz（美国交流电网整流后的纹波频率）处的系统开环增益将不会太大。但是一般希望在输出端，电网纹波（120Hz）能够衰减到非常低的水平。为使频率 120Hz 的纹波衰减到足够小，在此频率处的开环增益应当尽可能大。因此，从穿越频率 F_{co} 左端的某一频率开始，误差放大器的增益应迅速增大。

这可以由将电容 C_1 与电阻 R_2 串联来实现[见图 12.7（b）]。此时，暂时忽略 C_2 的影响，可得到如图 12.6 所示的低频段增益特性。在 C_1 的阻抗小于 R_2 的频率范围内，增益曲线是水平的，大小等于 R_2/R_1。在频率较低时，C_2 的阻抗远大于 R_2，故电阻 R_2 可忽略，增益大小为 X_{c1}/R_1。增益此时的斜率为-20dB/dec，在频率 120Hz 处可获得较大的增益。在频率 $F_z = 1/(2\pi R_2 C_1)$ 处，斜率由-1 转为水平。

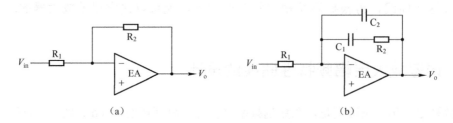

图 12.7　（a）带反馈电阻 R_2 和输入电阻 R_1 的误差放大器，其增益在放大器的开环增益开始下降前与频率无关，大小恒等于 R_2/R_1。（b）采用带电容的反馈网络来调整增益和相位曲线。这种结构的误差放大器，其增益-频率曲线如图 12.6 所示

如果误差放大器增益曲线在 F_{co} 的右端仍保持水平（见图 12.6），那么总的开环增益在高频处仍然比较高。但是，在高频段并不希望有很高的增益，因为这样会使高频噪声干扰经过反馈后在系统中被放大，并传递到输出端。因此在高频范围内，增益应当降低。

在 R_2、C_1 串联支路并联地放置电容 C_2[见图 12.7（b）]可以使高频增益下降。在 F_{co} 处，X_{c1} 与 R_2 相比已经很小，C_1 在电路中不起作用。在较高频率范围内，X_{c2} 相比 R_2 小很多，R_2 在电路中不起作用，因此增益为 X_{c2}/R_1。从图 12.6 看出，从频率 F_{co} 到频率 $F_p = 1/(2\pi R_2 C_2)$ 段，增益特性是水平的；在频率 F_p 处，增益斜率变为-1。在高频范围内较低的增益可以防止高频噪声尖峰传递到输出端。

选择转折频率 F_z 和 F_p，使它们满足 $F_{co}/F_z = F_p/F_{co}$。F_z 与 F_p 离得越远，在穿越频率 F_{co} 处的相位裕量越大。大的相位裕量是设计中所期望的，但是如果 F_z 选得太低，在 120Hz 处的低频增益将会不足（见图 12.8）。这样，对 120Hz 纹波的衰减效果将会很差。如果 F_p 选得太高，高频增益将会过高，高频噪声尖峰将被放大。

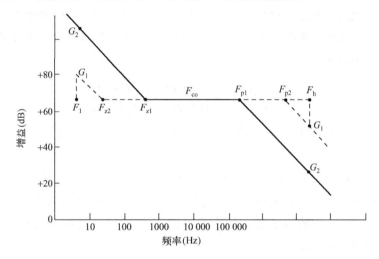

图 12.8　转折频率 F_z 和 F_p 的设置。F_z 和 F_p 相距越远，相位裕量就越大。这样会使低频增益减小，削弱低频纹波的衰减效果。而且使高频增益增大，就会放大高频噪声尖峰。如果 F_z 设置在 F_{z2} 而不是在 F_{z1}，则在低频 F_1 处的增益变为 G_1 而不是 G_2；如果 F_p 设置在 F_{p2} 而不是 F_{p1}，则在高频 F_h 处的增益变为 G_1 而不是 G_2

因此，必须在两者之间折中。为了更好地理解这一折中设计和更精确的计算，下面将介绍传递函数、极点和零点的概念。

12.4　误差放大器的传递函数、极点和零点

图 12.9 所示的误差运算放大器电路，在输入端有一个复阻抗 Z_1，在反馈端有一个复阻抗 Z_2，增益为 $-Z_2/Z_1$。如果 Z_1 是纯电阻 R_1，且 Z_2 是纯电阻 R_2，如图 12.7（a）所示，则增益是 $-R_2/R_1$，且与频率无关。因为输入端是放大器的反相端，所以 V_o 和 V_{in} 之间的相移是 180°。

将阻抗 Z_1 和 Z_2 用复变量 $s = j2\pi f = j\omega$ 表示，则电容 C_1 的阻抗是 $1/(sC_1)$，电阻 R_1 和电容 C_1 的串联阻抗是 $[R_1+1/(sC_1)]$。

那么，R_1 和 C_1 串联后与电容 C_2 并联得到的总阻抗为

$$Z = \frac{[R_1 + 1/(sC_1)][1/(sC_2)]}{R_1 + 1/(sC_1) + 1/(sC_2)} \tag{12.2}$$

将误差放大器的传递函数用复阻抗 Z_1 和 Z_2 的形式写出，即以复变量 s 表示，得到 $G(s) = -Z_2(s)/Z_1(s)$。通过代数运算后，把 $G(s)$ 表示 $G(s) = N(s)/D(s)$ 的形式，然后将分子和分母进行因式分解，得到

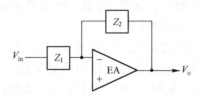

图 12.9　当输入阻抗和反馈阻抗支路由不同的 RC 电路构成时，可以得到不同的幅频特性
　　　　　和相频特性曲线。将阻抗 Z_1 和 Z_2 用 $s = \mathrm{j}\omega$ 表示，经过一系列的数学运算，将会
　　　　　得到增益的简化式。由简化的增益表达式（传递函数）就可以绘制幅频特性和相
　　　　　频特性曲线

$$G(s) = \frac{N(s)}{D(s)} = \frac{(1 + sz_1)(1 + sz_2)(1 + sz_3)}{sp_0(1 + sp_1)(1 + sp_2)(1 + sp_3)} \tag{12.3}$$

式中，z 和 p 的值是 RC 乘积，对应着使各因子等于 0 的频率。令因子为 0，可得到这些频率，即

$$1 + sz_1 = 1 + \mathrm{j}2\pi f z_1 = 1 + \mathrm{j}2\pi f R_1 C_1 = 0 \quad \text{或} \quad f_1 = 1/(2\pi R_1 C_1)$$

与 z 值相对应的频率称为零点频率，而与 p 值相对应的频率称为极点频率。在分母中总是存在一个没有加 1 的因子式（如上式中的 sp_0），这点是很重要的极点频率 $F_{po} = 1/(2\pi R_o C_o)$，称为初始极点。

从初始极点、零点和极点频率的位置，可以描绘出下面讨论的误差放大器的增益曲线。

12.5　零点、极点频率引起的增益斜率变化规则

零点、极点就是误差放大器增益斜率的变化点。一个零点表示增益斜率将会+1。如果零点出现前增益斜率为 0，那么它将使增益斜率变为+1[见图 12.10（a）]。如果出现前原增益斜率为-1，那么增益斜率将变为 0[见图 12.10（b）]。若在原增益斜率是-1 的同一个频率上有两个相同的零点[式（12.3）的分子中含有两个相同的 RC 乘积因式]时，那么第一个零点将使增益斜率变为 0，在相同频率上的第二个零点将使增益斜率变为+1[见图 12.10（c）]。

一个极点表示增益斜率为-1。如果极点出现在原增益斜率为 0 的增益曲线上，会使增益斜率变为-1[见图 12.10（d）]。或者如果在原增益斜率为+1 的同一频率处有两个相同的极点，那么第一个极点使斜率变为 0，第二个极点使斜率变为-1[见图 12.10（e）]。

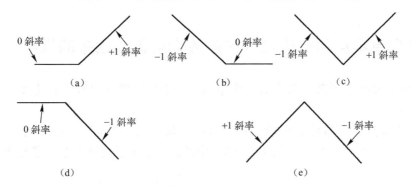

图 12.10 （a）原斜率为水平的增益曲线上出现一个零点，使增益曲线的斜率变为+1，即
+20dB/dec。（b）原斜率为-1 的增益曲线上出现一个零点，使增益曲线变为水
平。（c）在增益曲线的同一频率上的两个零点，使之前-1 斜率的增益曲线斜率变
为+1。（d）原为水平的增益曲线上出现一个极点，使增益曲线的斜率变为-1，即
-20dB/dec。（e）在增益曲线的同一频率上的两个极点，使+1 斜率的增益曲线斜
率变为-1

初始极点和其他极点一样，表示的增益斜率为-1。它也表示在该频率点的增益为 1dB
或 0dB。因此，可按如下方法从初始极点开始绘制误差放大器的增益曲线。首先，从初始
极点频率 $F_{po} = 1/(2\pi R_o C_o)$ 开始（在频率 F_{po} 处的增益为 0dB），向低频方向（左侧）绘制一
条斜率为-1 的直线（见图 12.11）。如果传递函数在这条直线上的某一位置有零点 $F_z =$
$1/(2\pi R_1 C_1)$，使 F_z 之后的增益斜率变为 0，那么从零点开始绘制一条向右延伸的水平直
线。如果传递函数在更高的频率 $F_p = 1/(2\pi R_2 C_2)$ 处有极点，则在 F_p 后水平线的斜率变为-1
（见图 12.11）。

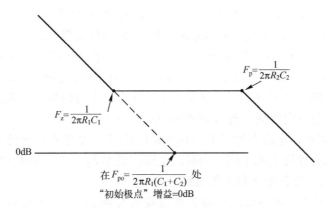

图 12.11 由式（12.3）的传递函数画出的图 12.7（b）中误差放大器的增益曲线

传递函数水平部分的增益是 R_2/R_1，用 dB 表示时，等于穿越频率 F_{co} 处增益对数值 G_t
的相反数（见图 12.6）。

因此，对于含有一个初始极点，之后有一个零点，接着有另一个极点的误差放大器，
其增益曲线的形状如图 12.11 所示，其实现电路如图 12.7（b）所示。剩下的问题仅仅是
选择零点、极点频率的位置，以获得所需要的相位裕量。下面将讨论这一问题。

12.6 只含单零点和单极点的误差放大器传递函数的推导

如上所述，如果误差放大器含有一个零点、一个初始极点和另一个极点，它的增益特性曲线，如图 12.11 所示。

下面介绍误差放大器传递函数的推导过程。如图 12.7（b）所示，电路含有一个零点、一个极点和一个初始极点。图 12.7（b）中的误差放大器传递函数（忽略极性）为

$$G = \frac{\mathrm{d}V_o}{\mathrm{d}V_i} = \frac{Z_2}{Z_1} = \frac{\left(R_2 + \dfrac{1}{\mathrm{j}\omega C_1}\right)(1 + \mathrm{j}\omega C_2)}{R_1\left(R_2 + \dfrac{1}{\mathrm{j}\omega C_1} + \dfrac{1}{\mathrm{j}\omega C_2}\right)}$$

引入复变量 $s = \mathrm{j}\omega$，有

$$G = \frac{\left(R_2 + \dfrac{1}{sC_1}\right)\left(\dfrac{1}{sC_2}\right)}{R_1\left(R_2 + \dfrac{1}{sC_1} + \dfrac{1}{sC_2}\right)}$$

整理可得

$$G = \frac{1 + sR_2C_1}{sR_1(C_1 + C_2)(1 + sR_2C_1C_2 / (C_1 + C_2))}$$

通常 $C_2 \ll C_1$，故

$$G = \frac{1 + sR_2C_1}{sR_1(C_1 + C_2)(1 + sR_2C_2)} \tag{12.4}$$

图 12.7（b）中的误差放大器的传递函数表达式为式（12.4），根据威纳波尔（Venable）的经典文章[1]，此类放大器通常被称为 2 型放大器。2 型误差放大器通常用于 G_t 曲线以-1 斜率经过穿越频率 F_{co}，即输出滤波电容含有 ESR 的情况（见图 12.6）。

对图 12.7（b）中电路的传递函数，可直接绘制它的增益特性曲线（见图 12.11）。式（12.4）说明，该电路在频率 $F_{po} = 1/[2\pi R_1(C_1 + C_2)]$ 处有一个初始极点。因此，从初始极点频率的 0dB 点，向低频方向绘制一条-1 斜率的直线。

从式（12.4）可得，电路在频率 $F_z = 1/(2\pi R_2 C_1)$ 处有一个零点，它使得刚刚绘制的斜率为-1 的直线从该点开始变为水平线。同时，电路在频率 $F_p = 1/(2\pi R_2 C_2)$ 处有一个极点，使得刚才的水平线在 F_p 处变为-1 斜率的直线。

既然可以通过零点、极点频率绘制 2 型误差放大器传递函数的增益曲线，也同样可以通过选择 R_1、R_2、C_1、C_2 来得到需要的零点、极点位置，来获得所需的相位裕量。这将在下面说明。

12.7 根据 2 型误差放大器的零点、极点位置计算相移

根据威纳波尔的方法[1]，选定比值 $F_{co}/F_z = F_p/F_{co} = K$。

零点会使得相位超前，如 RC 微分器[见图 12.2（b）]。极点会使得相位滞后，如 RC 积分器[见图 12.2（a）]。

由零点 F_z 引起频率 F 超前的相位是

$$\theta_{ld} = \arctan \frac{F}{F_z}$$

我们更关注的是，零点 F_z 引起的穿越频率 F_{co} 的相位超前是

$$\theta_{ld}(\text{at } F_{co}) = \arctan K \tag{12.5}$$

由极点 F_p 引起频率 F 滞后的相位是

$$\theta_{lag} = \arctan \frac{F}{F_p}$$

极点 F_p 引起的穿越频率 F_{co} 的相位滞后是

$$\theta_{lag}(\text{at } F_{co}) = \arctan \frac{1}{K} \tag{12.6}$$

在频率 F_z 处的零点引起相位超前，而在 F_p 处的极点引起相位滞后。因此 F_{co} 处系统的总相移为式（12.5）与式（12.6）之和。

零点和极点引起的相移要与误差放大器初始极点带来的低频相移相加，且误差放大器是反相器，其本身有 $180°$ 的相位滞后。

初始极点会引起 $90°$ 的相移，可以理解为，电路在低频段是一个电阻输入、电容反馈的积分器，如图 12.7（b）所示。在低频段，C_1 的阻抗远大于 R_2，因此，反馈支路仅仅是 C_1 和 C_2 相并联。

因此，误差放大器反相输入引起的 $180°$ 相位滞后，加上初始极点引起的相位滞后 $90°$，总的相位滞后（包括零点引起的相位超前和极点引起的相位滞后）是

$$\theta_{(\text{total lag})} = 270° - \arctan K + \arctan \frac{1}{K} \tag{12.7}$$

注意，总相移纯粹是相位滞后，因为当 K 值无穷大（零点和极点频率相隔很远）时，零点引起的相位超前为最大值 $90°$，而极点引起的相位滞后趋于 $0°$。

表 12.1 不同 $K(=F_{co}/F_z=F_p/F_{co})$ 值对应的 2 型误差放大器的相位滞后

K	相位滞后[由式（12.7）]
2	233°
3	216°
4	208°
5	202°
6	198°
10	191°

表 12.1 中给出了由式（12.7）计算得出的经过误差放大器后的总相位滞后。

12.8　考虑 ESR 时 LC 滤波器的相移

总的开环相移等于误差放大器与输出 LC 滤波器的相移之和，而脉宽调制器对相移的影响很小，可以忽略不计。图 12.3（b）中，当 $R_o = 20\sqrt{L_o/C_o}$，且输出滤波电容不含 ESR 时，在 $1.2F_o$ 频率处 LC 滤波器的相位滞后已有 $175°$。

图 12.5（b）中，如果输出电容含有 ESR，LC 滤波器的相位滞后将有明显改变。在图中，增益斜率在 ESR 零点频率 $F_{esr} = 1/(2\pi R_{esr}C_o)$ 处从 -2 转折为 -1。前面提过，在 F_{esr} 处，C_o 的阻抗等于 R_{esr}。频率高于 F_{esr} 时，C_o 的阻抗变得比 R_{esr} 小，电路变为 LR 电路，而不再是 LC 电路。而且，LC 电路最大的相位滞后是 $180°$，但 LR 电路最大的相位滞后只有 $90°$。

因此，ESR 零点对 LC 滤波器的最大 $180°$ 相移而言是起了相位超前的作用。F_{esro} 处的 ESR 零点使频率 F 的相位滞后等于

$$\theta_{lc} = 180° - \arctan\frac{F}{F_{esro}}$$

而我们感兴趣的是，F_{esro} 处的零点使穿越频率 F_{co} 处的相位滞后为

$$\theta_{lc} = 180° - \arctan\frac{F_{co}}{F_{esro}} \qquad (12.8)$$

不同的 F_{co}/F_{esro} 值下，具有 ESR 零点的 LC 滤波器的相位滞后于表 12.2 列出的[由公式（12.8）算得]。

通过使误差放大器增益曲线（见图 12.6）水平部分的增益等于 G_t（见图 12.6）在 F_{co} 处增益的相反数，可以保证穿越频率 F_{co} 位于合适的位置。因为 F_{co} 位于增益 G_t 曲线的 -1 斜率段，所以开环增益曲线会以 -1 斜率穿越点 F_{co}。根据表 12.1 和表 12.2，选择恰当的 K 值（零点和极点的位置）会得到所需的相位裕量。

表 12.2　F_{esro} 处零点在 F_{co} 处引起的相位滞后

F_{co}/F_{esro}	相位滞后	F_{co}/F_{esro}	相位滞后
0.25	166°	2.5	112°
0.50	153°	3	108°
0.75	143°	4	104°
1.0	135°	5	101°
1.2	130°	6	99.5°
1.4	126°	7	98.1°
1.6	122°	8	97.1°
1.8	119°	9	96.3°
2.0	116°	10	95.7°

12.9　设计实例：含有 2 型误差放大器的正激变换器反馈环路的稳定性

下面介绍的设计实例将证明前面章节所讨论的内容是相互联系的。

为参数如下的正激变换器设计反馈环路使电路稳定。

V_o	5.0V
$I_{o(nom)}$	10A
I_o 最小值	1A
开关频率	100kHz
最小输出纹波（峰-峰值）	50mV

假设输出滤波电容的 ESR 很大，同时 F_{co} 位于 LC 滤波器的增益曲线斜率为 -1 处。因此，用 2 型误差放大器（增益特性如图 12.6 所示）是合适的，如图 12.12 所示。

首先，计算 L_o 和 C_o，同时画出输出滤波器的增益特性曲线。根据式（2.47），有

$$L_o = \frac{3V_oT}{I_{on}} = \frac{3 \times 5 \times 10^{-5}}{10} = 15 \times 10^{-6}\text{H}$$

并根据式（2.48），有

$$C_o = 65 \times 10^{-6}\frac{dI}{V_{or}}$$

式中，dI 等于最小输出电流的两倍= $2 \times 1 = 2$A，输出纹波电压 $V_{or} = 0.05$V，可得 $C_o = 65 \times 10^{-6} \times 2/0.05 = 2600\mu\text{F}$。

由 12.2.3 节可知，输出 LC 滤波器的转折频率为

$$F_o = 1/(2\pi\sqrt{L_oC_o}) = 1/(2\pi\sqrt{15 \times 10^{-6} \times 2600 \times 10^{-6}}) = 806\text{Hz}$$

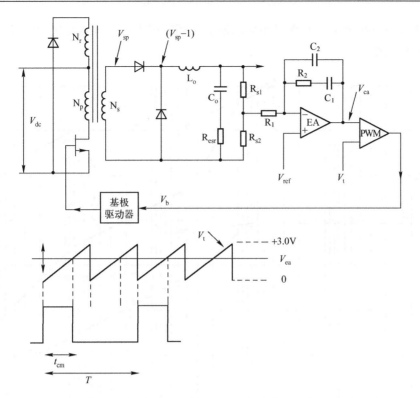

图 12.12　正激变换器反馈稳定环路设计原理图

同时由 12.2.3 节可知，ESR 零点频率为

$$F_{esr} = 1/(2\pi R_{esr}C_o) = 1/(2\pi \times 65 \times 10^{-6}) = 2500\text{Hz}$$

如 2.3.11.2 节所述，这里假设对大多数铝电解电容器而言，$R_{esr}C_o$ 为一常数，且等于 65×10^{-6}。

由式（12.1）可知，调制器增益 $G_m = 0.5(V_{sp}-1)/3$。当占空比为 0.5 且 $V_o = 5\text{V}$，$V_{sp} = 11\text{V}$ 时，由 $V_o = (V_{sp}-1)T_{on}/T$，可得 $G_m = 0.5(11-1)/3 = 1.67 = +4.5\text{dB}$。

对于常用的 SG1524 型 PWM 芯片，误差放大器的输入参考电压为 2.5V。若 $V_o = 5\text{V}$，有 $R_{s1} = R_{s2}$，则采样网络的增益是 $G_s = -6\text{dB}$。因此 $G_m+G_s = +4.5-6.0 = -1.5\text{dB}$。

除误差放大器以外所有环节的总开环增益是 $G_t = (G_{lc} + G_{pwm} + G_s)$，如图 12.13 所示的线段 $ABCD$。从 A 点到转折频率 806Hz（B 点），增益等于 $G_m + G_s = -1.5\text{dB}$。在 B 点，线段的斜率变为-2。直到 2500Hz（C 点）的 ESR 零点时，线段的斜率才变为-1。

穿越频率选为开关频率的 1/5，即 20kHz。如 G_t 曲线所示，20kHz 处的增益是-40dB（即代数增益为 1/100）。要使穿越频率等于 20kHz，误差放大器在 20kHz 时的增益应等于+40dB。误差放大器增益加上段线 $ABCD$ 的开环增益后的总开环增益必须以-1 斜率穿过穿越频率点 M，因为线段 $ABCD$ 在 $F_{co} = 20\text{kHz}$ 处的斜率已经是-1，所以误差放大器增益曲线 $EFGH$ 从 F 点到 G 点的曲线斜率必须为 0。

2 型误差放大器增益曲线的水平部分（F 点到 G 点）的增益是 R_2/R_1，如果 R_1 取为 1kΩ，那么 R_2 应选 100kΩ。

在 F_z 处设置一个零点来增大低频增益，并以此衰减 120Hz 的电网纹波。在 G 点设置一个极点来减小高频增益，从而减小输出端的高频噪声尖峰。零点和极点的设置要能提供所期望的相位裕量。

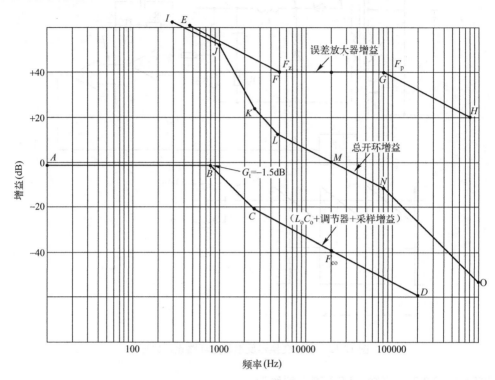

图 12.13 设计实例——图 12.2 对应的反馈稳定环路

假设相位裕量等于 45°，那么在 20kHz 穿越频率时，系统的总相移等于 360°−45° = 315°。LC 滤波器自身带来的相位滞后由式（12.7）给出。从式中可以看出，当 F_{co} = 20kHz 和 F_{esro} = 2500Hz 时，相位滞后是 97°（见表 12.2）。因此，误差放大器只允许有 315°−97° = 218° 的相位滞后。见表 12.1，当 K 值略小于 3 时，误差放大器的相位滞后可以满足 218° 的要求。

为保证更充足的相位裕量，假设 K 值为 4，那么相位滞后为 208°，再加上 LC 滤波器带来的 97° 相位滞后，得到 305° 的总开环相位滞后，那么在穿越频率 F_{co} 处的相位裕量为 360°−305° = 55°。

当 K 值等于 4 时，零点频率为 F_z = 20/4 = 5kHz。由式（12.3）得知，F_z = $1/(2\pi R_2 C_1)$，由于 R_2 前面已经确定为 100kΩ，因此 C_1 = $1/(2\pi \times 100k \times 5k)$ = 318×10^{-12}F。

此外，当 K 值等于 4 时，极点频率为 F_{po} = 20×4 = 80kHz。由式（12.3）可得，F_{po} = $1/(2\pi R_2 C_2)$。由于 R_2 = 100kΩ，F_{po} = 80kHz，所以 C_2 = $1/(2\pi \times 100k \times 80k)$ = 20×10^{-12} F。这样整个设计就完成了，最终的总开环增益曲线为图 12.13 所示的线段 $IJKLMNO$，即线段 $ABCD$ 与 $EFGH$ 之和。

12.10 3 型误差放大器的应用及其传递函数

在 2.3.11.2 节中已经指出，输出电压纹波 V_{or} = $R_o dI$。其中，R_o 为输出滤波电容 C_o 的

ESR，dI 等于最小直流电流的两倍。大多数铝电解电容都含有 ESR，许多电容制造商的产品目录表明，此类电容的 R_0C_0 为一常数，平均等于 $65×10^{-6}$。

因此，使用常规的铝电解电容时，减小输出纹波的唯一途径是减小 R_0，这可以通过增大来 C_0 实现。然而，这会增大电容器的尺寸，所以这一方法有时难以采纳。

在过去的几年里，电容器的制造商已经能够（以相当大的成本）生产出零 ESR 的铝电解电容，以满足那些输出纹波必须非常小的应用场合。

使用这种零 ESR 电容的电路对设计误差放大器反馈回路会有很大的影响。当输出滤波电容含有 ESR 时，穿越频率 F_{co} 通常位于输出滤波器的增益曲线斜率为-1 的部分。这就需要使用 2 型误差放大器，因为其增益特性曲线在 F_{co} 点具有水平斜率（见图 12.6）。

对于零 ESR 电容，LC 滤波器的增益特性曲线在转折频率 $F_0 = 1/(2\pi\sqrt{L_0C_0})$ 后，一直以-2 斜率下降（图 12.14 中的线段 $ABCD$）。在期望的 F_{co} 点处，误差放大器的增益仍然要等于 LC 输出滤波器在 F_{co} 处增益的相反数。但是，为了使系统的开环增益曲线能够以-1 斜率穿过 F_{co} 点，误差放大器的增益曲线在频率 F_{co} 的斜率必须为+1（图 12.14 中的线段 $EFGH$）。

误差放大器在低频段需要有足够的增益，否则就不能有效地减小 120Hz 电网纹波。同时，F_{co} 处的总开环增益必须等于 0，且误差放大器的增益斜率为+1。因此，频率低于 F_2 时（见图 12.14），误差放大器的增益斜率必须是-1。如 12.5 节所述，在误差放大器传递函数的同一频率（F_z）上放置两个相同的零点便可满足这个要求。频率低于 F_z 时，因为存在一个初始极点，增益以-1 斜率下降。在 F_z 点处，第一个零点使增益斜率转为水平，第二个零点使它变为+1 斜率。

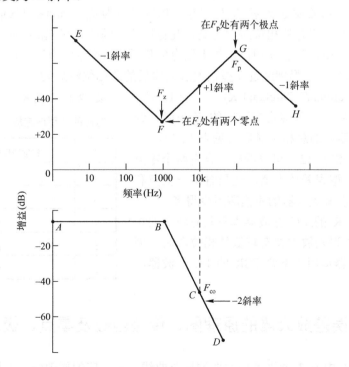

图 12.14　当输出电容没有 ESR 时，其增益曲线一直以-2 斜率下降。为了使系统的总开环增益曲线以-1 斜率穿过 F_{co}，要求误差放大器增益曲线在 F_{co} 处的斜率为+1。为了得到上述的误差放大器增益曲线，在 F_z 处需要有两个零点和在 F_p 处有两个极点

当频率超过穿越频率 F_{co} 后，误差放大器的增益曲线不允许一直以+1 斜率继续上升，否则在高频段的增益将会很大，这样噪声尖峰就能传输到输出端。因此，如 12.5 节所述，需在点 H 即频率 F_p 处设置两个极点。第一个极点使斜率由+1 变为 0，第二个极点使斜率变为−1。

增益曲线如图 12.14 中线段 $EFGH$ 的误差放大器，被称为 3 型误差放大器。同样，这一命名来自广泛使用的威纳波尔命名的名称[1]。

和 2 型误差放大器一样，F_z 处两个零点和 F_p 处两个极点的位置决定了穿越频率 F_{co} 处的相位滞后。F_z 和 F_p 之间的距离越远，相位裕量越大。

如同 2 型误差放大器，F_z 频率过低时，低频增益会降低，不能有效减小 120Hz 的电网纹波。而 F_p 频率过高时，高频增益就会增大，从而使高频噪声尖峰的幅值增大。

再次采用比例因子 K 来决定 F_p 和 F_z 的位置。K 的值满足 $K = F_{co}/F_z = F_p/F_{co}$。在接下来的章节中，将计算由 F_z 处的双零点在 F_{co} 处产生的相位超前，以及由 F_p 处的双极点在 F_{co} 处产生的相位滞后。

12.11　3 型误差放大器零点、极点位置引起的相位滞后

在 12.7 节中已经指出，由零点 F_z 在穿越频率 F_{co} 处引起的相位超前为 $\theta_{zb} = \arctan(F_{co}/F_z) = \arctan K$[见式（12.5）]。如果频率 F_z 处有两个零点，那么超前的相位将相互叠加。这样，两个相同的零点 F_z 在穿越频率 F_{co} 处产生的超前相位是 $\theta_{2zb} = 2\arctan K$。

同理，由极点 F_p 在穿越频率 F_{co} 处引起的相位滞后为 $\theta_{lp} = \arctan(1/K)$[见式（12.6）]。$F_p$ 处有两个极点时，引起的相位滞后也是相互叠加的。因此，在 F_{co} 处的相位滞后是 $\theta_{2lp} = 2\arctan(1/K)$。滞后相位和超前相位，加上固有的低频 270° 滞后相位（180° 的反相，加上初始极点的 90° 滞后），得到经过 3 型误差放大器后的总相位滞后为

$$\theta_{t1} = 270° - 2\arctan K + 2\arctan(1/K) \qquad （12.9）$$

通过式（12.9），可计算出在不同的 K 值时，经过 3 型误差放大器后的总相位滞后（见表 12.3）。

对比表 12.3 和表 12.1 可以看出，含有两个零点和两个极点的 3 型误差放大器，比只含单一极点和单一零点的 2 型误差放大器的相位滞后少得多。

由于不含 ESR 的 LC 滤波器本身具有较高的相位滞后，而 3 型误差放大器有较低的相位滞后，因此 3 型误差放大器适用于不含 ESR 的 LC 滤波器，以减小相位滞后。

表 12.3　不同 $K(F_{co}/F_z = F_p/F_{co})$值对应的 3 型误差放大器的相位滞后

K	相位滞后[由式（12.9）]
2	196°
3	164°
4	146°
5	136°
6	128°

12.12　3 型误差放大器的原理图、传递函数及零点、极点位置

对于图 12.14 中的 3 型误差放大器的增益曲线，其对应的原理图，如图 12.15 所示。其传递函数同样可用 12.6 节中 2 型误差放大器传递函数的推导方法获得。同样，反馈阻抗 Z_2 和输入阻抗 Z_1 的阻抗用 s 因子表达式表示，得到传递函数 $G(s) = -Z_2(s)/Z_1(s)$。通过数学运算，可得到下列的传递函数表达式：

$$G(s) = \frac{\mathrm{d}V_o}{\mathrm{d}V_{in}}$$

$$= \frac{-(1+sR_2C_1)[1+s(R_1+R_3)C_3]}{sR_1(C_1+C_2)(1+sR_3C_3)[1+sR_2C_1C_2/(C_1+C_2)]} \quad (12.10)$$

该传递函数有：

（a）一个初始极点，频率等于

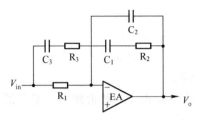

图 12.15　3 型误差放大器有一个初始极点以及两个零点和两个极点。它的传递函数是

$$G(s) = \mathrm{d}V_o/\mathrm{d}V_i = \frac{-(1+sR_2C_1)(1+s(R_1+R_3)C_3)}{sR_1(C_1+C_2)(1+sR_3C_3)[1+sR_2C_1C_2/(C_1+C_2)]}$$

$$F_{po} = 1/[2\pi R_1(C_1+C_2)] \quad (12.11)$$

在此频率处，R_1 的阻抗等于并联的 C_1 和 C_2 的容抗。

（b）第一个零点，频率等于

$$F_{z1} = 1/(2\pi R_2 C_1) \quad (12.12)$$

在此频率处，R_2 的阻抗等于 C_1 的容抗。

（c）第二个零点，频率等于

$$F_{z2} = 1/[2\pi(R_1+R_3)C_3] \approx 1/(2\pi R_1 C_3) \quad (12.13)$$

在此频率处，R_1 和 R_3 的阻抗和等于 C_3 的容抗。一般来说，R_1 的阻值远大于 R_3 的阻值。

（d）第一个极点，频率等于

$$F_{p1} = \frac{1}{2\pi R_2 C_1 C_2/(C_1+C_2)} \simeq 1/(2\pi R_2 C_2) \quad (12.14)$$

在此频率处，R_2 的阻抗等于 C_1 和 C_2 串联后的阻抗。一般来说，C_1 的容值远大于 C_2 的容值。

（e）第二个极点，频率等于

$$F_{p2} = 1/(2\pi R_3 C_3) \quad (12.15)$$

在此频率处，R_3 的阻抗等于 C_3 的容抗。

为了得到图 12.14 所示的增益曲线，要选择合适的 RC 乘积，使 $F_{z1} = F_{z2}$ 且 $F_{p1} = F_{p2}$。通过选择合适的 K 值，确定双极点和双零点的位置，从而获得所需的相位裕量。在图 12.14 中，误差放大器增益曲线的 +1 斜率曲线段在所期望的穿越频率 F_{co} 处的增益大小应等于 LC 滤波器（见图 12.14）此处增益的相反数。

下面将举例说明如何通过表 12.3 和式（12.10）的传递函数确定 RC 的值，从而确定所需的零点、极点的位置。

12.13 设计实例：通过 3 型误差放大器反馈环路稳定正激变换器

需要设计反馈环路的正激变换器参数如下。

V_o	5.0V
$I_{o(nom)}$	10A
$I_{o(min)}$	1.0A
开关频率	50kHz
输出纹波（峰-峰值）	＜20mV

这里假设输出电容不含 ESR。

首先计算输出 LC 滤波器的参数和它的转折频率。参考图 12.15，由式（2.47）可得出

$$L_o = \frac{3V_o T}{I_o} = \frac{3 \times 5 \times 20 \times 10^{-6}}{10} = 30 \times 10^{-6} \text{H}$$

若假设输出电容不含 ESR，则由 ESR 引起的纹波应该为 0。但是仍会存在很小的容性的纹波分量（见 1.2.7 节）。通常这一纹波电流是非常小的，因此所采用的滤波电容器的容值可以远小于在 2 型误差放大器设计实例中采用的 2600μF。但是为了谨慎起见，在此设计中仍使用同样的2600μF 电容，但不含 ESR，那么

$$F_o = 1 / (2\pi\sqrt{L_o C_o}) = 1 / (2\pi\sqrt{30 \times 10^{-6} \times 2600 \times 10^{-6}}) = 570\text{Hz}$$

和 2 型误差放大器的设计实例一样，假设调制器加上采样分压电阻的增益是-1.5dB。LC 滤波器、调制器和采样电阻的增益之和如图 12.16 中的曲线段 ABC。直到 570Hz 的转折频率 B 点前，增益斜率为水平，增益为-1.5dB。在转折频率后，增益斜率突变为-2。因为电容不含 ESR，即无 ESR 零点，所以在 B 点后增益会一直保持这个斜率下降。

穿越频率 F_{co} 选为开关频率的 1/5，即 50/5 = 10kHz。在图 12.16 中的曲线段 ABC 上，10kHz 处的增益损耗等于-50dB。为了使 F_{co} 等于 10kHz，误差放大器在 10kHz 处的增益必须等于+50dB（见图 12.16 中的 F 点）。同时，误差放大器在穿越频率 F_{co} 处必须有+1 的增益斜率，使 LC 滤波器的-2 斜率叠加了误差放大器增益斜率后，能够得到-1 的总增益斜率。因此，在 F 点绘制一条+1 斜率的直线，往低频的方向延伸到双零点频率 F_z 处，往高频方向延伸到双极点频率 F_p 处。由能够获得足够相位裕量所需的 K 值，来确定频率 F_z 和 F_p（见表 12.3）。

假设相位裕量为 45°，则在 F_{co} 处，误差放大器加上 LC 滤波器后的总相位滞后等于 360°-45° = 315°。但是，不含有 ESR 的 LC 滤波器有 180° 的相位滞后，这只允许误差放大器有 315°-180° = 135° 的相位滞后。从表 12.3 可以看出，K 值为 5 时有 136° 的相位滞后，这足够满足要求。当 F_{co} = 10kHz，K = 5 时，零点 F_z 为 2kHz，而极点 F_p 为 50kHz。因此，在图 12.16 中，+1 斜率的直线延伸到 2kHz 的 E 点。在这点，初始极点引起的-1 斜率的增益曲线由于双零点的缘故变为+1 斜率。零点频率 F_z 后，增益曲线以+1 的斜率延伸到 50kHz 双极点。此时增益曲线由于双极点的缘故变为-1 斜率。

IJKLMN 线段表示的是总开环增益，等于线段 ABC 与 DEFGH 之和。可以看出在 10kHz（穿越频率 F_{co}）处的增益等于 0dB，并以-1 斜率穿过 F_{co}。K 值为 5 时，可得到所需的 45° 相位裕量。为了获得图 12.16 中的误差放大器增益曲线 DEFGH，接下来要做的就是选择参数合适的元件。

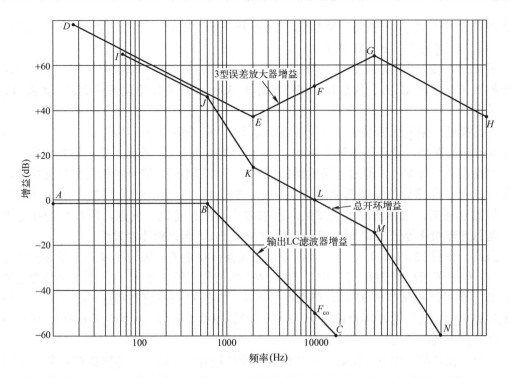

图 12.16　增益曲线——12.13 节中的设计实例。输出电容不含 ESR 且使用 3 型误差放大器

12.14　3 型误差放大器元件的选择

为了得到所需的 3 型误差放大器增益曲线，需要选择 6 个元件（R_1、R_2、R_3、C_1、C_2、C_3）的值，以及根据 4 个公式[见式（12.12）～式（12.15）]来确定零点和极点频率。

假设 R_1 = 1kΩ。第一个零点出现在 $R_2 = X_{c1}$ 时（频率 2000Hz 处），频率大于该零点频率时，反馈支路的阻抗主要是 R_2。因此，图 12.6 的增益在 2000Hz 处渐近等于 R_2/R_1。由图 12.16 可知，误差放大器在 2000Hz 处的增益等于+37dB，即代数增益等于 70.8。那么，当 R_1 = 1kΩ 时，R_2 = 70.8kΩ，则由式（12.12）得

$$C_1 = 1/(2\pi R_2 F_z) = 1/(2\pi \times 70800 \times 2000) = 0.011\mu F$$

由式（12.14）得

$$C_2 = 1/(2\pi R_2 F_p) = 1/(2\pi \times 70800 \times 50000) = 45pF$$

由式（12.13）得

$$C_3 = 1/(2\pi R_1 F_z) = 1/(2\pi \times 1000 \times 2000) = 0.08\mu F$$

最后，由式（12.15）得

$$R_3 = 1/(2\pi C_3 F_p) = 1/(2\pi \times 0.08 \times 10^{-6} \times 50000) = 40\Omega$$

12.15　反馈系统的条件稳定

反馈系统在正常工作条件下运行可能是稳定的，但在开机或输入电网电压产生瞬态变

化时可能会受到冲击，造成连续振荡。这种特殊的情况被称为条件稳定，可以通过图 12.17（a）和图 12.17（b）来理解。

图 12.17（a）和图 12.17（b）分别为系统总开环相频特性和增益特性图。如果同时有两个频率（A 点和 C 点）的总开环相移都等于 360°，则可能出现条件稳定，如图 12.17（a）所示。

前面提过，振荡的标准是，总开环增益等于 1，即 0dB，总开环相移等于 360°。但如果在某给定频率处，开环相移等于 360°，而开环增益大于 1，那么系统仍然是稳定的。

如果在某一频率处，通过环路返回的信号响应与初始信号完全同相而且幅值增大，那么每一次经过环路后的振幅都会增大。因此，它会建立起有一定幅值的振荡，并持续振荡。但数学证明，这种情况不会发生。本书将不详细讨论这一问题，所以我们在这里假设，当总开环相移等于 360° 时，若总开环增益大于 1，振荡就不会发生。

因此，在图 12.17（a）中的 B 点，系统是无条件稳定的。因为在 B 点，虽然开环增益等于 1，但开环相移比 360° 小 40°，即有 40° 的相位裕量。在 C 点，系统也是稳定的，虽然 C 点的开环相移等于 360°，但增益小于 1，即在 C 点有增益裕量。在 A 点，系统则是条件稳定的，此时的开环相移等于 360°，但其增益大于 1（大约为+16dB），所以系统在这种条件下是稳定的。

然而，在某些条件下，比如说在开机后系统还没有稳定时，开环增益在频率 A 点瞬间下降了 16dB——满足了振荡的条件：增益等于 1，同时相移等于 360°，电路进入振荡状态，并持续振荡。C 点则不太可能发生条件振荡，因为它的增益不可能突然增大。

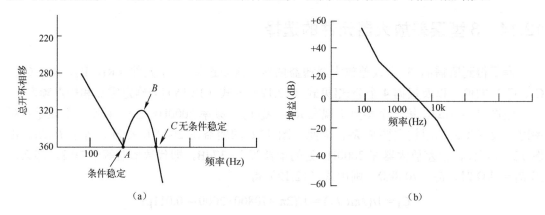

图 12.17 如果系统在两个频率下的总开环相移都等于 360°，则系统可能是条件稳定的。电路在 A 点是条件稳定的，如果 A 点增益突然降至 0dB（大多数出现在开机的瞬态过程），那么就有可能满足振荡的条件：同时具有 360° 的总开环相移和 0dB 的增益。一旦振荡产生，就会持续下去。电路在 C 点是无条件稳定的，因为该点的增益不可能突然增大

如果条件稳定存在（大多数出现在刚刚开机时），它最有可能出现在轻载时输出 LC 滤波器的转折频率处。从图 12.3（a）和图 12.3（b）可以看出，轻载时，LC 滤波器增益曲线在转折频率处有很高的谐振尖峰，并且有非常高的相移。在 LC 的转折频率处，这种高相移可导致 LC 滤波器转折频率附近的总相移达到 360°。导通瞬间的总开环增益很难估算，但有可能某一瞬间等于 1，然后环路进入振荡状态。

通过计算来判断系统是否会发生条件稳定是很困难的。避免振荡的最安全的方法是，在 LC 滤波器的转折频率处设置一个零点使相位增加，抵消系统的相位滞后。这点很容易实现，经输出电压反馈采样网络上面的电阻并联一个电容就可以了（见图 12.12）。

12.16　不连续导电模式下反激变换器的稳定

12.16.1　从误差放大器端到输出电压节点的直流增益

在开始本节内容前，读者应该区分以下章节中的一些符号与前面章节中的区别。本节中，R_o 表示变换器的负载阻抗，而前面的章节里，R_o 表示输出滤波电容内部的 ESR 电阻。本节的反激电路中，用 R_c 表示输出电容的 ESR 电阻，如图 12.18 所示。

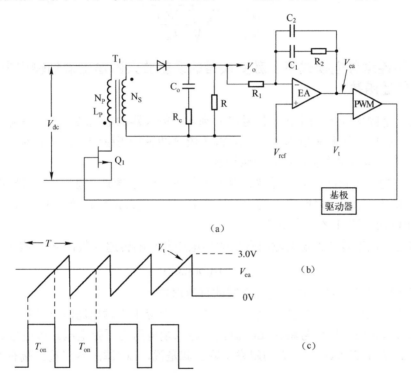

（a）

（b）

（c）

图 12.18　不连续导电模式下反激变换器反馈环路。注意，正文中的 R_o 即是图中的 R

系统环路的基本元件如图 12.18（a）所示。设计反馈环的第一步是计算从误差放大器的输出端到输出电压节点 V_o 的直流增益和低频增益。假设效率为 80%，那么，由式（4.2a）可得

$$P_o = \frac{0.8\left(\frac{1}{2}L\right)I_p^2}{T} = \frac{V_o^2}{R_o} \tag{12.16}$$

因为 $I_p = V_{dc}\overline{T_{on}}\,/\,L_p$，则

$$P_o = \frac{0.8L_p(V_{dc}\overline{T_{on}}\,/\,L_p)^2}{2T} = \frac{V_o^2}{R_o} \tag{12.17}$$

如图 12.18（b）所示，PWM 调制器将误差放大器的输出 V_{ea} 和一个 0～3V 的三角波进行比较，产生矩形脉冲。脉冲的脉宽[T_{on}，见图 12.18（c）]为从三角波开始时刻到三角波与直流电压 V_{ea} 的交点时刻。T_{on} 就是开关管 Q_1 的导通时间。从图 12.18（b）可以看出，$V_{ea}/3 = T_{on}/T$ 或 $T_{on} = V_{ea}T/3$，代入式（12.16），得

$$P_o = \frac{0.8L_p(V_{dc}/L_p)^2(V_{ea}T/3)^2}{2T} = \frac{V_o^2}{R_o}$$

或

$$V_o = \frac{V_{dc}V_{ea}}{3}\sqrt{\frac{0.4R_oT}{L_p}} \tag{12.18}$$

从误差放大器的输出端到输出电压节点的低频增益为

$$\frac{\Delta V_o}{\Delta V_{ea}} = \frac{V_{dc}}{3}\sqrt{\frac{0.4R_oT}{L_p}} \tag{12.19}$$

12.16.2 不连续导电模式下反激变换器的误差放大器输出端到输出电压节点的传递函数

假设将一个频率为 f_n 的小正弦信号串入到误差放大器的输出端，来改变脉宽调制的导通时间 T_{on}。对 T_1 一次侧峰值为 I_p 的三角波电流脉冲进行正弦调制，从而对二次侧瞬间幅值为 I_pN_p/N_s 的三角波电流脉冲进行正弦调制。

T_1 二次侧的三角脉冲电流同样被频率为 f_n 的正弦信号调制。因此，会有频率为 f_n 的正弦电流流入 R_o 和 C_o 的并联网络。因此，从频率 $F_p = 1/(2\pi R_o C_o)$ 开始，C_o 两端的输出电压幅值以-20dB/dec，即-1 的斜率下降。

换而言之，从误差放大器的输出端到输出电压节点的传递函数在 F_p 处有一个极点：

$$F_p = 1/(2\pi R_o C_o) \tag{12.20}$$

式（12.19）给出了低于该极点频率时的直流增益。

这和带 LC 输出滤波器的拓扑是不一样的。对于带 LC 输出滤波器的拓扑，在误差放大器输出端接入正弦电压信号将使 LC 滤波器输入端电压为正弦电压。该电压通过 LC 滤波器后，幅值以-40dB/dec，即-2 的斜率下降。就是说，LC 滤波器在输出端有双极点的下降率。

反激变换器输出电路是以-1 斜率或单极点下降的，这使其用于反馈稳定环路的误差放大器的传递函数不同于正激变换器。在大多数情况下，反激变换器的输出滤波电容在下面的频率处有一个 ESR 零点：

$$F_z = 1/(2\pi R_c C_o) \tag{12.21}$$

要完整地分析系统稳定性问题，就应该考虑到直流输入电压的最大值和最小值，以及 R_o 的最大值和最小值。式（12.19）表明，低频增益与 V_{dc} 和 R_o 的平方根成正比。同时，输出电路的极点频率与 R_o 成反比。在下面的图表分析中，应考虑到 V_{dc} 和 R_o 所有的 4 种组合，因为输出电路的传递函数随它们的变化而明显变化。

对于输出电路的传递函数（电网电压和负载不变的情况下），设计误差放大器传递函数是为了得到所期望的穿越频率 F_{co}，并使总增益曲线以-1 斜率穿过 F_{co}。但必须注意，

当电网电压和负载改变时，总增益曲线不再以-2斜率穿越 F_{co}，并且有可能会引起振荡。

本例中，考虑到 V_{dc} 的变化小到可以忽略，因此可按式（12.19）计算低频增益，按式（12.20）计算输出电路极点频率。此时假设 $R_{o(max)}= 10R_{o(min)}$。

图 12.19 中的线段 $ABCD$ 对应着 $R_{o\,(max)}$ 时输出电路的传递函数。从 A 点到 B 点的增益可由式（12.19）算出。在 B 点，由式（12.20）得出的输出极点，斜率变为-1。在 C 点，因为有输出电容的 ESR 零点，斜率变为水平。C 点的频率由式（12.21）确定。在 12.7 节中提过，对于大多数额定耐压和容值等级的铝电解电容，$R_oC_o=65×10^{-6}$。

图 12.19 中的另一条曲线 EFGH 是负载等于 $R_{o(min)}= R_{o(max)}/10$ 时输出电路的传递函数。因为 F_p 与 R_o 成反比，所以它的极点频率是 $R_{o(max)}$ 时的 10 倍。由于增益与 R_o 的平方根成正比，所以当频率小于 F 时，低频增益比 $R_{o(max)}$ 时 B 点的增益小 10dB（$20\lg\sqrt{10}=10\text{dB}$）。

负载为 $R_{o(min)}$ 时，输出电路传递函数的绘制描述如下。首先将点 F 定在 B 点频率的 10 倍且增益低于其 10dB 的位置，从 F 点向低频段绘制一条水平线（线段 FE）；然后从 F 点向右侧绘制一条斜率为-1（-20dB/dec）的直线，直到 ESR 零点频率 G 点；再从 G 点向高频方向绘制一条水平线。

通过图 12.19 中输出电路传递函数曲线 $ABCD$ 和 $EFGH$，可绘制出误差放大器增益或传递函数曲线，如下所述（见 12.17 节）。

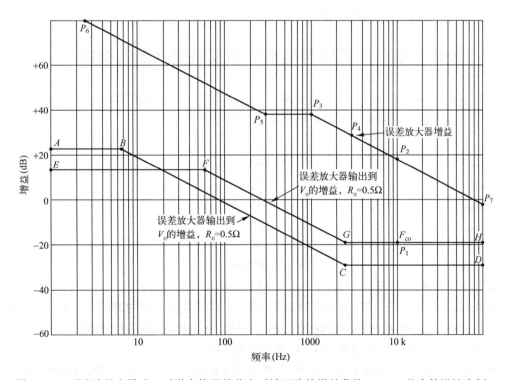

图 12.19　不连续导电模式下反激变换器的稳定反馈环路的增益曲线（12.18 节中的设计实例）

12.17　不连续导电模式下反激变换器误差放大器的传递函数

图 12.19 中，$R_{o(min)}$对应线段 $EFGH$，如 12.3 节所述，穿越频率 F_{co} 设定为开关频率

（P1 点，本例中为 10kHz）的 1/5。通常，F_{co} 位于输出电路传递函数的水平斜率段。

所设计的误差放大器要使得在 F_{co} 处的增益（P_2 点）等于在 P_1 点输出电路增益的相反数。因为线段 $EFGH$ 在 F_{co} 处的斜率是水平的，所以误差放大器在 P_2 点的增益斜率必须为-1。因此，确定 P_2 点的位置后，往低频段以-1 斜率绘制一条直线，反向延伸到稍低于 C 点的频率处（P_3 点）。当负载为 $R_{o(max)}$ 时，输出电路传递函数的曲线是 $ABCD$。由于此时的总增益曲线也必须以-1 斜率穿过 $R_{o(max)}$ 对应的新的穿越频率 F_{co}，在新的穿越频率 F_{co} 处，水平线 CD 的增益应等于误差放大器增益曲线-1 斜率段上 P_4 点增益的倒数。

点 P_3 的频率不是很严格，但它必须低于 C 点的频率，以确保负载为 $R_{o(max)}$ 时，最大增益损耗能够被误差放大器增益曲线-1 斜率段上某一点的增益所补偿或抵消。

在 P_3 处设置一个极点 F_p。采用 2 型误差放大器，输入电阻 R_1[见图 12.18（a）]可以选择足够高的任意阻值，以免影响采样电阻网络（图中并未画出采样电阻）。

从图中可读出，水平部分（P_3P_5）的增益等于 R_2/R_1[见图 12.18（a）]。这样，就确定了电阻 R_2 的值。再根据极点 F_p 和 R_2，图 12.18（a）中 C_2 的值确定为 $C_2 = 1/(2\pi F_p R_2)$。

现在，增益曲线沿着水平线 P_3P_5 延伸，在点 P_5 引入一个零点，以增加低频增益，并提供超前的相位。在 P_5 点，零点 F_z 的频率不是很严格，大约为 F_p 的 1/10 即可。零点 F_z 由 $C_1 = 1/(2\pi R_2 F_z)$ 确定。

下一节将举例说明上述的内容。

12.18 设计实例：不连续导电模式下反激变换器的稳定

针对 4.6.3 节中的例子设计反馈环路，使系统稳定。假设输出电容含有 ESR，因此选用 2 型误差放大器，电路如图 12.18（a）所示。电路参数如下。

V_o	5V
$I_{o(nom)}$	10A
$I_{o(min)}$	1.0A
$V_{dc(max)}$	60V
$V_{dc(min)}$	38V
$V_{dc(av)}$	49V
开关频率	50kHz
L_p（计算见 4.3.2.7 节）	56.6μH

在 4.3.2.7 节中，已计算出 C_o=2000μF，并且，在开关管截断的瞬间，66A 的二次侧峰值电流将会在 2000μF 电容约 0.03Ω 的 ESR 上引起 66×0.03 = 2V 的尖峰电压。可以用 LC 电路滤掉这一尖峰电压，或者增大 C_o 以降低它的 ESR。

在这里，两种方法都被采用。电容 C_o 增大到 5000μF 以使 R_c 减少到(2/5)0.03 = 0.012Ω（因为 R_o 与 C_o 成反比）。Q_1 截止时的初始尖峰等于 66×0.012 = 0.79V，可以通过一个较小的不会影响到反馈环路的 LC 电路，将此尖峰电压降低到可接受的水平。

首先，绘制 $R_{o(min)}$= 5/10 = 0.5Ω 时输出电路的增益曲线。由式（12.19）得，低频增益为

$$G = \frac{V_{dc}}{3}\sqrt{\frac{0.4R_oT}{L_p}} = \frac{49}{3}\sqrt{\frac{0.4 \times 0.5 \times 20 \times 10^{-6}}{56.6 \times 10^{-6}}} = 4.342$$

可得 20lg(4.342)=12.8dB。

由式（12.20），可得极点频率：

$$F_p = 1/(2\pi R_o C_o) = 1/(2\pi \times 0.5 \times 5000 \times 10^{-6}) = 63.7Hz$$

由式（12.21），可得 ESR 零点频率：

$$F_{esro} = 1/(2\pi R_c C_o) = 1/(2\pi \times 60 \times 10^{-6}) = 2653Hz$$

那么，R_o=0.5Ω 时对应的输出电路增益曲线如图 12.19 中的 *EFGH* 曲线所示。低频段直到 F_p = 63.7Hz，水平部分的增益值为+12.8dB。在 F_p 处，曲线转折成 1 斜率下降，直到频率为 2653Hz 的 ESR 零点。接下来，将绘制误差放大器的增益曲线。

将穿越频率 F_{co} 选定为开关频率的 1/5，即等于 50/5 = 10kHz。在曲线 *EFGH* 上，10kHz 处的增益是-19dB。因此，误差放大器在 10kHz 处的增益应为+19dB。在 10kHz 增益为+19dB 处（P_2 点），向低频方向绘制一条斜率为-1（-20dB/dec）的直线，反向延伸这条线到比 F_{esro} 低的频率处——比如说延伸到 1kHz、+39dB 的 P_3 点。在 P_3 点，再绘制一条水平线到频率为 300Hz 的 P_5 点（零点的位置）。

对零点位置的要求也不是很严格。在 12.17 节中已经提到，建议 P_5 点的零点频率等于 P_3 点频率的 1/10。实际上，一些设计者会忽略 P_5 点的零点[5]，但是，在这里设置零点可以提供超前的相位。因此，在 P_5 点，朝低频方向绘制斜率为-1 的直线。

现在要验证，当 $R_{o(max)}$ = 5Ω 时，总增益曲线（输出电路加上误差放大器传递函数）仍以-1 斜率经过穿越频率 F_{co}。

当 R_o = 5Ω 时，由式（12.19）可知，直流增益等于 13.8，也就是+23dB。由式（12.20）计算出的极点频率为 6.4Hz。ESR 零点频率仍是 2653Hz。因此，在 R_o = 5Ω 时，输出电路传递函数曲线是 *ABCD*。

新的穿越频率 F_{co} 就是误差放大器增益等于输出电路增益曲线 *ABCD* 上增益的相反数时的频率。可以看出，在 P_4 点（3200Hz），输出滤波器的增益是-29dB，而误差放大器的增益是+29dB。由此可得，误差放大器的增益和曲线 *ABCD* 的增益之和以斜率-1 穿过 F_{co}。

然而，应该注意的是，如果 R_o 稍大一些，整个 *ABCD* 曲线的增益将会下降到更低的值。那么，先前确定的误差放大器增益等于输出滤波器损耗增益相反数的频率点会出现在两条曲线斜率同时为-1 的频段。

系统总增益曲线将以-2 斜率穿越新的截止频率 F_{co}，并可能会产生振荡。因此，规定来说，应该保证不连续导电模式下反激变换器在最小负载电流（R_o 最大）的情况下的稳定性。

下面，根据传递函数增益曲线 $P_6 P_5 P_3 P_7$ 选择误差放大器的具体元件。图 12.18（a）中，任选 R_1 = 1000Ω。从图 12.19 可以看出，P_3 点的增益为+38dB，即代数增益为 79。因此，R_2/R_1 = 79，则 R_2 = 79kΩ。对 1kHz 处 P_3 点的极点，$C_2 = 1/(2\pi F_p R_2)$= 2000pF。对 300Hz 处误差放大器的零点，$C_1 = 1/(2\pi F_z R_2)$= 6700pF。

由于输出电路的单极点下降特性，它的最大相位滞后是 90°。但由于 ESR 零点的存在，相位滞后将会大大减小。因此，不连续导电模式下的反激变换器很少存在相位裕量问题。

对于 R_o = 0.5Ω 的情况，由 64Hz 处的极点和 2653Hz 处的 ESR 零点在 F_{co}（10kHz）处引起的相位滞后为

$$输出电路相位滞后=\arctan\left(\frac{10000}{64}\right)-\arctan\left(\frac{10000}{2653}\right)=89.6°-75.1°=14.5°$$

在 300Hz 处的零点和在 1kHz 处的极点引起的误差放大器在 10kHz 的相位滞后（见图 12.20，曲线 $P_6P_5P_3P_7$）为

$$270-\arctan\left(\frac{10000}{300}\right)+\arctan\left(\frac{10000}{1000}\right)=270°-88°+84°=266°$$

那么，在 10kHz 处，系统总相位滞后是 14.5°+281° = 280°，从而得到 F_{co} 处 79° 的相位裕量。

12.19 跨导误差放大器

很多常用的 PWM 芯片（1524、1525、1526 系列）采用跨导型误差放大器。跨导 g_m 是指每单位输入电压变化引起的输出电流的变化，即

$$g_m=\frac{dI_o}{dV_{in}}$$

对误差放大器输出端到地的阻抗 Z_o，有

$$dV_o=dI_oZ_o=g_mdV_{in}Z_o$$

或增益 G 为

$$G=\frac{dV_o}{dV_{in}}=g_mZ_o$$

1524、1525 系列的放大器空载时，开环低频增益额定值为+80dB，且在 300Hz 处有一个极点。在此极点频率以后，增益以-1（或-20dB/dec）斜率下降，如图 12.20（a）中曲线 $ABCD$ 所示。

误差放大器的输出端到地之间并联一个纯电阻 R_o，R_o 使增益从直流开始直到与曲线 $ABCD$[见图 12.20（a）]的交点前恒等于 g_mR_o。对于 1524、1525 系列芯片，g_m 额定值为 2mA/V。

因此，R_o 等于 500kΩ、50kΩ 和 30kΩ 时，增益分别为 1000、100 和 60，如图 12.20（a）中的曲线 P_1P_2、P_3P_4、P_5P_6 所示。

大多数情况下采用的是 2 型误差放大器，可由图 12.20（b）所示的网络实现。

在低频段，$X_{C1}\gg R_1$。这时相于 C_1、C_2 与产生 300Hz 开环极点的内部 100pF 电容并联接地。这使原本位于 300Hz 的极点移到更低的频率点，且在这个频率更低的极点之后，增益继续以-1 的斜率下降。在 $X_{C1}=R_1$ 时的频率 $F_z=1/(2\pi R_1C_1)$ 处有一个零点，使增益斜率变为水平线，幅值等于 g_mR_1。而在 $X_{C2}=R_1$ 时频率 $F_p=1/(2\pi R_1C_2)$ 处的极点使增益斜率变为-1。

图 12.20（b）中电路的增益曲线如图 12.20（c）所示。

通常，1524、1525 系列 PWM 芯片中的误差放大器输出端采用如图 12.20（b）所示的补偿网络并联到地，而不是像传统的运算放大器那样将负反馈补偿网络接在输出端和反相输入端之间。

无论是如图 12.20（b）中的补偿网络并联接地，还是像传统方式一样返回到运算放大

器的反相输入端，由于芯片内部误差放大器不能输出或输入超过 100μA 的电流，所以对 R_1 的大小都会有所限制。当 PWM 比较器采用 3V 的三角波来做比较时，误差放大器的输出电压在负载或电网电压的突变时有可能会等于最高电压 3V。若 $R_1<30\text{k}\Omega$，快速变化的 3V 电压需要的电流可能超过 100μA。对于负载或电网电压的快速变化，误差放大器响应速度将会比较慢。

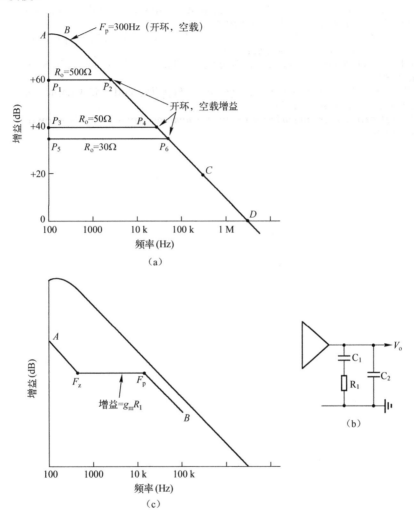

图 12.20　（a）不带负载的 PWM 芯片 1524 系列和 1525 系列的开环增益曲线。当带电阻负载时，增益稳定为 $G = g_\text{m}R_\text{o}$。（b）2 型跨导误差放大器输出并联网络结构图。（c）图 12.20（b）所示电路的增益曲线（$AF_\text{z}F_\text{p}B$）。$F_\text{z} = 1/(2\pi R_1 C_1)$，$F_\text{p} = 1/(2\pi R_1 C_2)$

由于输出电流有 100μA 的限制，许多工程师倾向于不使用芯片内部误差放大器。由于误差放大器的输出端通常作为芯片的某一管脚，所以某些设计者更愿意在芯片外部使用性能更好的误差放大器，且将该外部误差放大器的输出与芯片内部误差放大器输出对应的管脚相连接。

然而，从控制成本的角度出发，可能只允许使用内部误差放大器。在穿越频率 F_co 已经确定的前提下，若计算的 R_1 必须小于 30kΩ，才能使跨导误差放大器的增益匹配变换器

输出滤波器在 F_{co} 处的负增益，则可以选定 R_1 为 30kΩ，通过增大输出滤波器在 F_{co} 处的负增益实现设计。为此，可以增大输出滤波电感或滤波电容，使滤波器的极点频率更低，从而得到 F_{co} 处更高的输出滤波器负增益。

参考文献

[1] D. Venable, "The K Factor: A New Mathematical Tool for Stability Analysis and Synthesis," *Proceedings Powercon 10*, 1983.

[2] A. Pressman, *Switching and Linear Power Supply, Power Converter Design*, pp. 331–332, Switchtronix Press, Waban, Mass., 1977.

[3] K. Billings, *Switchmode Power Supply Handbook*, Chapter 8, McGraw-Hill, New York, 1989.

[4] G. Chryssis, *High Frequency Switching Power Supplies*, 2nd ed., Chapter 9, McGraw-Hill, New York, 1989.

[5] Unitrode Corp., *Power Supply Design Seminar Handbook*, Apps. B, C, Watertown, Mass., 1988.

第 13 章　谐振变换器

13.1　简介

　　体积很小的新型多功能集成电路的出现，对开关电源的小型化具有重要意义。开关电源小型化主要依靠提高开关频率来减小变压器和输出滤波器的体积。另外，开关电源也通过提高效率，减小散热器体积来减小自身体积。

　　目前开关电源技术的一个主要目标是使电源工作频率比现在通用的 100～200kHz 进一步提高。

　　然而，对前面讨论的传统的矩形波拓扑，随着开关频率的提高，开关管的关断损耗和导通损耗都会增大。MOSFET 输出电容的充放电（见 11.1 节）造成的开通损耗在开关频率高于 1MHz 时非常明显。

　　正如第 1 章和第 11 章中所讨论的，在开关关断期间，下降的电流和上升的集电极电压之间出现重叠，产生一个很大的关断损耗。随着开关频率的升高，开关管的关断损耗会变得非常严重。开关管的损耗增大，会使所需的散热器体积增大。因此，虽然频率提高使变压器和输出滤波器的体积减小了，但电源的总体积并未减小。而且，结-壳温度会上升，通常 1℃/W 的结-壳热阻仍会导致严重的晶体管结温。

　　在开关管的漏极和源极间（或集电极和发射极间）加缓冲器可以降低开关管的开关损耗（见第 11 章）。如果使用耗能型 RCD 缓冲电路（见 11.3 节），它并不能降低总开关损耗，只是简单地将开关管的损耗转移到了缓冲电路的电阻中。无损缓冲电路（见 11.6 节）能降低开关管的开关损耗，但当频率高于 200kHz 时还是会出现问题。

13.2　谐振变换器

　　因此，要想在较高频率下工作并使电源体积更小，必须设法从根本上降低开关管的开关损耗。这可以使用谐振变换器来实现。谐振变换器是由开关管加上谐振 LC 电路构成的，它使流过开关管的电流变为正弦波而不是方波；然后设法使开关管在正弦电流过零处开通和关断。因此，关断时刻的下降电流和上升电压之间及导通时刻的上升电流和下降电压之间只有微小的重叠，从而大大降低了开关损耗。使开关管在电流为零的时刻开通或关断的电路称为零电流开关（Zero Current Switching，ZCS）电路[1]。

　　我们之前在 11.1 节看到，即使开关管在正弦电流的过零处关断，上升电压和下降电流之间也没有重叠。开关管可以没有关断损耗，但仍然有开通损耗。在 11.1 节曾指出，有相当大的一部分能量 $0.5C_o(2V_{dc})^2$ 储存于 MOSFET 的较大的输出电容中。当 MOSFET 每周期（T）内导通一次时，就在 MOSFET 上消耗了 $0.5C_o(2V_{dc})^2/TW$ 的能量。能够解决这种问题的电路称为零电压开关（Zero Voltage Switching，ZVS）电路[2]。

　　ZVS 电路是通过让开关管输出电容成为电路中某个 LC 谐振电路的电容来实现零电压

开关的。那么开关管关断时存储在电容上的能量将毫无损失地回馈到电源母线上。其工作方式类似于 11.6 节中所述的无损缓冲电路。

20 世纪 80 年代中期，工业界开始广泛关注谐振变换器。从那时起，很多研究人员进入了这个领域，并发表了许多这方面的文章；提出了许多新的谐振变换器拓扑，并都对其进行了数学分析。这当中的大部分已被实际应用，并且有很高的效率（80%～97%）和很高的功率密度。有些据说已经达到了 50W/in³，如此高的功率密度可用于 DC/DC 变换器，这种变换器没有离线式变换器都必须有的大的输入滤波电容。

然而，这些高功率密度变换器通常需要通过外加散热器来散热，但此散热器的体积和冷却方式在计算功率密度时很少被考虑在内。

本章不可能讨论所有谐振变换器拓扑及它们的工作方式，因此只概括地讨论某些已被证明的拓扑及其工作模式，以作为谐振模式可参照的例子。

值得注意的是，在这个领域里，有的文章会提出一个新方法，很快就会有相关评论出现，如在电源及负荷变动较大或元件应力较大的场合的应用有局限性。在来年的会议上不仅会提出新技术，而且其他的研究人员会给出上一年问题的解决办法，诸如此类。这只是简单地反映了一个事实，即尽管谐振变换器在一些应用场合有很大的优势，至今谐振变换器依然不具有 PWM 变换器的灵活性，它们不能很好地处理电源不稳定和负载变动的问题。并且，与相同输出功率的传统 PWM 方波变换器相比，它们要承受很大的开关管峰值电流，在某些电路中，还要承受很大的电压应力。

13.3 谐振正激变换器

首先介绍最简单的谐振变换器——谐振正激变换器。我们主要关注开关管如何实现零电流关断及精确关断时间。图 13.1 给出一个工作于不连续导电模式的简单谐振正激变换器[3]。

在不连续导电模式下，LC 回路中的电流不是连续的正弦波，而是被一个大的时间间隔 T_s 所分隔的半周或整周正弦电流所组成的脉冲序列，如图 13.1 所示。

电路的谐振频率为 $F_r = 0.5/(t_1-t_0)$，它由无源谐振元件 L_r 和电容 C_r 折算到一次侧的值 $C_r(N_s/N_p)^2$ 来确定，因而电路谐振频率为

$$F_r = 1/\left[2\pi\sqrt{L_r C_r (N_s/N_p)^2}\right] \quad (13.1)$$

式中，L_r 为变压器漏感，有时包括外接的一个小电感。产品差异会使漏感不同，加上这个小电感就是为了使总的 L_r 相对固定。

开关管 Q_1 以频率 $F_s = 1/T_s$ 导通，电路工作原理如下。首先，L_r 和 $C_r(N_s/N_p)^2$ 构成串联谐振电路，其初始电流是二次侧直流电流通过变压器匝比折算到一次侧后的值。在谐振变换器术语中，由于负载与谐振电容并联，这种电路称为并联谐振变换器（Parallel Resonant Converter，PRC）。后面将要介绍另外一些电路，这些电路的负载和串联谐振 LC 元件相串联，称为串联谐振变换器（Series Resonant Converter，SRC）。

因为电路工作于不连续导电模式，故在开关管 Q_1 导通之前，谐振电路中无电流流通。例如，两个正弦半波之间有一个很长的时间间隔，如图 13.1 所示。因此，当 t_0 时刻 Q_1 导通时，谐振电路中开始有正弦半波电流流过。因为导通以前谐振电路中没有电流流

通，所以 t_0 时刻的电流值为零。

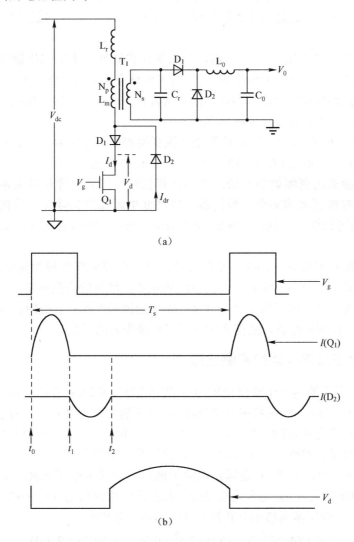

（a）

（b）

图 13.1　谐振正激变换器。C_r 折算到一次侧的电容与漏感 L_r 谐振。MOSFET 在其漏极电流第
　　　　　一个正半周过零之后不久就关断。D_2 流过其第一个负半周电流后截止，MOSFET 漏
　　　　　极电压上升，在 C_r 折算到一次侧的电容与变压器励磁电感 L_m 所构成的谐振环的半个
　　　　　周期内，使变压器 T_1 的磁芯复位

　　开关管流过第一个正半周电流后，在 t_1 时刻电流又过零并且反向。一次侧谐振电容上
储存的电压使此负向电流继续流通。它流过 D_2 的阳极，通过电源 V_{dc} 形成一个闭合回路。
在电流流过 D_2 的半个周期里，Q_1 的漏极一直被钳位为-1V（D_2 的正向压降）。在 t_1～t_2 时
刻期间，Q_1 中没有电流流过，此时可以关断 Q_1。Q_1 导通时间只要介于谐振正弦电流的半
个周期与一个周期之间即可。t_2 时刻，流过 D_2 的负半周电流返回到零，而此时变压器 T_1
励磁电感中的电流使开关管 Q_1 的漏极电压上升到 $2V_{dc}$，从而使磁芯复位。励磁电感和从
变压器二次侧折算过来的电容构成另外一个谐振回路。当漏极电压在 t_2 时刻上升到最大
时，一个负半周正弦电压通过谐振电路，恰好使磁芯磁滞回线复位到起始处。

零电流关断已经实现，因此不会产生关断损耗。D_2 的反向恢复时间很短，故其反向恢复损耗可忽略不计（尤其是当开关管漏极电压上升为 $2V_{dc}$ 时，二极管中的电流早已降到零或接近零）。

在谐振第一个正半周期（$t_1 \sim t_0$）内，一次侧传递脉冲功率给二次侧和负载，改变脉冲序列的时间间隔，即改变开关频率 $F_s = 1/T_s$ 来调整直流输出电压。若 V_{dc} 上升或输出负载电流下降，则必须增大脉冲序列的时间间隔（降低开关频率 F_s）；相反，若 V_{dc} 下降或输出负载电流上升，则要升高开关频率 F_s。

改变开关频率 F_s 调压的方法可认为是谐振变换器的一个主要缺点。在许多谐振电路拓扑中，其脉宽恒定（谐振 LC 电路的半个周期），而频率通过变化来调节。

许多场合不能采用变频调节方法。当有计算机时，计算机操作员常常要求电源的开关频率与计算机时钟频率的某个倍数同步，以降低电源噪声尖峰在计算机逻辑电路里产生错误 0 或 1 的可能性。传统的 PWM 变换器中，开关频率保持恒定，而导通脉冲的宽度改变了。

而且，当有阴极射线管（CRT）显示屏时，应将电源的开关频率锁定，使之与 CRT 的水平扫描频率同步。当不同步时，开关电源的噪声尖峰可能会在屏幕上以随机的方式产生连续的干扰。而当开关频率恒定且与 CRT 水平扫描频率保持一致时，噪声尖峰的影响只会保持在屏幕上的固定位置，从而大大降低了对操作者的干扰。

13.3.1 某谐振正激变换器的实测波形

图 13.2（a）所示的是一个输出功率为 32W（5.2V、6.2A）的正激变换器。此电路的输入电压 V_{dc} 等于 150V，开关频率为 856kHz，变压器匝比为 10：1。为了更好地理解以上所讨论的谐振正激变换器的工作原理，下面分析一组实测波形。图 13.2（b）中的波形来自文献[3]，该图是征得作者 F. Lee 和 K. Liu 的许可后翻印的。

在图 13.2（b）中，波形 3 是漏极电流的波形，它是半个正弦波，其谐振半周期为 0.2μs（$F_r = 2.5$MHz）。二次侧电容为 0.15μF，折算到一次侧后为 $0.15 \times (0.1)^2 = 0.0015\mu F$。当 $F_r = 2.5$MHz 时，变压器漏感加上其他分立电感后的总和为

$$L_r = 1/(4\pi^2 F_r^2 C) = 1/(4\pi \times 2.5^2 \times 0.0015 \times 10^{-6}) = 2.7\mu H$$

在图 13.2（b）所示的波形 1 中，正弦电流第一个正半周过零后，MOSFET 的栅极很快被关断，从而达到了零电流关断的目的。从波形 4 可以看出漏极电压在流过 D_2 的负电流返回到零后开始上升，如前所述。

在波形 2 中，从一次侧励磁电感上的电压感应而来的二次侧电容电压极性变负，如前所述，这样可以使磁芯复位。此波形还给出了最大开关频率（F_s）。Q_1 导通脉冲间的最小间隔的确定是要使波形 2 的负半周在磁芯完全复位后能够返回到零。

以上表明，让谐振变换器工作在输入和负载变动较大的情况下会有一定的困难。现在来考虑前面计算出的 2.7μH 的谐振电感。这个电感很小，当导线长度或变压器走线改变时，这个电感在总电感中所占的比重就会发生很大变化。对于一个 2.7μH 的小电感，即使是很小的变压器制造误差都会使其在漏感值中所占的百分比发生很大的改变。若电感变大，则谐振半周期变大。若 MOSFET 的导通时间（应该大于谐振半周期）太小，则可能导致 MOSFET 在谐振半周结束前关断，即在正弦波过零前关断。

适当增大 L_r，使其所占的百分比不易随变压器的制造误差、导线长度或其走线的变化而变化，将使谐振半周期增大，并降低最高开关频率，直至足够使变压器磁芯完全复位。

现在，若增大 L_r 并减小 C_r 以保持谐振半周期不变，则 L_r/C_r 就要变大。而 Q_1 的正弦电流峰值[见图 13.2（b）中的波形 3]与 $\sqrt{L_r/C_r}$ 近似成反比。因此若 L_r/C_r 增大，则设计所要求的最大峰值电流和最大输出电流都可能无法实现。

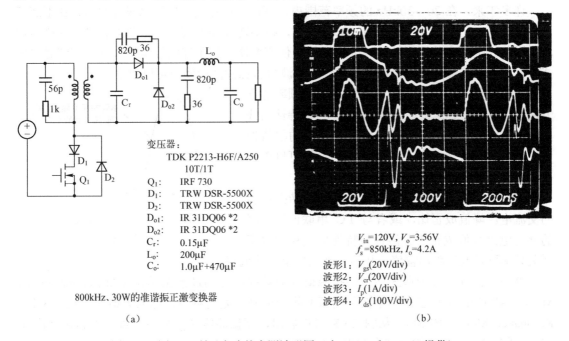

变压器：
TDK P2213-H6F/A250
10T/1T
Q_1:　　IRF 730
D_1:　　TRW DSR-5500X
D_2:　　TRW DSR-5500X
D_{o1}:　IR 31DQ06 *2
D_{o2}:　IR 31DQ06 *2
C_r:　　0.15μF
L_o:　　200μF
C_o:　　1.0μF+470μF

800kHz、30W的准谐振正激变换器

（a）

V_{in}=120V, V_o=3.56V
f_s=850kHz, I_o=4.2A

波形1：V_{gs}(20V/div)
波形2：V_{cr}(20V/div)
波形3：I_p(1A/div)
波形4：V_{ds}(100V/div)

（b）

图 13.2　图 13.1 所示电路的实测波形图（由 F. Lee 和 K. Liu 提供）

当然，可以通过特殊方法解决这些问题。上面讨论的内容表明，即使这样一个简单的谐振变换器，对比方波电路，在处理不同规格、输入和负载变化及制造误差等方面都欠缺灵活性。

值得注意的是，传统的正激变换器运行在相对较低的频率，且即使一次侧电流比图 13.2（b）所示的电流还要小也能产生相同的输出功率。如图 13.2（b）所示，$V_{in} = 120$V，输出功率为 15W（$V_o = 3.56$V、$I_o = 4.2$A）时的峰值电流为 1.5A（对于全波模式）。

式（2.28）给出了传统 PWM 方波正激变换器的一次侧峰值电流的计算公式为 $I_p = 3.13 P_o / V_{dc} = 3.13 \times 15 / 120 = 0.39$A。从表 7.2a 可以看出，比 2213 号磁芯小一号的磁芯可以用在图 13.2（b）所示电源中，而且频率可以更低。表 7.2a 表明，采用 1811 号磁芯，正激变换器就可以在频率为 150kHz 的条件下输出 19.4W 的功率。

这里只是将谐振变换器与传统的、被证实了的拓扑进行比较。

13.4　谐振变换器的工作模式

13.4.1　不连续导电模式和连续导电模式：过谐振模式和欠谐振模式

如图 13.1 所示，谐振变换器可运行在连续导电模式或不连续导电模式下。如前所述，在不连续导电模式下，变换器通过调整开关频率实现对输出电压的调整。此时功率间断地被传送到负载端，其持续时间小于周期时间。

若因 V_{dc} 下降或负载电流上升而必须升高输出电压，则开关频率（离散脉冲）的重复率就要增大；相反，若输出电压由于输入电压或输出负载阻抗的上升而升高，则离散脉冲的重复率就要减小。

许多年来，在 20～30kHz 的频率范围内，可控硅谐振变换器可以很好地运行在不连续导电模式下（正如第 6 章所讨论的）。然而，在不连续导电模式下，负载和输入的剧烈波动会引起开关频率的剧烈波动。改进措施是使变换器工作于连续导电模式下。连续导电模式下，电路中连续正弦电流或开关管连续方波电压脉冲间的间隙可以忽略不计。

傅里叶已证明任何方波的基波是一个频率等于方波的正弦波。LC 谐振回路的阻抗-频率特性曲线如图 13.3 所示。为了实现连续导电模式的幅值控制，在谐振曲线上的欠谐振侧或过谐振侧可以确定平均开关频率。

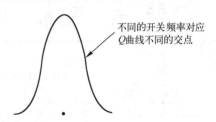

不同的开关频率对应
Q曲线不同的交点

图 13.3　沿着谐振曲线的
斜坡改变

连续导电模式下的直流输出电压，与谐振电容的交流电压峰值成正比，或者与 LC 串联谐振回路的交流电流峰值成正比。沿谐振特性曲线移动改变开关频率可以改变输出幅值，从而实现输出电压的调整。

电路工作频率高于谐振曲线谐振峰值处的频率，称为过谐振模式（Above Resonance Mode，ARM）；电路工作频率低于谐振曲线谐振峰值处的频率，称为欠谐振模式（Below Resonance Mode，BRM）。从图 13.3 可以看出，谐振曲线（Q 特性曲线）非常陡（高 Q 值），频率稍有变化，输出就会发生很大的变化。

应该注意，平均开关频率高于谐振峰值处的频率时，必须降低开关频率以提高输出；平均开关频率低于谐振峰值处的频率时，必须提高开关频率以提高输出电压或输出电流。

现在我们可以考虑谐振变换器的一个问题。许多文章都倾向于使用连续导电模式，因为在该模式下，达到所要求的负载和输入调整需要更小的频率范围。但是若 ARM 设计了反馈系统，则系统从 ARM 模式漂移到 BRM 模式后会产生严重的问题，因为此时控制进入错误的方向。

对于工作于 ARM 模式的电路，输出电压降低后，可以通过改变控制环振荡器的频率来降低开关频率，使其工作点在谐振曲线上向上移动，从而对输出电压进行校正。然而，因为谐振曲线相对比较陡，所以由于生产误差产生的谐振元件 L 和 C 的微小变化都会使谐振频率发生偏移。若谐振峰值偏移过大，就可能使原来工作在 ARM 模式下的电路变为工作在 BRM 模式下，此时一旦反馈环采样发现输出电压下降，就会降低开关频率对输出进行校正。这会导致输出电压的进一步下降，使负反馈变成正反馈。

13.5　连续导电模式下的谐振半桥变换器[4]

大多数电流谐振变换器的发展都集中在半桥拓扑方面，本节也将讨论这个拓扑。下面的讨论基于 R.Steigerwald 的著作[4]。

13.5.1　并联谐振变换器（PRC）和串联谐振变换器（SRC）

我们已经看到输出功率可以通过下面两种方式中的任意一种从 LC 谐振回路中获得。当折算后的输出负载（折算到变压器一次侧）和谐振电容并联，此电路称为并联谐振变换（Parallel Resonant Converter，PRC）；当折算后的负载与谐振 LC 电路串联，此电路称为串联谐振变换器（Series Resonant Converter，SRC）。

图 13.4（b）所示的是并联负载谐振半桥变换器，C_{f1} 和 C_{f2} 是输入滤波电容。在交流输入为 120V 或 220V 时，如图 5.1 所示，这两个电容用于产生 320V 的整流电压。它们的值很大，仅仅用于分担输出整流电压，与谐振 LC 回路无关。

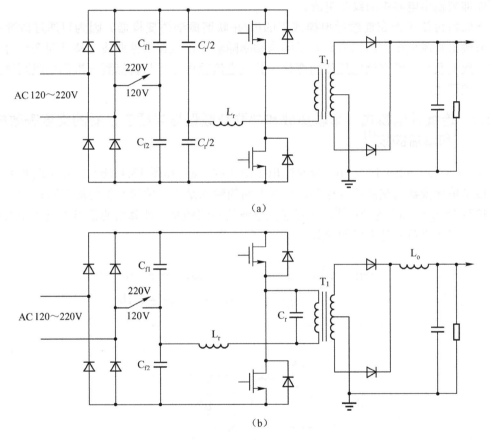

（a）

（b）

图 13.4　（a）串联负载谐振半桥变换器。电感 L_r 和电容 C_r 谐振。负载经变压器 T_1 折算到一
　　　　次侧与谐振电路串联。开关管在谐振电流第一个半周期结束后直接关断，以实现零
　　　　电流开关（Zero Current Switching，ZCS）。在串联负载电路中，输出滤波器是容性
　　　　的。（b）并联负载谐振半桥变换器。电感 L_r 和电容 C_r 谐振。负载经变压器 T_1 折算
　　　　到一次侧与谐振电容并联。在并联负载电路中，为了避免降低谐振电路的 Q 值，输
　　　　出滤波器除电容外还包括一个高阻抗电感

并联在变压器一次侧的电容 C_r，同外接电感 L_r 谐振，谐振频率为 $F_r = 1/(2\pi\sqrt{L_r C_r})$。输出电感 L_o 非常大，在谐振频率 F_r 处阻抗很高，不会降低 C_r 的负荷能力，也不会减小谐

振 LC 电路的 Q 值。L_o 很大，从而使电路可以工作在连续导电模式下（见 1.3.6 节）。C_r 处的阻抗（不含 C_r）为输出电阻乘匝比的平方。变压器 T_1 的励磁电感比这个阻抗大很多，因此它不会影响电路的正常工作。

串联负载谐振半桥变换器（SRC）如图 13.4（a）所示。这里，外接电感 L_r 与两个电容值为 $C_r/2$ 的等效电容（等于 C_r）谐振。C_f 为滤波电容，与谐振回路无关。负载电阻通过匝比平方折算到一次侧后与谐振 LC 电路串联，成为串联谐振变换器的负载。在串联谐振电路中，变压器二次侧的电感一般都可以忽略不计。

由于不需要输出电感，所以串联谐振变换器一般应用于高压电源中。高压输出所需的输出电感体积很大。并联谐振变换器（SRC）电路一般应用于低压大电流电路中，输出电感可以抑制输出电容中的纹波电流。

下面将讨论工作在连续导电模式下的串/并联谐振半桥变换器。因为可通过改变频率来调节输出直流电压，所以有必要了解当频率随着工作点在特性曲线上移动而变化时，折算到一次侧负载上的交流电压如何变化。整流直流输出电压与折算到一次侧电阻两端的交流电压成正比。

13.5.2 连续导电模式下串联负载和并联负载谐振半桥变换器的交流等效电路和增益曲线[4]

图 13.5（a）和图 13.5（b）分别给出了图 13.4（a）和图 13.4（b）所示串联和并联负载谐振半桥变换器的交流等效电路。这些电路的输入是由开关管产生的幅值为 $\pm V_{dc}/2$ 的方波。按照 Steigerwald 的分析[4]，只考虑此方波的基波频率，计算出的输出电压和输入电压之间的比率（增益）是频率的函数。

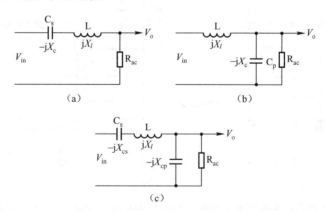

图 13.5 （a）串联负载谐振半桥变换器的交流等效电路[见图 13.4（a）]。（b）并联负载谐振半桥变换器的交流等效电路[见图 13.4（b）]。（c）串联/并联负载谐振半桥变换器的交流等效电路，常称为 LCC 电路。上述三种电路的输出相对于输入的交流增益使直流输出电压和直流输入电压的一半的比值恒定（由 R.Steigerwald 提供）

从图 13.5 所示的等效电路可以看出，串联和并联负载电路的比值分别如下。

串联负载：
$$\frac{V_o}{V_{in}} = \frac{1}{1 + j[(X_l/R_{ac}) - (X_c/R_{ac})]} \tag{13.2}$$

并联负载：
$$\frac{V_o}{V_{in}} = \frac{1}{1 - (X_l/X_c) + j(X_l / R_{ac})} \qquad (13.3)$$

式中，R_L 是二次侧负载折算到一次侧后的值，串联负载 $R_{ac} = 8R_L/\pi^2$，并联负载 $R_{ac} = \pi^2 R_L/8$。

从这些关系式中，Steigerwald 绘制出了 $NV_{odc}/(0.5V_{in})$ 的比例图，其中，N 为变压器的匝比，V_{in} 为输入电源电压，V_{odc} 为直流输出电压。

对于图 13.6 中的串联负载，$Q = \omega_o L / R_L$，$\omega_o = 1/\sqrt{LC_s}$。对于图 13.7 中的并联负载，$Q = R_L/(\omega_o L)$，$\omega_o = 1/\sqrt{LC_p}$。

从图 13.6 和图 13.7 可以看出，谐振变换器存在一些问题。

13.5.3　连续导电模式下串联负载谐振半桥变换器的调节

Steigerwald 指出由于诸多因素，串联负载谐振半桥变换器在过谐振（ARM）模式下的工作特性优于工作在欠谐振模式下的工作特性。

图 13.6 给出了连续导电模式下串联负载谐振半桥变换器电路是如何进行调节的。若电路的初始工作点是 A 点，此时 $Q = 2$，归一化频率是 1.3，输出电压和输入电压的比值为 0.6。现在若负载阻抗 R_L 下降，使 Q 上升到 5，则此时归一化的开关频率将不得不下降到约 1.15（B 点），以产生相同的输出电压。对于相同的输出电压，若 R_L 上升使 $Q = 1$，则电路的工作点不得不转移到 C 点，该点对应的归一化频率约为 1.62。

很明显，随着负载 R_L 上升，Q 下降，增益曲线将趋近于水平线，这使频率变化太大而不现实。同样，若 Q 曲线没有谐振尖峰或者"选择性"，则开路调节将无法实现。

图 13.6 所示的增益曲线上的实际工作点取决于 DC 输入电源电压和输出电压。例如，对于给定的输出电压，若输入电压从 A 点下降至 D 点，则电路工作点也将从同一条 Q 曲线上的归一化频率 F_1 处下降到 F_2 处。因此，在 Q 曲线上电路工作特性呈非线性。某些输入和负载的要求甚至无法实现。显而易见，Q 曲线上实际工作点的选择是非常需要技巧的。

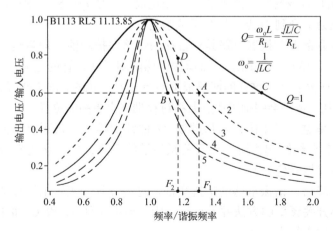

图 13.6　图 13.5（a）所示的交流等效电路的串联谐振变换器的增益曲线（由 R. Steigerwald 提供）

反馈环可在 Q 曲线上自动选择正确的工作点，以产生合适的输出电压。但该点可能会非常不稳定，因为它可能会太靠近谐振峰值点。在低 Q 值曲线上，选择性和谐振峰值太小，而在高 Q 值特性曲线的尾部，频率变化又太大。

　　这种方案对谐振元件的偏差非常敏感。工作点接近谐振峰值，开关在输入或负载瞬变的情况下，会使工作点跳变到峰值的另一侧，从而使负反馈变成了一个正反馈。

13.5.4　连续导电模式下并联负载谐振半桥变换器的调节

　　根据式（13.3），Steigerwald 绘出了并联负载谐振半桥变换器的增益曲线，如图 13.7 所示。

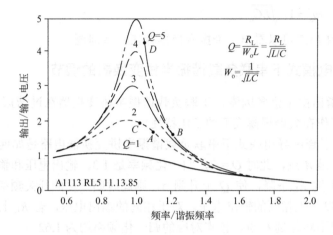

图 13.7　图 13.5（b）所示的交流等效电路的并联谐振变换器的增益曲线（由 R. Steigerwald 提供）

　　从该图可以看出，此电路可工作于重载或空载情况下。若初始工作点为 A 点（此处 $Q = 2$，归一化频率为 1.1），增加 R_L，使 $Q = R_L/(\omega_o L) = 5$，则工作点将上移至归一化频率为 1.23 的 B 点。

　　从 Q 曲线的形状可以看出，非常大的 Q 值或开路运行都能够实现。

　　并联谐振变换器电路存在一个问题，即如果电路工作在低 Q 值曲线的谐振峰值附近（如 C 点），且若此时负载暂时开路或者负载变化很大（使 $Q = 5$），则在反馈回路起作用以前，输出电压可能会上升到 D 点，这是很危险的。

　　有的文章说并联谐振变换器电路具有自动的短路保护功能，即当输出短路时，变压器一次侧会短路，如图 13.4（b）所示，而谐振电感限制了开关管的电流。

　　然而进一步的研究表明，这样的情况根本不会发生。电路工作在过谐振模式，若输出短路，为了使输出增加，反馈会强制工作点上移到 Q 曲线上更高的位置，如图 13.3 所示。

　　这会使开关频率进一步下降，最后越过 Q 曲线的峰值进入正反馈区。但反馈环并不"清楚"这一点，它会继续起作用，使开关频率继续下降，并"认为"频率下降会使工作点上升到最高点（谐振峰值处）。

　　另外，频率下降后，谐振电感的阻抗变低，这会导致开关管上流过的电流增加。采取钳位技术限制最小开关频率的方法并不可行，因为谐振元件 L 和 C 微小的制造偏差都会导致谐振峰值频率发生很大变化。

13.5.5　连续导电模式下串联/并联谐振变换器

　　并联谐振变换器电路的一个缺点是，当负载很轻时[如图 13.4（b）所示，电容 C_r 并联一个大的电阻]，谐振回路的电流（流过开关管的电流）并不比重载时的小。在任意情况下，折算后和 C_r 并联的有效阻抗必须很大，才不会降低电路的 Q 值。若重载时情况如此，则轻载时的情况更是如此。简单地说，轻载时流过和 C_r 并联的折算电阻的电流是流过 C_r 的电流的很小一部分，所以开关管的损耗在轻载时并不会减少，从而使电路在轻载时效率很低。

在串联谐振变换器电路中，情况则有所不同。当串联在 LC 谐振回路中的负载电阻两端的输出电压恒定时，随着负载电流的下降，流过负载电阻的电流（流过开关管的电流）也会跟着下降。所以，在串联谐振变换器中，轻载（低输出功率）时的效率依然很高。

图 13.5（c）给出了一个既具有串联谐振变换器电路轻载时的高效率，又具有并联谐振变换器电路在轻载或空载时调节能力的连续导电模式下的串联/并联谐振变换器。这种电路也称为 LCC 电路[5]。从图 13.5（c）可以看出，此电路既有串联电容 C_s，又有并联电容 C_p。选择合适的 C_s 和 C_p 值，就可以使电路兼备并联谐振变换器和串联谐振变换器的优点了。注意，若 C_p 为零，电路就是串联谐振变换器型。随着 C_p 的增大，当它的值超过 C_s 时，电路就呈现出并联谐振变换器电路的性质。若 $C_p > C_s$，轻载时电路就会显示出并联谐振变换器电路的低效率性。

从 Steigerwald 的文章可以看出[4]，LCC 电路的交流增益特性可以从图 13.5（c）所示的交流等效电路计算得到

$$\frac{V_o}{V_{in}} = \frac{1}{1 + (X_{cs} / X_{cp}) - (X_l / X_{cp}) + j[(X_l / R_{ac}) - (X_{cs} / R_{ac})]}$$

由于 $Q_s = X_l / R_L$，则 $R_{ac} = 8R_L/\pi^2$，$\omega_o = 1/\sqrt{LC_s}$，R_L 是根据匝比平方折算到一次侧的直流输出阻抗，折算到一次侧的直流输出电压和输入电源电压一半的比值为

$$\frac{NV_{odc}}{0.5V_{in}} = \frac{8/\pi^2}{1 + (C_p/C_s) - (\omega^2 LC_p) + jQ_s[(\omega/\omega_s) - (\omega_s/\omega)]}$$

$C_s = C_p$ 和 $C_s = 2C_p$ 时的曲线分别如图 13.8（a）和图 13.8（b）所示。

从图 13.8（a）和图 13.8（b）可以看出，$Q = 1$ 或更小时，增益曲线上依然有较高的谐振峰值和较好的"选择性"，因此可以实现空载运行。这样就避免了串联谐振变换器电路的一大缺点：轻载或空载时无法调节（对比图 13.6 所示的串联谐振变换器电路）。

图 13.8（a）和图 13.8（b）举例说明了连续导电模式的微妙性和复杂性。

如图 13.8（a）所示，设 A 点是工作点，直流负载阻抗和 Q 值恒定，直流输入电压的下降会使输出电压有轻微的下降。反馈环试图校正这种情况，通过使工作点沿同一条曲线向上移动来使输出变大。为做到这一点，开关频率就要降低。如果开关频率降低太多，工作点会越过谐振峰值 B 点，而导致频率和输出的进一步下降。

为避免这种情况发生，必须保证在直流输入最低，Q 最小时，电路工作所要求的频率不低于图 13.8（a）中的 B 点所对应的频率。连续导电模式下实际问题的一个较好的评估方法就是尝试让电路在 LC 元件误差引起的谐振峰值频率和幅值变化范围内工作。

Steigerwald 认为，$C_p = C_s$ 时，电路工作状况最佳。若要进一步分析、理解上述 LCC 电路，可见文献[6-9]。

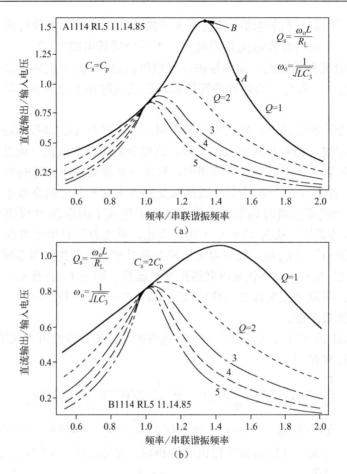

图 13.8　（a）图 13.5（c）所示的串联/并联谐振半桥变换器（LCC）在 $C_s = C_p$ 时的增益曲线。（b）图 13.5（c）所示的串联/并联谐振半桥变换器（LCC）在 $C_s = 2C_p$ 时的增益曲线（由 R. Steigerwald 提供）

13.5.6　连续导电模式下零电压开关准谐振变换器[2]

上面讨论的零电流开关谐振变换器利用谐振强制开关管中的电流为正弦波电流，在正弦波电流正半周结束过零时关断开关管（或者在电流刚刚反向并流入反并联二极管后不久关断开关管，如图 13.1 所示），电流和电压之间没有重叠，从而消除关断损耗。

然而，即使因为漏感加快了漏极（或集电极）电压的下降并延缓了漏电流的上升，使电压、电流在开关管开通时没有重叠，电路中依然存在开通损耗。因为在每个周期内，漏极电容都要存储 $0.5CV^2_{max}$（在关断期间）的能量，而这些能量又在下次开通时消耗在开关管中。这种情况每个周期发生一次，导致有 $0.5CV^2_{max}/T$ 的能量损失。设计者为了减小电源的体积，必须提高开关频率。当频率超过 500kHz～1MHz 范围时，开通损耗将变得十分显著，这就成了一个问题。

一种新技术，零电压开关，可以避免上面提到的问题。这种拓扑曾应用于单端（反激或 Buck）电路[10]，但它的优点主要体现在半桥电路中。

图 13.9 所示是一个零电压开关半桥电路[2]。它的基本工作原理是利用 MOSFET 的输出电容作为谐振 LC 电路的部分电容。此电容在每个周期的一段时间内储存电压（能

量），在接下来的一段时间内，通过谐振电感将其储存的能量没有任何损耗地返还给电源
母线。下面的讨论基于文献[2]。

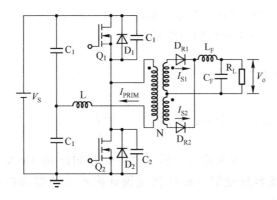

图 13.9　零电压开关谐振半桥变换器（由 Jovanovic、Tabisz、Lee 提供）

如图 13.9 所示，当 Q_1 开通、Q_2 关断时，C_2 两端电压被充电至 V_s。Q_1 先关断，变压
器 T_1 的励磁电流继续通过 C_1 续流，使 V_{C1} 上升，V_{C2} 下降。当 V_{C2} 下降至 $0.5V_s$ 时，变压
器极性改变，二次侧两个整流管同时导通，使变压器二次侧和一次侧都短路，因此变压器
一次侧电压为零。在变压器二次侧，输出电感会尽量维持输出电流不变。

此时，C_2 上储存的能量经变压器一次侧短路绕组、谐振电感 L 和底部滤波电容 C_{r2}，
到 C_2 负极放电。因为回路中没有电阻，故放电过程不会产生损耗。L 与 C_2 谐振，C_2 电压
下降至零，此时 Q_2 即可实现零电压开通。

电容 C_1 有效地延缓了 Q_1 电压的上升速度，所以 Q_1 关断时不会同时产生大的电压和
电流。

连续导电模式下，此电路工作在由 L、C_1 和 C_2 并联组成的谐振电路 Q 曲线的斜坡
上。Jovanovic 等人给出了此电路的直流电压变换曲线（相当于图 13.5、图 13.6、图 13.7
和图 13.8），如图 13.10 所示[2]。

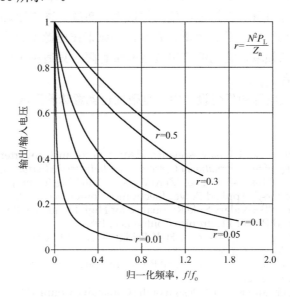

图 13.10　图 13.9 所示的零电压开关电路的增益曲线（由 Jovanovic、Tabisz、Lee 提供）

　　尽管有许多文章讨论连续导电模式，但都采用沿谐振 Q 曲线的斜坡移动改变频率的方法来调节。Jovanovic 等人认为这种方案不可靠。对于成批生产的开关电源，当谐振元件参数漂移或当图 13.5、图 13.6、图 13.7 和图 13.8 及图 13.10 中的 V_{dc}、R_L 范围受限时，连续导电模式下可能会产生不可预料的结果。

13.6　谐振电源小结

　　对于那些必须决定是否将谐振电源作为下一个设计对象的工程师来说，必须考虑以下几点。

　　① 可否让谐振电源的功率密度与传统的 200～300kHz 的 PWM 电源一样高？通过复杂性增加、母线和负载容量受限及最坏情况设计困难才使得谐振电源效率有可能提高 3%～6%，这是否值得？

　　② 从同一生产线上生产出的元件是否都具有同样的特性？或者说，因为制造误差和元件参数的漂移，是否要求对每个或大部分产品都进行微调？

　　③ 谐振电源是否会因为其输入为正弦波而不是方波（方波的 di/dt 很大）从而产生较少的射频干扰（RFI）？考虑到相同功率下谐振电源的正弦波电流幅值是传统 PWM 电源方波电流幅值的 3～4 倍，谐振电源的 RFI 问题是否会因为正弦波过零时 di/dt 与电流幅值成正比而同样严重？

　　④ 当大部分谐振电源采用变频调节时产生的问题有多严重？用户会不会认同这一点？或者坚持要求开关电源和它们提供的时钟信号同步？

　　⑤ 如果决定尝试谐振设计，应该采用哪种拓扑更加安全？对于连续导电模式拓扑，为方便调节而将工作点置于陡峭的 Q 特性曲线的斜坡上，这会不会导致其电路特性难以预测？人们似乎都认同不连续导电模式具有可重复性和预测性，然而，不连续导电模式所需的较大频率范围是不是一个重大缺陷？

　　⑥ 毫无疑问，有关高频谐振电源的研究和改进会继续进行下去。但是，只有新电路结构的发现使谐振电源自身变得简单，使元件误差、布线、寄生电感和电容在最坏情况设计时与传统 PWM 电源一样不那么灵敏，否则，高频谐振电源不会广泛应用，当然也不会大量生产。在开关电源领域，它们的应用范围非常有限，只适用于造价较高、使用的元件较好且布线合理的场合。

　　总之，在含有开关电源的任何设计中，复杂性也就意味着高成本和不可靠。

参考文献

[1] F. Lee, "High Frequency Quasi-Resonant and Multi Resonant Converter Topologies," *Proceedings of the International Conference on Industrial Electronics*, 1988.

[2] M. Jovanovic, W. Tabisz, and F. Lee, "Zero Voltage Switching Technique in High Frequency Inverters," Applied Power Electronics Conference, 1988.

[3] K. Liu and F. Lee, "Secondary Side Resonance for High Frequency Power Conversion," Applied Power Electronics Conference, 1986.

[4] R. Steigerwald, "A Comparison of Half Bridge Resonant Topologies," *IEEE Transactions on Power Electronics*, 1988.

[5] R. Seven, "Topologies for Three Element Resonant Converters," Applied Power Electronics Conference, 1990.

[6] F. Lee, X. Batarseh, and K. Liu, "Design of the Capacitive Coupled LCC Parallel Resonant Converter," *IEEE IECON Record*, 1988.

[7] X. Bhat and X. Dewan, "Analysis and Design of a High Frequency Converter Using LCC Type Commutation," *IEEE IAS Record*, 1986.

[8] X. Batarseh, K. Liu, F. Lee, and X. Upadhyay, "150 Watt, 140 kHz Multi Output LCC Type Parallel Resonant Converter," IEEE APEC Conference, 1989.

[9] B. Carsten, "A Hybrid Series-Parallel Resonant Converter for High Frequencies And Power Levels," *HFPC Conference Record*, 1987.

[10] W. Tabisz, P. Gradski, and F. Lee, "Zero Voltage Switched Quasi-Resonant Buck and Flyback Converters," PESC Conference, 1987.

[11] F. Lee, ed., "High Frequency Resonant Quasi-Resonant and Multi-Resonant Converters," Virginia Power Electronics Center, 1989.

[12] Y. Kang, A. Upadhyay, and D. Stephens, "Off Line Resonant Power Supplies," *Powertechnics Magazine*, May 1990.

[13] Y. Kang, A. Upadhyay, and D. Stephens, "Designing Parallel Resonant Converters," *Powertechnics Magazine*, June 1990.

[14] P. Todd, "Practical Resonant Power Converters—Theory and Application," *Powertechnics Magazine*, April–June 1986.

[15] P. Todd, "Resonant Converters: To Use or Not to Use? That Is the Question," *Powertechnics Magazine*, October 1988.

第3部分

典型波形

第 14 章　开关电源的典型波形

14.1　简介

在前面的章节中，已给出各拓扑关键点的电压和电流波形（见图 2.1、图 2.10、图 3.1 和图 4.1）。在许多情况下这些都是理想波形。开关电源设计的初学者可能会问，实际波形与这些作为绝大部分设计基础的理论波形究竟有多接近。

将会提出这些波形是如何随电网电压和负载电流波动变化的，接地总线上是否有噪声尖峰等问题。由于实测形态，设计者会问电压、电流是否有波形的瞬态衰减振荡；波形的前后沿是否有抖动。他们还会问，变压器或电感的置位伏秒数和复位伏秒数是否完全相等；漏感尖峰的形状如何；既然输出电感和反激变压器设计是要获得特定的电流波形，那么得到的实际波形与理论波形有多接近；既然高频下大部分开关管的损耗是由开通和关断时高电压和大电流的重叠造成的，那么这种现象是否可以在示波器中观察到；是否会看到某一类的波形畸变等。对刚开始学习高频开关电源波形的设计者来说，给出某些主要拓扑的关键点实际波形或许是非常有益的。以下波形都取自功率回路，即从功率管输入到输出滤波器输出的回路。因为这是大部分能量流通的路径，是绝大部分故障容易发生的地方。

下面所选拓扑的电路波形都是常见拓扑的波形，如正激变换器、推挽变换器和反激变换器。图 1.6 和图 1.7 所示的波形图表明了输出电感工作在连续或不连续导电模式对电路的影响。

这里未考虑电网供电的 AC120V 或 220V 输入的离线式变换器。那些使用电网电压整流供电的电源与通信电源相比，相应各点上的波形基本相同。只是电网电压整流供电电压比通信电源的高，使电压波形幅值增大，电流幅值减小。

所选电路的工作频率都高于100kHz，由通信用直流电源供电——这种电源的额定电压为 48V，最低电压为 38V，最高电压为 60V。所有情况下的输出功率都低于 100W，因为功率更高时，电压及电流波形只是幅值有所不同，形状基本不变。由于这里给出的波形都取自通信电源直流输出，所以波形的相位与幅值抖动比由电网电压整流供电的小。离线式变换器使用的整流电压中有电网频率脉动，将造成幅值纹波。反馈环在纠正输入网频纹波时会造成脉宽抖动。

由于所有波形均采集自 MOSFET 电路，因此没有展现电力晶体管的存储时间延迟的影响。所有情况下反馈环都开环，开关管由预定频率脉冲驱动。对应不同的直流输入电压（38V、48V、60V），采用手动调整脉宽，以使 5V 主输出等于 5.00V，就类似闭环反馈。同时，将不同脉宽下主输出为 5.00V 时的对应辅输出电压测量记录下来。

所有图中的开关管都由控制芯片 UC3525 驱动。通过直流稳压电源给误差放大器的输出端（芯片 9 脚）供电，以保证不同直流输入电压下+5V 主输出等于 5.00V。

14.2　正激变换器波形

用于分析正激变换器波形的电路原理图如图 14.1 所示。该正激变换器输出功率为 100W，频率为 125kHz。波形为 80%和 40%满载下的波形。满载输出为 5V/10A 和 13V/3.8A。下面分别给出了额定输入电压为 48V，最低为 38V 和最高为 60V 时的波形。变压器磁芯从表 7.2a 中选出，匝数和线径由 2.3.2 节～2.3.10 节给出。输出滤波器（L_1、C_2 和 L_2、C_3）由 2.3.11 节中的关系式确定。

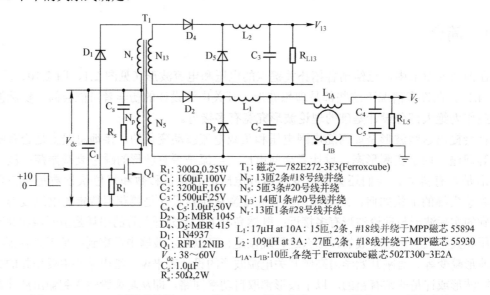

R₁: 300Ω,0.25W
C₁: 160μF,100V
C₂: 3200μF,16V
C₃: 1500μF,25V
C₄、C₅:1.0μF,50V
D₂、D₃:MBR 1045
D₄、D₅:MBR 415
D₁: 1N4937
Q₁: RFP 12NIB
V_{dc}: 38～60V
C_s: 1.0μF
R_s: 50Ω,2W

T₁: 磁芯—782E272-3F3(Ferroxcube)
N_p:13匝2条#18号线并绕
N₅:5匝3条#20号线并绕
N₁₃:14匝1条#20号线并绕
N_r:13匝1条#28号线并绕

L₁:17μH at 10A:15匝,2条,#18线并绕于MPP磁芯55894
L₂:109μH at 3A:27匝,2条,#18线并绕于MPP磁芯55930
L₁ₐ、L₁ᵦ:10匝,各绕于Ferroxcube磁芯502T300-3E2A

图 14.1　125kHz 正激变换器（+5V 输出/10A 额定电流，+13V 输出/3.8A 额定电流）

14.2.1　80%额定负载下测得的 V_{ds} 和 I_{ds} 的波形

图 14.2 中的照片 1～3 分别示出最低、额定和最高直流输入电压 V_{dc} 下的开关管漏-源电压 V_{ds} 和漏极电流 I_{ds} 的波形。

由于变换器二次侧接有 LC 输出滤波器，开关管漏极电流具有阶梯斜坡特征，漏极电流是依匝比折算到一次侧的二次侧电流之和。由于两个二次侧都有产生阶梯斜坡电流的输出电感（见 1.3.2 节），因此折算到一次侧的电流是阶梯斜坡状的。

漏极电流的斜坡中心值[见式（2.28）]$I_{pft} = 3.12P_o/V_{dc}$。输出为 80W，最低直流电压为 38V 时，峰值电流为 6.57A。由图 14.2 中的照片 1、2、3 可见，电流斜坡中心值与计算值相等。

当电源电压上升时，照片显示脉宽（开关管导通时间）变窄，但是峰值电流和电流斜坡中心值保持不变。理论上也应如此。

漏-源电压波形也与理论波形一致。可以看出，低压（V_{dc} = 38V）时的开关管导通时间非常接近半周期的 80%，如 2.3.2 节所述。这并不总是那么精确，因为在二次侧匝数计算中，小数部分总会舍去而取最接近的整数。

对于该变压器，计算得到的二次侧匝数为 4.5 匝，取 5 匝。这就产生了更高的二次侧幅值电压，而导通时间将比由式（2.25）确定的时间短。

由图 14.2 中的照片 1、照片 2、照片 3 可以看见关断瞬间狭窄且不太清晰的漏感尖峰。V_{dc} = 60V 时，漏感尖峰仅比 $2V_{dc}$ 高约 20%。但在 V_{dc} = 38V 时，漏感尖峰约比 $2V_{dc}$ 高 64%。

漏-源电压波形显示，关断瞬间的 V_{ds} 在漏感尖峰后马上下降到 $2V_{dc}$，并保持为该值直到置位伏秒数等于复位伏秒数，即 $V_{dc}t_{on} = (2V_{dc}-V_{dc})t_{reset}$。伏秒数相等后，漏-源电压下降到 V_{dc}。

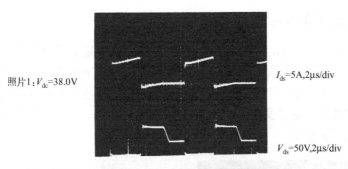

照片1：$V_{dc}=38.0$V

$I_{ds}=5$A,2μs/div

$V_{ds}=50$V,2μs/div

V_{dc}(V)	I_{dc}(A)	P_{in}(W)	V_5(V)	R_{L5}(Ω)	I_5(A)	P_5(W)	V_{13}(V)	R_{L3}(Ω)	I_{13}(A)	P_{13}(W)	$P_{(total)}$(W)	效率(%)
38.0	2.45	93.1	5.000	0.597	8.375	41.9	13.64	5.00	2.728	37.2	79.1	84.9

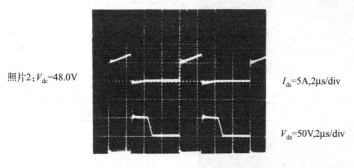

照片2：$V_{dc}=48.0$V

$I_{ds}=5$A,2μs/div

$V_{ds}=50$V,2μs/div

V_{dc}(V)	I_{dc}(A)	P_{in}(W)	V_5(V)	R_{L5}(Ω)	I_5(A)	P_5(W)	V_{13}(V)	R_{L3}(Ω)	I_{13}(A)	P_{13}(W)	$P_{(total)}$(W)	效率(%)
48.0	1.38	87.8	5.003	0.597	8.38	41.9	13.66	5.00	2.73	37.3	79.2	90

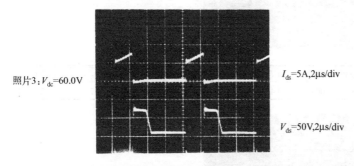

照片3：$V_{dc}=60.0$V

$I_{ds}=5$A,2μs/div

$V_{ds}=50$V,2μs/div

V_{dc}(V)	I_{dc}(A)	P_{in}(W)	V_5(V)	R_{L5}(Ω)	I_5(A)	P_5(W)	V_{13}(V)	R_{L3}(Ω)	I_{13}(A)	P_{13}(W)	$P_{(total)}$(W)	效率(%)
59.5	1.55	92.2	5.004	0.597	8.382	41.9	13.70	5.00	2.74	37.5	79.4	86.1

图 14.2　图 14.1 中的正激变换器（125kHz、100W）80%额定负载下测得的波形

如图 14.2 所示，V_{dc} 为 38～60V 时，平均效率等于 87%。这是在磁芯材料为铁氧体软磁性材料 3F3，峰值磁感应强度为 1600Gs 的条件下得到的。磁芯温升小于 25℃。

高损耗磁芯材料 3C8 在以前使用很广泛，但它在频率高达 125kHz 且峰值磁感应强度为 1600Gs 的条件下得不到这么高的效率。即使是使用 7.3.5.1 节讨论的较低损耗的 3F3 材料，且使用大体积磁芯时，也不能在 125kHz 的条件下选择 1600Gs 的峰值磁感应强度。此时，峰值磁感应强度可能不得不减小到1400Gs 甚至 1200Gs。

14.2.2　40%额定负载下的 V_{ds} 和 I_{ds} 的波形

图 14.3 中的照片 4～6 与图 14.2 中的照片 1～3 一样，都是漏-源电压和漏极电流的波形。输出电流和功率较小时，在最低、额定和最高直流输入电压下的平均效率为90%。

可见漏感尖峰相对较小，开关管导通时间也略有缩短。这是因为输出电流降低使输出整流二极管的压降也降低了。这就提高了 5V 整流二极管阴极的方波电压的幅值，从而缩短了获得5V 输出所需的导通时间。

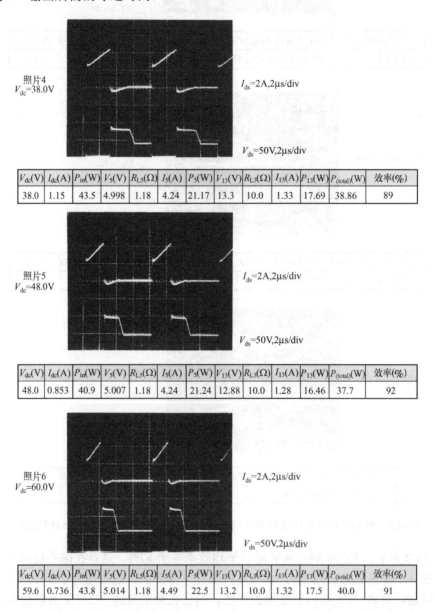

V_{dc}(V)	I_{dc}(A)	P_{in}(W)	V_5(V)	R_{L5}(Ω)	I_5(A)	P_5(W)	V_{13}(V)	R_{L3}(Ω)	I_{13}(A)	P_{13}(W)	$P_{(total)}$(W)	效率(%)
38.0	1.15	43.5	4.998	1.18	4.24	21.17	13.3	10.0	1.33	17.69	38.86	89

V_{dc}(V)	I_{dc}(A)	P_{in}(W)	V_5(V)	R_{L5}(Ω)	I_5(A)	P_5(W)	V_{13}(V)	R_{L3}(Ω)	I_{13}(A)	P_{13}(W)	$P_{(total)}$(W)	效率(%)
48.0	0.853	40.9	5.007	1.18	4.24	21.24	12.88	10.0	1.28	16.46	37.7	92

V_{dc}(V)	I_{dc}(A)	P_{in}(W)	V_5(V)	R_{L5}(Ω)	I_5(A)	P_5(W)	V_{13}(V)	R_{L3}(Ω)	I_{13}(A)	P_{13}(W)	$P_{(total)}$(W)	效率(%)
59.6	0.736	43.8	5.014	1.18	4.49	22.5	13.2	10.0	1.32	17.5	40.0	91

图 14.3　图 14.1 所示正激变换器（125kHz、100W）工作于 40%额定负载下测得的波形

14.2.3 开通/关断过程中漏-源电压和漏极电流的重叠

开通/关断过渡过程中，高电压和大电流的重叠会造成较高的瞬时功率损耗峰值。尽管该高损耗尖峰很窄，特别是使用 MOSFET 时，但是当开关频率很高时，平均损耗就会很高，可能超过通态损耗 $V_{ds}I_{ds}t_{on}/T$。

开通时的重叠损耗不如关断时的严重。开通时，电力变压器的漏感在短时间内呈现极大的阻抗，使漏-源电压很快下降。但这个漏感阻止了电流的快速上升。因此，下降的电压 V_{ds} 与上升的电流交点很低，开通时间内积分 $\int V_{ds}I_{ds}\mathrm{d}t$ 的值很小，整个周期的平均损耗就很小。这可以从图 14.4 中的照片 7 所示的波形观察到。

然而，关断时（图 14.4 中的照片 8），在 V_{ds} 上升至 V_{dc} 附近的这段时间内，漏极电流将在峰值维持一段时间（因为漏感在保持电流恒定）。因此在 I_{ds} 明显降至峰值以下之前，V_{ds} 继续快速上升至 $2V_{dc}$。从图 14.4 中的照片 8 可以看出，关断期间的积分 $\int V_{ds}I_{ds}\mathrm{d}t$ 的值比开通期间的积分值大很多。

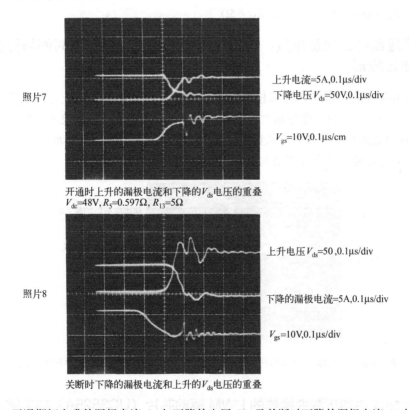

照片7　上升电流=5A,0.1μs/div　下降电压 V_{ds}=50V,0.1μs/div　V_{gs}=10V,0.1μs/cm

开通时上升的漏极电流和下降的 V_{ds} 电压的重叠
V_{dc}=48V, R_S=0.597Ω, R_{13}=5Ω

照片8　上升电压 V_{ds}=50 ,0.1μs/div　下降的漏极电流=5A,0.1μs/div　V_{gs}=10V,0.1μs/div

关断时下降的漏极电流和上升的 V_{ds} 电压的重叠

图 14.4　开通期间上升的漏极电流 I_{ds} 与下降的电压 V_{ds} 及关断时下降的漏极电流 I_{ds} 与上升的电压 V_{ds} 的重叠。开通/关断过渡过程中，电压和电流同时很大会造成交流开关损耗

由于关断时电流下降得很慢而电压上升得很快，所以关断时的损耗很大对上述两个积分式，根据波形进行积分可得，关断时下降的电流和上升的电压的重叠造成的平均损耗为 2.18W。开通时上升的电流与下降的电压造成的平均损耗为 1.4W。

14.2.4 漏极电流、漏-源电压和栅-源电压波形的相位关系

如图 14.5 中的照片 9 所示，开通和关断过程中栅-源电压波形与漏-源电压和漏极电流波形之间基本没有相位滞后。

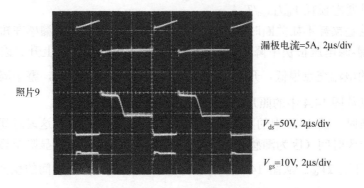

照片9

漏极电流=5A, 2μs/div

V_{ds}=50V, 2μs/div

V_{gs}=10V, 2μs/div

图 14.5　图 14.1 中的正激变换器的漏极电流、漏-源电压和栅-源电压的波形。变换器参数为
$V_{dc} = 48V$，$R_{L5} = 0.597\Omega$，$R_{L3} = 5\Omega$

14.2.5 变压器的二次侧电压、输出电感电流的上升和下降时间与开关管漏-源电压波形

图 14.6 中的照片 10 所示为输出电感电流在开关管导通时斜坡上升和在关断时斜坡下降的波形。当 $L_1 = 17\mu H$，变压器二次侧电压为 16V 且导通时间为 2.4μs 时，斜坡电流幅值为 dI = (16-5)2.4/17 = 1.55A。从照片 10 可以近似精确地读出，斜坡幅值为 1.4A。考虑到屏幕分格线的影响，这个计算值与测量值之间已是比较吻合的了。

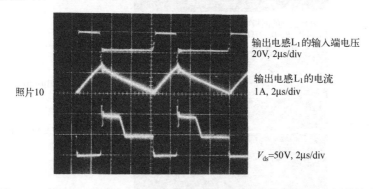

照片10

输出电感L_1的输入端电压
20V, 2μs/div

输出电感L_1的电流
1A, 2μs/div

V_{ds}=50V, 2μs/div

图 14.6　变压器二次侧电压、输出电感纹波电流和开关管漏-源电压的波形

14.2.6 图 14.1 中的正激变换器的 PWM 驱动芯片（UC3525A）的关键点波形

下面要说明芯片 UC3525A 是如何产生宽度与直流电源电压成反比的驱动脉冲的，如图 14.7 所示。

在芯片内部，每半个开关周期产生一个峰-峰值为 3V 的三角波（0.5～3.5V）。这个三角波电压输入到电压比较器，与内置误差放大器输出的直流电压相比较。该误差放大器输出的电压是需调节的直流输出电压的采样电压（加到反相输入端）与参考电压比较的结果。

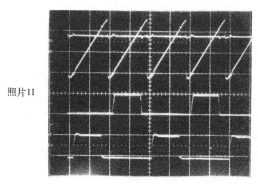

误差放大器输出电压
1V/div

PWM比较器输入三角波
1V, 2μs/div
直流电压零点

芯片A输出: 10V, 2μs/div

芯片B输出: 10V, 2μs/div

照片11

图 14.7　脉宽调制控制芯片 UC3525 的主要波形。芯片内部产生的峰-峰值为 3V 的三角波在电压比较器中与内置误差放大器输出的直流电压进行比较。电压比较器在芯片 A 和芯片 B 输出端产生两个相位相差 180° 的方波脉冲。这些脉冲开始于三角波的起点，终止于三角波与误差放大器输出的直流电压的交点。误差放大器输出电压不同将使其与三角波上升沿的交点发生变化（误差放大器的输出与内部参考电压和需调节的输出电压分压的差值有关），使输出端 A 和 B 的输出脉宽也不同

电压比较器会产生相位差为 180° 的方波脉冲。这些脉冲开始于三角波的起点，终止于三角波与误差放大器输出的直流电压的交点。

因此，若已调节的输出电压的分压略有升高，则误差放大器的输出就会变小，三角波与较低的直流电压提前相交，PWM 比较器输出脉宽就变窄。同样，误差放大器采样输入下降会引起误差放大器输出电压升高，三角波与较高的电压推迟相交，比较器的脉宽变宽。

这些脉宽可调的脉冲由二进制计数器控制，交替输出至芯片的两个输出端，以驱动推挽拓扑的开关管。对于图 14.1 中的正激变换器，只用这些脉冲输出中的一组即可。

14.3　推挽拓扑波形概述

下面给出的是推挽拓扑的主要波形，其电路原理如图 14.8 所示。

该电路为 200kHz 的 DC/DC 变换器，最大输出功率为 85W，最小输出功率为最大输出功率的 20%，用额定电压为 48V，最高电压为 60V，最低电压为 38V 的标准通信电源供电。输出为 5V/8A 和 23V/1.9A。

这里给出的分别是最大、标称、最小电源电压，及最大输出电流条件下和不同电源电压 20%最大输出电流条件下的主要波形。同时还给出了输出功率为 100W 时（超过最大功率 15W）的波形，以此说明即使在这个功率水平，效率仍然很高，变压器的温升也可以接受，而且波形能保持正常。

该设计中，变压器磁芯可从表 7.2a 中选出，可根据 2.2.9 节和 2.2.10 节中的关系式设计变压器（确定其峰值磁感应强度、匝数和线径）。输出滤波器的参数可根据 2.2.14 节中的关系式选择。

工作频率应选为 200kHz。当工作频率高于 200kHz 时，变压器和输出滤波器的体积以及效率都迅速下降，变压器磁芯和绕组损耗急剧上升。超过 200kHz 时，频率提高所实现的变压器体积的减小和所带来的损耗增加及变压器温升相比是否值得还是个问题。

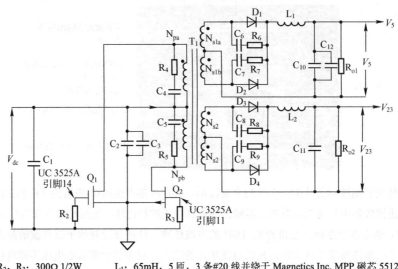

R

R_2，R_3：300Ω 1/2W L_1：65mH，5 匝，3 条#20 线并绕于 Magnetics Inc. MPP 磁芯 55120

$R_4 \sim R_9$：24Ω，1W L_2：14.1mH，14 匝，#18 线并绕于 Magnetics Inc. MPP 磁芯 55120

C_1：60μF，100F T_1 磁芯：Ferroxcube 813E3433f3 1 mil 间隙

C_2：22μF，100V

C_3：6800pF N_{pa}：6 匝，2 条#22 线并绕第一层。N_{pb}：6 匝，2 条#22 线并绕第四层

$C_4 \sim C_9$：100pF

C_{10}：3200μF，16V N_{s1a}：1 匝，4 条#22 线并绕第二层

C_{11}：1000μF，50V   双线并绕

D_1，D_2：MBR 1545 N_{s1b}：1 匝，4 条#22 线并绕第二层

D_3，D_4：MUR415

Q_1、Q_2：Buz31 N_{s2}：4 匝，2 条#24 线并绕且双线并绕第三层

图 14.8　DC/DC 变换器（200kHz、85W）（5V 输出/8.0A 额定电流，23V 输出/1.9A 额定电流）

图 14.1 中的正激变换器的反馈环开环。在不同的直流输入电压下，手动调整脉宽，正如 14.1 节所述，使 5V 主输出精确输出 5.00V，并在此脉宽下将辅输出电压测量记录下来。

14.3.1　最大、额定及最小电源电压下，负载电流最大时变压器中心抽头处的电流和开关管漏-源电压

在变压器中心抽头检测到的交替电流脉冲与两个开关管（Q_1 和 Q_2）的交替导通对应。

这些波形表明，由于两个输入的脉宽相等，且 MOSFET 没有存储时间，因此不会出现偏磁问题。如 2.2.5 节所讨论的，若在变压器中心抽头处检测到的电流脉冲幅值不等，则将导致偏磁，如图 2.4（b）和图 2.4（c）所示。

由图 14.9 中的照片 PP1～PP3 可以看出，所有电源电压下的交替电流脉冲幅值均相等。

这种结果是在实验之前未匹配 Q_1、Q_2 的 r_{ds} 的条件下得到的。

由 V_{ds} 的波形可以看出，导通结束时刻有不大的漏感尖峰。V_{dc} = 41V 时，最大的漏感尖峰仅比 $2V_{dc}$ 高约 5V，如图 14.10 中的照片 PP5 所示。

由于变压器高频工作绕组的匝数很少且漏感较小，并且一次侧、二次侧耦合比低频时要好，所以漏感尖峰可以忽略。此外，将二次侧夹在两个半一次侧之间的三明治绕法（见

图 14.8）也有助于减少漏感。

由图 14.9 中的照片 PP1～PP3 可以看出，当电源电压升高时，导通时间必须下降以保持 5.00V 输出电压的恒定。由于直流输出电流不变，电流峰值也保持恒定，只是脉宽会随电源电压改变。

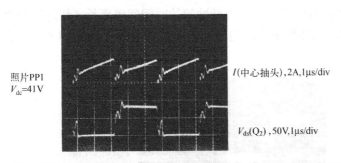

V_{dc}(V)	I_{dc}(A)	P_{in}(W)	V_5(V)	R_{01}(Ω)	I_5(A)	P_5(W)	V_{23}(V)	R_{02}(Ω)	I_{23}(A)	P_{23}(W)	$P_{(total)}$(W)	效率(%)
41.0	2.46	100.9	5.00	0.615	8.09	40.3	23.55	12.46	1.91	44.9	85.2	84.4

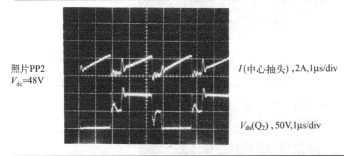

V_{dc}(V)	I_{dc}(A)	P_{in}(W)	V_5(V)	R_{01}(Ω)	I_5(A)	P_5(W)	V_{23}(V)	R_{02}(Ω)	I_{23}(A)	P_{23}(W)	$P_{(total)}$(W)	效率(%)
48.0	2.16	103.7	5.00	0.615	8.13	40.6	23.74	12.46	1.91	45.2	85.8	82.7

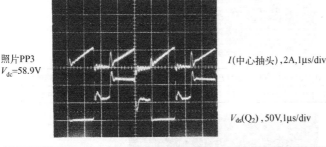

V_{dc}(V)	I_{dc}(A)	P_{in}(W)	V_5(V)	R_{01}(Ω)	I_5(A)	P_5(W)	V_{23}(V)	R_{02}(Ω)	I_{23}(A)	P_{23}(W)	$P_{(total)}$(W)	效率(%)
58.9	1.79	195.4	5.00	0.615	8.13	40.6	23.72	12.46	1.90	45.1	85.7	81.3

图 14.9　最小、额定及最大输出电压（图 14.9 中的照片 PP1～PP3）下，输出电流最大时 Q_2
　　　　的漏-源电压和变压器中心抽头处的电流的波形

一次侧电流有阶梯斜坡的特征。这是因为一次侧电流是阶梯斜坡二次侧电流（依匝比折算）和一次侧三角波[见图 2.4（e）]励磁电流的总和。又因为所有输出都接有电感，所以二次侧电流波形也是阶梯斜坡。

应该指出，图 14.9 中的照片 PP1～PP3 中的电流峰值相等，说明 Q_1 和 Q_2 导通时的峰值电流相等。但这些照片中所示的并不是开关管电流的真实值，尤其是在死区时间内。这是由于在变压器中心抽头处串联磁性耦合电流探头检测电流造成的。

显然，由于开关管交替导通之间只有短暂的死区，电流探头磁体没有足够的时间恢复到其磁滞回线的初始磁通点，所以测出的电流绝对值会有偏差。

测量开关管精确的电流幅值的正确方法是用同一探头检测漏极电流，如图 14.10 中的照片 PP6 所示。从该照片可以看出，电流脉冲间的时间间隔更长（超过半个周期），峰值电流为 4.4A。与之相比，在相同的电源电压和输出负载电流下，图 14.9 中的照片 PP2 所示的电流只有 2.4A。

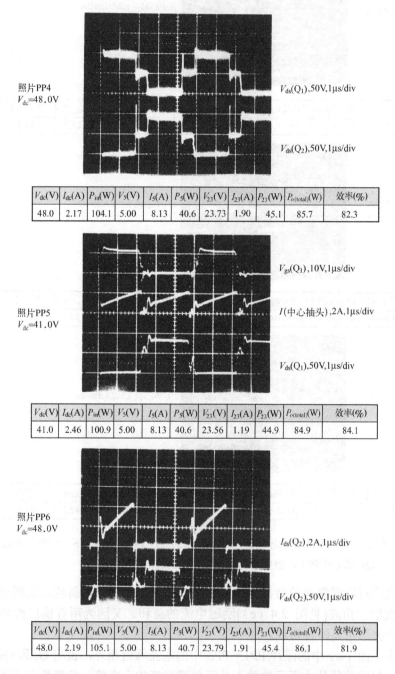

照片PP4
V_{dc}=48.0V

$V_{ds}(Q_1)$,50V,1μs/div

$V_{ds}(Q_2)$,50V,1μs/div

V_{dc}(V)	I_{dc}(A)	P_{in}(W)	V_5(V)	I_5(A)	P_5(W)	V_{23}(V)	I_{23}(A)	P_{23}(W)	$P_{o(total)}$(W)	效率(%)
48.0	2.17	104.1	5.00	8.13	40.6	23.73	1.90	45.1	85.7	82.3

照片PP5
V_{dc}=41.0V

$V_{gs}(Q_1)$,10V,1μs/div

I(中心抽头),2A,1μs/div

$V_{ds}(Q_1)$,50V,1μs/div

V_{dc}(V)	I_{dc}(A)	P_{in}(W)	V_5(V)	I_5(A)	P_5(W)	V_{23}(V)	I_{23}(A)	P_{23}(W)	$P_{o(total)}$(W)	效率(%)
41.0	2.46	100.9	5.00	8.13	40.6	23.56	1.19	44.9	84.9	84.1

照片PP6
V_{dc}=48.0V

$I_{ds}(Q_2)$,2A,1μs/div

$V_{ds}(Q_2)$,50V,1μs/div

V_{dc}(V)	I_{dc}(A)	P_{in}(W)	V_5(V)	I_5(A)	P_5(W)	V_{23}(V)	I_{23}(A)	P_{23}(W)	$P_{o(total)}$(W)	效率(%)
48.0	2.19	105.1	5.00	8.13	40.7	23.79	1.91	45.4	86.1	81.9

图 14.10　图 14.8 中的变换器（200kHz、85W）的主要波形

通过测量与开关管源极串联的小阻值检测电阻上的压降，证实了将电流探头串联于漏极测量出的电流幅值，如照片 PP6 所示，将比用同一个探头串联于变压器中心抽头处测量出的值（见照片 PP1～PP3）更准确。电流探头串联于漏极测得的电流值与通过测量源极串联的已知电阻的压降求得的电流值完全相同。

从图 14.10 可见，在三种不同的电源电压下，即使主/辅输出都输出最大电流，变换器效率也会超过 81.9%。如果选择更大型号的导线并尽可能地降低峰值磁感应强度，则效率可以再提高 3%～4%。但是对于工作频率为 200kHz，峰值磁感应强度为 1600Gs 的变换器来说，这个效率已经相当不错了。

14.3.2　两开关管 V_{ds} 的波形及死区期间磁芯的磁感应强度

图 14.10 中的照片 PP4 所示为 Q_1 和 Q_2 漏-源电压的波形，与预期的标准波形一致。一个开关管导通时，其漏-源电压下降到接近于零，另一个开关管的漏-源电压则上升至 $2V_{dc}$。

从一个开关管关断到另一个开关管开通之间的延迟时间非常微小，叠加在 $2V_{dc}$ 的最高漏感尖峰约为 20V（见图 14.17 中的照片 PP24）。该照片中电路的总输出功率已增至 112W（5V/4.85A 和 21V/4.05A）。

可见，在开关管关断时，死区起始处出现漏感尖峰，之后漏-源电压立即下降到 V_{dc}。漏-源电压将保持为 V_{dc}，直到另一个开关管开通，而后该电压上升至 $2V_{dc}$。

可能有人会问，两个开关管导通之间的死区期间，变压器磁芯磁感应强度的值是多少？到导通结束时，磁感应强度已经变化了 $2B_{max}$（比如说从 $-B_{max}$ 升到 $+B_{max}$），那么，在开关管均关断的死区期间，磁感应强度是保持为 $+B_{max}$ 还是下降到对应于 0Oe 时的剩磁（见图 2.3）？

如果磁感应强度下降到等于剩磁（约 100Gs，见图 2.3），则在下次导通结束时，同样的 $2B_{max}$ 的变化将使磁感应强度上升至峰值（$100+2B_{max}$）。这会使磁芯饱和并损坏开关管。

并非如此，某一个开关管开通结束时，磁芯磁感应强度若已升到 $+B_{max}$，则会在整个死区时间内保持这个值。死区结束时，另一个开关管开通，磁感应强度从 $+B_{max}$ 下降至 $-B_{max}$，这个过程周而复始地进行。

可能又有人会问，死区时两个开关管都不导通，那么保持磁感应强度为 $+B_{max}$ 或 $-B_{max}$ 的电流从何而来？为了保持这个磁感应强度水平，必须有一定的磁场强度支持。而且因为磁场强度与匝数成正比，所以死区时间内要有一定的电流流过。

由于死区期间两个开关管都不导通，保持磁感应强度为 $+B_{max}$ 或 $-B_{max}$ 的电流必定流过二次侧。该电流是折算到二次侧的磁芯一次侧励磁电流。

开关管导通期间，如图 2.4（e）所示，直流输入电压提供一次侧负载电流（所有二次侧电流按匝比折算到一次侧的总电流）和一次侧励磁电感的励磁电流。

然而，由于电感中的电流不能突变，当导通的开关管关断时，维持存储能量的电流必须继续流动。励磁电流此时将在另一个闭合通路中续流。

这条闭合通路在二次侧。当开关管关断时，二次侧输出电感中的电流不能突变。因此开关管导通结束时，所有输出电感的电压极性反向。如果像正激变换器那样有续流二极管（见图 2.10），则输出电感电流将沿这些二极管续流。

在推挽电路中，输出整流二极管起续流作用（见 2.2.10.3 节）。输出电感极性反向，当其前端电位为比地电位低一个二极管导通压降（或相对于负输出电压，高一个二极管压降）时，整流二极管导通，起续流二极管作用，流过输出电感电流。

流过二极管的不只是输出电感电流。由于反激作用，导通期间在一次侧建立的励磁电流根据匝比折算到一个半（Half Secondary）二次侧，即之前还没有流过电流的那个半二次侧。死区期间，正是在这个半二次侧流过的电流使磁芯磁感应强度保持为 B_{max}。

这样，在死区时间内，输出电感电流在两个半二次绕组中继续流动，整流二极管起到续流作用。如 2.10.3 节所述，这个台阶电流在两个半二次侧里近似均分[见图 2.6（d）和图 2.6（e）]。其中一个台阶电流始终比另一个大，这可在图 14.15 中清楚地看出。

一次侧励磁电流并不造成严重损耗。它只是在一个开关管导通时沿一个方向上升，死区时转向二次侧，并有略微的下降，然后再转回。当另一个开关管导通时，该电流在一次侧反向，重复先前半个周期的工作过程。

如前所述，死区期间输出电感电流划分在两个半二次侧中。由于二次侧阻抗很小，电流流过时不会产生压降。因此这两个半二次侧上都没有压降，死区期间两个截止开关管的漏-源电压也必然等于 V_{dc}，如图 14.10 中的照片 PP4 和图 14.9 中的照片 PP1～PP3 所示。

14.3.3　栅-源电压、漏-源电压和漏极电流的波形

如图 14.10 中的照片 PP5 所示，栅极电压上升、下降时间与对应的漏极电流和电压之间基本没有延迟。

14.3.4　漏极处的电流探头与变压器中心抽头处的电流探头各自测量得到的漏极电流波形的比较

14.3.1 节中讨论过，漏极处的电流探头可绝对正确地测量漏极电流，如图 14.10 中的照片 PP6 所示。

然而，如图 14.9 中的照片 PP1 所示，将电流探头串联于变压器中心抽头测量时，短暂的死区时间内不能使电流探头的变压器磁场复位。这样测量测得的死区电流不为零，得不到电流的真实值。

14.3.5　输出纹波电压和整流器阴极电压

图 14.11 中的照片 PP7 为输出纹波电压（5V）和峰-峰值约为 80mV 的噪声的波形。要准确测量这种等级的信号十分困难，因为它们会被共模噪声所掩盖。

提示：共模噪声是同时出现在相对于公共线（一般指地线或示波器的公共线）的两输出端的噪声电压。这种噪声通常是由电流流入示波器探头的地线产生的。这种噪声可以通过撤掉探头的地线并将它直接接到测试点来鉴别。共模噪声会产生 RFI。在产生高频方波的变换器中，这种共模噪声很难消除，要特别注意它和底盘耦合的位置。一般耦合的位置在开关元件与底盘接合散热的地方[1]。

　　　　　　　　　　　　　　　　　　　　　　　　　　　　　　　　——K.B.

这种共模噪声会影响负载，可以通过如图 14.1 所示的共模滤波器抑制共模噪声。

为了分辨一种噪声电压是差模的还是共模的，将电压探头的探针与其最近的地线端短接，然后将两者接到电源输出地端。

如果示波器仍显示大约相同的噪声电压（大多数情况下都是如此），则这就是共模噪声。

其幅值会随示波器的地线端与电源输出地端接点不同及两地端连接长度不同而改变。测量输出电压纹波应使用高频共模抑制率强的差分探头。由于 MOSFET 的上升和下降时间很短，高于 50kHz 时会在地线上出现共模"振铃"噪声。

图 14.11 中的照片 PP7 所示为 5V 输出时整流器阴极电压的波形。这个电压经 LC 输出滤波器平滑，产生所需的直流输出电压。

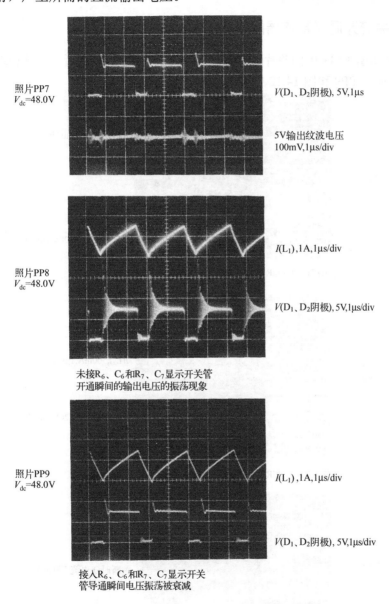

照片PP7
V_{dc}=48.0V

V(D₁、D₂阴极), 5V,1µs

5V输出纹波电压
100mV,1µs/div

照片PP8
V_{dc}=48.0V

I(L₁),1A,1µs/div

V(D₁、D₂阴极), 5V,1µs

未接R₆、C₆和R₇、C₇显示开关管
开通瞬间的输出电压的振荡现象

照片PP9
V_{dc}=48.0V

I(L₁),1A,1µs/div

V(D₁、D₂阴极), 5V,1µs/div

接入R₆、C₆和R₇、C₇显示开关
管导通瞬间电压振荡被衰减

图 14.11　图 14.8 所示的 200kHz 变换器的主要波形

如果该波形在基本波形上有缺口、凸起或奇异的边沿，这些面积就会影响其平均电压值。反馈环将改变开关管导通时间，使整流器阴极输出的平均伏秒面积等于所需的直流电压。

因此，不管主输出整流器阴极波形在死区及上升、下降期间是否有异常的凸起、缺口或台阶，主输出电压总能保持不变。但是辅输出整流器阴极电压不一定能有与主输出同样的凸起或缺口波形，所以，辅输出直流电压将与主辅匝比所确定的电压值不同。为使辅输出电压与主输出电压成匝比关系，主/辅输出整流器阴极电压都应有陡峭的垂直沿（见图 14.11 中的照片 PP9），且在死区期间都不应有可能改变伏秒面积的凸起或缺口。图 14.12 中的照片 PP11 及图 14.14 中的照片 PP18 所示是整流器阴极电压波形畸变的实例。后面将解释这些波形畸变形成的原因。

14.3.6　开关管开通时整流器阴极电压的振荡现象

这种现象如图 14.11 中的照片 PP8 和图 14.12 中的照片 PP10 所示，这种现象的消除如图 14.11 中的照片 PP9 和图 14.12 中的 PP11 所示。

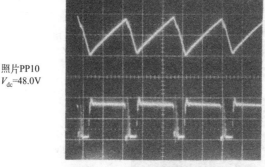

照片PP10
V_{dc}=48.0V

$I(L_2)$,500mA,1μs/div

$V(D_3、D_4$阴极$)$,20V,1μs/div

未接R_8、C_8和R_9、C_9开通瞬间有振荡

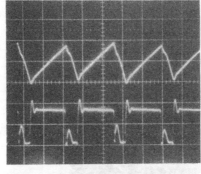

照片PP11
V_{dc}=48.0V

$I(L_2)$,500mA,1μs/div

$V(D_3、D_4$阴极$)$,20V,1μs/div

接入R_8、C_8和R_9、C_9开通瞬间的振荡被衰减

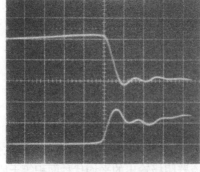

照片PP12
V_{dc}=48.0V

关断时Q_2电流下降波形
2A,50ns/div

关断时漏-源电压(Q_2)上升波形
50V,50ns/div

示出关断时下降电流和上升V_{ds}的电压的
重叠；即使使用I_{ds}快速下降的MOSFET，
也会造成重叠交变开关损耗

图 14.12　图 14.8 所示的 200kHz 变换器的主要波形

开关管开通瞬间，处在导通过程中的整流二极管（见图 14.8 中的 D_1）使另一个二极管（见图 14.8 中的 D_2）的续流电流下降。当 D_2 的正向电流下降至零且其阴极电压开始上升时，共阴极处会发生指数衰减振荡（"振铃"）。

"振铃"的频率由正在关断的二极管 D_2 的寄生电容和输出电感确定。"振铃"的幅值和持续时间由整流二极管反向恢复时间和直流输出电流确定。

"振铃"会 RFI 问题，使整流二极管承受的反压接近于其最大反压额定值，并且使损耗增加。但这种振荡很容易通过在二极管两端接 RC 缓冲电路（R_6、C_6；R_7；R_8 和 R_9、C_9）消除，如图 14.8 所示。未接缓冲电路的阴极波形如图 14.11 中的照片 PP8 和图 14.12 中的照片 PP10 所示，接了缓冲电路的阴极波形如图 14.11 中的照片 PP9 和图 14.12 中的照片 PP11 所示。

14.3.7　开关管关断时下降的漏极电流和上升的漏-源电压重叠产生的交流开关损耗

从图 14.12 中的照片 PP12 可见，由于 MOSFET 的存储时间可以忽略，电流关断时间很短，关断曲线很接近 1.3.4 节中所述的最佳情况。

在该曲线中，电流从漏-源电压开始上升的时刻就开始下降，并在该电压上升至最大值时下降至零。如 1.3.4 节中所提到的，在这种情况下，电流下降时期间的平均交流开关损耗为 $\int_0^{t_f} IV\mathrm{d}t = I_{\max}V_{\max}/6 = 4.2 \times 85 \div 6 = 59.5\mathrm{W}$。在开关周期为 5μs，电流下降时间约为 40ns 的 0 情况下，整个周期内的平均交流开关损耗仅为 59.5×0.04÷5 = 0.48W。

14.3.8　20%最大输出功率下漏-源电压和在变压器中心抽头处测得的漏极电流的波形

图 14.13 中的照片 PP13～PP15 所示的是输出电流为最大值的 20%（常用的额定最小输出电流）时测得的波形。

如图 14.13 所示，在此功率下效率仍接近于 80%，即使在效率最低时（78.7%，V_{dc} = 59.8V），总内耗也仅为 4.3W，这已经很好了。

这里展示的照片和下面的一些照片表明了一个很值得注意并且很微妙的问题。它虽然不会使电源不能工作，但会使辅输出电压明显偏离预计值。这个问题是由于变压器一次侧励磁电流过大或是输出的直流电流过低而引起的。励磁电流变得比初始设计值大的原因，可能是由于疏忽使变压器的两个绕组耦合不好而减小了励磁电感。如果为获得所需的励磁电感而使用了过大的变压器气隙，或者最小负载电流低于励磁电流原始设计对应的最小电流，问题同样会产生。

从图 14.13 中的照片 PP13～PP15 中可以看出该问题。照片中，死区时间开始时刻的漏-源电压（在照片 PP14 中应严格等于 V_{dc}）为 V_{dc}，但在死区时间结束之前却逐渐升高。这种结果是问题的一种表现而不是问题的根本原因。根本原因可从图 14.14 中的照片 PP18 看出，其中 5V 输出整流器阴极电压在死区时间内并没有正常地钳位于地，而是从地逐渐升高。从而形成了 14.3.5 节中所说的凸起或台阶。而正是这个整流器阴极电压经 LC 输出滤波器平滑后产生 5V 输出电压的。若该电压在开关管正常开通之前的死区时间内有一个凸起，它的伏秒面积就会增加。这样，反馈环（保持 5V 输出精确等于 5.00V）会缩短正常的导通时间。辅输出没有因其输出整流器阴极电压凸起引起的伏秒数增加，所以辅输出的直流输出电压就会比预计值低。

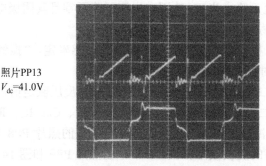

照片PP13
V_{dc}=41.0V

I(中心抽头),500mA,1μs/div

$V_{ds}(Q_2)$,50V,1μs/div

V_{dc}(V)	I_{dc}(A)	P_{in}(W)	V_5(V)	R_{01}(Ω)	I_5(A)	P_5(W)	V_{23}(V)	R_{02}(Ω)	I_{23}(A)	P_{23}(W)	$P_{(total)}$(W)	效率(%)
41.0	0.52	21.3	5.00	3.05	1.64	8.20	21.46	50.0	0.429	9.21	17.4	81.7

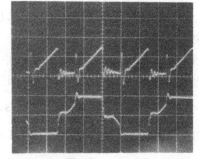

照片PP14
V_{dc}=48.0V

I(中心抽头),500mA,1μs/div

$V_{ds}(Q_2)$,50V,1μs/div

V_{dc}(V)	I_{dc}(A)	P_{in}(W)	V_5(V)	R_{01}(Ω)	I_5(A)	P_5(W)	V_{23}(V)	R_{02}(Ω)	I_{23}(A)	P_{23}(W)	$P_{(total)}$(W)	效率(%)
48.0	0.44	21.1	5.00	3.05	1.64	8.20	21.52	50.0	0.430	9.25	17.5	82.7

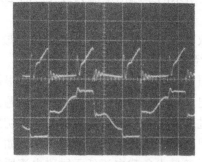

照片PP15
V_{dc}=59.8V

I(中心抽头),500mA,1μs/div

$V_{ds}(Q_2)$,50V,1μs/div

V_{dc}(V)	I_{dc}(A)	P_{in}(W)	V_5(V)	R_{01}(Ω)	I_5(A)	P_5(W)	V_{23}(V)	R_{02}(Ω)	I_{23}(A)	P_{23}(W)	$P_{(total)}$(W)	效率(%)
59.8	0.37	22.1	5.00	3.05	1.64	8.20	21.88	50.0	0.438	9.58	17.8	78.0

图 14.13 20%最大输出电流条件下，输入电压不同时测得的变压器中心抽头处电流和开关管 Q_2 漏-源电压波形。照片 PP13 为输入电压最低时的波形，照片 PP14 为额定输入电压时的波形，照片 PP15 为输入电压最大时的波形

不像图 14.14 中的照片 PP18 所示的那样，从照片 PP9 可以看出死区期间整流器阴极没有异常的凸起电压，且正常导通开始时电压从地电平垂直上升。图 14.9 中的照片 PP2 所示的也属于这种情况。从照片 PP2 可见，两组输出都输出最大负载电流且 V_{dc} 为

48.0V 时，"23V"输出端输出为 23.74V。而在照片 PP18 中，V_{dc} 不变，且最小负载，5V 输出电压为 5.00V，而 23V 输出却仅为 21.52V（数据可见图 14.13 照片 PP14 下面的表格）。

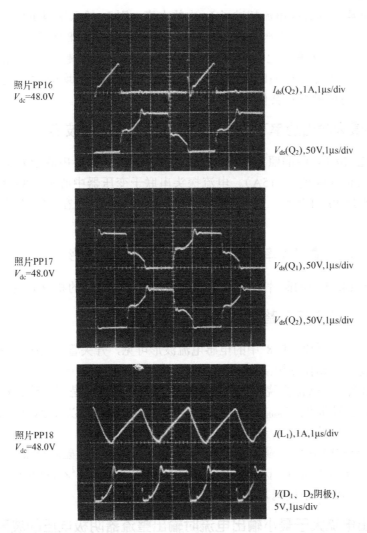

图 14.14 图 14.8 中的变换器的主要波形，其工作条件为，20%最大输出电流，额定输入电压为 48V

最后讨论为什么在励磁电流过大或直流输出电流过低时出现死区期间的凸起波形。这可根据 14.3.2 节中所讨论的内容来解释。

某一个开关管关断时，总励磁电流的一部分会根据匝比折算到二次侧，并在某一个半二次侧中继续流动。此时所有二次侧的整流二极管都在续流，并承担约一半的对应输出电感的电流。现在每个二次侧中的整流二极管会承担一部分折算到二次侧的一次侧励磁电流。

考虑图 14.8 中的整流器。假设 Q_1 导通，这使 D_2 的阳极为正，D_2 通过 L_1 传送电流至负载。当 Q_1 关断时，死区开始，L_1 的电流在 D_1、D_2 中近似均分，D_1、D_2 的作用相当于续流二极管。只要流过 D_1 和 D_2 的电流之和等于流过 L_1 的电流，它们的阴极就会被钳位于比地低一个二极管压降。

然而，当 Q_1 关断时，由于反激作用，一部分励磁电流转换到 N_{s1a} 经 D_1 流进 L_1。只要这个电流小于 L_1 中的电流，D_1、D_2 的阴极就被钳位于比地电位低一个二极管压降，通过 D_1、D_2 保持了 L_1 电流的平衡。

如果反激折算到 N_{s1a} 的电流超过了 L_1 中的电流，则 L_1 输入端阻抗变大，D_1、D_2 的阴极电压在死区结束前增至高于地电位，如图 14.14 中的照片 PP18 所示。

由于接入了闭环反馈，死区期间整流器阴极电压凸起引起的伏秒面积的增加将被 PWM 芯片调整，开关管导通时间缩短，使经 LC 滤波器平均的输出电压精确地等于 5.00V。这种导通时间的缩短会使辅输出的直流电压低于预计值。

14.3.9 20%最大输出功率下的漏极电流和漏极电压的波形

波形可见图 14.14 中的照片 PP16。注意，此时电流探头串联于开关管漏极，测量漏极电流的真实值（峰值为 15A）。电流探头串联于变压器中心抽头测得的漏极电流如图 14.13 中的照片 PP14 所示，峰值误差为 700mA。这一点已在 14.3.1 节和 14.3.4 节中讨论过了。

14.3.10 20%最大输出功率下两开关管漏-源电压的波形

波形可见图 14.14 中的照片 PP17。该照片说明了两管电压的相位关系。

14.3.11 输出电感电流和整流器阴极电压的波形

由图 14.14 中的照片 PP18 中的电感电流波形可见，开关管导通时电感电流上升斜率为 $[\mathrm{d}i/\mathrm{d}t = (V_{\mathrm{cathode}} - V_{\mathrm{o}})/L_1]$，死区期间电感电流下降斜率为（$\mathrm{d}i/\mathrm{d}t = V_0/L_1$）。

可以通过计算 L_1 来证实绕制电感的电感值与设计期望值是否一致。从导通期间阴极电压波形中可以近似读出，V_{cathode}=7.5V。从电感电流的波形可以看出，沿斜坡上升 1.45μs 内，$\mathrm{d}i$ 达到 1.8A。因此可得 $L_1 = (7.5-5)\times1.45\times10^{-6}\div1.8 = 20\mu\mathrm{H}$。

该电感使用 MPP55120 型磁芯（见 Magnetics 公司的 MPP 磁芯目录），匝数为 5 匝，其每千匝电感值 A_1 为 72mH。因此 5 匝绕组的电感值为$(0.005)^2\times72000 = 1.8\mu\mathrm{H}$。这与在图 14.14 中的照片 PP18 中根据 $\mathrm{d}i/\mathrm{d}t$ 读取的数值很相近。

14.3.12 输出电流大于最小输出电流时输出整流器阴极电压的波形

波形可见图 14.15 中的照片 PP19。在照片中，由于输出电流增加了，不存在像照片 PP18 中那样的死区期间的凸起电压。在整个死区期间，整流器阴极电压都被钳位于地，且在开关管开通时急剧上升至其峰值。如前面 14.3.8 节所述，"23V"辅输出的输出电压从照片 PP18 中的 21.50V 上升到了照片 PP19 中的 22.97V。

14.3.13 栅-源电压和漏极电流波形的相位关系

图 14.15 中的照片 PP20 所示为两组栅-源电压和两组漏极电流波形的相位关系。可见，栅-源电压与相应漏极电流的上升、下降时间之间的延迟很小，可以忽略。

14.3.14 整流二极管（变压器二次侧）的电流波形

这个波形已经在 14.3.2 节中讨论过（可见图 14.15 中的照片 PP21）。照片 PP21 所示为开关管死区期间的台阶电流。可见导通时间过后，流经二极管的台阶电流要比导通时间之前流经二极管的台阶电流高。这是因为，先前导通的二极管在刚刚关断的死区时间内不仅流过折合的一次侧励磁电流，还流过输出电感电流一半的电流。

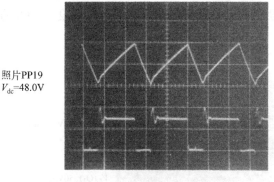

照片PP19
V_{dc}=48.0V

$I(L_1)$,1A,1μs/div

V(阴极),
5V,1μs/div

对于I_5=5A, I_{23}=0.425 A
示出输出电流大时开关管截止区间D_1、D_2阴极
电压维持钳位于地；这是因为二极管续流电流
相比变压器的磁电流要大(比较照片PP18)

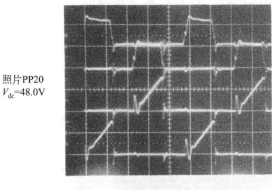

照片PP20
V_{dc}=48.0V

$V_{gs}(Q_1)$,10V,1μs/div

$V_{gs}(Q_2)$,10V,1μs/div

$I_{ds}(Q_2)$,1A,1μs/div

$I_{ds}(Q_1)$,1A,1μs/div

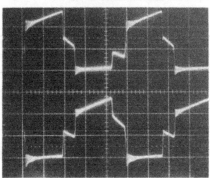

照片PP21
V_{dc}=48.0V

$I(D_1)$,2A,1μs/div

$I(D_2)$,2A,1μs/div

对于I_{ds}(5V输出)5 A
示出开关管导通时间之间的死区"凸台"
电流(见2.2.10.3节及图2.6)

图 14.15　图 14.8 中的变换器的主要波形

14.3.15 由于励磁电流过大或直流输出电流较小造成的每半周期两次"导通"的现象

图 14.16 中的照片 PP22 所示的是图 14.13 中的照片 PP13 所示波形的一个极端情况。从图 14.16 中的照片 PP22 可明显看到，每半周期有两个导通阶段——Q_1 的 A_1 和 A_2 及 Q_2 的 B_1 和 B_2。

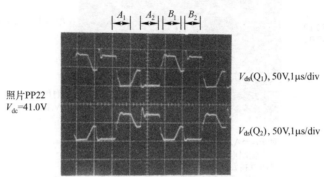

照片 PP22
$V_{dc}=41.0V$

$V_{ds}(Q_1)$, 50V,1μs/div

$V_{ds}(Q_2)$, 50V,1μs/div

可见，在很小输出电流或太大激磁电流下每只开关管看似每半期两次导通(A_1、A_2 对应 Q_1、B_1、B_2 对应 Q_2)；其实漏极电压降到零的 A_1 和 B_1，并非开关管导通时间。如文中所述，这种现象在变压器激磁电流太大或直流负载电流太小时会发生

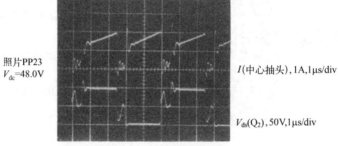

照片 PP23
$V_{dc}=48.0V$

I(中心抽头), 1A,1μs/div

$V_{ds}(Q_2)$, 50V,1μs/div

以上为超出额定最大输出功率15%时的电压电流波形；变换器效率仍高达83%，而开关管温升仅为54℃

$V_{dc}(V)$	$I_{dc}(A)$	$P_{in}(W)$	$V_5(V)$	$R_{01}(\Omega)$	$I_5(A)$	$P_5(W)$	$V_{23}(V)$	$R_{02}(\Omega)$	$I_{23}(A)$	$P_{23}(W)$	$P_{(total)}(W)$	效率(%)
48.0	2.51	120.5	5.00	0.339	14.7	73.7	26.12	25.0	1.04	27.3	101.0	83.8

图 14.16 图 14.8 所示的变换器的主要波形

开关管只在 A_2 和 B_2 时段导通，此时漏极电压接地。A_1 和 B_1 时段并非真实导通时间。在 A_1 和 B_1 时段，某一开关管漏极被另一个开关管关断形成的漏极正向凸起电压强制接地。

这种现象是由于图 14.13 中的照片 PP13 所示的，直流输出电流过小或由于增加变压器气隙使一次侧励磁电流过大造成的。

如 14.3.8 节中讨论的，这个现象出现在折算到二次侧的励磁电流很大的时候。若该电流超过输出电感的直流负载电流，整流二极管不能钳位到地电位，就会在漏极产生比 V_{dc} 大很多的正向凸起电压。

由于变压器的耦合作用，该正向凸起电压会在另一个开关管漏极产生凹陷电压。当另一个漏极的凹陷电压达到地电位时，MOSFET 的内部寄生二极管导通，使漏极钳位于地电位。这种情况看起来好像是开关管已经导通了。

在这种工作模式下，电路可能由于闭环反馈作用发生振荡。由于负载电流时而大于时而小于折合到二次侧的一次侧励磁电流，实际导通时间（脉宽）将在 B_2 与 B_1+B_2 之间无规律跳变。

为避免上述问题，应保证变压器气隙及励磁电流不要太大；保证最小直流负载电流总是大于折算到二次侧的励磁电流。

14.3.16　功率高于额定最大输出功率 15%时的漏极电流和漏极电压的波形

如图 14.16 中的照片 PP23 所示，输出 115%最大功率时效率仍高达 83%，变压器温升仅为 54℃，其主要波形在此高功率下仍十分清晰。输出达到 112W 时，图 14.8 中的电路（图 14.17 中的照片 PP24）效率高达 86%，且波形清晰，变压器温升仅为 65℃。

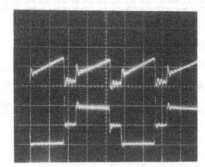

照片PP24
$V_{dc}=48.0$V

I(中心抽头),2A,1μs/div

$V_{ds}(Q_2)$,50V,1μs/div

V_{dc}(V)	I_{dc}(A)	P_{in}(W)	V_5(V)	R_5(Ω)	I_5(A)	P_5(W)	V_{23}(V)	R_{02}(Ω)	I_{23}(A)	P_{23}(W)	$P_{(total)}$(W)	效率(%)
48.0	2.71	130	5.00	1.03	4.85	24.3	21.7	5.36	4.05	87.9	112.1	86.2

超过规定最大输出功率30%时的漏极电流和漏-源电压波形

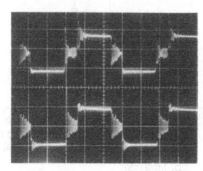

照片PP25
$V_{dc}=48.0$V

$V_{ds}(Q_1)$,50V,1μs/div

$V_{ds}(Q_2)$,50V,1μs/div

示出一次侧不接RC缓冲器(R_4、C_4和R_5、C_5)时死区的振荡现象

图 14.17　开关管死区期间漏极的振荡现象

14.3.17　开关管死区期间的漏极电压振荡

为了避免振荡，每个一次侧都要使用 RC（R_1、C_4 和 R_5、C_5）缓冲器。如果没有这些缓冲器，开关管死区期间会出现高频振荡（见图 14.17 中的照片 PP25）。高频振荡不仅加

重了 RFI 问题，而且会像图 14.14 中的照片 PP18 所示的死区时间波形凸起一样影响辅输出电压。

14.4 反激拓扑波形

14.4.1 简介

下面将给出低功率、电流不连续导电模式下的单端反激变换器的典型波形。

输出功率小于 60W 时通常选用结构简单的不连续导电模式下的单端反激拓扑，反激变换器被广泛应用于这种场合。变压器漏感存储的能量必须由 RCD 缓冲器吸收并消耗掉（见第 11 章），这几乎是单端反激变换器严重的缺点。如果漏感能量不被吸收，则漏感尖峰可能损坏开关管。功率大于 60W 时，缓冲器的损耗更为严重。

双端反激变换器（见 4.6 节）不是把漏感能量存储在缓冲器电容中然后消耗在电阻上，而是把漏感能量无损耗地回馈到输入电源。

因此，双端反激变换器广泛应用于输出功率高于 60～75W 的场合。但是单端反激变换器与较高级的双端反激变换器的关键波形非常相似，因此以下只给出单端反激变换器波形。

这里的全部波形均取自图 14.18 所示的电路。该电路工作频率为 50kHz，输出为 50W，有主、辅两个输出。不使用反馈闭环，开关管使用 50kHz 宽度可调的脉冲信号（PWM 芯片 3525A）来驱动。

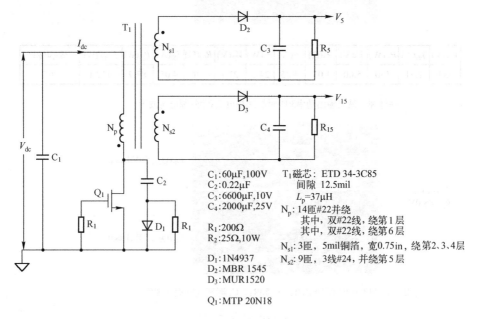

图 14.18　一种反激电源（50kHz、50W）

在不同输入电压和输出负载下，手动调整脉宽，使主输出准确地等于 5.00V。同时检测并记录下辅输出的数值。

辅输出匝数选择的原则是，当主输出为 5.00V 时，辅输出为 15V。需要指出，辅输出电压并不是完全由主/辅匝比决定的。由于二次侧漏感和主、辅绕组间的互感作用，使辅输出电压与主直流输出电流密切相关。

14.4.2　90%满载情况下，输入电压为最小值、最大值及额定值时漏极电流和漏-源电压的波形

这些波形如图 14.19 所示。开关管导通时，一次侧电流波形是线性增加的斜坡形状（$di/dt = V_{primary}/L_{primary}$）。关断瞬间，上升的漏极电压上有漏感尖峰。尖峰的数值由 RCD 缓冲器的电容 C_2 控制。这个电容应选得足够大，既能限制漏感尖峰以保证开关管的安全，又不会使缓冲器电阻 R_1 上的损耗（$0.5C_2V_{peak}^2/T$）过大。

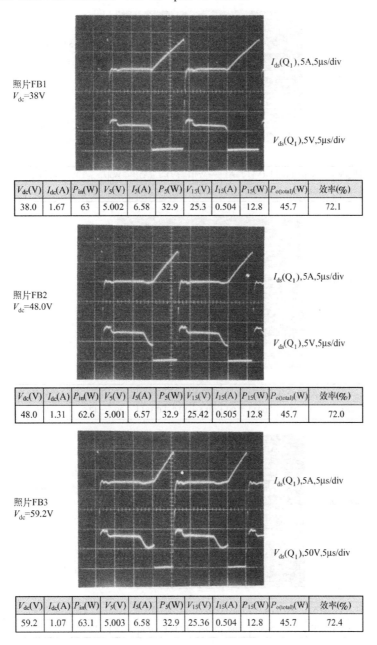

V_{dc}(V)	I_{dc}(A)	P_{in}(W)	V_5(V)	I_5(A)	P_5(W)	V_{15}(V)	I_{15}(A)	P_{15}(W)	$P_{o(total)}$(W)	效率(%)
38.0	1.67	63	5.002	6.58	32.9	25.3	0.504	12.8	45.7	72.1

V_{dc}(V)	I_{dc}(A)	P_{in}(W)	V_5(V)	I_5(A)	P_5(W)	V_{15}(V)	I_{15}(A)	P_{15}(W)	$P_{o(total)}$(W)	效率(%)
48.0	1.31	62.6	5.001	6.57	32.9	25.42	0.505	12.8	45.7	72.0

V_{dc}(V)	I_{dc}(A)	P_{in}(W)	V_5(V)	I_5(A)	P_5(W)	V_{15}(V)	I_{15}(A)	P_{15}(W)	$P_{o(total)}$(W)	效率(%)
59.2	1.07	63.1	5.003	6.58	32.9	25.36	0.504	12.8	45.7	72.4

图 14.19　图 14.18 中的反激电源的主要波形

从图 14.19 中的波形可见，V_{dc} 增加时，为保持主输出电压恒定脉宽变窄了。从波形还可以看出，输出功率恒定时斜坡电流峰值在所有输入电压下都相等。

如图 14.19 所示，漏感尖峰过后，漏-源电压下降（除了尖峰后有一小段的平台）到 $V_{dc} + (N_p/N_{s1})(V_5 + V_{D2})$。而且保持该值直到复位伏秒数等于置位伏秒数 $V_{dc}t_{on} = (N_p/N_s)(V_5 + V_{D2})t_{off}$，然后再下降至 V_{dc}。

图 14.20 所示为更低的总输出功率（17W）下，不同输入电压时测得的波形。可以看到，所有导通脉宽都很窄，所有一次侧电流峰值（$di = V_{primary}t_{on}/L_p$）都很低。这是因为从输入母线吸收的功率$[0.5L_p(I_p)^2/T]$变小了。导通结束时，一次侧电流峰值变低使漏感尖峰也降低了。

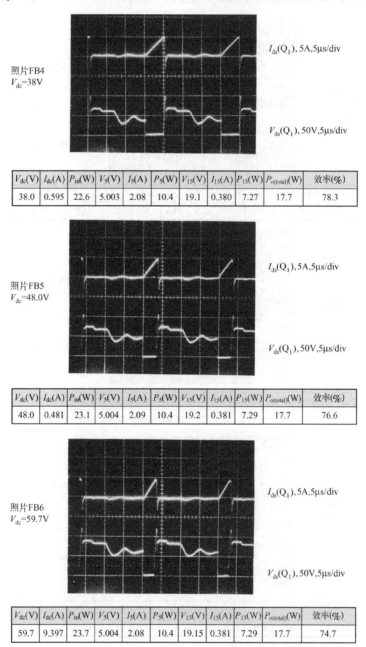

V_{dc}(V)	I_{dc}(A)	P_{in}(W)	V_5(V)	I_5(A)	P_5(W)	V_{15}(V)	I_{15}(A)	P_{15}(W)	$P_{o(total)}$(W)	效率(%)
38.0	0.595	22.6	5.003	2.08	10.4	19.1	0.380	7.27	17.7	78.3

V_{dc}(V)	I_{dc}(A)	P_{in}(W)	V_5(V)	I_5(A)	P_5(W)	V_{15}(V)	I_{15}(A)	P_{15}(W)	$P_{o(total)}$(W)	效率(%)
48.0	0.481	23.1	5.004	2.09	10.4	19.2	0.381	7.29	17.7	76.6

V_{dc}(V)	I_{dc}(A)	P_{in}(W)	V_5(V)	I_5(A)	P_5(W)	V_{15}(V)	I_{15}(A)	P_{15}(W)	$P_{o(total)}$(W)	效率(%)
59.7	9.397	23.7	5.004	2.08	10.4	19.15	0.381	7.29	17.7	74.7

图 14.20　图 14.18 中的反激电源的主要波形

14.4.3 输出整流器输入端的电压和电流波形

下面解释辅输出电压不完全由主/辅匝比决定，而是与主输出电流有关的原因。

开关管关断时，所有存储于一次侧的能量 $0.5L_pI_p^2$ 都传到二次侧（除了一些存储于漏感中的能量转移到缓冲器电容 C_2 中）。这些能量以电流的形式（见图 14.21）传到主输出和辅输出。通过各自整流器传到主输出和辅输出的电流持续时间并不相等，当然波形也不相同。

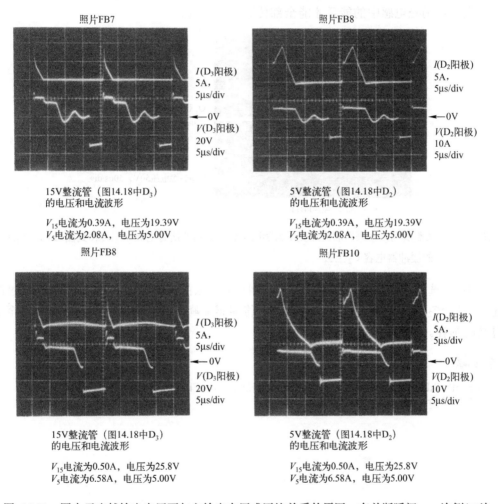

照片FB7

I(D₃阳极)
5A,
5μs/div

←0V

V(D₃阳极)
20V
5μs/div

15V整流管（图14.18中D₃）
的电压和电流波形

V_{15}电流为0.39A，电压为19.39V
V_5电流为2.08A，电压为5.00V

照片FB8

I(D₂阳极)
5A,
5μs/div

←0V

V(D₂阳极)
10A
5μs/div

5V整流管（图14.18中D₂）
的电压和电流波形

V_{15}电流为0.39A，电压为19.39V
V_5电流为2.08A，电压为5.00V

照片FB8

I(D₃阳极)
5A,
5μs/div

←0V

V(D₃阳极)
20V
5μs/div

15V整流管（图14.18中D₃）
的电压和电流波形

V_{15}电流为0.50A，电压为25.8V
V_5电流为6.58A，电压为5.00V

照片FB10

I(D₂阳极)
5A,
5μs/div

←0V

V(D₂阳极)
10V
5μs/div

5V整流管（图14.18中D₂）
的电压和电流波形

V_{15}电流为0.50A，电压为25.8V
V_5电流为6.58A，电压为5.00V

图 14.21 图中示出辅输出电压不与主输出电压成匝比关系的原因。在关断瞬间，一次侧/二次侧漏感立即转换一些二次侧峰值电流进入辅二极管的阴极。只要有这种电流存在，就会在辅二极管阴极耦合出凸起电压。辅输出电容充电至该电压。这个凸起电压比二次侧感应电压高，并且与主输出负载电流有关。补救的方法是尽量降低二次侧漏感。这可以通过在辅二次侧串联小电感实现

值得注意的是，当主输出的直流输出电流从 2.08A（见图 14.21 中的照片 FB8）增加到 6.58A（见图 14.21 中的照片 FB10）时，辅输出二极管阴极出现的小凸起电压从约 20V 上升至 28V（见图 14.21 中的照片 FB7 和 FB9）。这是由二次侧漏感和主、辅二次侧耦合

造成的。随着辅输出二极管阴极小平台电压的增大（比较图 14.21 中的照片 FB7 和照片 FB9），辅直流输出电压会升高。

14.4.4　开关管关断瞬间缓冲器电容的电流波形

如图 14.22 所示，开关管关断瞬间，所有变压器一次侧电流（在图 14.20 中的照片 FB5 中是 5A）马上转移到缓冲器电容 C_2，并通过缓冲器二极管 D_1 到地。这个电流可视为存储于一次侧漏感的能量 $0.5L_{leakage}I_p^2$。直到这个能量完全转变成 C_2 的静电能量 $0.5C_2V_p^2$，存储于变压器励磁电感中的能量才能全部传递到二次侧。

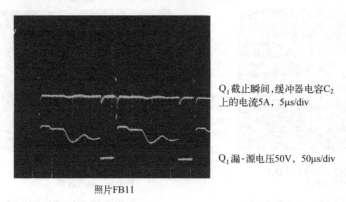

照片FB11

Q_1 截止瞬间,缓冲器电容C_2
上的电流5A，5μs/div

Q_1 漏-源电压50V，50μs/div

图 14.22　关断瞬间，本来串联流经变压器励磁电感和漏感的所有电流立即转移到图 14.18 所示的缓冲器电容 C_2 上去

如果 C_2 选得太小，则关断瞬间由一次侧折算过来的电流给 C_2 充电可能会造成过高的电压。所以 C_2 必须选得足够大，使之既能将漏感尖峰限制在安全范围内，但又不至于产生过高的损耗。

参考文献

[1] Keith Billings, *Switchmode Power Supply Handbook,* Chapter 4, McGraw-Hill, New York, 1989.

第 4 部分
开关电源技术的应用

第15章 功率因数及功率因数校正

15.1 功率因数及其校正原因

当电压和电流为直流时，我们很熟悉功率的概念，这里 VI 的乘积即为功率。但是，在交流的情况下功率的计算没有那么直接。

交流情况下我们熟悉 RMS（均方根值，即有效值）的概念，RMS 是根据任意的电压或电流波形通过电阻产生的热量与直流电压或电流通过该电阻产生的热量相等来定义的。

但是，对于交流输入，输入电压有效值 V_{in} 与输入电流有效值的乘积 $V_{in}I_{in}$ 为视在功率，当为纯电阻负载时这也是有功功率。

在正弦电压、电流情况下，与负载两端电压垂直的输入电流分量（$I_{in}\sin x$）不向负载提供功率。在交流输入开始的一段时间内，这表现为从输入电源抽取功率并暂时存储在负载的感性器件里，而随后这部分存储的电流或能量回馈到输入电源。这些不向负载提供功率的电流也会在输入电源的内部和输入线路的电阻上消耗功率。

功率因数一词源自基本的交流电路原理。当正弦交流电源给感性或容性负载供电时，负载电流也是正弦的，但是比输入电压滞后或超前一定的角度 x。实际传递到负载的功率只有 $V_{in}I_{in}\cos x$。与负载两端的电压同相位的输入电流分量（$I_{in}\cos x$）向负载提供功率。功率因数定义为 $\cos x$。有功功率由视在功率与功率因数乘积所得。输入电网电流的无功分量和有功分量如图 15.1 所示。

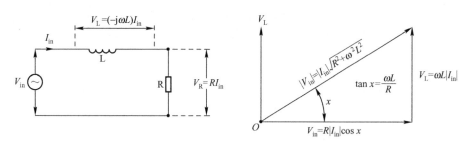

图 15.1　在交流电路术语里，功率因数是由输入电压和输入电流之间的相角的余弦值决定的。对于纯电阻性负载电路，输入电压和电流之间没有相位差，功率因数是 1。如果电流滞后或超前于输入电压，则只有和负载电压同相位的输入电流分量提供功率给负载

在交流电路理论中，$\cos x$ 的大小就是功率因数值。一般希望保持功率因数尽可能接近于 1，也就是说，保持输入电网电流为正弦波并且和正弦电网电压同相位。获得这种效果的方法称为功率因数校正技术。

本章介绍的功率因数校正电路，能使输入端的电网电流正弦化并和输入电网电压同相位，而且能消除谐波。这些技术对电网供电的开关电源是非常有用且必须实行的。

强制使用功率因数校正技术是因为输入电流严重畸变。例如，桥式整流器后加电容滤波引起供配电系统和发电机设备产生过多损耗[见图 15.2（c）]。

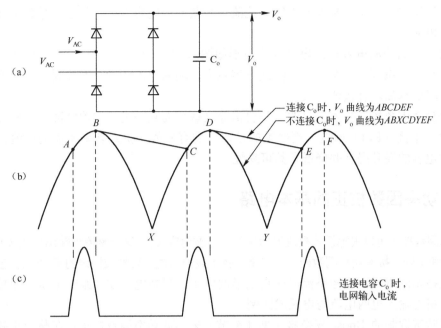

图 15.2 （a）和（b）输入桥式整流器后面接电容滤波器和不接电容滤波器的电压波形。
（c）连接电容 C_o 时的输入电网电流波形

15.2 开关电源的功率因数校正

在开关稳压器领域，任何电路结构使输入电网电流非正弦化，或使输入电网电流是正弦波。但和正弦输入电压相位不同，或使输入电流具有谐波的都会降低功率因数从而产生功率损耗。与负载两端的电压垂直的输入电流分量（$I_i \sin x$）不向负载提供功率，在输入电源的内部和输入线路的电阻上消耗功率。

对于桥式整流器接电容滤波器的开关电源，输入电网电流是上升和下降很陡的窄脉冲。这些电流脉冲的有效值很高，消耗功率并且产生更多的 RFI/EMI 问题。借用交流电路原理的术语，称这种电源的功率因数较低。功率因数校正电路的作用就是要消除这样的电网电流尖峰，使输入电流成为正弦形状并且和输入电压同相位，而且要得到一个稳定直流电压。

由图 15.2（a）和图 15.2（b）可知，如果没有滤波电容 C_o 并且负载是纯电阻，那么电压 V_o 将是正弦半波 ABXCDYEF。从整流器整流出来的电流也有相同的正弦半波，且从输入端吸收的电网电流也是正弦波并且和正弦输入电压同相位，功率因数为 1。如果输入电压和电流的有效值为 V_i 和 I_i，则输入和输出负载功率可表示为 $V_i I_i$。

像 ABXCDYEF[见图 15.2（b）]这样的正弦半波输出电压在许多场合是不可用的。整流器的唯一目的是将输入交流电压变换成纹波尽可能小的直流电压，正因为如此，才接入电容 C_o 来产生波形 ABCDEF。这样可以产生较高的直流电压分量（在 B 和 C 或 D 和 E 的中间）和较低的 *BC* 或 *CD* 的峰-峰值纹波。在 *B* 和 *C* 或 *D* 和 *E* 之间，所有整流器二极管都被反偏，没有电网电流流过，负载电流由电容 C_o 提供。在 *A*、*C* 和 *E* 时刻，上升的输入电压使整流器二极管正向导通，电网电流流过负载并给电容充电，补偿其单独给负载供电时损失的电荷。

选用合适的滤波电容时，电网电流波形如图 15.2（c）所示，它是输入电压的每个正弦半波前端的一系列电流窄脉冲。滤波电容越大，输入电流的脉冲宽度越窄，上升和下降得更快，峰值越高，有效值越大。

使用功率因数校正技术的目的就是要消除这些窄而陡的电网电流脉冲。这些陡的电流会引起射频干扰（RFI）问题，更严重的是，它的有效值比负载功率所需的电流值大，这造成滤波电容的温升提高并降低了其可靠性。

15.3 功率因数校正的基本电路

功率因数校正可以去掉桥式整流器后接的大滤波电容 C_o，这样整流器输出电压按正弦半波曲线上升和下降，接着功率因数校正电路将正弦半波输入电压转换成恒定的直流输出电压。

这项技术的本质是监控整流后的正弦半波电压，强制电流波形跟踪电压，如果是纯电阻负载，瞬态输入电网电流与电压成比例。

采用脉宽调制的 Boost 变换器（见 1.4 节）来实现功率因数校正。在整个正弦半波时间里，Boost 变换器的导通时间由 PWM 控制芯片来控制，使输入电流变为正弦波，同时得到比输入正弦电压幅值高的稳定直流电压。

图 15.3 所示为实现功率因数校正的基本电路。与图 15.2（a）相比，这个电路用一个小容量电容取代大容量的输入滤波电容，从而使桥式整流器的输出电压在输入正弦波过零点时可以降到零。

通过去掉输入电容 C_o，电网电流可以连续流通并且是正弦的，而不是如图 15.2（c）所示的窄脉冲电流。

功率因数校正电路的首要任务是利用 Boost 变换器将沿正弦半波曲线上升和下降的不同输入电压转换成稳定的，比输入正弦电压幅值稍高的直流输出电压。这可以通过下面将提到的连续导电工作模式下的 Boost 变换器来实现。

Boost 变换器可以将低电压提升为较高的电压。其工作原理是，在周期 T 内开关管 Q_1 导通一段时间 T_{on}，电感 L_1 储能。当 Q_1 关断时，L_1 的极性颠倒，L_1 同名端的电压 V_o 上升到高于输入电压 V_{in}。Q_1 截止时，在 T_{on} 期间存储在 L_1 的能量通过 D_1 传送给负载和电容 C_1。这种 Boost 变换器的输入-输出电压关系式为

$$V_o = \frac{V_{in}}{1 - T_{on}/T} \tag{15.1}$$

在 V_{in} 的整个正弦半波时段里，Q_1 的导通时间 T_{on} 可根据式（15.1）调整，从而产生一个比输入正弦电压幅值稍高的稳定直流电压 V_o。在整个正弦电压的半个周期里，导通时间由 PFC（Power Factor Correction）控制芯片控制，它检测 V_o 并利用误差放大器将检测值与内部基准电压比较，通过负反馈来设置 T_{on}，从而使 V_o 保持设定值不变。

由式（15.1）可见，在图 15.3（a）所示的正弦半波曲线的较低位置，Q_1 的导通时

间较长，从而可以将低输入电压提升为比正弦波的幅值高的电压。随着 V_{in} 上升达到幅值，PFC 芯片不断减少 Q_1 的导通时间，使正弦半波上升段的每一时刻的电压都被转换为比正弦波幅值稍高的相同直流电压。在整个正弦半波曲线里对应的一系列导通时间如图 15.4 所示。

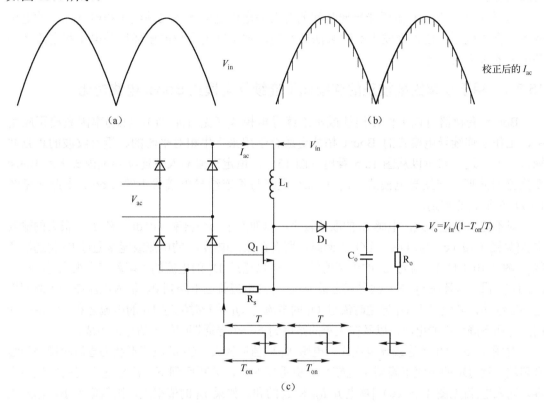

图 15.3　在输入桥式整流器后面接 Boost 变换器来迫使正弦电网电流和交流电网电压同相位，并且输出一个比输入正弦电压的幅值稍高的稳定的直流电压

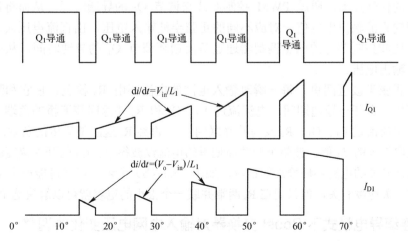

图 15.4　图 15.3 所示的 Boost 变换器在输入电压从零上升到峰值时的主要波形

　　功率因数校正电路的第二个任务是检测输入电网的电流，并使它变为与输入电网电压

同相位的正弦波。这也通过调整 Boost 稳压器的导通时间来实现。PFC（Power Factor Correction）控制芯片将电网电流采样与基准正弦波电流比较，这两个正弦波的差值产生误差电压，由误差电压来调节导通时间，使电网电流采样与基准正弦波电流具有相同的幅值和相位。

这要求控制 Boost 稳压器导通时间的总误差电压是电压环误差电压和电流环误差电压两者的合成电压。这种合成由实时乘法器实现，乘法器输出与电压环误差电压和电流环误差电压的乘积成正比。

15.3.1 用于功率因数校正的连续和不连续导电模式 Boost 电路对比

Boost 变换器可以工作在连续或不连续导电模式（见 1.4 节）。在功率因数校正应用中，工作于连续导电模式的 Boost 拓扑更适合于用来产生相对平滑的、没有纹波的正弦波输入电流。这一点可以从图 15.5 看出。图 15.5 是恒定直流输入下连续导电模式下的 Boost 变换器的波形。连续导电模式下的 Boost 电路与不连续导电模式下的 Boost 电路（见图 1.10）有很大的差别。

对不连续导电模式，电感 L_1 的取值较小，以便产生一个斜率（$di/dt = V_{in}/L_1$）很大的输入电流[见图 1.10（c）]给 Q_1。当 Q_1 关断时，所有存储在电感 L_1 的电流或能量通过 D_1 传递给负载[见图 1.10（d）]。因为 L_1 的电感值较小，所以通过 D_1 的电流的下降斜率也很大 [$di/dt = (V_o-V_{in})/L_1$]，而且在 Q_1 下一次导通之前流过 D_1 的电流就已下降到 0。输入电流在一个周期里是不连续的，其值等于 Q_1 导通时流过 Q_1 的电流与 Q_1 关断时流过 D_1 的电流之和，它由很陡的上升和下降斜率的电流，以及在关断的结尾到下一个导通期间的零值电流组成。

对图 15.5 给出的连续导电模式，电感 L_1 取值应较大。Q_1 的电流形状为直流阶梯叠加缓升斜坡，而 D_1 的电流下降斜率也较小。更重要的是，关断后到下一次导通之间的电流不为零。输入电流[见图 15.5（e）]是电流 I_{Q1} 和 I_d 的和。如果 L_1 的值很大，则斜率很小，输入电流在一个开关周期内是一个恒值 I_{av}，而且它的峰-峰值纹波 ΔI 很小。此时输入功率为 $V_{in}I_{av}$。

若为交流输入，则 Boost 变换器接在输入桥式整流器之后，如图 15.3 所示。在正弦半波输入电压的任何点上，通过 PWM 控制芯片来调节 Q_1 的导通时间，从而将瞬间电压提高到所希望的直流输出电压值。对应不同的正弦半波输入电压，由直流电压误差放大器、直流基准电压和控制芯片的脉宽调制器通过负反馈环调节 Q_1 的导通时间，从而获得一个恒定的直流输出电压。

在整个正弦半波区间里，每一瞬时输入电网的电流都由 R_s 检测，使它和瞬时输入正弦电压成正比。在任一导通期间，电流流过 L_1、Q_1 和 R_s 并返回整流桥的负端。在随后的关断期间，电流流过 L_1、D_1、R_o 及与其并联的 C_o，再经 R_s 返回整流桥的负端。

通过选取较大的 L_1 值，使整个开关周期里的电流纹波很小。Q_1 的开关速度越快，R_s 上越可能出现许多窄的电流尖峰叠加的情况，如图 15.3（b）所示。虽然可能产生 RFI 问题，严重程度与开关速度有关，但只要在 R_s 两端并联一个很小的电容就可以解决这个问题。

15.3.2 连续导电模式下 Boost 变换器对输入电网电压变化的调整

在考虑 Boost 变换器的更多细节前，这里有必要先了解连续导电模式下 Boost 变换器是怎样适应电网电压变化的。

首先，考虑式（15.1）中输出电压和输入电压的关系是如何得来的。如图 15.5 所示，在整个

周期 T 里，开关 Q_1 的导通时间为 T_{on}，截止时间为 T_{off}，忽略 Q_1 和 D_1 上的导通压降，则电感 L_1 的电阻可忽略，所以在一个开关周期里，L_1 的平均电压必为零。并且因为电感 L_1 上端的电压为 V_{in}，所以其下端的电压在一个周期内的平均值也必为 V_{in}。也就是说，在图 15.6（a）里，A_1 的面积和 A_2 的面积必须相等。因为在截止期间，L_1 的下端电压为 V_o，所以有

$$V_{in}T_{on} = (V_o-V_{in})T_{off} = (V_o-V_{in})(T-T_{on})$$

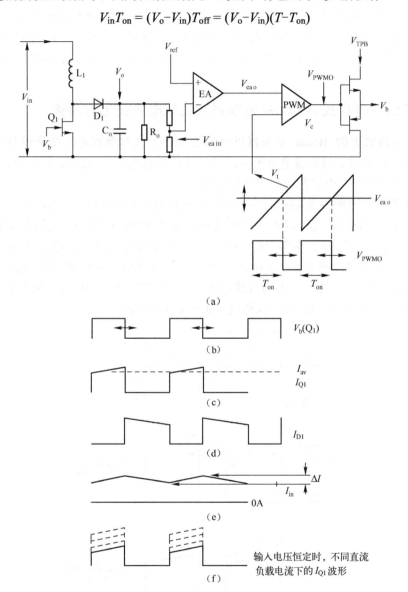

图 15.5　恒定直流电压输入的连续导电模式下的 Boost 稳压器。该电路通过改变 Q_1 的导通时间来适应直流输入电压的变化。负载电流改变时，一旦在几个周期里建立起通过 Q_1 的平均电流，导通时间就回到原值，维持不变[见图 15.5（f）]

即

$$V_o = \frac{V_{in}}{1-T_{on}/T}$$

这就是前面提到的式（15.1）。

由图 15.5（a）可见，当 V_{in} 改变时，可对应式（15.1）改变 T_{on} 来调整输出电压。这

可以通过脉宽调制来实现。如果 V_{in} 在某一时刻改变，则 V_o 也会改变。V_o 的部分电压（即 $V_{ea\,in}$）由误差放大器 EA 检测并与基准电压 V_{ref} 进行比较，产生误差电压 $V_{ea\,o}$。这个直流误差电压与内部的三角波电压 V_t 经电压比较器 V_c 比较，V_c 的输出为方波。三角波比误差电压 $V_{ea\,o}$ 低时，它为高电平。V_c 输出的高电平经图腾柱驱动器（TPD）后触发 Q_1。

如果 V_{in} 在某一时刻降低，则 V_o 及误差放大器 EA 的反向输入端电压也降低，$V_{ea\,o}$ 电压上升，三角波 V_t 和误差放大器的输出的交点延迟，导通时间增加，V_o 按照式（15.1）上升回到原来的值。显然，如果 V_{in} 上升，则 V_o 上升，但 $V_{ea\,o}$ 下降，T_{on} 减小，V_o 将降回原来的值。

15.3.3 连续导电模式下 Boost 变换器对负载电流变化的调整

连续导电模式下的 Boost 变换器以特殊的工作方式对负载电流变化进行调整。从式（15.1）可见，V_o 和 T_{on} 与负载电流无关。但显然，当直流负载电流改变时，即使导通时间恒定，开关管和输出二极管的电流也必须改变。

电路对负载电流的变化响应如下。假设负载电流增加之前，Q_1 的电流必须为如图 15.6（b）所示的 $ABCD$ 波形。若负载电流有少量增加并到达稳态，则波形上移的过程是这样完成的：Q_1 电流波形上移为 AB_1C_1D；当负载电流增加很大时，Q_1 的电流波形上移为 AB_2C_2D。当负载电流改变时，T_{on} 在几个开关周期里增加，到达稳态时 T_{on} 又恢复到原值。图 15.6（c）给出了这三种不同负载电流对应的稳态二极管 D_1 的电流波形。电感电流是 I_{Q1} 和 I_d 的和，其峰-峰值纹波可以通过增加电感 L_1 来减小。

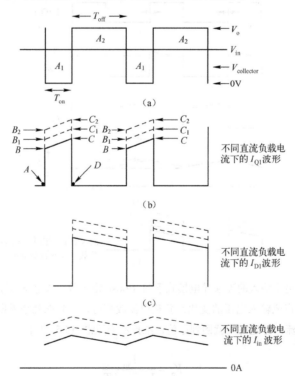

图 15.6 工作在连续导电模式下的 Boost 变换器负载变化时的调整过程

图 15.6（b）和图 15.6（c）所示的由于直流负载增加使阶梯斜坡波形改变的过程是在

接下来的几个开关周期内完成的。参考图 15.5（a），若某一时刻直流负载电流增加，则电源阻抗压降增加会使 V_o 立即下降，$V_{ea\,in}$ 下降，$V_{ea\,o}$ 上升，三角波 V_t 与 $V_{ea\,o}$ 延迟相交，T_{on} 增加。T_{on} 增加使 I_{Q1} 上升到较高的数值；从而 I_{D1} 从一个较高数值开始，并且在截止结束时达到一个较高的值。由于 T_{off} 缩短，I_{D1} 电流值仍较高，因此，当管子再次导通时，电流初始值 I_t 变大。

这个过程经历几个周期，使平均电流[图 15.5（b）和图 15.5（c）中的 I_{Q1} 及 I_{D1} 斜坡的中间值]上升达到与增大的直流负载电流相等，此后 T_{on} 和 T_{off} 慢慢恢复到由式（15.1）确定的初始值。由此可见，对于任何直流负载电流的改变，T_{on} 和 T_{off} 都会相应改变，但最终会慢慢恢复到原来的值。

可知，输出电压误差放大器的带宽不能太大，以便能有足够的时间使电流在上述几个开关周期里建立起来。如果带宽太大，它的响应太快，将不允许输出电压过久地偏离其正常值。不同的厂家设计的各种能用的 PFC 芯片一般均提供电压和电流的采样和误差信号的放大、误差信号的合成，以及产生控制 Boost 开关管的脉宽调制信号。

给一台开关电源增加功率因数校正环节首先必须去掉图 15.2（a）所示的滤波电容 C_o，增加一个 PFC 芯片、一个电感、Boost 开关管、电流检测电阻和图 15.3（c）所示的输出电容 C_o，再大约加上 6 个电阻和电容就可以了。

补充： 这里经常有个误解，认为有功率因数校正电源的有功效率比没校正的电源的高。设计者和客户应该知道，由于附加的元器件，功率因数校正电源的有功损耗一般比没校正的电源大。节约的能量更多是体现在外部 RFI 滤波器、网线和分布式系统，而不是电源本身。如果用一个正确的功率表（如功率计）来测量输入功率，有功率因数校正电源的输入有功功率会大些。

——K.B.

15.4　用于功率因数校正的集成电路芯片

有几个主要厂商生产可以提供功率因数校正功能的集成电路芯片。它们都使用连续导电模式 Boost 变换器拓扑，并通过脉宽调制来检测和控制直流输出电压和输入电网电流。

Unitrode UC3854 是开发最早、应用最广泛的芯片，它是该类芯片中的典型产品，在这里将详细讨论。其他芯片如 Motorola MC34261 和 MC34262 将简单提及。Microlinear ML4821（现在属于 TI）、Linear Technology LT1248 和 Toke 83854 与 Unitrode UC3854 的结构基本相同，但在一些重要的细节上不同。因此在所有新设计中，应该仔细研究厂商的数据表和应用说明。

15.4.1　功率因数校正芯片 Unitrode UC3854

图 15.7 给出了这种芯片构成的简单 PFC 电路框图。以 Claudio de Silva 所做的 Unltrode 公司应用论文资料为基础。下面我们将讨论不同单元的功能。

Boost 变换器由开关管 Q_1、电感 L_1、二极管 D_1 和输出电容 C_o 组成。可由锯齿波电压发生器的频率 $F_s = 1.25/(R_{14}C_t)$ 确定开关频率，由图腾柱输出 Q_2 和 Q_3 来控制 Q_1 的开通和关断。

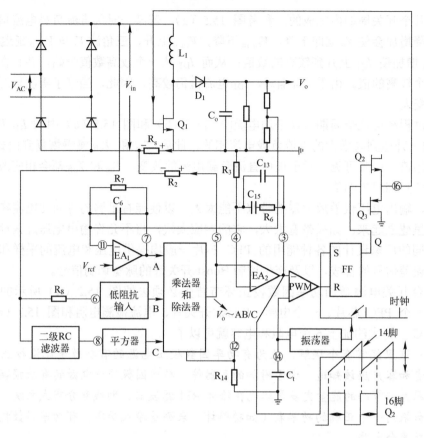

图 15.7　Unltrode UC3854 构成的功率因数校正器电路框图

导通时间从对应时钟脉冲将 FF_1（触发器 1）置位开始。当接于脉宽调制器（PWM）同相输入端的锯齿波比线性电流放大器 EA_2 输出端（3 脚）的电压高时将 FF_1 复位，这时导通结束。3 脚的电压是 R_s 的电压和 R_2 的电压瞬间差值的正向放大电压。

主要电路可通过开关管脉宽调制控制导通时间，将桥式整流器输出的正弦半波电压升压为恒定的直流输出电压，同时也使输入电网电流波形成为正弦波，并与输入电网电压同相位。

15.4.2　用 UC3854 实现输入电网电流的正弦化

UC3854 的 5 脚的输出电流是连续的正向正弦半波，其幅值在任何瞬时都与 A 点直流电压和输入 UC3854 的 6 脚的电流值成比例。UC3854 的 6 脚的输入是与整流桥输出的正弦半波电压同相位的正弦半波电流基准。因此，UC3854 的 5 脚的电压是与整流桥输出的正弦半波电压同相位的连续正弦半波曲线，其幅值与误差放大器 EA_1 的输出电压成比例。

在每个正弦半波的所有时刻上，通过使 R_s 的压降[从右到左，见图 15.8（c）]与 R_2 的升压[从左到右，见图 15.8（b）]近似相等来使电网电流波形成为正弦波。

R_s 的电流是经过整流后的电网输入电流。这个整流电网电流等于 Q_1 导通时流过 Q_1 的电流和 Q_1 截止时流过 D_1 的电流的和。

因此，当使 R_s 的压降等于 R_2 的升压时，电网电流波形也是正弦半波且与整流桥输出的电压波形同相位。由图 15.5（c）、图 15.5（d）和图 15.5（e）可见，因为有大电感的 Boost 稳压器工作在连续导电模式，所以一个开关周期内的纹波电流很小。在半个周期里，当 R_s 的压降等于 R_2 的升压时，因为 R_2 的电压波形是平滑的正弦半波，所以流过 R_s 的电流也是平滑的正弦半波，只有很小的开关频率纹波。

在电网电压频率为 50Hz 或 60Hz 的半周期里，R_s 的压降跟踪 R_2 的基准电压，但 R_2 的升压比 R_s 的压降稍微高一些。这个差值（瞬间误差电压），如图 15.8（d）所示，在半波周期里，相对的是正的，并且是上凹波形。这个误差电压由同相电流放大器 EA_2 放大并保持上凹的波形，如图 15.8（e）所示。

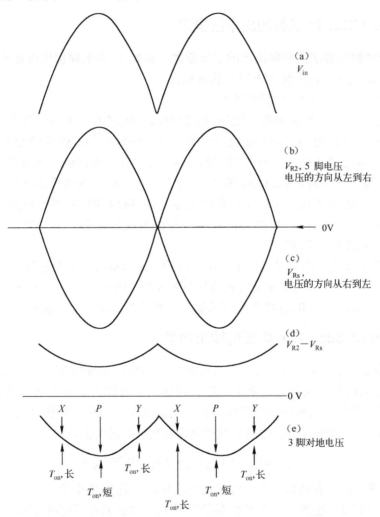

图 15.8　功率因数控制芯片 Unitrode UC3854 的主要波形

UC3854 的 3 脚电压与 UC3854 的 14 脚的峰值约为 5V 的三角波电压通过 PWM 比较器进行比较。在 X 点和 Y 点处，如图 15.8（e）所示，较高的 UC3854 的 3 脚电压与三角波相交得较迟，则导通时间较长。在正弦波的峰值点（P 点），电压较低，较低的电压与三角波相交得较早，则导通时间较短。半个周期内呈上凹的 UC3854 的 3 脚波形使在输入电压接近正向过零点时导通时间最长；而后，随输入电压增加至其峰值，导通时间逐渐减小；当输入电压从峰值逐渐下降到负向过零点时，导通时间增加。这种变化的导通时间将正弦半波输入电压转换为 C_o 两端恒定的直流输出电压[见式（15.1）]。

UC3854 的 3 脚的误差电压信号控制的导通时间是几个开关周期导通时间的平均值。当 R_2 的正弦电压决定的电流变化时，R_s 的阶梯斜坡电流必须跟着变化。当 5 脚乃至 3 脚的误差电压突然发生变化时，就会发生 15.3.3 节中讨论的那种情况。PWM 比较器会立即改变导通时间，使流过 R_s 的阶梯斜坡电流产生的电压等于 R_2 的电压。经过几个周期后，当这些电压相等时，导通时间恢复到由式（15.1）决定的值，因此可以得到所要求的恒定直流输出电压。

15.4.3　使用 UC3854 保持输出电压恒定

本章不详细解释乘法器和除法器的工作原理。易知 5 脚的输出电压是输入点 A 的电压和输入点 B 的电压（代表输入电流）的乘积。

可通过如下方法调整 V_o（见图 15.7）：

A 点的电压是误差放大器将正比于 V_o 的电压与固定的基准电压进行比较后得到的输出电压。UC3854 的 5 脚电压是一个连续的非畸变的正弦半波电压，其幅值与 UC3854 的 7 脚的直流电压（误差放大器 EA_1 的输出）成比例。因此当 V_o 增大时，UC3854 的 7 脚电压下降，UC3854 的 5 脚的正弦半波电压幅值变小，UC3854 的 5 脚和地之间的电压差值[见图 15.8（d）]更接近零，UC3854 的 3 脚的电压也是如此。因此，在 PWM 比较器里，三角波与较低电压相交得较早，每个开关周期的导通时间越短，对应于式（15.1），V_o 将减小。

UC3854 的 5 脚的输出信号确保了输出电压的恒定和输出电流为正弦波。

输入 UC3854 的 6 脚的电流是正弦的且与输入电压同相位。因为这一点的阻抗很低，因此将有较大阻值的电阻 R_8 连接到整流桥输出，整流桥的输出是正弦电压。

15.4.4　采用 UC3854 控制电源的输出功率

图 15.9 给出了采用 UC3854 芯片的 250W 功率因数校正器的电路图。可通过设定流过 R_s 的正弦电流的峰值来获得最大输出功率，这决定了可得到的最大电网输入电流的有效值，并决定了在任何输入电压有效值时可得到的最大输出功率。对图 15.9 所示的电路，$\underline{V_{rms}}$ 和 $\overline{I_{rms}}$ 分别表示电压有效值的最小值和电流有效值的最大值。

$$P_o = EP_{in} = EV_{rms}\overline{I_{rms}} = EV_{rms}(0.707I_{p1}) \tag{15.2}$$

式中，E 为效率；I_{pi} 为有效值为 V_{rms} 时流过电流检测电阻 R_s 的电流。

首先由式（15.2）选择 I_{p1}，然后恰当地选择 R_s，以使其在低电网电压和大负载时的损耗减小，并且在低电网电压时其压降不要低于 1V，也就是说 R_s 的压降为 1V。

$$R_s = \frac{1}{I_{p1}} \tag{15.3}$$

由于芯片内部设计的要求，MD 输出（UC3854 的 5 脚）的最大电流 I_{pmd} 可由下式给定

$$I_{pmd} = \frac{3.75}{R_{14}} \tag{15.4}$$

式中，I_{pmd} 可以达到 0.5mA，但通常设定为 0.25mA。

在所有时刻，反馈环都保持 R_s 的压降（为 R_sI_1）等于 R_2 的升压（为 R_2I_{md}）。最大电网电流 I_{p1} 和 MD 电流 I_{pmd} 的关系为

$$R_2 = \frac{I_{p1}R_s}{I_{pmd}} \tag{15.5}$$

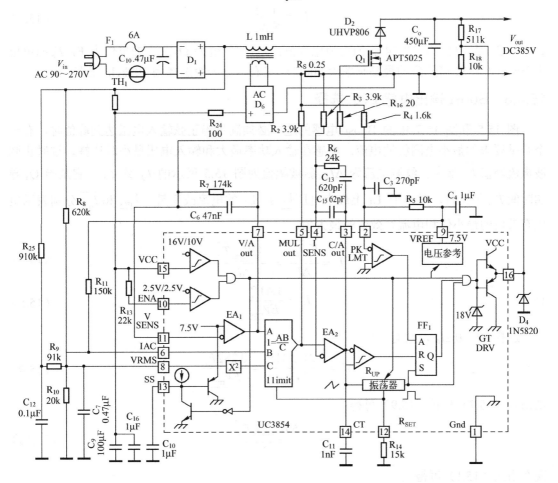

图 15.9 采用 UC3854 控制芯片的 250W 功率因数校正器的详细电路图

当 P_o = 250W，$\underline{V_{rms}}$ = 90V，E = 0.85 时，由式（15.2）可得，I_{rms} = 250/(0.85×90)= 3.27A，I_{p1} = 1.41×3.27 = 4.61A。当 R_s 上的压降是 1V 时，由式（15.3）可得

$$R_s = \frac{1.0}{I_{p1}}\frac{1}{4.61} = 0.22\Omega$$

我们一般选择最接近的标准值 0.25Ω。当 I_{pmd} = 0.25mA 时，由式（15.4）可得

$$R_{14} = \frac{3.75}{0.00025} = 15k\Omega$$

当 I_{pmd} = 0.25mA，I_{p1} = 4.61A，R_s = 0.25Ω 时，由式（15.5）可得

$$R_2 = \frac{4.61 \times 0.25}{0.00025} = 4.61k\Omega$$

为了减小 EA_2 的偏差（见图 15.7），应选择 $R_3 = R_2$。

15.4.5 采用 UC3854 的 Boost 电路开关频率的选择

其他内部电路元件的要求，进一步决定了 UC3854 的 5 脚 MD 的输出电流，R_{14} 同时也设定 Boost 开关频率。当 R_{14} 固定时，Boost 开关频率可由下式决定。

$$F_s = \frac{1.25}{R_{14}C_{11}} \tag{15.6}$$

式中，C_{11} 是 UC3854 的 14 脚的接地电容值，R_{14} 的单位为 Ω，C_{11} 的单位为 F，F_s 的单位为 Hz。UC3854 可达到的最高频率为 200kHz 左右，但一般选择为 100kHz 左右。

15.4.6 Boost 输出电感 L_1 的选择

图 15.5 和图 15.7 中的 Boost 电感的选择必须满足当正弦输入电压达到峰值时，有一个合乎要求的最小电网纹波电流。电感在输入功率最大和输入电压最小时选择，这时正弦波电流峰值 $\overline{I_{p1}}$ 最大。纹波电流为 ΔI，斜坡幅值为图 15.5 所示的 I_{Q1} 或 I_{D1}。它是当 Q_1 导通时间 $\overline{T_{cm}}$ 最大时，对应于 L_1 上最小电压 $\underline{V_p}$ 的 L_1 的电流改变量。$\underline{V_{rms}}$ 和 $\overline{I_{rms}}$ 分别表示电压有效值的最小值和电流有效值的最大值。

$$L_1 = \frac{V_p \overline{T_{on}}}{\Delta I} = \frac{1.41 V_{rms} \overline{T_{on}}}{\Delta I} \tag{15.7}$$

且

$$I_{p1} = \frac{1.41 P_o}{E V_{\underline{rms}}} \tag{15.8}$$

选择 $\Delta I = 0.2 I_{p1}$，则有

$$\Delta I = \frac{0.2 \times 1.41 P_o}{E V_{\underline{rms}}} = \frac{0.282 P_o}{E V_{\underline{rms}}} \tag{15.9}$$

则由式（15.7）和式（15.9）可得

$$L_1 = \frac{5.0 V_{rms}^2 E \overline{T_{on}}}{P_o} \tag{15.10}$$

现在由式（15.1）可得

$$\overline{T_{on}} = T\left(\frac{1 - V_p}{V_o}\right) \tag{15.11}$$

设置 V_o 大于 $\overline{V_p}$ 10%，$\overline{V_p}$ 为输入为最大值时的正弦输入幅值，可得

$$\overline{T_{on}} = T\left(1 - \frac{V_p}{1.1\overline{V_p}}\right) \tag{15.12}$$

由于 $V_p/\overline{V_p} = V_{rms}/V_{rms}$，取 $\underline{V_{rms}} = 90\text{V}$，$\overline{V_{rms}} = 250\text{V}$，则由式（15.12）可得

$$\overline{T_{on}} = T\left(1 - \frac{90}{1.1 \times 250}\right) = 0.673T \tag{15.13}$$

又由式（15.10）和式（15.13）可得

$$L_1 = \frac{3.37(V_{rms})^2 TE}{P_o} \tag{15.14}$$

因此，当 $V_{rms} = 90V$，$f = 100kHz$（$T = 10\mu s$），$E = 85\%$，$P_o = 250W$ 时，由式（15.14）可得

$$L_1 = \frac{3.37(90^2)(10\times10^{-6})(0.85)}{250} = 928\mu H$$

15.4.7 Boost 输出电容的选择

参照图 15.10，Boost 电容 C_o 一般用于给 DC/DC 变换器供电（一般是 600W 以下的半桥电路或功率更高的全桥电路）。前面已提到，正常的输出电压 V_{on} 一般应设为比输入有效值 V_{rms} 最大时的幅值大 10%。那么当 $\overline{V_{rms}} = 250V$ 时，$V_{on} = 1.1\times1.41\times250 = 380V$。这个电压值不好调节，电压误差放大器的带宽增益保持较低，以便改善它对负载电流变化时的响应。因此，在这种交流输入电压情况下，设定最小输出电压 $\underline{V_o}$ 为 370V。

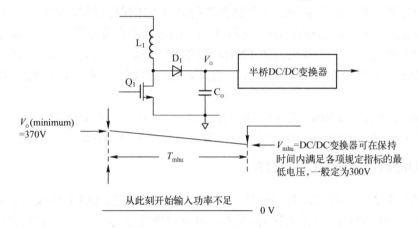

图 15.10 电容 C_o 的选择必须满足规定的保持时间

如果交流输入突然断开，V_o 最小时，希望 C_o 足够大，以保持输出电压为一个定值（V_{mhu}）。V_{mhu} 是能够保证 DC/DC 变换器所有输出维持为规定值一段时间（一般规定为 30ms）的电压。

当 V_o 从 $\underline{V_o}$ 向 V_{mhu} 下降时，DC/DC 变换器的导通时间增大，以维持其所有输出在规定值范围内。对于大多数变换器拓扑，V_o 下降越少时需要较大的电容，而允许 V_o 有较大压降则会导致 DC/DC 变换器导通时间增大，甚至达到最大导通时间，如半个开关周期（许多拓扑的最大导通时间就是半个开关周期）。V_{mhu} 一般折中选择为比 $\underline{V_o}$ 低 60~80V，并且将变换器的变压器二次侧电压设计得足够高，以使 V_{mhu} 作为输入时的导通时间仍然是半个周期的 80%（见 3.2.2.1 节）。

因此，C_o 可由下式来选择。

$$C_o = \frac{I_{av}T_{hu}}{\Delta V} = \frac{I_{av}T_{hu}}{\underline{V_o} - V_{mhu}} \tag{15.15}$$

式中，I_{av} 是 V_o 从 $\underline{V_o}$ 下降到 V_{mhu} 时输出电流的平均值。变换器输出功率为 P_c，效率为 E_c 时，

$$I_{av} = \frac{2P_c}{E_c(\underline{V_o} + V_{mhu})} \tag{15.16}$$

因此，当 $V_{mhu} = V_o - 70 = 370 - 70 = 300V$ 且 $T_{hu} = 30ms$ 时，由式（15.15）可得

$$C_o = \frac{I_{av} \times 0.03}{370 - 300} = 429 \times 10^{-6} I_{av}$$

并且当 $P_c = 250W$，$E_c = 0.85$ 时，由式（15.16）可得

$$I_{av} = \frac{2 \times 250}{0.85(370 + 300)} = 0.88A$$

$$C_o = 0.88(429 \times 10^{-6}) = 378\mu F$$

选择容量最接近的标准电容 390μF。

必须恰当设计 DC/DC 变换器的变压器，在规定的 V_{mhu} 值时能得到需要的输出。正如 3.2.2.1 节中讨论的那样，如果二次侧匝数足够多能产生足够高的二次侧电压，就可以确保在导通时间为半个周期的 80% 时，即可得到输出电压。

电容 C_o 的选择，除了必须满足得到希望的输出电压保持时间，还要使电容有足够的额定纹波电流值。Boost 二极管 D_2（见图 15.7）的电流由直流分量（从 V_o 流出的直流负载电流）和振幅等于直流负载电流的 120Hz 谐波分量组成。显然，电流的直流分量流入负载，而 120Hz 谐波分量流入电容 C_o。因此，C_o 的纹波电流额定值的有效值 I_{rms} = $0.707I_{dc}$。

对于输出功率为 250W 的 DC/DC 变换器，当 V_o = 388V，效率为 85% 且 I_{dc} = 250/(388×0.85) = 0.76A 时，C_o 纹波电流额定值的有效值是 0.707×0.76 = 0.54A。

15.4.8 UC3854 峰值电流的限制

UC3854 的 2 脚的峰值限制比较器、电阻 R_4 和 R_5（见图 15.9）组成峰值电流限制电路。当触发器 FF_1 复位时，开关管 Q_1 关断，没有电流流过 Q_1。当电流限制比较器的反相输入端（2 脚）的直流电压低于正相输入端的电压（地）时，电流限制比较器的输出为高电平，这时触发器复位。电阻 R_4 和 R_5 由 PFC 9 脚的 7.5V 基准电压供电，提供上拉电位，以使 UC3854 的 2 脚电位降到地电位，这时就限制峰值电流为 I_{p1}，也就是

$$I_{p1}R_s = I_{R4}R_4$$

当 UC3854 的 2 脚电位为地电位时，

$$I_{R4} = I_{R5} = \frac{7.5}{R_5}$$

那么，当 R_5 = 10kΩ 且 I_{R4} = 0.75mA 时，

$$R_4 = \frac{R_s I_{1p}}{I_{R4}} \tag{15.17}$$

设 P_o = 250W，则由前面的计算可知峰值电流 I_p = 4.61A。那么当峰值电流限制为 5.5A 时，由式（15.17）可得 R_4 = 0.25×5.5/0.00075 = 1.8kΩ。

15.4.9 设计稳定的 UC3854 反馈环

反馈环的稳定性不在这一章讨论的范围内。UC3854 有两个反馈环，一个是强迫输入电网电流为正弦波的高带宽内部环（EA_2），另一个是保持输出电压恒定的低带宽外环（EA1）。

EA_2（见图 15.7 和图 15.9）是一个 2 型接法线性放大器（见 12.6 节），它的零点为 F_z = $1/(2\pi R_6 C_{15})$，一个极点为 $F_p = 1/(2\pi R_6 C_{13})$，另外还有一个初始极点为 $1/[2\pi R_3(C_{13}+C_{15})]$。

电压误差放大器 EA_1 除了可以保持直流输出电压恒定外，还可以通过在电网的高于三次谐波频率处设置较低的带宽和增益来减小工频电网电流的谐波畸变。

这些反馈环的详细设计在文献[1-4]中有所讨论。

15.5　Motorola MC34261 功率因数校正芯片

为了展示另外一个不同的设计方案，我们将讨论已经很少使用的芯片 Motorola MC34261，这个芯片被广泛应用于早期的设计中[5]。图 15.11 给出了这种芯片的电路结构。

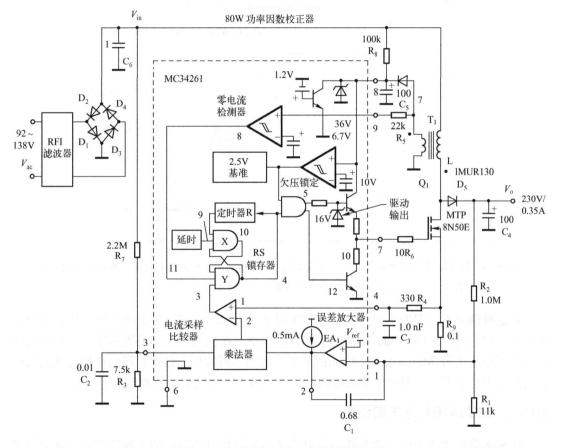

图 15.11　Motorola MC34261 功率因数校正器，它可用于交流输入为 85～265V 的电路

和 Unitrode 芯片一样，它配合 Boost 变换器将桥式整流器输出的正弦半波电压转换成比输入幅值稍高的直流电压；并且也检测电网输入电流，使输入电流在整个正弦半波周期内都等于内部基准正弦半波的值。

与采用 Unitrode 芯片的 Boost 变换器工作在固定的频率和连续导电模式下不同（见图 15.4），采用 Motorola MC34261 芯片的 Boost 变换器工作于临界导电模式。图 15.12（c）给出了一个开关周期里，T_1 一次侧的电网电流波形。当开关管导通时，它按一定的斜率上升到峰值，开关管截止时降回到零，电流下降到零后立即开始上升，没有死区时间，因此频率是变化的。

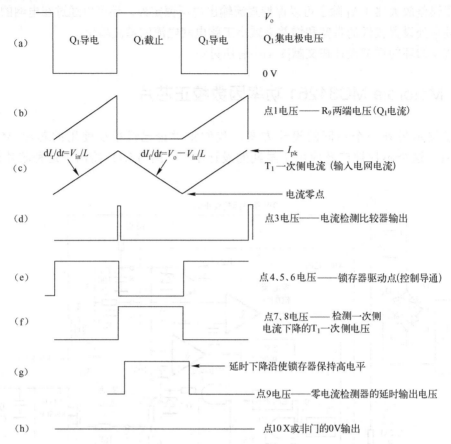

图 15.12　120Hz 正弦半波输入，一个开关周期里，Motorola MC34261 功率因数校正器的主要
　　　　波形，所有点对应于图 15.11 中的位置

　　在这种情况下，因为有很大的上升和下降电流斜率，所以这种电路可能产生很大的开关噪声。相对来说，Unitrode 芯片的电流斜率很小，在任何一个开关周期里，电网电流的改变量很小。采用 Motorola 和 Unitrode 芯片的功率因数校正器在相同的理想交流输入和相同的输出功率下，二者产生非常相似的三次谐波，二者的功率因数都高于 0.99。

15.5.1　MC34261 的详细说明

　　在输入整流桥后面用一个非常小的电容（C_6）取代以往连接的大滤波电容。这个电容能保证整流桥的输出电压跟随电网电压的正弦半波形式，它最低时比地电位高 1V 左右。输出电压必须是完全正弦的，并且应与电网电压同相位。EA_1 输出电压接乘法器，同正弦半波进行乘积后，输出的电压波形通过比较器与流过 R_7 的电网电流正弦半波进行比较，以使输入电网电流为无畸变的正弦波，并且与输入电网电压同相位。

　　为了防止内部电路使正弦半波畸变，PFC 3 脚的电压必须保持低于 3V。R_9 的电流是不连续的三角波[见图 15.12（b）]，它的幅值等于图 15.12（c）中的三角波的波峰与波谷的差值。一个开关周期里，图 15.12（c）中的三角波电流的平均值等于同一周期里电网输入电流的平均值。因此，通过使三角波电流（由 R_9 转换成电压）的平均值等于乘法器输出的基准正弦半波的幅值，就可以使电网电流成为正弦波并且与电网电压同相位。

15.5.2　MC34261 的内部逻辑及结构

假设 RS 已闭锁，点 4 和点 5 已经为高电平，MC34261 的 7 脚变为高电平，导通主开关管 Q_1。Q_1 集电极降到地电位[见图 15.12（a）]，T_1 的一次侧电流以斜率 $dI/dt = V_{in}/L$ 上升[见图 15.12（b）和图 15.12（c）]。当流过 R_9 两端的压降达到与乘法器输出端（点 2）的瞬时电压相等的峰值（点 1）时，电流比较器输出端（点 3）为高电平并使 RS 复位，这时点 4 变为低电平，并使点 5 和芯片的 7 脚输出低电平，从而关断 Q_1。

Q_1 集电极电压[见图 15.12（a）]上升到 V_o，T_1 的一次侧电流以斜率 $dI/dt = (V_o-V_{in})/L$ 下降[见图 15.12（c）]，T_1 一次侧同名端变为正电位，二次侧同名端（点 7）变为正电位。RS 的两个输入端（点 9 和点 11）都变为高电平，所以 RS 的两个输出端（点 4 和点 10）都变为低电平。只要点 7 保持高电平（点 8 也为高电平），点 4 就保持低电平。点 4 为低电平使点 12 为高电平且点 5 为低电平，因此 PFC 7 脚为低电平，这使 Q_1 关断。只要 MC34261 的 7 脚为低电平，或者 T_1 一次侧电流还未减小到零，Q_1 就保持截止。

当 T_1 一次侧电流降到零[见图 15.12（c）]，二次侧同名端（点 7）降到地电位，则零电流检测器的输出（点 8）也为低电平。或非门 Y 的三个输入端均为低电平，输出点 4 变为高电平，这使点 5 变为高电平，从而再次导通 Q_1 重复前一周期。但是在点 7 降到低电平后，要保证闭锁状态为点 4 高电平和点 10 低电平。这个过程解释如下。

在点 8 和点 9 之间有一个延时，点 8 降到低电平的瞬间点 9 仍然保持为高电平，使点 10 保持为低电平。延时过后，当点 9 降到为低电平时，已为高电平的点 4 使或非门 X 输出保持为低电平，从而实现点 4 的高电平和点 10 的低电平闭锁状态，直到流过 Q_1 的电流使点 1 的电压超过点 2 乘法器瞬时输出电压。

15.5.3　开关频率和 L_1 电感量的计算

在图 15.12（c）中，当 Q_1 导通时，L_1 的电压为 V_{in}，电感 L_1 的电流按斜率 $dI_r/dt = V_{in}/L_1$ 上升。当 Q_1 关断时，L_1 的电压是（V_o-V_{in}），它的电流（即交流电网输入电流）按斜率 $dI_f/dt = (V_o-V_{in})/L_1$ 下降。如果在 T_{on} 导通期间，电流达到峰值 I_p，那么在 Q_1 再次导通之前，电流必须在 T_{off} 截止期间降低到相同的 I_p 值，或表示为

$$\frac{V_{in}T_{on}}{L_1} = \frac{(V_o - V_{in})T_{off}}{L_1}$$

即

$$T_{off} = \frac{T_{on}V_{in}}{V_o - V_{in}} \tag{15.18}$$

式中，V_{in} 为瞬时正弦半波输入电压。当导通时间固定时，截止时间与 V_{in} 有关并按式（15.18）改变。因此，频率[$-1/(T_{on}+T_{off})$]随着正弦半波电压 V_{in} 改变。

电感 L 的值要设计得相当小，但要能够承受要求的输出功率下的尖峰电流。对于大电感（超过 1mH 的），当电流超过 2A 时还不会饱和。这种电感不但体积大，成本也很高。因此有

$$P_{in} = \frac{P_o}{E} = \frac{V_{rms}\overline{I_{rms}}}{E}$$

电压最小时电流最大。

这个根据是

$$I_{rms} = \frac{P_o}{EV_{rms}} = 0.707 I_{pk} \quad 或 \quad I_{pk} = \frac{1.41 P_o}{EV_{rms}}$$

式中，I_{pk} 为电压为 V_{rms} 时工频电网输入电流的峰值。但是由图 15.12（c）可知，因为一个开关周期的电流平均值仅仅是 $0.5 I_{pkt}$，因此 $I_{pkt} = 2 I_{pk}$，或可表示为

$$I_{pk1} = \frac{2.82 P_o}{EV_{rms}} \tag{15.19}$$

这是电压为 V_{rms} 时，在输入正弦半波峰值处的开关管电流峰值。在正弦半波的峰值时刻开关管开通，则流过开关管的电流按一定的斜率上升到

$$I_{pk1} = \frac{V_p T_{on}}{L}$$

式中，$V_p = 1.41 V_{rms}$，因此 L 为

$$L = \frac{1.41 V_{rms} T_{on}}{I_{pk1}}$$

由式（15.19）可得

$$L = \frac{(V_{rms})^2 T_{on} E}{2 P_o} \tag{15.20}$$

现在假设正常、最小和最大的输入电压有效值分别为 120V、92V 和 138V。当 $V_{rms} = 92V$，$P_o = 80W$，$E = 0.95$ 时，有

$$L_1 = \frac{(92)^2 \times 0.95 T_{on}}{2 \times 90} = 50 T_{on} \tag{15.21}$$

如果选择 T_{on} 为 10μs，则由式（15.21）可得 $L_1 = 500μH$，而 $I_{pkt} = 1.41 \times 92 \times 10 \times 10^{-6}/(500 \times 10^{-6}) = 2.59A$，这个峰值电流相对来说比较合适。

Boost 输出电压必须高于最大线输入电压的峰值。当 $\overline{V_{rms}} = 138V$ 时，正弦波峰值为 $1.41 \times 138 = 195V$。如果 Boost 电压不能高于这个电压，则由式（15.18）可知截止时间将很长，导通时间就会很短，频率就会很低。对于较高的 Boost 电压，这么大的频率改变将使开关管在截止时承受较高的电压应力，且二极管 D_5 的反向恢复时间问题会变得很严重。

因此，在低电网电压（92V）时，正弦波峰值是 $1.41 \times 92 = 129V$。如果输出升到 245V，由式（15.18）可得，截止时间 $T_{off} = T_{on} V_{in}/(V_o - V_{in}) = 10 \times 129/(245-129) = 11.1μs$，使得开关周期变为 21.1μs，即频率为 48kHz。高电网电压 $V_{AC} = 138V$ 时，$V_{in} = 1.41 \times 138 = 195V$，由式（15.18）可得 $T_{off} = T_{on} V_{in}/(V_o - V_{in}) = 10 \times 195/(245-195) = 39μs$。开关频率将为 $1/(T_{on} + T_{off}) = 20kHz$。频率从 92V 电网电压峰值时的 48kHz 到 138V 电网电压峰值时的 20kHz 的改变是不允许的。

整个正弦半波周期内的开关频率改变量更大。假设 $V_{AC} = 92V$，并且被升压到 245V，

由前面的分析可知，正弦半波达到峰值时的开关频率为 48kHz。现在计算正弦半波接近谷点（一般在相位为 10° 的地方）时的开关频率。在 92V 交流电网的相位 10° 处，V_{in} = 1.41×92sin10 = 23V，由式（15.18）得 T_{off} = T_{on}×23/(245−23) = 0.1T_{on}，这时的开关频率为 1/10.1 = 99kHz。

这种随着交流输入电压变化开关频率也随之变化，特别是 120Hz 正弦半波从瞬时高到低变化时开关频率也变化的现象，会引起 RFI/EMI 问题，因为它包含很宽的频谱。虽然如此，MC34261 芯片在整个工业领域仍已被广泛接受。

15.5.4 MC34261 电流检测电阻（R_9）和乘法器输入电阻网络（R_3 和 R_7）的选择

Motorola 数据手册建议 R_9 = V_{CS}/I_{pkt}。其中，I_{pkt} 是开关管电流的峰值[见式（15.19）]，V_{AC} = 92～138V(RMS)时，V_{CS} 的极限值为 0.5V。当 P_o = 80W，V_{rms} = 92V，效率为 95% 时，由式（15.19）可得

$$I_{pk1} = \frac{2.82 \times 80}{0.95 \times 92} = 2.58A$$

因此

$$R_9 = \frac{0.5}{2.58} = 0.19\Omega$$

数据手册建议，当高电网电压的正弦波达到峰值时，乘法器的电压（芯片 3 脚）为 3.0V(V_M)，因此有

$$V_M = \frac{1.41 V_{AC} R_3}{R_3 + R_7}$$

当 V_{AC} = 138V 时，

$$\frac{R_3}{R_7} = 0.016$$

建议根据这个比值选择电阻。首先通过选择一个很高的电阻 R_7（一般为 1MΩ）来设置 V_M 等于 3V，再改变 R_3 使交流电网电流的畸变最小。

参考文献

[1] Claudio De Silva, "Power Factor Correction with the UC 3854," Application Note U-125, Unitrode Corporation.

[2] B. Mammano and L. Dixon, "Choose the Optimum Topology for High Power Factor Supplies," *PCM*, March 1991.

[3] Motorola Inc. data sheet, "MC 34261 Power Factor Controller."

[4] Motorola Inc. data sheet, "MC 34262 Power Factor Controller."

[5] N. Nalbant and W. Chom, "Theory and Application of the ML 4821 Average Current Mode Controller," Application Note 16, Micro Linear Inc.

[6] Toko Inc. data sheet, "TK 83854 High Power Factor Pre-regulator."

[7] Silicon General data sheet, "Power Factor Controller."

[8] Keith Billings, *Switchmode Power Supply Handbook*, 2nd Ed., Part 4, McGraw-Hill, New York, 1999.

第 16 章　电子镇流器——应用于荧光灯的高频电源

16.1　电磁镇流器简介

在绿色能源的时代，更高效的电子镇流器（荧光灯采用高频开关电源）意味着开关电源将有巨大的市场。从 20 世纪 80 年代中期以来，不同类型荧光灯的销售总量达到了每年300 万。在美国估计有超过 30%的能源用于照明。

从 1938 年至 20 世纪 70 年代末期，荧光灯都是直接由 50Hz 或 60Hz 的工频电源，通过一个串联电感或一个工频升压变压器/电感的组合来驱动的。这个电感或者变压器/电感的组合就是常说的电磁镇流器，如图 16.1 所示。

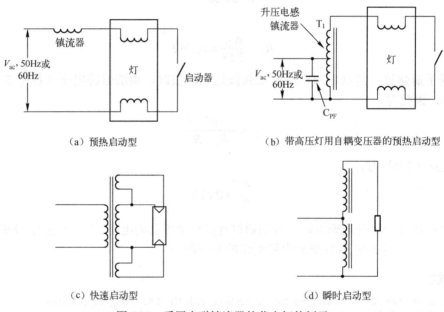

（a）预热启动型　　　　　　（b）带高压灯用自耦变压器的预热启动型

（c）快速启动型　　　　　　（d）瞬时启动型

图 16.1　采用电磁镇流器的荧光灯的例子

荧光灯使用的电源是工频交流电，需要用镇流器或限流元件来与灯串联。必须采用限流元件是因为荧光灯在其工作区具有负输入阻抗特性。电磁镇流器相当于一个电感[见图16.1（a）]或者是变压器二次侧被增大的漏感[见图 16.1（b）]。

在预热型灯管中，开关迅速闭合预热灯丝，点亮后则马上断开。电感上的电流产生一个尖峰电压点燃灯管。

快速启动型灯管在启动时和点亮后始终采用自加热的灯丝。瞬时启动的灯管在启动时并没有加热灯丝，而是依赖场致发射提供电子云来启动灯。这就节省了预热的能量，但需要更高的启动电压，这将导致阴极材料的脱落和灯管寿命的缩短。

串联的电感作为一个无损限流元件是必需的，因为荧光灯表现出负输入阻抗特性。其特性是表示当灯的输入电流增加时，灯管两端电压却是下降的。因此，如果用一个低输出阻抗的电源为荧光灯供电，任何灯管输入电流的瞬间增加都会导致灯上的电压下降，从而使电流变得更大。这个过程将一直持续到灯管因电流过大而损坏，或是灯两端电压下降到低于最低维持电压而熄灭为止。

从 1938 年到 20 世纪 80 年代中期，荧光灯的销售需要同等数量的便宜的电磁镇流器，采用价格低廉电磁镇流器主要的缺点是由于扼流圈绕组和层压板的损耗导致低效率。同时由于在工频电源波形的过零点，灯会反复熄灭而产生显著的闪烁，这将会降低灯的平均亮度，这对于基于闸门效应的旋转机器是危险的。其次，由于铁芯层压板的振动发出噪声，这就需要把它们用柏油或清漆密封在罐子里面，这会引起火灾和装配上的问题。最后其典型质量就达到了 3～4 磅。虽然这在工业上是允许的，但仍然是一个很大的缺点。

这些缺点使我们把目光转向采用高频电源来驱动荧光灯，其好处是提高了灯的效率（每瓦特输入功率下灯的输出功率），体积和质量更小。

早期的经验表明，容性荧光灯的效率会随着频率的提高而提高，在 20kHz 左右将会稳定在 14%（见图 16.2）。并且电容镇流器更小更轻，不发出可以听到的噪声，价格也比较低廉。同时在高频下，灯不会闪烁，并且传导辐射和电磁干扰也更容易抑制。

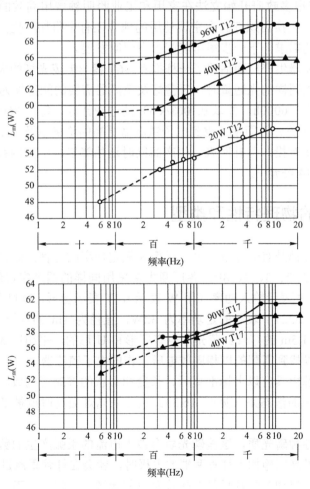

图 16.2　对应于不同频率下的 T12（直径为 1.5ft）和 T17（直径为 1.88ft）荧光灯的亮度，单位为 lm/W（Campbell，Schultz，Kershaw，"High-Frequency Fluorescent Lamps，" Illumination Engineering，February1953）

灯管在高频下工作的这些显著优点必须依赖于实用而廉价的高频电源电路的运用。可以考虑为每盏灯配备一个小型的 SCR 逆变器，在大工厂或大的办公大楼里的灯群则可以考虑采用更大的 SCR，甚至采用高频旋转交流发电机。随着晶体管和铁氧体磁芯价格的迅速下降，局部 DC/AC 逆变器代替了大型的集中高频电源发生器。对一盏灯或每组两到四盏灯直接以交流整流变换后的电源来供电，已经成为了可能。

当采用电子镇流器后，大多数的性能指标都可以得到实现，但是它的价格依然高于电磁镇流器。但是当考虑到它会节约电费，延长了灯的寿命，这就促使高频电子镇流器在新的建筑安装过程中不断地替代电磁镇流器。在重新安装电子镇流器来替换电磁镇流器时不必连灯管也更换，因此这种替换在大型办公大楼和大的工厂里具有很大的市场潜力。

根据估算，更换电子镇流器所花的费用，只要大约一年时间就可以由替换后所节约的电费弥补。若所有工厂都使用新型的电子镇流器，则在电能方面总共可以节省 20%～25% 的费用。低能耗的实现归功于高频工作消除了灯管的闪烁，提高了工作电流，使灯管工作在更为高效的区间，以及电容镇流器的采用获得了比电磁镇流器更低的损耗。

结果，2008 年很多政府开始立法在家用和工业照明领域用高效的电子镇流器和节能灯（紧凑型荧光灯）更换白炽灯。在空调使用的地方还有个附加的优点，由于高效率的照明减少了空调系统的需求。下一步很可能朝固态照明发展。

一家主要的镇流器生产厂商估算了一栋拥有 960 盏 8ft 荧光灯的大楼在更换了电子镇流器后，灯管在产生同样的光通量时，每盏灯及镇流器需要的能量仅为 87W，而不是原来的 227W。以每年工作 6000h，并以 0.106$/kWh 的电费计算，每年 960 盏灯在节电上所节约的费用约为 86000 美元。即使考虑到电子镇流器更高的价格以及人工更换费用，也只需一年时间就可以把所有投入弥补回来。生产商同时还估算出由于空调系统负荷的降低，将还会节省额外的 8814 美元[2]。

16.2 荧光灯的物理特性和类型

大多数的荧光灯都是有着标准直径、长度和额定功率的灯管。灯管直径是以 1/8in 递增的，标准的长度是 2、3、4、8ft。各厂商大多采用同样的四个字母编码 FPTD 标注型号，F 表示荧光灯，P 表示输入功率（用 W 表示），T 表示管形，D 则是以 1/8in 的倍数来表示的直径。因此，F32T8 表示的是功率为 32W，直径为 1in 的灯管；F40T12 则表示功率为 40W，直径为 1.5in 的灯管。荧光灯也有环形和 U 形的。采用旧式电磁镇流器的各种类型的荧光灯都可以找到匹配的以相同线电压工作的电子镇流器。

不同的荧光灯都由具有以上标准直径、长度和形状的玻璃管构成，管中充满了低压氩气或氪气，以及少量的液态汞（见图 16.3）。这些汞当灯启动时就被低能的电弧加热蒸发而形成汞蒸气。

灯管上可以涂各种磷光质，这些磷光质会被大电流的汞弧产生的紫外线激发，从而产生需要的可见光。当高压施加于灯管两端的电极时，就会在灯管里流过较大的电流。

这些电极在瞬时启动的灯管里是非热致发射的无源灯丝线圈，而在快速启动的灯管里则是表面氧化的灯丝线圈。

在电极施加电压之前，灯管里几乎没有载流子存在，因为没有任何气体原子被电离。当在电极两端施加电压后，少量的自由电子从电极中被激发出来，并被电场加速到一定速度时，就会产生大量的载流子。因为加速的电子碰撞一个中性的气体原子后，会将它电离，从而产生一个新的自由电子和一个质量较大的正离子。电子被加速朝着阳极运动，正离子则被加速朝着阴极运动，这样会产生更多的碰撞电离。每次碰撞就会产生更多的载流子，而更多的载流子会进一步导致更多的碰撞电离。这就产生了电流的雪崩效应，形成了电弧。

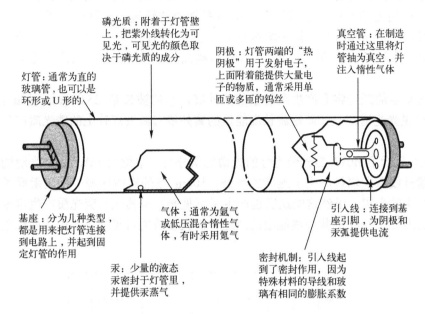

图 16.3　典型的快速启动型荧光灯。两端被加热的灯丝产生了大量的自由电子，使灯在较低电压下点燃。相反的，瞬时启动型荧光灯不需加热灯丝，它们采用更高的极电压使电子场致发射，这就节省了预热的能量，但降低了灯的寿命（GTE/Sylvania，"Fluorescent Lamps."）

　　瞬时启动的灯管[见图 16.1（d）]本身并不具有大量初始的自由电子来启动以上的过程，它们依赖于由宇宙射线产生的少量的自由电子和电极上巨大的电压梯度来产生足够多的自由电子去启动碰撞电离的过程。因此，它们需要一个高压去启动或点燃电弧，而启动的瞬时性则由应用场合的电压大小决定。

　　快速启动型灯管[见图 16.1（c）]具有载流氧化灯丝，它将提供大量的储备电子去点燃电弧。它仅需要一个较低的加速电压来点亮灯管，虽然其点亮的速度没有瞬时启动的灯快，但已经可以接受了。快速启动的灯在点亮后仍然保持灯丝上的加热电流。旧式的预热灯管使用启辉器，只在启动时加热灯丝，灯点亮后就自动切断灯丝上的电源来节省能量。

　　瞬时启动和快速启动的灯都具有各自的优缺点。快速启动的灯虽然在启动时相对慢一点，但速度仍然可以接受，并且它需要的启动电压相对较低。但是它的灯丝对于厂商来说成本较高，并且它需要一个灯丝电源，这就需要一个独立的灯丝变压器，或者在电力变压器上增加一个独立的绕组。瞬时启动的灯会在每次启动时因较高的冲击电压而使阴极上的物质剥离。经过数次启动后，灯管的末端就会变黑并且寿命缩短。如果考虑到灯在正常使用时并不会频繁地启动，则它低廉的价格仍然使它具有竞争力。这两种类型的灯管在市场上都可以找到，不过它们都需要相应的镇流器才能正常工作。

灯管里充有低压的氩气或氖气是为了让灯管更快地启动。起初的碰撞电离或电弧就在这些气体中产生。而正是因为氩气或氖气中的电弧，使得灯管内温度上升，汞蒸发成为气体，从而使得汞原子参与碰撞电离而产生更多的电子和正离子。更重要的是，由汞原子产生的紫外线激发了灯管壁上的荧光物质才发出了可见光。

现在电子向阳极运动，带正电荷的汞离子朝阴极运动，同时它们和其他汞原子相碰撞将其在原子轨道上运行的电子激发到一些更高能级的轨道。当这些电子跃迁回基态能级时，就会发出一定频率的光，该频率对应于电子所处的两个能级之差。那些跨越低能级差的跃迁将会产生波长较长的可见光，而那些跨越高能级差的跃迁将会产生能量较高波长较短的紫外线。

如一次特定的跃迁将会产生高能量的紫外线，它的波长是 253.7nm。这低于约 400~700nm 的可见光光谱。但如此短波长高能量的紫外线对激发灯管上的磷光质产生可见光却非常有效。

图 16.4 显示了 40W 白光荧光灯的光谱能量分布，单位为 mW/nm。光滑的曲线代表磷光粉被紫外线激发辐射产生了连续的光谱。10nm 宽的离散区域，代表汞原子在低能级之间跃迁产生的光谱。虽然这些跃迁也产生了可见光，但其激发荧光质产生可见光的效果远不如波长为 253.7nm 的紫外线能级的跃迁。而大多数的可见光正是由紫外线激发磷光质产生的。

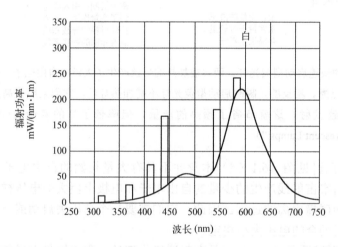

图 16.4　40W 的白光荧光灯的光谱能量分布，单位为 mW/nm。光滑的曲线是白光荧光灯的磷
　　　　光质受激辐射产生的连续光谱图，分散的 10nm 宽的光谱代表汞原子从高能级向低能
　　　　级跃迁产生的光谱（由 General Electric Bulletin Fluorescent Lamps 提供）

16.3　电弧特性

本节将对气体中的电弧特性做更深一步的讨论。虽然这并不一定有必要，但对一个设计电子镇流器的工程师在某些时候做出的某些决定还是很有参考价值的。对气体导电特性的集中研究始于 19 世纪。这也导致了人们对电子的属性和本质的深入了解，以及对原子结构的初步认识和 X 射线在医用诊断上的运用。

帕邢在 1889 年研究了在空气中的一对电极之间，直流击穿电压和气体压力的函数关系。他采用的球形电极的直径远大于两个电极之间的距离（见图 16.5），这就避免了在尖端或边缘附近产生很高的电压梯度。他得出的结论，也就是著名的帕邢曲线，如图 16.6 所示。当两个电极之间相隔 0.3～0.5cm 时，在 1atm 下击穿电压接近于 1000V。随着气压的下降，击穿电压将会持续下降到 300V 左右的最低点，之后又迅速上升。其他气体也表现出相同的特性，只是最低击穿电压点的临界气压有所不同。

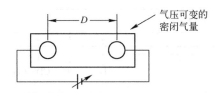

图 16.5　著名的帕邢（Paschen）实验，测试了在密封气室中，一对球形电极在不同间距条件下，击穿电压和气压的函数关系

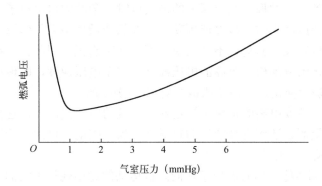

图 16.6　经典的帕邢曲线，表明了不同气压下的燃弧电压值，在空气中 3～5mm 的极间距最小燃弧电压约为 300V

帕邢定律为上文提到的现象提供了一个实验解释，即碰撞电离。在高气压下，原子之间的平均距离（即平均自由程）很小。这样，当一个电子或正离子被电场加速到足够大的速度去电离一个中性原子之前，就会和其他原子相碰撞。随着气体压力的下降，平均自由程将加大，电子或正离子就会在碰撞前通过一段更长的距离进行加速，从而积累了足够的速度。在最终碰撞时，它们就拥有足够的能量去电离原子，这样便产生了载流子的雪崩效应，从而引发了电弧。

16.3.1　在直流电压下的电弧特性

早在 19 世纪末，物理学家们就研究了在直流电压下电极电弧放电的可见光特性。他们早期的实验，将冷发射的固体电极放在玻璃灯管的两端，然后将一个几百伏的高压通过一个限流电阻加到电极的两端。

当管内的气压下降到足够低时，他们观测到亮暗相间的区域从阴极延伸到阳极，如图 16.7 所示。从阴极附近开始，首先可以看到一小段发光的区域 CG，紧接着是一段很长的黑暗隔离区 CDS，再接着是一段更长的发光区 NG，随后是一段等长的黑暗区 FDS，在其之后靠近阳极的则是一段亮暗交替的光带 PC。这些区域就顺序命名为阴极光区（CG）、克鲁克斯（Crookes）黑暗区（CDS）、负极光区（NG）、法拉第黑暗区（FDS），以及正弧柱区（PC）。

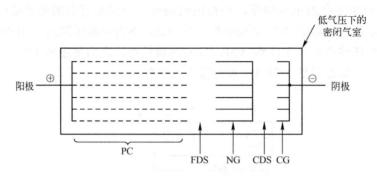

图 16.7　电弧放电暗区和亮区的模型

对以上现象可做如下解释。

随着压力降低到接近帕邢曲线上压力的最低点时，杂散的自由电子（它们是由宇宙射线或阴极的高电压梯度产生的）被加速到获得足够的能量使中性气体原子电离。由此电离出的正离子，因质量较大，移动得不是很快，不会远离阴极，因此就会在此处建立一个正的电荷区，并在阴极附近形成一个高的电压梯度。这个电压梯度，即现在所称的阴极压降会加速正离子往阴极上撞击，从而使阴极发射出一些电子。

当靠近阴极的中性或电离的汞原子被足够大能量的电子轰击时，它们原子内的一些电子就会吸收这些能量而跃迁到更高能级的轨道上。当这些电子再次跃迁回它们的初始轨道时，就会在 CG 区发出可见光。

在 CG 区的外部边缘，所有的电子在向阳极运动的途中耗尽了它们的能量，从而速度降下来，这样它们就没有足够的能量去激发那些中性原子达到更高的能态。在通过 CDS 区后，这些电子又重新被加速，在 NG 区的边缘，它们又重新获得能激发中性原子达到更高能态的能量，在通过 NG 区时因被激发的中性原子中的电子又重新返回初始轨道，而又会在 NG 区发出可见光。而游离的电子通过 FDS 区时，由于它们又耗尽了能量而无法再去激发那些中性原子达到更高的能态，因此又形成暗区。

在 PC 区的始端，又有了一段亮区。随后在整个 PC 区，暗与亮交替出现。黑暗区是电子加速段，而光亮区则是电子有足够的能量去激发原子使之发出可见光的区域。大多数施加在电极上的电压主要降落在这一段，其长度占灯管总长度的 80%～90%。

16.3.2　交流驱动的荧光灯

交流荧光灯的电极是由工频（使用电磁镇流器）或 20～40kHz（使用电子镇流器）的交流电来驱动的。这样在每一个周期内，灯管两端的电极轮流作为阴阳极，上述的明亮和黑暗区域将会不断左移或右移，从而在荧光灯里的磷光粉层将看不到明显的暗亮条纹。

采用反激变压器的二次侧对荧光灯供电，因为反激变压器的二次侧经过整流二极管后的输出电压的幅值是不受限制的，可以很容易达到很高的数值使荧光灯产生电弧，在产生电弧后电压将会回落到工作电压，其范围通常为 100～300V。

这样会缩短灯的寿命。因为若总是使用一个电极作为阴极，灯管该端将会在数个小时内变黑。前面已经证明了，在阴极附近会出现一个较大的电压梯度，因为这里聚集着大量的正离子，这个电压梯度将会驱动大量的阳离子撞击阴极，从而使阴极上的物质溅射出来，这就会使得靠近阴极的灯管变黑。因此必须使灯管两端的电极交替作为阴阳极。

各种类型的荧光灯在高频镇流器的驱动下，相对于工频驱动电源而言更容易发光和点亮。在工频交流电源的驱动下，正弦波在过零点时，灯上并没有电压，这样灯在过零点就会闪烁或熄灭，在一个周期里电弧必须重新点燃两次。这就会降低灯的平均亮度，并使灯相对难以启动，尤其是在低温时。当灯被高于 20kHz 的交流电源驱动时，被电离的原子并没有足够的时间在过零点复合，灯也不会熄灭，这样就维持了灯的亮度。

从图 16.8（a）和图 16.8（b）中可以看出，和 25kHz 电子镇流器相比，用标准的工频电磁镇流器来驱动灯管是一个极大的浪费。图 16.8（a）所示的是由标准的工频电磁镇流器驱动灯管的波形图。在正弦电流波形过零点的短暂时间里，灯管电压将会急速爬升去点亮灯管。

灯管电流过零后产生的一个高电压变化率无疑损耗了能量。比较而言，图 16.8（b）展示的是电子镇流器的驱动情况，可以看出此时在电流的过零点后并没有出现高电压变化率。并且采用电子镇流器后，灯管的电压和电流波形是正弦波，且相位一致。如果采用工频电磁镇流器，波峰因数或者电流峰值和有效值的比值都会远远高于电子镇流器。很多文献都已证实，高的波峰因数将会产生较低的灯管效率，一个标准的正弦波的波峰因数为 1.41。

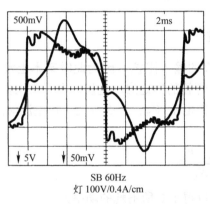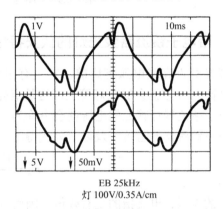

（a）使用 60Hz 电磁镇流器供
电的灯管电压和电流波形

（b）同样的灯管采用电子镇流
器（频率为 25Hz）供电时
的电压和电流波形

图 16.8　灯的波形。使用工频镇流器时在每个电流波形的过零点电压会迅速上升。因为在过零点处灯熄灭，它的阻抗上升，电压必须上升来重新点亮灯管。而采用高频电源后，灯在过零点是不会熄灭的。灯的电压与灯的电流同相位。反之，采用工频电源，灯会在过零点熄灭，导致输出功率减小

图 16.9 显示的是 40W 的荧光灯在使用工频电磁镇流器驱动时对耗电分布的估计，其中输入能量的 23%（大约 9.3W）通过紫外线被灯管上的磷光粉吸收后转化为可见光，41%（大约 16.3W）的能量转化为对流和传导热，剩下的 36%（大约 14.4W）能量转化为红外线。比较而言，300W 的白炽灯中 11%的能量转化为可见光，剩下 89%全部转化为热量。就光效率而言，荧光灯的为 75lm/W（最新型的灯管采用电子镇流器可高达 90～100lm/W），白炽灯的则仅为 18lm/W。

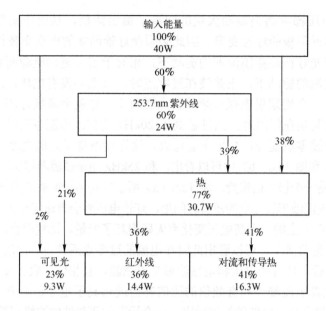

图16.9 40W荧光灯的能量分布图

16.3.3 带电子镇流器荧光灯的伏安特性

在荧光灯点亮或电弧燃烧前,它具有很高的输入阻抗,因为此时基本上没有导电粒子。这样高压 V_{ns} 就会加在灯管上,这是点亮灯管的额定启动电压。在正常工作之后,加在带有电子整流器灯管上的电压就会下降为工作电压 V_{op},那么灯的工作电流就由 X_b(在工作频率下镇流器的阻抗)及以下公式得出

$$I_{op} = \frac{V_{ns} - V_{op}}{X_b} \tag{16.1}$$

这里的电压、电流指的是有效值,因而可以得出灯所消耗的功率为

$$P_{in} = V_{op} I_{op} \tag{16.2}$$

因为电压和电流大小成比例,且同相位。

灯管在 50°F 下的额定启动电压由制造商给出,但为了确保灯管在最坏的情况下也能点亮,实际的启动电压至少要大于厂商给定值的 10%。美国国家标准机构(ANSI),在荧光灯的 ANSI 规范中指定了不同类型灯管的 V_{op} 和 I_{op} 值[5],这样厂商在制作时必须满足灯管的最大功率定额。

从 ANSI 规范可以得出所选类型灯管的 V_{op} 和 I_{op} 值,再从厂商那里得到所要的 V_{ns} 值,就可由式(16.1)确定镇流器的阻抗 X_b。而在电子镇流器里,这个阻抗的值是由电容确定的,它可以由以下公式求得

$$X_b = \frac{1}{2\pi f C_{bT}} \tag{16.3}$$

这里的 C_{bT} 是指与灯管串联的等效电容,因为灯管可能是由连接起来的两个电容驱动的。

通过选择任意阻抗的电容,可以使灯管在高于或低于该型号的额定功率下工作,也就是灯管可以在任意给定的功率下运行,包括极限值,这通过 V_{op} 和 I_{op} 的任意组合来实现。

这样在任意的功率水平下，可以任意规定 I_{op}，并通过式（16.2）计算 V_{op}，则电子镇流器的阻抗可以通过式（16.1）得出，电容值可以通过式（16.3）得出。

虽然任何荧光灯都可以在比 ANSI 规范规定的该类型荧光灯额定功率更高的功率下工作，但是它的寿命会明显下降。灯管即使在规定的功率下工作，它的寿命也会小于预计的时间，这是因为预计的时间是厂商在一定的电流、电压和温度环境下测试出来的。

图 16.10（a）和图 16.10（b）给出了 T8 和 T12 热阴极灯（快速启动型）的工作电流和工作电压曲线。

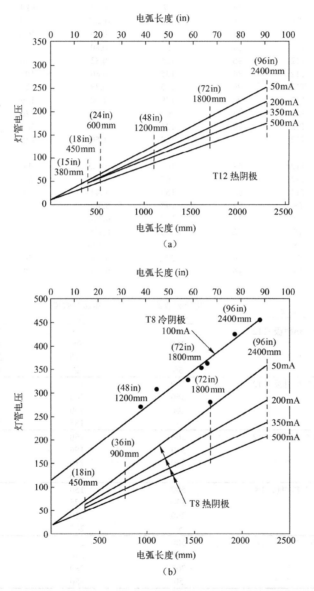

图 16.10 荧光灯的工作电压和电流。电源和镇流器的阻抗决定了荧光灯在厂商规定的工作电流下的工作电压。如果工作电流小于规定的电流，就会导致输入功率的减少和输出功率的下降。反之，若工作电流过大，则输入功率和输出功率都会变大，这将会使灯的寿命缩短（来自 *Illumination Engineering* 杂志 *Fluoresent Lamp Light Sources*）

　　可以看出这是负阻抗特性。对于恒定的电弧长度（大约占灯管长度的 90%），当灯管的电流上升时，灯管的电压是下降的，且输入功率增大，图 16.11（a）和图 16.11（b）所示的是瞬时启动和快速启动灯管的 ANSI 规范中重要的参数（包括 V_{op}、I_{op} 和 V_{ns}）。从灯管的电流上升而灯管的电压下降可以看出，图 16.11（a）中瞬时启动的灯管也是负阻抗特性。

额定功率（W）	T尺寸	长度（in）	V_{op}（V）	I_{op}（A）	$V_{op} \times I_{op}$（W）	V_{st}（V）
快速启动型						
25	T8	36	100	0.265	26.5	230
30	T12	36	77	0.43	33.1	205
32	T8	48	137	0.265	36.3	204
34	T12	48	79	0.46	36.3	260
37	T12	24	41	0.80	32.8	325
95	T12	96	126	0.83	106	
100	T12	84	135	0.80	108	280
113	T12	96	153	0.79	121	295
113	T12	96	139	1.00	139	295
116	T12	48	84	1.50	126	160
168	T12	72	125	1.50	188	225
215	T12	96	163	1.50	245	300
瞬时启动型						
40	T12	48	104	0.425	44	385
40	T12	60	107	0.425	39	385
60	T12	96	157	0.44	69	565
38	T8	72	195	0.300	59	540
38	T8	72	220	0.200	44	540
38	T8	72	245	0.120	29	540
51	T8	96	263	0.300	79	675
51	T8	96	295	0.200	59	675
51	T8	96	325	0.120	39	675

（a）

灯管型号	电流有效值（mA）	电压有效值（V）	功率（W）
48 " 热阴极-T12	500	75	37.5
"	350	95	33.3
"	250	110	22.0
"	50	120	6.0
72 " 热阴极-T12	500	120	60
"	350	140	49
"	200	160	32
"	50	185	9.3
96 " 热阴极-T12	500	160	80
"	350	196	67
"	200	210	42
"	50	246	12
72 " 热阴极-T8	500	150	75
"	350	175	61
"	200	210	42
"	50	265	13
96 " 热阴极-T8	500	200	100
"	350	240	84
"	200	280	56
"	50	350	18
48 " 冷阴极-T8	100	260	26
72 " 冷阴极-T8	100	380	38
96 " 冷阴极-T8	100	460	46

（b）

图 16.11　（a）各种荧光灯的美国国家标准（ANSI）；（b）各种灯管在不同的工作电压下的伏安特性

16.4　电子镇流器电路

现代电子镇流器的基本电路模块如图 16.12 所示。用来驱动荧光灯的 DC/AC 逆变器并没有直接接在交流电源上，而是接在功率因数校正模块上。

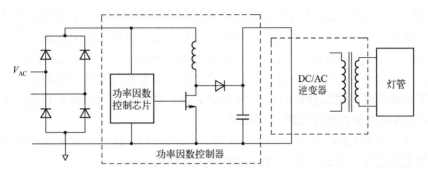

图 16.12　现代荧光灯电源的模块图。DC/AC 逆变器的输出频率是由一个串联或并联自谐振电路来决定的，其谐振频率范围是 20~50kHz。镇流器通常是一个电容或是串联谐振电路的受控源阻抗

回忆一下第 15 章的内容。假如没有功率因数校正，而输入整流后又需要直接接一个大电容，则这个大电容就会使线电流产生很高幅值的尖峰，其脉宽很窄并含有大量谐波，同时陡峭的上升沿会对附近的电子设备产生 EMI 和 RMI 干扰。非正弦电流的有效值比直流负载真正需要的电流有效值要高，这样输入电源线和发电机绕组就会产生过热。对于很多在办公大楼里或小型舰艇上的发电机来说，这种现象持续较长时间无疑是一个较大的问题。

功率因数校正模块通过去掉大的输入滤波电容，使电流波形正弦化，并且使电流相位和输入电压相位一致，从而解决了上述问题。灯管镇流器的制造商目前所制作的功率因数校正模块要满足 IEC555-2 的规定，即把输入电网线上的谐波限制在一定范围内，电子镇流器也必须要满足 FCC 规定的 EMI/RFI 限制标准（CFR47，Part18）。

16.5　DC/AC 逆变器的一般特性

电子镇流器中 DC/AC 逆变器所用到的拓扑大多数为：在 AC 120V 电下采用推挽式，在 AC 220V 电下采用半桥式。但这些拓扑并不像开关电源那样具有固定的频率，并使用驱动芯片和方波电路去驱动 DC/AC 逆变器。电子镇流器是由串联或并联的 LC 自谐振荡器构成的。这样做有许多原因。

其中，最重要的一点是因为灯管在正弦电流驱动下有很高的效率。正弦电流驱动相对于方波驱动而言，可以节省很多成本并缩小装置体积，产生方波电流加上高次谐波的滤波元件。虽然采用芯片会很简单，并很容易在整流后产生交流电流，但是它的价格不低。虽然采用 LC 振荡器并没有产生一个恒定的频率，但这不重要，因为只要保持 20kHz 以上的频率，电源的效率变化就会很小。

并且采用正弦的电压和电流有一个很明显的优点，那就是可以大大降低晶体管开通和关断时的损耗，在采用正弦基极驱动电压时会降低关断后的电压应力。在负半周期，基极

电压直接提供一个反向偏置，这将允许正常的高压晶体管保持在较高的 V_cer 额定电压等级而不是较低的 V_ceo 额定电压等级。

从图 16.14（a）中可以看出，以上任何一个拓扑在正弦基极驱动时都可以允许承受更高的集电极截止电压。同时可以看出，在集电极截止时间里，在输入电容的反偏协助下，基极驱动绕组的正弦负半波自动使基极处于反偏状态。这样使得高压晶体管可以安全地承受 V_cer（而不是较低的 V_ceo）额定电压。现在你应该回忆起来了，V_ceo 是电力晶体管在截止情况下当基极处于高阻抗或开路时，集电极和发射极之间所能够承受的最大截止电压。另一方面，V_cer 额定电压一般情况下比 V_ceo 要高 100～300V，但其前提是电力晶体管在截止情况下，基极要保持-2～-5V 的反偏电压。这个负的偏置电压是自动从启动电压的负半周期由振荡变压器的反馈绕组获取的，如图 16.14（a）所示。这个反向偏置电压也可以从图 16.14（a）中的备用基极驱动电路自动获取。

从波形图可以看到[见图 16.14（b）或图 16.22（b）]，这两个常用的拓扑可以使晶体管在集电极电压过零时关断，这样会大大减少关断损耗。

16.6　DC/AC 逆变器拓扑

图 16.13 所示的是电子镇流器最为常用的 4 种拓扑结构[6]，它们分别是用于 AC 120V 输入下的推挽结构和 AC 220V 输入下的半桥结构的电流馈电式拓扑和电压馈电式拓扑。

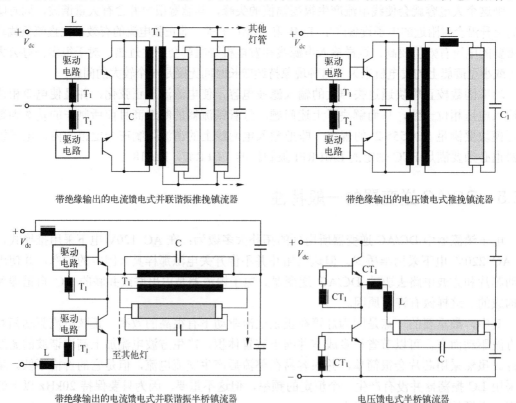

带绝缘输出的电流馈电式并联谐振推挽镇流器　　　　　　带绝缘输出的电压馈电式推挽镇流器

带绝缘输出的电流馈电式并联谐振半桥镇流器　　　　　　电压馈电式半桥镇流器

图 16.13　交流供电的荧光灯常用的 DC/AC 逆变器拓扑结构。AC 220V 输入时采用半桥式，
AC 120V 输入时采用推挽式（Ferroxcube-Philips 公司）

无论对于推挽拓扑还是半桥拓扑，电流馈电式结构都会增加一到两个额外的电感，这样就会使晶体管在截止时承受的电压应力高于电压馈电式拓扑。但是电压馈电式拓扑设计的可靠性很难保证，因为它会产生很高的启动电压和瞬态电流，它们的幅值是由电路的品质因数 Q 来决定的。启动的瞬态电流可能有工作电流的 5~10 倍那么大。此外，电压馈电式电路在灯管负载开路或短路的情况下很难正常工作，而电流馈电式电路却能很容易地应对这种情况[6-7]。

进一步说，电流馈电式结构产生更干净的正弦波，因此提供更高的效率。重要的是，电压馈电式结构只能驱动单个灯管，而电流馈电式结构可以驱动一些并联的灯管。

随着电力晶体管的耐压值不断提高和价格的不断下降[6]，电流馈电式拓扑具有较高的电压关断应力已经不再是什么大问题。它的主要缺点就是元器件较多，这将会使造价有所上升。

16.6.1 电流馈电式推挽拓扑

如图 16.14（a）和图 16.14（b）所示，这种拓扑在 R.J.Haver 的经典文章里第一次得到描述[8]。在 Haver 的方案里并没有采用隔离变压器来驱动灯管，而是采用了具有抽头的扼流圈直接把集电极和集电极相连接，而灯管就直接接在扼流圈之间。

电容 C_1 和一次侧励磁电感 L_m 并联组成了一个并联谐振电路，它的谐振频率为 $f_r = 1/(2\pi\sqrt{L_m C_1})$，在灯点亮之前电路会按照这个谐振频率振荡一小段时间，直到灯被点亮后镇流电容 C_4 才会影响到一次侧。当灯点亮后，镇流电容上就会产生电流，而当一个不确定的电容值折算到一次侧和 C_4 并联后就降低了谐振频率。

可以采用如图 16.14 所示的两种方案来驱动基极。图 16.14（a）所示的方案采用了 RC 组合，每个基极和驱动绕组相串联。电容在基极处的反偏作用是加快晶体管的开通时间和缩短晶体管的存储时间。同时，反偏有助于将晶体管截止电压的耐受值提高至 V_{cev}，而不是原来的 V_{ceo}。

二次绕组驱动的是两个并联的快速启动型灯管，灯丝电源是由第二个变压器的二次侧来提供的，而第二个变压器的一次侧是 T_1 上的附加绕组。虽然 T_2 会增加费用支出，但比在变压器 T_1 的二次侧增加一个灯丝绕组更好。后者会使绕组变得体积庞大、效率低下且更为昂贵。

R_1 从直流电源上引出电流，提供引发谐振的启动电流。两个晶体管之间不同的 Q 值导致了增益大的管子首先开通，之后基极通过 D_1 的正反馈绕组 N_{fb} 获得持续的驱动。

集电极的电压和电流波形如图 16.14（b）中的（2）至（5）所示。晶体管在集电极电压的过零点开通和关断，极大限度地降低了开关损耗。

N_s 上的二次侧电压峰值根据不同的灯管设定为 50℉时相应的灯管额定启动电压 V_{ns}。电容 C_4 是镇流电容，它的主要功能是使灯管工作在额定电压有效值 V_{lrms} 下，限定它的工作电流为 I_{lrms}，并使功率满足 $P = V_{lrms} \times I_{lrms}$，这样 C_4 可以从以下公式推出

$$I_{1rms} = I_{C4rms} = \frac{0.707V_{ns} - V_{1rms}}{X_{C4}}$$
$$= (0.707V_{ns} - V_{1rms})(2\pi f_r C_4)$$

（16.4）

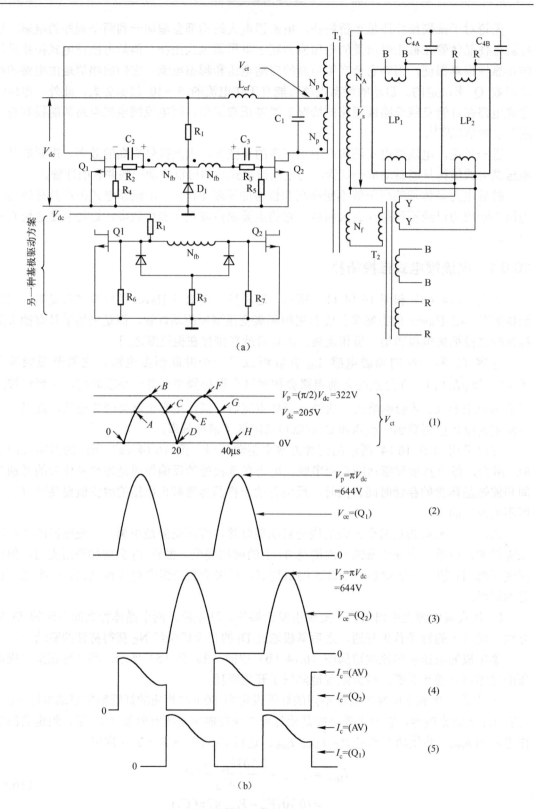

图 16.14 （a）电流馈电式并联谐振 DC/AC 逆变器。C_1 加上反馈回来的 C_{4A} 和 C_{4B} 与 T_1 的励磁电感构成并联谐振电路。L_{cf} 是电流馈电电感。（b）图 16.14（a）的波形图

16.6.2　电流馈电式推挽拓扑的电压和电流

在图 16.14（b）中的（1）所示的是图 16.14（a）中电力变压器 T_1 的中心抽头的波形。有这种波形是因为电流馈电电感 L_{cf} 的存在，以及一个经过全波整流后的正弦波在过零点时会降为零。因为 L_{cf} 的直流电阻可以忽略，所以加在上面的直流电压几乎为零，在 L_{cf} 输出端的电压几乎等于输入端的电压，即 V_{dc}。同时因为一个全波整流后的正弦波的平均幅值等于 $V_{ac} = V_{dc} = (2/\pi)V_p$，则中心抽头的电压峰值为 $V_p = (\pi/2)V_{dc}$。由于中心抽头的电压峰值出现于晶体管导通时间的中点，其大小为 $(\pi/2)V_{dc}$，因此另一个晶体管处于截止状态时承受的电压为 πV_{dc}。

正常的交流输入电压有效值为 120V，并假设有 ±15% 的偏差，所以峰值电压为 $1.41 \times 1.15 \times 120 = 195V$。假设 PFC 电路能产生大约比输入交流电压高 10V 的直流电压，就有 $V_{dc} = 195+10 = 205V$。这样晶体管要保证安全工作就必须能够承受值为 πV_{dc} 的截止电压，也就是 644V 的电压。目前有很多晶体管的额定值都可以满足电流、电压和 f_t 的要求。

从图 16.14（b）中的（2）至（5）可以看出，晶体管电流在电压的过零点处才会上升或下降，这样可以减少开关损耗。因为通过一次侧的两个绕组的正弦半波幅值相等，所以其伏秒数也是相等的，而且由于存储时间可以忽略[见图 16.14（b）中的（1）]，也就不会产生偏磁或瞬态同时导通的问题了。

每个半周期内的集电极电流如图 16.14（b）中的（4）或（5）所示。在电流方波脉冲顶部的正弦形状特点将在下面讨论。正弦形状中点处为电流的平均值（I_{cav}），它可以根据灯的功率计算出来。假设两盏灯的功率均为 P_1，变换器的效率为 E，输入电压为 V_{dc}，则集电极电流为

$$I_{cav} = \frac{2P_1}{EV_{dc}} \tag{16.5}$$

设两灯管均为 40W，变换器效率为 90%，从 PFC 电路得到输入电压 V_{dc} 为 205V，则 $I_{cav} = 2 \times 40/(0.9 \times 205) = 434mA$。

16.6.3　电流馈电拓扑中的"电流馈电"电感值

图 16.14（a）中的馈电电感 L_{cf} 可以根据图 16.14（b）中的（1）计算出来，从图中可以看出，L_{cf} 输出端电压以正弦半波形式围绕 V_{dc} 上下摆动，L_{cf} 上的瞬时电压为 $V_1 = L_{cf} dI/dt$。因此在任何两个时刻 t_1 和 t_2 之间，L_{cf} 上电流的变化 dI 可以从下式计算出来。

$$dI = \frac{1}{L_{ef}} \int_{t_1}^{t_2} V_1 dt \tag{16.6}$$

图 16.14（b）中，L_{cf} 输出端的电压从时刻 A 到时刻 C 都大于 V_{dc}。因此，式（16.6）中电感两端的伏秒数大于零。这意味着这段时间内电感中的电流是上升的。反之，从时刻 C 到时刻 E，电感两端的伏秒数小于零，在这段时间里电感中的电流是下降的。

因此，一般可以通过选择电感 L_{cf} 来使式（16.6）中的电流变化量 dI 只是式（16.5）中的电流 I_{cav} 的很小一部分。这个用于供电 DC/AC 逆变器的电感可以看作是一个恒流源。假设式（16.6）中的 dI 为式（16.5）中 I_{cav} 的 ±20%，这样如果 I_{cav} 为 434mA，那么就

有 $dI = 0.4 \times 434 = 174\text{mA}$，则由式（16.6）可得 $L_{ef} = \int_A^C V_1 dt / 0.174\text{H}$。在图 16.14（b）中的（1）中，$\int_A^C V_1 dt$ 就是 V_{ct} 和 V_{dc} 之间曲线所围区域的面积（伏秒数）。

通过粗略估算，这个区域的面积大约为 $806 \times 10^{-6}\text{V} \cdot \text{s}$，则从式（16.6）可得 $L_{cf} = 806 \times 10^{-6}/0.174 = 4.6$，取为 4mH。该电感可以用铁粉体或带气隙的铁氧体磁芯来绕制，这样即使在最大直流电流下工作也不会饱和。此外虽然在正常情况下计算出来的电流为 434mA，但考虑到开通瞬态电流，一般应留有两倍的裕量。

图 16.14（b）中的测量波形（1）、（2）和（3），为图 16.14（b）中（4）和（5）电流波形顶部的特征正弦摆动提供了解释，其依据是电感 L_{cf} 两端的电压为 $V_1 = L_{cf} dI/dt$。在图 16.14（b）中的（1）中，时刻 A 和时刻 C，L_{cf} 两端电压为零，于是 dI/dt 为零。与其相对应的图 16.14（b）中的（4）中的时刻 A 和时刻 K，这两点处的 dI/dt 也为零。在图 16.14（b）中的（1）中的时刻 B，L_{cf} 两端的电压最大，因此 dI/dt 也最大，从而与该点对应的图 16.14（b）中的（4）中的时刻 J 的 dI/dt 也最大。

16.6.4   电流馈电电感中具体磁芯的选择

4.0mH 的电感 L_{cf} 可以采用 MPP 磁芯或更便宜的 MPP 改进版本，即 KoolMμ 磁芯[9]（见图 16.15），也可采用带气隙的铁氧体或价格不贵但损耗较大的铁粉体（见图 16.17）。一般情况下，要综合考虑损耗、体积和价格三方面的因素。表 16.1 提供了这方面的参考。

表 16.1   各种磁芯材料的价格/损耗的比较

磁芯类型	售价（500quantity）（\$）	1000Gs，50kHz 时的磁芯损耗（mW/cm³）
MPP	14.00	180
KoolMμ	4.20	300
带气隙的铁氧体（3C85）	2.20（two halves，3019 pot）	30
Micrometals	0.34（26 material）	2000

MPP 磁芯高昂的价格使我们对其不予考虑。表 16.1 中在 1000Gs 条件下磁芯损耗的比较并非完全准确，因为 4mH 的电感绕组匝数很多，磁感应强度的峰值很低，这样即使是廉价的 Micrometals 磁芯的损耗也不是很大。下面用计算来说明最终的磁芯选择过程。

绕组匝数 N_r 可由每 1000 匝的毫亨电感值 A_l 计算而得。

$$N_r = 1000\sqrt{\frac{L}{A_l}} = 1000\sqrt{\frac{4}{A_l}} \qquad (16.7)$$

磁感应强度的峰值 B_m 可以通过法拉第定律来求出

$$V_1 = 10^{-8} N A_e \frac{dB}{dt}$$

或

$$B_m = 10^8 \int_A^C \frac{V_1}{N A_e} dt$$

在图 16.14 (b) 中的 (1) 中，$\int_A^C V_1 \mathrm{d}t$ 是 V_{ct} 和 V_{dc} 之间从 A 点到 C 点区域的面积，估算值为 $806 \times 10^{-6} \mathrm{V} \cdot \mathrm{s}$，于是有

$$B_{\mathrm{m}} = \frac{806 \times 10^2}{NA_{\mathrm{e}}} \tag{16.8}$$

磁芯的损耗可以通过厂家提供的在不同频率和磁感应强度 B_{m} 下的损耗曲线来计算。由图 16.14 (b) 中的 (1) 可以看出，在 25kHz 的振荡频率下，电感工作频率应为 50kHz。

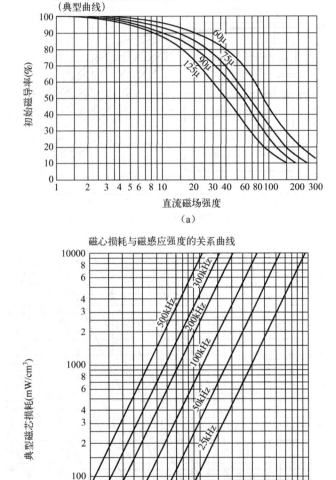

图 16.15　KoolMμ 的特性曲线，磁粉体的损耗小于铁粉体（Magnetics 公司）

通常选用以下 3 种类型的磁芯，即 KoolMμ、Micrometals 和带气隙的磁芯。初选时，可通过分析厂家提供的在不同磁场强度下电感的衰减曲线[见图 16.16（a）]以及式（16.8）来选定 A_l，使得电感匝数最少，并且保证磁芯不会饱和。当 A_l 较大（磁导率较高），匝数较小时，磁芯在较低的直流磁场强度下就会饱和。磁场强度的最大值可以由以下公式计算得出。

$$H_m = \frac{0.4\pi NI}{l_m}$$
（16.9）

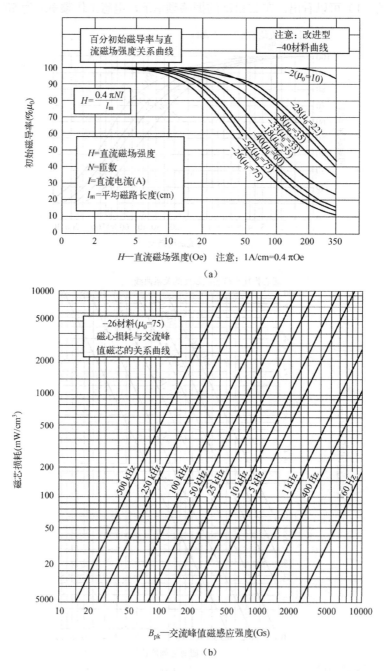

（a）

（b）

图 16.16　Micrometals 铁粉体磁芯的特性，相对于 KoolMμ 和 MPP 材料，其损耗大，但是价格便宜

式中，l_{m} 为磁路长度（cm）。由 16.6.3 节可知，因为开通瞬态的电流峰值是正常工作情况下的两倍，所以 I 是 16.6.2 节中计算得的 434mA 的两倍。

一般通过参考厂家提供的在不同的 B_{m} 和频率下的磁芯损耗曲线[见图 16.16（b）]以及式（16.8）中的 N 和 B_{m} 来对磁芯进行初选，使磁芯损耗最小。下面将以 KoolMµ 磁芯为例进行分析，参见表 16.2。

表 16.2　电流馈电电感可采用的各种 KoolMµ 磁芯

KoolMµ 类型	A_1（mH）	N（匝）	A_e（cm²）	B_{m}（Gs）	l_{m}（cm）	H_{m}（Oe）	衰减（%）	损耗（mW/cm³）	体积（cm³）	总损耗（mW）
77110	75	231	1.44	121	14.3	17.6	8	4	20.6	84
77214	94	206	1.44	136	14.3	15.7	11	5	20.6	103
77094	107	193	1.34	159	11.6	18.5	13	8	15.6	125
77439	135	172	1.99	117	10.74	17.4	9	4	21.3	85

电感可以使用前面提到的 4 种磁芯材料中的任何一种来制作。总的磁芯损耗显然并不大，电感的衰减百分比也是可以忽略的，因为它可以通过改变衰减百分比的平方根，也就是增加电感匝数来抵消。77439 磁芯可能是最好的选择，因为它需要的匝数最少。

对 Micrometals 的磁芯进行同样的计算，参考厂家给出的在不同的 B_{m} 和频率下的磁芯损耗曲线[见图 16.16（b）]，并参考图 16.6（a）中的电感衰减百分比，可得到表 16.3 中的结果。

表 16.3　电流馈电电感可采用的各种 Micrometals 磁芯

Micrometals 类型	A_1（mH）	N（匝）	A_e（cm²）	B_{m}（Gs）	l_{m}（cm）	H_{m}（Oe）	衰减（%）	损耗（mW/cm³）	体质（cm³）	总损耗（mW）
225-26B	160	158	2.59	98	14	12.3	10	17	38	646
250-26	242	129	3.84	81	15	9.38	6	15	57	855
157-26	100	200	1.06	190	10	21.8	20	60	11	660
175-26	105	195	1.34	154	11	19.3	18.0	40	15	600

从表 16.3 可以看出，廉价的 Micrometals 磁芯损耗大约是 KoolMµ 的 5～7 倍，但还不是高得不可接受，两者所需要的匝数相差并不是很大。与最早的两款 Micrometals 磁芯相比，Micrometals 157-26 和 175-26 具有较小的磁路和较多的匝数，并有较高的磁场强度尖峰，这导致了电感中波动或衰减的幅度都很大。

在 Micrometals 系列磁芯中，尽管 250-26 的损耗很大，但是其电感衰减却很小，因此它仍是最佳选择。

磁芯最终的选择将取决于其性价比。KoolMµ 77439[见图 16.17（a）]尺寸较小，损耗也小，但价格昂贵。它的外径是1.84in，损耗为 85mW，一次买 500 个，则单个价格为 4.2美元。Micrometals 250-26[见图 16.17（b）]的外径是 2.5in，损耗为 855mW，一次买 500个，则单个价格仅为 34 美分。

带气隙的铁氧体可能是最好的折中选择。对磁芯的选取可先进行粗略的估算，再通过两到三次的反复计算来最终确定。选择过程的参考资料仅需要在不同气隙时产生直流磁偏的临界安匝数所对应的每千匝毫享电感值 A_1 特性曲线，可以参见 4.3.3.1 节中的图 4.2。

具体的选择过程如下。首先试选一个磁芯，这样就可以得到其 A_1 的值，同时通过式

（16.7）来计算所期望电感（4mH）的匝数。然后计算在预计的最大直流电流（1A）下的最大的安匝数。如果这个安匝数超过了临界饱和的安匝数，就说明磁芯太小或气隙不够大。此时应重新选择一个气隙更大的磁芯（此时 A_l 更小）。再不断地重复这个过程，直到找到一个磁芯的气隙或 A_l 使$(NI)_{max}$ 不超过其临界饱和点为止。

根据这样选定的磁芯及 A_e 由式（16.8）就可以计算得出磁感应强度峰值 B_m。这样就可以根据厂家给出的"B_m——磁芯损耗"图，得出在不同 B_m 下的磁芯损耗及电流纹波频率（在开关频率为 25kHz 时为 50kHz）。

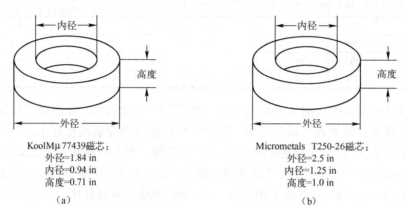

KoolMμ 77439磁芯：
外径=1.84 in
内径=0.94 in
高度=0.71 in

（a）

Micrometals T250-26磁芯：
外径=2.5 in
内径=1.25 in
高度=1.0 in

（b）

图 16.17　图 16.14（a）采用的电感 L_{cf} 的候选磁芯尺寸

这样，重复上述步骤对 2616 型罐状磁芯及 3019 型罐状磁芯进行估算，就可得出表 16.4。

表 16.4　电流馈电电感可能采用的气隙磁芯

Philips 磁芯	A_l（mH）	气隙（mil）	N（匝）	NI_{max}（安匝）	Cliff point（安匝）
2616	170	32	153	153	129
2616	100	64	200	200	200
3019	500	11	89	89	60
3019	210	35	138	138	170

从该表可以看出，不能采用 2616 型罐状磁芯。这是因为即使是使用 32mil 的气隙也需要 200 匝，而 1A 电流下的最大安匝数几乎正好在其临界点上。增加气隙有可能会使$(NI)_{max}$ 值小于临界值，但是会使匝数远远大于 153 匝，也就是说磁芯绕线在适当的铜线尺寸下无法满足对匝数的要求。

体积较大的 3019 型壶型磁芯可以在合理的气隙宽度下工作。如果选 11mil 的气隙，在电流为 1A 时，安匝数为 89，而其饱和点仅为 60 安匝，所以不能使用。如果采用 35mil 的气隙，则需要 138 匝，在电流为 1A 时，$(NI)_{max}$ 为 138 安匝，完全可以在饱和点 170 安匝下正常工作。

3019 型磁芯的截面积为 1.38cm^2，从式（16.8）可知，它的最大磁感应强度为 423Gs。图 16.8 给出了在该磁感应强度下的损耗，大约是 5mW/cm^3，因此在体积为 6.19cm^3 时，它的总损耗为 31mW。

表 16.5 是 3 种磁芯最终的性价比结果。显然，如果以成本最小化为主要选择依据，

则 Micrometals 250-26 是最好的选择，尽管它的损耗达到了 850mW。如果觉得这个损耗过大，则可以选择较高价格的 Ferrite pot 3019。

表 16.5　电流馈电磁芯的比较

磁芯类型	售价（500qty.）（$）	磁芯总损耗（mW）	外径（in）	高（in）
KoolMμ 77439	4.20	85	1.84	0.71
Micrometals 250-26	0.34	850	2.5	1.00
Ferrite pot 3019	2.20	31	1.18	0.74

16.6.5　电流馈电电感绕组的设计

绕组的有效值电流为恒流电流，由前面计算得 434mA。以 500cmil/A 为例，需要的铜线截面积为 500×0.434 = 217cmil。因此具有 253cmil 截面积的 26 号线是足够的。选择 3019 型铁氧体磁芯，其绕线轴的宽度为 0.459in，高度为 0.198in，而 26 号线的直径为 0.0182in。所以每层可以绕制 0.459/0.0182 = 25 匝，每个绕线轴可以绕制 0.198/0.0182 = 10 层，这样 138 匝就可以用 6 层来绕完。

如果采用以上任何一种环形磁芯，可以很容易将 138 匝控制在 3 层以内。

因为交流幅值很小，所以集肤效应不会造成很大影响。表 7.6 表明，在 50kHz 下交流-直流阻抗比等于 1。

16.6.6　电流馈电拓扑中的铁氧体磁芯变压器

对于图 16.14（a）所示的两盏 40W 的灯，考虑到其效率为 85%，那么变压器一次侧输入功率应该是 94W。

该变压器最好选用铁氧体磁芯，其尺寸可从表 7.2a 获得。当然也可以尝试选用环形 KoolMμ 磁芯，但是它的设计缺少灵活性且损耗很大。表 7.2a 给出了正激变换器的磁芯在给定最大磁感应强度为 1600Gs 时，不同频率下所能达到的最大功率，而一个推挽变换器所能达到的最大功率为正激变换器的两倍。

表 7.2a 给出了 24kHz 下在许多厂家都可以买到的尺寸符合国际标准的最小磁芯——E21 型，它在推挽拓扑中能传递 94W 的功率。E21 型在最大磁感应强度为 1600Gs 时，在推挽拓扑中的最大输出功率为 2×69.4 = 138W。如果最大磁感应强度增大到 2000Gs，那么它就可以传(2000÷1600)×138 = 172W，其磁芯截面积为 1.49cm^2。

由于谐振变换器独特的特性，使 E21 型刚好处于可用的边缘。可以参考图 16.14（a）和图 16.14（b）中的（1）来理解它为何具有这样的原理。

一次侧的匝数 N_p 可以由法拉第定律计算而得，即 $E = N_p A_e dB/dt \times 10^{-8}$ 或

$$N_p = \int_0^\pi \frac{V dt(10^8)}{A_e dB} = \int_0^\pi \frac{V dt(10^8)}{2 A_e B_m} \tag{16.10}$$

式中，$\int_0^\pi V dt$ 为半个周期的伏秒数；dB 为这段时间内总的磁感应强度变化量（2000Gs 的峰值磁感应强度 B_m=4000Gs），当正弦半波的峰值为 V_p 时，其伏秒数面积为$(2/\pi)V_p(T/2)$。这样由式（16.10）可知，当 $V_p = 322V$ 时，如图 16.14（b）中的（1）和（2）所示，在 20μs 的半个周期内有

$$N_{p} = \frac{(2/\pi)(322)(20 \times 10^{2})}{1.49 \times 4000} = 68 \text{匝}$$

铜线的尺寸可以按 500cmil/A（RMS 值）计算，从图 16.14（b）中的（1）中可以看出，在导通时间的中点，中心抽头的电压峰值为 322V，变压器传递功率的电压有效值是 0.707×322 = 228V，以前面提到的 94W 输入功率为例，输入电流有效值为 94/228 = 0.412A。但是一次侧中心抽头的两个绕组分别只流过半个周期的电流，因此每个绕组实际流过的电流为 0.5×0.412 = 0.206A。所以在 500cmil/A（RMS 值）下，需要选择 103cmil 的铜线。

对于 103cmil 的铜线，可以选择 27 号线，它的截面积为 202cmil。直径为 0.0164in 的 E21 骨架宽度为 0.734in，高度为 0.256in。其宽度可以容纳 0.734/0.0164 = 44 匝，高度可以容纳 0.256/0.0164 = 15 层 27 号线，于是每半个一次侧的 68 匝线就要绕两层，每层 34 匝，也就是说整个一次侧仅仅需要绕 4 层。假设 $N_{s}/(2N_{p})$ = 1 且使用 27 号铜线作为二次侧，那么一次侧和二次侧总共才只占磁芯高度的一半。这会留下足够的空间来容纳灯丝或者灯丝的一个分离变压器的一次侧，如图 16.14（a）所示。

变压器磁芯可以选择 Magnetics 公司的 P 型或 Ferroxcube/Philips 的 3F3 型，这两者在 2000Gs 和 25kHz 下的损耗都为 75mW/cm³，如图 16.18 所示。于是体积为 11.5cm³ 的 E21 型磁芯，如图 16.19 所示，将会损耗 75×11.5 = 863mW 的能量。

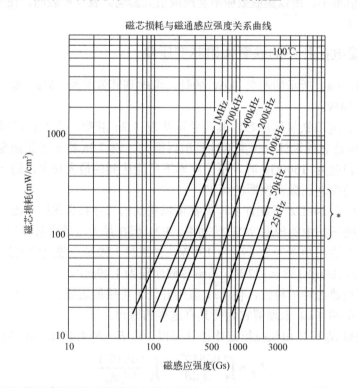

图 16.18　在不同的磁感应强度和频率下的磁芯损耗（图中为 Ferroxcube/Philips 3C85 磁芯材料）

表面看来，这个设计及 E21 型的选择都是合理的。然而，其错误在于认为一次侧电流只提供输出功率。通过以上的计算可知，负载功率为 94W 时，在每半个一次绕组中的半波正弦电流的有效值为 0.412A。

从下面可以看出，实际上一次侧流过的电流比估算值要大很多，因为两个串联的一次

绕组和 C_1 以及映射回来的镇流器电容 C_{4A} 和 C_{4B} 并联，如图 16.14（a）所示，形成一个谐振回路，于是一次侧电流就由谐振回路的电流幅值来确定，由前面的计算可知，这个电流会大于有效值 0.412A。

实际的一次侧电流就是谐振电流，并可以由以下计算得到。

加在谐振电路的电压是峰值为 644V 的正弦电压，其有效值为 0.707×644 = 455V，因此一次侧电流不只是在半个周期内流过一次侧，而是一整个周期内都流过一次侧。这样电流的有效值为 $I_{rms} = V_{rms}/X_1$，其中 $X_1 = 2fL_t$，L_t 是一次侧两个半绕组的串联电感。

一次侧的电流主要由 L_t 决定，但 L_t 也不能任意增大来使电流变小，并且减小导线尺寸。因为 L_t 和并联的总电容 C_t 决定了谐振频率为 $1/(2\pi\sqrt{L_t C_t}) = 25\text{kHz}$。

由于 C_t 是 C_1 与映射回来的镇流器电容 C_{4A} 与 C_{4B} 之和，因此不能通过减小 C_t 来增大 L_t，并最终使流过 L_t 的电流减小。开始导通时，灯管阻抗很高，C_{4A} 和 C_{4B} 不包含在电路里，C_1 和 L_t 使谐振频率达到峰值；而当灯点亮时，总的谐振电容便增加到 $C_1+C_{4A}+C_{4B}$[假设 $N_s/(2N_p) = 1$]，谐振频率也随之下降到预期值 25kHz。但是，如果有一盏灯损坏了，则只有一个电容反馈回来，这样谐振频率就会介于最高频率和 25kHz 之间。这样为了保证谐振频率在以上 3 种工作模式下不会变化太大，C_1 应该比较大，至少不应小于（$C_{4A}+C_{4B}$）的值。

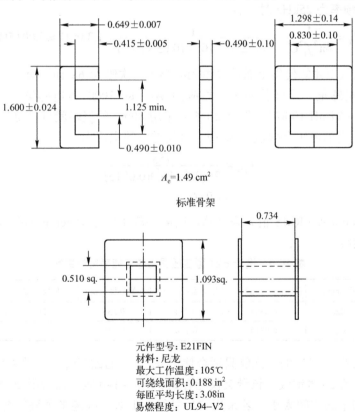

A_e=1.49 cm²

标准骨架

元件型号：E21FIN
材料：尼龙
最大工作温度：105℃
可绕线面积：0.188 in²
每匝平均长度：3.08in
易燃程度：UL94–V2

图 16.19　E21 型磁芯的骨架和尺寸。图 16.14（a）中的电流馈电式并联推挽拓扑主要采用该磁芯。其中励磁电感是谐振电路的电感。由于限定了最小的谐振电容，这也就限定了在 25kHz 下励磁电感的最小值。励磁电感最小时会使谐振电流比较大，这就需要更大的线径，并可能会导致需要采用更大的磁芯

C_{4A} 和 C_{4B} 的大小受到式（16.1）和式（16.3）的限制。在式（16.1）中，V_{ns} 可以是比所给灯管的最高点亮电压高的任意值。从式（16.1）可知，V_{ns} 的值越大，镇流器电容 C_4 的阻抗 X_b 也要越大，以限制灯管电流的大小。如果 V_{ns} 的值设计得很大，X_b 的值就会比较大，那么 C_b 就会比较小，这样就会使 C_1 设计相对容易达到设定值，即大于镇流器映射电容。但是当 V_{ns}（二次侧电压的有效值）较大，且 $N_s/(2N_p)$ 也较大时，就会使反馈到一次侧的电容较大，因此没有必要使匝比 $N_s/(2N_p)$ 大于 1，最好是等于 1。

因此，在上述限定工作电压为有效值 101V，工作电流为 430mA，$V_s = 455V$ 时，由式（16.1）有

$$X_b = \frac{455-101}{0.430} = 823\Omega$$

由式（16.3）可得

$$C_b = \frac{1}{2\pi f_r X_b} = \frac{1}{(2\pi)(25\times 10^3)(823)} = 0.0077\mu F$$

因此，两个反馈到一次侧的镇流器电容为 2×0.0077 = 0.015μF。C_1 设定为等于两个反馈电容之和，这样不至于使上述工作模式下频率的变化过大。于是当 $C_t = C_1 + C_{4A} + C_{4B}$ = 0.03μF，谐振频率为 25kHz 时，有

$$L_t = \frac{1}{4\pi^2 f_r^2 C_t} = \frac{1}{4\pi^2 2.5^2 \times 10^8 \times (0.03\times 10^{-6})} = 1.35mH \approx 0.0015H \qquad (16.11)$$

磁芯必须加气隙才能使得上面计算得到的半个一次侧为 68 匝，整个一次侧 136 匝具有 0.0015H 的电感量。这样就得出了相应的 A_l（每 1000 匝电感量，单位为 mH）为 $(1000/136)^2 \times 1.5 = 81mH/1000T$。图 16.20 表明采用 80mil 的气隙就可以得到所需的 A_l。

那么现在 L_t 上的电压有效值为 455V，则流过它的电流为

$$I_{rms} = \frac{455}{2\pi(2.5\times 10^4)(0.0015)}$$
$$= 1.93A$$

如果以 500cmil/A（RMS 值）来计算，则需要截面积为 966cmil 的铜线。表 16.6 列出了可供选择的铜线。

表 16.6　设计 E21 型变压器磁芯可能采用的铜线

线号	面积（cmil）	直径（in）	骨架宽度（in）	骨架高度（in）	每层匝数	层数
20	1020	0.0351	0.734	0.256	20	7
21	812	0.0314	0.734	0.256	23	8

从该表可以看出，T_1 的一次侧只适合使用 E21 型的磁芯骨架，并采用圆密耳面积比实际需要大一点的 20 号铜线。该骨架仅能容纳 20×7 = 140 匝，而采用 20 号铜线则需要绕 136 匝，所以剩下的空间太小。若采用 21 号线，那么一次侧半个绕组绕 3 层就可以了（每层分别为 23 匝、23 匝和 22 匝）。这就为二次侧和灯丝绕组留下了 0.256-6×0.0314 = 0.068in 的空隙。尽管二次侧只需流过驱动两盏灯的工作电流（2×0.43 = 0.86A），且可以使用比 21 号线还小的线，但这对于二次侧、灯丝及一次侧/二次侧之间的隔离所需要的空间来说仍然是远远不够的。因此一定要选择更大的磁芯。

磁芯的选择步骤如下。

① 暂定一个磁芯，为了使半个一次侧的匝数（N_p）尽量少，A_e 要足够大，在最高磁感应强度为 2000Gs 时，N_p 可根据式（16.10）计算得到（式中 dB = 4000Gs）。

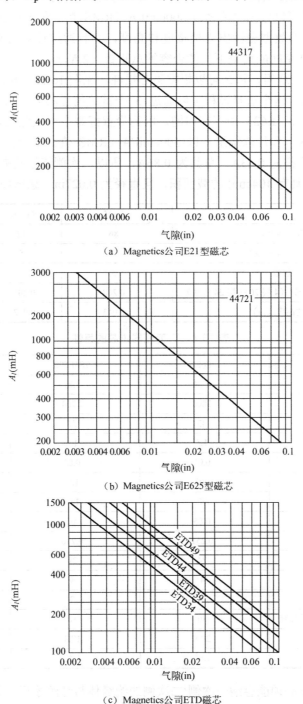

（a）Magnetics公司E21型磁芯

（b）Magnetics公司E625型磁芯

（c）Magnetics公司ETD磁芯

图 16.20　A_l（每 1000 匝的电感量）

② 在 E21 型磁芯中，经计算谐振电感 L_t 和电容 C_t 的值分别为 1.5mH 和 0.03mF。通过 L_t 和 N_p 计算出每千匝的电感量 A_l（mH），从 A_l 和厂商给出的 A_l 与气隙的关系曲线（见

图 16.22）就可以得出气隙的大小。

③ 因为加在 L_t 上的电压也为 455V，按照上述 E21 型的磁芯来计算 L_t 上流过的电流应为 1.93A，这样就可以根据电流密度 500cmil/A（RMS 值）来选择 20 号或者 21 号线。

④ 从厂商提供的数据表读出骨架宽度和高度，并且通过计算来确定磁芯骨架在为二次侧和灯丝留有足够空间的前提下，能否容纳总匝数（2 N_p）。

⑤ 如果骨架适合绕组，那么可以根据磁芯损耗（见图 16.18）和价格来选择磁芯。

如表 16.7 所示，这个选择过程可以通过 3 个试选的磁芯来说明。可以看出，虽然 3 种磁芯都可以采用，但 E625 型存在问题，因为设置好整个一次侧后骨架要有足够的剩余垂直高度来容纳二次侧和灯丝绕组。以 500cmil/A（RMS 值）来计算，二次侧两个灯丝每个流过的电流有效值都为 0.43A，总共为 0.86A，所以二次侧绕组共需要 430cmil。因此可以采用 24 号线，它具有 404cmil 的截面积，且直径为 0.027in。总结如下表所示。

	E625	783E608	ETD44
二次侧匝数（ = 2N_p）	86	112	116
最大匝数/层（24 号线）	37	45	51
二次侧层数	3	3	3
一次侧+二次侧总高度（in）（4 层 20+3 层 24 号线）	0.208	0.208	0.208
骨架剩余的高度（in）	0.043	0.062	0.075

表 16.7　T_1 变压器磁芯的特性

	E625	783E608	ETD44
A_e（cm^2）	2.34	1.81	1.74
B_m（Gs）	2000	2000	2000
N_p，匝数/半一次侧	43	56	58
L_t（mH）	1.5	1.5	1.5
C_t（mF）	0.03	0.03	0.03
A_1（mH）	203	120	111
气隙（mil）	72	110	120
骨架宽度（in）	0.85	1.024	1.165
骨架高度（in）	0.251	0.270	0.283
匝数/W，20 号线	24	29	33
一次侧总层数	4	4	4
20 号线的层数/高	7	7	8
2000Gs、25kHz 时的磁芯损耗	80	80	80
磁芯体积（cm^3）	20.8	17.8	18.0
总磁芯损耗（W）	1.66	1.42	1.44

骨架剩余的高度必须能容纳一次侧/二次侧的绝缘体与灯丝才行（大约为 22 号线的 1 匝，直径为 0.0281in）。显然 E625 型勉强可用，而对于其他两个来说，ETD44 型更合适。

16.6.7　电流馈电拓扑的环形磁芯变压器

环形磁芯内部直径（ID）的周长为（π×ID），在 A_e 大致相同的情况下，它比 EE 型磁芯的宽度要大得多。因此，环形磁芯在每一层允许放置的匝比 EE 型磁芯也要多，即可以实现更少的层数（一般情况下，仅需要两层）。

这几乎完全消除了临近效应损耗（见 7.5.6 节）。由于匝间电压较大，则匝间间隔越大，产生电弧效应的可能性就越小，从这一点来看，使用环形磁芯进行设计更为可靠。另外，如果必须使用 VDE 规则（欧洲安全规则），那么 EE 型磁芯的整个骨架宽度就不适用了。这就意味着要采用更多的层数和更大的磁芯。在某些情况下，如果采用三层绝缘绕组，那么 VDE 规则将允许使用整个骨架宽度，但同样需要更大的磁芯。

对于环形磁芯（KoolMμ 和 MPP）来说，其价格高、损耗大，且设计缺乏灵活性。这种灵活性的缺乏可以从以下几方面看出。

从式（16.10）可以计算出，每半个一次绕组的匝数为 N_p。一旦选择了磁芯，就已经确定了 A_e，与此对应的 B_m 也被确定下来，由此而产生的磁芯损耗将保持在可以接受的范围内，如图 16.15（a）所示，但两个一次侧的总匝数 $2N_p$ 必须产生预期电感 L_t，其值可从式（16.7）计算得出。在确定了 $2N_p$ 和 L_t 后，就可以确定 A_l，即每千匝的电感量了。但对于 MPP 或 KoolMμ，甚至 Micrometals 的环形磁芯来说，A_l 的值是离散的，它与磁芯的磁导率成正比，且仅可以得到 5～6 个离散点的磁导率值。

这就不像 EE 型磁芯，可以通过设定半个一次侧的匝数 N_p 来产生预期的磁感应强度峰值[从式（16.10）可以得出 B_m]。在确定的 $2N_p$ 下，可通过设定气隙来得到预期的 A_l，如图 16.22 所示。

对于任意给定的 A_e，上述环形磁芯的 A_l 仅有 5～6 个点的离散值可以应用，这个问题可以通过带气隙的环形磁芯来解决。KoolMμ 和 Micrometals 磁芯都可以使用个性化的气隙来得到期望的 A_l。但是如果环形磁芯加上气隙，那么相对于价格便宜也带气隙的 EE 型磁芯来说就没有什么大的优势了。唯一可以考虑的理由是，带气隙的环形磁芯绕组的长度大于 EE 型磁芯，这使得只需更少的磁芯层数，并且更容易满足 VDE 规则。

16.7　电压馈电推挽拓扑[6-8, 11]

拓扑具体情况如图 16.21 所示。T_1 中心抽头的电压来自输入电压整流后的电源或者功率因数校正模块的输出，没有像电流馈电拓扑那样接入电感。

这个电路也是一个谐振振荡器而不是一个驱动逆变器。变压器 T_1 的绕组 N_{fa} 和 N_{fb} 提供正反馈来保持电路谐振。电阻 R_1 从 V_{dc} 引入小电流来启振，谐振开始后，反馈绕组通过晶体管的基-射极和 D_1 提供电流以维持导通。

T_1 二次侧为与灯串联的串联谐振电路 L_1 和 C_1 供电，灯的阻抗与 C_1 并联。集电极的方波电压在 V_{cesat}（大约为 1V）和 $2V_{dc}$ 之间变动。一次侧电压是方波，二次侧电压也是方波。由于二次侧采用谐振电路，谐振电流是正弦的，因此一次侧电流也是正弦的。当二次侧正弦电流发生翻转时，反馈绕组上的电流也会发生翻转，晶体管就会关断。这个电路可以在集电极电流的过零点实现开关，因此电路的开关损耗可以忽略。

由于中心抽头没有电感，当任何一个晶体管导通时，加在半个一次侧上的电压就和加在另半个一次侧上的电压一致，同为 V_{dc}。这样对于截止的晶体管来说，就要承受 $2V_{dc}$ 的电压，而不是如图 16.14（a）所示的电流馈电拓扑中的 πV_{dc}。如果 V_{dc} 是 205V，那么晶体管能承受的额定电压就不是 205V 或对于电流馈电电路来说的 644V，而是大于 410V。如果考虑到降低低压晶体管或者输入电感的成本，这个电路是一个不错的选择。但对于电压馈电拓扑来说，在开通时，较高的瞬态电流是一个很大的缺点。相对而言，对晶体管较大额定电流的要求已明显超出了降低额定电压所带来的好处。这可以从以下方面看出。

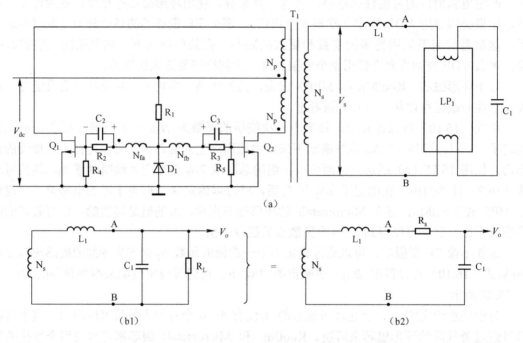

图 16.21   电压馈电推挽拓扑。在直流输入和中心抽头之间无电感的情况下，加在截止晶体管
上的电压为 $2V_{dc}$，而不是电流馈电推挽拓扑的 πV_{dc}

在图 16.21（a）中 A、B 两点右侧的等效电路如图 16.21（b1）所示，这里假设灯管 L_1 灯丝的阻抗可以忽略不计。图中 R_1 为灯的有效电阻，当灯还没有点亮时，灯的阻抗会很高；灯点亮后，灯的阻抗会下降到很小。把电路等效为图 16.21（b2），可以更好地理解其工作原理。这样 A、B 点亮后电路的等效阻抗为

$$Z_{AB} = \frac{R_L X_{C1}}{R_L + X_{C1}} = \frac{R_L[1/(j\omega C_1)]}{R_L + 1/(j\omega C_1)} = \frac{R_L}{1 + j\omega R_L C_1}$$

分子分母同时乘以（$1-j\omega R_L C_1$）可以得到

$$Z_{AB} = \frac{R_L}{(1 + \omega^2 R_L^2 C_1^2)} - \frac{j\omega R_L^2 C_1}{1 + \omega^2 R_L^2 C_1^2}$$

设 $\omega R_L C_1 = Q$，则

$$Z_{AB} = \frac{R_L}{1 + Q^2} - \frac{j\omega R_L^2 C_1}{1 + Q^2}$$

如果 $Q \gg 1$，那么

$$Z_{AB} = \frac{R_L}{Q^2} + \frac{1}{j\omega C_1} \qquad\qquad (16.12)$$

从式（16.12）和图 16.21（b2）可以看出，由变压器二次侧 N_s 来驱动 LC 串联谐振电

路，其谐振频率为 $1/(2\pi\sqrt{L_1C_1})$，等效的串联阻抗为 R_L/Q^2。当 $Q \gg 1$ 时，串联阻抗是很小的。所以在这个串联谐振电路谐振时，若输入电压为 V_{in}，则电流为 $V_{in}/(R_L/Q^2)$。

电路导通时，在灯点亮前，电阻 R_L 的值是比较高的，$Q = \omega R_L C_1$ 的值也很高，等效串联阻抗（R_L/Q^2）很低。这就导致了很高的启动电流，其值可能是工作电流的 5～10 倍。如此高的启动电流会导致正常的基极驱动电流不足以使晶体管饱和导通。更为严重的是，在灯亮前会产生过电压，灯的寿命会随着导通次数的增加而变短。

尽管存在这些缺点，一些生产镇流器的厂商仍会使用电压馈电型电路。这是因为它对晶体管额定电压值的要求较低。但若考虑使用价格低廉且可以承受一定电流的高压晶体管，那么图 16.14（a）所示的电流型拓扑则更好些。

16.8　电流馈电并联谐振半桥拓扑[7]

这个拓扑如图 16.22 所示。它使用在交流输入电压为 230V，且功率因数校正模块的升压输出大于 230V 整流峰值的场合。

考虑到有±15%的允许输入范围，整流电压的峰值为 1.15×1.41×230 = 373V。通常的 PFC 电路会把这个电压提升到略高于 400V。而谐振半桥电路比电流推挽电路更能适应这样的高压。

对于交流输入电压为 120V 的情况，考虑±15%的允许误差，整流后的峰值为 1.15×1.41 ×120 = 195V，通常 PFC 会把这个电压提升到 205V（见 16.6.2 节）。在该节中可以得出在电流馈电推挽谐振拓扑里截止晶体管承受的电压为 $\pi V_{dc} = \pi(205) = 644$V。对于 230V 的交流电，电流馈电推挽拓扑的截止晶体管承受的电压为 $\pi \times 400 = 1257$V，这就需要使用价格昂贵的晶体管。

从下面的论述可以看出，电流馈电并联谐振半桥拓扑截止晶体管承受的电压仅为 $(\pi/2)V_{dc} = (\pi/2) \times 400 = 628$V，很多廉价的晶体管都可以满足这个要求。

T_2 的两个绕组 T_{2A} 和 T_{2B} 为自谐振提供正反馈。T_1 是主电力变压器，它的励磁电感和 C_r 及折算回来的镇流器电容 C_b 形成并联谐振电路。电感 L_1 和 L_2 是谐振电路的恒流驱动元件。图 16.22 所示为由隔离二次侧驱动的快速启动型灯管。

灯丝的电流（或者并联的灯，就像这个拓扑允许驱动并联的灯一样）来自与之串联的变压器二次侧，并受到 C_f 和 C_b 的限制。当 C_s 上的电压超过双向二极管 D_y 的极限电压时，电路开始谐振。当 D_y 导通时，R_s 中的电流注入 Q_2 的基极，使 Q_2 导通。Q_2 导通后，释放 C_s 上的电荷，并使它与 T_{2A} 上正常的正弦半波开启电压互不干扰。

电路重要点上的波形可以从图 16.14（b）得出。当 Q_1 开启时，它使 V_A 的电压为正的正弦半波，而当它截止时，它会使 V_A 的值为负的正弦半波。加到谐振电路上的电压的峰-峰值（V_A 到 V_B）为 πV_{dc}，对于 $V_{dc} = 400$V，就是 $\pi(400) = 1256$V。谐振电路的有效值是 $V_{rms} = 0.707 \times 1256/2 = 444$V。一次侧电流为 $I_{rms} = V_{rms}/X_{Lt}$，L_t 是变压器一次侧的电感。

变压器一次侧电感 L_t 和 C_t（C_t 与折算回来的镇流器电容 C_b 之和）的计算方法如 6.6.6 节中所述。在暂定磁芯且在适当的磁芯损耗前提下，选择尽可能高的磁感应强度 B_m，则一次侧匝数 N_p 可由式（16.10）计算而得。

一旦选定 N_p，就可以从图 16.22 中读出气隙，即可以选定 L_t。镇流器的电容可以由式

（16.1）、式（16.2）和式（16.3）计算而得。

图 16.22（b）表明，对于 $V_{dc} = 400V$ 的晶体管，其截止电压为$(\pi/2)V_{dc} = 628V$。有许多价格便宜的耐压为 700V 的晶体管都可以满足以上的要求。

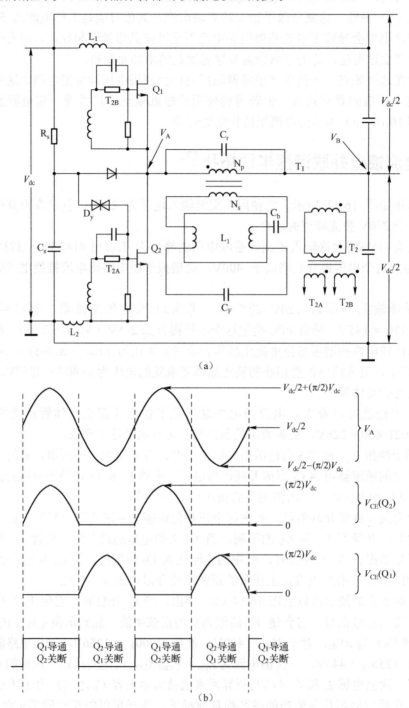

图 16.22　电流馈电半桥式拓扑和波形图

16.9　电压馈电串联谐振半桥拓扑[5-8]

这种拓扑如图 16.23 所示。使用于交流输入为 230V 的场合，它的优点是去掉了交流整流后串联的滤波电感并降低了 PFC 模块截止晶体管的直流电压，其电压降为 V_{dc} 而不是电流馈电半桥电路中的$(\pi/2)V_{dc}$。对于输出电压为 400V 的 PFC，它所承受的最大电压为400V，而不是 628V，这将会极大地降低晶体管的损耗。

图 16.23 显示了一个驱动灯管的变压器，它提供直流隔离。虽然在各种文献中非隔离式电路被广泛讨论研究，但目前不隔离且没有变压器的电路并没有被广泛认同。

从图 16.23 可以明显看出，晶体管截止时，其最大电压应力是 V_{dc}。而获得该优点的代价是，在开通时，与在电压馈电串联推挽拓扑中讨论的类似，串联谐振电路同样会产生高幅值的尖峰电流冲击。

从图 16.23 可以看出，串联谐振电路位于变压器的二次侧，由 L_r、C_r 和电流变压器的一次侧及与灯的阻抗并联的 C_1 共同组成。开通时出现大电流尖峰，是由于在开通瞬间，灯管的阻抗很大，等效阻抗 $R_s = [R_L/(1+Q^2)]$[见图 16.21（b2）]会很小。这是因为 $Q = \omega R_L C_1$ 很大，所以 R_s 很小。这样在导通瞬间，串联谐振回路中的等效阻抗仅包含很小的 R_s（忽略电流变压器的一次侧阻抗）。在导通瞬间就是因为较低的 R_s 而导致了电流冲击。在灯点亮以后，灯管的阻抗会下降，Q 增加，R_s 也增加，从而电流就会调整为预定功率时的输出值。

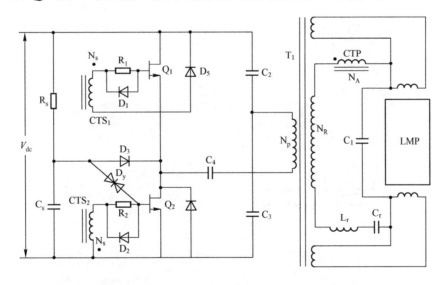

图 16.23　电压馈电串联谐振半桥拓扑。开始启动时，串联谐振电路包含 L_r、C_r 和 C_1。当灯点亮后，就只有 C_r，谐振频率下降。电流变压器一次侧（CTP）起限流作用，它也充当基极比例驱动变压器，因为它的匝比 N_A/N_s 刚好等于晶体管最小的 β 值

电流变压器的一次侧和谐振电感 L_r、谐振电容 C_r 相串联，这样增加了导通阻抗，有利于在开始的时候降低电流的冲击。电流变压器是基极比例驱动变压器（见 8.3.5 节）。其匝比 N_A/N_s 设计为最小的晶体管 β 值。这确保了在所有的电流水平下都有足够的基极驱动。因为集电极和基极的电流比刚好就是变压器的匝比，这会保证在高电流输出下有足够的基极驱动，在低电流输出时则可以降低基极驱动以减少存储时间。

导通时，电路的振荡频率是 $1/(2\pi\sqrt{L_rC_e})$，C_e 是 C_r 和 C_1 的串联值，其值为 $C_1C_r/(C_1+C_r)$。当灯管点亮时，灯管的低阻抗几乎将 C_1 短接，所以电路的谐振频率降为 $1/(2\pi\sqrt{L_rC_r})$。启动电路包括 R_s、C_s 和 D_y。D_3 的工作类似于 16.8 节中的并联半桥谐振电路，C_4 是一个隔直电容。

总而言之，该电路和电流馈电电路一样并不容易分析设计。设计时并没有足够的把握保证已经考虑到了最坏的情况，也不能保证同一生产线上的产品都是一样的。因为启动时的瞬态过程和各个工作模式下的等效电路很难确定，并且灯管电流精确值也不容易计算出来。

16.10　电子镇流器的封装

一个完整的电子镇流器包括输入整流、功率因数校正模块和 DC/AC 逆变器，因此必须封装成合适的尺寸，以便能放入传统的电磁镇流器使用的标准盒子。图 16.24 所示为一个主要电子镇流器厂商的产品封装。

补充：现代电子镇流器一般含有 Boost 功率因数校正。许多控制芯片集成了功率因数校正的控制电路，芯片产品说明书里提供了典型的例子，并且需要的外围元器件非常少。

——K.B.

瞬时启动
高性能电子镇流器
最大限度地节省了并联线圈，设计和制造时达到了 6σ 质量标准

T5荧光灯
高性能电子镇流器
主要为各种T5荧光灯设计，相对电磁镇流器，散热系统更好，最高可节约28%的能量

快速启动型
高性能电子镇流器
Motorola高性能电子镇流器，T8灯管达到了使能量效率、输入电网侧波形和照明系统的最优化设计

快速启动T12、T10
高性能电子镇流器
标准T12照明系统的最佳选择，同样也适用于4脚的T10灯管

图 16.24　Motorola 电子镇流器的封装（来自 Motorola Lighting 公司）

参考文献

[1] "Fluorescent Lamps," General Electric Bulletin, General Electric Lighting, Cleveland, OH.

[2] Motorola Lighting Inc., Technical Publication, Buffalo Grove, IL.

[3] G. Meyers and J. C. Heffernan, "The Role of Crest Factor in Fluorescent Lamp Starting," Sylvania Lighting Products, Danvers, MA.

[4] GTE/Sylvania Publication, Sylvania Lighting Center, Danvers, MA.

[5] *ANSI Fluorescent Lamp Specifications*, American National Standards Institute, New York.

[6] "Efficient Fluorescent Lighting Using Electronic Ballasts," Philips Semiconductor Inc., Saugerties, NY.

[7] R. J. Haver, "Electronic Ballasts—Power Conversion and Intelligent Motion," April 1987.

[8] R. J. Haver, "Solid State Ballasts Are Here," *Electronic Design News*, November 1976.

[9] "KoolMu Powder Cores," Magnetics Inc., Butler, PA.

[10] "Iron Powder Cores," Micrometals Inc., Anaheim, CA.

[11] M. Bairanzade, J. Nappe, and J. Spangler, "Electronic Control of Fluorescent Lamps," Motorola Inc., Application Note AN 1049.

[12] "Electronic Ballast Fundamentals," Motorola Lighting Inc., Buffalo Grove, IL.

第 17 章　用于笔记本电脑和便携式电子设备的低输入电压变换器

17.1　简介

近几年来，笔记本电脑和便携式电子设备的发展促使电源变换领域一个新分支的形成。

这个分支由低压输入、电池供电的 Boost、Buck 或极性转换变换器组成（见 1.3 节～1.5 节）。它的电路基本上集成在一个芯片中，所需的外部元器件仅是一个电感、一个电容和一个二极管，再加上 3～5 个小电阻。

因为这些芯片的工作频率为 60～500kHz，所以外接电容和电感都很小。这些芯片与常用 PWM 控制电路的不同之处在于其内部具有主电力开关管。因为这些芯片是由电池供电的，所以输出端和输入端不需要隔离，从而节省了与输出端电压检测和输入端脉宽控制相关的元器件（如光电耦合器、脉冲变压器和接地的辅助输出电源）。

输出功率范围是 0.5～100W，这由生产厂家产品的电路拓扑及输入和输出电压的要求决定。效率可达 80%～95%，从而减小了散热系统的体积，且对于输出功率范围很大的设备，可完全不用散热系统。对于生产厂家的不同产品，Boost 变换器的输入电压范围是 3～60V，Buck 变换器的是 4～60V。

除了可用作由独立电池供电的 DC/DC 变换器外，这些装置还可应用于其他电源系统设计中，例如分布式电源系统多路输出隔离电源，且这种电路设计简单、研制周期短、成本相对较低。因此，可将传统的隔离电源设计成二次侧具有+5V 电压和大电流的输出。其他辅助电压可通过两种方法产生，具体使用哪种方法由输出功率确定。当需要较低功率的辅助输出时，可将+5V 电压接到所需要的点，利用前面提到的 Boost 变换器将+5V 升到所需的输出值。Boost 变换器还可以将+5V 输入电压转换成负的辅助输出电压。当需要较高功率的辅助输出时，加入另一个约为+24V 的辅助输出并将它接到所需要的点，尽管这样会使价格稍贵但效率显著提高。再利用前面提到的 Buck 变换器芯片，将这一点的电压降到所需的辅助输出电压。

与通过在主电力变压器上增加辅助二次绕组来产生辅助输出的传统方法相比，这种方法可能不太经济，并且从功率损耗的角度看，其效率也较低，但可做成隔离的多路输出电源这一优点弥补了其缺点，这将在下面详细讨论。

17.2　低输入电压芯片变换器供应商

上面讨论的芯片模块主要由几家美国制造商提供，典型代表是加利福尼亚 Milpitas 市的凌特公司（Linear Technology）和加利福尼亚 Sunnyvale 市的美信公司（Maxim Integrated Products）。下面将详细介绍它们的产品。德州仪器（Texas Instrument）和摩托罗拉（Motorola）也生产了一些这方面的芯片，但在这里不做讨论。

　　这里只讨论芯片的应用，需要时将介绍它们的内部设计及其原理，所引用的基本资料来源于供应商的目录，该目录中有很多产品，包括 Boost 和 Buck 变换器及极性转换变换器。这些设备具有可变输入和可调输出，或固定输入和固定输出（+5V 输入，+3.3V 输出），或可变输入和固定输出（从+8～+40V 输入降到常用的+5V、+12V 或+15V 输出）。通过合理的设计可以把这些设备组合起来，将 1～4 个 1.5V 电池串联单元的低电压进行升压。这些设备大多数是脉宽调制型芯片，具有 40～500kHz 的固定工作频率。也有些设备的脉冲宽度固定，通过改变工作频率来调节输出。

17.3　凌特（Linear Technology）公司的 Boost 和 Buck 变换器[1]

　　凌特公司（LTC）典型的 Boost 和 Buck 变换器如图 17.1（a）和图 17.1（b）所示。首先介绍 Boost 变换器。

　　凌特公司生产两种 Boost 变换器系列，一种是开关输出电流为 1.25～10.0A 的大电流系列，另一种是输出电流为 95～350mA 的微功耗系列。

　　1.4.1 节～1.4.4 节和 15.3.2 节～15.3.3 节描述了工作于非连续和连续导通模式下的 Boost 变换器。在 LTC 芯片的大部分电流范围内，电路工作于连续导通模式，V_o/V_{in} 的关系由式（15.1）$V_o = V_{in}/(1-T_{on}/T)$ 决定，其中 T_{on} 是内部电源整个开关周期 T 内的导通时间。在连续导通模式下，导通时间保持恒定，如图 15.5 所示。当输出负载电流减小到一定数值时，电路从连续导电模式转到非连续导电模式。但这没关系，因为如果连续导电模式下反馈环是稳定的[通过选择图 17.1（a）中的 R_3 和 C_1 实现]，则进入非连续导电模式时反馈环仍然保持稳定。

　　用 LTC 芯片设计 Boost 变换器，需要的外部元器件如图 17.1（a）所示，包括电感 L_1、电容 C_2、二极管 D_1、采样电阻 R_1、R_2，以及反馈环的稳定元件 R_3、C_1。整个电路的设计仅是对这些元器件进行选择。

　　由 Boost 变换器的工作原理（见 1.4.2 节和 1.4.3 节）可知，L_1 底端需要一个放电回路将电流引入地[见图 15.5（a）]。LTC 芯片内部的 NPN 开关管提供这种放电回路，这种 Boost 芯片的 NPN 集电极接到输出端，记为 V_{sw}，其发射极接到地，如图 17.1（a）所示。

　　由 Buck 变换器的工作原理（见 1.3.1 节）可知，在图 1.4 中 L_1 的输入端需要一个开关管来阻断从将被降压的电压源流入 L_1 的电流。如图 17.1（b）所示，此开关由 LTC Buck 芯片内部的 NPN 开关管提供，即开关管的发射极在内部与 V_{sw} 连接，集电极在内部与 V_{in} 连接。

　　虽然 Boost 芯片也可以像 Buck 变换器那样连接使用，但是需要附加元器件，所以最好用 Buck 芯片降压。Buck 芯片也能够将负电压转换为更低的负电压，下面将会分析这种变换结构。

　　每个系列中的芯片都具有相似的内部结构，只有工作频率、最大开关电压和输入电压，以及最大开关电流额定值不同。每个系列中最新设计的芯片，其工作频率较高（100～500kHz），从而减小了输出电感值，电感通常是变换器中体积最大的元件。由于这些芯片通常由可充电蓄电池供电，所以设计的主要目标是最大化其效率以及最大限度地提高其再次充电的间隔时间。这些器件的大部分损耗来自于内部 NPN 电力晶体管和外部二极管[见图 17.1（a）]的电压/电流降产生的损耗。因此，新设计的芯片通常使用低 R_{ds} 的 MOSFET 作为开关管。

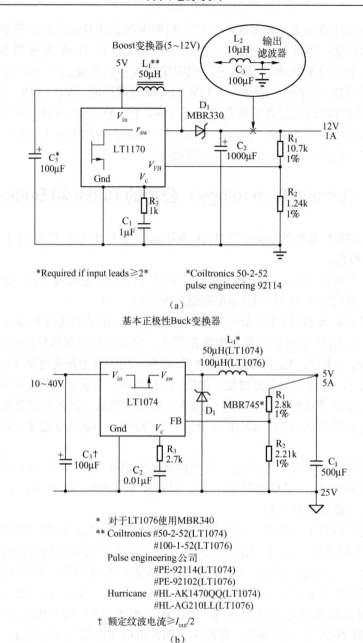

Required if input leads≥2

*Coiltronics 50-2-52
pulse engineering 92114

(a)
基本正极性Buck变换器

* 对于LT1076使用MBR340
** Coiltronics #50-2-52(LT1074)
             #100-1-52(LT1076)
Pulse engineering 公司
             #PE-92114(LT1074)
             #PE-92102(LT1076)
Hurricane #HL-AK1470QQ(LT1074)
             #HL-AG210LL(LT1076)

† 额定纹波电流≥I_{out}/2

(b)

图 17.1 LTC 基本 Boost 变换器和 Buck 变换器。这些变换器具有通用的 PWM 控制电路，并
含有功率输出开关管。对于大多数应用，外部元器件只需要 L、D_1、C_1 和 C_3

下面将详细讨论最常用的 Buck 系列和 Boost 系列的芯片。其他系列的芯片仅用表格
的形式将其主要参数列出来，以便查找和选择。

17.3.1 凌特 LT1170 Boost 变换器[3]

LT1170 芯片用于基本的 Boost 变换器，如图 17.1 (a) 所示。图 17.2 给出了芯片内部
电路的结构框图。这种芯片使用电流模式拓扑，其优点在 5.3 节中已讨论过。其工作原理

为：当谐振器的脉冲将逻辑模块的触发器置位时，开关管导通；当比较器输出将触发器复位时，开关管截止。复位的快慢由开关管的峰值电流决定，因此这种拓扑称为电流模式拓扑。

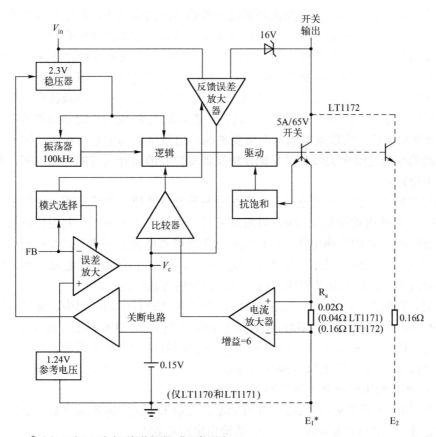

* 对小型8脚和16脚表面封装器件，将E₁接到地。
对TO3和TO220封装器件，E₁和E₂内部已接地。

（a）

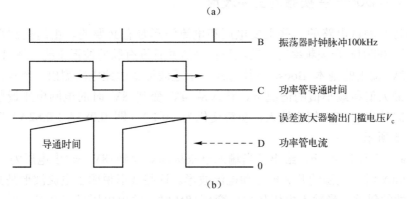

（b）

图 17.2　（a）LT1170 Boost 变换器（100kHz、5A）。（b）LT1170 Boost 变换器的波形。这是一个典型的电流型 Boost 变换器。输出开关管的导通时刻由时钟脉冲触发导通。当检测电阻 R_s 的阶梯斜坡电压波形高于由电压误差放大器的输出电压 V_c 设定的门限值时，输出开关管截止

电压误差放大器的直流输出电压与电流放大器的阶梯斜坡输出电压通过比较器进行比较。当电流放大器的阶梯斜坡电压（由 R_s 将电流转换成的电压）高于电压误差放大器的直流电压时，比较器输出高电平将逻辑模块的触发器复位，从而开关管关断。

电路中有两个反馈环。一个反馈环通过设置恰当的门限电平，使电压误差放大器能够检测直流输出，从而保持输出稳定，电流放大器的阶梯斜坡电压波形必须大于门限电平时才能将触发器复位。另一个反馈环检测电源开关电流每一个周期的峰值并保持其稳定。

因为当开关管导通时，电感 L_1 两端有一个固定的电压[见图 17.1（a）]，并且 L_1 的电流以斜率 $dI/dT = (V_{in} - V_{cesat})/L_1$ 上升，所以开关管的电流波形是一个斜坡波形。电流放大器是一个具有恒定增益（为 6）的放大器，这样不需要增大 R_s 就可以增加斜坡的斜率，因为增大 R_s 会增加损耗。比较器的输入端需要更高的信号以提高信号与噪声的比率，因为平坦斜坡顶端的小幅度噪声尖峰会过早地使触发器复位并缩短开关管的导通时间，从而导致输出电压不稳定。

V_c 是误差放大器输出端的电压，它控制触发器复位并使开关管关断。V_c 的变化范围是 0.9～2.0V，在芯片内被钳位于 2V，以限制流过开关管的峰值电流。利用肖特基二极管可将 V_c 钳位到小于 2V 的变换电压，以此从外部降低峰值电流限制点。这个峰值电流的选择必须对应于最大占空比（发生在输入电压最小时），此时开关管平均电流值和由此产生的开关管损耗最大，此最大开关管电流由下面将讨论的热效应决定。

误差放大器输入端的参考电压是 1.24V。在所有 LT1170 的应用中，输出电压采样电阻，即 FB 脚对地的阻值为 1.24kΩ[见图 17.1（a）中的 R_2]。这有利于方便计算连接 FB 脚到输出端的电阻的值[见图 17.1（a）中的 R_1]。因为 FB 脚的直流电压必须等于 1.24V 的参考电压，流过 R_2 的电流是 1.24÷1240 = 1mA。又因为同样的 1mA 电流流过 R_1，所以 R_1 的电压是 $0.001R_1$，输出电压是 $V_o = 1.24 + 0.001R_1$。

LT1170 的开关频率是 100kHz，并且功率开关最大电流额定值为 5A，V_{in} 的最小和最大电压额定值分别为 3V 和 40V，最大开关输出电压为 65V。

17.3.2　LT1170 Boost 变换器的主要波形

检测 LT1170 测试电路的一些主要电压和电流波形是有必要的。由这些波形可知，LT1170 工作于 100kHz 开关频率时，其波形很平滑并且没有脉冲波形干扰。图 17.3 给出了一个具有+12V 输出的基本 Boost 变换电路，上述波形就由此电路测出。测试出的波形显示了负载为最大值和最小值的情况下，输入从 4V 变到 8V 时的电网电压调整，如图 17.4 所示。同时给出了+5V 恒定输入，负载变化为 10∶1（即 0.082A∶0.82A）时的负载调整，如图 17.5 所示。

图 17.4（a）和图 17.4（b）给出了当输入电压从+4V 变到+8V，输出电压为+12V，且最小电流为 82mA 时，电源的开关电压和电流波形。这些波形说明了电流波形是具有不连续导电模式特性的斜坡。当输入电压从+4V 变到+8V 时，输出电压只有 0.02V 的增量，效率为 84%，这对于 1.2W 输出功率等级的电源来说是相当出色的。

图 17.4（c）和图 17.4（d）给出了当输入电压从+4V 变到+8V，输出电压为+12V 且最大输出电流达到 823mA 时开关管的电压和电流波形。在上述不同输入电压和输出电流的情况下，输出电压仅仅改变了 0.06V，波形依然没有脉冲干扰，且最恶劣情况下的效率是 81%。开关电流波形是如连续导电模式特性的阶梯斜坡，开关管的导通时间可由 $V_o =$

$V_{\text{in}}/(1-T_{\text{on}}/T)$ 精确地算出。

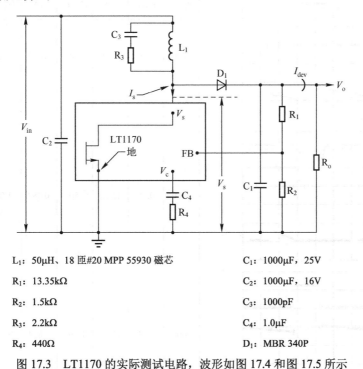

L₁：50μH、18 匝#20 MPP 55930 磁芯　　　　C₁：1000μF，25V

R₁：13.35kΩ　　　　　　　　　　　　　　　C₂：1000μF，16V

R₂：1.5kΩ　　　　　　　　　　　　　　　　C₃：1000pF

R₃：2.2kΩ　　　　　　　　　　　　　　　　C₄：1.0μF

R₄：440Ω　　　　　　　　　　　　　　　　D₁：MBR 340P

图 17.3　LT1170 的实际测试电路，波形如图 17.4 和图 17.5 所示

图 17.4（e）给出了导通时的开关管开关电流和截止时的输出二极管电流的波形。这些波形是典型的连续导电模式下的波形。截止期开始时刻的输出二极管电流等于导通期结束时刻的开关管电流。同样，截止期结束时刻的输出二极管电流等于导通期开始时刻的开关管电流。斜坡波形的斜率由电感值的大小决定，这将在后面加以讨论。

图 17.5（a）至图 17.5（e）给出了+5V 恒定输入电压和+12V 输出电压，负载有 10∶1 的变化即从 823mA 变到 82mA 时开关管的电流和电压波形。这里，负载调整率非常好，在负载变化为 10∶1 的情况下，输出电压仅改变了 0.03V。从图 17.5（a）至图 17.5（d）可知，当直流负载减小引起阶梯斜坡台阶高度减小时，导通时间仍保持恒定。在图 17.5（e）中，阶梯斜坡台阶高度为 0，开关管的导通时间减少，因为变换器此时已进入非连续导通模式。

17.3.3　IC 变换器的热效应[3]

这里考虑的集成变换器与广泛应用的 PWM 控制芯片（如较为常用的类似电压和电流模式控制器的 UC3525）的唯一不同点在于这里考虑的芯片内部含有开关管。当芯片工作电流超过 1A 时，开关管是主要的功率损耗源。变换器工作于开关管额定最大开关电流时需要很大的散热器，此散热器相对于所分配空间来说太大了。但通常情况下，LTC 变换器的开关管电流额定值低于 1A 时，可以不用或使用体积很小的散热器。

通过热效应计算变换器整体功耗非常简单，应该在设计初期就进行。这种损耗计算包括以下两部分。

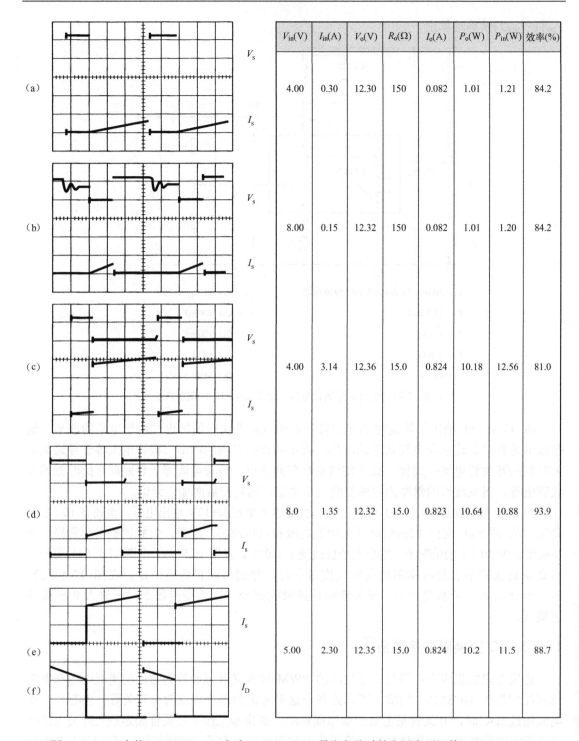

	V_{in}(V)	I_{in}(A)	V_o(V)	R_o(Ω)	I_o(A)	P_o(W)	P_{in}(W)	效率(%)
(a)	4.00	0.30	12.30	150	0.082	1.01	1.21	84.2
(b)	8.00	0.15	12.32	150	0.082	1.01	1.20	84.2
(c)	4.00	3.14	12.36	15.0	0.824	10.18	12.56	81.0
(d)	8.0	1.35	12.32	15.0	0.823	10.64	10.88	93.9
(e)(f)	5.00	2.30	12.35	15.0	0.824	10.2	11.5	88.7

图 17.4　17.3 中的 LT1170 Boost 电路：（a）、（b）最小负载时的电网电压调整；（c）、（d）最大负载时的电网电压调整；（e）开关管的电流；（f）输出二极管 D_1 的电流。所有波形中 V_s = 10V，2μs/div；I_s = 1A，2μs/div

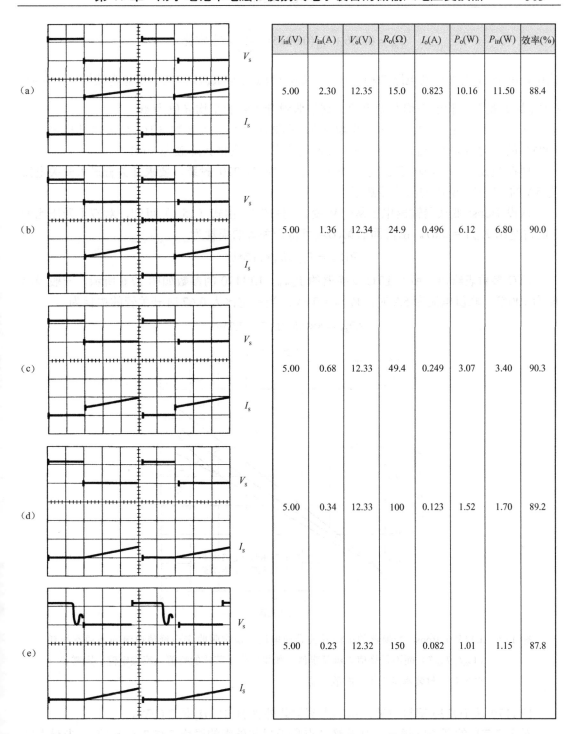

$V_{in}(V)$	$I_{in}(A)$	$V_o(V)$	$R_o(\Omega)$	$I_o(A)$	$P_o(W)$	$P_{in}(W)$	效率(%)
5.00	2.30	12.35	15.0	0.823	10.16	11.50	88.4
5.00	1.36	12.34	24.9	0.496	6.12	6.80	90.0
5.00	0.68	12.33	49.4	0.249	3.07	3.40	90.3
5.00	0.34	12.33	100	0.123	1.52	1.70	89.2
5.00	0.23	12.32	150	0.082	1.01	1.15	87.8

注：在整个连续导电模式中，导通时间保持恒定[波形（a）至波形（d）]。

图 17.5　V_{in} = 5.0V 时，图 17.3 中的 Boost 测试电路的负载调整和效率。所有波形中 V_s = 10V，2μs/div；I_s = 1A，2μs/div

① 开关管损耗 = $V_{cesat}I_{sw}×$占空比。

② 内部控制电路损耗 = $V_{in}×$由 V_{in} 脚流入的平均电流，其中平均电流为

$$I_{av} = 0.006 + I_{sw}(0.0015) + \frac{I_{sw}}{40} \times (占空比)$$

式中，6mA 是内部控制电路的稳态电流；$0.0015I_{sw}$ 是与 I_{sw} 成比例的稳态电流增量；$\frac{I_{sw}}{40} \times$（占空比）是开关管的平均驱动电流，这里假设开关管的平均 β 值为 40。

芯片的总损耗（PD_{tot}）是上述第①项与第②项之和。大多数 LTC 变换器都指定一个 100℃ 的绝对最大工作温度，但为了有较大的裕量，应将其降额为 90℃。

现在假设最大工作环境温度为 50℃，计算用 TO220 封装，要求开关管最大开关电流为 5A 的 LT1170 所需的散热器热阻。

假设 Boost 变换器输出电压从+5V 变化到+15V，由式（15.1）可知，对应于升压比为 3 的占空比 $T_{on}/T = 0.67$。由前面的第①项可得开关管的损耗为

$$PD_{sw} = V_{cesat}I_{sw} \times 占空比$$

LTC 参数表给出了所有 LTC 变换器的 V_{cesat}。LT1170 的参数如图 17.6 所示，一般当温度为 100℃，峰值电流为 5A 时，$V_{cesat} = 0.8V$。当占空比为 0.67 时开关管的损耗为

$$PD_{sw} = 5 \times 0.8 \times 0.67 = 2.7W$$

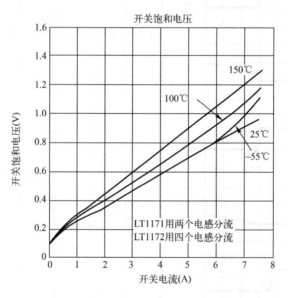

图 17.6　LT1170 Boost 变换器的电源开关导通电压。决定吸收多少峰值电流的是通态损耗（$V_{on}I_{on}T_{on}/T$）而不是峰值电流额定值。如果工作于芯片的峰值电流额定值，则需要一个比芯片封装本身大得多的散热器

LT1170 是 TO220 塑料封装，从结点到封装外壳的热阻 θ_{jc} 是 2℃/W。

对于 2.7W 的开关管损耗，开关管结点高于封装外壳的温度 2×2.7 = 5.4℃，当最大结点温度是 90℃ 时，开关管封装外壳的温度为 90−5.4≈85℃。

由上面的第②项可得，从 V_{in} 流入的平均电流为

$$0.006+5 \times 0.0015+5/40 \times 0.67 = 0.097A$$

并且当 V_{in} = 5V 时，对应于此平均电流的损耗是 5×0.097 = 0.485W。芯片的总损耗是第①项与第②项损耗的和，即 2.7+0.485 = 3.185W。

最后，对于 TO220 封装，在相同温度下，当装上散热器且环境温度为 50℃时，散热器和环境之间的热阻$\theta_{\text{hs amb}}$为

$$\theta_{\text{hs amb}} = \frac{85 - 50}{3.185} = 10.99℃ / \text{W}$$

参照 Aham 散热器目录，可以采用像 342-1PP 这样的散热器。342-1PP 的底座面积是 1.69in×0.75in，并且带有四块宽为 0.75in、高为 0.60in 的垂直散热片。这种散热器比芯片封装要大得多。

这表明芯片允许的峰值工作电流等级不是由开关管峰值电流额定值决定的，而是由散热器的大小决定的。

17.3.4　LT1170 Boost 变换器的其他应用[5]

17.3.4.1　LT1170 Buck 变换器

LT1170 虽然主要用作 Boost 变换器，但也可以实现许多其他类型的电压变换。其中几种类型如图 17.7 所示（由凌特公司提供）。

图 17.7（a）所示为一个正极性 Buck 变换器。这种电路虽然可行，但是相对于专门为 Buck 变换器设计的芯片[见图 17.1（b）]而言，这种芯片需要更多的外部元器件。在正极性 Buck 变换器中，开关管需为电感提供电流，因此在图 17.7（a）中，L_1 的输入端是芯片内部开关晶体管的发射极。但是这个发射极在内部是连接到 Gnd 脚的，而这个脚是内部 +1.24V 基准电压的负端。因此，内部误差放大器输入端的+1.24V 参考电压在变换器的地和 V_{in} 之间上下波动。为了利用芯片内的误差放大器，要求输出电压的采样电压跟随 Gnd 脚的电位上下波动。

采样电压可由图 17.7（a）中 R_1、R_2、R_4、C_2 和 D_2 构成的电路获得。当芯片内的 Q1 关断时，Gnd 脚的电位下降至比地电位低一个二极管（D_1）导通压降，R_4 和 D_2 的串联电路对 C_2 的正极充电，使其电位上升至比 V_o 低一个二极管导通压降。所以，当 D_1 和 D_2 的管压降相等时，C_2 的电压被充电至 V_o。由此可见，C_2 的电压跟随芯片内部基准电压负端（Gnd 脚）上下波动，这是要调整的电压。这也意味着输出电压与 C_2 上调整得到的电压间的差值由 D_1 与 D_2 上的压降差决定，与输出负载有关。

图 17.1（b）中的变换器设计为 Buck 变换器时，内部开关管的发射极与 V_{sw} 脚连接，使其电位可以高低切换来驱动外部电感。内部基准电压与 Gnd 脚连接。因此，以地为参考点输出电压的采样电压可以直接连接到 FB 脚。这种装置不需要图 17.7（a）所示的方法也可以实现 Buck 变换。这种类似 LT1075 的装置将在下文加以讨论。

17.3.4.2　LT1170 驱动高压 MOSFET 或 NPN 晶体管

在图 17.7（b）中，MOSFET 的栅极连接 V_{in}，V_{in} 相对于地是稳定的，且可以得到 +10V 到 MOSFET 的最大安全栅-源电压（大约 15V）之内的任何一个值。

当芯片内部的开关管导通时，将 MOSFET 的源极电压拉低至地电位。此时栅极电压被钳位于+V_{in}，栅-源电压为 V_{in}，故 MOSFET 开通。V_{in} 对 MOSFET 的栅-源电容充电产生大电流，使其导通速度很快。而关断比较慢，因为当内部开关管关断时，MOSFET 栅-源电容保持 MOSFET 导通。

图 17.7（c）中显示了芯片驱动 NPN 晶体管的电路。V_{in} 通过 R_1 驱动晶体管的基极，同时 R_1 限制晶体管基极电流。当内部晶体管已经导通时，C_1 通过 R_2 充电至 V_{in}，且其右端为负极。当内部晶体管关断时，C_1 的反向充电将减小外部晶体管的关断时间。

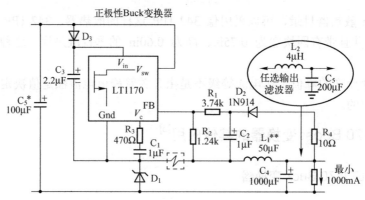

（a）

（b）

（c）

（d）

图 17.7　LT1170 Boost 变换器的各种应用

负-正极性变换器

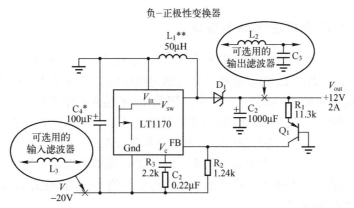

*Required if input leads≥2′
**Pulse engineering 92114 coiltronics 50-2-52

该电路通常用于将-48V变换到5V,
给电路保护和限流电路供电(AN19)。
图39应接C₁(200pF)

(e)

正-负极性变换器

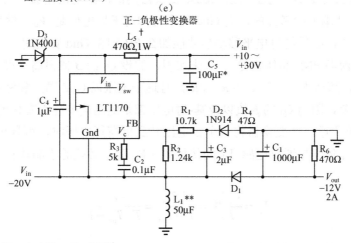

*Required if input leads≥2′
**Pulse engineering 92114 coiltronics 50-2-52

† 为解决输入电压低于10V时的启动问题,将D₃阳极接V_{in},移除R₅。
　输出电流小时可减小C₁值。C₁=500μF。若输出为5V,则减小R₃
　到1.5kΩ,增加C₂为0.3μF并减少R₆为100Ω。

（f）

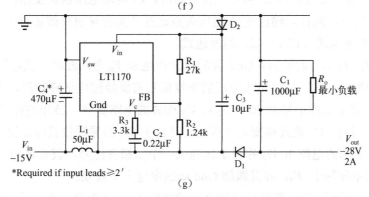

*Required if input leads≥2′

(g)

图 17.7　LT1170 Boost 变换器的各种应用（续）

17.3.4.3　LT1170 负极性 Buck 变换器

如图 17.7（d）所示，当内部开关管导通时，V_{sw} 接地，电位为$-V_{in}$，它的集电极负载是 L_1，L_1 连接$-V_o$ 和$-V_{in}$，L_1 的左端相对其右端为负电位。当内部开关管关断时，L_1 的极性反相，其左端电位将被 D_1 钳位于地电位。因此 L_1 的输入端电压在$-V_{in}$ 和地之间切换。一个周期 T 内的导通时间为 T_{on}，L_1 输入端的平均电压是$-V_{in}$（T_{on}/T），在正极性 Buck 变换器中，L_1 和 C_2 对这个电压进行滤波，其参数选择见 1.3.6 节和 1.3.7 节。恒定电流源 Q_1 和 R_1 在 R_2 中产生一个与 V_o 成比例的电流，R_2 上的电压即为以芯片地为参考的被调整电压。由于反馈环无法消除由于工作点或温度变化而引起的 Q_1 上的电压 V_{be} 的改变，从而会在输出电压上产生微小误差。

17.3.4.4　LT1170 负极性-正极性变换器

17.7（e）所示的变换器与正极性 Boost 变换器类似，但是误差放大器输入端的 1.24V 基准电压是以 Gnd 端为参考点的，而 Gnd 端电位相对于地电位是$-V_{in}$。输出电压采样信号相对于地电平为正，必须经过电平移动后才能加在 FB 脚和 Gnd 脚之间。

这可通过电流源 PNP 晶体管 Q_1、R_1 来实现，假设 Q_1 的 β 值很高，可得 $I_{R1} = I_{R2}$。忽略 Q_1 基-射压降，那么 $V_{R2} = R_2 I_{R1} = R_2 V_o/R_1$，且这个电压以 Gnd 脚为参考点。但要注意输出电压会存在误差，因为 Q_1 的 β 值以及基-射电压都是随温度变化而变化的。

如 15.3.2 节所述，当变换器将一个正电压升到更高正电压时，可导出其输出/输入电压的关系。因为晶体管导通时电感 L_1 的伏秒数（$V_{in}T_{on}$）必须等于晶体管截止时的伏秒数（$V_o T_{off}$），可得

$$V_o = \frac{V_{in}T_{on}}{T_{off}} = \frac{V_{in}T_{on}}{T - T_{on}} = \frac{-V_{in}}{T/T_{on} - 1} \tag{17.1}$$

17.3.4.5　正极性-负极性变换器

如图 17.7（f）所示，当内部开关管导通时，Gnd 脚电位通过饱和开关管被升至 V_{in}，并且电流通过 V_{in} 端和 L_1 流入地。当开关管关断时，L_1 两端电压极性反相，并通过 D_1 使 C_1 的底端变为负电位。同样，输出/输入电压关系通过开关管导通和截止时 L_1 的伏秒数相等的原则得到，可得与式（17.1）相同的表达式。

类似于图 17.7（a），因为芯片 Gnd 脚的电位在地和 V_o 之间波动，且芯片内部基准电压是以 Gnd 脚为参考点的，所以输出电压的采样信号需要经过电平移动后，再加在 FB 脚和 Gnd 脚之间。这个采样信号由 R_4、D_2 和 C_3 构成的电路获得。当开关管关断时，L_1 的上端变为负极性，使得 C_3 的底端变为负极性，且由于 D_1 的导通使其电位比$-V_o$ 低一个二极管的压降，C_3 上端的电位由 D_2 钳位于比地低一个二极管压降。假设这些二极管的压降相等，那么 C_3 的电压等于$-V_o$，并且跟随 Gnd 脚的电位上下波动。

如图 17.7（a）所示，FB 脚到 Gnd 脚之间的电阻 $R_2 = 1.2\text{k}\Omega$，流过采样电路 R_1 和 R_2 的电流是 1mA，可得 $V_o = 1.2 + 0.001R_1$。

17.3.4.6　LT1170 负极性 Boost 变换器

在图 17.7（g）中，当内部开关管开通时，其接 Gnd 端的发射极将 L_1 的右端与地连接，并储存电流于 L_1。当开关管关断时，L_1 的极性反相并通过 D_1 将 C_1 的下端拉为负电位。这样，Gnd 脚的电位在地电位与 V_{cesat} 之差与 $-V_o$ 减一个二极管压降的电位之间波动。同样，令 L_1 的正负伏秒数相等，则输出/输入电压关系为

$$V_o = \frac{-V_{in}}{1 - T_{on}/T} \qquad (17.2)$$

由于 Gnd 脚的电位在地电位和 $-V_o$ 之间切换，可用图 17.7（a）和图 17.7（f）所示的电路将 V_o 的采样信号传给 FB 脚和 Gnd 脚。

17.3.5　LTC 其他类型高功率 Boost 变换器[5]

在 17.3 节中已讲过，凌特公司生产了多种类型的 Boost 变换器，其差别仅仅在于频率、电压和电流的额定值。表 17.1 以表格形式列出一些常用的器件类型，可供快速查找和选择。

选择器件时要明确其基本的电压和电流额定值。有较低额定电流的器件通常具有较高的导通阻抗，这些器件的价格低，但需要较大且可能更贵的散热器。有较高额定电流的器件，虽然较贵，但可能完全不用散热器也能在所要求的电流下工作。另一个选择的标准是工作频率，高频器件需要较小的电感[图 17.1（a）中的 L_1]。而除了变换器之外，电感是电路中体积最大且最贵的元件。

表 17.1

LTC Boost 变换器	输入电压（V）		最高开关电压（V）	频率（kHz）	开关	
	最低	最高			最大电流（A）	电阻（Ω）
LT1170	3.0	60	75	100	5	0.15
LT1172	3.0	60	65	100	1.25	0.60
LT1171HV	3.0	60	75	100	2.5	0.30
LT1270	3.5	30	60	60	8.0	0.12
LT1270A	3.5	30	60	60	10.0	0.12
LT1268	3.5	30	60	150	7.5	0.12
LT1373	2.4	30	35	250	1.5	0.50
LT1372	2.4	30	35	500	1.5	0.50
LT1371	2.4	30	35	500	3.0	0.25
LT1377	2.4	30	35	1000	1.5	0.50

17.3.6　Boost 变换器的元器件选择[3]

变换器芯片选择好后，接下来就要选择主要元器件 L_1、D_1 和 C_2[见图 17.1（a）]。

17.3.6.1 输出电感 L₁ 的选择

变换器工作于不连续导电模式下时负载调整率相对较差，且输入电流纹波大，因此，即使负载降到最小值时，依然需要保持电路仍能够工作在连续导电模式。由图 17.5（a）至图 17.5（d）可知，当负载电流减小时，开关管的导通时间不变而阶梯斜坡的台阶降低。当电流减小到某一值时，电流台阶消失[见图 17.5（e）]，变换器开始进入非连续导电模式，开关管导通时间开始缩短。为了缩短导通时间，内部误差放大器输入端的采样电压必须改变，由此导致输出电压改变。在许多情况下，输出电压的变化是可以接受的——当误差放大器的直流增益很大时，变化量仅为 10～30mV。

电感 L₁ 的选择要符合变换器在负载减小到最低时仍能保持在连续导电模式。如图 17.4（e）所示，直流输入电流是开关管导通时流过的电流和开关管截止时流过 D₁ 的电流之和。总的直流输入电流是斜坡的中点电流，如图 17.4（e）所示。因此从图 17.5（a）或图 17.5（d）可以看出，在电流降低到维持连续导电模式的临界点时，流过开关管的电流是从 0 开始的三角波，并且直流输入电流是三角波中点的平均电流。这个电流是输入电压为最小值（$V_{\text{in min}}$）时的直流输入电流（$I_{\text{dc min}}$）。

因此晶体管输入电流的变化量[图 17.5（d）中的 dI]是 $2I_{\text{dc min}}$，并且

$$L = V_{\text{in min}} \frac{\mathrm{d}t}{\mathrm{d}I} = \frac{V_{\text{in min}} T_{\text{on}}}{2I_{\text{dc min}}}$$

由式（5.1），$T_{\text{on}} = T(V_{\text{o}} - V_{\text{in min}})/V_{\text{o}}$，可得

$$L = \frac{V_{\text{in min}}(V_{\text{o}} - V_{\text{in min}})T}{2V_{\text{o}}I_{\text{dc min}}} \tag{17.3}$$

式中，$I_{\text{dc min}}$ 为连续导电模式结束时对应的直流电流，通常取最大输入功率下电流的 10%。

因此，在图 17.3 中，电路将 5V 升到 12V 时，$T_{\text{on}} = T(12.3-5)/12.3 = 0.59T$，由式（17.3）可得

$$L = \frac{5 \times 0.59T}{2 \times 0.1 \times 2.3} = 64\mu\text{H}$$

选用最接近的电感值为 50μH 的电感，没必要选择精确的电感值 64μH，因为此电感值只是设定变换器工作于连续导电模式时的最小负载电流。

17.3.6.2 输出电容 C₁ 的选择[3]

Boost 变换器的输出滤波电容 C₁ 应有较小的等效串联电阻（ESR），以减小一定开关频率下的输出纹波峰-峰值。Boost 电路的纹波问题严重，下面将分析其原因。

当内部开关管开通时，二极管 D₁ 反偏，所有直流电流（I_{dco}）从 C₁ 流出。这会在输出电压中产生一个压降，其值为 $\text{ESR} \times I_{\text{dco}}$，持续时间为 T_{on}。当开关管关断时，产生一个幅值为 $\text{ESR} \times (I_{\text{dco}}V_{\text{o}}/V_{\text{in}})$ 的正尖峰电压。当 $V_{\text{o}}/V_{\text{in}} = 3$ 时，纹波峰-峰值为 $4I_{\text{dco}}\text{ESR}$。

将这个纹波电压减到最小值的最简单的方法是选择一个 ESR 值最小的 C1，但通常电容生产商不会给出这种参数。

在特定情况下计算纹波电压峰-峰值是有必要的，LTC 应用说明书 AN19-60 提供了计算 ESR 的经验近似公式。

Mallory 型 VPR 铝电解电容:

$$ESR = \frac{200 \times 10^{-6}}{CV^{0.6}} \Omega$$

Sprague 型 673D 及 674D 铝电解电容:

$$ESR = \frac{400 \times 10^{-6}}{CV^{0.6}} \Omega$$

如果变换器将输入电压由+5V 升到+15V 且输出为 25W（1.66A），并假设使用 Mallory 型 VPR 电容（容量为 200μF，额定电压是 25V），则由上面的公式可得

$$ESR = \frac{200 \times 10^{-6}}{200 \times 10^{-6} \times 25^{0.6}} = 0.145\Omega$$

由上述可知，纹波峰-峰值为 $V_{orp} = 4I_{dco}(ESR) = 4 \times 1.66 \times 0.145 \approx 0.963V$。

钽电容具有较低的 ESR 值，因此其产生纹波较低。增加电容值，采用较高电压额定值的电容或将电容并联起来都可以减少纹波，但所有这些方法均增加了变换器的体积。与上面的任一种方法相比，采用 LC 滤波的方法可有效减小变换器体积，即使采用具有较大 ESR 值的小电容，滤波器也可以将较大的纹波峰-峰值消除掉。因为纹波频率是开关频率的两倍，这样滤波器可以做得很小。

在 Buck 变换器中，开关频率的纹波并不如在 Boost 变换器中严重。如图 17.1（b）所示，无论晶体管导通还是截止，输出电容自身都不能提供全部的输出负载电流。负载电流的大部分都是由电感 L_1 提供的。电感的纹波电流通过 C_1 和二极管 D_1 流回 L_1 的输入端，通过选择一个足够大的电感可以将这个纹波电流减到最小，如 1.3.6 节中所述。

在 Boost 变换器中，因为在功率晶体管导通的任何时刻，输出电容都提供所有的负载电流，所以确定电容不超过其纹波电流额定值是很必要的。制造商通常不会提供其产品的最大纹波电流限制值。

17.3.6.3　输出二极管 D_1 的损耗

输出二极管（图 17.3 中的 D_1）通常是肖特基二极管，它在芯片内的功率损耗仅次于开关管，假设其导通压降是 0.5V，则它的功率损耗为

$$PD_{D1} = \frac{0.5 I_{in\,max} T_{off}}{T} = \frac{0.5 P_{in}}{V_{in\,min}} \frac{T_{off}}{T}$$

17.3.7　凌特 Buck 变换器系列

图 1.4 所示的 Buck 变换器是一种最早的开关变换器，在 1.3 节曾有过详细的讨论，描述了其工作原理、主要波形和元器件的选择。同时介绍了连续导通模式和非连续导通工作模式的概念，示波器波形显示了当输出负载电流减小时，这两种工作模式的过渡过程（见图 1.6 和图 1.7）。

从基本工作原理来看，LTC 集成变换器电路与图 1.4 所示的电路非常类似。通过在电源和输出滤波器之间引入一个低阻抗饱和开关管，将一个较高的输入电压 V_{in} 降为一个较 T_{on} 低的输出电压 V_o。通过调节它的 $\frac{T_{on}}{T}$ 值，并通过 LC 滤波电路滤波后，可以产生一个直流输出电压 $V_o = V_{in}(T_{on}/T)$。LTC 集成电路 Buck 变换器具有图 1.4 所示的所有

电路，包括封装在电路中的开关管。最简单的情况下，外部元器件只需要 L_o、C_o、D_1、R_1 和 R_2。通常它们以固定的频率 $100\sim1MHz$ 工作，通过调节导通时间 T_{on} 调整输出，如图 1.4 所示。同时，也有些变换器保持截止时间恒定，通过改变工作频率来调节输出电压。通常使用电流型拓扑方案（见 5.2 节）而不用图 1.4 所示的电压型方案。

LTC 提供了大量的新设计，他们不断提高变换器效率的原因在于这些产品主要用于使用充电电池供电的设备——笔记本电脑和便携式消费型电子产品。对于这样的设备，效率一点点的提高都可以大大延长电池再次充电的间隔时间。由于功率损耗的主要部分来源于饱和导通开关管的导通压降，所以新设计中往往选用低 R_{ds} 的功率 MOSFET。

17.3.7.1   LT1074 Buck 变换器

大功率 LTC 正极性 Buck 变换器的一个典型例子是 LT1074，如图 17.1（b）所示，它的内部结构如图 17.8（a）所示。由图 17.7（a）可见，Boost 变换器芯片也可用作正极性 Buck 变换器，但需要增加元器件（D_2、C_2、R_1 和 R_2）。但像 LT1074 芯片这样主要设计应用于 Buck 电路的芯片，其内部开关管的发射极不接地，而是由 V_{sw} 引脚引出。此引脚可输出高低开关电平，并通过内部与 V_{in} 连接的集电极给 L_1 提供电流。这样可不必使用像图 17.7（a）所示的额外电路就能实现 Buck 变换器功能。下面介绍 LT1074 构成的 Buck 变换器（见图 17.8）。

图中所用的开关管是达林顿管，能提供高达 5A 的输出电流。达林顿管的基极需要一个输入电流源，这由 NPN 晶体管 Q_3 提供。Q_3 基极驱动则由与非门 G_1 提供。当 G_1 的两个输入均为高电平时，其输出为低电平。在 R/S 锁存器被置位时，其 Q 端输出高电平，开关管导通；同时，给 R/S 锁存器置位的振荡器的正脉冲使 G_2 输出低电平，G_1 输出被禁止。这很好地限制了开关管在一个周期内的最大导通时间，避免了开关管直通所造成的危害。当然，这对保证 V_o 正常输出的 V_{in} 最小值提出了限制。

当比较器 C_1 的输出为正且使锁存器复位时，导通时间结束。乘法器产生的直流电平与芯片内部产生的 3V 三角波在比较器中进行比较，三角波高过乘法器输出电平的瞬间，比较器输出高电平使锁存器复位，并关断开关管。因此这个电路是一个电压型电路——电源开关的导通时间仅仅与输出电压有关，而与开关电流峰值无关（见5.2 节）。

乘法器输出电压与电压误差放大器输出成正比，与其输入电压成反比。因此，当 V_{in} 增加或 V_o 增加（FB 脚的电压增加）时，导通时间将缩短以使输出电压恒定。前馈补偿方法使乘法器直接反映 V_{in} 的变化（而不是间接通过 V_o），这样可以快速修正 V_{in} 波动对输出电压的影响。

比较器 C_2 用于限制开关管的电流。电流限制阈值由 R_1 上小的反偏电压设置，而这个反偏电压由电流源 Q_4 控制。因为 Q_4 基极的电压是相对恒定的，所以这个电流是相对稳定的。当 R_s 两端的电压降大于 R_1 的偏压时，比较器 C_2 输出高电平，使锁存器复位并关断开关管。

LT1074 的主要波形（理想情况下的波形，但也相当精确），如图 17.9 所示[6]。

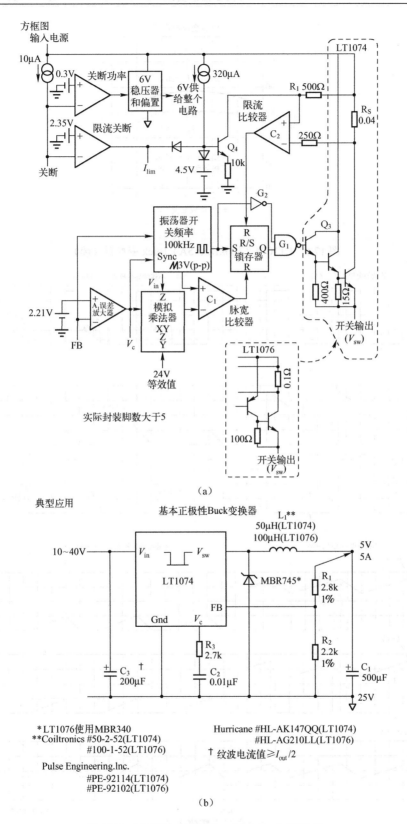

图 17.8　LT1074（100kHz、5A）Buck 变换器

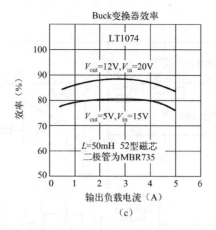

图 17.8 LT1074（100kHz、5A）Buck 变换器（续）

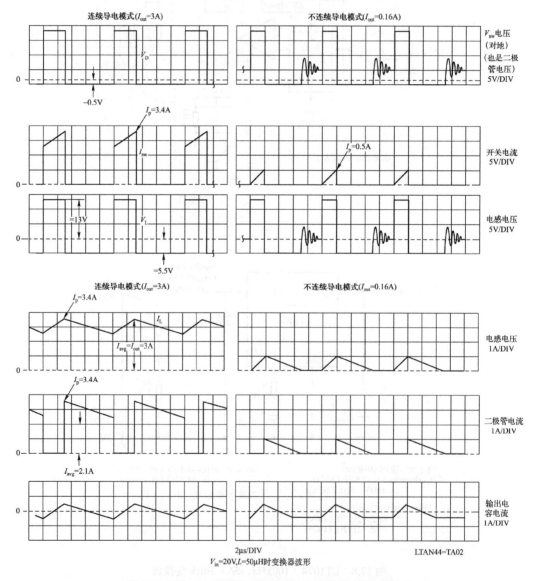

图 17.9 图 17.8 所示的 LT1074Buck 变换器的主要波形

17.3.8 LT1074 Buck 变换器的其他应用

17.3.8.1 LT1074 正极性-负极性变换器

如图 17.10（a）所示变换器的输出/输入关系可由开关管导通和截止期间 L_1 的伏秒数相等原理来确定。当开关管导通时，V_{sw} 脚的电位上升为 V_{in} 脚的电位，L_1 的伏秒数为 $V_{in}T_{on}$；当开关管截止时，L_1 的极性反相且其电压被二极管 D_1 钳位于 C_2 下端的输出电压 V_o，持续时间为 T_{off}，因此有

$$V_{in}T_{on} = V_oT_{off} = V_o(T - T_{on})$$

或

$$V_o = \frac{T_{in}V_{on}}{T - T_{on}} = \frac{-V_{in}}{T / T_{on} - 1}$$

17.3.8.2 LT1074 负极性 Boost 变换器

图 17.10（b）所示为一负极性 Boost 变换器，应用开关管导通和截止期间在 L_1 上产生的伏秒数相等原理进行分析。当开关管导通时，V_{sw} 接地，L_1 上的伏秒数为 $V_{in} T_{on}$；当开关管截止时，L_1 两端电压极性反相且被二极管 D_1 钳位于 C_1 下端电压，因此有

$$V_{in}T_{on} = (V_o - V_{in})T_{off} = (V_o - V_{in})(T - T_{on})$$

$$= V_o(T - T_{on}) - V_{in}T + V_{in}T_{on}$$

或

$$V_o = \frac{V_{in}T}{T - T_{on}} = \frac{V_{in}}{1 - T_{on} / T} \tag{17.4}$$

17.3.8.3 LT1074 芯片的散热问题[5]

假设需要设计一款 Buck 变换器，其输入电压为+24V，输出电压为+15V、5A。如图 17.1（a）所示，采用 TO220 封装的 LT1074 芯片制作这款 75W 的 Buck 变换器初看起来是很吸引人的，仅仅需要添加 L、C 和 D 等少数外部元器件。但发热量计算将会表明，其内部功率损耗（而不是开关管的额定峰值电流）将使得这种设计方案缺乏实际可行性。

虽然芯片内部损耗随输入和输出电压的不同而不同，但若要使得开关管工作在峰值电流，芯片所需散热器将比 TO220 封装常规散热器大许多倍，下面对此加以分析。

因为 $I_o = 5A$，由图 17.10（c）可知开关管的导通电压是 2.2V，那么当 $V_{in\ nominal} = +24V$，$V_{in\ min} = +22V$，$V_o = +15V$ 时，占空比（DC）$= T_{on}/T = V_o/V_{in\ min} = 15/22 = 0.68$。因此开关管的损耗是

$$PD_{sw} = V_{ce}I_o \times DC = 2.2 \times 5 \times 0.68 = 7.5W$$

除了这个损耗外，控制电路的平均损耗是

$$PD_{cc} = V_{in\ min}I_{in\ cc}$$

其中，

$$I_{\text{in cc}} = 0.007 + 0.005 \times DC + 2I_o T_s F$$

5V输出的正反极性变换器

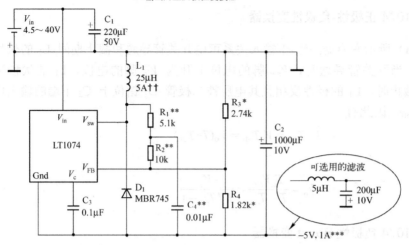

† 低压输入时可使用较低额定电压的管子。
  较低电流输出时可考虑使用较小额定电流的管子,见AN44。

†† 低电流输出时可使用较小额定电流电感,见AN44。

  *=1%膜电阻
  D_1: Motorola-MBR745
  C_1: Nichicon-UPL1C221MRH6
  C_2: Nichicon-UPL1A102MRH6
  L_1: Coiltronics-CTX25-5-52

***1A的最大输出电流由4.5V的最小输入电压决定,较
  高的最小输入电压将允许更大的输出电流,见AN44。

** R_1、R_2和C_4可用于低输入电压频率环补偿,
  但R_1和R_2的计算须考虑输出分压值,输出
  电压高时,应成比例增加R_1、R_2和R_3的数
  值。输入电压大于10V时,R_1、R_2和R_4可以
  省去,补偿完全由V_c脚提供。
  $R_3 = V_{\text{out}} - 2.37(\text{k}\Omega)$
  $R_1 = (R_3)(1.86)$
  $R_2 = (R_3)(3.65)$

(a)

反极性Boost变换器

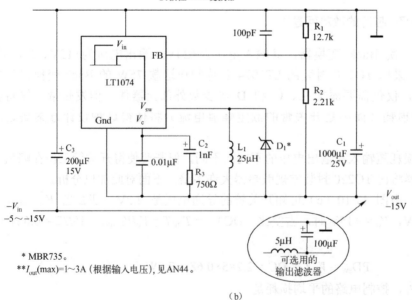

* MBR735。
** I_{out}(max)=1~3A(根据输入电压),见AN44。

(b)

图 17.10 不同类型的 LT1074 Buck 变换器(注意:图 17.8 中的三级达林顿结构峰值电流为
5A 时,导通压降可达 2.2V,需要相当大的散热器)

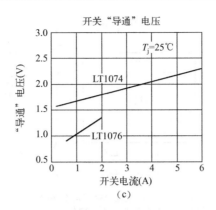

图 17.10 不同类型的 LT1074 Buck 变换器（注意：图 17.8 中的三级达林顿结构峰值电流为
5A 时，导通压降可达 2.2V，需要相当大的散热器）（续）

这里的第一项是从 V_{in} 流出的稳态电流；第二项是与输出电流成正比的增量；最后一项是电流峰值的平均值，其持续时间是 T_s，电流在开通和关断的瞬间由 V_{in} 流出。那么当 $F = 100\text{kHz}$，$T_s = 0.06\mu\text{s}$ 时，

$$\text{PD}_{cc} = 22(0.007 + 0.005 \times 0.68 + 2 \times 5 \times 0.006 \times 10^{-6} \times 1 \times 10^{+5}) = 1.7\text{W}$$

内部总损耗为 7.5+1.7 = 9.2W。

假设环境温度是 50℃，计算散热器的尺寸时考虑开关管的最大结温是 90℃。假设 TO220 封装的热阻是 2.5℃/W，则开关管的封装外壳温度是 90-(7.5×2.5) = 71℃。假设开关管封装外壳和散热器的温度相同，则散热器温度允许比环境温度高 71-50 = 21℃。

参考 AHAM 散热器的目录，若要求它相对于环境温度的温升是 21℃，则可以选用的散热器是 AHAM 型 S11005.5。这种散热器带有 8 个散热片，每片高为 0.461in，底座面积是 5.5in×4.5in。从以上分析可见，这种应用下将开关管封装在芯片内没什么有利之处。

LTC 提供了其他变换器类型（LT1142、LT1143、LT1148、LT1149、LT1430）来解决这个问题，这些变换器使用外部 MOSFET 晶体管代替内部晶体管开关和续流二极管，降低了内部损耗。MOSFET 具有较小的 R_{ds} 值，从而其导通电压和损耗较低。应用贴片封装的 MOSFET 可使变换器整体尺寸也较小。下面将介绍这类及其他类型的高效率变换器。

17.3.9 LTC 高效率、大功率 Buck 变换器

17.3.9.1 LT1376 高频、低开关压降 Buck 变换器

图 17.11（a）为 LT1376 的典型应用电路，图 17.11（d）所示为芯片的内部结构图。该电路为电流型电路（见 5.1 节～5.5 节），通过控制其直流输出电压和开关管峰值电流以决定开关管的导通时间。

LT1376 输出电流在 1～1.5A 范围内。LT1376 的效率比 LT1074 高，从而所需要的散热器较小。当输出电流低于 1A 时，则可以完全不用散热器。因为工作频率为 500kHz（而 LT1074 工作于 100kHz），所以以输出电感和电容[图 17.11（a）中的 L_1 和 C_1]要小得多。

LT1376 能达到较高效率的主要原因在于输出开关管的压降较低，电流为 1.5A 时压降仅为 0.5V，如图 17.11（c）所示。LT1074 中，开关管电流为 1.5A 时，压降达到 1.7V；在 LT1076 中，压降则是 1.25V[见图 17.10（c）]。

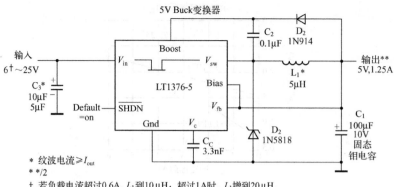

5V Buck变换器

* 纹波电流$\geqslant I_{out}$

**/2

† 若负载电流超过0.6A，L_1到10μH；超过1A时，L_1增到20μH。
输入电压低于7.5V时，使用将有限制，详见说明书。

(a)

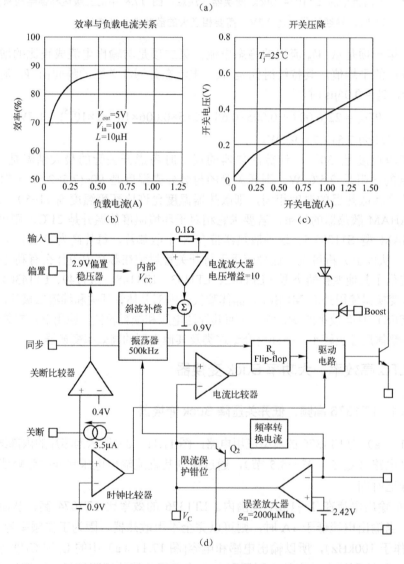

(b)

(c)

(d)

图 17.11　LT1375（500kHz）高效率 Buck 变换器。单级达林顿输出开关管和由 D_2、C_2 构成的
升压电路使得输出开关管导通压降降低，变换器在宽电流范围内效率接近 90%

造成压降较低有两个原因。第一，输出开关管为单级晶体管而非三级达林顿管（见图 17.8）。第二，比输入电压 V_{in} 还高的驱动电压使输出开关管达到深度饱和导通状态。这个较高的驱动电压可通过几个廉价元器件 D_2 和 C_2[见图 17.11（a）]获得。当内部开关管关断时，V_{sw} 电压下降，比地电位低一个二极管（D_2）的压降。此时 C_2 上端被正向充电，电压上升到比 $+V_o$ 低一个二极管压降。当内部开关管再次开通时，C_2 上端提供一个正向升高的电压给驱动电路。

17.3.9.2　外接 MOSFET 开关的 LTC1148 高效率 Buck 变换器

图 17.12（a）和 17.12（c）为 LTC1148 的典型应用电路和结构图。LTC1148 具有较高的效率是因为 P 沟道 MOSFET（Q_1）具有较低的 R_{ds} 和较低的导通压降，Q_1 在导通期间将 L 的输入端和 V_{in} 端连接起来；在当 Q_1 截止时，具有较低的 R_{ds} 和较低的导通压降的 N 沟道 MOSFET Q_2 导通并像续流二极管一样续流，旁路二极管 D_1 将 L 的输入端拉低到接近地电平。

如图 17.12（b）所示，由于导通压降低，LTC1148 功率接近于 95%。

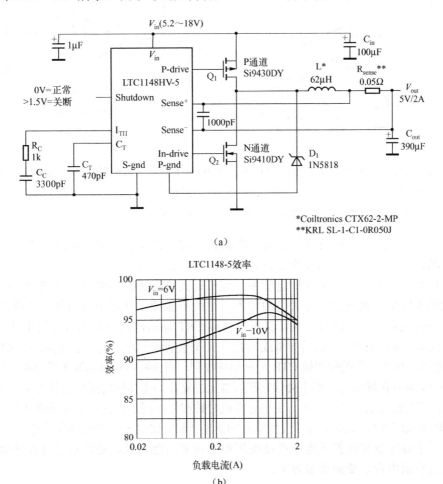

（a）

（b）

图 17.12　具有外部 MOSFET 的 LTC1148 高效率 Buck 变换器。这种变换器工作在固定截止时间的情况下（由 C_t 确定），变频调节输出。这种芯片外接具有较低导通压降的 P 沟道和 N 沟道 MOSFET，在电流宽范围内效率均超过 90%

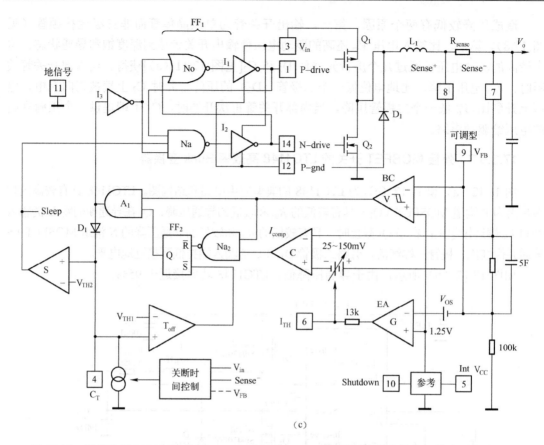

（c）

图 17.12　具有外部 MOSFET 的 LTC1148 高效率 Buck 变换器。这种变换器工作在固定截止时间的情况下（由 C_t 确定），变频调节输出。这种芯片外接具有较低导通压降的 P 沟道和 N 沟道 MOSFET，在电流宽范围内效率均超过 90%（续）

这个电路与 LTC 生产的其他大部分产品的不同之处在于，它工作时功率开关管每个开关周期的截止时间固定，通过改变开关频率来控制占空比。

一直以来，开关电源多采用恒定频率，调节开关管导通时间的方法来调节输出。通常在一个大的系统中，系统会给开关电源输入一个同步脉冲，并要求电源的开关频率等于该脉冲频率的分频数，该脉冲与中央计算机时钟或 CRT 显示器水平扫描信号同步且同相。

需要注意的是，电源产生的传导型或辐射型 RFI 会影响到附近的电子设备，如 CRT 显示器或计算机等。如果产生的噪声被 CTR 显示器接收到，而该噪声与显示器水平扫描信号同步，则噪声将稳定显示在屏幕上，而不会像它在屏幕上往复移动那样妨碍操作人员工作。同理，如果噪声被计算机接收到，且该噪声与中央计算机时钟相位不同步，则它很可能使计算机错误地将信号 1 转换成信号 0，其原因在于变频噪声的傅里叶频谱比固定频率噪声的要宽许多。

但对于手提电脑和便携式电子产品使用的低功率电源来说，通常附近没有其他电子设备，也就没有理由否定变频调节方案。

17.3.9.3　LTC1148 芯片原理框图

虽然变频调压与恒频调宽调压控制方式不同，但其输入/输出电压关系求解与脉冲宽度调节（PWM）调压方法是一样的。

如图 17.12（a）所示，应用 L 的输入端电压为高和为低期间的伏秒数相等的原理。Q_1 导通时，Q_2 截止，L 的输入端为 V_{in}；Q_2 导通时，Q_1 截止，L 的输入端接地。因此有

$$(V_{in}-V_o)t_{on} = V_o t_{off} = V_{in} t_{on} - V_o t_{on}$$

或

$$V_o = \frac{V_{in} t_{on}}{t_{on} + t_{off}} = V_{in}\frac{t_{on}}{T} \tag{17.5}$$

由上式可得频率与输出/输入电压的关系是

$$V_o = \frac{V_{in} t_{on}}{T} = \frac{V_{in}(T - t_{off})}{T} = V_{in}\left(1 - \frac{t_{off}}{T}\right) \tag{17.6}$$
$$= V_{in}(1 - f t_{off})$$

即

$$f = \frac{1 - V_o}{V_{in} / t_{off}} \tag{17.7}$$

由式（17.6）和式（17.7）可知，对于恒定的 t_{off}，当 V_{in} 上升时，为了保持 V_o 恒定，频率 f 必须上升。下面通过图 17.12 分析其调节过程。

当 Q_1 导通时，P-drive 即①脚输出低电平，保持 P 沟道 MOSFET 导通；并且 N-drive 即⑭脚也输出低电平，保持 N 沟道 MOSFET 截止。N_o、I_1、N_a、I_2 四个元器件构成置位-复位触发器（FF_1），从而使 P-drive 脚和 N-drive 脚的输出保持为低电平，以保持 Q_1 导通和 Q_2 截止直到触发器被复位。

L 的电流以 LC 输出滤波器通常的阶梯斜坡的形式倾斜上升，通过 R_{sense} 两端的电压降检测此电感电流的大小。这个电压降被加于比较器 C 的同相输入端的反偏置电压，此反偏置电压是电压误差放大器 G 的输出电压，电压误差放大器将输出电压 V_{out} 的分压与内部 1.25V 基准电压进行比较。

当 R_{sense} 的电压超过⑥脚的偏置电压时，比较器 C 输出高电平，此高电平加于与非门 N_a 的一个输入端，由于此时与非门的另一个输入端也为高电平，所以 N_a 输出低电平。此低电平使触发器 FF_2 复位，使其 Q 脚输出为低电平，与门 A_1 输出低电平，此时芯片开始关断，即要求 P-drive 脚和 N-drive 脚的输出都是高电平。这就使 P 沟道 MOSFET 关断，N 沟道 MOSFET 导通，使 L 的输入端接地。

当芯片开始关断时，与门 A_1 输出低电平，这有两个重要作用。第一个作用是使反相器 I_3 输出高电平，此时 N_o 是正逻辑或非门，任何一个输入为高电平都使其输出低电平；并且 N_a 是正逻辑与非门（只有当所有输入都为高电平时，输出为低电平）。因此当 I_3 输出高电平时，N_o 输出低电平，I_1 输出高电平，P-drive 脚为高电平并关断 P 沟道 MOSFET；由于 N_a 的其余输入都为高电平，所以 N_a 输出低电平，I_2 输出高电平，N-drive 脚为高电平，导通 N 沟道 MOSFET。由于交叉耦合效应，触发器保持使 Q_1 截止和 Q_2 导通的置位状态，直到触发器 FF_2 被复位。

设计中需要一个恒定的截止时间，可由下述方法得到。与门 A_1 输出低电平使 FF_1 复位的第二个重要作用在于使二极管 D_1 的阳极变为低电平，使其与 4 脚的时钟电容 C_t 断开。在 D_1 的阳极降为低电平之前，此二极管已将 C_4 的电压钳位于 3V 基准电压，并且使截止时间比较器 T_{offc} 的同相输入端具有相同的电压；此时，T_{offc} 的反相输入已被钳位于阈值电压 V_{TH1}（大约为 0.5V），因此 T_{offc} 的输出已经为高电平。

当二极管 D_1 阳极为低电平时，Q_1 截止，Q_2 导通；D_1 承受反偏电压，关断时间开始。

此时电容 C_t 以大约 0.25mA 的电流开始放电，当它放电到电压低于 V_{th1} 时，T_{offc} 输出低电平并使 FF$_2$ 置位。这促使 A$_1$ 再次变为高电平，并通过 FF$_1$ 使 P-drive 和 N-drive 脚又变为低电平，使 P 沟道 MOSFET 导通，使 N 沟道 MOSFET 截止，截止时间结束。

因此截止时间应是 C_t 以 0.25mA 的内部电流将大约 3V 电压放电所需要的时间。0.25mA 电流由内部调制确定，以保证频率在低输入电压时也不会太低[见式（17.7）]。C_t 值的选择方法如下：首先选择额定输入电压 V_{in} 下拟使用的开关频率 f，然后根据额定输入/输出电压 V_{in}、V_o 通过式（17.7）选择截止时间 t_{off}，最后由下式选择 C_t。

$$C_t = i\frac{dt}{dV} = \frac{0.0025t_{off}}{3}$$

17.3.9.4 LTC1148 对输入电压变化和负载变化的调整

由前面的介绍可知，LTC1148 对输入电压变化和负载变化的调整可通过在固定截止时间下改变开关频率，从而改变导通时间来实现，下面重点分析如何改变开关管导通时间。

现假设 V_{in} 变大，则 V_o 将随之变大，电压误差放大器 G 的反相输入端电压升高，它与 R_{sense} 上的斜坡电压之间的反压偏差将减少。这样，C 的同相端的正斜坡电压达到反相端的阈值电压时间减小，比较器 C 输出高电平时间减短，从而使导通时间减少；因 t_{off} 恒定，所以开关频率增加，输出电压降低并回到额定值。

负载变化时，除了负载瞬间变化后又恢复，导通时间恢复为式（17.6）所示的情况外，变换器同样通过调整导通时间调节输出。导通时间的瞬时改变使阶梯斜坡电流[见图 1.6（a）]的阶梯值在几个开关周期内上升或下降达到稳定，且图 1.6（a）所示的阶梯斜坡中点电流等于直流输出电流。

17.3.9.5 LTC1148 峰值电流和输出电感的选择

误差放大器 G 输出端[图 17.12（c）的 6 脚]的阈值电压变化范围是 -0.025～-0.15V。注意，当 R_{sense} 两端的电压等于阈值电压时，输出电感电流达到峰值。考虑一定裕量，假设最大阈值是 0.100V，对于规定的最大输出电流 I_{max}，R_{sense} 值可由下式决定。

$$R_{sense} = \frac{0.100}{I_{max}} \tag{17.8}$$

输出电感的选择应使变换器在误差放大器阈值电压为最小值 0.025V 时工作于临界导电模式（见 1.3.6 节）。在临界导电模式下，电感电流在 t_{on} 期间是从零上升到峰值 $0.025/R_{sense}$A 的三角波，且该峰值电流在 t_{off}[见式（17.7）]时间恰好下降到零，因此有

$$L = V\frac{dt}{dI} = \frac{V_o T_{off}}{0.025/R_{sense}} \tag{17.9}$$

17.3.9.6 用于低输出电流的 LTC1148 间断工作模式

在输出小电流时，间断工作模式不是使电感进入不连续导电模式，而是通过电路设计使开关完全关断。此时负载电流完全由输出电容提供，当输出电容放电一段时间后，其电压降到设计的输出电压，变换器才再次开始正常工作。

这种工作模式由比较器 BC 实现。在正常工作情况下，由于 BC 的反相输入低于它的同相输入，其输出是高电平。这使 A$_1$ 起作用，并且它的输出状态由 FF$_2$ 的输出端 Q 控制。但是当

负载电流下降且 V_o 上升到大于其设定值时，BC 的反相端电压升高到大于同相端的参考电压，BC 输出低电平，A_1 输出低电平，I_3 输出高电平并通过 N_o 和 I_1 使 P-drive 脚变为高电平以关断 Q_1；通过 N_a 和 I_2 可使 N-drive 脚保持高电平以保持 Q_2 导通。但在此非开关模式下，为了减小电流损耗，当 C_t 电压低于 V_{TH2} 时，N-drive 同时也处于截止状态并且使电路处于休眠模式。

此时没有开关切换，因为 BC 输出低电平使 A_1 输出一直保持为低电平，所以尽管 C_t 电压已放电至低于 V_{TH1}，截止时间仍持续。

当输出电容已经放电至低于它的设定值时，BC 反相输入为低电平，输出为高电平，使 A_1 输出变高，电路恢复开关切换工作方式。在休眠模式中，P-drive 脚为高电平、N-drive 脚为低电平，以减少内部损耗，从而使得变换器即使在负载电流降到接近于空载的情况下也能保证高效率。

17.3.10　凌特大功率 Buck 变换器小结

前面讨论过的 3 种 Buck 变换器是 LTC Buck 系列中最典型、也可能是最常用到的变换器类型。LTC 还有其他许多类型的变换器，但都是这 3 种变换器之一的特例。其他变换器有的电压较高，有的输出电压是固定的，还有一些较低的峰值电流的变换器。它们都使用相同的结构，元器件的选择和前面章节讨论过的一样（见 1.3.6 节和 1.3.7 节中的 Buck 变换器，15.4.6 节和 15.4.7 节中的 Boost 变换器）。

图 17.13 将常用到的 LTC 变换器以表格形式集中列出。

17.3.11　凌特低功率变换器

用于笔记本电脑电池管理的功率变换器将所有的半导体器件集中于一个模块中，其在低输入电压变换器市场中占据很重要的地位。凌特公司生产了许多用于这种用途的产品，它们的拓扑结构和电路图与前面讨论的类型没有差别，主要拓扑有 Boost、Buck 及极性转换变换器。它们与其他产品所不同的主要区别在于，这种产品的输出电流都低于 1A，并且常常使用表面贴片封装。

因为没有包含新的电路，在此就用图表的形式列出这些装置，如图 17.14 和图 17.15 所示。

17.3.12　反馈环的稳定性[3]

在第 12 章中已用数学方法分析了反馈环稳定性问题，讨论了极点和零点及其在频率轴的位置对反馈环稳定性的重要影响。

高频 5V 到 3.3V 降压选择指导

负载电流	器件	同步	关断电流	效率
200～400mA	LTC1174－3.3	否	1μA	90%
200～425mA	LTC1574－3.3	否	2μA	90%
450mA	LTC1433	否	15μA	93%
0.5mA～2A	LTC1147－3.3	否	10μA	92%
1A	LTC1265－3.3	否	5μA	90%
1～5A	LTC1148－3.3	是	10μA	94%
5～10A	LTC1266	是	30μA	94%
5～20A	LTC1158	是	2.2μA	91%

图 17.13　凌特 Buck 变换器

降压-开关变换器选择指导

器 件	输入电压(V)		最大开关 电压(V)	最大额定开关 电流(A)	可用封装	注释
	最小	最大				
LT1074	8	40	65	5.5	K,T,Y	集成5A开关
LT1074HV	8	60	75	5.5	K,T,Y	最大输入电压64V
LT1076	8	40	65	2.0	K,Q,R,T,Y	集成2A开关
LT1076HV	8	60	75	2.0	K,R,T,Y	最大输入电压64V
LTC1142	5	16	*	*	28-SSOP	双输出同步开关控制器
LTC1142HV	5	20	*	*	28-SSOP	双输出同步开关控制器
LTC1143	5	16	*	*	N16,S16	双电压3.3V/5V LTC1147
LTC1147	4	16	*	*	N8,S8	外部P沟道MOSFET,90%效率
LTC1148	4	16	*	*	N14,S14	同步开关,93%效率
LTC1148HV	4	20	*	*	N14,S14	同步开关,93%效率
LTC1149	5	60	*	*	N16,S16	同步开关,48V输入
LTC1158**	5	30	*	*	N16,S16	效率90%时,升到15A
LTC1159	4	40	*	*	N16,S16,G20	同步开关,94%效率
LT1160**	8.8	20	*	*	N14,S14	效率90%时,升到10A
LTC1174	4	13.5	13.5	1	N8,S8	集成开关,效率90%
LTC1174HV	4	18.5	18.5	1	N8,S8	集成开关

降压-开关变换器选择指导

器 件	输入电压(V)		最大开关 电压(V)	最大额定开 关电流(A)	可用封装	注 释
	最小值	最大值				
LT1176	8	38	50	1.2	N8,S20	集成1.25A开关,封装
LTC1265	3.5	13	$V_{IN}-13$	1.6	S14	集成开关,效率90%
LTC1266	4	20	*	*	N16,S16	N沟道MOSFET同步开关
LTC1267	4	40	*	*	28-SSOP	双输出同步开关控制器
LT1375/LT1376	6	25	30	1.5	N8,S8	500kHz,Buck开关器
LTC1430	4	9	*	*	S8,S16,N16	同步开关升到50A时高效
LTC1435	3.5	36	*	*	S16	恒频宽输入电压范围
LTC1436	3.5	36	*	*	24-SSOP	恒频自动线性变换控制器
LTC1436-PLL	3.5	36	*	*	24-SSOP	同步恒频
LTC1437	3.5	36	*	*	28-SSOP	同步恒频,自动线性变换控制器
LTC1438	3.5	36	*	*	28-SSOP	恒频,双输出同步开关变换器
LTC1439	3.5	36	*	*	36-SSOP	恒频,双输出开关变换器
LT1507	4	16	25	1.5	N8,S8	500kHz Buck开关,3.3~5V
LTC1538	3.5	36	*	*	28-SSOP	
LTC1539	3.5	36	*	*	36-SSOP	
LTC1574	4.5	18.5	18.5	*	S16	封装中有1A肖特基二极管

* 使用外部FET开关。

** 半桥驱动需有外部控制电路。

图17.13 凌特Buck变换器(续)

电池供电的 DC/DC 变换方案选择指导

下表是常用电池供电 DC/DC 变换器应用选择简表。　　从下表中选择合适的 LTC DC/DC 变换器。

由于电感、电容和电阻值均已选定,无需再做设计。　　LT1073、LT1107、LT1108、LT1110、LT1111、LT1173、LTC1174

和 LT1303、LT1307 均有"电池电压过低"检测能力。

单电池(1V)输入升压方案

V_{out}(V)	I_{out}(mA)	器件	I_Q(μA)	L(μH)	C(μF)	R(Ω)	图	注　释
3.3V	75	LT1307	50	10	10	—	4	
5	40	LT1073 – 5	95	82	100	0	1	最小 I_Q
	40	LT1110 – 5	350	27	33	0	1	适合表面安装
12	40	LT1307	50	10	10	—	4	
	15	LT1073 – 12	95	82	100	0	1	最小 I_Q
	15	LT1110 – 12	350	27	33	0	1	适合表面安装

还可提供 V_{out} 直到 50V 的其他配套器件。

基本升压变换器

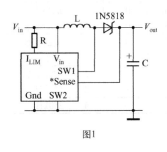

图1

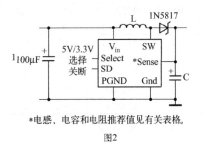

*电感、电容和电阻推荐值见有关表格。

图2

两电池输入升压

V_{out}(V)	I_{out}(mA)	器　件	I_Q(μA)	L(μH)	C(μF)	R(Ω)	图	注　释
3.3	400	LT1300 * *	120	10	100	—	2	选择 3.3V/5V 输出
	250	LT1500	200	22	220	—	2	低检测噪声
5	90	LT1173 – 5	110	47	100	47	1	最小 I_Q
		LT1111 – 5	300	18	33	47	1	表面安装
	150	LT1107 – 5	300	33	33	47	1	表面安装
		LT1108 – 5	110	100	100	47	1	最小 I_Q
	200	LT1304	120	22	100	—	2	小电池检测
		LT1501	200	22	220	—	2	低检测噪声
	220	LT1300 * *	120	10	100	—	2	选择 3.3V/5V 输出
		LT1301 * *	120	10	100	—	2	选择 5V/12V 输出
	400	LT1305	120	10	220	—	2	高输出功率
	600	LT1302	200	10	100	—	*	最大功率输出
12	20	LT1173 – 12	110	47	47	47	1	最小 I_Q
		LT1111 – 12	300	18	22	47	1	表面安装
	40	LT1107 – 12	300	27	33	47	1	表面安装
		LT1108 – 12	110	82	100	47	1	最小 I_Q
	50	LT1301 * *	120	10	100	—	2	选择 5V/12V 输出
	120	LT1302	200	3.3	66	—	*	最大输出功率

* 见 LT1302 数据表。

* * 要求"电池电压低"检测时使用 LT1303 或 LT1304。

图 17.14　凌特低功率（I_o<1A）Boost 变换器

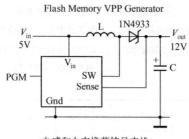

Flash Memory VPP Generator

*电感和电容推荐值见表格

图3

电池供电的 DC/DC 变换方案选择指导

从 5V 升压到 12V

$V_{in}(V)$	$I_{out}(mA)$	器　件	$I_Q(\mu A)$	$L(\mu H)$	$C(\mu F)$	$R(\Omega)$	图	注　释
12	90	LT1173 – 12	110	120	100	0	1	最小 I_Q
		LT1111 – 12	300	47	33	0	1	表面安装
	175	LT1107 – 12	300	60	32	0	1	表面安装
		LT1108 – 12	110	180	100	0	1	最小 I_Q
	200	LT1301 * *	120	33	47	–	2	实际关断
		LT1500	200	22	220	–	2	低检测噪声
	350	LT1373	1000	22	100	–	4	250kHz

＊＊要求"电池电压低"检测时使用 LT1303。

从 5V 升压到 12V

$V_{in}(V)$	$I_{out}(mA)$	$I_{out}(mA)$	器　件	$I_Q(\mu A)$	$L(\mu H)$	$C(\mu F)$	图	注　释
3 或 5	12	60	LT1106	750	10	1	＊＊＊	TSSOP
			LT1309	500	10	1	3	小,关断
5	12	60	LT1109 – 12	320	33	22	3	小型 SMT
		120	LT1109A – 12	320	27	47	3	小型 SMT
		200	LT1301 * *	120	27	47	2	实际关断
		60	LT1109A – 12	320	10	22	1	都是表面安装
2Cells	12	80	LT1301 * *	120	10	47	2	实际关断

＊＊要求"电池电压低"检测时使用 LT1303。　　＊＊＊见 LT1106 数据表。

升压变换器

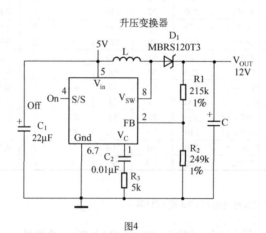

图4

图 17.14　凌特低功率（$I_o<1A$）Boost 变换器（续）

降压变换到 3.3V

$V_{in}(V)$	$I_{out}(mA)$	器 件	$I_Q(\mu A)$	$L(\mu H)$	$C(\mu F)$	IPGM	图	注　释
4.5~	200	LTC1174-3.3	450	50	2×33	至 Gnd	6	低压降
12.5	425	LTC1174-3.3	450	50	2×33	至 V_{in}	6	表面安装
4.5~	200	LTC1574-3.3	600	50	2×33	至 V_{in}	6	元器件少
16	425	LTC1574-3.3	600	50	2×33	至 V_{in}	6	元器件少
5~	2A	LTC1148-3.3	160	–	–	–	–	见降压
16						–		开关
5~	450	LTC1433	470	100	100		6	恒频
12						–		
12~	2A	LTC1149-3.3	600	–	–	–	–	见降压
60						–		开关

降压变换到 5V

$V_{in}(V)$	$I_{out}(mA)$	器 件	$I_Q(\mu A)$	$L(\mu H)$	$C(\mu F)$	IPGM	图	注　释
5.5~	200	LTC1174-5	450	100	2×33	至 Gnd	6	低压降
12	400	LTC1174-5	450	100	2×33	至 V_{in}	6	表面安装
5.5~	200	LTC1574-5	600	100	2×33	至 V_{in}	6	元器件少
16	425	LTC1574-5	600	100	2×33	至 V_{in}	6	元器件少
5.8~	450	LTC1433	470	100	100	–	6	恒频
12								
12~	300	LT1107-5	300	60	100	100	5	表面安装
20	300	LT1108-5	110	180	330	100	5	最小 I_Q
20~	300	LT1173-5	110	470	470	100	5	最小 I_Q
30	300	LT1111-5	300	180	220	100	5	表面安装
6~	2A$_+$	LTC1147/8-5	160	–	–	–	–	见降压
16								开关
12~	2A$_+$	LTC1149-5	600	–	–	–	–	见降压
60								开关

LT1173、LT1111、LT1107、LT1108或LT1110,还有可调制输出电压直到 6.2V 的配套器件。

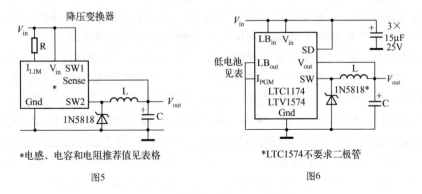

图 17.15　凌特低功率 Buck 变换器

负极性电压变换

$V_{in}(V)$	$I_{out}(mA)$	$I_{out}(mA)$	器 件	$I_Q(\mu A)$	$L(\mu H)$	$C(\mu F)$	$R(\Omega)$	图	注 释
5	−5	75	LT1108−5	110	100	100	100	7	最小 I_Q
			LT1107−5	300	33	33	100	7	表面安装
		150	LTC1174−5	450	50	2×33	−	8	表面安装
		290	LTC1433	470	68	100	−	8	恒频
12	−5	250	LT1173−5	110	470	220	100	7	最小 I_Q
		250	LT1111−5	300	180	82	100	7	表面安装
1	−5	110	LTC1574−5	450	50	100	−	8	SMT,无外部
8		170							肖特基二极管
12.5		235							

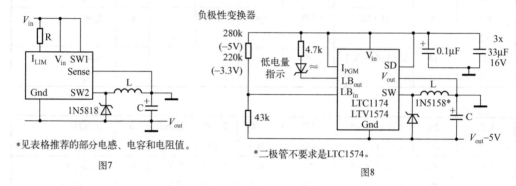

图7

*见表格推荐的部分电感、电容和电阻值。

图8

*二极管不要求是LTC1574。

图 17.15 凌特低功率 Buck 变换器（续）

但是 LTC 喜欢根据经验进行设计，因为数学分析依赖于元件各种参量的假定值，而元件制造商往往并未对这些参量进行精确标定。例如，这些参数的其中之一就是滤波电容的 ESR，其值可能因应用环境的不同而改变。与其武断地对一些不确定参量做假设，LTC 宁愿用示波器来观察负载电流阶跃变化时电源输出电压的响应情况，通过在误差放大器输出端接不同的 RC 组合（零点），以优化输出电压对负载阶跃响应的波形，从而达到稳定反馈环的目的。

所有在 LTC 的芯片资料中列出的 Boost、Buck 和极性转换变换器都是通过这种方法确保反馈环路稳定的，这里讨论的这种方法来自于 LTC 应用说明书 19 中 C. Nelson 和 J. Williams 的描述。

反馈环稳定性测量电路如图 17.16（a）所示。一个约 10%R_s 的附加阶跃负载[见图 17.16（b）]通过大电容 C_b 交流耦合加到正常输出电流上。阶跃信号频率不精确规定，一般使用方波发生器产生的频率为 50Hz 的方波。通过示波器观察变换器对负载阶跃的瞬态响应，图中所示滤波器用于滤除波形中与开关频率相关的噪声尖峰。

可以利用串联 RC 网络来提高电源稳定性，该网络连接于内部电压误差放大器的输出端（V_c 脚）和地之间。首先，选用一个 2μF 的电容 C_2 和一个电阻值为 1kΩ 的电阻 R_3。这时，几乎总能得到稳定的直流环，但是 C_2 太大，电源对阶跃负载的响应具有大的瞬态过冲且衰减回直流输出的速度慢，如图 17.16（c）所示。逐步减小 C_2 后产生如图 17.16（d）所示的波形，过冲电压的幅度减小了，并且回归稳定值的速度更快了，还可看见电压过冲过后会有一个反向过冲尖峰。若增加 R_3，得到如图 17.16（e）所示的波形，反向过冲尖峰被消除。继续减小 C_2 将使过冲幅度更小。前面提到的LTC 应用说明书 19 中对此有更详细的介绍。

根据第 12 章的反馈分析，C_2 和 R_3 的组合在放大器传输特性中仅仅产生单个零点，而没有极点（见 12.3 节和 12.19 节）。由 12.3 节可知，增加极点（串联 RC 组合与电容并联）可以减小高频时的增益，从而使得误差放大器输入端检测到的任何高频噪声尖峰都不会传递到输出端。

但是 LTC 的分析和数据资料中没有提到这种极点或与串联 RC 组合的并联电容，这可能是因为在芯片内部已经有电容并联于 V_c 脚和地之间，或者是因为在这些相对低功率的设备中没有大的 dv/dt 或 di/dt 源，所以没有这种噪声尖峰。如果观察到输出有尖峰，可以在 V_c 脚和地之间选择合适的小电容将它们消除。

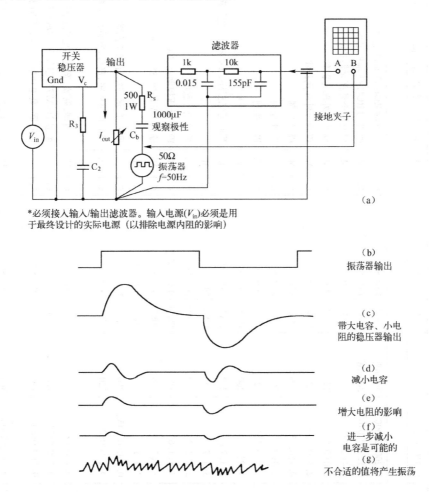

图 17.16　通过 $R_s C_b$ 加入阶跃负载电流时，通过调整 $R_3 C_2$ 来稳定反馈环，以此最优化晶体管的动态响应波形

17.4　Maxim 公司的变换器 IC

Maxim 公司是以上讨论的变换器芯片的另一个主要生产商，它的产品同样涵盖了 Boost、Buck 及极性转换变换器，并且大部分产品与 LTC 产品有相同的最大电压和电流额定值。但是通常来说，Maxim 公司致力于开发比 LTC 变换器额定电流更低的产品。

由于不涉及新的电路技术，这里只用图表的形式列出 Maxim 公司的芯片产品及其主要电压、电流参数，如图 17.17 所示。

部分型号	输入电压范围(V)	输出电压(V)	电压电流(mA)	输出(mA typ)	控制方式	封装选择*	EV Kit	温度范围**	特性
升/降压开关变换器									
MAX877/878/879	1~6.2	5/(3.3或3)/Adj.	0.310(0.220)	240	PFM	DIP.SO	是	C.E.M.	调试输出当输入高/低于输出时;无变压器
升压开关变换器									
MAX4193	2.4~16.5	Adj.	0.200(0.090)	300mW	PFM	DIP.SO		C.E.M.	改进的RC4193辅助电源
MAX630	2~16.5	Adj.	0.125(0.070)	300mW	PFM	DIP.SO		C.E.M.	改进的RC4193辅助电源
MAX631	1.5~5.6	5,Adj.	0.4(0.135)	40	PFM	DIP.SO		C.E.M.	仅有两个外部元器件
MAX632	1.5~12.6	12,Adj.	2.0(0.5)	25	PFM	DIP.SO		C.E.M.	仅两个外部元器件
MAX633	1.5~15.6	15,Adj.	2.5(0.75)	20	PFM	DIP.SO		C.E.M.	仅两个外部元器件
MAX641	1.5~5.6	5,Adj.	0.4(0.135)	300	PFM	DIP.SO		C.E.M.	PFM控制
MAX642	1.5~12.6	12,Adj.	2.0(0.5)	550	PFM	DIP,SO		C.E.M.	PFM控制
MAX643	1.5~15.6	15,Adj.	2.5(0.75)	325	PFM	DIP,SO		C.E.M.	PFM控制
MAX731	1.8~5.25	5	4(2)	200	PWM	DIP.SO	是	C.E.M.	瞬时记忆程序,±4%输出电压范围
MAX732	4~9.3	12	3(1.7)	200	PWM	DIP.SO	是	C.E.M.	12V瞬时程序,高效,宽输出电流范围
MAX733	4~11	15	3(1.7)	125	PWM	DIP.SO	是	C.E.M.	瞬时记忆程序
MAX734	1.9~12	12	2.5(1.2)	120	PWM	DIP.SO	是	C.E.M.	瞬时记忆程序
MAX741U	1.8~15.5	5,12,15,Adj.	3.5(1.6)	5W	PWM	DIP.SSOP	是	C.E.M.	PMW升压控制器,1A,3A
MAX751	1.2~5.25	5	3.5(2)	175	PWM	DIP.SO	是	C.E.M.	输入,5V输出,85%效率
MAX752	1.8~16	Adj.	3(1.7)	2.4W	PWM	DIP.SO	是	C.E.M.	
MAX756/757	1.1~5.5	(3.3或5)/Adj.	0.060(0.045)	250	PFM	DIP.SO	是	C.E	低I_Q的最好组合86%高效率
MAX761/762	2~16.5	12/15或 Adj.至16.5	0.1(0.080)	120	PFM	DIP.SO	是	C.E.M.	12V瞬时程序,高效,宽输出电流范围
MAX770/771/772	2~16.5	5/12/15或Adj.	0.1(0.085)	1A	PFM	DIP.SO	是	C.E.M.	控制器,高效,宽输出电流范围
MAX1771	2~16.5	12or Adj.	0.1(0.085)	1A	PFM	DIP.SO	是	C.E.M.	类似MAX771,但仅有100mV传感电流限制
MAX773	2~16.5	Adj.至48	0.1(0.085)	1A	PFM	DIP.SO	是	C.E.M.	控制器,高电压输出,高效宽输出电流范围
MAX777/778/779	1~6	5/(3或3.3)/Adj.	0.31(0.220)	300	PFM	DIP.SO	是	C.E.M.	芯片上的二极管电路关断时也关断
MAX856/857	0.8~6	5/(3.3或5)/Adj.	0.60(0.025)	100	PFM	DIP.SOμMAX	是	C.E	低I_Q的最好组合,85%高效率
MAX858/859	0.8~6	5/(3或5)/Adj.	0.60(0.025)	25	PFM	DIP.SOμMAX	是	C.E	小的,低I_Q的最好组合,高效率

降压开关变换器

部分型号	输入电压范围(V)	输出电压(V)	电压电流(mA)	输出(mA typ)	控制方式	封装选择*	EV Kit	温度范围**	特性
MAX6387	2.6~16.5	5,Adj.	0.6(0.136)	75	PFM	DIP.SO		C.E.M.	仅3个外部元器件
MAX639/640/653	4~11.5	5/3.3/3or Adj.	0.02(0.01)	225	PFM	DIP.SO	是	C.E.M.	效率>90%，宽输出电流范围(1~225mA)
MAX649/651/652	4~16.5	5/3.313or Adj.	0.1(0.080)	2A	PFM	DIP.SO	是	C.E.M.	效率>90%，宽输出电流范围外部P沟道FET驱动
MAX649/1651	4~16.5	5/3.3or Adj.	0.1(0.080)	2A	PFM	DIP.SO	是	C.E.M.	类似MAX649/651,但96.5%同步和仅100mV传感电流限制
MAX724/724H	3.5~40/60	Adj.(2.5~40)	12(8.5)	5A	PWM	TO/220,TO-3		C.E.M.	大功率,少外部元器件
MAX726	3.5~40/60	Adj.(2.5~40)	12(8.5)	2A	PWM	TO/220,TO-3		C.E.M.	大功率,少外部元器件
MAX727	3.5~40/60	5	12(8.5)	2A	PWM	TO/220,TO-3		C.E.M.	大功率,少外部元器件
MAX728	3.5~40/60	3.3	12(8.5)	2A	PWM	TO/220,TO-3		C.E.M.	大功率,少外部元器件
MAX729	3.5~40/60	3	12(8.5)	2A	PWM	TO/220,TO-3		C.E.M.	大功率,少外部元器件
MAX730A	5.2~11	5	3(1.7)	300	PWM	DIP.SO	是	C.E.M.	效率90%,无谐波开关噪声
MAX738A	6~16	5	3(1.7)	750	PWM	DIP.SO	是	C.E.M.	效率>85%,无谐波开关噪声
MAX741D	2.7~15.5	5,Adj.	4.25(2.8)	3A	PWM	DIP.SSOP	是	C.E.M.	PWM降压控制器,3A,6.5V输入,5V输出,90%效率
MAX744A	4.75~16	5	2.5(1.2)	750	PWM	DIP.SO	是	C.E.M.	优化过的通信单元,无谐波开关噪声
MAX746	4~15	5/Adj.	1	2.5A	PWM	DIP.SO	是	C.E.M.	5V到3.3V绿色PC设备,绿色PC设备驱动
MAX747	4~15	5/Adj.	1.3(0.8)	2.5A	PWM	DIP.SO	是	C.E.M.	5V到3.3V绿色PC设备,外部N沟道FET驱动
MAX748A	3.3~16	3.3	3(1.7)	750	PWM	DIP.SO	是	C.E.M.	效率>85%,无谐波开关噪声
MAX750A	4~11	Adj.	3(1.7)	1.5W	PWM	DIP.SO	是	C.E.M.	效率90%,无谐波开关噪声
MAX758A	4~16	Adj.	3(1.7)	3.75W	PWM	DIP.SO	是	C.E.M.	效率>85%,无谐波开关噪声
MAX763A	3.3~11	3.3	2.5(1.4)	500	PWM	DIP.SO	是	C.E.M.	效率>85%,无谐波开关噪声
MAX767	4.5~5.5	3.3,3.45(R,or3.6(s))	0.75	7A	PWM	SSOP	是	C.E	绿色PC设备,小规格控制器
MAX787/787H	3.5~40/60	5	12(8.5)	5A	PWM	TO-220,TO-3		C.E.M.	大功率,少外部元器件
MAX788/788H	3.5~40/60	3.3	12(8.5)	5A	PWM	TO-220,TO-3		C.E.M.	大功率,少外部元器件
MAX789/789H	3.5~40/60	3	12(8.5)	5A	PWM	TO-220,TO-3		C.E.M.	大功率,少外部元器件
MAX796-799	4.5~30	5.05/3.3/	1(0.7)	50W	PWM	DIP.SO	是	C.E.M.	同步速波,二次输出调试理想模式PWM控制,高效
MAX830-833	3.5~40	2.9Adj. Adj.5/3/3.3	11(8)	1A	PWM	SO	是(MAX831)	C	大功率,SOIC

部分型号	输入电压范围(V)	输出电压(V)	电压电流(mA)	输出(mA typ)	控制方式	封装选择*	EV Kit	温度范围**	特性
逆变开关稳压器									
MAX4391	4~16.5	至-20	0.25(0.09)	400mW	PFM	DIP.SO		C.E.M.	改进的 RC4391 辅助电源
MAX634	2.3~16.5	至-20	0.15(0.07)	400mW	PFM	DIP.SO		C.E.M.	改进的 RC4391 辅助电源
MAX635	2.3~16.5	-5,Adj.	0.15(0.08)	50	PFM	DIP.SO		C.E.M.	仅3个外部元件
MAX636	2.3~16.5	-12Adj.	0.15(0.08)	40	PFM	DIP.SO		C.E.M.	仅3个外部元件
MAX637	2.3~16.5	-15Adj.	0.15(0.07)	25	PFM	DIP.SO		C.E.M.	仅3个外部元件
MAX650	-54~-42	5	10(0.5)	250	PFM	DIP.SO		C.E.M.	通讯应用
MAX735	4~6.2	-5	3(1.6)	275	PWM	DIP.SO		C.E.M.	效率>80%
MAX736	4~8.6	-12	3(1.6)	125	PWM	DIP.SO		C.E.M.	效率>80%
MAX737	4~5.5	-15	4.5(2.5)	100	PWM	DIP.SO	是	C.E.M.	效率>80%
MAX739	4~15	-5	3(1.6)	500	PWM	DIP.SO	是	C.E.M.	效率>80%
MAX714N	2.7~15.5	-5,-12,-15,Adj.	4.0(2.2)	5W	PWM	DIP.SSOP	是	C.E.M.	PWM 变换控制,高效
MAX749	2~6	Adj.	0.06	5W	PFM	DIP.SO	是	C.E.M.	数字调试负 LCD
MAX755	2.7~9	Adj.	3.5(1.8)	1.4W	PWM	DIP.SO		C.E.M.	80%效率
MAX759	4~15	Adj.	4(2.1)	1.5W	PWM	DIP.SO	是	C.E.M.	LCD 驱动,效率>80%
MAX764/765/766	3~16.5	-5/-12/-15或 Adj.至21ΔV	0.1	200	PFM	DIP.SO	是	C.E.M.	高效,宽电流输出范围
MAX774/775/776	3~16.5	-5/-12/-15或Adj.	0.1	1A	PFM	DIP.SO	是	C.E.M.	控制器,高效,宽电流输出范围

* 封装选择：DIP＝Dual In Line Package，SO＝Small Outline，SSOP＝Shrink Small Outline Package，TO_＝Can.

** 温度范围：C为0~70℃，E为40~85℃，M为-55~125℃

图17.17　Maxim IC 变换器。其他供应商也提供了许多类似于逆桥变换器的产品，它们所需要连接的外部元件都很少

虽然这里只以图表形式列出了 Maxim 芯片的各种类型而大篇幅讨论了 LTC 的产品，但这并不表示作者对这两家芯片产品优劣性能有所评价，原因仅仅在于作者对 LTC 产品较早熟悉和了解而已。

17.5　由 IC 产品构成的分布式电源系统[7]

图 17.18（a）所示为一个传统的离线式多路输出电源。交流电被整流电路整流（有的电路使用功率因素校正，有的电路不使用），然后利用某种拓扑电路（半桥、全桥、正激或反激变换器）产生一个精确控制的以输出地为参考的主输出电压。该主输出一般为最大电流的输出，输出电压通常为+5V，因为它接有反馈环电路，能及时调整输入开关管的导通时间，所以它能很好地对电网电压和负载电流的变化进行调节。

通过增加变压器二次绕组的数量得到辅助输出（也称辅输出），选择合适的二次绕组匝数以得到所要求的辅助输出直流电压。由于辅助二次侧输出与主二次侧输出变换器开关时间相同，所以经各自 LC 滤波器输出的辅助直流电压也能很好地适应电网电压变化。

但辅助输出并不能很好地适应主输出或其自身负载电流的变化（见 2.2.1 节～2.2.3 节），其对负载变化的调整率一般只能达到±5%～8%。若允许主输出或辅助输出的电感进入不连续导电模式，则对负载变化的调整率只能达到 50%（见 2.2.4 节）。另外，因为辅助输出最小的改变也要增加或减少一匝二次绕组，所以辅助输出的直流电压不能精确设计。由法拉第定律$[E/N = A_e(dT/t_{on})(10^{-8}) = A_e(dB\times0.4f)(10^{-8})]$可知，每匝伏数与开关频率成比例，高频下根据磁感应强度和磁芯截面积不同，每匝伏数 E/N 的值可能达到 2～3V。

这些辅助输出电压在位置上离主电力变压器很近，并用导线连接到其使用位置。

一般来说，因为辅助输出绕组往往用来给放大器或计算机外围设备的电动机供电，它们均能耐受较大的输出电压波动，所以辅助输出电压对电网电压和负载变化调整率较差以及不能精确设定直流输出电压的值也并非大问题。

但如果要求辅助输出有精确电压输出和良好调整率时，就必须对辅助输出使用独立反馈环控制。常用的做法是：需要较小电流输出时，在较差调整的辅助输出后级接线性稳压器；需要较大电流时接 Buck 稳压器或磁性放大器（见 10.3 节）。

因为分布式电源解决了辅助输出电压难以精确控制的问题，并且还有其他一些明显的优点，所以分布式电源可以替代传统多路输出电源。图 17.18（b）所示为分布式电源的一种拓扑结构。

分布式电源的优势在于产生了一个集中的直流母线电压（并不需要精确调节），它可向有需要的位置供电，然后接调节性能良好的 DC/DC 变换器芯片——Buck、Boost 或极性转换变换器（将它转换为所需的电压）。前述的 LTC 公司和 Maxim 公司的芯片是这种分布式电源设计的很好选择。

如图 17.18（b）所示的一种分布式电源电路就具有以下许多优点。在图 17.18（b）中，提供最大电流的输出端电压一般是+5V，直接由主电力变压器产生，并且这个主电力变压器只有一个二次侧。它由反馈环控制，在输出端采样，控制输入端的开关管的导通时间。所有其他的输出由 Boost 变换器或极性转换变换器得到，每个辅助输出都有自己的反馈环。在图 17.18（b）中，所有的辅助输出都由 LTC1174 Boost 变换器产生，它的优点如下。

① 主电力变压器比较简单且成本较低。电力变压器通常都是开关电源中体积最大、价格最高的元件。变压器二次绕组个数越少，就越容易满足 VDE 安全指标。

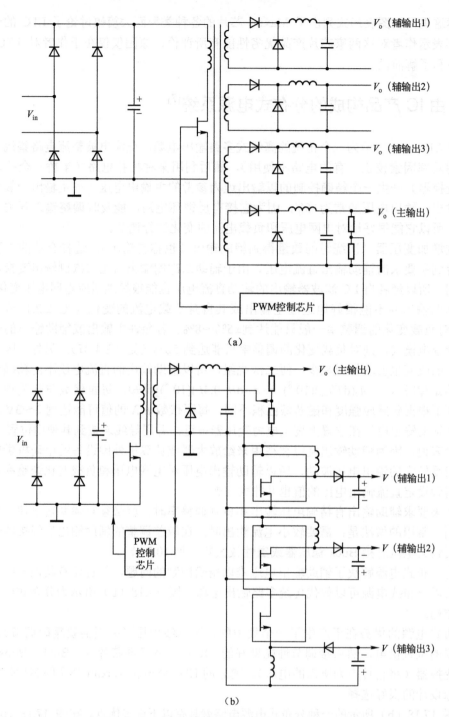

图 17.18 （a）传统的多路输出电源电路。主输出（输出电流最高的）接有反馈环电路，对电网电压
和负载波动进行调整。电力变压器二次侧其他绕组构成辅输出，它们可以很好地对电网电
压波动进行调整，但对负载波动调整率只有±8%。（b）分布式电源电路。变压器只有一个
二次侧，它可以很好地对电网电压和负载的波动进行调节。利用标准的 DC/DC 变换器如
Boost、Buck 或极性转换变换器，将变压器二次侧输出电压转换为所需的多组辅输出电
压。主输出甚至可能不需要一次侧功率开关管的 PWM 控制。开关管仅工作于固定的导通
时间，在很小的输出电流下主输出的调整通过自带的 DC/DC 变换器实现

② 改变变压器的电气参数比较简单。在图 17.18（a）所示的传统方案中，变压器的最初设计常常需要经过反复修改，有些绕组需要增加匝数、又有些绕组需要减少匝数。在初始的设计中，漏感和励磁电感也可能不适合，可能要改变绕组的绕线顺序，以改善绕组间的耦合或减小集肤效应的损耗。在图 17.18（b）所示的电路，每个辅助输出模块都有自己的反馈环，由于输出电压恒定（输出电压与输入电压比为 3：1 左右），输入电压稍有波动也不会有问题。

③ 要改变输出电压和电流很容易，且不需要改变主电力变压器的设计。

④ 在一个大的系统设计中，常常需要在设计后期增加几个新的辅助输出电压。而在这种分布式电源系统中，要增加新的输出电压很容易。

⑤ 可能完全消除主输出的反馈环，这可避免由检测输出电压以及控制输入端脉冲宽度所引起的所有问题，并且这样可以不使用增益随温度变化的光电耦合器及其所需的小功率辅助电源，也可不使用将输出端信号耦合到输入端控制开关管的耦合变压器。

所有以上优点的获得都可通过在二次侧输出一个大约为+20～+24V 的非精确调节的电压，然后将其连接到所需要的位置，再通过标准的 Buck 变换器，如高效率的 LT1070A 或 LTC1159 等芯片产生一个+5V 的大电流输出端口；同时可通过小功率的 LT1074 型 Buck 芯片降压产生低电流的辅助输出端口。

这种电路只需调整二次侧而不需要对开关管进行脉宽调制，一般设定脉宽不变，约为半周期的 85%，并且在二次侧只需要使用整流器和单电容滤波即可。由电网电压和负载变化造成的未精确调节的直流电压的波动和滤波电容的纹波可由二次侧稳压器进行调节。

一般来说，在分布式电源系统中，最好选用相对较高的母线电压，如+20～+25V，然后将其降到所需电压值，而不是采用+5V 低母线电压再升到较高电压值。+5V 母线电压只在同时要求+5V 大电流输出（如 10～100A）时才采用，因为这样的大电流输出一般不采用 DC/DC 变换器。

虽然分布式电源电路可能较贵，且在一定程度上由于能量的两级调节而功率损耗较大，但以上谈到的优点和能方便获得电源多组输出的特点将弥补这一不足。

参考文献

[1] Linear Technology LT 1070 and LT1074 data sheets.
[2] LT1170 data sheet.
[3] Carl Nelson and Jim Wilson, LTC Application Note 19, Linear Technology.
[4] LT 1170 data sheet.
[5] Linear Technology Power Solutions, 1997.
[6] Carl Nelson, LTC Application Note 44, Linear Technology.
[7] R. Mammano, "Distributed Power Systems," Unitrode Corp. publication.